城市固废焚烧具身智能技术丛书

面向城市固废焚烧过程智能优化控制的模块化半实物仿真平台

汤健　王天峥　夏恒　乔俊飞　著

清華大學出版社
北　京

内容简介

本书面向国家污染防治的重大需求，将具有多模态数据特性的复杂工业过程所提炼的针对离线研究的建模、控制、优化等智能算法难以测试与验证，以及承载智能算法的软硬件系统难以移植至实际现场等问题相结合，以北京某城市固废焚烧（MSWI）过程为研究对象，描述面向 MSWI 过程智能算法测试与验证的仿真平台需求，设计和实现由多模态历史数据驱动、安全隔离与优化控制和多入多出回路控制等系统组成的模块化半实物仿真平台，进行典型场景实验室验证和现场移植应用，为实现该过程的优化运行提供了有力支撑，对促进生态环境可持续发展具有积极的社会效益。

本书是首部涉及城市固废焚烧过程智能算法测试与验证模块化半实物仿真平台的图书，相关成果可适用于其他类似过程。本书可供高校教师、研究生、高年级本科生，以及从事 MSWI 过程的工程技术人员参考阅读。

图书在版编目（CIP）数据

面向城市固废焚烧过程智能优化控制的模块化半实物仿真平台 / 汤健等著. -- 北京 ：清华大学出版社，2025. 7. --（城市固废焚烧具身智能技术丛书）. -- ISBN 978-7-302-69974-3

Ⅰ. X705-39

中国国家版本馆 CIP 数据核字第 2025A80B84 号

责任编辑：戚　亚
封面设计：常雪影
责任校对：欧　洋
责任印制：宋　林

出版发行：清华大学出版社
网　　址：https://www.tup.com.cn，https://www.wqxuetang.com
地　　址：北京清华大学学研大厦 A 座　　**邮　　编**：100084
社 总 机：010-83470000　　**邮　　购**：010-62786544
投稿与读者服务：010-62776969，c-service@tup.tsinghua.edu.cn
质量反馈：010-62772015，zhiliang@tup.tsinghua.edu.cn
印 装 者：三河市龙大印装有限公司
经　　销：全国新华书店
开　　本：185mm×260mm　　**印　　张**：27.25　　**字　　数**：660 千字
版　　次：2025 年 9 月第 1 版　　**印　　次**：2025 年 9 月第1次印刷
定　　价：198.00 元

产品编号：107469-01

丛书序一

FOREWORD Ⅰ

由全球城市固废(城市生活垃圾)的产量和累积量日趋增加导致的环境污染治理问题已经迫在眉睫。面向全球环境的可持续发展和人类的繁衍生息,我国已经把"打好污染防治攻坚战"提升至国家战略高度,在面向2035的远景目标纲要中明确提出要打好"蓝天、碧水、净土"保卫战。城市固废焚烧(MSWI)是能够实现废物到能源转变的复杂动态系统,具有减量化、资源化和无害化等特点,是当前实现城市环境友好和可再生能源循环利用的重要技术,相比于其他处理方式更符合"双碳"战略且具有"双重"效应。

虽然MSWI是目前为止最科学的城市固废处理方式,但该过程所产生的废气、废水和废渣却使得该行业的很多企业被列入国家污染源排放名单,导致其长期受困于"邻避效应"。发达国家基于"3T+E"原则(炉膛温度大于850℃、烟气停留时间大于2s、足够的烟气湍流强度,以及适当的过量空气系数)研制的自动燃烧控制系统能够有效保证烟气中有害物质的充分分解和燃烧。相较而言,国外城市固废的热值波动范围较小,我国城市固废分类政策和相应管理制度还在逐步完善和推广,入炉原料存在不确定性强、热值低和波动性大等特点。但是,我国焚烧行业的专家"老师傅"能够依据自身所累积的经验知识,通过与环境的实时交互实现对MSWI过程的智能控制,即采用基于领域专家具身智能的"感知认知-决策执行"动态闭环模式。目前,在全球范围内进行面向减污降碳的环境治理迫在眉睫,人工智能(AI)赋能千行百业未来可期,端边云协同赋能工业行业发展势在必行。因此,研究适合我国国情的具有自主知识产权的"城市固废焚烧具身智能技术"是必要的、必须的和可行的。

针对上述问题,为建设"AI+行业"典型场景应用标杆,由中关村科技园区朝阳园管理委员会(北京市朝阳区科学技术和信息化局)支持,中关村智用人工智能研究院联合北京朝阳环境集团有限公司、北京市朝阳人工智能应用联合会、河南城发环境股份有限公司、北京工业大学、北京朝阳国际科技发展集团有限公司等"政产学研用"多家单位组成了"人工智能+环保产业创新中心",北京工业大学聘任了"产研用"单位的多位领域专家担任产业导师,确立了建设全场景下的MSWI智慧化运行平台的首期目标,以期达成"技术研发-人才输送-产业落地"一体化的闭环生态。本丛书以炉排炉型焚烧炉为研究对象,沿着"验证平台构建、过程表征建模、污染物检测预测、多模态驱动工况识别、大模型技术驱动赋能、自组织智能控制、虚实交互数字孪生、全流程多目标运行优化、多区域端边云协同优化"的路线进行层次化、系统化的论述,描述了面向典型行业进行城市环境污染防治的新范式、新方法和新技术,能够为生态环境的可持续发展提供支撑,具有很好的理论与应用价值及社会效益。

杜祥琬

中国工程院院士

2025年7月

丛书序二

FOREWORD Ⅱ

环境污染已经成为阻碍全球经济与生态环境可持续发展的重要因素之一。我国已经把污染防治提升至国家战略高度，在面向2035的远景目标纲要中明确提出了打好“蓝天、碧水、净土”保卫战的要求，党的二十大报告也进一步强调要“持续深入地继续贯彻执行该目标”。作为城市环境污染源头之一的城市固废(城市生活垃圾)的年增长率已达到8%～10%，我国面临“垃圾围城”风险的城市日趋增多。因此，为建立“无废城市”和加强生态文明建设，城市固废处理研究已经成为当前深入打好污染防治攻坚战的主战场。

城市固废焚烧(MSWI)是推进“无废城市”高质量发展的重要支撑力量，也是当前解决“垃圾围城”现象的主流手段。MSWI通过发酵、燃烧、换热和净化等工艺环节实现废物到能源(WTE)的转变。其中，固废发酵阶段存在多种不确定的生物反应，固废燃烧是固、气、液多相和热、流、力多场交互作用下的高温化学反应，余热交换是实现热能到机械能再到电能的转换，烟气净化是利用物理、化学原理脱除烟气中的有毒有害物质。MSWI在实现自身运行所需能源的基础上，可以向外提供电和热等多种形式的能源，具有高减质率、高减容率和高能量回收率等优势。显然，MSWI是当前实现城市环境友好和可再生能源循环利用的重要技术，相比于其他处理方式更符合国家“双碳”战略，是新时期国家生态文明建设和循环经济体系中的托底工业。我国焚烧行业的领域专家能够通过与环境的实时交互，依据所累积的经验知识实现具有具身化特点的MSWI过程“感知认知-决策执行”动态智能控制。从数字化、智慧化和绿色环保发展的视角出发，结合本土化MSWI过程智能优化控制的研究历程，整理出版具有我国自主知识产权的MSWI过程具身智能技术著作，能够助力MSWI行业的高质量发展和人工智能(AI)赋能落地应用，能够对“十五五”乃至更长时期内我国焚烧行业的智慧化运行和数智化发展提供技术支撑和经验借鉴。

“城市固废焚烧具身智能技术”丛书以我国应用最为广泛的炉排炉型焚烧炉为研究对象，面向MSWI过程的高效化、数智化和低碳化发展需求，分别从工业过程半实物仿真平台构建、混合驱动污染物机理建模与分析、视觉驱动燃烧线量化与状态评估、二噁英排放浓度检测与预警、燃烧过程建模与自组织控制、大模型技术与行业知识驱动AI赋能、工况漂移检测与工艺参数建模、多模态驱动故障诊断与容错控制、污染物浓度全流程可视化建模、数字孪生与焚烧元宇宙、全流程多目标运行优化、多区域端边云协同优化等方向展开详细论述。这些面向MSWI过程污染治理的新范式、新方法和新技术，将为国家深入打好污染防治攻坚战提供强有力的支撑，为MSWI相关领域的管理人员、技术专家和科研人员提供技术支撑和经验参考。希望本丛书的出版可以为解决我国焚烧行业的生态问题和实现城市环境的可持续发展发挥应有的作用。

席北斗

中国环境科学研究院 院长

2025年7月

前言

PREFACE

随着人类社会文明的进步和公众环保意识的增强，科学合理地利用自然资源，全面系统地保护生态环境已经成为世界各国可持续发展的必然选择。环境保护是指人类科学、合理地保护并利用自然资源，防止自然环境受到污染和破坏的一切活动。环境保护的本质是协调人类与自然的关系，维持人类社会和自然环境的动态平衡。由于生态环境是一个复杂的动态大系统，实现人类与自然的和谐共生是一项具有复杂性、系统性、长期性和艰巨性的任务，必须依靠科学理论和先进技术才能实现。

本书主要面向在无害化、减量化和资源化等方面具有显著优势的 MSWI 过程所涉及的离线研究的建模、控制、优化等智能算法难以测试与验证，以及承载智能算法的软硬件系统难以移植至实际现场等问题进行研究。MSWI 是目前广泛采用的城市固废处理技术，其减质率、减容率和能量回收率可达到 70%、90%和 19%，在经济和环保方面所呈现的潜在价值已被发展中国家所认可。我国 MSWI 技术起步于 1988 年深圳引进的 2 台 150t/d 的马丁炉排焚烧炉，在经“十二五”的着力推广和“十三五”的无废城市规划后，MSW 处理能力占比(超过 50%)已居世界首位。同时，MSWI 过程在低碳、环保和可持续能源等领域均具有关键作用，已成为新时期生态文明建设和循环经济体系中的托底工业。针对 MSWI 过程固有的多阶段、多因素和机理复杂等特性，在“3T+E”的控制原则下，国外研究学者将主要操纵变量确定为 MSW 进料量、炉排速度和进风流量等“料、风、水”的量，主要被控变量确定为燃烧线长度、炉膛温度、烟气含氧量和蒸汽流量，研发出适合自身国情的自动燃烧控制(automatic combustion control, ACC)系统，但其能够长周期稳定运行的前提是具有稳定的 MSW 成分和热值。相较而言，我国 MSW 的分类政策和管理制度仍在逐步完善和推广中，导致所收集的 MSW 组分具有不确定性强、热值低和波动性大等特点。因此，国外的 ACC 系统难以直接应用于我国 MSWI 过程的智能优化控制。目前，国内 MSWI 电厂主要采用领域专家(知识型工作者)凭借机理和经验认知对运行工况进行判断后，针对多场景需求采用区别化的手动操作规则，即具有智能自主行为的手动控制模式。该模式从本质上是依据结构化的过程数据、非结构化的图像与操作记录文本甚至交流语音等多模态数据，在感知与认知场景需求后调整相应的操纵变量；显然，该模式存在专家精力有限性、经验差异性和控制主观性等，难以保证 MSWI 电厂的长期稳定运行，进而会影响企业的减污降碳效果。因此，需要将我国 MSW 特性和领域专家 30 余年的运行经验相结合，自主研发定制化、本地化的面向具身智能的建模、控制与优化等算法，进而形成具有中国行业特色的工业软件。然而，工业现场对运行安全性的考虑和分布式控制系统(distributed control system, DCS)固有的封闭特性导致其难以与外部智能算法交互，即不能对 MSWI 控制系统进行直接的数据采集和参数下装操作，从而使针对 MSWI 过程所研究的智能算法难以验证。通常，离线研究的智能算法与工业过程的融合均需要经过工程初试验证和中试调试等多环节的测试与评估等阶段才能落地应用。因此，智能算法测试与验证平台是实验室研究的相关理论与技术能够落地应用不可或缺的重要支撑。

本书在国家自然科学基金项目(62073006，62021003)、北京市自然科学基金项目(4212032)和新一代人工智能国家科技重大项目(2021ZD0112301，2021ZD0112302)等课题的支撑下，开展面向MSWI过程智能优化控制的模块化半实物仿真平台研究。首先，概述了工业过程仿真平台的现状和所面临的挑战性问题；其次，描述了MSWI过程对仿真平台的需求，基于模块化理念设计和实现了由多模态历史数据驱动、安全隔离与优化控制、多入多出回路控制等系统组成的面向智能建模、控制和优化算法测试与验证的半实物仿真平台；最后，在实验室完成了典型场景的验证等，并将部分模块移植至实际现场进行应用。本书旨在面向国家在污染防治领域的重大战略需求，以解决离线研究的建模、控制、优化等智能算法难以测试与验证，以及承载智能算法的软硬件系统难以移植工业及现场落地应用等问题为研究目标，从实际研究和工程出发提出了具有模块化、可移植等特点的半实物仿真平台，进而支撑MSWI过程的运行优化和城市污染的排放控制，促进生态环境的可持续发展。

感谢国家自然科学基金委、科技部及北京工业大学的长期支持，感谢环保自动化研究团队的同事和研究生，特别是徐雯、郭海涛、崔璨麟、潘晓彤、许超凡、张润雨、田昊、王博康等同学参与了本书的成稿工作。感谢MSWI领域的国内外专家学者，正是在你们的启迪和激励下，本书的内容得到进一步升华。

汤　健　王天峥　夏　恒　乔俊飞

2024年12月于北京平乐园

目录

CONTENTS

本书彩图

第1章

绪　论

1.1　研究背景和意义

城市固废(municipal solid waste,MSW)高达8%～10%的全球年增长率使得具有无害化、减量化和资源化等特点的MSW焚烧(MSW incineration,MSWI)技术成为目前世界各国处理“垃圾围城”困境的主要技术手段[1-2]。作为典型流程工业[3-4],MSWI过程在实现所需能源自给自足的基础上,可向外提供电能、热能等多种形式的能源,同时具有较低的环境污染排放风险[5-6]。研究表明,MSWI技术的减质率、减容率和能量回收率可达到70%、90%和19%[7-8],其在经济和环保方面所呈现的潜在价值已被发展中国家所认可[7]。我国MSWI技术起步于1988年深圳引进的2台日本三菱150t/d的马丁炉排焚烧炉,在经“十二五”的着力推广和“十三五”的无废城市规划后,MSW处理能力占比(超过50%)已居世界首位[9]。同时,MSWI过程在低碳、环保和可持续能源等领域均具有关键作用[10],已成为新时期生态文明建设和循环经济体系中的托底工业[11]。

运行经验表明,针对MSWI过程固有的多阶段、多因素和机理复杂等特性[12-13],采用“3T+E”的原则能够有效保证烟气中有害物质的分解和燃烧[14],即炉膛温度(temperature)大于850℃、烟气停留时间(time)大于2s、足够的烟气湍流强度(turbulent)和适当的过量空气系数(excess air-coefficient)。在该原则下,国外研究学者将主要操纵变量确定为MSW进料量、炉排速度和供风流量等“料、风、水”的量,主要被控变量确定为炉膛温度、烟气含氧量、蒸汽流量和燃烧线长度,进而研发出适合自身国情的自动燃烧控制(automatic combustion control,ACC)系统[2,15-18],其能够长周期稳定运行的前提是具有稳定的MSW成分和热值。基于世界银行的统计[19]和谷[20]与Yamada等[21]提供的数据可知,国外MSW源于分类后的可燃组分,其热值波动范围较小。相比较而言,我国MSW的分类政策和相应管理制度仍在逐步完善和推广中,导致所收集MSW的组分具有不确定性强、热值低和波动性大等特点[2]。因此,国外ACC系统难以直接应用于我国MSWI过程的智能优化控制[22]。

目前,国内MSWI电厂主要采用领域专家(知识型工作者)先凭借机理和经验感知认知运行工况,并对可能的漂移现象进行判断后,再针对多场景需求采用区别化的手动操作规则,即具有领域专家具身智能的手动控制模式[23]。该模式从本质上是依据结构化的过程数据、非结构化的火焰视频图像与操作记录文本甚至语言交流等多模态数据判断场景需求后调整操纵变量，其基础是对 MSWI 过程机理的掌握与经验的积累以及对运行工况漂移变化的感知认知[2]。显然，该模式存在专家精力有限性、经验差异性和控制主观性等缺点，难以保证 MSWI 电厂长期稳定运行，进而影响减污降碳效率[24-25]。由"生活垃圾焚烧发电厂自动监测数据公开平台"可知，自 2020 年以来，我国已关闭 MSWI 电厂 21 家，涉及焚烧炉 50 余台[2]。因此，需将我国 MSW 特性和 30 余年运行经验相结合，自主研发定制化及本地化的智能建模、控制与优化等算法，进而形成具有我国 MSWI 行业特色的工业软件[26]。然而，工业现场对运行安全性的考虑和分布式控制系统(distributed control system，DCS)固有的封闭特性导致其难以与外部智能算法进行交互，即不能对 MSWI 控制系统进行直接的数据采集和参数下装操作，从而使得针对 MSWI 过程所研究的建模、控制和优化等智能算法难以验证。通常离线研究的智能算法与工业过程的融合均需要经过工程初试验证和中试调试等多个环节的测试与评估才能落地应用[2]。因此，智能算法测试与验证平台是实验室研究的相关理论与技术能够在工业现场落地应用不可或缺的重要手段[27]。

针对类似 MSWI 过程的具有连续性特点的流程工业而言，其通常拥有机理复杂不清且涉及多种物理、化学反应的被控对象，从而难以采用精确数学模型进行描述[28-29]。同时，生产过程会分解甚至产生具有不同危害性和差异性的有毒有害物质[30-31]，导致难以在实验室环境内构建相应的实物平台[32]。对此，科贾埃利大学(Kocaeli University)提出了 DOPC (distributed OLE for process control)概念，利用仿真模型搭建实验平台[33]；东北大学提出了由管理优化层、控制层和被控对象层组成的包括真实控制器与虚拟被控对象的制粉系统智能解耦仿真平台[34]；燕山大学提出了利用 Q8 卡接入电阻炉进行计算机控制的简化仿真平台[35]；上海大学提出了利用软件模拟搭建间歇生产过程优化控制的仿真平台[36]。此外，相关企业也对仿真平台进行了研究，如北京灵思创奇科技有限公司提出的构建虚实结合的多功能工业过程控制实验装置，其特点是能够更换仿真模型，覆盖液位控制、温度控制和虚拟仪表监测等各项实验内容，其既能够在实验室环境下使用，也能应用于具有宽温、振动等特点的恶劣环境；大风科技研发的 SimuWorks 大型科学计算与仿真支撑平台由仿真引擎、图形化建模工具、模块资源管理器、模块资源库和其他仿真功能软件组成，能够用于大型科学计算、动态特性建模研究、仿真系统开发和优化设计与验证等。上述平台并不能满足高运行安全性、强现场相似性的基于多模态数据驱动的智能建模、控制和优化算法研究的需求。此外，不同的工业现场在难测参数检测、关键参数预测、智能化自主控制、运行指标优化等方面具有不同需求[37]，有必要研究具有模块化组合功能的半实物仿真平台以满足上述不同要求[27]。笔者认为，实验室离线研究的智能算法应该先以某种形式逐步得到工业现场领域专家的认可，再逐步实现落地应用。因此，首先需要采取具备安全隔离功能的数据采集和工艺参数反传方式以避免对生产端的运行安全造成影响；其次，要使得离线开发的智能算法在实验室内就具有类实际工业现场的测试与验证场景；最后，相关智能算法及其对其进行承载的软硬件系统能够以原型机方式移植至工业现场，进而推进 MSWI 过程工业软件的落地应用。

1.2 城市固废焚烧(MSWI)过程智能建模、控制与优化的研究现状

1.2.1 MSWI 工艺、机理、难点简述

1.2.1.1 MSWI 工艺简述

我国引进的某典型炉排炉 MSWI 过程的工艺流程如图 1.1 所示。

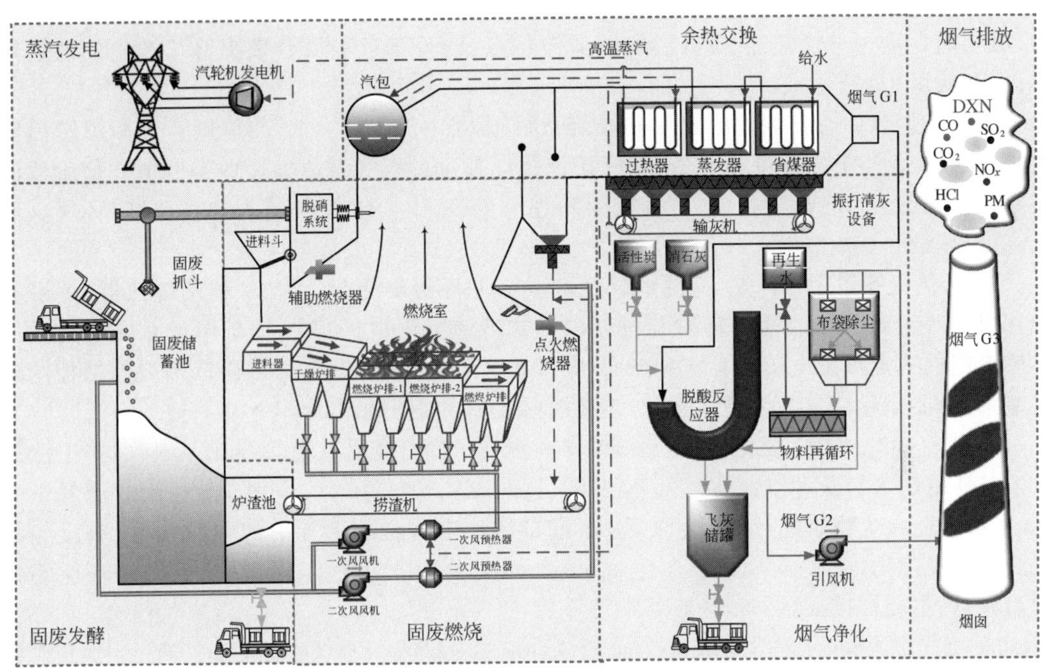

图 1.1 某典型炉排炉 MSWI 过程的工艺流程

由图 1.1 可知,MSWI 过程先后经过固废发酵、固废燃烧、余热交换、蒸汽发电、烟气净化和烟气排放 6 个主要阶段。

1) 固废发酵阶段：原生 MSW 包含大量水分不利于燃烧,需在固废储蓄池中经 3~7 天的生物发酵,完成初步脱水后达到入炉焚烧条件再由机械抓斗投入料斗,由进料器推送至焚烧炉内,进入固废燃烧阶段。该阶段的主要辅助变量为 MSW 热值,其是影响 MSWI 过程优化决策的关键因素之一。

2) 固废燃烧阶段：本质是在固气液等多相和热流力等多场的耦合交互作用下将 MSW 转变成高温烟气和固态残渣,可分为干燥、燃烧和燃烬 3 个过程。

(1) 干燥过程：从 MSW 进入焚烧炉到在干燥炉排上完成全水分(表面和内在水分)析出至着火的阶段,其内涵是：表面水分随炉内温度升高而逐渐蒸发,当温度上升至 100℃时被完全蒸发；内在水分随炉温的进一步升高而逐步析出并吸收大量热能。因此,MSW 的全水分含量与入炉热值相关,进而影响燃烧状态乃至全流程的运行工况。

(2) 燃烧过程：从 MSW 开始着火经强烈发光发热直至氧化反应结束的阶段,包括强氧化、热解和原子基团碰撞反应。强氧化反应表示可燃组分与氧气发生完全燃烧反应；热解反应表示在无氧或接近无氧的条件下,热辐射能量破坏含碳高分子化合物元素间的化学键

或对其进行重组，析出挥发分后再进行氧化反应；原子基团碰撞反应表示原子基团电子能量的跃迁、分子的旋转和振动等行为产生红外热辐射、可见光和紫外线，进而形成火焰形态。因此，燃烧过程涉及的反应复杂多变、相互间存在强耦合性且具有多反应同步运行的特性。显然，燃烧风量和炉排速度对稳定燃烧过程至关重要。

（3）燃烬过程：从燃烧结束至燃烧完全停止的过程。经燃烧过程后，MSW 中的可燃成分以焦炭为主；之后，在高温和一次风的作用下，焦炭与 O_2 发生氧化反应，与 CO_2、水蒸气等发生气化反应；随后，惰性物质（气态的 CO、H_2O 和灰渣）逐渐增加，直至炉排上的 MSW 全部成为灰渣，进而减弱燃烧直至完全停止[38]。因此，该过程具有燃度降低、惰性物质增加、氧化剂含量相对较大、反应区温度较低等特点，延长该过程可有效提高 MSW 的热灼减率，提升减量化水平。

为保证烟气中有害物质的分解和燃烧，该阶段常采用"3T＋E"的原则[14]，即炉膛温度大于 850℃、烟气停留时间大于 2s、烟气湍流强度及过量空气系数保持适当取值。该阶段的主要操纵变量为 MSW 进料量、炉排速度和进风量等，主要被控变量为炉膛温度、烟气含氧量、蒸汽流量和燃烧线等。

3）余热交换阶段：首先，高温烟气经水冷壁进行初步降温；其次，利用过热器、蒸发器和省煤器等设备将热能通过辐射和对流的方式传递至锅炉；再次，锅炉中的水转变为高压过热蒸汽进入蒸汽发电阶段；最后，锅炉出口烟气温度降至 200℃。该阶段需要严格控制降温速率，主要操纵变量为锅炉给水量，主要被控变量为锅炉蒸汽流量。

4）烟气净化阶段：首先，脱硝系统在 850～1100℃的温度下脱除 NO_x；其次，半干法脱酸工艺通过注入石灰和水对酸性气体（HCl、HF、SO_2）进行中和；再次，活性炭对烟气中的 DXN 及重金属等物质进行吸附；最后，通过布袋除尘器脱除烟气中的颗粒物、中和反应物及活性炭吸附物，完成烟气净化。该阶段的主要操纵变量为尿素、活性炭、石灰等环保物料的消耗量，主要被控变量为污染物排放浓度。

5）烟气排放阶段：符合国家排放标准（GB 18485—2014）等环保指标的烟气通过引风机牵引经烟囱排入大气。颗粒物、NO_x、SO_2、HCl 和 CO 等污染物的排放指标是目前所关注的重点。

1.2.1.2 固废燃烧机理简述

固废燃烧机理的本质是在多相（固、气、液）多场（热、流、力）的耦合交互作用下将 MSW 转变成高温烟气和固态残渣，其示意如图 1.2 所示。

由图 1.2 可知，固废燃烧可分为干燥、燃烧和燃烬 3 个过程。

（1）从 MSW 进入焚烧炉到在干燥炉排上完成全水分（表面和内在水分）析出至着火的阶段为干燥过程。水分蒸发机理通常采用阿伦尼乌斯模型[39]、恒温模型[40]和平衡模型[41]表征，其内涵是：表面水分随炉内温度升高而逐渐蒸发，当温度上升至 100℃时被完全蒸发；内在水分以蒸汽形态析出并吸收大量热能，其随炉温的进一步升高而逐步析出，在完成后将进入燃烧过程。由此可知，发酵后 MSW 的全水分含量会影响入炉热值，进而影响燃烧状态乃至全流程的运行工况。

（2）从 MSW 开始着火经强烈发光、发热直至氧化反应结束的阶段为燃烧过程，其在强氧化、热解和原子基团碰撞等 3 个基础反应的融合交叉中进行，其中：①强氧化反应表示可燃组分与氧气发生完全燃烧反应，产生 CO_2、HCl 和 H_2O；②热解反应表示在无氧或接近无氧的条件下，热辐射能量破坏含碳高分子化合物元素间的化学键或对其进行重组，析出挥发分（包含气态的 CO、CH_4、H_2 或分子量较小的 C_mH_n 等可燃成分）后再进行氧化反应的

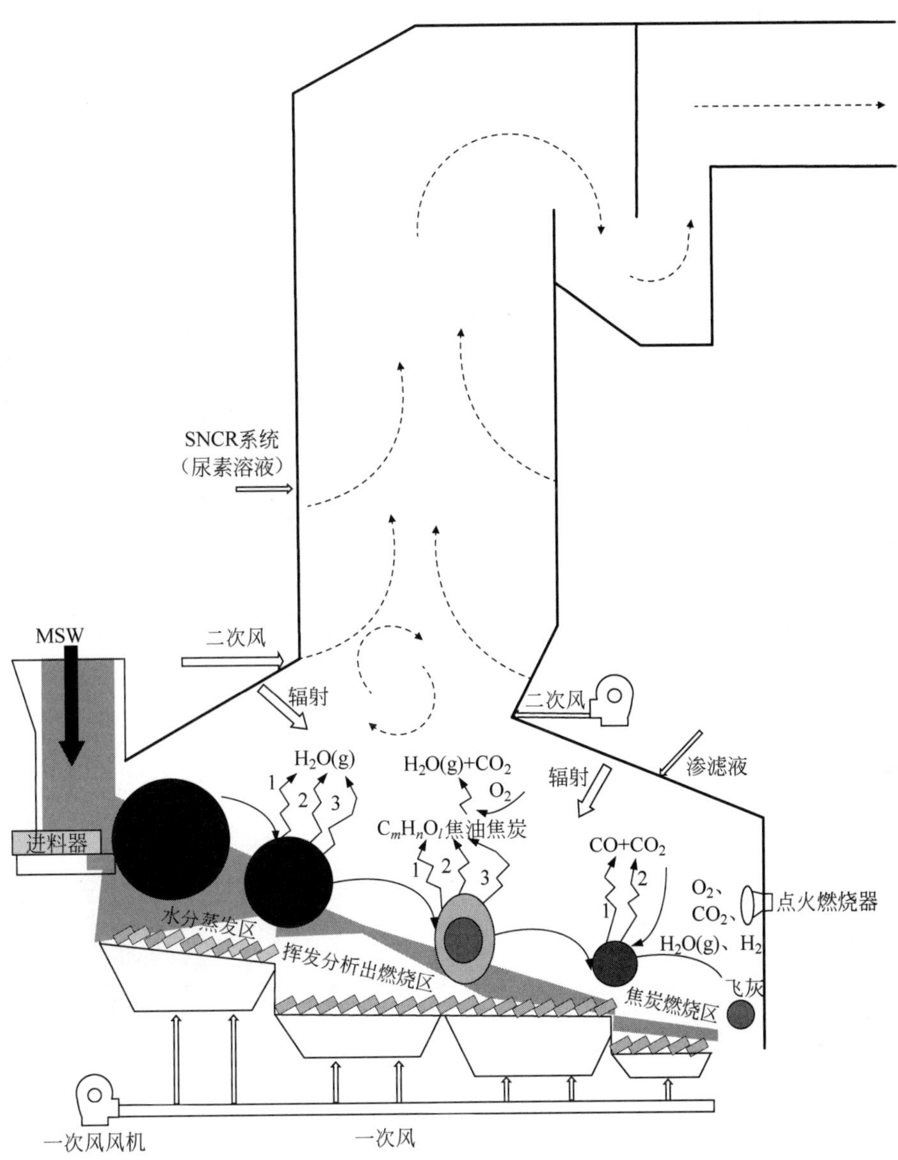

图 1.2 MSW 燃烧机理示意图

过程；③原子基团碰撞反应表示原子基团电子能量的跃迁、分子的旋转和振动等行为产生红外热辐射、可见光和紫外线，进而形成火焰形态，其中原子基团气流包括单原子形态的H、C、Cl 等元素，双原子的 CH、CN、OH、C_2 等化合物，以及多原子的 HCO、NH_2、CH_3 等成分，其相互之间的碰撞又促进了 MSW 的热分解过程。可见，燃烧过程的机理复杂多变、相互间存在强耦合性且具有多反应同步运行的特性。在此过程中，燃烧风量和炉排速度对稳定燃烧过程至关重要。

(3) 从燃烧结束至燃烧完全停止的过程称为燃烬过程。经燃烧过程后，MSW 中的可燃成分以焦炭为主；之后，在高温和一次风的作用下，焦炭与 O_2 发生焦炭氧化反应，与 CO_2、水蒸气等发生焦炭气化反应；惰性物质(气态的 CO、H_2O 和灰渣)逐渐增加，直至炉排上的 MSW 全部成为灰渣，进而减弱燃烧直至完全停止[39]。由此可知，该过程具有燃度降低、惰性物质增加、氧化剂含量相对较大、反应区温度较低等特点。因此，延长燃烬过程可有效提高 MSW 的热灼减率，提升减量化水平。

1.2.1.3 国内 MSWI 过程运行控制特性简述

基于世界银行最新的统计数据[19]和谷等[20]、Yamada 等[21]提供的数据，各地域 MSW 组分占比如图 1.3 所示，其中我国 MSW 组分以北京市为例。

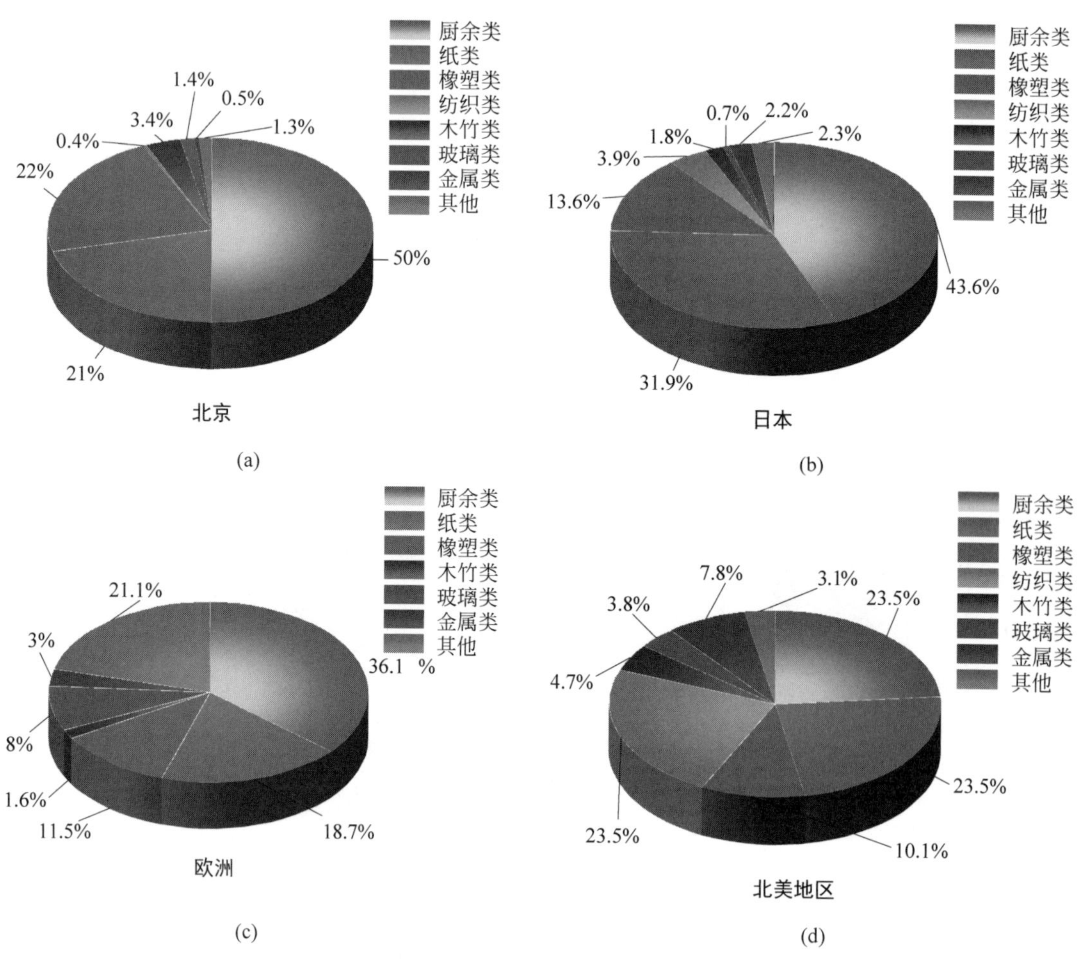

图 1.3 不同国家、地区、城市的 MSW 组分占比

由图 1.3 可知，在 MSW 成分的长时段平均统计数据中，国内 MSW 中的厨余类组分的占比远高于日本、欧洲和北美地区，原因在于：上述发达国家和地区在 20 世纪中期开始施行 MSW 分类，公众环保意识强；我国 MSW 的分类政策和制度目前还在完善和推广中，MSW 组分存在较大不确定性。因此，国内 MSW 的热值量级和稳定性远低于上述区域，原因在于：国外 MSW 源于分类后的可燃组分，其热值能够控制在较小范围内波动；国内相应管理制度还不够完善，所收集的 MSW 的热值低且波动性较大。

除在 MSW 组分与热值上的差异性外，国内在领域专家技能水平和设备运维技术方面也与国外存在差距。众所周知，日本的炉排炉技术是引自欧洲，其在进行本土化改造后才达到当前领先水平。因此，我国 MSWI 过程的运行也是无法直接照搬国外技术的，目前国内各厂主要采用的是依赖于领域专家（知识型工作者）的手动控制模式，其示意如图 1.4 所示。

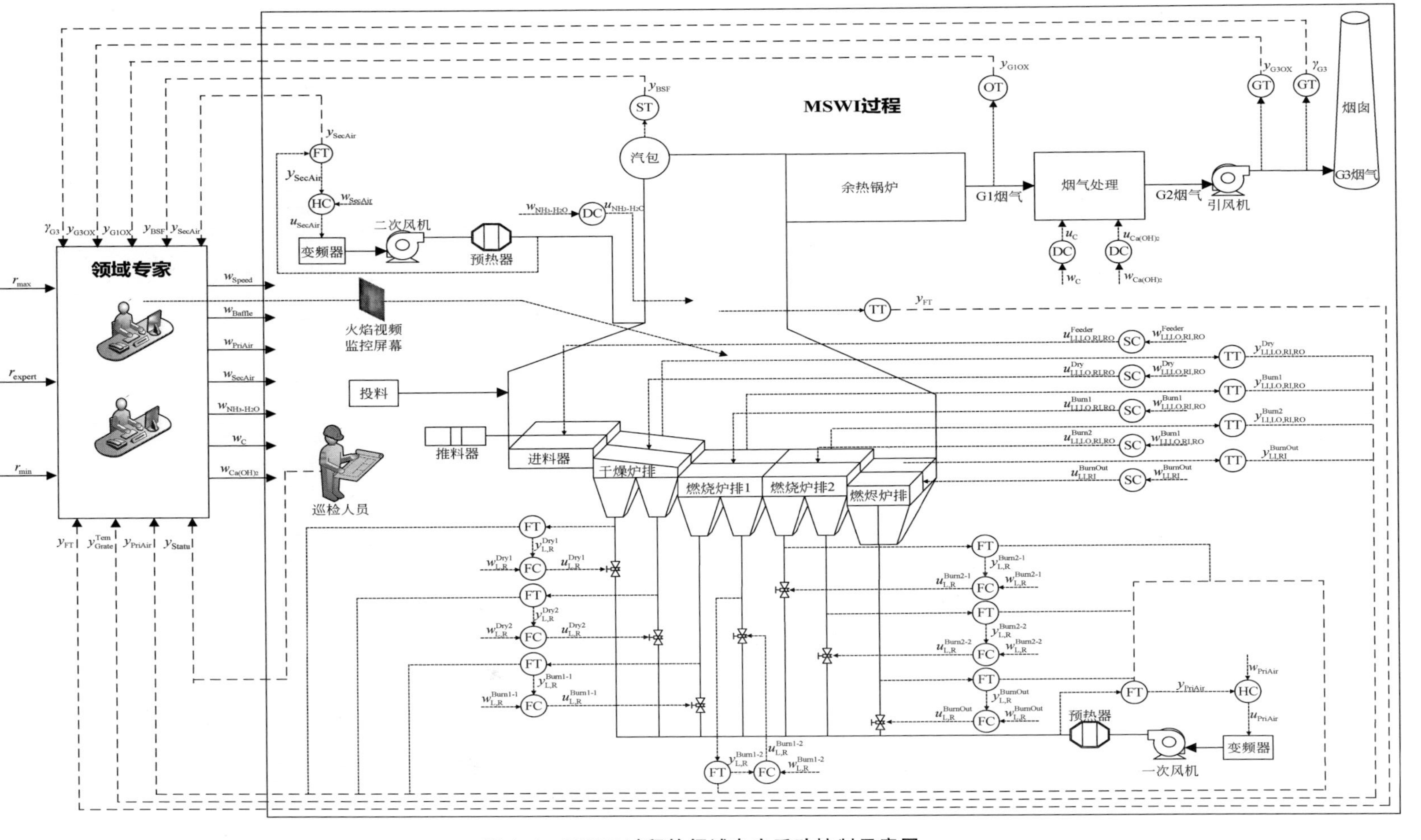

图 1.4　MSWI 过程的领域专家手动控制示意图

图 1.4 中的符号物理含义如表 1.1 和表 1.2 所示。

表 1.1 图例含义

序 号	符 号	物 理 含 义
1	FT	流量检测仪表
2	ST	蒸汽检测仪表
3	OT	氧气含量检测仪表
4	GT	烟气检测仪表
5	TT	温度检测仪表
6	DC	剂量控制器
7	HC	变频器控制器
8	SC	炉排速度控制器
9	FC	挡板开度控制器

表 1.2 符号物理含义

符号	物 理 含 义	符号	物 理 含 义
r_{max}	被控变量设定值上限	$w_{L,R}^{Burn1\text{-}2}$	燃烧炉排 1-2 段左、右进风管道挡板开度
r_{min}	被控变量设定值下限	$w_{L,R}^{Burn2\text{-}1}$	燃烧炉排 2-1 段左、右进风管道挡板开度
r^*	被控变量设定值	$w_{L,R}^{Burn2\text{-}2}$	燃烧炉排 2-2 段左、右进风管道挡板开度
w_{Speed}	炉排速度	$w_{L,R}^{BurnOut}$	燃烬炉排左、右进风管道挡板开度值
w_{Baffle}	一次风挡板开度	$u_{LI,LO,RI,RO}^{Feeder}$	进料器左内、左外、右内、右外速度控制器输出值
w_{PriAir}	一次风流量	$u_{LI,LO,RI,RO}^{Dry}$	干燥炉排左内、左外、右内、右外速度控制器输出值
w_{SecAir}	二次风流量	$u_{LI,LO,RI,RO}^{Burn1}$	燃烧 1 段炉排左内、左外、右内、右外速度控制器输出值
$w_{NH_3 \cdot H_2O}$	氨水喷入量	$u_{LI,LO,RI,RO}^{Burn2}$	燃烧 2 段炉排左内、左外、右内、右外速度控制器输出值
w_C	活性炭值	$u_{LI,RI}^{BurnOut}$	燃烬炉排左内、右内速度控制器输出值
$w_{Ca(OH)_2}$	消石灰值	$u_{L,R}^{Dry1}$	干燥炉排 1 段左、右进风管道挡板开度控制器输出值
$w_{LI,LO,RI,RO}^{Feeder}$	进料器左内、左外、右内、右外速度	$u_{L,R}^{Dry2}$	干燥炉排 2 段左、右进风管道挡板开度控制器输出值
$w_{LI,LO,RI,RO}^{Dry}$	干燥炉排左内、左外、右内、右外速度	$u_{L,R}^{Burn1\text{-}1}$	燃烧炉排 1-1 段左、右进风管道挡板开度控制器输出值
$w_{LI,LO,RI,RO}^{Burn1}$	燃烧 1 段炉排左内、左外、右内、右外速度	$u_{L,R}^{Burn1\text{-}2}$	燃烧炉排 1-2 段左、右进风管道挡板开度控制器输出值
$w_{LI,LO,RI,RO}^{Burn2}$	燃烧 2 段炉排左内、左外、右内、右外速度		
$w_{LI,RI}^{BurnOut}$	燃烬炉排左内、右内速度值		
$w_{L,R}^{Dry1}$	干燥炉排 1 段左、右进风管道挡板开度		
$w_{L,R}^{Dry2}$	干燥炉排 2 段左、右进风管道挡板开度		
$w_{L,R}^{Burn1\text{-}1}$	燃烧炉排 1-1 段左、右进风管道挡板开度		

续表

符号	物理含义	符号	物理含义
$u_{L,R}^{Burn2-1}$	燃烧炉排 2-1 段左、右进风管道挡板开度控制器输出值	$y_{L,R}^{Dry2}$	干燥炉排 2 段左、右进风管道挡板开度检测值
$u_{L,R}^{Burn2-2}$	燃烧炉排 2-2 段左、右进风管道挡板开度控制器输出值	$y_{L,R}^{Burn1-1}$	燃烧炉排 1-1 段左、右进风管道挡板开度检测值
$u_{L,R}^{BurnOut}$	燃烬炉排左、右风管挡板开度控制器输出值	$y_{L,R}^{Burn1-2}$	燃烧炉排 1-2 段左、右进风管道挡板开度检测值
u_{PriAir}	一次风流量控制器输出值	$y_{L,R}^{Burn2-1}$	燃烧炉排 2-1 段左、右进风管道挡板开度检测值
u_{SecAir}	二次风流量控制器输出值		
$u_{NH_3 \cdot H_2O}$	氨水控制器输出值	$y_{L,R}^{Burn2-2}$	燃烧炉排 2-2 段左、右进风管道挡板开度检测值
u_C	活性炭控制器输出值		
$u_{Ca(OH)_2}$	消石灰控制器输出值	$y_{L,R}^{BurnOut}$	燃烬炉排左、右进风管道挡板开度检测值
y_{Grate}^{Tem}	炉排温度检测值		
$y_{LI,LO,RI,RO}^{Dry}$	干燥炉排左内、左外、右内、右外温度检测值	y_{PriAir}	一次风流量检测值
		y_{SecAir}	二次风流量检测值
$y_{LI,LO,RI,RO}^{Burn1}$	燃烧 1 段炉排左内、左外、右内、右外温度检测值	y_{FT}	炉膛温度检测值
		y_{BSF}	锅炉蒸汽流量检测值
$y_{LI,LO,RI,RO}^{Burn2}$	燃烧 2 段炉排左内、左外、右内、右外温度检测值	y_{G1OX}	G1 烟气含氧量检测值
		y_{G3OX}	G3 烟气含氧量检测值
$y_{LI,RI}^{BurnOut}$	燃烬炉排左内、右内温度检测值	γ_{G3}	G3 烟气污染物浓度
$y_{L,R}^{Dry1}$	干燥炉排 1 段左、右进风管道挡板开度检测值		

在图 1.4 中，排放气体$\boldsymbol{\gamma}_{G3}$、炉排温度 $\boldsymbol{y}_{Grate}^{Tem}$、炉排速度 $\boldsymbol{w}_{Speed}$ 和挡板开度 $\boldsymbol{w}_{Baffle}$ 向量可分别表示为

$$\boldsymbol{\gamma}_{G3}=\{\gamma_{NO_x},\gamma_{CO},\gamma_{CO_2},\gamma_{Acid}\} \tag{1.1}$$

$$\boldsymbol{y}_{Grate}^{Tem}=\left\{\begin{matrix} y_{LI,LO,RI,RO}^{Dry}, y_{LI,LO,RI,RO}^{Burn1}, \\ y_{LI,LO,RI,RO}^{Burn2}, y_{LI,RI}^{BurnOut} \end{matrix}\right\} \tag{1.2}$$

$$\boldsymbol{w}_{Speed}=\left\{\begin{matrix} w_{LI,LO,RI,RO}^{Feeder}, w_{LI,LO,RI,RO}^{Dry}, w_{LI,LO,RI,RO}^{Burn1}, \\ w_{LI,LO,RI,RO}^{Burn2}, w_{LI,RI}^{BurnOut} \end{matrix}\right\} \tag{1.3}$$

$$\boldsymbol{w}_{Baffle}=\left\{\begin{matrix} w_{L,R}^{Dry1}, w_{L,R}^{Dry2}, w_{L,R}^{Burn1-1}, w_{L,R}^{Burn1-2}, \\ w_{L,R}^{Burn2-1}, w_{L,R}^{Burn2-2}, w_{L,R}^{BurnOut} \end{matrix}\right\} \tag{1.4}$$

其中，γ_{NO_x}、γ_{CO}、γ_{CO_2} 和 γ_{Acid} 分别表示 NO_x、CO、CO_2 和酸性气体的排放浓度。

MSWI 过程的操纵变量集分为炉内燃烧过程（furnace combustion process，FCP）和烟气处理过程（flue gas clean process，FGCP）两部分，可表示为

$$\boldsymbol{u}_{MSWI}=\{u_{FCP},u_{FGCP}\} \tag{1.5}$$

$$\boldsymbol{u}_{\mathrm{FCP}}=\left\{\begin{array}{l}u_{\mathrm{LI,LO,RI,RO}}^{\mathrm{Feeder}},u_{\mathrm{LI,LO,RI,RO}}^{\mathrm{Dry}},u_{\mathrm{LI,LO,RI,RO}}^{\mathrm{Burn1}},\\ u_{\mathrm{LI,LO,RI,RO}}^{\mathrm{Burn2}},u_{\mathrm{LI,RI}}^{\mathrm{BurnOut}},u_{\mathrm{L,R}}^{\mathrm{Dry1}},u_{\mathrm{L,R}}^{\mathrm{Dry2}},\\ u_{\mathrm{L,R}}^{\mathrm{Burn1\text{-}1}},u_{\mathrm{L,R}}^{\mathrm{Burn1\text{-}2}},u_{\mathrm{L,R}}^{\mathrm{Burn2\text{-}1}},u_{\mathrm{L,R}}^{\mathrm{Burn2\text{-}2}},\\ u_{\mathrm{L,R}}^{\mathrm{BurnOut}},u_{\mathrm{PriAir}},u_{\mathrm{SecAir}},u_{\mathrm{NH_3\cdot H_2O}}\end{array}\right\} \tag{1.6}$$

$$u_{\mathrm{FGCP}}=\{u_{\mathrm{C}},u_{\mathrm{Ca(OH)_2}}\} \tag{1.7}$$

进一步，领域专家的决策过程 $f_{\mathrm{expert}}(\cdot)$ 可描述为

$$\left\{\begin{array}{l}\boldsymbol{w}_{\mathrm{Speed}},\boldsymbol{w}_{\mathrm{Baffle}},w_{\mathrm{PriAir}},w_{\mathrm{SecAir}},\\ w_{\mathrm{C}},w_{\mathrm{Ca(OH)_2}},w_{\mathrm{NH_3\cdot H_2O}},u_{\mathrm{FCP}},u_{\mathrm{FGCP}}\end{array}\right\}=f_{\mathrm{expert}}\left(\begin{array}{l}r_{\max},r^{*},r_{\min},y_{\mathrm{FT}},y_{\mathrm{G1OX}},y_{\mathrm{BSF}},\\ y_{\mathrm{PriAir}},y_{\mathrm{SecAir}},\gamma_{\mathrm{G3}},y_{\mathrm{G3OX}},y_{\mathrm{Grate}}^{\mathrm{Tem}},y_{\mathrm{Statu}},\Upsilon\end{array}\right) \tag{1.8}$$

其中，$r_{\max}$ 和 $r_{\min}$ 分别表示被控变量设定值上限和下限；r^* 表示由领域专家基于多模态信息和累积经验进行决策的被控变量设定值；y_{Statu} 表示巡检人员实时反馈的状态信息；Υ 表示火焰视频信息。

本质上，这是根据 ACC 系统的控制逻辑而归纳总结的经验，可简述为：机械抓斗操作工程师凭经验完成 MSW 储池分区整备、操作抓斗均匀混合和拆解大件固废、控制发酵周期和入炉区域 MSW 热值稳定，依据料位视频监控画面凭经验控制投料频率；运行工程师基于多模态信息识别和预判工况变化，凭经验对固废燃烧、余热交换和烟气净化等阶段的操纵变量进行设定。主要的操作经验可归纳为：勤看火焰，控制料层和火床；勤调整进料量、供料速度和燃烧风量；依据料层厚度、烟气含氧量和 MSW 特性确保稳定燃烧[42]。显然，手动操作难免会存在差异性和任意性，是影响 MSWI 过程稳定运行的关键因素。因此，在该模式下数据中蕴含的优秀规则知识和领域专家的人脑认知机制是进一步研究 MSWI 过程智能优化控制的基础。

1.2.1.4 MSWI 过程智能优化控制的难点

综上可知，国内 MSWI 过程的智能优化控制存在以下问题：①MSW 的组分多变、热值不稳定且难以实时检测；②MSW 燃烧机理随其组分的多变性使得已有数值仿真难以刻画真实燃烧过程且缺少全流程模拟；③MSWI 过程的炉内温度场、料层厚度、物料燃烧线等被控变量和锅炉/烟囱出口二噁英、炉渣热灼减率等运行指标的可靠实时检测设备缺失；④MSWI 过程的操纵变量与被控变量众多、相互耦合且不同运行工况下的控制关注点存在差异性，难以确保稳定运行；⑤MSWI 过程长周期的运行特性导致其具有动态时变漂移特性，现有传感设备无法全面覆盖全流程，过程状态难以有效监测和表征；⑥国内多采用单厂多线的大型焚烧炉并行运行模式，炉温多以牺牲经济性保证安全性和环保达标而长期处于高位，缺失有效的全流程管理决策优化。

基于上述问题，笔者认为，针对我国 MSW 的特性，实现具有本土特色的智能优化控制需要进一步研究以下难题：

1）燃烧过程被控对象建模难

通常，精准构建被控对象模型是进行工业过程智能控制研究的基础[43-45]。MSWI 与其他热处理工业（如燃煤电厂、高炉炼铁厂等）的显著区别在于该过程的原料成分波动大且异

构严重，导致其物理化学性质差异性较大且不能实时检测。此外，燃烧机理复杂和领域专家经验差异性等问题导致工况复杂多变，难以构建精确的机理模型或完备的数据驱动模型。因此，面向燃烧过程的被控对象建模是业界难点之一。

2）燃烧过程自适应自组织智能控制难

燃烧过程控制的核心是如何通过“料、风、水”的操作确保稳定燃烧[46]。MSW 组分的多变性和热值的不确定性是燃烧过程不可避免的强干扰因素，设备未知磨损与不定期维护等也是干扰因素之一。作为燃烧过程重要被控变量的燃烧线难以量化，极大地制约了燃烧过程控制水平的智能化发展。此外，操纵变量之间、被控变量之间、操纵变量与被控变量之间还存在强耦合关联性和长时滞特性。这些因素均需要控制器具有自组织的结构和参数以抑制各种干扰的能力。因此，自组织控制是确保 MSWI 过程平稳运行的难点之一。

3）运行指标在线实时检测难

运行指标的在线实时检测是实现工业过程优化设定控制必需的反馈信息。MSWI 过程的运行指标包括**环保指标**（污染物和温室气体排放浓度）、**产品指标**（飞灰产量、炉渣热灼减率、燃烧效率和有机物脱除率）和**经济指标**（MSW 处理费、上网发电量）。除常规污染物和温室气体可采用 CEMS 系统在线实时检测外，其他运行指标受限于技术和成本，目前均难以进行在线检测，具有长时滞性。此外，即使能够构建软测量模型，也依然面临标记样本稀疏、不均衡且期望分布未知等问题。因此，实现运行指标的在线实时检测是必须要解决的难点之一。

4）运行状态感知和故障诊断难

从工业现场可知，异常工况频发是导致引进 ACC 系统难以在我国“本土化”的原因之一。目前基于人工认知经验的故障诊断效率低且易出现误报和漏报，难以确保 MSWI 过程的长时段稳定运行。除蕴含在工况频繁变化的过程数据中的知识难以提取和量化外，领域专家对燃烧火焰所表征知识的提取机制更加难以建模。因此，如何实现仿优秀领域专家的运行状态智能感知和故障诊断是当前待解决的研究难点之一。

5）全流程协同优化运行难

通常，仅依赖于经验差异化的领域专家间的协调配合难以实现复杂工业过程全流程的优化运行[47-48]。MSWI 过程的优化运行目标是“减量低排增效”，即提高 MSW 的减量化比例（**减量**）、降低污染物的排放浓度（**低排**），和增加 WTE 的经济效益（**增效**）。除由于 MSWI 过程包含的多类型焚烧装备间相互影响，导致所涉及的运行指标间相互冲突与约束外，还具有动态时变和多时空尺度等特性。此外，MSW 来源的多样性和成分的复杂性，MSWI 过程运行工况的多变性和工况波动的频繁性等因素也增加了全流程协同优化运行的难度。因此，如何结合 MSWI 工业特性解决全流程协同优化是难点之一。

6）智能优化控制算法验证难

通常，面向实际工业过程所研制的智能优化控制技术在工程应用前须进行验证测试，对实施预期效果和风险进行评估[49]。MSWI 过程固有的多变量、强耦合、强非线性和不确定性等特点加之工业现场对运行安全性、信息保密性和企业经济性等需求，导致新研制的智能优化控制技术难以在实际过程中调试和试验。因此需要以真实运行过程为模拟对象，构建能够集多物理量、多时间尺度、多源多模态数据且能够相互安全隔离的仿真验证平台。显然，这是实现智能优化控制算法仿真与验证，进而能够工程应用必须要解决的难点之一。

1.2.2 MSWI过程智能算法研究与验证应用现状

MSWI技术经历了3个发展阶段[50]：①早期萌芽阶段，以英、德和法首次采用焚烧炉处理MSW为代表[51-52]，该阶段技术不成熟且存在严重的二次污染等问题；②快速发展阶段，采用自动化系统实现集中式控制，炉排从固定式转变为移动式[53-54]，对余热进行回收再利用的模式在欧美得到极大发展[55]；③完备成熟阶段，更多国家关注其在无害化、减量化和资源化等方面的优势并将其作为主要处理技术之一[56-58]，并形成以炉排炉、流化床和旋转筒式焚烧炉为代表的主流[59]；与此同时，开始聚焦能源转换效率和环保排放等问题，这使得末端烟气净化技术得到快速发展，但仍存在控制水平低、过度依赖领域专家经验等问题。

本书将MSWI过程的运行控制研究分为如图1.5所示的6个方面进行现状综述。

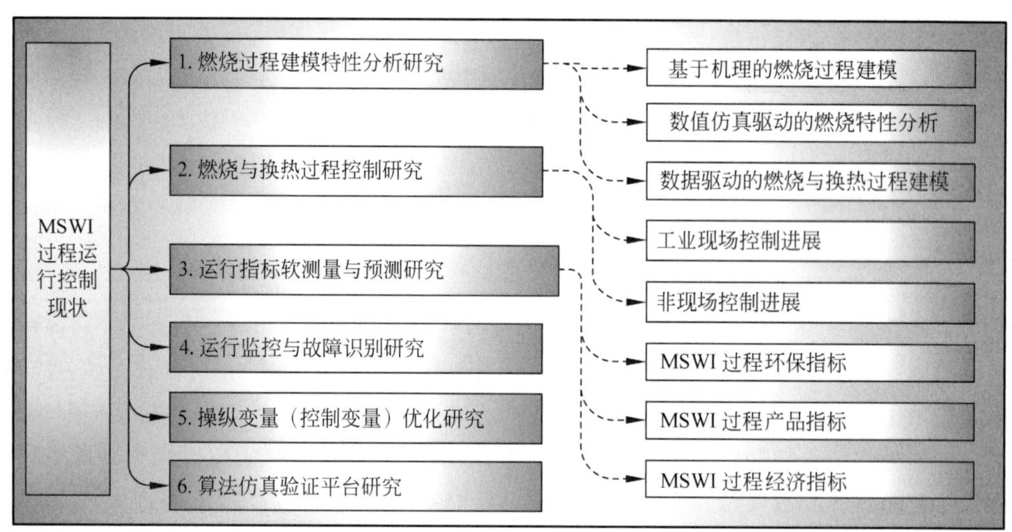

图1.5 MSWI过程运行控制现状

1.2.2.1 燃烧过程建模特性分析研究

MSW燃烧机理所包含的物理化学反应是过程控制和优化研究的先验基础[60]。下文从基于机理的燃烧过程建模、数值仿真驱动的燃烧特性分析和数据驱动的燃烧与换热过程建模3个视角对现有研究进行综述。

1. 基于机理的燃烧过程建模

MSW的非同质组分是固相MSW燃烧机理分析的主要挑战[41]。Peters[61]将煤和焦炭的传热和传质机理应用于MSW床层燃烧建模，基于有限体积方法实现了初步模拟。Goh等[62]在假设MSW燃烧由干燥、热解和气化3个步骤组成的前提下，建立床层燃烧基础理论模型，为后续研究提供支撑。同时，马等[63]将MSW假设为均质几何体颗粒对燃烧过程进行建模，实验表明MSW加热所需时间随颗粒尺寸的增大而显著增加。针对处理量为800t/d的炉排炉，秦等[64]基于挥发分析出和燃烧构建数学模型，模拟了燃烧过程的不稳定性；白等[65]建立了MSW干燥过程机理模型，分析了不同因素对水分蒸发过程的影响。

针对处理量为 400t/d 的炉排炉，王等[66]构建了 MSW 水分蒸发、挥发分析出和焦炭燃烧等模型，研究了进风量对 MSW 固相燃烧的影响。

此外，Shin 和 Choi[67]假设 MSW 为木质颗粒[68]，提出了包含升温、水分蒸发、高温分解、气相燃烧、焦炭氧化等过程的固相燃烧一维数学模型。在此基础上，Johansson 等[69]分析了一维床层数学模型对热传导、反应速率和挥发分组成等参数的敏感性。Magnanelli 等[70]将床层划分成为 N 个不等高的同质模块构建机理模型，结果表明该模型对输入具有良好的动态响应。

上述成果为洞悉燃烧过程内部复杂的物理化学反应机理奠定了良好基础，同时也为控制与优化研究提供了理论和模型支撑，具体而言：机理模型可用于分析操纵（控制）变量（“料、风、水”的量）对燃烧过程的影响，也可在经过现场数据的校正后作为被控对象模型用于验证控制算法和辅助设计先进控制器。

2. 数值仿真驱动的燃烧特性分析

近年来，基于商业软件对 MSWI 过程进行数值仿真成为分析燃烧特性的有效手段之一[71]，在优化工艺设计中发挥着重要作用[72-73]，现有研究可分为固相、气相和固-气相耦合燃烧仿真 3 类。

1）固相燃烧仿真

固相燃烧仿真是精确模拟 MSW 在炉排上经历水分蒸发、挥发分析出、残炭燃烧等过程的主要模式[71]。Yang 等[74]开发的 FLIC 模型最具有代表性，其通过连续性、动量、能量和组分方程模拟 MSW 燃烧过程，分析固体和气体的速度、压力、温度和种类分布；进一步，利用该模型研究一次风量、进料速度、炉排速度、二次风量和原料特性（如湿度、粒度、密度）对燃烧的影响[75]。此外，Şimşek 等[40]采用离散元方法（discrete element method，DEM）仿真固相燃烧。

2）气相燃烧仿真

气相燃烧仿真以商业软件 FLUENT 为主，其能够对炉内高温烟气流动和传热传导现象进行有效仿真。与气相燃烧相关的特性分析包括：黄昕、李艳丽、蔡洁聪和陈镇超等[76-78]采用 FLUENT 获取炉内温度场、烟气停留时间与烟气组分等数据，分析选择性非催化还原（selective non-catalytic reduction，SNCR）脱硝过程与 NO_x 排放间的关系，进而为 SNCR 系统的设计与改造提供理论依据；王克[79]利用 FLUENT 仿真常规空气焚烧、富氧焚烧无烟气再循环、富氧焚烧有烟气再循环共 3 种工况下的燃烧过程，分析不同类型注氧装置作用下的速度场、温度场和浓度场等，为工艺参数优化提供支撑。

3）固-气相耦合燃烧仿真

上述两类单相仿真方法的局限性体现在：固相仿真难以提供燃料床表面的气体浓度、温度和非零梯度边界条件等信息[80]；气相仿真模拟的必要条件是在现场通过实验测量获得仿真模型的输入数据，同时无法对固相燃烧参数进行敏感性分析，其结果精度取决于以实验方式测量的输入数据。针对上述问题，采用固-气相燃烧耦合仿真的方式能够有效予以解决[72]，即炉排固相燃烧和燃烧室气相燃烧的交互式耦合策略[80]。基于 FLIC 与 FLUENT 相结合的耦合框架，Yao 等[81]分析了水分含量和预热空气温度对燃烧的影响，结果表明，当水分含量大于 35%时易出现低燃烧效率的运行工况；林等[82]分析了一次风流量分配和初始料层厚度对 MSW 减重率和炉膛出口 CO 浓度的影响；Costa 等[83]研究了操作量与炉膛温度、烟气停留时间的关系，实验获得了 NO_x 和 DXN 排放控制的优化工艺参数。

上述成果为燃烧机理的可视化和量化提供了支撑，也为控制与优化研究提供了机理知识的支撑：可用于辅助获取 MSWI 运行过程的先验知识和控制器运行的边界条件；可基于实际运行数据对工艺设计视角的数值仿真模型进行误差修正；可为进行智能控制算法的研究提供非常态工况下的运行数据进而辅助提升控制器的自适应性；可基于数值仿真模型提供机理数据以促进被控对象模型逼近实际 MSWI 过程特性，进而辅助完成智能控制。

3. 数据驱动的燃烧与换热过程建模研究

通常，面向具有机理难以精确描述、干扰不确定性大和工况波动频繁等特性的复杂工业过程，利用蕴含领域专家经验的数据构建精准被控对象模型是研究其智能控制的基础[84-87]。笔者将燃烧过程建模分为关键被控变量和扰动（辅助）变量两部分。

1）关键被控变量建模

燃烧过程的关键被控变量是炉膛温度、烟气含氧量、蒸汽流量和燃烧线位置等。

（1）多入单出（MISO）被控变量建模

炉膛温度通常采用热电偶检测，是表征燃烧稳定与否的重要参数，也与污染物排放直接相关[88-89]。建立面向控制目的的炉膛温度模型是实现其稳定控制和算法验证的重要前提[90-91]；已有数据驱动模型包括多模型智能组合[92]、TS 模糊神经网络[93-94]和最小二乘-支撑向量回归（least squares support vector regression，LS-SVR）[95]等，但这些研究多针对较窄范围的单工况进行建模，其适应性有待提高。

烟气氧含量是过氧空气系数的表征量，能够在一定程度上表征燃烧状态[96]，其测量点通常安装在余热锅炉出口（烟气 G1）和烟囱出口（烟气 G3）处，现有研究多聚焦于前者。目前，工业现场主要采用氧化锆分析仪进行检测，软仪表检测仅有 Sun 等[97]提出的基于权重主成分分析（principal component analysis，PCA）和改进长短时记忆网络（long short-term memory，LSTM）的模型。因此，面向控制研究的烟气含氧量模型鲜有报道。

蒸汽流量作为燃烧过程调控的重点对象，是决定余热回收效率和汽轮机发电量的关键变量[98]，其通常采用流量计检测，与软仪表检测模型的相关研究包括：Giantomassi 等[90]采用基于自适应卡尔曼滤波参数更新的径向基（radial basis function，RBF）神经网络，孙等[99]采用基于平均影响值算法进行特征选择的 RBF，杨等[100]采用 LSTM 等。

由上可知，上述研究均采用数据驱动方式构建 MISO 软仪表/预测模型，并不是面向控制的被控对象建模。

（2）多入多出（MIMO）被控变量建模

燃烧过程是典型的 MIMO 系统，并且操纵变量与被控变量间耦合严重。针对上述问题，Leskens 等[101]构建了面向烟气含氧量和蒸汽流量的 ARX 模型；进一步，针对炉膛温度、烟气含氧量和蒸汽流量，Chen 等[102]构建了基于权重自适应粒子群优化（particle swarm optimization，PSO）的级联传函模型，Wang 等[103]构建了 RF 和 GBDT 混合集成模型，丁等[46]构建了 T-S 模糊神经网络模型等；上述成果虽为控制算法的研究提供了支撑，但模型精度差，在多工况下的适应性问题仍未解决。

针对燃烧线，Miyamoto 等[104]给出了基于过程数据和火焰图像的量化方法，但构建操纵变量与燃烧线间映射模型的研究还未见报道。因此，考虑燃烧过程的非线性和强耦合性，借鉴其他工业过程研究成果[105-106]，构建具有复杂工况适应性的面向控制的 MIMO 被控对象模型的研究仍有待深入。

2）辅助变量建模

除上述关键被控变量外，燃烧过程的稳定还依赖于众多辅助变量（扰动量或中间变量）。此处仅关注 MSW 热值、料层厚度和燃烧线状态检测模型，其他与故障识别相关的研究见 2.4 节。

（1）MSW 热值

MSW 热值是关系燃烧过程稳定与否的重要因素，直接影响操作策略选择、是否添加辅助燃料及添加时的使用量和焚烧企业的设备运维、经营管理及经济效益等方面[107-108]。针对 MSW 热值难以直接检测只能离线化验的问题，陈和曾等[109-110]基于热平衡机理进行实时估算；van Kessel 等[111]最早基于易采集过程数据的热值软仪表检测模型，之后相继出现了基于 BPNN[112-116]、L-M 反向传播神经网络[117]、RBF[112]、ANFIS[112]和模糊神经网络[118]等的模型；非神经网络模式的软仪表模型包括 SVM[119]、LS-SVM[120]和 RF[119]等。同时，You 等[119]对基于 ANN、ANFIS、SVM 和 RF 的软仪表模型的对比测试表明，ANFIS 的性能最佳，RF 次之，最差为 ANN；最近，文献[121]提出了基于深度学习与图像识别的热值实时检测模型的设想。但是，用于构建热值软测量模型的真值样本存在获取成本高、样本稀疏、覆盖工况范围有限等问题，需结合建模数据特点提升泛化性能。

（2）料层厚度

料层厚度随燃烧过程的进行而动态变化，与 MSW 热值和蒸汽流量紧密相关，也可作为被控变量；多采用核仪表进行直接检测，但存在价格昂贵、维护困难和实用性差等问题。因料层厚度的真值难以获取，目前的软仪表模型多从物理属性视角出发，利用风压、风量、负压和炉排面积等数据进行间接动态计算[110,122-123]。可见，与热值检测类似，对于料层厚度，有待研究更为有效和经济的检测方法。

（3）燃烧状态

燃烧状态包括燃烧线位置与火焰面积、高度、亮度等关键特征信息[124]，与 MSW 的偏烧、局部烧穿，以及炉膛内的结焦、积灰、腐蚀等问题直接相关[104,125]。目前，现场采用基于人工观火孔直接识别和基于工业摄像机采集视频凭经验或采用图像处理间接识别 2 种方式。Duan 等[126]构建了基于多尺度颜色矩特征和 RF 的燃烧状态识别模型，郭等[127]提出了基于生成对抗网络混合增强的燃烧状态识别策略，但上述方法仅关注并不能完全表征燃烧状态的燃烧线位置的识别。Han 等[128]提出了基于半监督策略能够识别未知火焰燃烧状态的模型。同时，针对燃烧火焰图像与火焰温度之间的关系，孙等[129]提出了采用声波发射温度检测方法重建火焰各区域温度场的策略，实现了温度监测的可视化和数字化；Zheng 等[130]结合牛顿迭代法和 Hottel 发射率模型，建立了多光谱火焰图像与温度间的关系模型。此外，Yan 等[131]和 He 等[132]采用光谱仪检测火焰构建了其特征与所排放碱性金属浓度（钠、钾、铷）之间的映射模型；Zhou 等[133]基于蒙特卡罗和多成像角度进行火焰温度的三维可视化建模。由上可知，如何基于多模态图像检测燃烧状态，并与过程数据进行融合验证的研究还有待深入。

1.2.2.2 燃烧与换热过程控制研究

研究表明，实现 MSWI 全流程稳定运行的关键是焚烧炉[134]。如何对工艺参数众多、存在强耦合性和强非线性的燃烧与换热过程进行有效控制一直是工业界和学术界的核心研究问题之一。下文分别从工业现场和非现场控制的视角开展综述，以使工业应用和学术研究的界限更为清晰，填补两者之间的鸿沟[15]，进而推进后者转向前者。

1. 工业现场控制进展

国外广泛应用的 ACC 系统于 1978 年由日本 Takuma 公司研发并实际应用[15]，之后德、美等国家开始引进并研发适用于本土的改进版，至 1985 年其框架已逐渐完善。ACC 系统的核心是控制稳定的炉膛温度和蒸汽流量，其策略如图 1.6 所示。

由图 1.6 可知，被控变量包括炉膛温度、蒸汽流量、烟气含氧量、料层厚度和燃烧线位置，操纵(控制)变量包括一次风流量、二次风流量和各炉排速度，其核心理念是依据经验设定的 MSW 消耗量、热值和过量空气系数，根据被控变量的变化实时计算操纵变量的输出值[50,135,136]，进而实现以下目标：①炉膛温度大于 850℃，高温烟气在此温度停留 2s；②炉渣热灼减率小于 5%；③产生稳定的蒸汽流量；④余热锅炉出口的烟气含氧量维持在合理范围内。

通常，在 MSW 热值稳定和工况正常的情况下，上述 ACC 系统能够控制燃烧与换热过程的自动运行[137]。但是，在异常工况下，如因 MSW 未能充分混合发酵而导致成分与热值波动、蒸汽流量小于额定值且炉温下降、蒸汽流量大于额定值且炉温升高以及在焚烧设备检修期间，均需要强人工干预才能实现燃烧过程的稳定。因此，工业界对此进行了改进研究。

1）国外 ACC 系统研究

Onishi[16]在 ACC 系统上增加了控制风量和风温的模糊控制器，表明其鲁棒性和控制效果更优；Schuler 等[17]采用红外热像仪替代热电偶检测炉膛温度及其波动信息，有效改善了 ACC 系统微调过程的快速响应性；Miyamoto 等[104,138]将利用神经网络建立的燃烧状态识别模型作为系统的反馈信息，有效降低了 CO 的排放浓度；随后，Zipser 等[18]基于红外图像分析在线检测 MSW、烟气和火焰的温度信息，辅助燃烧控制；曾等[139]针对炉排翻动造成的炉膛负压波动问题，采用基于滤波算法的控制方案保证其与炉膛温度的稳定。

2）国内 ACC 系统研究

许等[140]针对炉排炉设计蒸汽流量闭环控制策略以适应 MSW 热值变化，在保证充分燃烧的基础上，进一步实现了连续长期稳定运行；王海强[141]在 ACC 系统的基础上，提出了将烟气排放指标的控制时段前移，并将脱硝、石灰浆、排放因子等加入 ACC 系统控制逻辑的策略，初步实现了 MSWI 过程的 ACC 的本土化改进。

3）非 ACC 系统研究

此外，面向炉膛温度控制，Ono 等[142]将模糊规则控制应用于日本某 MSWI 电厂，沈等[143]将领域工程师经验归纳总结为模糊控制规则应用于深圳某 MSWI 电厂，Carrasco 等[144]面向西班牙某 MSWI 电厂开发基于专家规则的燃烧控制系统。

尽管引进 ACC 系统已在国内历经多年的工业应用，但目前实际 MSWI 电厂的控制仍基本停留在基础控制水平，尤其在引进系统的部分检测仪表和设备损坏的情况下，更多的是以依赖领域专家凭经验的手动控制模式运行，这显然不能实现长期的稳定优化运行状态。因此，在缺少相关积累和国外公司封锁相关技术的背景下，以及已经具有多年实际摸索经验的基础上，需要研究拥有我国本土化特色的工业现场智能控制模式。

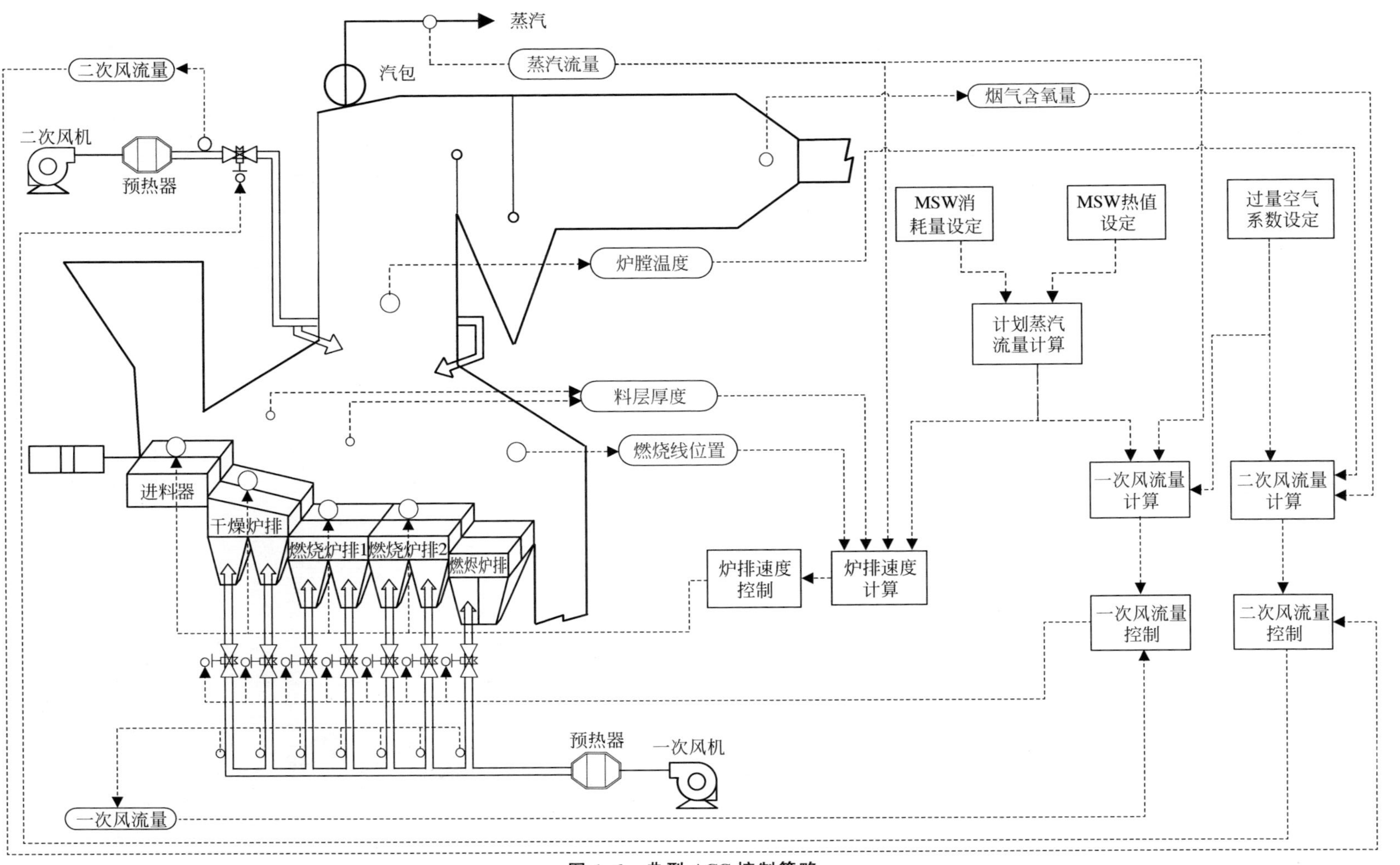

图 1.6　典型 ACC 控制策略

2. 非现场控制进展

在20世纪末,发达国家开始采用环保政策限制MSWI电厂的污染排放[15],随之其控制目标变更为:①炉膛温度大于850℃且稳定;②炉膛支撑均匀稳定的热能输出;③余热锅炉出口烟气含氧量稳定。显然,当且仅当运行在炉膛温度、蒸汽流量和烟气含氧量的稳态点时才能实现上述控制目标。为满足实际需求,学术界针对关键被控变量从单入单出(single-input single-output,SISO)和多入多出(multiple-input multiple-output,MIMO)视角展开了大量研究。

1) SISO控制

(1) 炉膛温度控制

针对炉膛温度的稳定控制问题,国外相关研究报道较少,仅有Krause等[145]在分析模糊规则控制器在德国某MSWI电厂应用中存在的局限性后,提出的神经网络模糊控制器,但未仿真测试其效果。由于国内引进系统普遍存在"水土不服"的现象,研究学者对此开展了大量研究。在模糊控制方面,钱等[137]采用BPNN构建了MSW含水量估计模型,并对基于模糊规则的推料器控制进行补偿;随后,沈等[146-147]提出了具有自调整因子的模糊规则控制,仿真表明其能稳定控制炉膛温度;在文献[143]的基础上,昌等[148]设计了具有加权自适应因子的模糊规则控制器,结果表明其具有良好的控制效果;考虑工程应用中的实时性需求和计算内存消耗等实际问题,王等[149]提出了具有优化量化因子和自整定比例因子的分层模糊规则控制策略,特点是可根据工况选择修正因子;在文献[145]的基础上,胡等[150]提出了T-S模糊神经网络控制器,表明其响应速度更快、控制精度更高;在传统PID控制的基础上,代等[151]提出了模糊自适应PID控制以增强系统的抗干扰能力、灵活性和适应性,何等[152]提出了基于RBF的PID参数动态调整策略以抑制扰动;此外,Ni等[153]、肖等[154]和Wu等[155]提出了仿人智能控制(human simulated intelligent controller,HSIC)策略,即在控制与结构方面模拟领域专家的认知机制与操作行为,在此基础上,巫茜[156]提出了基于PSO算法改进的HSIC温度控制算法。上述面向炉膛温度的SISO控制研究均取得了令人满意的结果,但其控制器的控制量单一,导致其难以切合实际而实现工程上的应用。

(2) 烟气含氧量控制

针对烟气含氧量的稳定控制问题,目前仅有孙等[157]提出的基于模糊C均值的RBF神经网络自适应模型预测控制,在分析控制系统的稳定性后,仿真验证了有效性。

(3) 蒸汽流量控制

针对蒸汽流量的稳定控制问题,国内仅见Chen[158]和Yang等[159]以炉排速度为操纵变量采用模糊规则控制器的仿真研究,能显著降低因异常工况而导致的蒸汽流量波动问题。随后,国外Watanabe[160]采用固定时间周期(包含前馈、暂停、反馈和等待4个阶段)窗口的反馈控制策略实现稳定控制;进一步,Annunziato等[161]提出了综合模糊逻辑、神经网络和进化计算的控制策略,其不仅有效且有助于降低污染物排放;此外,Falconi等[162]提出了基于线性二次型调节器的稳定闭环控制系统。

2) MIMO控制

(1) 双入双出控制

针对蒸汽流量和烟气含氧量的同时控制问题,Leskens等[163]提出了线性模型预测控制(linear model predictive control,LMPC)策略,表明操纵变量与被控变量的误差均优于传统燃烧控制系统;针对强非线性特性导致 LMPC 策略难以获得最优控制效果的问题,Leskens 等[164-165]提出了非线性模型预测控制(nonlinear model predictive control,NMPC)策略,通过滚动时域估计最优布风量与布料量;此外,Leskens 等[166]提出了将 2 个控制回路的部分进行耦合控制的 PID 控制策略,结果表明能有效改善设定点跟踪特性,显著改善企业经济效益。

针对炉膛温度与烟气含氧量的同时控制问题,丁等[23]提出了基于多任务学习的自组织模糊神经网络控制器,但适用工况为单一;针对炉膛温度、蒸汽流量和过热器温度的同时控制问题,Chang 等[167]提出采用遗传算法确定全局最优模糊规则的遗传模糊控制逻辑器;在此基础上,Chen 等[168]利用神经网络调整模糊控制规则及相关参数以获得更优的模糊规则库,结果均表明能实现稳定控制。

在蒸汽流量、烟气含氧量及过热器温度的控制问题上,国内暂无相关研究报道。国内研究主要偏向于炉膛温度和蒸汽流量的稳定控制问题,肖会芹[169]提出了将蒸汽流量粗调和炉温偏差细调相结合的自适应模糊控制,即分别采用模糊 PID 和基于 PSO 优化的模糊规则控制器;在此基础上,湛腾西[170]采用神经网络 PID 控制器取代模糊规则控制器改进温度回路,实验结果表明上述方法均能实现稳定控制。

(2) 3 入 3 出控制

针对炉膛温度、蒸汽流量和烟气含氧量 3 个主要被控变量,Ding 等[171]提出了基于准对角递归神经网络的多回路 PID 控制策略,能够根据误差信号进行控制器参数的自适应调整,仿真验证了有效性;但上述研究适用工况为单一,普适性有待增强。

由上述研究可知,工业界和学术界的研究着重点存在差异性。IFAC 的综述表明,解决上述问题需要以团队为单位,在熟悉工业现场和掌握控制理论与算法的基础上进行研究。显然,如何进行更加深入的学术研究以增加其普适性和应用性,使其应用方法更趋向于工业界需求,仍是有待解决的难点问题。

3. 运行指标软测量与预测研究

智能优化控制的目标是在保证 MSWI 过程安全稳定运行的条件下,在运行指标控制在工艺要求的目标值范围内的前提下,确保环保指标(降低固、液、气态污染物和温室气体排放浓度)达标、提高产品指标(降低炉渣热灼减率和飞灰产量,提高燃烧效率和有机物脱除率)和经济指标(降低 MSW 处理费用、提高上网发电量)。显然,实现上述目标的关键之一是实现运行指标参数的实时检测与预测。

1) 环保指标

颗粒物与 NO_x、SO_2、HCl、HF 等酸性气体和 CO_2 的排放浓度可通过 CEMS 系统实现在线检测,有毒重金属和 DXN、VOC 等有机污染物的排放浓度主要依靠在实验室内以离线化验的方式实现[172]。

(1) NO_x 排放

针对可在线检测的环保指标,考虑到 CEMS 系统的可靠性和实现智能优化控制的需求,有必要构建其预测模型。Matsumura 等[173-174]首次提出采用系统辨识构建 NO_x 排放软仪表模型,并将其输出作为控制 NH_3 注入量的反馈信号。此外,Huselstein 等[175]采用连续时间系统辨识[176]构建以烟气含氧量和二次风流量为输入的 NO_x 排放多传函模型，并分析风流量、进料量等操纵变量对 NO_x 排放的影响。随后，众多研究学者采用机器学习算法构建 NO_x 排放预测模型，如张等[177]采用 BPNN、段等[178]采用并行模块化 RBF、Meng 等[25]采用串行模块化 RBF 和 Duan 等[179]采用模块化 LSTM 等。

(2) 其他常规污染物排放

针对 SO_2，Li 等[180]基于 LSTM 构建预测模型。上述基于机器学习的预测模型均能在特定场景下实现环保指标的有效预测。面向颗粒物、HCl 和 HF 等污染物的预测模型目前还未见报道[181]，现有研究多采用流体动力学等软件进行数值仿真[182-183]，可为优化工艺设计和机理分析提供支撑。特别地，面向 MSWI 过程碳排放的研究还未见文献报道。

(3) DXN 排放

针对不可在线检测的环保指标，本书仅针对引起焚烧建厂“邻避效应”的 DXN 软测量建模[14]进行综述。从产生机理上，DXN 的生成、分解、再合成和吸附等反应分布于 MSWI 全流程，相应的物理化学反应均在短时间内发生，存在至今仍未能够合理阐释的“记忆效应”[184]。从现场采样和实验室检样所耗费的时间、人力和经济成本上来说，获取完备建模样本存在极大困难。

从智能优化控制需求的视角，根据研究工作的时间线本书将 DXN 在线软测量建模(有关离线检测和在线间接检测的研究详见文献[5])分为基于线性回归分析(主要集中在国外)、基于经典机器学习(国内外均有涉及)和基于深度学习(主要集中在国内)3 类。①基于线性回归分析，Hasberg 等[185]建立了烟气温度、CO 浓度与 DXN 浓度间的映射关系；Chang 等[186]建立了多元线性回归分析模型，表明在烟气含氧量为 7%时 DXN 浓度与燃烧室温度和 CO 浓度间呈现线性映射关系，在此基础上，建立了 DXN 浓度与烟气流量、炉膛温度、操纵变量之间的线性映射模型；此外，Ishikawa 等[187]通过回归分析实际测试数据建立了烟气含氧量、一次风量占比及总风量与 DXN 浓度间的线性模型。②基于经典机器学习，采用神经网络算法的研究包括遗传规划进行参数辨识的 BPNN[188]、基于遗传算法优化参数的 BPNN[189]、相关性分析和 PCA 选择特征的 BPNN[89]、进化算法优化的随机权神经网络(random walk graph neural network，RWNN)[190]、虚拟样本生成与优化选择的 RWNN[191-192]等模型，采用支持向量回归(support vector regression，SVR)算法的研究包括基于机理选择特征 SVR[193]、超参数自适应选择性集成 SVR[194]、基于 PCA 分区域提取和选择潜在特征的选择性集成 SVR[195]等模型，采用偏最小二乘(partial least squres，PLS)算法的研究包括基于多层特征选择的 PLS[196]和基于选择性集成的核 PLS[197]等模型，以决策树算法为基学习器的研究包括基于 RF 和 GBDT 的混合集成[198]和基于样本迁移学习的 RF[199]等模型。③基于深度学习，包括可微分和不可微分深度学习 2 种[200]，其中，可微分深度学习指深度神经网络类方法，如基于改进深度信念网络模型[201]；不可微分深度学习指以决策树为基学习器的深度集成类方法[200,202]，包括深度森林回归(deep forest regression，DFR)[203]、级联全联接 DFR[204]、基于 PCA 特征提取的 DFR[205]、改进 DFR[4]、半监督 DFR[206]等模型。目前国内研究主要针对 G3 烟气位置的 DXN 浓度构建软测量模型，存在以下共性问题：①建模样本稀少模型性能提升受限；②结合 MSWI 过程工艺与 DXN 机理特性的研究缺失；③现有模型难以全面从生成机理上支撑 DXN 减排控制。

综上，面向 MSWI 过程环保指标软测量与预测建模的研究需要依据不同指标的特性进行深入探索。

2）产品指标

环保过程的产品指标与选矿、石化等流程工业存在显著区别，即前者不具有商品属性[207]。本书从控制科学的研究视角，将 MSWI 过程的产品指标确定为飞灰产量、炉渣热灼减率和燃烧效率。

(1) 飞灰产量

MSWI 过程产生的飞灰来源于 MSW 燃烧、脱硫脱酸产生的颗粒物和吸附 DXN 和重金属后的活性炭[208-209]等，对人类和生态环境的可持续发展具有巨大的潜在危害性[210]。鉴于目前 APCD 技术的局限性和环保排放政策的日趋缩紧性，加之飞灰产量难以有效控制，工业界和学术界的研究焦点主要集中在飞灰无害化处理[211-212]和资源化利用[213-214]等方面[215]。因此，面向飞灰产量的建模、预测和智能优化控制方面的研究仍是待解决的挑战性问题。

(2) 炉渣热灼减率

炉渣热灼减率指炉渣经灼烧后减少的质量占原炉渣质量的百分数，是评价焚烧效果和 MSW 减容率的重要指标[216]，国家相关标准规定其上限是 5%。目前，炉渣热灼减率采用现场采样、运输送样及实验室内采用称量、烘干、灼烧、冷却和分析等步骤检样的离线检测模式[217]。对此，罗等[218]研制了炉渣热灼减率在线检测设备，但恶劣的工作环境导致其难以长周期地稳定运行；孙等[219]将炉渣外貌特征与其热灼减率进行关联，但未构建相应的映射模型。上述研究为炉渣热灼减率的在线可靠检测提供了初步探索思路。目前，针对炉渣热灼减率的工艺控制是从专家经验视角提供操作策略，如增加在炉排上的燃烧时间和采用富氧燃烧[220-221]等。

(3) 燃烧效率

燃烧效率是指表征燃料燃烧时加热燃烧产物的热量与该燃料在绝热条件下完全燃烧时所释放的低位发热量之比。目前针对 MSWI 过程的有关燃烧效率的研究暂无报道。国家标准《危险废物焚烧污染控制标准》(GB 18484—2020)给出的定义为：烟道排出的气体中 CO_2 浓度与 CO_2、CO 浓度之和的百分比。针对燃煤与其他可燃物的掺烧研究[222-223]表明，燃烧效率指标能够定量评价燃烧状态。通常，该指标越高越好，但其与 CO 浓度和碳减排指标相矛盾，因此需要进行多目标优化研究。

综上可知，国内外未见利用产品指标开展 MSWI 智能优化控制研究的相关报道。理论上，产品指标的优化控制能够降低 MSWI 电厂的运行成本，是 MSWI 过程持续化发展的必经之路。

3）经济指标

通常，MSWI 电厂的经济收益主要源于 MSW 处理费和上网发电量。鉴于 MSWI 过程的固有环保属性，其额定处理量和汽轮机发电量在工艺上是相对固定的，因此在实际运行中应保持工艺上限值以确保最佳收益。一般而言，典型 MSWI 电厂的发电量为 0.3～0.7MW · h/t[224]。在正常运行条件下，确保发电量接近工艺上限目标值的变化情况包括①MSW 热值高，处理量下降；②MSW 热值适中，处理量增加；③MSW 热值低，MSW 处理量显著增加。考虑工艺上的局限性，在 MSW 处理量增大时需要降低发电效率，而此时的热交换效率和燃烧效率反而增大，这就需要将额外增加的热能用于一、二次风加热和其他需要热能的环节，以便实现能量的最大化利用。由此可知，在进行面向 MSWI 过程的智能优化控制研究时，需要对上述经济指标进行转换。目前，针对该方面进行建模与预测的研究还未见报道。

4. 运行监控与故障识别研究

目前，MSWI 电厂现场故障检测是在 DCS 监测过程数据、工业摄像机监测炉内火焰及运维人员定期人工巡检提供现场信息的基础上，由领域专家凭经验进行诊断。因此，存在以下问题：①DCS 系统高度集成的众多设备所蕴含信息频繁变化，异常工况报警功能仅依据所采集数据是否超过限制值触发，易造成误报且难以溯源；②燃烧过程的高温、强光现象及其所产生的熔融态物质导致工业摄像机并不能完全捕捉清晰的燃烧画面，使得操作工程师难以做出良好决策，而非精准的决策失误极易引发工况波动；③巡检工程师在高温和大噪声环境下依靠听视觉感知 MSWI 过程运行状态的模式仅能判断设备是否正常，却难以保证其优化运行。由此可知，领域专家凭经验在现场进行故障监测的模式存在次优性、滞后性和主观性等问题，难以确保 MSWI 过程的安全性、稳定性和最优运行。

1）定性检测

20 世纪 90 年代起，国外研究学者开始探索将计算机和人工智能技术用于 MSWI 过程的故障诊断，辅助领域专家进行决策。针对焚烧系统和锅炉系统，Ono[225]研制用于 MSWI 电厂的模糊专家故障推理系统，能够在 DCS 系统设定的报警限内和外进行征兆分析与预警和故障报警、分析与识别。随后，国内在故障的定性检测问题上开展了大量研究，例如，针对尾气排放和蒸汽流量异常，Chen 等[226]基于聚类分析、神经网络和蒙特卡罗（Monte Carlo）统计进行在线诊断。针对 MSW 局部烧穿、排渣不畅和炉内结焦等故障，陶等[227]基于工艺分析和历史经验构建故障树后再采用规则推理专家系统进行检测，实验表明其正确率可达到 90%；同时，陶等[228]采用 BPNN 集成建模策略对排渣不畅和结焦故障进行诊断。针对燃烧状态识别，周志成[229]构建了基于 BPNN 的诊断模型，其正确率高达 99%，但存在易过拟合、对训练样本要求高等问题。此外，针对过热器与省煤器漏水、水平烟道积灰与结渣、炉膛结焦和排渣不畅等故障，Ding 等[230]构建了基于 RWNN 相似度检索的案例推理模型，实验表明性能良好。但是，上述方法在本质上均为构建分类器模型，仅能判断是否发生故障，不能进行故障的量化与定位。

2）定量检测

基于现场数据进行故障定量检测的多元统计过程监控（multivariate statistical process monitoring，MSPM）技术已受到工业界和学术界的广泛关注[231-233]，其基本策略为：首先，利用正常工况数据建立潜结构模型；其次，将采集的高维变量投影至低维空间；再次，通过比较统计指标（如平方预测误差和霍特林 T^2 统计量）是否超过其控制限以确定是否发生故障及发生故障时的程度；最后，通过数据重构进行故障定位。Zhao 等[234]首次采用 PCA 与规则推理进行焚烧炉故障的定量检测，结果表明能够有效降低故障误报率。Tavares 等[235]采用了基于 PCA 和 PLS 的故障诊断，结果表明两种算法的统计指标均能够有效定位故障。由此可知，面向 MSWI 过程的故障定量检测研究较少，通常只采用线性 PCA 或 PLS 方法。显然，MSWI 过程的动态、非线性、多尺度、多模态等特性对 MSPM 的理论和应用研究均提出了新挑战。

5. 操纵变量(控制变量)优化研究

目前针对 MSWI 过程的主要被控变量(炉膛温度、烟气含氧量、蒸汽流量、燃烧线等)的设定值进行优化的研究还未见报道,已有研究多聚集于面向"布风布料"的操纵变量(控制变量)设定值的优化[236]。为实现 MSWI 过程的智能优化控制,上述两种视角的目标均是在满足多种等式及不等式约束的条件下,实现最小化尾气排放指标、最大化燃烧效率、最小化物料消耗等经济指标,以及优化其他相关产品指标。因此,MSWI 过程操纵变量的优化设定需要采用智能优化算法对多冲突目标进行寻优。

国外进行了面向燃烧过程进料量的优化设定研究,如 Anderson 等[237]采用多目标进化算法进行最优设定值搜索,能够有效确保最大化的进料量和最小化的灰分碳含量的目标。目前,国内研究主要偏向于燃烧过程的燃烧风量优化设定,例如,夏恒[236]基于领域专家知识采用案例推理对其进行智能设定;在该研究的基础上,丁等[238]进一步对二次风流量进行智能补偿,实现了二次风流量的优化设定;但是,案例推理智能设定的核心思想是基于专家经验的重用,优点是设定结果符合经验认知,缺点是范围受限难以寻找最优设定值。最近,乔等[239]提出了基于分阶段多目标 PSO 算法的一、二次风流量优化设定算法,基于工业数据进行了算法验证,具有较强的全局寻优能力和鲁棒性,为后续研究提供了支撑。上述针对操纵变量的优化设定,在针对单稳定工况时具有较好的优化效果,但存在未考虑具有多工况适应性的"布风布料"优化及多类型的优化目标,也未结合 MSWI 过程的多模态数据等问题。

由上可知,面向被控变量进行优化的研究在国内外暂无报道。显然,该方向还有待于深入,尤其是在多冲突目标与多被控变量优化设定、多模态数据驱动的全流程运行指标优化设定等方面是未来面向 MSWI 过程特性进行优化研究的挑战性问题。

6. 算法仿真验证平台研究

工业过程智能优化控制算法的验证分为离线实验室仿真实验和在线现场应用调试 2 个部分。智能优化控制算法需要通过接近工业现场的仿真环境进行性能测试和评估,提高算法与实际工业的契合度,促进学术界与工业界的联合以使得研究成果落地。基于上述考虑,汤等[49]提出了由真实生产过程控制系统和虚拟过程控制对象组成的复杂工业过程半实物仿真实验平台,为纯软件仿真和工业试验搭建了桥梁,为智能算法的验证测试提供了近实际系统的仿真环境。

为搭建面向国内 MSWI 过程的仿真平台,严等[240]开发了由真实设备层和虚拟对象层组成的监控半实物平台;进一步,Wang 等[241]建立了多回路控制虚拟对象模型和开发多回路控制软件系统以完善半实物平台;上述研究虽为控制算法的应用验证提供了支撑环境,但在精准模型构建、智能控制算法开发等方面的研究仍有待深入,并且还未实现考虑工业现场不允许外部系统接入等限制条件下的闭环智能优化控制平台的搭建。进一步,面向多模态模型构建与验证中存在的采样难、同步难、匹配难等问题,Wang 等[242]研制了能够同步多模态历史数据的建模与验证平台,但其仍需结合半实物智能优化控制仿真平台进一步完善。

上述研究成果为智能优化控制算法提供了可靠的工程化验证环境,但针对 MSWI 电厂的安全性要求,如何实现上述平台与实际工业过程无缝交互对接的研究还有待深入。此外,MSWI 过程的数字孪生平台也是未来研究需要关注的方向。

1.2.3 MSWI过程智能算法研究与验证应用讨论与分析

1.2.3.1 MSWI过程智能优化控制的必要性

我国的MSWI电厂从体量方面而言，占比已远超国际平均水平；从质量方面而言，通过工艺本土化和设备改造等创新，尾气排放和余热利用等指标已达到国际先进水平[243]。但是，未来发展依旧面临以下诸多问题：MSW成分复杂、随季节与区域波动和发酵程度不均匀等特性；MSW热值、燃烧线、料层厚度、热灼减率和DXN排放浓度等工艺参数和运行指标难以实时检测与准确预测；燃烧状态不稳定、燃烧线难以量化等阻碍有效反馈控制，从而导致污染排放波动大；MSWI电厂为确保排放达标采用炉温超高位运行导致维修和故障频繁，以及故障检测与诊断严重依赖于领域专家等。此外，政府对环保排放的监管力度日益增大也是必须重视的一环。

目前MSWI过程的控制主要依赖于多个专业岗位上的领域工程师，通过个体分工与群体决策机制，借助DCS系统的基础回路控制和逻辑控制，凭借经验以先进行感知与预判、再进行协调与沟通的不间断的工作模式实现在线运维与运行优化。显然，这种人工结合DCS的运行模式难以及时准确地以最优策略进行异常工况的预测、判断与处理，难以决策得到最优运行指标的目标值，尤其是当运行工况发生变化时，更是难以有效保障MSWI过程长时间运行于安全与优化状态。显然，亟须通过智能优化控制技术实现MSWI过程的智慧化、低碳化、无害化、高效化和盈利化的可持续发展，提高余热锅炉系统能源利用效率和烟气净化系统材料回收效率，同时保持甚至降低运维成本，进而实现企业利润最大化和污染物排放最小化。此外，通常新的智能优化控制技术与工业过程的融合均需要在小试、中试和应试等多个步骤与环节下进行测试评估[244-245]。因此，对于安全性要求较高的MSWI过程，迫切需要搭建半实物数字孪生平台以实现对实际过程的虚拟数字仿真和半实物仿真，通过双向映射和信息交换以进行算法验证。

综上可知，目前有诸多因素导致国内MSWI运行不稳定。MSWI发电企业的生产运营主要采用三班(早中晚)轮替制度，每个班次的领域专家对焚烧全流程运行设备的操作控制频繁、现场巡检次数多、设备更换维护量大；这种高劳动强度导致领域专家的体力和精力难以适应，尤其是在晚班时，相应地使得MSWI过程的运行状态难以稳定。针对特定的突发状况，虽然国内MSWI电厂均能采用辅助技术或应急预案予以处理，但燃烧过程依然会存在难以预料的困难并为后续运行造成隐患。智能化是指利用新一代信息技术实现人机交互式的智能控制、智能运维、智能应急与巡检，辅助领域专家智慧化运营MSWI电厂。显然，具身智能化是MSWI发电企业运营和发展的必由之路，通过智能化技术实现全流程优化控制，减少领域工程师95%以上的手工操作，是持续化发展的必然要求，这也对未来的智能优化控制研究提出了更高的要求。

因此，为应对我国MSWI行业智能优化控制所面临的种种难题，研发具有本土特色包含运行指标建模与预测、不同工艺阶段智能控制、全流程协同优化决策和半实物数字孪生平台的智能优化控制技术是提升行业水平、抢占新一轮MSW处理技术制高点和破解MSWI电厂“邻避效应”的重要手段，也是中国环保产业可持续发展的客观趋势。显然，研制MSWI智能优化控制系统既符合我国循环经济产业发展的内在要求，也是树立我国MSWI行业优势和实现行业优化升级的必然选择。

1.2.3.2 MSWI过程智能优化控制的发展方向

在本质上，将新一代信息技术和人工智能与特定工业场景相结合，即工业人工智能技术，能够为复杂工业过程的高性能控制器设计、智能运行决策、智慧化升级等创新应用提供支撑[246]，其目的是适应复杂多变的工业环境以完成多样化的运行目标和任务[247]。显然，MSWI过程的高效化、绿色化可持续发展目标需要与工业人工智能技术的深度融合才能实现智能优化控制，进而降低或减少对领域专家即知识型工作者的依赖。因此，迫切需要研究MSWI过程的指标建模与预测、智能控制、全流程协同优化决策及半实物数字孪生平台构建技术，其相互关系如图1.7所示。

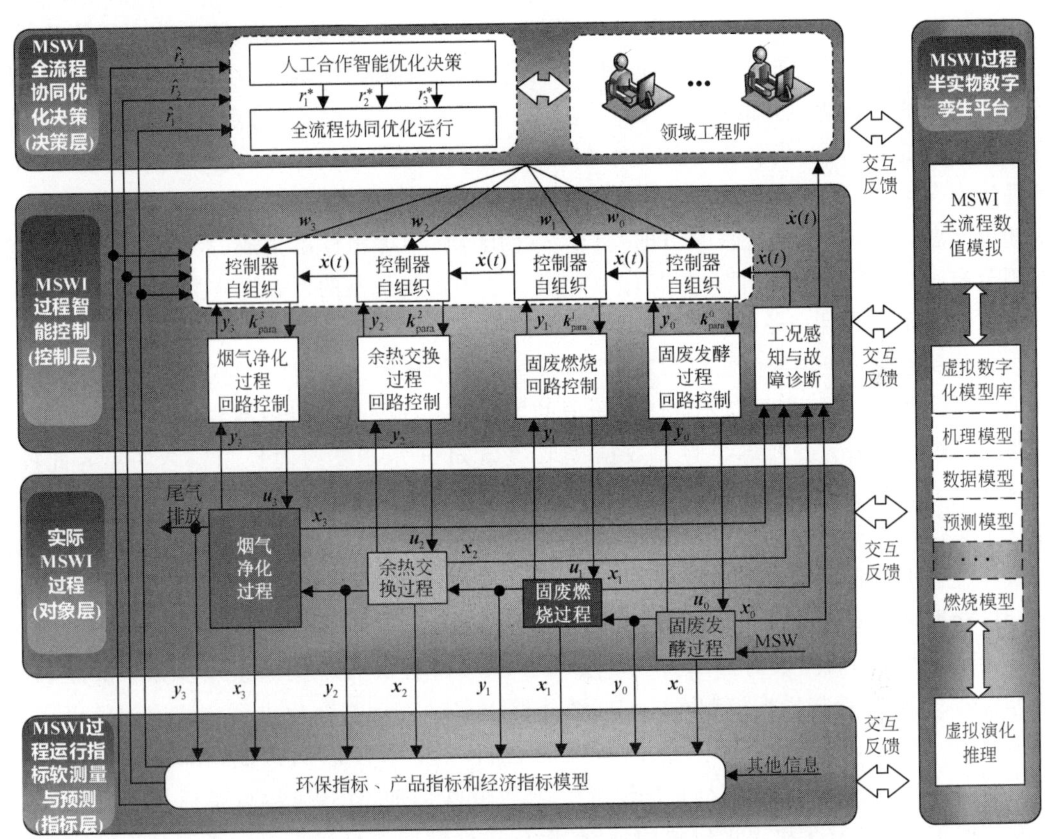

图1.7 MSWI过程智能优化控制结构

由图1.7可知，数字孪生平台与实际MSWI过程(对象层)、过程运行指标软测量与预测(指标层)、过程智能控制(控制层)和全流程协同优化决策(决策层)进行信息的交互反馈，后4个层级之间的信息传递关系为：对象层接收控制层所传递的控制器输出$\boldsymbol{u}_i$，并将对象层运行得到的被控变量检测值$\boldsymbol{y}_i$实时反馈给控制层，此外，过程对象状态(变量)信息$\boldsymbol{x}_i$被传递给控制层的工况感知与故障诊断模块，同时指标层的各模型基于$\boldsymbol{x}_i$、$\boldsymbol{y}_i$和其他信息计算运行指标测量值/预测值$\hat{\boldsymbol{r}}_i$并反馈给控制层和决策层；控制层基于决策层的被控变量优化设定值$\boldsymbol{w}_i$、$\boldsymbol{y}_i$和工况感知与故障诊断模块所获得的$\dot{\boldsymbol{x}}_i(t)$实时更新控制器参数$\boldsymbol{k}^i_{\text{para}}$，并传输至回路控制器以实现对象层的稳定控制；优化决策层利用$\hat{r}_i$、领域工程师对$\dot{\boldsymbol{x}}_i(t)$的经验判断等确定运行指标设定值 r_i^*，在进行全流程协同优化后获得各阶段的 w_i。此外，数字孪生平台是利用云计算、过程大数据和人工智能等技术构建 MSWI 的数字化虚拟模拟库，进行上述决策层、控制层和指标层中相关参数的推理和交互反馈。

1. MSWI 过程运行指标软测量与预测

实现复杂工业过程智能优化决策与控制一体化系统正常运行的前提是能够对关键运行指标进行实时检测[248]。显然，环保、经济和产品指标的在线检测是确保 MSWI 过程安全生产、稳定和优化运行的重要支撑。类似其他工业过程运行指标的软测量与预测问题[249]，可通过基于 MSWI 过程易采集过程变量、火焰视频等多模态数据构建智能模型予以实现，研究内容如下。

(1) 建模样本的完备机制研究。MSWI 过程的多工序、多阶段、机理复杂不清等特性，导致运行指标建模样本时间尺度不同且存在差异性与不确定性，需要在分析基于热能动力传输与化学物质转化机理的过程变量与运行指标间的延迟特性、多时空尺度样本与运行指标的相关性的基础上，获取多时空尺度的“真输入-真输出”建模样本；进一步，针对高维稀疏性建模样本，研究虚拟样本生成等技术扩展样本数量以解决样本分布不平衡和期望分布未知等问题，完善基于半监督学习的“真输入-伪输出”半虚拟样本生成、数值仿真机理支撑期望分布的“伪输入-伪输出”全虚拟样本生成及基于对抗机制的混合样本质量评价等算法，进而构建分布均匀且完备的运行指标建模样本库。

(2) 多源特征智能约简与可解释模型构建研究。MSWI 过程涉及的过程变量众多且相互之间耦合严重，运行指标与不同工艺阶段的关联性存在差异且机理不清，需要结合数值仿真明晰机理、领域专家总结经验和数据提取蕴含知识等手段约简模型输入特征；此外，MSWI 过程数据具有多源多模态特性，需要研究过程变量和燃烧图像的深度融合机制，研究基于综合智能化感知的运行指标检测设备、模型；进一步，考虑到需要基于指标模型对 MSWI 过程进行定性和定量的评价，应深入研究具有较强可解释性的工业人工智能算法对运行指标进行软测量与预测建模。

(3) 在线动态软测量与预测研究。实际 MSWI 过程具有干扰因素众多和工况波动频繁等特性，这要求运行指标模型在应用时要能够依据过程动态变化进行自适应调整以实现准确预测。对此，需研究：面向运行指标的运行工况漂移识别机制，采用基于数学模型[250-251]、多元统计[252-253]和人工智能[254-255]等方法面向 MSWI 运行指标特性进行新工况漂移时刻、漂移程度和漂移位置的预判，运行指标模型的自适应更新算法与连续学习机制，知识迁移和增量学习等策略，提高在线建模的鲁棒性和泛化性能。

(4) 运行指标智能软测量与预测系统开发。针对 MSWI 过程的多阶段多源数据信息和已构建模型，建立集环保、经济和产品运行指标于一体的智能在线建模系统，其功能包括多源数据采集系统，多源数据表征、分析、编码和解码系统，数据、信息与知识的智能化处理与可视化系统，多运行指标模型集成系统，支撑实现运行指标的智能感知、预测和溯源。

近年来，国内外研究学者针对复杂工业过程(如高炉炼铁、电熔镁、石化过程等)的运行指标建模问题，已取得了大量研究成果。例如，面向用于建模的标记样本稀疏问题，提出了虚拟样本生成[256-257]、半监督[258]、弱监督[259]和无监督[260]等建模方法，能够为 MSWI 过程建模样本完备机制的研究提供有力支撑；面向多源信息表征及模型可解释等问题，已取得了在多特征信息融合[261]、多模态深度学习[262]、视觉数据深度建模[263]、贝叶斯数据驱动T-S模糊建模[264]和深度森林回归模型[202-204]等方面的研究成果，这也是研究MSWI过程多源特征智能约简与可解释模型构建的理论基础；面向在线动态预测问题，宽度学习系统[265-266]、概念漂移学习[267]和模型动态自组织[268]等研究成果，间接表明了MSWI过程在线动态软测量与预测、运行指标智能建模系统开发具有良好的可行性。

2. MSWI过程智能控制

相对于以燃煤、燃气等为原料的发电过程，在干扰因素多和工况波动频繁的情况下，MSWI过程实现不同工艺阶段目标（固废发酵过程混合均匀、固废燃烧过程燃烧稳定、余热交换过程热能充分利用、烟气净化过程污染物超低排放）精准控制的难度更大[171]。因此，借鉴其他类似工业过程[105,269]，需要实现具有自适应、自学习和自组织能力的智能控制，研究内容如下。

(1) 被控对象智能建模研究。虽然MSWI工业过程数据的体量大，但数据分布具有不平衡性。同时，非结构化数据（图片和视频）与过程数据间存在时滞和信息不对称等问题，造成多模态数据难以融合。作为关键被控变量的燃烧线量化值缺失，无法构建相应的被控对象模型。此外，焚烧机理知识存在获取难、量化难和利用难等问题。对此，需研究：基于数值仿真的MSWI全流程建模以扩展真实运行数据分布边界和获取机理知识，非结构化数据的特征提取算法、基于机理和工艺知识的非结构化数据与过程数据匹配规则及面向多模态数据特征深度融合的被控对象高精度建模；面向燃烧火焰的对抗生成与燃烧线量化机制，获取完备量化模板库以支撑对象模型构建；机理与数据混合驱动的半参数建模，降低模型复杂度的同时提高模型效率。

(2) 运行过程智能工况感知与故障诊断研究。MSWI过程具有显著非平稳特性，如稳态工况与过渡工况交替频繁、高温高压环境下传感器存在显著漂移等，这使得对各工艺阶段进行有效的工况感知和故障诊断成为确保控制器稳定运行的重要保障之一。此外，工况感知和故障诊断模型的构建还面临样本缺乏、类型不明、难以解释、变化发生不确定、潜在故障未知等难题。借鉴其他工业过程[270]，需结合已知故障类型、过程大数据、火焰视频和领域专家知识构建面向MSWI过程的工况感知和故障诊断知识图谱，提高故障信息的利用率和故障追根溯源的可行性和可解释性；基于多视角知识和多模态数据，面向控制的运行工况漂移识别、量化与解释；基于鲁棒非线性潜变量模型的传感器设备与焚烧装备的在线状态感知和故障诊断及可视化，以保障基础回路智能控制器的高效运行。

(3) 稳态工况基础回路智能控制器研究。由于MSW组分与热值的区域和季节差异性、操作人员累积经验和运维水平的层次不同等导致MSWI过程具有多种类型的平稳运行工况，传统PID控制策略并不能适应上述情况。显然，在对运行工况进行有效感知的基础上，需要针对不同类型的稳定工况采取具有差异性的智能控制算法。借鉴应用于其他工业过程的模糊自适应[271]、PID智能补偿[272]、模型预测控制[273]等先进控制策略，结合MSWI过程的稳定工况特性，需研究：面向MSWI过程不同稳定运行工况的多变量PID控制器及其参数智能辨识策略；面向具有不确定特性被控变量运行过程的神经网络模糊控制器及其参数自适应策略；面向完备火焰模板库的仿专家认知机制的多模态特征驱动燃烧线控制器；基于多模态数据驱动预测模型的多变量MPC控制器，提高基础回路对设定值的追踪性能，保证运行指标平稳，实现稳态最优控制。

（4）动态工况智能控制器的自组织机制研究。研究表明，间歇性运行的 MSWI 过程会导致污染严重超标、运行成本显著增大、处理量难以达产等问题[14]。虽然现代主流工艺基本能够实现年超 6000h 最低要求的连续运行，但原料供应、运行管理、生产计划、环保监督等因素对基础回路控制策略所造成影响不可忽视。因此，动态干扰下的控制器需要具有容错、鲁棒、自适应等能力。借鉴应用于其他工业过程的容错控制[274]、自愈控制[275]、事件驱动切换控制[276]等策略，结合 MSWI 过程的动态工况特性，需研究：面向 MSWI 过程量化动态工况的分层自组织控制框架；基于多模态数据的局部运行指标与关键被控变量智能预测模型构建；面向不同类型稳态控制器的增强学习事件驱动结构与参数自组织算法，保证焚烧设备在约束边界运行；此外，需要研究基于机理知识、专家经验和数据知识提炼可解释的领域专家认知机制，进行多控制器切换运行策略研究和稳定性分析，实现降低运行成本和减少环境污染等目的。

快速发展的人工智能技术催生了面向不同工业过程领域的大量智能控制成果。例如，面向城市污水处理过程的自适应滑膜控制[277]、模糊神经控制[278]和强化学习跟踪控制[279]；面向连续搅拌槽反应器系统的事件驱动控制[280]、自适应跟踪控制[281]和模型预测控制[282]等；面向高炉炼铁过程的无模型自适应预测控制[283]、模型预测控制[284]、模糊控制[285]等；上述控制领域的成果为 MSWI 过程被控对象智能建模和基础回路智能控制器的研究提供了理论依据和技术支撑。此外，针对燃煤发电过程的数据驱动运行工况监控成果[270]，以及针对城市污水处理过程[277]和高炉炼铁过程[286]的自组织控制的研究成果，为 MSWI 过程的智能工况感知与故障诊断、动态工况智能控制器自组织机制的研究提供了支撑。

3. MSWI 全流程协同优化决策

通常，实现工业过程全局最优协同运行需要求解一类面向多类运行指标的混合、多目标、多约束、多尺度的动态冲突优化问题[287]。MSWI 协同优化决策中的人机合作智能优化决策主要包括进料选择、运维管理和现场运行决策等；全流程协同优化运行是在将 MSWI 过程的各工艺阶段的控制系统假设为独立智能体的基础上，以优化多冲突多尺度运行指标为目标对其设定值进行协同决策，实现集智能建模、工况感知、故障诊断、智能控制、运行优化于一体的全流程协同优化运行。为实现上述目标，借鉴其他复杂工业过程[269]，研究内容主要如下。

（1）全流程运行态势智能感知研究。在目前 MSWI 过程中，工艺参数的选择设定及全流程的优化运行主要依靠领域专家实现，但领域专家对运行状态和决策信息的定性表达存在不精确性、不确定性和模糊性甚至不唯一性等问题。因此，需研究：基于机理知识信息提取、图像深度知识表征、过程数据蕴含知识转化、多模态数据特征关联推理、态势感知可信度定量评估等算法的全流程运行态势智能感知网络，构建多工艺阶段差异化数据同步获取与蕴含知识深度融合的决策与优化支撑环境，搭建面向 MSWI 过程的智能化运行态势感知服务系统。

（2）多目标实时优化方法研究。通常，运行优化是智能控制的核心[288-289]，即通过优化求解实际运行状态或过程规划问题。区别于基础回路控制器自组织控制（解决单控制器优化），MSWI 过程的全局性能优化（解决全流程整体优化）属于多目标优化研究。从解决工业企业实际需求的视角出发，多冲突目标的优化求解对实现 MSWI 过程的智能优化控制意义重大[237]。如上文所述，受限于工艺和技术等，MSWI 的环保、产品和经济指标间具有多冲突、多约束、动态时变和多时空尺度等特性，可将 MSWI 过程优化问题视为多约束条件下的多目标函数求极值问题，这显然是有待解决的挑战性问题。此外，MSW 来源的多样性和成分的复杂性，MSWI 过程运行条件的多变性和工况波动的频繁性等因素也增加了实时优化运行的难度。由于目前鲜有面向 MSWI 过程被控变量设定值的多目标实时优化研究报道，此处忽略优化算法本身的优劣，笔者仅针对优化问题提供未来的发展方向。为解决上述问题。需研究：污染排放、碳排放等全局优化指标与发酵程度、炉渣热灼减率、换热效率、烟气净化物料消耗率等局部优化指标模型的设计；基于 MSWI 过程特性的多目标优化任务拆解机制和独立指标的优化算法；多运行指标融合机制和协同优化算法；考虑多工况、多时间尺度和多操纵变量下的优化规划算法；优化性能的定量和定性评价机制，增强智能优化控制方法的有效性和实用性。

（3）人机合作增强交互演化智能决策研究。柴等[290-291]在流程工业智能优化愿景中指出，领域专家与智能优化决策系统的人机合作与交互学习是未来发展的主要方向。MSWI 过程需要实现能源与物料消耗尽可能少、污染物零排放和环境绿色化的目标，这离不开领域专家所拥有的感知、认知、决策和执行等能力，即复杂工业过程的智能决策是通过领域专家针对运行系统的感知调控和工业人工智能技术的增强交互演化实现的。因此，需研究：增强学习驱动工业智能决策器与工业领域专家的交互演化框架；基于听觉、视觉、文本与量化数据的工业领域专家意图感知算法；基于增强学习的工业智能决策器内嵌优化算法动态更新机制；构建人机合作增强交互演化智能决策系统，实现多运行指标的综合优化，以更好地解决 MSWI 过程向高效、低碳和绿色发展所面临的实际问题。

融合新一代信息技术的协同优化决策是实现复杂工业过程智慧化生产运行和减少对知识型工作者依赖的可行路径。目前，面向复杂工业过程协同优化决策的研究已取得大量可供参考的优秀案例。在协同优化方面，取得了乙烯生产过程耦合约束下的分布式优化[292]、除铁过程动态环境下的多目标优化[293]、烧结过程多时间尺度下的碳排放优化[294]、反馈补偿机制下的高炉炉料料面优化[295]和混合模型支撑下的炼铁过程智能优化[296-297]等成果，这为 MSWI 全流程协同优化研究的可行性提供了指导和支撑。在智能优化决策方面，取得了基于对抗学习的选矿全流程运行智能决策[298]、数据驱动的乙烯裂解炉系统调度优化[299]、硅单晶和电熔镁生产过程的多炉优化调度[300-301]等成果，这表明进行 MSWI 多目标实时优化算法和人机合作增强交互演化智能决策的研究具有理论基础和可行性。

4. MSWI 过程半实物数字孪生平台构建

将离线研究的智能优化控制算法直接应用于工业过程存在着安全运行风险高、试验时间消耗大、人力与经济成本高等问题。为此，数字孪生平台技术得到了学术界和工业界的广泛关注[302-305]，其本质是借助大数据、云计算、人工智能、信息化等技术构建物理过程的实时镜像，弥补物理实体所缺少的系统性仿真、优化、验证和控制能力，进而支撑智能优化控制技术的低成本试错与智能化部署等。针对我国 MSWI 过程，迫切需要研究能够将智能优化控制算法进行落地应用与验证的半实物数字孪生平台，辅助实现高效的热能转化和烟气净化，尤其是 DXN 脱除等技术，同时支撑局部工艺的改进试验和测试。研究内容如下。

（1）全流程数值仿真研究。数字孪生是以大量多类型数据作为支撑的新一代信息技术。实际采集的所谓 MSWI 过程大数据主要在稳态工作点附近波动，这需要通过构建数值仿真模型实现全流程的机理分析，需要通过面向定制化工况的数值仿真获取多工况下的虚拟大数据[306-307]，研究内容主要包括：结合 MSWI 过程机理与不同数值仿真软件优势，研究多软件耦合定制交互接口的全流程数值仿真模型，以洞悉其全流程的多阶段多属性机理；结合焚烧机理和领域专家经验等知识，研究数值仿真模型的参数调整和实验实施策略，提高数值仿真模型与实际过程的贴合度；基于实际 MSWI 过程的运行大数据，结合人工智能技术对数值仿真模型进行微调，增强表征实际过程的真实度。

（2）虚拟化数字模型库研究。数字孪生平台构建的核心是孪生体，即物理实体在虚拟数字化空间的镜像模型[305]。MSWI 过程的数据特点是多源异构，既包括真实的结构化数据（温度、压力、流量等）和非结构化数据（图像、视频、文本等），也包括数值仿真模型生成的数字化空间虚拟数据。因此，为构建虚拟化数字模型库，需研究：多源异构数据的采样、分析、信息提取及信息融合算法；分析全流程的不同阶段，基于热力学、流体力学等理论和人工智能技术研究多孪生体模型的异构集成机制，构建数字孪生内核模型库。此外，考虑到具有高精度和宽覆盖变量区间的孪生体模型是保证数字孪生平台与实际工业过程相耦合以实现协同优化的基础[308]，需研究多分辨率多孪生体模型的深度融合优化技术以实现虚拟数字模型库的自学习和自调整。

（3）数字孪生虚拟演化推理研究。数字孪生平台作为可与实际工业过程进行实时交互的虚拟镜像，交互安全性是制约其工程应用的主要难点之一[309]。为保障 MSWI 过程的稳定运行，需研制基于物理隔离装置的虚拟交互系统，为虚拟侧和数字侧的实时交互与反馈提供安全保障。研究内容包括：如何在数字孪生侧进行 MSWI 过程的自组织、宽信息域演化推理以辅助物理侧运行，从数字孪生模型历史时刻（基于 $t-1$ 时刻实际和虚拟数据）到当前时刻（计算 t 时刻实际数据）再到未来时刻（估算 $t+1$ 时刻虚拟数据）的综合演化分析算法，基于数字孪生的故障预警和推理溯源算法等。

（4）半实物数字孪生实验平台构建。工业过程通常不允许学术研究所获得的智能优化控制算法直接在现场进行实验。数字孪生平台作为虚拟化的 MSWI 过程，需要与接近工业现场的运行系统进行数据交互以验证新算法。因此，需研究：接近工业现场能够交互对接与迭代优化的半实物数字孪生平台架构；面向多模态数据同步驱动的工业过程半实物仿真实验平台；确保物理安全隔离的多模态数据高效双向安全交互机制的半实物数字孪生平台软硬件系统，实现对智能优化控制算法的有效验证支撑。

目前有关 MSWI 过程半实物数字孪生平台的文献还未见报道，其仍是有待深入研究的开放性课题。

目前有关数字孪生的研究成果大多面向离散制造行业[310]，面临数据收集、多学科融合、标准统一等诸多挑战[311]。面向具有连续运行特性的复杂工业过程，虽然实现数字孪生体与真实物理侧迭代优化的数字孪生系统还未形成成熟的标准，但已在相关工业领域取得了大量成果。例如，针对单个大型设备或环节的包括涡轮机[312]、滚动轴承[313]和自动运输系统[314]等；针对复杂系统和工业过程的包括智能制造[315]、智慧城市[316]、智能交通[317]和热电厂[318]等。上述领域的成果为 MSWI 过程的数字孪生研究提供了可行性。此外，面向流程工业，李等[305]从数字孪生系统构建的视角探讨数字孪生发展的关键技术，构建了炼铁过程数字孪生模型和开发了增强交互系统平台。同时，面向燃烧过程的数值仿真应用[2]和工业界半实物仿真平台的大量实例[319]，为 MSWI 过程半实物数字孪生平台的研究提供了理论支撑和技术支持。

1.2.3.3　MSWI 智能优化控制系统愿景

柴天佑[207,248,291]、桂卫华[320]、丁进良[269]等知名学者在流程工业智能制造方面的成果为 MSWI 过程的智能优化控制研究提供了发展方向及理论与可行性方面的支撑。面向 MSWI 过程这一特定对象，有效利用云计算、大数据、工业人工智能等技术实现其智能优化控制，不但符合“中国制造 2025”的发展战略，也是我国实现环保托底行业可持续发展的必然要求。因此，笔者认为，MSWI 全流程协同优化控制系统的愿景是：在垃圾分类[321]、双碳战略[322]、企业运营策略调整等约束条件下，围绕 MSW 处理的无害化、低碳化、减量化和资源化等迫切需求，减少烟气污染物和 CO_2 排放浓度，提高燃烧效率和热效率，降低炉渣热灼减率和飞灰产量以减少其二次处理成本，实现企业提质增效和减碳的目标。

MSWI 过程智能优化控制系统如图 1.8 所示，由智能感知系统、MSWI 全流程协同优

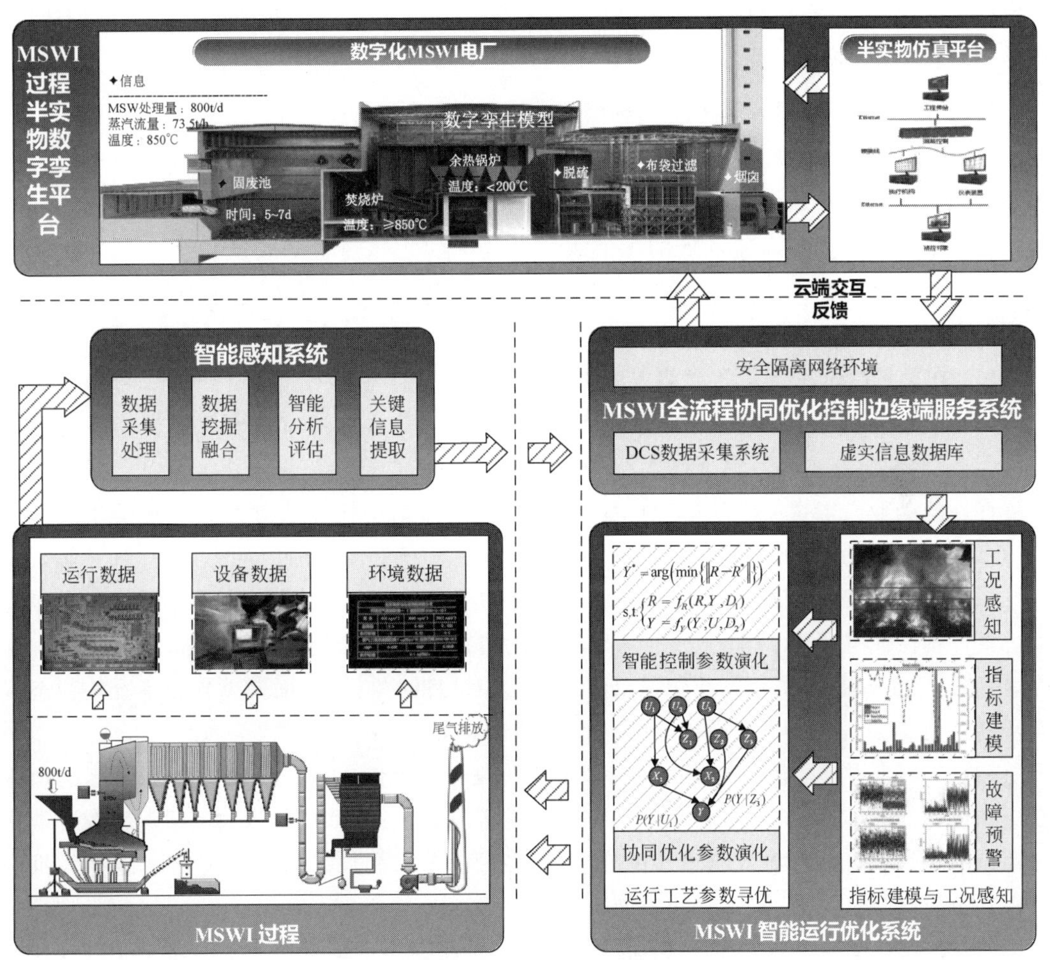

图 1.8　MSWI 过程智能优化控制系统

化控制边缘端服务系统、MSWI 过程半实物数字孪生平台和 MSWI 智能运行优化系统组成。

由图 1.8 可知，实际 MSWI 过程提供实时运行数据（过程数据和火焰视频）、设备数据（机械设备和巡检感知等信息）和生产数据（日处理量、尾气排放等信息）；智能感知系统需要对 MSWI 过程的多源多模态数据进行采集处理、挖掘融合、分析评估及关键信息提取；MSWI 全流程协同优化控制边缘端服务系统为智能优化控制系统提供优化计算的基础平台，包含 DCS 数据采集系统、虚实信息数据库、安全隔离网络环境等；MSWI 半实物数字孪生平台基于实时感知信息模拟运行虚拟孪生体，演化推理多场景下的运行态势，基于半实物仿真平台进行算法验证，为实际智能运行优化提供协同支撑；MSWI 智能运行优化依托 MSWI 全流程协同优化控制边缘端服务系统平台自动获取实时感知数据和数字孪生虚拟数据，实现 MSWI 过程工况感知、指标建模和故障预警等功能，进而服务于智能控制参数和协同优化参数的演化推理，为实际 MSWI 过程的基础回路控制和协同优化运行提供参数推荐。因此，MSWI 过程智能优化控制系统的愿景是集智能感知、智能控制、协同优化、指标建模与工况感知、半实物数字孪生平台于一体，能够依据工业过程的动态变化进行自适应、自学习和自组织，最终实现全流程的优化运行。

1.2.3.4 MSWI 智能优化控制系统主要挑战

MSWI 是进行 MSW 处理的核心和主流技术之一，也是当前生态文明建设和循环经济体系的托底工业。在国家“双碳战略”和“蓝天净土”的新时代环保要求下，蕴含机理与经验知识的海量过程数据和高速发展的工业人工智能为实现该过程的智能优化控制提供了契机。本书对现有 MSWI 过程运行控制研究现状和未来发展趋势进行综述和展望，指出了进一步研究存在的主要挑战。

(1) 在运行指标软测量和预测方面：运行指标数据存在样本量小、维数高、分布稀疏及时间尺度上的多样性、不确定和延迟等特性，导致常规建模方法难以支撑高性能模型的构建。因此，获取分布均匀且完备的运行指标建模样本库，构建能够融合多源特征且具有较强可解释性的工业人工智能驱动运行指标模型，建立鲁棒动态指标软测量与预测模型及开发集运行指标智能感知、预测和溯源于一体的智能软件系统是未来研究的主要挑战问题。

(2) 在智能控制方面：MSW 作为燃料固有的组分波动范围大、热物理性质复杂和热值不稳定等特性使得研究 MSWI 过程基础回路的智能控制成为现阶段运行的迫切需求。因此，构建基于多模态数据和机理知识双驱动的智能被控对象模型、面向差异化工况的稳态智能回路控制器及其在强动态干扰下的自组织机制是具有挑战性的难题。

(3) 在全流程协同优化方面：包含多工艺阶段和多流传递运行模式使得 MSWI 的全流程协同优化具有多目标、多约束和多尺度等特性。因此，必须面对的挑战包括深度融合数据与知识的全流程运行态势智能感知机制、多冲突目标全局和局部耦合多层级智能优化机制解析、人机合作增强交互演化智能决策算法等。

(4) 在数字孪生平台方面：实际工业过程的大数据集中分布在稳态工作点附近，其窄信息域的特点导致难以构建有效的数字孪生系统，因此，必须面对的挑战包括面向控制的多态势虚拟数据获取策略、多孪生体模型的异构集成机制、真实与虚拟大数据的融合挖掘算法、半实物数字孪生平台体系架构与运行机制等。

进一步，如何构建面向 MSWI 过程的工业元宇宙（MSWI 元宇宙）是未来所面对的最大挑战。

1.3 工业过程智能算法测试与验证仿真平台研究现状

从控制角度而言，工业系统由控制系统和被控对象两大部分组成[49]。据此，将工业过程仿真平台分为四类："真实控制系统与真实被控对象"（真-真）类、"真实控制系统与虚拟被控对象"（真-虚）类、"虚拟控制系统与真实被控对象"（虚-真）类和"虚拟控制系统与虚拟被控对象"（虚-虚）类。

1.3.1 "真-真"类平台

文献[323]依据化学水处理工艺流程建立等比例缩小的物理模型，采用包括硬件组态、逻辑组态和人机接口等软件系统，基于阀门故障问题验证了该"真-真"类平台的有效性，其结构如图 1.9 所示。

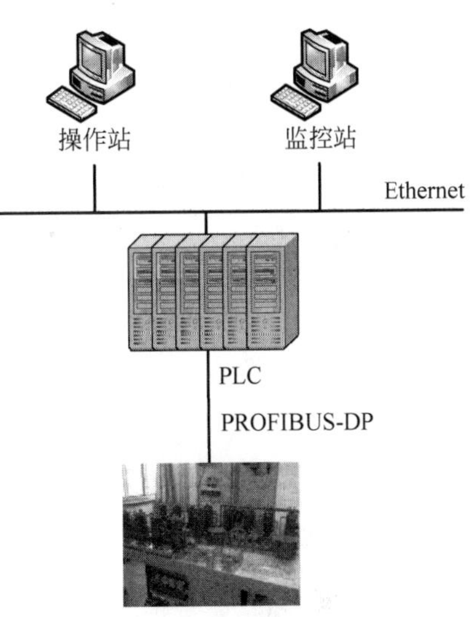

图 1.9　"真-真"类平台结构图

由图 1.9 可知，操作站和监控站通过工业以太网与可编程逻辑控制器（programmable logic controller，PLC）通信，分别运行 WinCC 和 Step7 实现对控制系统的操作和监控；作为控制器的 S7-300 PLC 通过 PROFIBUS-DP 实现对实际物理过程的控制。然而，上述"真-真"类平台仅能够仿真模拟简单过程，针对类似 MSWI 过程的典型流程工业因其工艺复杂、多种化学反应剧烈且部分反应类型不清、排放多种污染物且毒性很强等原因难以在实验室环境中建立物理对象。

1.3.2 "真-虚"类平台

在文献[34]后，文献[324]提出由对象模型计算机、仪表与执行机构虚拟装置、PLC、监控计算机和优化计算机等组成的"真-虚"类平台，结构如图 1.10 所示。

由图 1.10 可知，优化监控层利用以太网以 OPC（OLE for process control）方式实现监控计算机和优化计算机之间的数据交换；回路控制层由真实 PLC 和虚拟仪表与执行机构组成，二者之间利用电缆和 I/O 板卡传递标准的 4～20mA 工业信号；虚拟对象层中的对象模型计算机以 MATLAB 构建后台模型模拟层流冷却对象，以组态软件编写前台界面设定虚拟被控对象模型的特性参数。

面向典型流程工业的"真-虚"类平台的研究汇总见表 1.3。

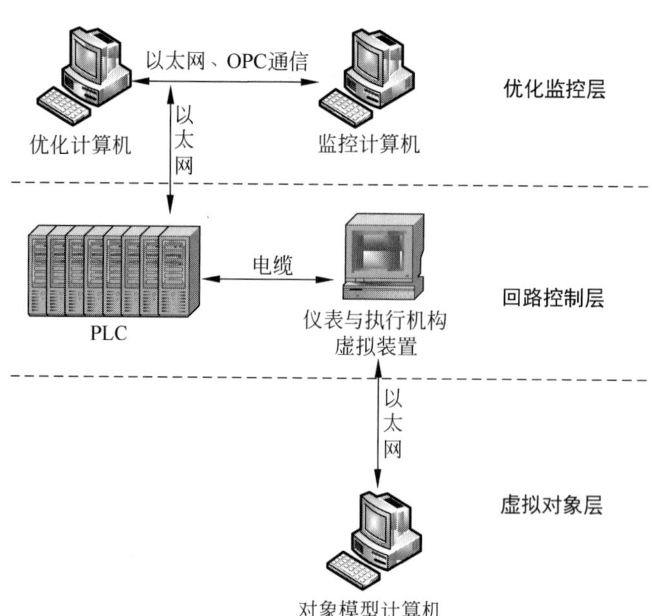

图 1.10 “真-虚”类平台结构图

表 1.3 “真-虚”类平台的研究现状

序号	工业过程类别	单位	年份	文献	备　注
1	炼焦生产过程	中南大学	2008	[325]	全流程优化控制实验
2	磨矿生产过程	东北大学	2008	[326]	基于动态模型进行控制实验
3	磨矿流程	清华大学	2008	[327]	采用案例推理、基于规则的专家系统和磨矿分级过程动态模型进行优化控制实验
4	强磁选过程	东北大学	2008	[328]	基于案例推理和 PID 控制进行优化控制实验
5	蒸发过程	东北大学	2009	[329]	非线性自适应解耦 PID 控制算法
6	电厂烟气脱硫系统	高斯图文印刷系统(中国)有限公司	2010	[330]	人员培训以及进行运行过程分析和研究
7	电熔镁炉	东北大学	2011	[331]	基于规则推理与案例推理相结合进行智能优化控制实验
8	铝酸钠叶滤过程	东北大学	2011	[332]	基于数学模型进行开环与闭环回路控制实验
9	竖炉焙烧过程	东北大学	2012	[333]	基于正常和异常工况进行运行优化控制实验
10	电厂锅炉控制系统	云南大学	2012	[334]	基于模糊神经网络控制算法进行系统功能验证
11	烧结生产过程	中南大学	2012 2014	[335] [336]	基于物理/虚拟资源建立云仿真平台，利用接口层提供系统验证与调试环境

续表

序号	工业过程类别	单位	年份	文献	备 注
12	湿法冶金过程	东北大学	2013	[337]	基于主成分法进行在线监测和故障诊断
13	氧化铝生料浆制备过程	辽宁工业大学	2013	[338]	针对配料和调槽子过程进行优化控制实验
14	轧制过程	西安理工大学	2014	[339]	基于真实数据进行闭环控制系统仿真验证
15	氧化铝生料浆配料过程	辽宁工业大学	2014	[340]	基于案例推理、仿真模型和PID控制进行优化控制实验
16	甲醇生产过程/浮式储油卸油装置	天津理工大学	2014	[341]	用于模型预测控制与故障诊断等先进过程控制的研究、开发与应用
17	汽油管道调和过程	辽宁工业大学	2015	[342]	基于序列二次规划法、仿真模型和PID控制器进行优化控制实验
18	冶金烧结配料过程	辽宁工业大学	2015	[343]	基于序列二次规划法、计算模型和PID控制器进行优化控制实验
19	黄铜矿浮选过程	东北大学	2015	[344]	基于双网运行控制算法进行以太网不确定丢包情况下的优化控制实验
20	自然循环锅炉系统	云南大学	2016	[345]	用于顺序逻辑控制和控制策略等模块的调试与验证
21	炼铁生产过程热风炉	东北大学	2017	[346]	基于反向传播神经网络和模糊控制器进行温度控制实验
22	氧化铝生料浆配料过程	沈阳镁铝设计研究院有限公司	2017	[347]	用于控制系统的调试与开发
23	电厂自动加药系统	长沙理工大学	2018	[348]	用于现场参数的调试与整定

由表1.3可知，“真-虚”类平台结构中的控制系统采用真实的PLC/DCS系统、硬件模拟执行机构与仪表装置，以及智能建模算法实现对典型流程工业被控对象的仿真模拟。该平台结构不仅保证了实验室环境中智能算法测试与验证的可移植性，也确保了被控对象在模拟过程中的安全性；从连接的角度，文献[335]和文献[336]基于计算资源合理分配的思想提出了云仿真模式，但仍存在通信不确定性和安全性等问题；从算法验证角度，仿真平台为文献[324]～文献[333]、文献[338]、文献[340]～文献[343]提出的基于先进智能控制理论的优化控制算法有效性进行了离线验证。

1.3.3 “虚-真”类平台

文献[349]提出利用MATLAB搭建虚拟控制器，通过接口设备连接至真实电加热水箱的“虚-真”类平台，结构如图1.11所示。

由图1.11可知，虚拟控制计算机采用PID算法对真实电加热水箱进行温度控制，优势在于能够在线优化PID参数和调用其他智能控制算法。类似地，文献[350]将风电机组等

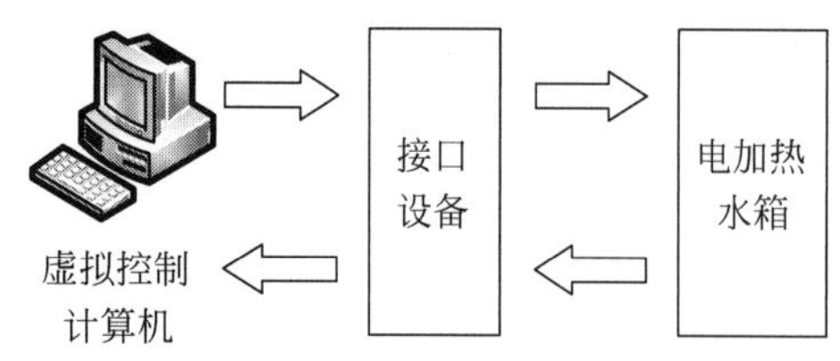

图 1.11 “虚-真”类平台结构图

真实实验装置通过接口设备连接至虚拟控制计算机，建立 RT-LAB 仿真平台。

由上可知，“虚-真”类平台仅能够面向简单过程进行模拟仿真。此外，采用 MATLAB 软件模拟的控制算法难以直接移植至实际 PLC/DCS 系统。

1.3.4 “虚-虚”类平台

文献[36]利用 OPC 技术建立了由计算机和服务器组成的用于间歇式生产过程优化控制的“虚-虚”类仿真平台，结构如图 1.12 所示。

由图 1.12 可知，优化控制计算机基于 MATLAB 利用不同算法实现对虚拟对象模型的控制，二者通过以太网和 OPC 技术进行数据传输。

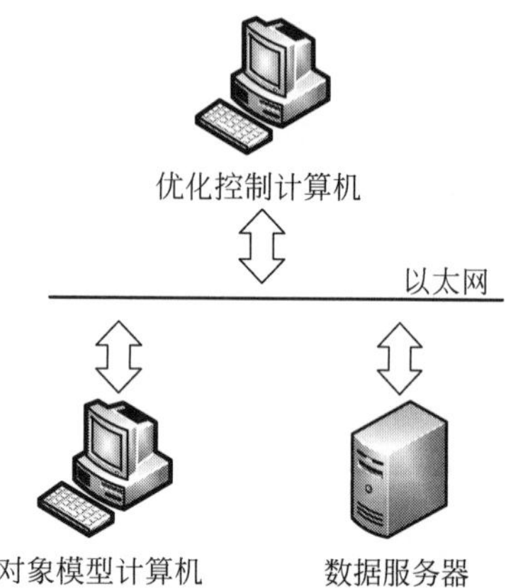

图 1.12 “虚-虚”类平台结构图

由上可知，“虚-虚”类平台的缺陷相比于其他三类平台较为明显，即仅可用于智能算法的测试，不具备模块化和可移植的特性，对实际工业过程的指导较少。

综上所述，“真-虚”类平台结构是目前实验室环境中进行典型流程工业模拟仿真的最优方案。但是，面向 MSWI 过程，同时考虑多模态数据的应用性、数据传输的安全性、回路控制的有效性、具有模块化架构且可移植等特点的智能算法测试与验证半实物仿真平台的研究还未见报道。

1.4 多模态数据驱动智能建模算法测试与验证系统相关研究现状

采用机器学习算法建立工业过程工艺参数预测模型已成为对其进行估计的主要手段，例如，文献[351]以 750t/d 大型炉排炉 MSWI 过程为对象，提出了基于支持向量机(support vector machine，SVM)的工艺参数预测模型；文献[352]为实现对核电厂工艺参数趋势的准确预测，提出了面向多步预测策略的人工神经网络数据驱动模型；文献[353]提出了基于随机权神经网络和进化膜算法自适应调整的钢水端点预测模型。

针对热工过程的不同类别的温度工艺参数，文献[354]采用实际 MSWI 过程数据建立了基于 T-S 模糊神经网络的炉膛温度模型；文献[355]在利用 FLUENT 数值模拟方式得到温度分布后，结合反向传播神经网络(back propagation neural network，BPNN)算法搭建燃烧区域的温度预测模型；文献[356]利用径向基函数(radial basis function，RBF)神经网络建立了气化炉温度预测模型，结果表明其能够有效指导气化操作和化工生产；文献[92]采用多模型智能组合算法对温度进行预测，基于实际数据验证了其有效性；文献[98]面向 MSWI 过程提出了基于时域输入神经网络的主蒸汽温度预测模型，实现了对未来 5min 温度变化趋势的精准预测；文献[357]建立了基于注意力机制和多模式切换策略相组合的火电厂过热汽温度预测模型；文献[358]针对电厂主蒸汽温度建立了基于T-S型模糊神经网络的预测模型；文献[359]针对炼钢过程时变问题，提出了基于冯·米塞斯-费希尔和即时学习的温度预测模型；文献[360]建立了基于加权递归最小二乘法的电厂主蒸汽温度预测模型。针对热工过程的烟气含氧量工艺参数，文献[97]面向MSWI过程提出了基于加权主成分分析与改进长短期记忆网络相结合的预测模型，并利用实际工业数据进行仿真验证；文献[361]面向燃煤电厂提出了基于改进PSO和SVM算法的锅炉烟气含氧量预测模型；文献[362]为实现加热炉烟气含氧量的空燃比预测补偿控制，提出了面向加热炉烟气含氧量的神经网络预测模型；文献[363]提出了基于BPNN的煤贮存过程中氧气浓度预测模型。针对热工过程的锅炉蒸汽流量工艺参数，文献[99]面向MSWI过程建立了基于平均影响值和RBF神经网络的预测模型；文献[235]建立了基于偏最小二乘的MSWI过程过热蒸汽流量预测模型；文献[364]提出了基于双重BPNN组合机制的主蒸汽流量模型，其比单独采用回归神经网络和延时神经网络具有更佳的预测精度；文献[365]针对大型机组主蒸汽流量计算模型复杂繁琐、计算精度不高的现状，提出了自适应鲸鱼优化算法与最小二乘支持向量机(least square SVM，LSSVM)相结合的主蒸汽流量预测模型；文献[366]利用LSSVM算法建立主蒸汽流量预测模型；文献[367]针对电站实时数据中普遍存在异常数据的情况，提出了基于SVM的主蒸汽流量模型；文献[368]为准确测量汽轮机进气流量，采用BPNN算法进行预测；文献[369]提出了结合贝叶斯理论与回声状态网络的钢铁厂蒸汽流量时间序列预测模型，并利用实际生产数据进行验证。上述研究主要基于结构化的过程数据构建关键工艺参数预测模型。

目前，随着人工智能算法提取图像特征信息能力的增强，利用图像特征建立复杂工业过程的工艺参数预测模型也成为了一种有效方式。文献[370]针对矿物浮选过程，在泡沫图像特征提取的基础上提出了基于自适应遗传混合神经网络的pH值预测模型；文献[371]针对矿物浮选过程中回收率参数难以在线检测的问题，提出了基于图像特征提取的浮选关键参数智能预测算法；文献[372]通过分析落渣轨迹图像获取渣块的位置和大小信息，为燃煤电站的安全生产提供了指导；文献[373]提出了基于深度卷积神经网络和SVM的NO_x浓度预测方法，利用不同燃烧工况下的火焰图像验证了所提方法的有效性；文献[374]提出了基于机器学习和可见光图像的温度测量模型，实验结果表明K近邻算法具有较高的建模精度；文献[121]针对缺少符合我国MSW组分结构的图像数据库和热值预测模型的问题，提出了利用Yolov5建立MSW热值预测模型的设想，但未进行相关实验验证；文献[375]将特征数据转换成二维图像数据后，建立了基于卷积神经网络的烧结矿转鼓指数预测模型，实验结果表明所提方法具有较高的精度。上述研究未涉及MSWI工艺过程。

由上可知，基于过程数据和火焰图像的MSWI过程关键工艺参数预测模型还鲜有报道。如何实现多模态历史数据的同步发布和采集，如何构建多模态数据驱动智能建模算法的类工业现场测试与验证平台仍是目前有待解决的问题。

1.5 MSWI 过程回路控制算法测试与验证系统相关研究现状

针对 MSWI 过程的被控变量回路控制，现有研究可分为单入单出(SISO)和多入多出(MIMO)两种，详细描述见 1.2.2.2 节。

针对面向智能控制算法测试与验证的复杂工业过程回路控制系统的研究，文献[34]建立了制粉系统智能解耦控制的分布式仿真实验系统，实验结果表明其可有效地从工程角度验证智能解耦控制系统的控制性能；文献[376]为提高铸坯质量与生产效率，开发了动态设定控制算法及其运行系统；文献[329]为从工程角度验证非线性自适应解耦 PID 控制算法在强制循环蒸发系统中的应用，开发了面向蒸发过程的解耦控制分布式仿真实验系统；文献[377]开发了金矿全流程控制系统，并将其应用于实际现场，验证了其有效性与可靠性；文献[332]开发了由真实的 PLC 系统和虚拟的叶滤过程仿真对象组成的铝酸钠叶滤过程控制仿真实验系统，降低了现场调试的风险和成本。

上述成果表明，目前面向 MSWI 过程智能算法测试与验证的回路控制系统的研究还未见报道。

1.6 面向炉膛温度的智能优化算法测试与验证系统相关研究现状

针对 MSWI 电厂面临的 MSW 组分复杂且热值难测、燃烧过程不稳定、污染排放波动性强、炉温超高位运行导致的故障频发以及运维成本高等诸多问题，发展智能优化控制技术是实现智慧化、低碳化和无害化焚烧的关键。面向城市污水处理过程的智能优化控制研究所取得的良好效果[378-379]，其为 MSWI 过程的相关研究提供了可成功借鉴的思路，但后者缺少能够作为被控过程的基准对象平台用于算法验证。炉膛温度是 MSWI 过程的关键被控变量，其与 MSWI 过程的安全稳定运行和污染排放直接相关，但对其设定值进行优化的研究还未见报道。笔者认为，针对难以进行炉膛温度智能优化控制算法研究及工业现场测试与验证的情况，目前存在如下 4 个待解决的问题：①面向炉膛温度控制的以操纵变量为输入的被控对象模型；②符合实际工业过程操作现状的炉膛温度回路控制器；③能够最小化相关多种污染物排放浓度的炉膛温度设定值优化算法；④能够测试与验证智能优化控制算法的仿真平台。

针对问题①，因 MSWI 过程的机理复杂性、工况波动频繁性和干扰不确定性而难以构建精确的数学模型[9]，研究学者多采用工业过程数据构建炉膛温度模型作为替代方案[47,106]。例如，文献[93]采用模糊神经网络建立炉膛温度控制模型，基于仿真验证了所提方法能够实现对 MSWI 过程的控制；文献[94]提出了具有改进梯度下降算法的自组织 T-S 模糊神经网络炉膛温度模型；但是，上述研究未考虑炉膛温度与多个操纵变量相关的工业实际，难以支撑智能优化控制算法的研究。由上可知，结合工业实际情况，构建多入单出炉膛温度被控对象模型的相关研究还未见报道。

针对问题②，有必要首先考虑在工业界广泛采用的传统PID控制器。为抑制扰动对炉膛温度的影响，文献[152]提出根据误差变化利用RBF神经网络调整PID参数，文献[171]提出利用准对角递归神经网络调整PID参数，均仿真验证了方法的有效性；上述研究的本质是采用自适应模型调节PID的参数，存在神经网络易过拟合、工况适应范围有限等问题，同时也未考虑炉膛温度控制与一次风流量、二次风流量、给料速度和炉排速度等多个操纵变量相关的工业实际。

针对问题③，利用智能优化算法求解关键被控变量设定值已成为学者研究的焦点，相关研究包括：文献[95]提出了改进多目标海鸥优化算法，根据炉膛温度的设定值、误差等信息实现对炉排温度和一次风温度的设定值寻优，仿真结果验证了所提优化方法在干扰影响下的有效性；文献[380]提出了基于细菌迁徙的自适应果蝇算法，用于求解净化除钴过程锌粉添加量的优化设定问题，仿真验证了所提方法在满足生产需求的同时能够降低锌粉添加量；文献[381]提出了基于控制周期计算的除铜优化控制方法，仿真结果表明所提方法能够有效降低锌粉添加量和出口铜离子浓度波动；文献[382]针对砷盐除钴过程的复杂特点，提出了基于模糊操作模式的操作参数协同优化方法，实现了在变工况情景下优化设定值的自动调整；文献[383]提出了基于浮选泡沫图像多特征的浮选槽液位智能优化设定方法，仿真验证了该方法的有效性；文献[384]为有效利用泡沫图像特征指导锑粗选过程的加药控制，提出了基于数据驱动的锑粗选泡沫图像特征优化设定方法。由上可知，面向MSWI过程炉膛温度被控变量，以降低污染物排放浓度为目标的智能优化设定算法还未见报道。

针对问题④，已有面向复杂工业过程智能优化算法的测试与验证系统的研究包括：文献[385]建立了面向UML对象和Production Modeler过程的可视化生产流程与智能优化方法相结合的选矿生产计划调度仿真系统；文献[324]开发了分布式层流冷却过程的优化控制仿真系统；文献[327]为进行磨矿流程优化控制实验，开发了磨矿优化控制分布式半实物仿真系统，为优化控制方法的研究提供了工程化验证环境；文献[386]为解决竖炉焙烧过程优化操作运行与控制问题，建立了半实物仿真系统；文献[49]提出了由生产过程控制系统和虚拟过程控制对象组成的工业过程半实物仿真系统，为智能优化控制的研究提供了工程化验证环境；文献[387]针对上层优化设定软件存在的问题开发了优化设定软件系统，可通过添加不同行业的算法模块实现相应行业优化设定系统的开发；文献[333]为解决竖炉焙烧过程的运行优化控制问题，建立了由运行控制层、过程控制层和虚拟对象层组成的半实物仿真实验系统；文献[331]建立了由设定优化和基础回路控制系统、仪表与执行机构虚拟装置和对象计算机组成的电熔镁炉智能优化控制仿真系统。但是，上述研究未考虑如何实现面向实际工业过程的基于安全隔离的数据正向采集和优化工艺参数反向传输功能。

由上可知，针对MSWI过程的炉膛温度控制而言，具有安全隔离功能的智能优化测试与验证系统的研究还未见报道。

1.7　工业过程智能算法测试与验证仿真平台面临的挑战

针对典型的具有依据多模态数据特性进行运行控制的流程工业智能算法测试与验证半实物仿真平台的研究，仍存在如下挑战。

(1) 缺少能够模拟领域专家运用多模态数据进行感知、认知、决策和控制的由多模态历史数据同步驱动的智能算法测试与验证平台。在实际 MSWI 过程中，领域专家依据过程数据、火焰视频、班组日志和巡检语音汇报等多模态信息智能自主地进行决策和采取相应的控制动作，从而实现生产过程的安全、稳定与高效运行。然而，现有仿真平台多采用简单的结构化过程数据进行智能算法研究，忽视了对生产过程其他模态数据的综合表征和运用。同时，由于在采集方式和时间尺度上的差异性，在应用多模态数据进行智能算法研究前需耗费大量精力进行时间尺度上的同步以保证智能算法模型的有效性。如何实现离线多模态历史数据仿工业现场的近实时再驱动，以及多模态数据驱动智能算法的近工程化测试与验证是目前半实物仿真平台研究面临的挑战之一。

(2) 缺少能够与实际工业现场对接的具有双向安全隔离机制的智能算法测试与验证平台。实际工业现场的安全性要求和 PLC/DCS 系统的封闭特性导致外部设备难以直接接入，从而造成智能算法研究缺乏实时有效的数据支撑，造成难以将离线开发的智能算法移植至工业现场进行在线测试与验证。如何在不干扰实际工业现场安全稳定运行的前提下，实现多模态数据的实时采集和智能算法的在线验证是半实物仿真平台研究所面临的最大挑战。尤其是后者，如何保证离线智能算法所获得的包括难测参数检测值、被控变量优化设定值、控制器运行参数、操纵变量输出值等在内的工艺参数安全有效地传递至生产端进而确保现场运行安全，如何逐渐获得现场领域专家对智能算法的认可进而使其能够落地应用，是仿真平台设计阶段必须关注的问题。

(3) 缺少能够便于离线研发的智能算法及对其进行承载的工业软件系统移植至实际现场的具有模块化、易移植功能的半实物仿真平台。现有仿真平台在搭建过程中未考虑模块化可移植设计，导致各部分耦合过于紧密而难以分割，表面上看似节约设备成本，实际上却仅能支撑在实验室环境中实现智能算法的测试与验证，从而导致在工业现场进行应用时仍需要二次开发验证环境，阻碍了具有自主知识产权的工业软件系统的发展进程。如何实现半实物仿真平台的模块化设计和可移植化应用是目前仿真平台研究的挑战所在，也是智能算法能否快速落地应用的关键。

综上可知，针对 MSWI 这一典型复杂工业过程，有必要进行面向智能算法测试与验证的半实物仿真平台的需求分析、模块化设计、软硬件实现、实验室场景验证和工业场景移植应用等研究。

1.8 本书主要内容

本书针对 MSWI 过程智能优化控制研究存在的上述问题，依托国家自然科学基金项目(62073006，62021003)、北京市自然科学基金项目(4212032)和科技创新 2030——“新一代人工智能”国家科技重大专项(2021ZD0112301，2021ZD0112302)等，以基于炉排炉的主流 MSWI 过程为研究对象，开展智能算法测试与验证模块化半实物仿真平台研究。

第 1 章 描述进行智能优化控制模块化半实物仿真平台研究的背景和意义，在综述 MSWI 过程智能建模、控制与优化的研究现状的基础上，映射对工业过程智能优化控制算法测试与验证仿真平台的紧迫需求并描述其研究现状，了解目前在多模态数据驱动智能建模测试与验证系统、MSWI 过程回路控制测试与验证系统、面向炉膛温度的智能优化测试与验证系统等方面的研究进展，以及目前工业过程智能算法测试与验证仿真平台研究所面临的挑战。

第 2 章　介绍面向 MSWI 的模块化半实物仿真平台需求描述，包括工艺描述、运行专家手动控制模式的现状、MSWI 过程智能优化控制的难点、实验室智能算法研究和工业现场智能系统应用对仿真平台的需求等。

第 3 章　针对 MSWI 过程探讨模块化半实物仿真平台的设计，包括总体功能设计、模块化结构设计、硬件设计和软件设计等，具体而言，将半实物仿真平台分成多模态历史数据驱动系统、安全隔离与优化控制系统、多入多出回路控制系统共 3 部分进行详细设计。

第 4 章　针对模块化半实物仿真平台的软硬件实现，首先描述考虑实验室平台构建和移植工业现场落地应用双视角的模块化半实物仿真平台的总体实现，其次介绍面向关键被控变量智能预测的多模态历史数据驱动系统实现、基于混合集成树结构对象模型和 PID 控制器的多入多出回路控制系统实现、面向炉膛温度的安全隔离与优化控制系统实现，最后对模块化半实物仿真平台的未来发展进行展望。

第 5 章　基于仿真平台多模态历史数据驱动系统的智能建模算法实验室场景验证，研究了基于半监督随机森林的二噁英排放浓度软测量模型、基于模糊神经网络对抗生成的二噁英排放预警模型、基于多特征融合和改进级联森林的燃烧状态识别模型、基于 GAN 与孪生网络的燃烧线量化模型、联合多窗口漂移检测的二噁英排放软测量模型、基于约简深度特征和长短期记忆网络优化的 CO 排放浓度预测模型等智能算法，开发了相应的工业软件，在仿真平台多模态历史数据驱动系统所提供的环境下实现了类工业现场的实验室场景验证。

第 6 章　基于仿真平台多入多出回路控制系统的智能控制算法实验室场景验证，研究基于区间Ⅱ型 FNN 的炉膛温度控制和基于自组织 IT2FNN 的炉膛温度预测控制等智能控制算法，开发了相应的分布式工业软件，在仿真平台多入多出回路控制系统所提供的环境下实现了类工业现场的实验室场景验证。

第 7 章　基于仿真平台安全隔离与优化控制系统的智能优化算法实验室场景验证，构建了基于多目标 PSO 寻优多控制回路设定值的智能优化算法，开发了相应的分布式工业软件，在仿真平台安全隔离与优化控制系统、多入多出回路控制系统所提供的环境下实现了类工业现场的实验室场景验证。

第 8 章　基于仿真平台多模态数据采集模块和数据正向采集隔离模块的工业现场移植应用，描述了基于移植的多模态数据实时采集系统的构建过程、实现过程及测试过程，给出了应用于北京某 MSWI 电厂的多模态数据实时采集系统架构，并对其未来应用进行了展望。

第 9 章　针对仿真平台难测参数检测模块的工业现场移植与应用，利用在北京某 MSWI 电厂落地应用的多模态数据实时采集系统搭建的边缘端验证平台进行了基于仿真机理和改进回归决策树的二噁英排放软测量系统的移植应用，同时对未来智能建模、控制、优化算法的落地应用进行了展望。

参考文献

[1] GÓMEZ-SANABRIA A，KIESEWETTER G，KLIMONT Z，et al. Potential for future reductions of global GHG and air pollutants from circular waste management systems[J]. Nature Communications，2022，13(1)：106.

[2] 汤健,夏恒,余文,等. 城市固废焚烧过程智能优化控制研究现状与展望[J]. 自动化学报,2023,49(10):2019-2059.

[3] WALSER T,LIMBACH L K,BROGIOLI R,et al. Persistence of engineered nanoparticles in a municipal solid-waste incineration plant[J]. Nature Nanotechnology,2012,7(8):520-524.

[4] XIA H,TANG J,ALJERF L. Dioxin emission prediction based on improved deep forest regression for municipal solid waste incineration process[J]. Chemosphere,2022,294:133716.

[5] 乔俊飞,郭子豪,汤健. 面向城市固废焚烧过程的二噁英排放浓度检测方法综述[J]. 自动化学报,2020,46(6):1063-1089.

[6] 何汶峰,郑宇,刘蓓蓓,等. 垃圾分类政策对垃圾焚烧大气污染排放的影响[J]. 中国环境科学,2022,42(5):2433-2441.

[7] KUMAR A,SAMADDER S R. A review on technological options of waste to energy for effective management of municipal solid waste[J]. Waste Management,2017,69:407-422.

[8] LIU Y Y,SUN W X,LIU J G. Greenhouse gas emissions from different municipal solid waste management scenarios in China:Based on carbon and energy flow analysis[J]. Waste Management,2017,68:653-661.

[9] ZHUANG J B,TANG J,ALJERF L. Comprehensive review on mechanism analysis and numerical simulation of municipal solid waste incineration process based on mechanical grate[J]. Fuel,2022,320:123826.

[10] KAMMEN D M,SUNTER D A. City integrated renewable energy for urban sustainability[J]. Science,2016,352(6288):922-928.

[11] 中华人民共和国国家统计局. 中国统计年鉴[M]. 北京:中国统计出版社,2021.

[12] DING H,QIAO J F,HUANG W M,et al. Cooperative event-triggered fuzzy-neural multivariable control with multi-task learning for municipal solid waste incineration process[J]. IEEE Transactions on Industrial Informatics,2023,19(5):1234-1245.

[13] QIAO J F,SUN J,MENG X. Event-triggered adaptive model predictive control of oxygen content for municipal solid waste incineration process[J]. IEEE Transactions on Automation Science and Engineering,2022,19(3):456-467.

[14] HUNSINGER H,JAY K,VEHLOW J. Formation and destruction of PCDD/PCDF inside a grate furnace[J]. Chemosphere,2002,46(9):1263-1272.

[15] HERSHKOWITZ A,SALERNI E. Municipal solid waste incineration in Japan[J]. Environmental Impact Assessment Review,1989,9(3):257-278.

[16] ONISHI K. Fuzzy control of municipal refuse incineration plant[J]. Automatic Measurement Control Society,1991,27(3):326-332.

[17] SCHULER F,RAMPP F,MARTIN J,et al. TACCOS-A thermography-assisted combustion control system for waste incinerators[J]. Combustion and Flame,1994,99(2):431-439.

[18] ZIPSER S,GOMMLICH A,MATTHES J,et al. Combustion plant monitoring and control using infrared and video cameras[J]. IFAC Proceedings Volumes,2006,39(7):249-254.

[19] SILPA K,LISA C Y,PERINAZ B T,et al. What a Waste 2.0:A Global Snapshot of Solid Waste Management to 2050[R]. Washington:World Bank,2018.

[20] 谷琳,何坤,刘海威. 中国生活垃圾焚烧发电项目垃圾热值特性及其影响研究[C]//中国环境科学学会2022年科学技术年会——环境工程技术创新与应用分会场论文集(三). 南昌:《环境工程》编辑部,2022:1-10.

[21] YAMADA T,ASARI M,MIURA T,et al. Municipal solid waste composition and food loss reduction in Kyoto City[J]. Journal of Material Cycles and Waste Management,2017,19(4):1351-1360.

[22] SUN J,MENG X,QIAO J F. Data-driven optimal control for municipal solid waste incineration

process[J]. IEEE Transactions on Industrial Informatics,2023,19(12): 11444-11454.

[23] 丁海旭,汤健,乔俊飞. 城市固废焚烧过程数据驱动建模与自组织控制[J]. 自动化学报,2023,49(3): 550-566.

[24] LIU Y L,XING P X,LIU J G. Environmental performance evaluation of different municipal solid waste management scenarios in China[J]. Resources Conservation and Recycling,2017,125: 98-106.

[25] MENG X,TANG J,QIAO J F. NO_x emissions prediction with a brain-inspired modular neural network in municipal solid waste incineration processes [J]. IEEE Transactions on Industrial Informatics,2022,18(7): 4622-4631.

[26] 郑南宁. 软件不再是单一的工具,而是一个个强大的平台,支撑着整个工业生态[J]. 冶金自动化, 2023,47(6): 56.

[27] 杨超,彭涛,阳春华,等. 高速列车牵引传动系统故障测试与验证仿真平台研究[J]. 自动化学报, 2019,45(12): 2218-2232.

[28] 柴天佑. 工业人工智能发展方向[J]. 自动化学报,2020,46(10): 2005-2012.

[29] ZHOU P,GAO B H,WANG S,et al. Identification of abnormal conditions for fused magnesium melting process based on deep learning and multisource information fusion[J]. IEEE Transactions on Industrial Electronics,2022,69(3): 3017-3026.

[30] XIA H,TANG J,ALJERF L,et al. Dioxin emission modeling using feature selection and simplified DFR with residual error fitting for the grate-based MSWI process[J]. Waste Management,2023,168: 256-271.

[31] XIA H,TANG J,ALJERF L,et al. Assessment of PCDD/PCDF formation and emission characteristics at a municipal solid waste incinerator for one year [J]. Science of The Total Environment, 2023, 883: 163705.

[32] 柴天佑. 复杂工业过程运行优化与反馈控制[J]. 自动化学报,2013,39(11): 1744-1757.

[33] SAHIN C,BOLAT E D. Development of remote control and monitoring of web-based distributed OPC system[J]. Computer Standards & Interfaces,2009,31(5): 984-993.

[34] 翟廉飞,柴天佑,高忠江,等. 制粉系统智能解耦控制的分布式仿真实验平台[J]. 系统仿真学报, 2006,18(7): 1824-1828.

[35] 肖金壮,魏会然,王洪瑞,等. 基于 Q8 的电阻炉控制系统的半实物仿真[J]. 系统仿真学报,2008, 20(5): 1196-1198.

[36] 贾立,袁凯. 间歇生产过程优化控制的分布式仿真平台[J]. 系统仿真学报,2011,23(10): 2254-2257.

[37] 阳春华,孙备,李勇刚,等. 复杂生产流程协同优化与智能控制[J]. 自动化学报,2023,49(3): 528-539.

[38] YANG Y B,GOH Y R,ZAKARIA R,et al. Mathematical modelling of MSW incineration on a travelling bed[J]. Waste Management,2002,22(4): 369-380.

[39] PETERS B,BRUCH C. A flexible and stable numerical method for simulating the thermal decomposition of wood particles[J]. Chemosphere,2001,42(5-7): 481-490.

[40] ŞIMŞEK E,BROSCH B,WIRTZ S,et al. Numerical simulation of grate firing systems using a coupled CFD/discrete element method(DEM)[J]. Powder Technology,2009,193(3): 266-273.

[41] HOSSEINI R M,NASIRI F,LEE B. A review of numerical modeling and experimental analysis of combustion in moving grate biomass combustors[J]. Energy & Fuels,2019,33(10): 9367-9402.

[42] 柏杰. 垃圾焚烧锅炉的燃烧调整[J]. 中国电力教育,2008(S1): 277-278.

[43] 易诚明,周平,柴天佑. 基于即时学习的高炉炼铁过程数据驱动自适应预测控制[J]. 控制理论与应用,2020,37(2): 295-306.

[44] 陈宁,周佳琪,桂卫华,等. 针铁矿法沉铁过程双层结构优化控制[J]. 控制理论与应用,2020,37(1):

222-228.

[45] 李太福，侯杰，姚立忠，等. Gamma Test 噪声估计的 Kalman 神经网络在动态工业过程建模中的应用[J]. 机械工程学报，2014，50(18)：29-35.

[46] 丁海旭，汤健，夏恒，等. 基于 TS-FNN 的城市固废焚烧过程 MIMO 被控对象建模[J]. 控制理论与应用.

[47] 柴天佑. 生产制造全流程优化控制对控制与优化理论方法的挑战[J]. 自动化学报，2009，35(6)：641-649.

[48] 杨翠丽，武战红，韩红桂，等. 城市污水处理过程优化设定方法研究进展[J]. 自动化学报，2020，46(10)：2092-2108.

[49] 汤健，柴天佑，片锦香，等. 工业过程智能优化控制半实物仿真实验平台[J]. 东北大学学报：自然科学版，2009，30(11)：1530-1533.

[50] 白良成. 生活垃圾焚烧处理工程技术[M]. 北京：中国建筑工业出版社，2009.

[51] 高峰. 垃圾清洁焚烧技术简介[J]. 电站系统工程，2007，23(4)：70-72.

[52] 哲伦. 西方几大城市的垃圾焚烧处理[J]. 资源与人居环境，2011(7)：60-62.

[53] 赵绪平，李志波，李宣. 机械炉排式生活垃圾焚烧炉技术研究[J]. 中国资源综合利用，2017，35(9)：135-138.

[54] 潘冬冬. 常用四种垃圾焚烧炉炉型比对分析[J]. 中国石油和化工勘察设计协会，2015.

[55] 吴秋玲，辛英杰. 垃圾焚烧炉用耐火材料及发展趋势[J]. 耐火与石灰，2001(1)：12-17.

[56] 舟丹. 日本垃圾焚烧厂数量全球第一[J]. 中外能源，2018，23(7)：88-89.

[57] 孙玉修. 关于二噁英的环境污染[J]. 环境保护科学，1988，14(4)：14-18.

[58] 张震天. 丹麦建造欧洲最先进的垃圾焚烧厂[J]. 中国环保产业，1996(6)：39-40.

[59] 屠进，宋黎萍，池涌. 垃圾焚烧电厂焚烧炉炉型选择[J]. 热力发电，2003(10)：5-7，97.

[60] WURZENBERGER J C, WALLNER S, RAUPENSTRAUCH H, et al. Thermal conversion of biomass: Comprehensive reactor and particle modeling [J]. AIChE Journal, 2002, 48 (10): 2398-2411.

[61] PETERS B. A model for numerical simulation of devolatilization and combustion of waste material in packed beds [R]. Germany: Inst. fuer Angewandte Thermo- und Fluiddynamik (IATF), 1994: KFK-5385.

[62] GOH Y R, SIDDALL R G, NASSERZADEH V, et al. Mathematical modelling of the burning bed of a waste incinerator[J]. Journal of The Institute of Energy, 1998, 71(487): 110-118.

[63] 马晓茜，杨泽亮. 垃圾焚烧时挥发分的析出与燃烧时间的计算[J]. 电站系统工程，1998，14(6)：5-6.

[64] 秦宇飞，白焰，刘雪中，等. 城市生活垃圾挥发分燃烧过程的建模与仿真[J]. 动力工程学报，2010，30(6)：444-449.

[65] 白焰，秦宇飞，冯峰，等. 垃圾焚烧炉内水分干燥过程分析及其仿真研究[J]. 中国电机工程学报，2011，31(20)：19-26.

[66] 王康，黄伟，陆娟，等. 垃圾焚烧炉排炉动态特性建模与仿真[J]. 工业锅炉，2015(4)：6-9.

[67] SHIN D, CHOI S. The combustion of simulated waste particles in a fixed bed[J]. Combustion and Flame, 2000, 121(1/2): 167-180.

[68] SAASTAMOINEN J J, TAIPALE R, HORTTANAINEN M, et al. Propagation of the ignition front in beds of wood particles[J]. Combustion and Flame, 2000, 123(1/2): 214-226.

[69] JOHANSSON R, HENRIK T, BO L. Sensitivity analysis of a fixed bed combustion model[J]. Energy & Fuels, 2007, 21(3): 1493-1503.

[70] MAGNANELLI E, TRANÅS O L, CARLSSON P, et al. Dynamic modeling of municipal solid waste incineration[J]. Energy, 2020, 209: 118426.

[71] HOANG Q N, VANIERSCHOT M, BLONDEAU J, et al. Review of numerical studies on thermal

treatment of municipal solid waste in packed bed combustion[J]. Fuel Communications, 2021, 7: 100013.

[72] ALOBAID F, ALMOHAMMED N, FARID M M, et al. Progress in CFD simulations of fluidized beds for chemical and energy process engineering[J]. Progress in Energy and Combustion Science, 2022, 91: 100930.

[73] GOH Y R, LIM C N, ZAKARIA R, et al. Modelling and measurements of incinerator bed combustion [J]. Process Safety and Environmental Protection, 2000, 78(1): 21-32.

[74] YANG Y B, YAMAUCHI H, NASSERZADEH V, et al. Effects of fuel devolatilisation on the combustion of wood chips and incineration of simulated municipal solid wastes in a packed bed[J]. Fuel, 2003, 82(18): 2205-2221.

[75] YANG Y B, RYU C, GOODFELLOW J, et al. Modelling waste combustion in grate furnaces[J]. Process Safety and Environmental Protection, 2004, 82(3): 208-222.

[76] 黄昕. 生活垃圾焚烧烟气脱硝技术的优选及优化设计的数值模拟[D]. 广州：华南理工大学，2010.

[77] 李艳丽. 垃圾焚烧烟气脱硝的 CFD 数值模拟研究[D]. 哈尔滨：哈尔滨工业大学，2013.

[78] 蔡洁聪，陈镇超. 600t/d 垃圾焚烧炉选择性非催化还原脱硝技术研究[J]. 热力发电，2013，42(2)：30-35.

[79] 王克. 基于 CFD 的垃圾炉排焚烧炉富氧焚烧技术开发及注氧器的优化设计[D]. 武汉：华中科技大学，2015.

[80] YANG Y B, SWITHENBANK J. Mathematical modelling of particle mixing effect on the combustion of municipal solid wastes in a packed-bed furnace[J]. Waste Management, 2008, 28(8): 1300.

[81] YAO B Y, VIDA N S, JIM S. Numerical simulation of municipal solid waste incineration in a moving-grate furnace and the effect of waste moisture content[J]. Progress in Computational Fluid Dynamics, 2007, 7(5): 261-273.

[82] 林海，马晓茜，余昭胜. 大型城市生活垃圾焚烧炉的数值模拟[J]. 动力工程学报，2010，30(2)：128-132.

[83] COSTA M, INDRIZZI V, MASSAROTTI N, et al. Modeling and optimization of an incinerator plant for the reduction of the environmental impact[J]. International Journal of Numerical Methods for Heat & Fluid Flow, 2015, 25(6): 1463-1487.

[84] BARDI S, ASTOLFI A. Modeling and control of a waste-to-energy plant[J]. IEEE Control Systems, 2010, 30(6): 27-37.

[85] 赵春晖，韩红桂，周平，等. 复杂工业过程智能建模与控制方法及应用专题序[J]. 控制工程，2022，29(4)：577-580.

[86] 孙备，张斌，阳春华，等. 有色冶金净化过程建模与优化控制问题探讨[J]. 自动化学报，2017，43(6)：880-892.

[87] 刘强，秦泗钊. 过程工业大数据建模研究展望[J]. 自动化学报，2016，42(2)：161-171.

[88] EL ASRI R, BAXTER D. Process control in municipal solid waste incinerators: Survey and assessment[J]. Waste Management & Research, 2004, 22(3): 177-185.

[89] BUNSAN S, CHEN W Y, CHEN H W, et al. Modeling the dioxin emission of a municipal solid waste incinerator using neural networks[J]. Chemosphere, 2013, 92(3): 258-264.

[90] GIANTOMASSI A, IPPOLITI G, LONGHI S, et al. On-line steam production prediction for a municipal solid waste incinerator by fully tuned minimal RBF neural networks[J]. Journal of Process Control, 2011, 21(1): 164-172.

[91] HU L J, TONG A Y, LIU H B, et al. Modeling and control of combustion temperature system of CFB boiler[J]. Computer Simulation, 2019, 36(1): 119-123, 128.

[92] 唐振浩，张宝凯，曹生现，等. 基于多模型智能组合算法的锅炉炉膛温度建模[J]. 化工学报，2019，

70(S2): 301-310.

[93] 沈凯,陆继东,昌鹏,等. 垃圾焚烧炉炉温控制模糊神经网络模型研究[J]. 燃烧科学与技术,2004(6): 516-520.

[94] HE H J,MENG X,TANG J,et al. Prediction of MSWI furnace temperature based on TS fuzzy neural network[C]//2020 39th Chinese Control Conference(CCC). Piscataway: IEEE Press,2020: 5701-5706.

[95] 严爱军,胡开成. 城市生活垃圾焚烧炉温控制的多目标优化设定方法[J]. 控制理论与应用,2023,40(4): 693-701.

[96] ROGAUME T,JABOUILLE F,TORERO J L. Identification of two combustion regimes depending of the excess air of combustion during waste incineration[C]//Proceedings of Eurotherm Seminar N° 81 Reactive Heat Transfer in Porous Media. Albi: 2007.

[97] SUN J,MENG X,QIAO J F. Prediction of oxygen content using weighted PCA and improved LSTM network in MSWI process[J]. IEEE Transactions on Instrumentation and Measurement,2021,70: 1-12.

[98] HU Q X,LONG J S,WANG S K,et al. A novel time-span input neural network for accurate municipal solid waste incineration boiler steam temperature prediction[J]. Journal of Zhejiang University-Science A: Applied Physics & Engineering,2021,22(10): 777-791.

[99] 孙剑,蒙西,乔俊飞. 基于 MIV-RBF 神经网络的主蒸汽流量软测量[J]. 控制工程,2022,29(10): 1829-1834.

[100] 杨培培,骆嘉辉,姚心,等. 基于垃圾焚烧运行参数的主蒸汽参数预测研究[J]. 有色设备,2021,4(1): 15-19.

[101] LESKENS M,VAN L K,VAN D H. MIMO closed-loop identification of an MSW incinerator[J]. Control Engineering Practice,2002,10(3): 315-326.

[102] CHEN J K,TANG J,XIA H,et al. Cascade transfer function models of MSWI process based on weight adaptive particle swarm optimization[C]//Proceedings of 2021 China Automation Congress. Piscataway: IEEE Press,2021: 5553-5558.

[103] WANG T Z,TANG J,XIA H. Key controlled variable model of MSWI process based on ensembled decision tree algorithm[C]//Proceedings of 2021 China Automation Congress. Piscataway: IEEE Press,2021: 5038-5043.

[104] MIYAMOTO Y C,NISHINO K,SAWAI T,et al. Development of "AI-VISION" for fluidized-bed incinerator[C]//Proceedings of 1996 IEEE/SICE/RSJ International Conference on Multisensor Fusion and Integration for Intelligent Systems. Piscataway: IEEE Press,1996: 72-77.

[105] 钱锋,杜文莉,钟伟民,等. 石油和化工行业智能优化制造若干问题及挑战[J]. 自动化学报,2017,43(6): 893-901.

[106] QIAN F. Smart and optimal manufacturing: The key for the transformation and development of the process industry[J]. Engineering,2017,3(2): 151.

[107] 王丹,李旭清,杨万勤. 生活垃圾热值计算模型研究进展[J]. 新能源进展,2022,10(1): 69-79.

[108] CHANG Y F,LIN C J,CHYAN J M,et al. Multiple regression models for the lower heating value of municipal solid waste in Taiwan[J]. Journal of environmental management,2007,85(4): 891-899.

[109] 陈亮,郭峰,李学平,等. 基于垃圾热值计算的垃圾焚烧炉燃烧控制方案设计与实现[J]. 仪器仪表标准化与计量,2017(6): 26-27.

[110] 曾卫东,田爽,袁亚辉,等. 垃圾焚烧炉自动燃烧控制系统设计与实现[J]. 热力发电,2019,48(3): 109-113.

[111] VAN KESSEL L B M,LESKENS M,BREM G. On-line calorific value sensor and validation of

dynamic models applied to municipal solid waste combustion[J]. Process Safety and Environmental Protection,2002,80(5):245-255.

[112] 丁兰,张文阳,张良均,等.基于人工神经网络的居民生活垃圾可燃成分热值预测[J].环境工程学报,2016,10(2):899-905.

[113] 董长青,金保升.神经网络法用于预测城市生活垃圾热值[J].热能动力工程,2002,17(3):275-278.

[114] DONG C Q,JIN B S,LI D J. Predicting the heating value of MSW with a feed forward neural network[J]. Waste Management,2003,23(2):103-106.

[115] 张瑛华,张友富,王洪.基于神经网络的生活垃圾低位热值计算模型的研究与应用[J].电力建设,2020,31(9):94-97.

[116] 马晓茜,谢泽琼.基于BP神经网络的垃圾热值预测模型[J].科技导报,2012,30(23):46-50.

[117] AKKAYA E,DEMIR A. Predicting the heating value of municipal solid waste-based materials:An artificial neural network model[J]. Energy Sources Part A:Recovery,Utilization & Environmental Effects,2010,32(19):1777-1783.

[118] 丁晨曦,严爱军.城市生活垃圾热值的特征变量选择方法及预测建模[J].北京工业大学学报,2021,47(8):874-885.

[119] YOU H H,MA Z Y,TANG Y J,et al. Comparison of ANN(MLP),ANFIS,SVM,and RF models for the online classification of heating value of burning municipal solid waste in circulating fluidized bed incinerators[J]. Waste management,2017,68:186-197.

[120] ROSTAMI A, ALIREZA B. Application of a supervised learning machine for accurate prognostication of higher heating values of solid wastes[J]. Energy Sources,Part A:Recovery,Utilization,and Environmental Effects,2018,40(5):558-564.

[121] 谢昊源,黄群星,林晓青,等.基于图像深度学习的垃圾热值预测研究[J].化工学报,2021,72(5):2773-2782.

[122] 冯轶骁.基于自动化流程的垃圾焚烧炉控制方法研究[J].电器工业,2022(5):63-66.

[123] 张丽霞.垃圾焚烧机组燃烧状态监测与建模[D].北京:华北电力大学,2021.

[124] 李俊欣.垃圾焚烧自动控制系统应用研究[D].广州:华南理工大学,2015.

[125] BALLESTER J,GARCÍA-ARMINGOL T. Diagnostic techniques for the monitoring and control of practical flames[J]. Progress in Energy and Combustion Science,2010,36(4):375-411.

[126] DUAN H S,TANG J,QIAO J F. Recognition of combustion condition in MSWI process based on multi-scale color moment features and random forest[C]//Proceedings of 2019 Chinese Automation Congress. Piscataway:IEEE Press,2019:2542-2547.

[127] 郭海涛,汤健,丁海旭,等.基于混合数据增强的MSWI过程燃烧状态识别[J].自动化学报,2022.

[128] HAN Z Z,LI J,ZHANG B,et al. Prediction of combustion state through a semi-supervised learning model and flame imaging[J]. Fuel,2021,289:119745.

[129] 孙成永,尚江伟.垃圾焚烧厂炉膛温度监测技术探讨[J].环境与发展,2019,31(9):138-140.

[130] ZHENG S,CAI W G, SUI R,et al. In-situ measurements of temperature and emissivity during MSW combustion using spectral analysis and multispectral imaging processing[J]. Fuel,2022,323:124328.

[131] YAN W J,LOU C,CHENG Q,et al. In situ measurement of alkali metals in an MSW incinerator using a spontaneous emission spectrum[J]. Applied Sciences,2017,7(3):263.

[132] HE X H, LOU C, QIAO Y, et al. In-situ measurement of temperature and alkali metal concentration in municipal solid waste incinerators using flame emission spectroscopy[J]. Waste Management,2019,102:486-491.

[133] ZHOU H C, HAN S D, SHENG F, et al. Visualization of three dimensional temperature

distributions in a large-scale furnace via regularized reconstruction from radiative energy images: Numerical studies[J]. Journal of Quantitative Spectroscopy and Radiative Transfer,2002,72(4):361-383.

[134] 苏小江. 生活垃圾往复式机械炉排焚烧炉控制系统优化研究[D]. 北京:清华大学,2012.

[135] SHIRAI M,FUJII S,TOMIYAMA S. Automatic combustion control system for a new-generation stoker-type waste incineration plant[J]. EICA,2004,9(76):42-48.

[136] 朱亮,陈涛,王健生,等. 自动燃烧控制系统(ACC)垃圾热值估算模型研究[J]. 环境卫生工程,2015,23(6):33-35.

[137] 钱大群,孙振飞. 一个垃圾焚烧智能控制系统[J]. 信息与控制,1993,22(6):374-377.

[138] MIYAMOTO Y, KUROSAKI Y, FUJIYAMA H, et al. Dynamic characteristic analysis and combustion control for a fluidized bed incinerator[J]. Control Engineering Practice,1998,6(9):1159-1168.

[139] 曾卫东,薛宪民,薛景杰. 炉排炉垃圾焚烧控制特点[J]. 热力发电,2004,33(12):57-58.

[140] 许润,刘金刚. 一种炉排式垃圾焚烧炉燃烧自动控制策略[J]. 仪器仪表标准化与计量,2017(5):28-30.

[141] 王海强. 垃圾焚烧炉 ACC 自动燃烧控制系统的拓展应用研究[J]. 中国环境科学学会,2019,5:3731-3735.

[142] ONO H,OHNISHI T,TERADA Y. Combustion control of refuse incineration plant by fuzzy logic[J]. Fuzzy Sets and Systems,1989,32(2):193-206.

[143] 沈凯,陆继东,董统永,等. 垃圾焚烧炉稳定燃烧的模糊控制系统研究[J]. 中国电力,2003,(8):51-54.

[144] CARRASCO F,LLAURÓ X,POCH M. A methodological approach to knowledge-based control and its application to a municipal solid waste incineration plant[J]. Combustion Science and Technology,2006,178(4):685-705.

[145] KRAUSE,BOB, ALTROCK C V, et al. A neuro-fuzzy adaptive control strategy for refuse incineration plants[J]. Fuzzy Sets and Systems,1994,63(3):329-338.

[146] SHEN K,LU J D,LI Z H,et al. An adaptive fuzzy approach for the incineration temperature control process[J]. Fuel,2005,84(9):1144-1150.

[147] 沈凯,陆继东,昌鹏,等. 模糊自适应方法在垃圾焚烧炉温度控制系统中的应用[J]. 动力工程,2004,24(3):366-369.

[148] 昌鹏,陆继东,沈凯,等. 垃圾焚烧炉炉温加权因子自适应控制方法的研究[J]. 锅炉技术,2004,35(6):77-81.

[149] 王毅,马晓茜,廖艳芬. 垃圾焚烧炉的分层模糊控制系统[J]. 工业炉,2004,26(6):29-34.

[150] 胡兴武,罗毅. 基于比例因子的 T-S 模型模糊控制器的研究[C]//全国冶金自动化信息网 2011 年年会论文集. [出版地不详:出版者不详],2011:231-233.

[151] 代启化,王俊. 生活垃圾焚烧炉温的 Fuzzy-PID 控制[J]. 合肥学院学报:自然科学版,2008,18(3):39-42,92.

[152] 何海军,蒙西,汤健,等. 基于 ET-RBF-PID 的城市固废焚烧过程炉膛温度控制方法[J]. 控制理论与应用.

[153] NI Y M,LI L. Garbage incineration and intelligent fusion strategy of secondary pollution control[C]//Proceedings of Advanced Materials Research. [S. l. : s. n.],2014,853:323-328.

[154] 肖前军,许虎. 生活垃圾焚烧炉燃烧过程温度的仿人智能控制[J]. 智能系统学报,2015,10(6):881-885.

[155] WU Q,XU H. Intelligent control strategy of incineration process pollution in municipal solid waste[C]//Proceedings of the International Conference on Oriental Thinking and Fuzzy Logic. Berlin:

Springer,2016.

[156] 巫茜.采用 PSO 改进的智能算法在焚烧污染控制中的应用[J].重庆理工大学学报：自然科学版，2018,32(12)：133-138.

[157] 孙剑，蒙西，乔俊飞.城市固废焚烧过程烟气含氧量自适应预测控制[J].自动化学报，2023,49(11)：2338-2349.

[158] CHEN D S. Fuzzy logic control of batch-feeding refuse incineration [C]//Proceedings of 3rd International Symposium on Uncertainty Modeling and Analysis and Annual Conference of the North American Fuzzy Information Processing Society. Piscataway：IEEE Press,1995：58-63.

[159] YANG X D,SOH Y C. Fuzzy logic control of batch-feeding refuse incineration process [C]// Proceedings of 2000 26th Annual Conference of the IEEE Industrial Electronics Society. Piscataway：IEEE Press,2000,4：2684-2689.

[160] WATANABE N. A periodic strategy for combustion control of incinerators [C]//Proceedings of SICE 2003 Annual Conference. Piscataway：IEEE Press,2003,1：526-529.

[161] ANNUNZIATO M,BERTINI I,PANNICELLI A,et al. A nature-inspired-modeling-optimization-control system applied to a waste incinerator plant[C]//2nd European Symposium NiSIS. 2006,6.

[162] FALCONI F,HERVÉ G,STEFAN L C,et al. Control strategy for the combustion optimization for waste-to-energy incineration plant[C]//Proceedings of IFAC-Papers Online. [S. l. : s. n.],2020, 53：13167-13172.

[163] LESKENS M,VAN KESSEL L B M,BOSGRA O H. Model predictive control as a tool for improving the process operation of MSW combustion plants[J]. Waste Management,2005,25(8)：788-798.

[164] LESKENS M,VAN KESSEL L B M,VAN DEN HOF P M J,et al. Nonlinear model predictive control with moving horizon state and disturbance estimation-with application to MSW combustion [C]//IFAC Proceedings Volumes. [S. l. : s. n.],2005,38(1)：291-296.

[165] LESKENS M,VAN DER LINDEN R J P,VAN KESSEL R L,et al. Nonlinear model predictive control of municipal solid waste combustion plants[C]//International Workshop on Assessment & Future Directions of NMPC. [S. l. : s. n.],2008.

[166] LESKENS M,VAN'T VEEN P P,VAN KESSEL L B M,et al. Improved economic operation of MSWC plants with a new model based pid control strategy [C]//IFAC Proceedings Volumes. [S. l. :s. n.],2010,43(5)：655-660.

[167] CHANG N B,CHEN W C. Fuzzy controller design for municipal incinerators with the aid of genetic algorithms and genetic programming techniques[J]. Waste Management & Research,2000,18(5)：429-443.

[168] CHEN W C,CHANG N B,CHEN J C. GA-based fuzzy neural controller design for municipal incinerators[J]. Fuzzy Sets & Systems,2002,129(3)：343-369.

[169] 肖会芹.垃圾焚烧过程自适应模糊复合控制策略[J].计算机工程与应用，2010,46(3)：201-203.

[170] 湛腾西.垃圾焚烧过程智能集成控制[J].机床与液压，2010,38(18)：85-87.

[171] DING H X,TANG J,QIAO J F. MIMO modeling and multi-loop control based on neural network for municipal solid waste incineration[J]. Control Engineering Practice,2022,127：105280.

[172] 应雨轩，林晓青，吴昂键，等.生活垃圾智慧焚烧的研究现状及展望[J].化工学报，2021,72(2)：886-900.

[173] MATSUMURA S,IWAHARA T,SUZUKI M,et al. Improvement of De-NO_x device control performance using software sensor[J]. IFAC Proceedings Volumes,1997,30(11)：1433-1438.

[174] MATSUMURA S,IWAHARA T,OGATA K,et al. Improvement of de-NO_x device control performance using a software sensor[J]. Control Engineering Practice,1998,6(10)：1267-1276.

[175] HUSELSTEIN E,GARNIER H,RICHARD A,et al. Experimental modeling of NO_x emissions in municipal solid waste incinerator[J]. IFAC Proceedings Volumes,2002,35(1): 89-94.

[176] RAO G P,UNBEHAUEN H. Identification of continuous-time systems[J]. IEE Proceedings-Control Theory and Applications,2006,153(2): 185-220.

[177] 张东平,严建华,池涌,等. 流化床垃圾焚烧 NO_x 排放的神经网络预测[J]. 电站系统工程,2004,20(3): 1-3.

[178] 段滈杉,乔俊飞,蒙西,等. 基于模块化神经网络的城市固废焚烧过程氮氧化物软测量[C]//第31届中国过程控制会议摘要集. 江苏: 中国自动化学会过程控制专业委员会,2020: 1.

[179] DUAN H S,MENG X,TANG J,et al. Prediction of NO_x concentration using modular long short-term memory neural network for municipal solid waste incineration[J]. Chinese Journal of Chemical Engineering,2022.

[180] LI S Y,ZHANG Y F,SONG W B,et al. Prediction of typical flue gas pollutants from municipal solid waste incineration plants[C]//Proceedings of 2021 IEEE 24th International Conference on Computer Supported Cooperative Work in Design. Piscataway: IEEE Press,2021: 1304-1309.

[181] ANTONIONI G,GUGLIELMI D,COZZANI V,et al. Modelling and simulation of an existing MSWI flue gas two-stage dry treatment[J]. Process Safety and Environmental Protection,2014,92(3): 242-250.

[182] LIANG Z Y,MA X Q. Mathematical modeling of MSW combustion and SNCR in a full-scale municipal incinerator and effects of grate speed and oxygen-enriched atmospheres on operating conditions[J]. Waste Management,2010,30(12): 2520-2529.

[183] MA W C,LIU X,MA C L,et al. Basic: A comprehensive model for SO_x formation mechanism and optimization in municipal solid waste(MSW) combustion[J]. ACS Omega,2022,7(5): 3860-3871.

[184] ZHANG H J,NI Y W,CHEN J P,et al. Influence of variation in the operating conditions on PCDD/PCDF distribution in a full-scale MSW incinerator[J]. Chemosphere,2008,70(4): 721-730.

[185] HASBERG W,MAY H,DORN I. Description of the residence-time behaviour and burnout of PCDD,PCDF and other higher chlorinated aromatic hydrocarbons in industrial waste incineration plants[J]. Chemosphere,1989,19(1/6): 565-571.

[186] CHANG N B,HUANG S H. Statistical modelling for the prediction and control of PCDD and PCDF emissions from municipal solid waste incinerators[J]. Waste Management & Research,1995,13: 379-400.

[187] ISHIKAWA R,ALFONS B G,HUANG H,et al. Influence of combustion conditions on dioxin in an industrial-scale fluidized-bed incinerator: Experimental study and statistical modelling[J]. Chemosphere,1997,35(3): 465-477.

[188] CHANG N B,CHEN W C. Prediction of PCDD/PCDF emissions from municipal incinerators by genetic programming and neural network modeling[J]. Waste Management & Research,2000,18(4): 341-351.

[189] 王海瑞,张勇,王华. 基于 GA 和 BP 神经网络的二噁英软测量模型研究[J]. 微计算机信息,2008,24(21): 222-224.

[190] TANG J,QIAO J F,LI W T. Simplified stochastic configuration network-based optimized soft measuring model by using evolutionary computing framework with its application to dioxin emission concentration estimation[J]. International Journal of System Control and Information Processing,2018,4(2): 332-365.

[191] 汤健,王丹丹,郭子豪,等. 基于虚拟样本优化选择的城市固废焚烧过程二噁英排放浓度预测[J]. 北京工业大学学报,2021,47(5): 431-443.

[192] TANG J,XIA H,ALJERF L,et al. Prediction of dioxin emission from municipal solid waste

incineration based on expansion, interpolation, and selection for small samples[J]. Journal of Environmental Chemical Engineering,2022,10(5): 108314.

[193] 肖晓东,卢加伟,海景,等. 垃圾焚烧烟气中二噁英类浓度的支持向量回归预测[J]. 可再生能源,2017,35(8): 1107-1114.

[194] 汤健,乔俊飞. 基于选择性集成核学习算法的固废焚烧过程二噁英排放浓度软测量[J]. 化工学报,2019,70(2): 696-706.

[195] 汤健,乔俊飞,郭子豪. 基于潜在特征选择性集成建模的二噁英排放浓度软测量[J]. 自动化学报,2022,48(1): 223-238.

[196] 乔俊飞,郭子豪,汤健. 基于多层特征选择的固废焚烧过程二噁英排放浓度软测量[J]. 信息与控制,2021,50(1): 75-87.

[197] 汤健,乔俊飞,徐喆,等. 基于特征约简与选择性集成算法的城市固废焚烧过程二噁英排放浓度软测量[J]. 控制理论与应用,2021,38(1): 110-120.

[198] XIA H,TANG J,QIAO J F,et al. Soft measuring method of dioxin emission concentration for MSWI process based on RF and GBDT[C]//Proceedings of 2020 Chinese Control And Decision Conference. Hefei: IEEE,2020: 2173-2178.

[199] XIA H,TANG J,CONG Q M,et al. Dioxin emission concentration forecasting model for MSWI process with random forest-based transfer learning[C]//Proceedings of 2020 39th Chinese Control Conference. Piscataway: IEEE Press,2020: 5724-5729.

[200] XIA H,TANG J,QIAO J F,et al. DF classification algorithm for constructing a small sample size of data-oriented DF regression model[J]. Neural Computing and Applications,2022,34: 2785-2810.

[201] GUO Z,TANG J,QIAO J,et al. Dioxin emission concentration soft measurement model of MSWI process based on unmarked samples and improved deep belief network[C]//Proceedings of 2020 39th Chinese Control Conference. Piscataway: IEEE Press,2020: 5784-5789.

[202] ZHOU Z H,FENG J. Deep forest[J]. National Science Review,2019,6(1): 74-86.

[203] 汤健,夏恒,乔俊飞,等. 深度集成森林回归建模方法及应用[J]. 北京工业大学学报,2021,47(11): 1219-1229.

[204] TANG J,XIA H,ZHANG J,et al. Deep forest regression based on cross-layer full connection[J]. Neural Computing and Applications,2021,33(15): 9307-9328.

[205] XU W,TANG J,XIA H,et al. Prediction method of dioxin emission concentration based on PCA and deep forest regression[C]//Proceedings of 2021 40th Chinese Control Conference. Piscataway: IEEE Press,2021: 1212-1217.

[206] 徐雯,汤健,夏恒,等. 基于 Bagging 半监督深度森林回归的二噁英排放浓度软测量[J]. 仪器仪表学报,2022,43(6): 251-259.

[207] 柴天佑,刘强,丁进良,等. 工业互联网驱动的流程工业智能优化制造新模式研究展望[J]. 中国科学: 技术科学,2022,52(1): 14-25.

[208] GHOULEH Z,SHAO Y. Turning municipal solid waste incineration into a cleaner cement production[J]. Journal of Cleaner Production,2018,195: 268-279.

[209] LI G,WU Q,WANG S,et al. The influence of flue gas components and activated carbon injection on mercury capture of municipal solid waste incineration in China[J]. Chemical Engineering Journal,2017,326: 561-569.

[210] LI W,SUN Y,HUANG Y,et al. Evaluation of chemical speciation and environmental risk levels of heavy metals during varied acid corrosion conditions for raw and solidified/stabilized MSWI fly ash[J]. Waste Management,2019,87: 407-416.

[211] DONTRIROS S,LIKITLERSUANG S,JANJAROEN D. Mechanisms of chloride and sulfate removal from municipal-solid-waste-incineration fly ash(MSWI FA): Effect of acid-base solutions

[J]. Waste Management,2020,101: 44-53.

[212] YANG Z,TIAN S,JI R,et al. Effect of water-washing on the co-removal of chlorine and heavy metals in air pollution control residue from MSW incineration[J]. Waste Management,2017,68: 221-231.

[213] JOSEPH M A,SNELLINGS R,HEEDE V D,et al. The use of municipal solid waste incineration ash in various building materials: A Belgian point of view[J]. Materials,2018,11(1): 141.

[214] QUINA M J,BONTEMPI E,BOGUSH A,et al. Technologies for the management of MSW incineration ashes from gas cleaning: New perspectives on recovery of secondary raw materials and circular economy[J]. Science of the Total Environment,2018,635: 526-542.

[215] ZHANG Y Y,WANG L,CHEN L,et al. Treatment of municipal solid waste incineration fly ash: State-of-the-art technologies and future perspectives[J]. Journal of Hazardous Materials,2021,411: 125132.

[216] MARGALLO M,TADDEI M B M,HERNÁNDEZ-PELLÓN A,et al. Environmental sustainability assessment of the management of municipal solid waste incineration residues: A review of the current situation[J]. Clean Technologies and Environmental Policy,2015,17(5): 1333-1353.

[217] HUBER F,BLASENBAUER D,ASCHENBRENNER P,et al. Complete determination of the material composition of municipal solid waste incineration bottom ash[J]. Waste Management,2019,102: 677-685.

[218] 罗建明,曾麟,陈岳飞. 焚烧残渣热灼减率自动测定仪的研制[J]. 中国测试,2021,47(9): 169-174.

[219] 孙佛芹,李文祥,谭昊,等. 基于炉渣图像处理的生活垃圾焚烧效果快速评测方法[J]. 环境科学学报,2022,42(3): 285-292.

[220] 黄旌. 炉排式垃圾焚烧炉运行中的两个问题分析及措施[J]. 科技创新导报,2017,14(9): 82-83.

[221] 杨倩,吕宙峰. 降低回转窑焚烧垃圾炉渣热酌减率的几种方法[J]. 轻工科技,2012,28(7): 107-108.

[222] ZHANG S R,JIANG X G,LV G J,et al. SO_2,NO_x,HF,HCl and PCDD/PCDF emissions during co-combustion of bituminous coal and pickling sludge in a drop tube furnace[J]. Fuel,2016,186: 91-99.

[223] GUO F H,ZHONG Z P. Co-combustion of anthracite coal and wood pellets: Thermodynamic analysis,combustion efficiency,pollutant emissions and ash slagging[J]. Environmental Pollution,2018,239: 21-29.

[224] JOHNKE B,GROVER V K,HOGLAND W. Current situation of waste incineration and energy recovery in Germany[J]. Recovering Energy from Waste: Various Aspects; Grover,VI,Grover,VK,Hogland,W.,Eds,2002: 195-200.

[225] ONO H. Diagnosis system of abnormality in refuse incineration plant using fuzzy logic[J]. JSME International Journal Series C-Mechanical Systems Machine Elements and Manufacturing,1994,37(2): 307-314.

[226] CHEN J C,LIN K Y. Diagnosis for monitoring system of municipal solid waste incineration plant [J]. Expert Systems with Applications,2008,34(1): 247-255.

[227] 陶怀志,孙巍,赵劲松,等. 专家系统在垃圾焚烧炉故障诊断中的应用[J]. 环境科学与技术,2008,31(11): 65-68.

[228] 陶怀志,孙巍,赵劲松,等. 基于神经网络的垃圾焚烧炉过程控制[J]. 计算机与应用化学,2008,25(7): 859-862.

[229] 周志成. 基于图像处理和人工智能的垃圾焚烧炉燃烧状态诊断研究[D]. 南京: 东南大学,2015.

[230] DING C X,YAN A J. Fault detection in the MSW incineration process using stochastic configuration networks and case-based reasoning[J]. Sensors,2021,21(21): 7356.

[231] QIN S J. Survey on data-driven industrial process monitoring and diagnosis[J]. Annual Reviews in Control,2012,36(2): 220-234.

[232] 刘强,柴天佑,秦泗钊,等. 基于数据和知识的工业过程监视及故障诊断综述[J]. 控制与决策,2010,25(6): 801-807.

[233] 樊继聪,王友清,秦泗钊. 联合指标独立成分分析在多变量过程故障诊断中的应用[J]. 自动化学报,2013,39(5): 494-501.

[234] ZHAO J S,HUANG J C,SUN W. Online early fault detection and diagnosis of municipal solid waste incinerators[J]. Waste Management,2008,28(2): 2406-2414.

[235] TAVARES G,ZSIGRAIOVA Z,SEMIAO V,et al. Monitoring,fault detection and operation prediction of MSW incinerators using multivariate statistic methods[J]. Waste Management,2011,31(3): 1635-1644.

[236] 夏恒. 城市生活垃圾焚烧过程风量智能设定方法及仿真平台研发[D]. 北京: 北京工业大学,2020.

[237] ANDERSON S R,KADIRKAMANATHAN V,CHIPPERFIELD A,et al. Multi-objective optimization of operational variables in a waste incineration plant[J]. Computers & Chemical Engineering,2005,29(5): 1121-1130.

[238] 丁晨曦,严爱军,王殿辉. 城市生活垃圾焚烧过程二次风量智能优化设定方法[J]. 控制与决策,2022: 1-9.

[239] 乔俊飞,崔莺莺,蒙西,等. 城市固废焚烧过程风量智能优化设定方法[P]. 中国: CN113742997A,2021.

[240] 严爱军,夏恒,刘溪芷. 城市生活垃圾焚烧过程监控半实物仿真平台研发[J]. 系统仿真学报,2021,33(6): 1427-1435。

[241] WANG T Z,TANG J,XIA H,et al. Hardware-in-the-loop simulation platform for loop control for municipal solid waste incineration process[J]. Journal of System Simulation,2023,35(2): 241-253.

[242] WANG T Z,TANG J,XIA H,et al. Design and implementation of multi-modal data driven verification platform for municipal solid waste incineration process[J]. Proceedings of the Chinese Society of Electrical Engineering,2023,12(43): 4697-4707.

[243] FU L M,YANG Q,LIU X X,et al. Three-stage model based evaluation of local residents' acceptance towards waste-to-energy incineration project under construction: A Chinese perspective[J]. Waste Management,2021,121: 105-116.

[244] 张晓东,周劲松,骆仲泱,等. 生物质中热值气化技术中试实验[J]. 太阳能学报,2003,24(1): 74-79.

[245] 严建华,高雅丽,张志霄,等. 废轮胎回转窑中试热解油的理化性质[J]. 燃料化学学报,2003,31(6): 589-594.

[246] YANG T,YI X L,LU S W,et al. Intelligent manufacturing for the process industry driven by industrial artificial intelligence[J]. Engineering,2021,7(9): 1224-1230.

[247] Industrial Intelligence White Paper[R]. Beijing: Industrial Internet Industry Alliance[EP/OL]. [2025-04-23]. https://www.miit.gov.cn/ztzl/rdzt/gyhlw/cgzs/art/2020/art_e1842c433fce43e39a45ce96be50213a.html,2020-04-26.

[248] 柴天佑. 自动化科学与技术发展方向[J]. 自动化学报,2018,44(11): 1923-1930.

[249] 陈龙,刘全利,王霖青,等. 基于数据的流程工业生产过程指标预测方法综述[J]. 自动化学报,2017,43(6): 944-954.

[250] YU W K,ZHAO C H,HUANG B. Stationary subspace analysis-based hierarchical model for batch processes monitoring[J]. IEEE Transactions on Control Systems Technology,2021,29(1): 444-453.

[251] AJAMI A,DANESHVAR M. Data driven approach for fault detection and diagnosis of turbine in

thermal power plant using independent component analysis[J]. International Journal of Electrical Power & Energy Systems, 2012, 43(1): 728-735.

[252] ZHAO C H, SUN H. Dynamic distributed monitoring strategy for large-scale nonstationary processes subject to frequently varying conditions under closed-loop control[J]. IEEE Transactions on Industrial Electronics, 2019, 66(6): 4749-4758.

[253] YU W K, ZHAO C H. Recursive exponential slow feature analysis for fine-scale adaptive processes monitoring with comprehensive operation status identification[J]. IEEE Transactions on Industrial Informatics, 2018, 15(6): 3311-3323.

[254] WANG X X, MA L Y, WANG B S, et al. A hybrid optimization-based recurrent neural network for real-time data prediction[J]. Neurocomputing, 2013, 120(23): 547-559.

[255] MA L Y, MA Y G, LEE K Y. An intelligent power plant fault diagnostics for varying degree of severity and loading conditions[J]. IEEE Transactions on Energy Conversion, 2010, 25(2): 546-554.

[256] ZHANG X H, XU Y, HE Y L, et al. Novel manifold learning based virtual sample generation for optimizing soft sensor with small data[J]. ISA Transactions, 2021, 109: 229-241.

[257] TANG J, CHAI T Y, YU W, et al. A comparative study that measures ball mill load parameters through different single-scale and multiscale frequency spectra-based approaches [J]. IEEE Transactions on Industrial Informatics, 2016, 12(6): 2008-2019.

[258] YUAN X F, GE Z Q, HUANG B, et al. Semisupervised JITL framework for nonlinear industrial soft sensing based on locally semisupervised weighted PCR[J]. IEEE Transactions on Industrial Informatics, 2017, 13(2): 532-541.

[259] LI Y F, GUO L Z, ZHOU Z H. Towards safe weakly supervised learning[J]. IEEE Transactions on Pattern Analysis and Machine Intelligence, 2021, 43(1): 334-346.

[260] QI G J, LUO J B. Small data challenges in big data era: A survey of recent progress on unsupervised and semi-supervised methods[J]. IEEE Transactions on Pattern Analysis and Machine Intelligence, 2022, 44(4): 2168-2187.

[261] LIU G F, ZHANG X W, LIU Z M. State of health estimation of power batteries based on multi-feature fusion models using stacking algorithm[J]. Energy, 2022, 259: 124905.

[262] HEO S, NAM K, LOY-BENITEZ J, et al. Data-driven hybrid model for forecasting wastewater influent loads based on multimodal and ensemble deep learning[J]. IEEE Transactions on Industrial Informatics, 2021, 17(10): 6925-6934.

[263] QIN L, LU G, HOSSAIN M M, et al. A flame imaging-based online deep learning model for predicting NO_x emissions from an oxy-biomass combustion process[J]. IEEE Transactions on Instrumentation and Measurement, 2022, 71: 1-11.

[264] LI J P, HUA C C, YANG Y N, et al. Data-driven Bayesian-based Takagi-Sugeno fuzzy modeling for dynamic prediction of hot metal silicon content in blast furnace[J]. IEEE Transactions on Systems, Man, and Cybernetics: Systems, 2022, 52(2): 1087-1099.

[265] CHEN C L P, LIU Z L. Broad learning system: An effective and efficient incremental learning system without the need for deep architecture[J]. IEEE Transactions on Neural Networks and Learning Systems, 2018, 29(1): 10-24.

[266] XIA H, TANG J, YU W, et al. Tree broad learning system for small data modeling[J]. IEEE Transactions on Neural Networks and Learning Systems, 2022, 34(3): 1293-1305.

[267] SHI Y, MI Y L, LI J H, et al. Concept-cognitive learning model for incremental concept learning[J]. IEEE Transactions on Systems, Man, and Cybernetics: Systems, 2021, 51(2): 809-821.

[268] WANG G M, QIAO J F. An efficient self-organizing deep fuzzy neural network for nonlinear system

modeling[J]. IEEE Transactions on Fuzzy Systems,2022,30(7): 2170-2182.

[269] 丁进良,杨翠娥,陈远东,等. 复杂工业过程智能优化决策系统的现状与展望[J]. 自动化学报,2018,44(11): 1931-1943.

[270] 赵春晖,胡赟昀,郑嘉乐,等. 数据驱动的燃煤发电装备运行工况监控——现状与展望[J]. 自动化学报,2022,48(11): 2611-2633.

[271] 罗刚,王永富,柴天佑,等. 基于区间二型模糊摩擦补偿的鲁棒自适应控制[J]. 自动化学报,2019,45(7): 1298-1306.

[272] 董琦,宗群,张超凡,等. 强干扰影响下基于干扰补偿的大飞机智能自适应控制[J]. 中国科学: 技术科学,2018,48(3): 248-263.

[273] 席裕庚,李德伟,林姝. 模型预测控制——现状与挑战[J]. 自动化学报,2013,39(3): 222-236.

[274] 郭雷,余翔,张霄,等. 无人机安全控制系统技术: 进展与展望[J]. 中国科学: 信息科学,2020,50(2): 184-194.

[275] 李芸,王福利,李鸿儒. 电熔镁炉熔炼过程异常工况识别及自愈控制方法[J]. 自动化学报,2020,46(7): 1411-1419.

[276] CAO Z B, ZHAO J. Passivity-based event-triggered control for a class of switched nonlinear systems[J]. ISA Transactions,2021,125: 50-59.

[277] 韩红桂,秦晨辉,孙浩源,等. 城市污水处理过程自适应滑模控制[J]. 自动化学报,2022,48(x): 1-9.

[278] HAN H G, LIU Z, LI J M, et al. Design of syncretic fuzzy-neural control for WWTP[J]. IEEE Transactions on Fuzzy Systems,2022,30(8): 2837-2849.

[279] YANG Q, CAO W, MENG W, et al. Reinforcement-learning-based tracking control of waste water treatment process under realistic system conditions and control performance requirements[J]. IEEE Transactions on Systems, Man, and Cybernetics: Systems,2022,52(8): 5284-5294.

[280] ZHOU W, YI J, YAO L Z, et al. Event-triggered optimal control for the continuous stirred tank reactor system[J]. IEEE Transactions on Artificial Intelligence,2022,3(2): 228-237.

[281] LI D, WANG D, LIU L, et al. Adaptive finite-time tracking control for continuous stirred tank reactor with time-varying output constraint[J]. IEEE Transactions on Systems, Man, and Cybernetics: Systems,2021,51(9): 5929-5934.

[282] WANG G, JIA Q S, QIAO J, et al. Deep learning-based model predictive control for continuous stirred-tank reactor system[J]. IEEE Transactions on Neural Networks and Learning Systems,2021,32(8): 3643-3652.

[283] ZHOU P, ZHANG S, WEN L, et al. Kalman filter-based data-driven robust model-free adaptive predictive control of a complicated industrial process[J]. IEEE Transactions on Automation Science and Engineering,2022,19(2): 788-803.

[284] ZHOU P, GUO D, WANG H, et al. Data-driven robust M-LS-SVR-based NARX modeling for estimation and control of molten iron quality indices in blast furnace ironmaking[J]. IEEE Transactions on Neural Networks and Learning Systems,2018,29(9): 4007-4021.

[285] DU S, WU M, CHEN L F, et al. A fuzzy control strategy of burn-through point based on the feature extraction of time-series trend for iron ore sintering process[J]. IEEE Transactions on Industrial Informatics,2020,16(4): 2357-2368.

[286] 温亮,周平. 基于多参数灵敏度分析与遗传优化的铁水质量无模型自适应控制[J]. 自动化学报,2021,47(11): 2600-2613.

[287] 桂卫华,陈晓方,阳春华,等. 知识自动化及工业应用[J]. 中国科学: 信息科学,2016,46(8): 1016-1034.

[288] 辛斌,陈杰,彭志红. 智能优化控制: 概述与展望[J]. 自动化学报,2013,39(11): 1831-1848.

[289] 蔡自兴.智能控制原理与应用[M].北京：清华大学出版社，2007.

[290] 柴天佑.制造流程智能化对人工智能的挑战[J].中国科学基金，2018，32(3)：251-256.

[291] 柴天佑，丁进良.流程工业智能优化制造[J].中国工程科学，2018，20(4)：51-58.

[292] LIU W H，WANG T，LI Z M，et al. Distributed optimization subject to inseparable coupled constraints：A case study on plant-wide ethylene process[J]. IEEE Transactions on Industrial Informatics，2022，18(5)：3182-3192.

[293] XIE S W，XIE Y F，HUANG T W，et al. Multiobjective-based optimization and control for iron removal process under dynamic environment[J]. IEEE Transactions on Industrial Informatics，2021，17(1)：569-577.

[294] ZHOU K L，CHEN X，WU M，et al. A new hybrid modeling and optimization algorithm for improving carbon efficiency based on different time scales in sintering process[J]. Control Engineering Practice，2019，91：1-13.

[295] LI Y J，ZHANG S，ZHANG J，et al. Data-driven multiobjective optimization for burden surface in blast furnace with feedback compensation[J]. IEEE Transactions on Industrial Informatics，2020，16(4)：2233-2244.

[296] ZHOU H，ZHANG H F，YANG C J. Hybrid-model-based intelligent optimization of ironmaking process[J]. IEEE Transactions on Industrial Electronics，2020，67(3)：2469-2479.

[297] XIE S W，XIE Y F，HUANG T W，et al. Coordinated optimization for the descent gradient of technical index in the iron removal process[J]. IEEE Transactions on Cybernetics，2018，48(12)：3313-3322.

[298] ZHENG N Z，DING J L，CHAI T Y. DMGAN：Adversarial learning-based decision making for human-level plant-wide operation of process industries under uncertainties[J]. IEEE Transactions on Neural Networks and Learning Systems，2021，32(3)：985-998.

[299] LIN X W，ZHAO L，DU W L，et al. Data-driven scheduling optimization of ethylene cracking furnace system[C]//2020 Chinese Control And Decision Conference(CCDC). Hefei，China：IEEE，2020：308-313.

[300] KANG L，LIU D，WU Y L，et al. Multi-furnace optimization in silicon single crystal production plants by power load scheduling[J]. Journal of Process Control，2022，117：1-13.

[301] KONG W J，CHAI T Y，DING J L，et al. Multifurnace optimization in electric smelting plants by load scheduling and control[J]. IEEE Transactions on Automation Science and Engineering，2014，11(3)：850-862.

[302] KABUGO J C，LIISA S，JOUNELA J，et al. Industry 4.0 based process data analytics platform：A waste-to-energy plant case study[J]. International Journal of Electrical Power & Energy Systems，2020，115：105508.

[303] AUSTIN M，DELGOSHAEI P，COELHO M，et al. Architecting smart city digital twins：Combined semantic model and machine learning approach[J]. Journal of Management in Engineering，2020，36(4)：04020026.

[304] HE R，CHEN G，DONG C，et al. Data-driven digital twin technology for optimized control in process systems[J]. ISA Transactions，2019，95：221-234.

[305] 李彦瑞，杨春节，张瀚文，等.流程工业数字孪生关键技术探讨[J].自动化学报，2021，47(3)：501-514.

[306] SUN F，LUO N，ZHONG W M，et al. Dynamic simulation and optimization of ethylene glycol desorption and resorption process[J]. Computers and Applied Chemistry，2010，27：277-282.

[307] 宋新南，徐惠斌，房仁军，等.基于 ASPEN Plus 的生物质燃烧 NO_x 生成模拟[J].环境科学学报，2009，29(8)：1696-1700.

[308] STOJANOVIC N,MILENOVIC D. Data-driven digital twin approach for process optimization: An industry use case[C]//Proceedings of the 2018 IEEE International Conference on Big Data(Big Data). Seattle,USA: IEEE,2018: 4202-4211.

[309] 汤健,乔俊飞,夏恒,等.一种单向隔离数据采集与离线算法验证系统[P],中国,CN109901536B,2019.

[310] TAO F,ZHANG H,LIU A,et al. Digital twin in industry: State-of-the-art[J]. IEEE Transactions on Industrial Informatics,2019,15(4): 2405-2415.

[311] MIHAI S,YAQOOB M,HUNG D V,et al. Digital twins: A survey on enabling technologies,challenges,trends and future prospects[J]. IEEE Communications Surveys & Tutorials,2022,24(4): 2255-2291.

[312] LI Y,SHEN X J. A novel wind speed-sensing methodology for wind turbines based on digital twin technology[J]. IEEE Transactions on Instrumentation and Measurement,2022,71: 1-13.

[313] QIN Y,WU X G,LUO J. Data-model combined driven digital twin of life-cycle rolling bearing[J]. IEEE Transactions on Industrial Informatics,2022,18(3): 1530-1540.

[314] WANG T,CHENG J X,YANG Y,et al. Adaptive optimization method in digital twin conveyor systems via range-inspection control[J]. IEEE Transactions on Automation Science and Engineering,2022,19(2): 1296-1304.

[315] XIANG F,ZHANG Z,ZUO Y,et al. Digital twin driven green material optimal-selection towards sustainable manufacturing[J]. Procedia CIRP,2019,81: 1290-1294.

[316] MOHAMMADI N,TAYLOR J E. Smart city digital twins[C]//Proceedings of the 2017 IEEE Symposium Series on Computational Intelligence(SSCI). Honolulu,USA: IEEE,2017: 1-5.

[317] XU X L,LIU Z J,BILAL M,et al. Computation offloading and service caching for intelligent transportation systems with digital twin[J]. IEEE Transactions on Intelligent Transportation Systems,2022,23(11): 20757-20772.

[318] LEI Z C,ZHOU H,HU W S,et al. Toward a web-based digital twin thermal power plant[J]. IEEE Transactions on Industrial Informatics,2022,18(3): 1716-1725.

[319] WANG T Z,TANG J,XIA H,et al. Review on simulation platforms for complex industrial process[C]//2021 IEEE International Conference on Information, Cybernetics, and Social Systems(ICCSS2021). Beijing,China: IEEE,2021: 1-6.

[320] 桂卫华,岳伟超,谢永芳,等.铝电解生产智能优化制造研究综述[J].自动化学报,2018,44(11):1957-1970.

[321] ZHANG L,LIU G,LI S,et al. Model framework to quantify the effectiveness of garbage classification in reducing dioxin emissions[J]. Science of the Total Environment,2022,814: 151941.

[322] 殷国良,杨凯.垃圾焚烧发电电价补贴政策的演进及其影响分析[J].法制与经济,2021,30(8):115-118.

[323] 赵珊珊,白焰,黄从智.化学水处理系统的半物理仿真[J].化工自动化及仪表,2010,37(1): 79-84.

[324] 片锦香,柴天佑,贾树晋,等.层流冷却系统过程优化控制仿真实验平台[J].系统仿真学报,2007,19(24): 5667-5671.

[325] 李可夫,吴敏,雷琪.炼焦生产全流程优化控制实验平台设计与开发[J].计算技术与自动化,2008,27(4): 48-53.

[326] 迟瑛,岳恒,丁进良,等.磨矿仿真实验平台的设计和实现[J].控制工程,2008,15(5): 598-601.

[327] 铁鸣,范玉顺,柴天佑.磨矿流程优化控制的分布式仿真平台[J].系统仿真学报,2008,20(15):4000-4005.

[328] 刘卓,刘金礼,刘建昌.强磁选过程智能优化控制仿真实验平台[J].控制工程,2008,15(S1):155-158.

[329] 王永刚，柴天佑. 蒸发过程的解耦控制仿真实验平台[J]. 系统仿真学报，2009，21(18)：5812-5815.

[330] 黄昕昀. 电厂烟气脱硫控制系统半实物仿真平台[J]. 电气自动化，2010，32(6)：28-29，34.

[331] 吴永建，吴志伟，张莉，等. 电熔镁炉智能优化仿真实验平台[J]. 系统仿真学报，2011，23(4)：676-680.

[332] 李健，岳恒，郭向红，等. 铝酸钠叶滤过程控制仿真实验平台[J]. 化工学报，2011，62(8)：2089-2094.

[333] 周平，代伟，柴天佑. 竖炉焙烧过程运行优化控制系统的开发及实验研究[J]. 控制理论与应用，2012，29(12)：1565-1572.

[334] 李鹏，孙鹤，张健，等. 电厂锅炉燃烧系统先进过程控制实验仿真平台[J]. 计算机与应用化学，2012，29(10)：1216-1220.

[335] 熊永华，许虎，吴敏，等. 一种烧结生产过程控制云制造仿真实验平台[J]. 计算机集成制造系统，2012，18(7)：1627-1636.

[336] 孙景浩. 基于云制造的过程控制仿真实验平台设计与应用[D]. 长沙：中南大学，中国，2014.

[337] 何永惠. 湿法冶金过程监测半实物仿真平台设计与实现[D]. 沈阳：东北大学，中国，2013.

[338] 郭万里. 氧化铝生料浆制备过程优化控制方法研究[D]. 沈阳：辽宁工业大学，中国，2013.

[339] 马斌. 高速工业过程仿真实验平台的设计[D]. 西安：西安理工大学，中国，2014.

[340] 任群英. 生料浆配料过程优化控制方法与半实物仿真实验平台的研究[D]. 沈阳：辽宁工业大学，中国，2014.

[341] 高强，李航，高翔，等. 一种用于先进过程控制研究的半实物仿真系统[J]. 自动化与仪表，2014，29(2)：28-32.

[342] 苏伟. 汽油管道调合优化控制方法及半实物仿真实验平台的研究[D]. 沈阳：辽宁工业大学，中国，2015.

[343] 鲁剑斌. 冶金烧结配料过程优化控制方法及半实物仿真实验平台的研究[D]. 沈阳：辽宁工业大学，中国，2015.

[344] ZHANG Y W，FAN J L，JIANG Y，et al. Semi-physical simulation platform for double layer network-based operational control[C]//Proceedings of the 11th World Congress on Intelligent Control and Automation. Shenyang，China. Piscataway：IEEE Press，2015：1118-1123.

[345] 唐国泽，李鹏，任文平，等. 自然循环锅炉控制系统半实物仿真平台设计[J]. 控制工程，2016，23(6)：933-936.

[346] 张凯. 热风炉半实物仿真平台的设计与开发[D]. 沈阳：东北大学，中国，2017.

[347] 李天庆. 生料浆配料过程控制系统及半实物仿真实验平台设计[J]. 轻金属，2017，02：58-62.

[348] 冯佳瑶，乔越，贺慧勇，等. 电厂加药系统半实物仿真平台设计[J]. 天水师范学院学报，2018，38(2)：37-39.

[349] 马平，王凯宸，李紫君. 基于半实物仿真平台的温度控制系统设计[J]. 实验科学与技术，2017，15(5)：10-14.

[350] 颜宁，张冠锋，满林坤，等. 基于 RT-LAB 半实物仿真平台的风电机组一次调频实验方法研究[J]. 实验技术与管理，2020，37(11)：226-229.

[351] 姜明男，汪守康，何俊捷，等. 基于支持向量机的大型生活垃圾焚烧炉排炉运行参数预测[J]. 中国电机工程学报，2022，42(01)：221-229.

[352] BAE J，KIM G，LEE S J. Real-time prediction of nuclear power plant parameter trends following operator actions[J]. Expert Systems with Applications，2021，186：115848.

[353] HAN M，LIU C. Endpoint prediction model for basic oxygen furnace steel-making based on membrane algorithm evolving extreme learning machine[J]. Applied Soft Computing，2014，19：430-437.

[354] 何海军，蒙西，汤健，等. 城市固废焚烧过程炉膛温度建模与控制研究[J]. 控制工程，2023，30(10)：

1852-1862.

[355] 贾永会,杜建桥,汪潮洋,等.基于BP神经网络的燃煤锅炉温度分布预测[J].热能动力工程,2020,35(7):130-138.

[356] 李乐伦,祝祥年,侯倩倩,等.基于RBF神经网络法的气化炉炉膛温度软测量建模研究与设计[J].氮肥与合成气,2021,49(3):3-6.

[357] WANG P,SI F,CAO Y,et al. Prediction of superheated steam temperature for thermal power plants using a novel integrated method based on the hybrid model and attention mechanism[J]. Applied Thermal Engineering,2022,203:117899.

[358] 王懋譞,王永富,柴天佑,等.基于权重因子自校正的主蒸汽温度外挂广义预测串级控制[J].自动化学报,2022,48(2):418-433.

[359] QI L,LIU H,XIONG Q,et al. Just-in-time-learning based prediction model of BOF endpoint carbon content and temperature via vMF mixture model and weighted extreme learning machine[J]. Computers & Chemical Engineering,2021,154:107488.

[360] WANG Y F,WANG M X,WANG D H,et al. Stochastic configuration network based cascade generalized predictive control of main steam temperature in power plants[J]. Information Sciences,2022,587:123-141.

[361] 苏涛,潘红光,黄向东,等.基于改进PSO-SVM的燃煤电厂烟气含氧量软测量[J].西安科技大学学报,2020,40(2):342-348.

[362] 景会成,于玉超,侯宝稳,等.基于神经网络的加热炉烟气含氧量预测及控制[J].自动化与仪表,2012,27(2):30-32.

[363] ZHANG Y J,WU G G,XU H F,et al. Prediction of oxygen concentration and temperature distribution in loose coal based on BP neural network[J]. Mining Science and Technology,2009,19(2):216-219.

[364] 李蔚,盛德仁,陈坚红,等.双重BP神经网络组合模型在实时数据预测中的应用[J].中国电机工程学报,2007(17):94-97.

[365] 邓怀勇,马琴,陈国彬,等.基于AWOA算法与LSSVM的主蒸汽流量软测量模型[J].仪表技术与传感器,2018(12):78-82.

[366] 张维平,赵文蕾,李国强,等.基于粗糙集与最小二乘支持向量回归的汽轮机主蒸汽流量预测[J].计量学报,2015,36(1):43-47.

[367] 王雷,张瑞青,盛伟,等.基于支持向量机的回归预测和异常数据检测[J].中国电机工程学报,2009,29(8):92-96.

[368] 李虹锐,王智微.基于历史数据计算母管制机组各台汽轮机进汽流量的研究[J].中国电机工程学报,2016,36(S1):154-160.

[369] LIU Y,LIU Q L,WANG W,et al. Data-driven based model for flow prediction of steam system in steel industry[J]. Information Sciences,2012,193:104-114.

[370] 唐朝晖,杜金芳,陈青.一种基于混合神经网络的浮选pH值预测模型[J].控制工程,2012,19(3):416-419.

[371] 周开军,阳春华,牟学民,等.基于图像特征提取的浮选关键参数智能预测算法[J].控制与决策,2009,24(9):1300-1305.

[372] 薛志亮,龙敦武,宋振明,等.基于动态轨迹的大型燃煤电站锅炉实时落渣分析[J].中国电机工程学报,2020,40(17):5566-5574.

[373] 余印振,韩哲哲,许传龙.基于深度卷积神经网络和支持向量机的NO_x浓度预测[J].中国电机工程学报,2022,42(1):238-248.

[374] 王明.基于可见光图像和机器学习的温度测量方法研究[D].武汉:华中科技大学,2020.

[375] 刘然,张智峰,刘小杰,等.基于工艺理论和卷积神经网络的烧结矿转鼓指数预测[J].钢铁研究学

报：1-14.

[376] 刘如九，张振山，柴天佑.板坯连铸二冷与轻压下动态设定控制系统平台[J].清华大学学报：自然科学版，2008(S2)：1829-1834.

[377] 贾瑶，李帅，柴天佑.金矿生产全流程控制系统设计与实现[J].控制工程，2022，29(5)：873-887.

[378] HAN H G，LIU Z，LU W，et al. Dynamic MOPSO-based optimal control for wastewater treatment process[J]. IEEE Transactions on Cybernetics，2021，51(5)：2518-2528.

[379] QIAO J F，HOU Y，ZHANG L，et al. Adaptive fuzzy neural network control of wastewater treatment process with multiobjective operation[J]. Neurocomputing，2018，275：383-393.

[380] 王雅琳，何海明，孙备，等.改进果蝇算法在净化除钴过程锌粉量优化设定中的应用[J].控制理论与应用，2016，33(5)：579-587.

[381] 张凤雪，阳春华，周晓君，等.基于控制周期计算的锌液净化除铜过程优化控制[J].控制理论与应用，2017，34(10)：1388-1395.

[382] 伍铁斌，阳春华，李勇刚，等.基于模糊操作模式的砷盐除钴过程操作参数协同优化[J].自动化学报，2014，40(8)：1690-1698.

[383] 赵洪伟，谢永芳，蒋朝辉，等.基于泡沫图像特征的浮选槽液位智能优化设定方法[J].自动化学报，2014，40(6)：1086-1097.

[384] 吴佳，谢永芳，阳春华，等.数据驱动的锑粗选泡沫图像特征优化设定[J].控制与决策，2016，31(7)：1206-1212.

[385] 余刚，郑秉霖，柴天佑.面向过程建模的选矿生产计划调度仿真系统[J].系统仿真学报，2010，22(3)：593-600.

[386] 丁进良，耿丹，岳恒，等.竖炉焙烧过程优化操作运行与控制仿真实验平台[J].东北大学学报：自然科学版，2009，30(5)：609-612.

[387] 代伟，周平，柴天佑.运行优化控制集成系统优化设定软件平台的研究与开发[J].计算机集成制造系统，2013，19(4)：798-808.

第2章

面向MSWI过程的模块化半实物仿真平台需求描述

2.1 引言

MSWI 技术在固体废物的无害化、减量化和资源化等方面具有显著优势,这也是我国目前大力推行的方法[1]。作为典型的典型复杂工业过程,运行不稳定的 MSWI 过程会产生二噁英类(dioxin,DXN)有机污染物,并造成常规污染物超标,其造成的环境污染会对人类健康和繁衍生存产生巨大危害[2]。MSWI 过程因现场的安全要求和控制系统的封闭特性导致离线研究的各类智能算法难以进行在线测试与验证。此外,已有实验室仿真平台难以模拟领域专家基于多模态数据进行智能感知、认知、决策和控制的工业实际情况[3]。因此,面向 MSWI 这一典型复杂工业过程,有必要进行智能算法测试与验证平台的需求分析,这对于实现 MSWI 过程的控制和优化而言也是必需的。

本章先对基于炉排炉的 MSWI 过程及其包含的多个阶段进行了详细描述再从对实验室智能算法研究和工业现场智能系统应用两个视角对仿真平台的需求进行了描述。

2.2 炉排炉型 MSWI 过程的工艺流程

在基于炉排炉的 MSWI 过程中,城市固废经由抓斗送入焚烧炉,在助燃空气的作用下通过高温热辐射和加温作用依次经过干燥、燃烧、燃烬 3 个阶段,使 MSW 中有机物在高温作用下发生气化和热解并释放热量,进而以高温焚烧处理方式杀灭病毒、细菌等病原性生物。整个过程主要包括:固废发酵、固废燃烧、余热交换、蒸汽发电、烟气处理与烟气排放 6 个子系统,工艺流程如下。

(1) MSW 由专用压缩收集车运输到 MSWI 电厂,经过地磅称重后从卸料平台倾倒至固废池。

(2) 利用吊车抓斗对池内的 MSW 进行充分破碎、混合、堆放,使 MSW 中的微生物自行发酵、脱水，其剩余固体部分的热值将提高约 30%，堆酵过程通常历时 5～7 天。

(3) 抓斗将完成发酵的 MSW 抓起，送入料斗后滑落至料槽，通过推料器推至焚烧炉内。

(4) 受到炉壁的热辐射及预热后一次风的吹烘，MSW 经过干燥后直接进入焚烧阶段。

(5) 在焚烧过程中需要加入空气提供焚烧所需的氧气（特殊情况下还需要其他介质帮助燃烧），经过数小时的高温焚烧后，其内的可燃成分被完全燃烧并产生热量，不可燃的灰渣被燃烬炉排推出炉膛。

(6) MSW 燃烧后产生的高温烟气依次通过锅炉各受热面被锅炉吸热降温，烟气中的有毒物质和重金属经过脱硝、脱硫、除尘、灰渣收集等处理成为符合环保标准的无毒无害气体，由引风机牵引经烟囱排入大气。

(7) 同时，余热锅炉中的去离子水吸收焚烧时产生的热量，并将其转化为高温蒸汽，气体膨胀产生动力驱动汽轮机运行，进而带动发电机组产生电力。

MSWI 过程以实现 MSW 的无害化处理为主，发电或产热为辅。通常情况下，MSWI 电厂的汽轮发电机的发电量仅跟随焚烧炉的状态，外网的电力调度不限制其发电机功率。因此，MSWI 过程的智能控制系统的首要目标是 MSW 的稳定燃烧，使锅炉蒸汽产生量稳定，使炉渣热灼减率达到最小，并尽可能地降低污染物的排放。

下面详细描述各系统。

2.2.1 固废发酵系统

MSWI 电厂固废储运系统的功能是对 MSW 进行接收和贮存[4-5]。一般情况下，MSW 由运输车运入，先经过称重系统称量并做记录，再经卸料平台和卸料口倒入固废池。对于大件 MSW，需要在进入固废池前采用粉碎机进行粗碎。

MSW 在固废池内进行贮存的目的是对其进行脱水和发酵，同时利用抓斗对 MSW 进行搅拌以使其组分均匀分布并脱掉部分泥砂。固废池的容积设计一般以能贮存 5～7 天的 MSW 焚烧量为宜，如图 2.1 所示。

图 2.1 城市固废存放池

本系统由固废池、抓斗、破碎机、进料斗及故障排除和监视设备组成。固废池提供了固废贮存、混合及去除大块 MSW 的场所。一座大型 MSWI 电厂通常会设置一座贮坑为 3～4 座焚烧炉供料，每座焚烧炉均有多个进料斗，贮坑上方由 1～2 座吊车及抓斗负责供料。操作人员监视屏幕或目视 MSW 由进料斗滑入炉体内的速度决定进料频率。若有大型物体卡住进料口，进料斗内的故障排除装置可将大型物体顶出，落回固废池。操作人员亦可操控抓斗抓取大型物品，吊送到贮坑上方的破碎机进行破碎。

2.2.2　固废燃烧系统

MSWI 电厂的焚烧系统是整个流程最核心的装置[6]，其决定了整个焚烧厂的工艺流程和装配结构。焚烧系统一般由焚烧炉、给料机、助燃空气供给设备、辅助燃料供给及燃烧设备、添加试剂供给设备及炉渣排放与处理装置等组成。焚烧炉本体内的设备主要包括炉床及燃烧室，如图 2.2 所示。

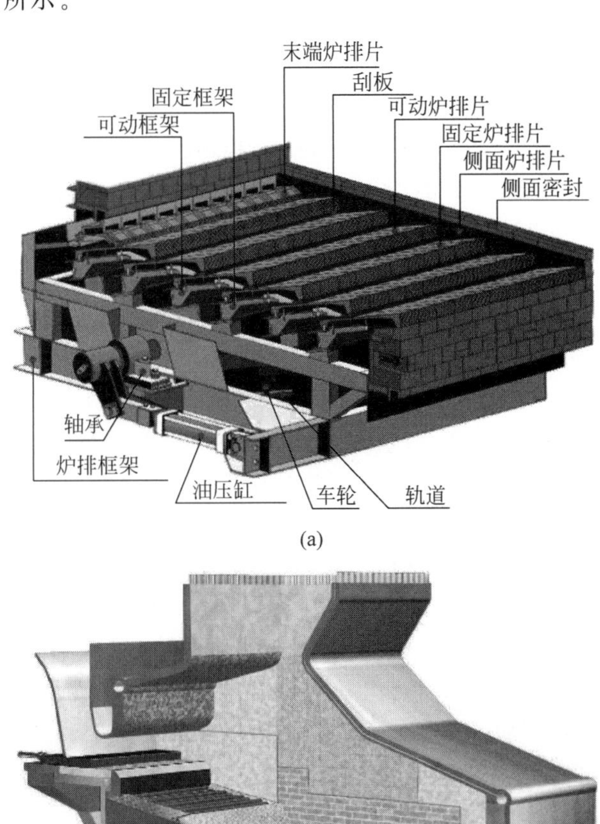

(a)

(b)

图 2.2　炉床与燃烧室结构

(a) 炉床结构；(b) 燃烧室结构

通常，炉床多为机械可移动式炉排，可供 MSW 在炉排上翻转及燃烧。燃烧室一般处在炉床的正上方，可为燃烧废气提供数秒钟的停留时间，炉床下方往上喷入的一次风可与炉床上的 MSW 层充分混合，由炉床上方喷入的二次风可提高燃烧气体的搅拌时间。

通常，MSW 的燃烧过程包括：①固体表面的水分蒸发；②固体内部的水分蒸发；③固体中的挥发性成分着火燃烧；④固体碳素的表面燃烧；⑤完成燃烧。其中，前两项为干燥过程，后三项为燃烧过程。此外，燃烧也可分为一次燃烧和二次燃烧，其中，前者是燃烧的开始，后者是完成整个燃烧过程的重要阶段。MSW 的燃烧主要以分解燃烧为主，仅靠一次风难以完成整个燃烧反应，分解燃烧的作用是将挥发性成分中的易燃部分燃烧掉的同时进行高分子成分的分解。在一次燃烧过程中，其产物 CO_2 有时会被还原，此时的燃烧反应受温度的影响较大。二次燃烧的燃物是一次燃烧过程所产生的可燃性气体和颗粒态碳素等物质，其为均相的气态燃烧。二次燃烧是否完全可根据 CO 的浓度进行判断。特别需要注意的是：二次燃烧对抑制二噁英的产生非常重要。因此，炉排炉的焚烧工艺必须根据上述燃烧机制和特点进行设计[7]。

针对 MSWI 发电工艺，其目标是 MSW 的减量化、无害化和资源化。因此，MSW 在焚烧炉内的具体工艺参数为：①燃烧温度：850℃以上（900℃以上最佳）；②烟气滞留时间：2s 以上；③CO 浓度：100mg/m^3 以下（1h 平均值）；④稳定燃烧：尽量避免产生 100mg/m^3 以上的 CO 瞬时浓度；⑤日常管理：设置温度计、CO 连续分析仪、O_2 连续分析仪等仪表对燃烧过程参数进行实时检测并监控。

典型机械炉排炉的内部结构及示意图如图 2.3 所示。

由图 2.3 可知，其输入是 MSW、一次风、二次风、尿素溶液，以及炉内温度低于 850℃时辅助燃烧器喷入的燃油、渗沥液，输出是锅炉出口烟气、汽包产生的饱和蒸汽。

依据 MSWI 过程的特点，炉内的燃烧区域可划分为炉排上固相 MSW 的燃烧区、炉膛内气相组分的燃烧区、SNCR 脱硝区、余热锅炉换热区和烟气冷却区。

1）炉排上固相 MSW 的燃烧区：可分为水分蒸发区、挥发分析出与燃烧区及焦炭燃烧区。

（1）水分蒸发区：MSWI 在炉排上干燥，热源来自炉壁与高温火焰的辐射换热和一次风的对流传热，通过干燥将 MSW 中的水分蒸发并扩散到烟气中。

（2）挥发分析出与燃烧区：MSW 中的有机物开始分解，高分子碳氢化合物在高温下发生裂解反应后析出分子量较小的物质。

（3）焦炭燃烧区：此区域的碳来源于 MSW 中原有的焦炭和挥发分析出过程中产生的焦炭，其与 O_2 发生氧化反应；若 O_2 量不足，则焦炭会与 CO_2 和水蒸气进行焦炭气化反应。

2）炉膛内气相组分的燃烧区：分为湍流区、辐射区和气相组分燃烧区。在此区域内，床层析出的可燃性气体进入炉膛与二次风混合并进行充分燃烧。

（1）湍流区：烟气在炉膛烟道内的流动方式为湍流运动，可采用相应的湍流模型进行描述。

（2）辐射区：烟气在炉膛的燃烧过程中会出现燃料和炉膛壁面进行辐射换热的现象，可采用相应的辐射模型进行描述。

（3）气相组分燃烧区：在炉膛内的燃烧可采用相应的气相燃烧反应模型进行描述。

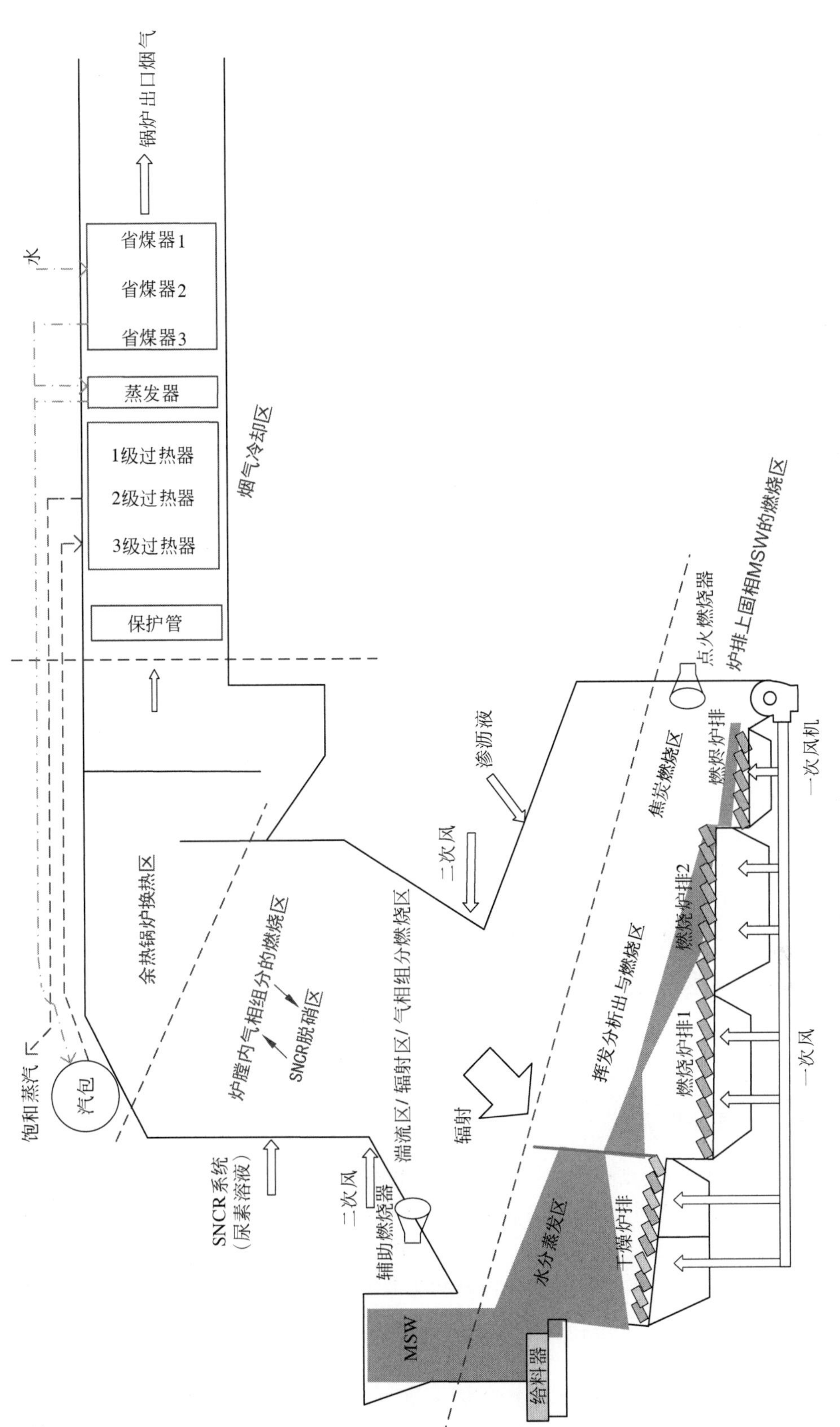

图 2.3　机械炉排炉的内部结构及分区示意图

3）选择性非催化还原（SNCR）脱硝区：在不需要催化剂的条件下，在炉膛 850～1100℃的温度区域喷入尿素溶液，后者分解为 NH_3 后与烟气中的氮氧化物反应还原得到 N_2 和 H_2O，目的是降低氮氧化物的含量。

4）余热锅炉换热区：燃烧释放出来的高温烟气经烟道输送至余热锅炉入口，再流经过热器，利用烟气所释放出的热量水变成蒸汽，后者被用于推动蒸汽轮机发电。

5）烟气冷却区：烟气经过过热器、蒸发器、省煤器进行对流换热，温度降至 190～220℃左右，之后进入烟气处理过程。

2.2.3 余热交换系统

从焚烧炉中排出的高温烟气经冷却处理后向外排放，处理方法包括余热回收利用和喷水冷却两种方式。利用余热锅炉回收高温烟气中热量的方式一般有 3 种，即利用余热生产蒸汽进行发电、热电联用和提供热水。MSWI 电厂的余热锅炉按设计结构和布置情况，可分为烟道式余热锅炉和一体式余热锅炉，其中，前者与通常的余热锅炉基本相同，MSW 在焚烧炉炉膛内已燃烧完毕，进入余热锅炉的烟气只进行热交换，降低烟气温度，产生蒸汽或热水；后者则是将余热锅炉与焚烧炉组合为一体，锅炉的水冷壁往往构筑成焚烧炉的燃烧室。

2.2.4 蒸汽发电系统

当利用余热锅炉进行发电时，进行能量转换的中间介质（水）吸收烟气热量后，成为具有一定压力和温度的过热蒸汽，后者驱动汽轮发电机组进而将热能转换为电能。实践表明，在热能转变为电能的过程中，热能损失较大，其取决于 MSW 热值、余热锅炉热效率及汽轮发电机组的热效率。汽轮发电机组如图 2.4 所示。

图 2.4 汽轮发电机组

如果采用热电联供方式利用余热锅炉回收高温烟气中的热量，则可以提高热利用率，原因在于蒸汽发电过程中的汽轮机、发电机的效率占较大份额（62%～67%），相对而言直接供热的热利用效率高。

2.2.5 烟气处理系统

焚烧炉烟气是 MSWI 过程的主要污染源，其含有大量颗粒状和气态污染物质，需要采用烟气处理系统去除烟气中的颗粒状污染物和气态污染物以实现达标排放[8-9]。通常，烟气中的颗粒状污染物可通过重力沉降、离心分离、静电除尘、袋式过滤等手段去除，烟气中的 SO_2、NO_2、HCl 及有机气体物质等气态污染物主要通过吸收、吸附、氧化还原等技术去除。焚烧炉烟气处理系统中的主要设备和设施包括沉降室、旋风除尘器、静电除尘器、洗涤塔、布袋过滤器等，整体如图 2.5 所示。

烟气处理系统工艺可分为以下几个阶段：

（1）综合反应阶段：采用增湿灰循环脱硫（new integrated desulfurization，NID）技术进

行烟气脱硫处理，向反应器内加入消石灰，使 SO_2 和 HCl 在反应器中与湿处理后的石灰粉末发生中和反应，同时在反应器入口处添加活性炭以吸附烟气中的二噁英和重金属等污染物。

(2) 烟气除尘阶段：烟气颗粒物、中和反应物、活性炭吸附物等在此处被除尘器捕集，干燥的循环灰被除尘器从烟气中分离出来，由输送设备输送到混合器，之后向混合器中加水，经过增湿及混合搅拌后进入反应器进行再次循环。

(3) 飞灰产生阶段：气流由袋外流向袋内，使得粉尘从烟气中被分离并留在滤袋外，再之后被运往灰仓。

图 2.5　烟气处理设备

2.2.6　烟气排放系统

经过除尘后的烟气在引风机的作用下，通过烟气排放连续监测系统(continuous emission monitoring system，CEMS)的监测后，排放至大气中。

CEMS 是实现烟气排放连续监测的现代化仪器设备，其可以检测烟气中典型污染物的成分，包括粉尘量(颗粒物)、CO、SO_2、NO_x、CO_2、HCl、H_2O、O_2，还包括流量、温度、压力等参数，能够显示和打印各种参数和图表，并能通过传输系统将数据结果传输至 MSWI 过程的控制系统和国家环保局等管理部门[10]。典型 CEMS 系统的组成结构如图 2.6 所示。

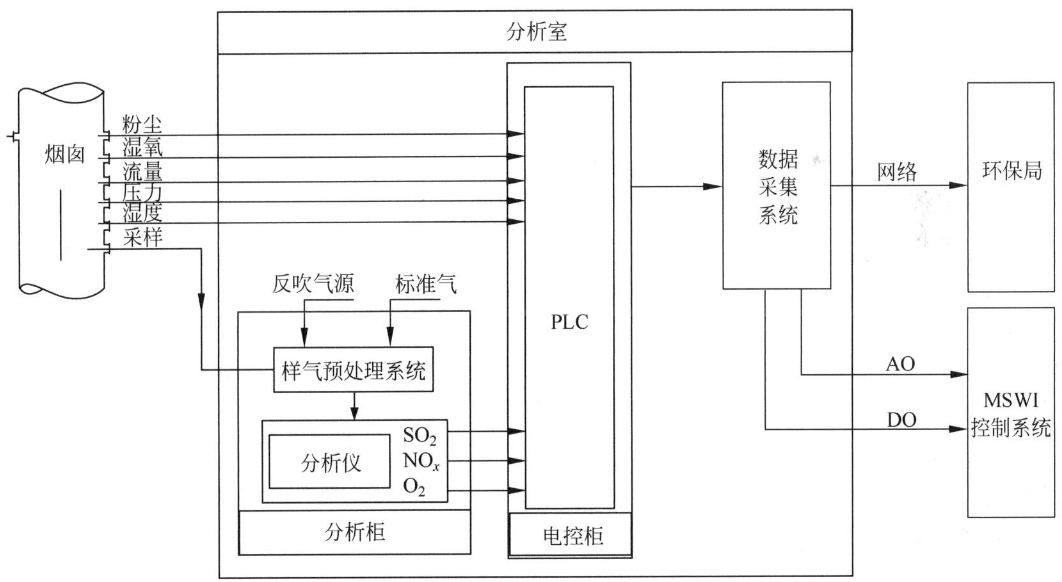

图 2.6　典型 CEMS 系统的组成结构

由图 2.6 可知，通过安装在烟囱处的用于检测烟气粉尘、湿氧、流量、压力的仪表装置，相关浓度转为电信号后被传输至电控柜的 PLC 系统；同时，将采样后的采样与反吹气源、标准气同时注入分析柜的样气预处理系统，进一步输入至分析仪以获得 SO_2、NO_x、O_2 等气体的浓度并传输至电控柜的 PLC 系统；之后经数据采集系统以网络和模拟量输出(analog output,AO)/数字量输出(digital output,DO)等方式分别提供给环保局和 MSWI 控制系统,进而实现连续监测的目的。目前在 MSWI 电厂中应用较多的气体污染物含量分析方法多采用抽取法,即将烟气通过取样管线抽取,通过预处理后再由分析仪进行分析。

2.3 实验室智能算法研究对仿真平台的需求

为保证实验室环境中调试的智能建模、控制和优化算法具备良好的移植性和可靠性,所建立的 MSWI 过程智能算法测试与验证模块化半实物仿真平台应满足以下需求：

(1) 与实际工业现场控制层级结构和专家认知模式的相似性。面向典型流程工业的"真-虚"类平台,在控制硬件结构、通信方式和控制层级上能最大限度地贴近实际工业现场,这有利于提高智能算法测试与验证的有效性和可靠性,便于模块化设计理念的实现和离线研究算法与其对应工业软件的移植。在实际工业现场中,领域专家基于多模态数据凭借经验实现对 MSWI 过程的稳定控制；但现有平台研究多是仅针对结构化过程数据进行相关智能算法的测试与验证,违背了领域专家的感知认知与决策控制模式。同时,需根据 MSWI 过程多模态数据的传输差异性和多时间尺度特性开发相应的采集方式并实现数据同步,以支撑多模态数据驱动智能算法研究。因此,需要基于"真-虚"类平台结构,结合不同 MSWI 过程工业现场的特点和考虑多模态数据的采集与传输方式,仿领域专家的感知、认知、决策和控制模式搭建多模态数据驱动的具有层次化、模块化和可移植等功能的半实物仿真平台。

(2) 瞄准未来发展的多回路智能控制的可验证性和可扩展性。MSWI 过程具备多变量、多回路、强非线性和强耦合性等特点,实现其在多需求场景下的多回路智能化自组织控制一直是工业现场未能解决的难题。现有研究多针对稳态工况设计单、双回路进行智能算法研究,仅基于 MATLAB、Python 等软件以离线仿真方式予以实现,未考虑智能算法在工业现场的可移植性。因此,需基于实际 MSWI 过程、领域专家经验和机理知识,设计具有可验证功能且支撑落地应用的多回路智能控制算法的验证环境(可扩展性),以便未来先进智能控制算法的研究。

(3) 能够模拟在实际工业现场具有可应用性和可移植功能的物理隔离式数据交换模式。构建仿真平台的目的是实现智能算法的测试与验证以支撑其落地应用。由于实际工业现场的安全性考虑和控制系统的封闭特性,实现以物理方式安全隔离的数据传输是进行在线测试与验证的关键。因此,仿真平台应能够确保模拟实际工业现场中可实现的物理隔离式数据采集功能,同时应具有将难测参数检测值、关键工艺参数预测值、被控变量设定值、控制器参数、操纵变量输出值等参数传输至工业现场的功能,这需基于实际现场的数据传输方式搭建、运行具有安全隔离数据交互模式的半实物仿真平台,进而简化智能算法在现场的验证与移植过程,避免智能算法所对应的工业软件的二次开发。

2.4 工业现场智能系统应用对仿真平台的需求

我国 MSW 的复杂性、地域差异性等导致国外引进的 ACC 系统难以有效运行,领域专家仅能够凭借自身经验感知与认知运行工况的动态变化,从而导致实际 MSWI 过程在运行过程中存在不同程度的随机性和任意性[2]。为解决上述因原料差异性、领域专家精力有限性等导致的 MSWI 过程难以长时期安全、稳定、高效运行的问题，面向实际工业现场需求而构建的智能算法测试与验证仿真平台应满足以下需求。

(1) 数据传输的安全隔离性。为保证生产过程的连续性和安全性，实际工业现场禁止非企业内部设备接入其控制系统进行数据采集与参数下装等操作。然而，现有智能算法研究多数基于离线过程数据进行，缺乏有效的实时在线数据予以支撑，导致其时效性难以保证。因此，为解决数据采集过程中对实际 MSWI 过程可能造成的干扰，以及智能算法在线验证时因随机性、安全性等因素造成的适用性降低问题，仿真平台需具有基于安全隔离模式的数据交互功能。

(2) 燃烧状态的定性识别和燃烧线的量化检测需求。火焰视频蕴含能够表征 MSWI 过程运行状态的重要信息，合适的燃烧线位置不仅能够最小化污染物排放浓度，还能最大化经济效益。然而，由于现有检测设备的缺陷及相关研究的匮乏，实际工业现场仅能够依据领域专家凭经验主观认知描述燃烧状态和定性判断火焰燃烧线位置。因此，仿真平台需具有火焰燃烧状态定性识别和燃烧线定量检测功能，以弥补人工经验感知引起的认知差异。

(3) 常规污染物的多步预测。MSWI 电厂虽然利用 CEMS 系统对尾气排放浓度进行在线监测，但由于 MSWI 过程具备长时滞性，领域专家需依据自身经验预测这些常规污染物及被控变量在未来时段内的变化以采取相应措施。此外，CEMS 系统的长周期校准机制也会引起测量误差。对此，仿真平台需具有对关键被控变量和常规污染物的多步预测功能，尤其是能够表征燃烧状态的 CO 和 CO_2 排放浓度的多步预测功能，以便为领域专家制定手动操作策略乃至后续实现预测控制提供指导。

(4) 难测污染物的实时检测。二噁英作为 MSWI 过程的关键污染排放物，是导致焚烧建厂存在“邻避效应”的关键。然而，由于二噁英的复杂性和现有检测设备的局限性，难以对其进行实时检测。目前仅能依靠耗时较长的实验室采样化验和昂贵的关联物取样化验装置等方式进行[5]。显然，上述方式难以对二噁英排放浓度实现有效的实时监测，不能支撑有效的反馈控制。因此，仿真平台需具有针对 MSWI 过程类似二噁英的难测污染物的实时检测功能，进而为实现难测污染物的污染减排智能优化提供支撑。

(5) 被控变量设定值和操纵变量输出值的优化。MSWI 的关键被控变量如炉膛温度、烟气含氧量、蒸汽流量、燃烧线位置等，在国外 ACC 系统中多依据生产需求和当前运行工况进行设定。显然，更为合理的方式为根据企业经济目标、污染排放指标、热酌减率等质量指标采用智能算法进行优化设定。此外，在目前国内 MSWI 电厂多基于人工操作模式设定操纵变量输出值的情况下，有必要在综合考虑多类运行指标和关键被控变量的前提下研究相应的智能优化方法。因此，仿真平台需具有针对被控变量设定值和操纵变量输出值的智能优化功能，为实现 MSWI 过程的全流程智慧化运行提供支撑。

参考文献

[1] 汤健，夏恒，余文，等. 城市固废焚烧过程智能优化控制研究现状与展望[J]. 自动化学报，2023，49(10)：2019-2059.

[2] 乔俊飞，郭子豪，汤健. 面向城市固废焚烧过程的二噁英排放浓度检测方法综述[J]. 自动化学报，

2020,46(6)：1063-1089.

[3] 汤健,柴天佑,片锦香,等.工业过程智能优化控制半实物仿真实验平台[J].东北大学学报：自然科学版,2009,30(11)：1530-1533.

[4] 吴王圣,石靖宇.城市生活垃圾焚烧发电厂的前处理与后处理技术[J].环境影响评价,2017,39(3)：75-78,83.

[5] 孔昭健,戴瑞峰.生活垃圾焚烧发电厂垃圾储存系统布置设计[J].环境卫生工程,2014,22(5)：79-80.

[6] 吴靖,刘洪鹏,兰婧.城市生活垃圾资源化处理方法综述[J].中国科技信息,2011(5)：27-28.

[7] 别如山,宋兴飞,纪晓瑜,等.国内外生活垃圾处理现状及政策[J].中国资源综合利用,2013,31(9)：31-35.

[8] 李勇,赵彦杰.垃圾焚烧锅炉污染物的形成与防护[J].资源节约与环保,2016(2)：164,166.

[9] 李春雨.我国生活垃圾处理及污染物排放控制现状[J].中国环保产业,2015(1)：39-42.

[10] 王桂芬.CEMS系统在垃圾焚烧发电厂中的应用[J].科学与财富,2016(3)：693-694.

第3章

模块化半实物仿真平台设计

3.1 总体功能设计

在考虑与实际工业现场进行移植和验证的前提下，本章所设计的模块化半实物仿真平台具有如下功能：

(1) 模拟领域专家结合过程数据和火焰视频认知关键工艺参数变化趋势的实际场景，为多模态数据驱动建模提供工程化的测试与验证平台，实现多模态数据的匹配与同步及降低其预处理难度。

(2) 利用物理安全隔离装置实现数据的单向传输，为智能算法既提供正向采集的数据源支撑，又提供反向传输的可下装运行优化参数的工程化测试与验证环境，避免数据交互对工业现场的生产端造成干扰与影响。

(3) 采用与实际工业现场相同的控制层级结构，利用软硬件模拟执行机构和仪表装置以及真实的 PLC/DCS 系统，实现多入多出回路控制算法的工程化测试与验证。

(4) 采用与工业现场相同的多类型信号传递方式模拟数据传输过程中可能存在的问题，即利用以太网通过 OPC 协议传输过程数据以模拟通信传输中可能存在的问题、利用同轴电缆结合视频采集卡获取火焰图像。

(5) 为保证所设计的模块和所开发的软件能够直接与实际工业现场进行有效对接和移植，平台中所开发的软硬件应具有较强的可移植性和复用率。

3.2 模块化结构设计

3.2.1 总体结构设计

所设计的模块化半实物仿真平台由多模态历史数据驱动、安全隔离与优化控制、多入多出回路控制等系统及计算机网络和数据库组成，如图 3.1 所示。

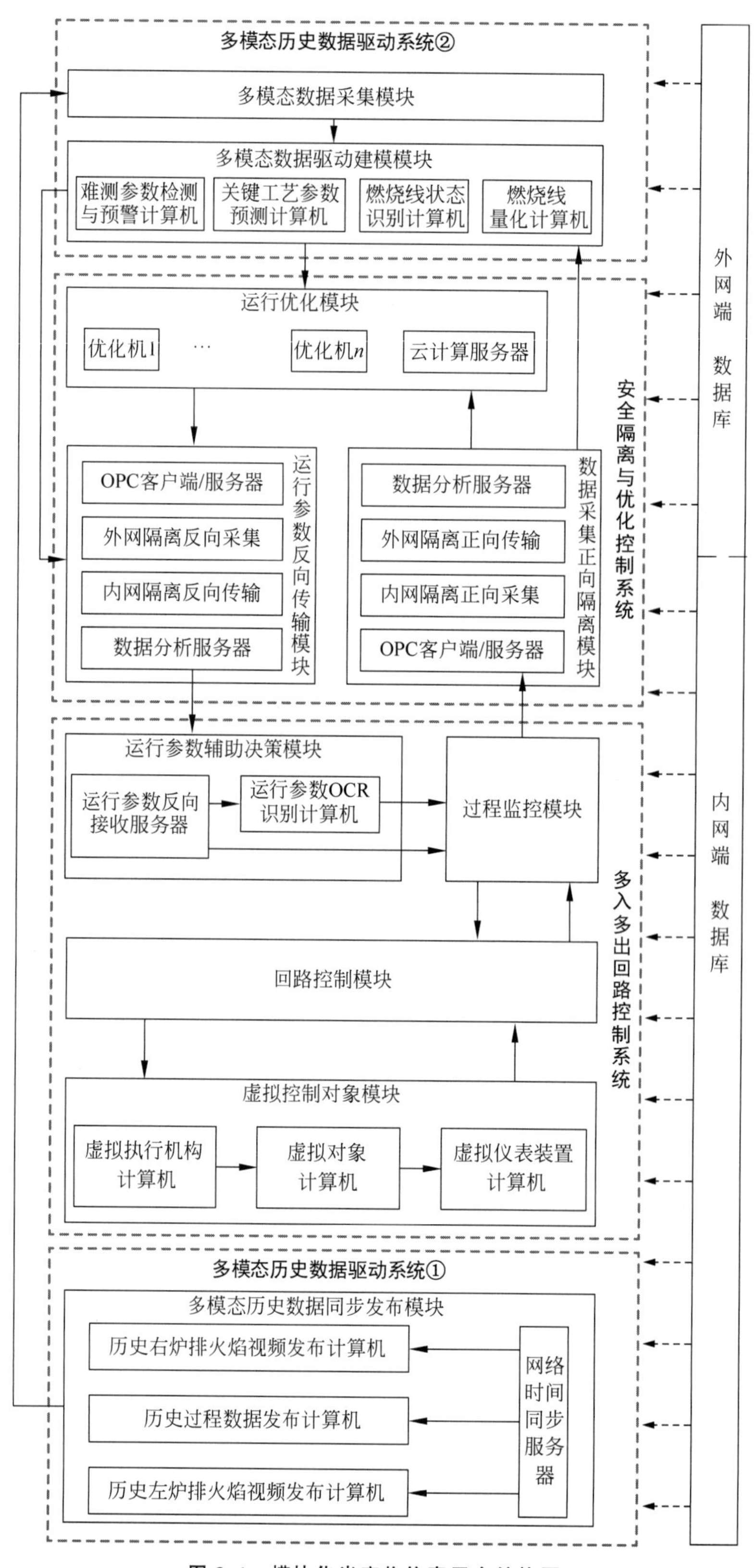

图 3.1 模块化半实物仿真平台结构图

由图 3.1 可知：

(1) 多模态历史数据驱动系统：由多模态历史数据同步发布、多模态数据采集和多模态数据驱动建模等模块组成。其中，多模态历史数据同步发布模块包含网络时间同步服务器、历史左炉排火焰视频发布计算机、历史过程数据发布计算机和历史右炉排火焰视频发布计算机；多模态数据驱动建模模块包含难测参数检测与预警、关键工艺参数预测、燃烧线状态识别和燃烧线状态量化计算机等。

(2) 安全隔离与优化控制系统：由数据采集正向隔离、运行优化和运行参数反向传输等模块组成。其中，运行优化模块包含按需采用的多台本地优化机和远程云计算服务器。

(3) 多入多出回路控制系统：由运行参数辅助决策、过程监控、回路控制和虚拟控制对象等模块组成。其中，运行参数辅助决策模块包含运行参数反向接收服务器和运行参数光学字符识别(optical character recognition，OCR)计算机；虚拟控制对象模块包含虚拟执行机构、虚拟对象和虚拟仪表装置计算机等。

(4) 计算机网络：由网段不同的外网端和内网端组成。其中，前者利用单向采集传输的过程数据和火焰图像进行智能算法的测试与验证研究；后者模拟工业现场，主要包含相关数据的采集与内部数据传输等功能。

(5) 数据库：保存平台运行过程中所需要的、所产生的各类过程数据和火焰数据。

3.2.2 多模态历史数据驱动系统结构设计

基于北京某 MSWI 电厂，领域专家借助多模态信息进行感知认知的过程示意图如图 3.2(a)所示。

如图 3.2(a)所述，领域专家根据过程数据、火焰视频等多模态数据所蕴含的信息，监视预警难测参数(如 DXN)、预测关键工艺参数、识别燃烧线状态与量化燃烧线位置，并依据机理认知和累积经验进行相关操作，从而保证 MSWI 过程安全、稳定、高效地运行。如：若火焰视频中出现燃烧线后移，同时炉膛温度(furnace temperature，FT)处于临界值，则领域专家会依据自身专家经验预测 FT 变化趋势后给出适当的“料、风、水”操纵变量值；同时，保证其他如 CO、NO_x 等运行指标及如烟气含氧量(oxygen concentration，OC)、锅炉蒸汽流量(boiler steam flow，BSF)等被控变量的变化处于稳定范围内。显然，烟气排放指标、被控变量、操纵变量等参数之间的耦合关系难以描述，构建能够在仿工业现场环境下进行验证的多模态数据驱动模型是非常必要的。

基于上述对领域专家感知认知过程的抽象化描述，提出由多模态历史数据同步发布、多模态数据采集和多模态数据驱动建模等模块组成的多模态历史数据驱动系统，结构如图 3.2(b)所示。

1) 多模态历史数据同步发布模块由网络时间服务器、历史过程数据发布计算机、历史左和右炉排火焰视频发布计算机组成。首先，将实际工业现场中同一时间采集到的过程数据与火焰视频分别存储至上述计算机；其次，利用网络时间同步服务器对历史过程数据发布计算机、历史左和右炉排火焰视频发布计算机的系统时间进行同步；最后，设置多模态历史数据发布时间以实现多模态数据的同步发布。

2) 多模态数据采集模块，具备历史数据实时接收功能和火焰图像实时采集功能：

(1) 历史数据实时接收功能：利用 OPC 协议接收历史过程数据发布计算机中产生的

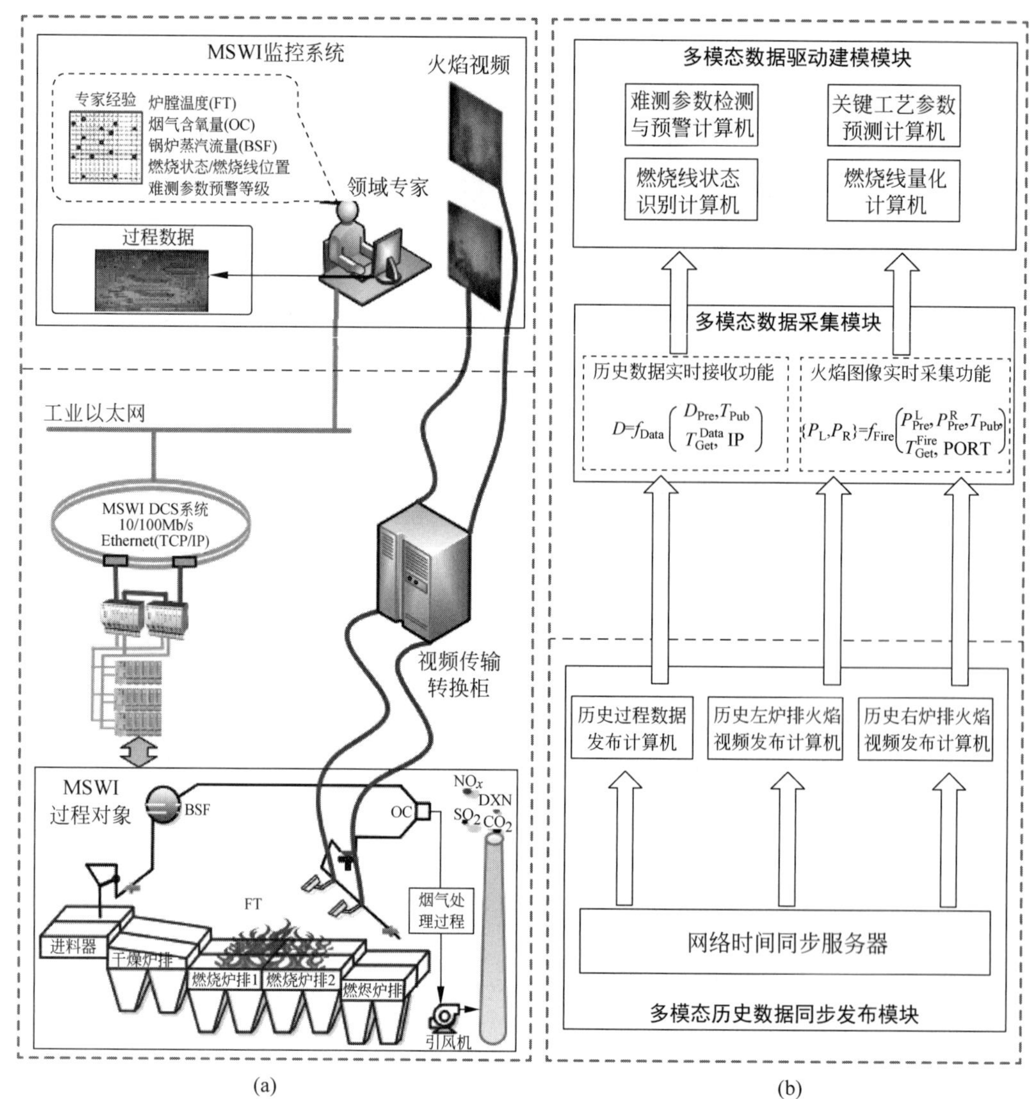

图 3.2 领域专家感知认知过程示意图与多模态历史数据驱动系统结构图

(a) 领域专家感知认知过程示意图；(b) 多模态历史数据驱动系统结构图

历史数据，该过程可表示为

$$D = f_{\text{Data}}(D_{\text{Pre}}, T_{\text{Pub}}, T_{\text{Get}}^{\text{Data}}, \text{IP}) \tag{3.1}$$

其中，D 表示实时接收的过程数据；D_{Pre} 表示当前发布的过程数据；T_{Pub} 表示数据发布时间；$T_{\text{Get}}^{\text{Data}}$ 表示接收时间间隔；IP 表示网口 IP 地址。

(2) 火焰图像实时采集功能：结合视频采集卡，通过摄像机实时拍摄历史左和右炉排火焰视频发布计算机中产生的火焰视频，进而实现采集，该过程可表示为

$$\{P_{\text{L}}, P_{\text{R}}\} = f_{\text{Fire}}(P_{\text{Pre}}^{\text{L}}, P_{\text{Pre}}^{\text{R}}, T_{\text{Pub}}, T_{\text{Get}}^{\text{Fire}}, \text{PORT}) \tag{3.2}$$

其中，P_{L} 和 P_{R} 表示实时采集的左炉排和右炉排火焰视频；$P_{\text{Pre}}^{\text{L}}$ 和 $P_{\text{Pre}}^{\text{R}}$ 分别表示历史左和右炉排火焰视频发布计算机当前发布的火焰视频；$T_{\text{Get}}^{\text{Fire}}$ 表示采集时间间隔。

(3) 多模态数据驱动建模模块，由难测参数检测与预警、关键工艺参数预测、燃烧线状态识

别和燃烧线量化计算机等组成，将同步采集得到的多模态数据作为模型输入，该过程可表示为

$$\{\hat{y}_1, \hat{y}_2, \cdots, \hat{y}_n\} = f_{\mathrm{MSWI}}(D, P_{\mathrm{L}}, P_{\mathrm{R}}, T_{\mathrm{Get}}^{\mathrm{Data}}, T_{\mathrm{Get}}^{\mathrm{Fire}}) \tag{3.3}$$

其中，$\{\hat{y}_1, \hat{y}_2, \cdots, \hat{y}_n\}$表示模型输出。

综上，通过设计多模态历史数据驱动系统，能够有效解决多模态数据驱动模型难以在线测试与验证的难题，同时能够解决多模态数据应用存在的采样难、同步难和匹配难等问题。

3.2.3　安全隔离与优化控制系统结构设计

考虑智能算法的有效测试与验证及相应软硬件的可移植性，以不影响工业现场生产端运行为设计理念，提出承接多模态历史数据驱动系统和多入多出回路控制系统的安全隔离与优化控制系统，其由数据正向采集隔离模块、运行优化模块、运行参数反向传输模块等组成，其结构如图 3.3 所示。

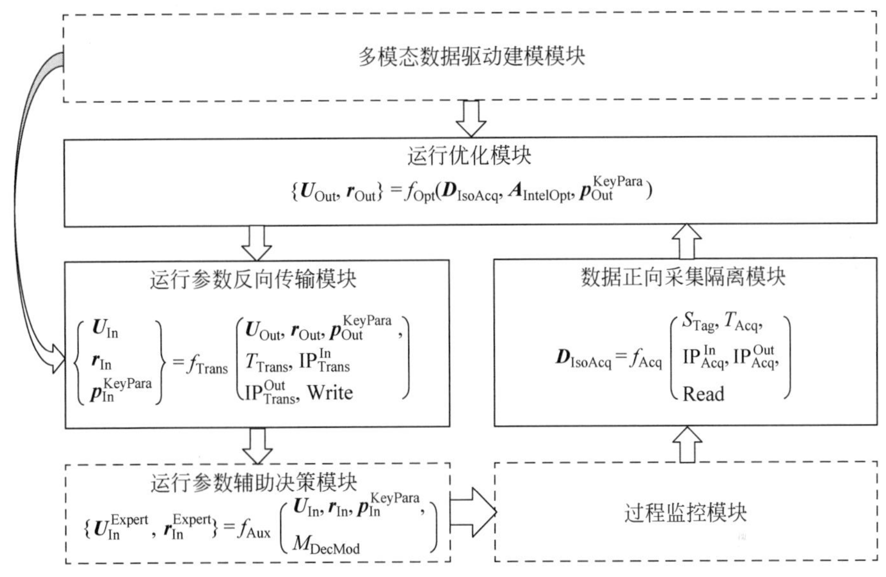

图 3.3　安全隔离与优化控制系统结构图

由图 3.3 可知：

1）数据正向采集隔离模块，通过采集多入多出回路控制系统的过程数据为智能算法提供数据源支撑，其单向传输功能有利于移植至工业现场时实现与真实 MSWI 过程的隔离式数据采集功能，避免智能算法的测试与验证对实际工业过程的干扰，该过程可表示为

$$\boldsymbol{D}_{\mathrm{IsoAcq}} = f_{\mathrm{Acq}}(S_{\mathrm{Tag}}, T_{\mathrm{Acq}}, \mathrm{IP}_{\mathrm{Acq}}^{\mathrm{In}}, \mathrm{IP}_{\mathrm{Acq}}^{\mathrm{Out}}, \mathrm{Read}) \tag{3.4}$$

其中，$\boldsymbol{D}_{\mathrm{IsoAcq}}$ 表示采集得到的过程数据；S_{Tag} 表示设置的采集点位集合；T_{Acq} 表示采集时间间隔；$\mathrm{IP}_{\mathrm{Acq}}^{\mathrm{In}}$ 和 $\mathrm{IP}_{\mathrm{Acq}}^{\mathrm{Out}}$ 分别表示该模块中内、外网端数据采集与发送的 IP 地址；Read 表示数据仅可单向传输(仅可读)。

2）运行优化模块，基于数据正向采集隔离模块采集得到的过程数据和多模态数据驱动建模模块的难测参数检测与预警值、关键参数预测值、燃烧状态识别值和燃烧线位置量化值等，采用智能算法求解操纵变量输出值和被控变量设定值，该过程可表示为

$$\{\boldsymbol{U}_{\mathrm{Out}}, \boldsymbol{r}_{\mathrm{Out}}\} = f_{\mathrm{Opt}}(\boldsymbol{D}_{\mathrm{IsoAcq}}, \boldsymbol{A}_{\mathrm{IntelOpt}}, \boldsymbol{p}_{\mathrm{Out}}^{\mathrm{KeyPara}}) \tag{3.5}$$

其中，$\boldsymbol{U}_{\text{Out}}$ 和 $\boldsymbol{r}_{\text{Out}}$ 分别表示智能算法求解所得的操纵变量输出值和被控变量设定值；$\boldsymbol{p}_{\text{Out}}^{\text{KeyPara}}$ 表示难测参数检测与预警值、关键工艺参数预测值、燃烧状态识别和燃烧线位置量化值；$\boldsymbol{A}_{\text{IntelOpt}}$ 表示所采用的智能算法。

3）运行参数反向传输模块，将运行优化模块求解所得的优化参数值和多模态数据驱动建模模块的关键参数值下装至运行参数辅助决策模块，该过程可表示为

$$\left\{\begin{array}{l}\boldsymbol{U}_{\text{In}},\boldsymbol{r}_{\text{In}}, \\ \boldsymbol{p}_{\text{In}}^{\text{KeyPara}}\end{array}\right\}=f_{\text{Trans}}\left(\begin{array}{l}\boldsymbol{U}_{\text{Out}},\boldsymbol{r}_{\text{Out}},\boldsymbol{p}_{\text{Out}}^{\text{KeyPara}}, \\ T_{\text{Trans}},\text{IP}_{\text{Trans}}^{\text{In}},\text{IP}_{\text{Trans}}^{\text{Out}},\text{Write}\end{array}\right) \tag{3.6}$$

其中，$\boldsymbol{U}_{\text{In}}$、$\boldsymbol{r}_{\text{In}}$ 和 $\boldsymbol{p}_{\text{In}}^{\text{KeyPara}}$ 分别表示经运行参数反向传输模块传输至内网端的操纵变量输出值、被控变量设定值和关键工艺参数值；T_{Trans} 表示反向传输时间间隔；$\text{IP}_{\text{Trans}}^{\text{In}}$ 和 $\text{IP}_{\text{Trans}}^{\text{Out}}$ 分别表示该模块中在内网端和外网端进行数据采集与发送的 IP 地址；Write 表示数据可以反向传输（可进行写入）。

综上，本节所设计的安全隔离与优化控制系统在下文介绍的多入多出回路控制系统的支撑下，能够为智能优化算法提供工程化的测试与验证环境，能够避免数据传输过程中对工业现场生产端所造成的干扰与影响。

3.2.4 多入多出回路控制系统结构设计

结合实际 MSWI 过程的控制层级结构（图 3.4(a)）及智能优化算法未来落地应用中的测试验证与可实现性，提出由真实设备层和虚拟对象层组成的多入多出回路控制系统，结构如图 3.4(b)所示。

1）真实设备层包括运行参数辅助决策、过程监控与回路控制等模块，其中：

（1）运行参数辅助决策模块，接收运行参数反向传输模块中优化后的运行参数，并根据现场领域专家的需求和认可程度进行运行参数的选择性下装，该过程可表示为

$$\{\boldsymbol{U}_{\text{In}}^{\text{Expert}},\boldsymbol{r}_{\text{In}}^{\text{Expert}}\}=f_{\text{Aux}}(\boldsymbol{U}_{\text{In}},\boldsymbol{r}_{\text{In}},\boldsymbol{M}_{\text{DecMod}}) \tag{3.7}$$

其中，$\boldsymbol{U}_{\text{In}}^{\text{Expert}}$ 和 $\boldsymbol{r}_{\text{In}}^{\text{Expert}}$ 表示下装的操纵变量输出值和被控变量设定值；$\boldsymbol{M}_{\text{DecMod}}$ 表示辅助决策模式，包括程序规则自动决策和专家经验人工决策两种。

（2）过程监控模块，监控 MSWI 过程的运行状态，在领域专家的监管下进行被控变量设定值 $\boldsymbol{r}_{\text{In}}^{\text{Expert}}=\{r_{\text{In},1}^{\text{Expert}},r_{\text{In},2}^{\text{Expert}},\cdots,r_{\text{In},Q}^{\text{Expert}}\}$ 和操纵变量输出值 $\boldsymbol{U}_{\text{In}}^{\text{Expert}}=\{U_{\text{In},1}^{\text{Expert}},U_{\text{In},2}^{\text{Expert}},\cdots,U_{\text{In},Q}^{\text{Expert}}\}$ 的修改与下装等功能。

（3）回路控制模块，采用与实际现场一致的主流控制器，通过装载相关算法实现回路控制及变量转换功能，可表示为

$$\begin{cases}u_1=f_1^{\text{control}}(U_{\text{In},1}^{\text{Expert}},r_{\text{In},1}^{\text{Expert}},y_1^{\text{I}},p_1^{\max},p_1^{\min}) \\ u_2=f_2^{\text{control}}(U_{\text{In},2}^{\text{Expert}},r_{\text{In},2}^{\text{Expert}},y_2^{\text{I}},p_2^{\max},p_2^{\min}) \\ \quad\vdots \\ u_Q=f_Q^{\text{control}}(U_{\text{In},Q}^{\text{Expert}},r_{\text{In},Q}^{\text{Expert}},y_Q^{\text{I}},p_Q^{\max},p_Q^{\min})\end{cases} \tag{3.8}$$

其中，$\{u_1,u_2,\cdots,u_Q\}$ 表示真实 PLC/DCS 系统回路控制设备下装的电信号，即输出给执行机构的模拟量输出信号；$\{y_1^{\text{I}},y_2^{\text{I}},\cdots,y_Q^{\text{I}}\}$ 表示虚拟对象层反馈的电信号，即仪表装置输出至 PLC/DCS 系统的模拟量输入信号；$\{p_1^{\max},p_2^{\max},\cdots,p_Q^{\max}\}$ 和 $\{p_1^{\min},p_2^{\min},\cdots,p_Q^{\min}\}$ 表示

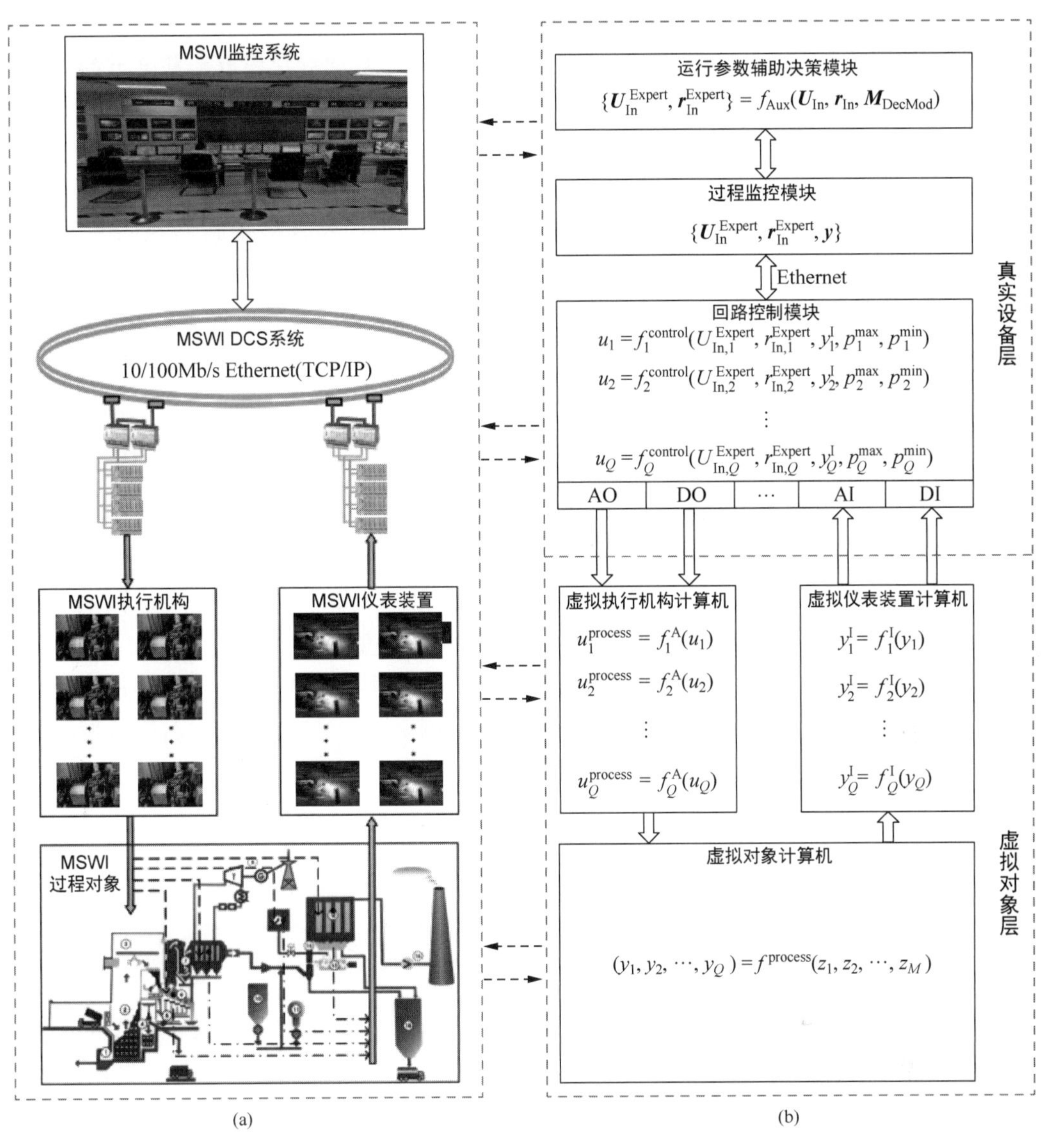

图 3.4　某 MSWI 电厂控制层级与多入多出回路控制系统结构图

(a) 控制层级；(b) 多入多出回路控制系统结构图

上述过程变量值的上限和下限。

2) 虚拟对象层由虚拟执行机构、虚拟对象和虚拟仪表装置等计算机组成，描述如下：

(1) 虚拟执行机构计算机，将真实设备层传输的电信号经采集板卡的模拟量输入转换和特性模拟后输出至虚拟对象模型，获得输出的过程可表示为

$$\begin{cases} u_1^{\text{process}} = f_1^{\text{A}}(u_1) \\ u_2^{\text{process}} = f_2^{\text{A}}(u_2) \\ \quad\vdots \\ u_Q^{\text{process}} = f_Q^{\text{A}}(u_Q) \end{cases} \tag{3.9}$$

其中，$\{u_1^{\text{process}}, u_2^{\text{process}}, \cdots, u_Q^{\text{process}}\}$表示经特性模拟后输出的执行机构变量值。

(2) 虚拟对象计算机，运行反应机理、数值仿真和数据驱动等建模方式建立的具有不同尺度和特性的焚烧过程对象模型，通过接收执行机构输出值进行被控对象特性模拟，获得被控过程变量并输出至仪表装置模型，可表示为

$$\{y_1, y_2, \cdots, y_Q\} = f^{\text{process}}(z_1, z_2, \cdots, z_M) \tag{3.10}$$

其中，$\{z_1, z_2, \cdots, z_M\}$表示过程对象模型的输入，包括用于回路控制的执行机构变量$\{u_1^{\text{process}}, u_2^{\text{process}}, \cdots, u_Q^{\text{process}}\}$及不用于回路控制的仪表装置过程变量$\{y_1, y_2, \cdots, y_P\}$的组合，存在$M=Q+P$；$\{y_1, y_2, \cdots, y_Q\}$表示过程对象模型输出的仪表装置变量值。

(3) 虚拟仪表装置计算机，接收虚拟对象计算机输出的被控变量值，经特性模拟后将其以电信号的形式输出至真实设备层，可表示为

$$\begin{cases} y_1^{\text{I}} = f_1^{\text{I}}(y_1) \\ y_2^{\text{I}} = f_2^{\text{I}}(y_2) \\ \quad \vdots \\ y_Q^{\text{I}} = f_Q^{\text{I}}(y_Q) \end{cases} \tag{3.11}$$

其中，$\{y_1^{\text{I}}, y_2^{\text{I}}, \cdots, y_Q^{\text{I}}\}$表示经特性模拟后的过程变量电信号。

综上，基于所设计的多入多出回路控制系统能够为多回路控制算法提供可靠的工程化测试与验证环境，同时具备与实际工业现场相同的控制层级与数据传输方式，能够提高智能控制算法测试与验证的认可度及其在工业现场的可移植性。

3.3 硬件设计

3.3.1 连接方式

本平台的连接方式包括3种：回路控制模块与虚拟执行机构和虚拟仪表装置间基于双绞线、外设组件互连(peripheral component interconnection，PCI)板卡与端子板进行的连接；历史左和右炉排火焰图像发布与多模态数据采集间基于同轴电缆和视频采集卡进行的连接；其余模块间基于工业以太网进行的连接。具体的硬件连接如图3.5所示。

由图3.5可知，从对平台功能实现支撑的视角而言，硬件分为网络设备、隔离设备、辅助设备和基础设备。

(1) 网络设备是实现平台集成的关键组成，包含内网交换机和外网交换机两类。

(2) 隔离设备是保证平台具有工业现场可移植性和实用性功能的关键，其将所搭建平台以物理隔离视角分为内、外网端，能够避免外网端智能算法的测试与验证，以及内、外网端间的数据传输对移植与落地实际工业过程可能会造成的干扰与影响。数据采集正向隔离模块用于采集内网端虚拟、真实MSWI过程的运行数据，为外网端智能算法提供数据支撑；运行参数反向传输模块用于将外网端利用智能算法求解所得的各类运行参数反传至内网端。

(3) 辅助设备是实现平台功能的基础，包含PCI板卡、摄像头、视频采集卡和网络时间同步服务器。其中，PCI板卡用于实现虚拟执行机构和虚拟仪表装置与回路控制模块间采

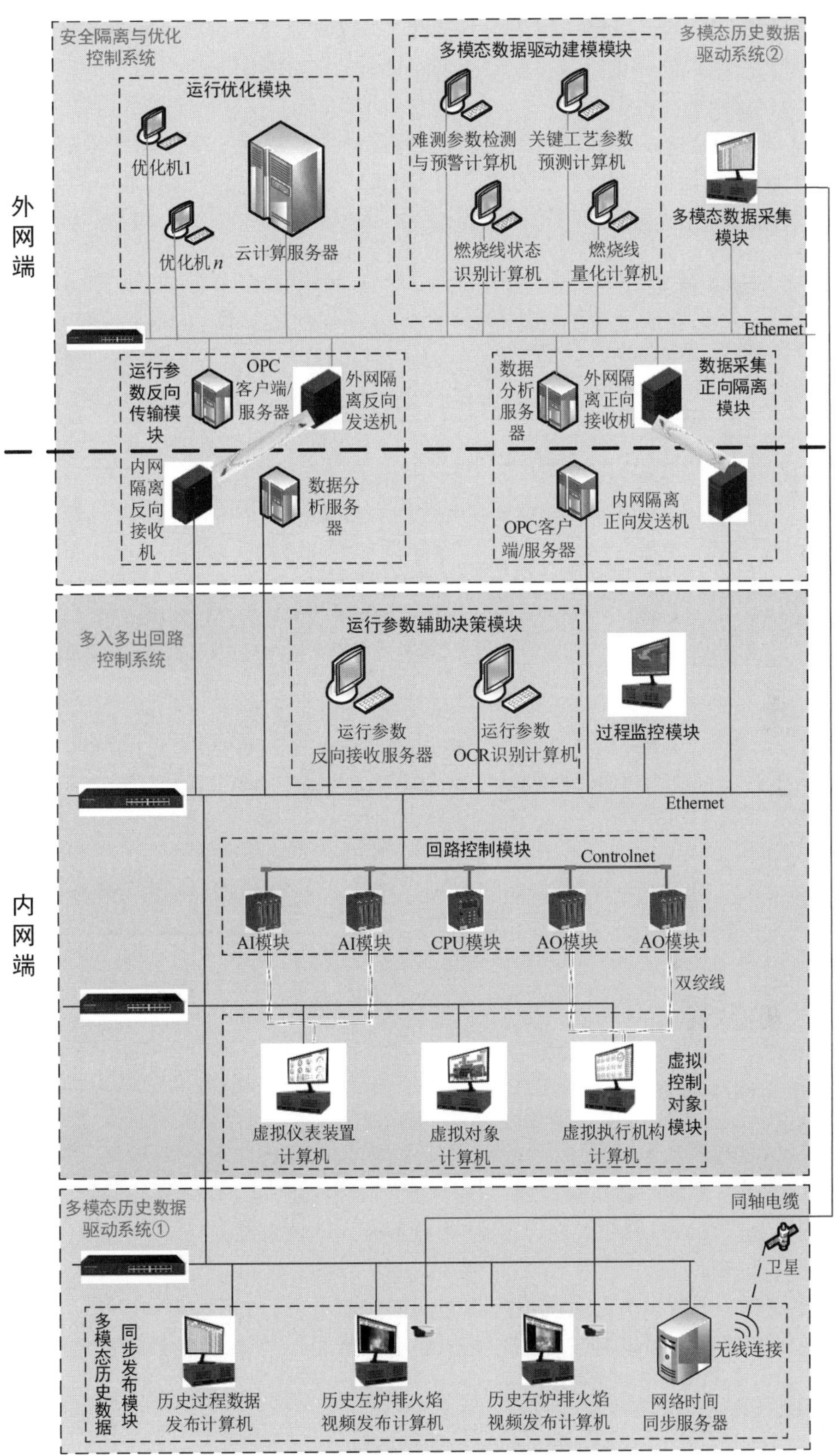

外网端
内网端
安全隔离与优化控制系统
运行优化模块
优化机1
优化机n
云计算服务器
多模态数据驱动建模模块
难测参数检测与预警计算机
关键工艺参数预测计算机
燃烧线状态识别计算机
燃烧线量化计算机
多模态历史数据驱动系统②
多模态数据采集模块
Ethernet
运行参数反向传输模块
OPC客户端/服务器
外网隔离反向发送机
内网隔离反向接收机
数据分析服务器
数据分析服务器
外网隔离正向接收机
数据采集正向隔离模块
OPC客户端/服务器
内网隔离正向发送机
多入多出回路控制系统
运行参数辅助决策模块
运行参数反向接收服务器
运行参数OCR识别计算机
过程监控模块
Ethernet
回路控制模块
Controlnet
AI模块
AI模块
CPU模块
AO模块
AO模块
双绞线
虚拟控制对象模块
虚拟仪表装置计算机
虚拟对象计算机
虚拟执行机构计算机
多模态历史数据驱动系统①
同轴电缆
卫星
多模态历史数据同步发布模块
历史过程数据发布计算机
历史左炉排火焰视频发布计算机
历史右炉排火焰视频发布计算机
无线连接
网络时间同步服务器

图 3.5　模块化半实物仿真平台硬件连接图

用电缆传输信号的功能；摄像头用于采集历史左、右炉排火焰视频；视频采集卡用于将摄像头采集得到的模拟图像进行数字化转换与存储；网络时间同步服务器用于同步多模态历史数据驱动系统中的系统时间。

（4）基础设备包含工控机和回路控制模块，其中工控机用于搭载和开发平台软件系统以实现平台的正常运转；回路控制模块用于实现多入多出回路控制系统中的数据转换、逻辑控制和回路控制等功能。

3.3.2 硬件选型

本平台的硬件选型如表 3.1 所示。

表 3.1 平台硬件描述

序号	设备类型	硬件名称	型号
1	网络设备	交换机	TP-LINK 16 口全千兆交换机，TL-SG1016DT
2	隔离设备	数据采集正向隔离模块	安盟定制式采集装置，内外网各 6 个千兆电口，内外网各 128G SSD，内外网主机各 1 个串口，2 个 USB 口和 2U 机箱，主动采集模块、主动发布模块、协议转换模块等，支持通用工业协议 OPC UA/DA、Modbus 等
3		运行参数反向传输模块	
4	辅助设备	PCI 板卡	32 路隔离模拟量输入 PCI-1713U 板卡、32 路模拟量输出通道 PCI-1724U 板卡
		摄像头	海康威视红外监控摄像头，DS-2CE16C3T 6mm
		视频采集卡	天创恒达 TC-330N4 4 路软压缩标清音视频卡
		网络时间同步服务器	北斗时讯（天津）科技有限公司 BDTS801
5	基础设备	工控机	研华 IPC-610L 工控机，配置 Windows 7 64 位专业版系统
6		回路控制模块	ABB 可编程控制器，8 输入 8 输出 AX522 模块、16 输出 AO523 模块、8 输入 8 输出 AX522 PLC 模块和 16 输出 AO523 PLC 模块等

3.4 软件设计

3.4.1 总体组成

本平台的软件系统组成如图 3.6 所示，其中，网络时间同步服务器软件、数据采集正向隔离模块配置软件和运行参数反向隔离模块配置软件为定制式专用软件，回路控制器采用 PLC/DCS 厂家配套回路控制软件，其余均为自主开发软件系统。

由图 3.6 可知：

（1）多模态历史数据驱动系统由网络时间同步服务器、历史左和右炉排火焰视频定时同步播放、历史过程数据定时发布、多模态数据采集和多模态数据驱动建模等软件系统组成。

（2）多入多出回路控制系统由运行参数反向接收、运行参数 OCR 识别、过程监控、PLC/DCS 系统回路控制、虚拟执行机构、虚拟对象和虚拟仪表装置等软件系统组成。

（3）安全隔离与优化控制系统由数据采集正向隔离模块配置、面向 MSWI 过程的炉膛

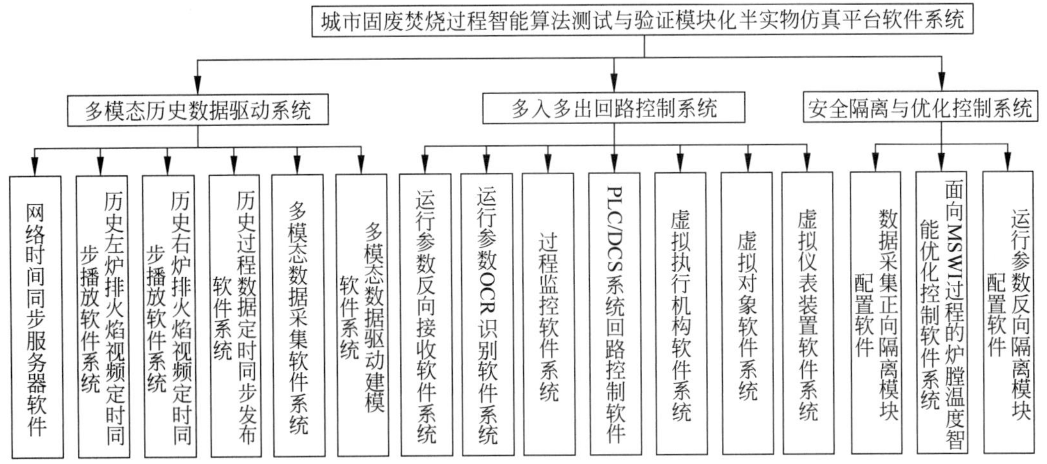

图 3.6　模块化半实物仿真平台软件系统组成

温度智能优化控制和运行参数反向隔离模块配置等软件系统组成。

3.4.2　多模态历史数据驱动系统软件结构

该系统软件的层次结构如图 3.7 所示。

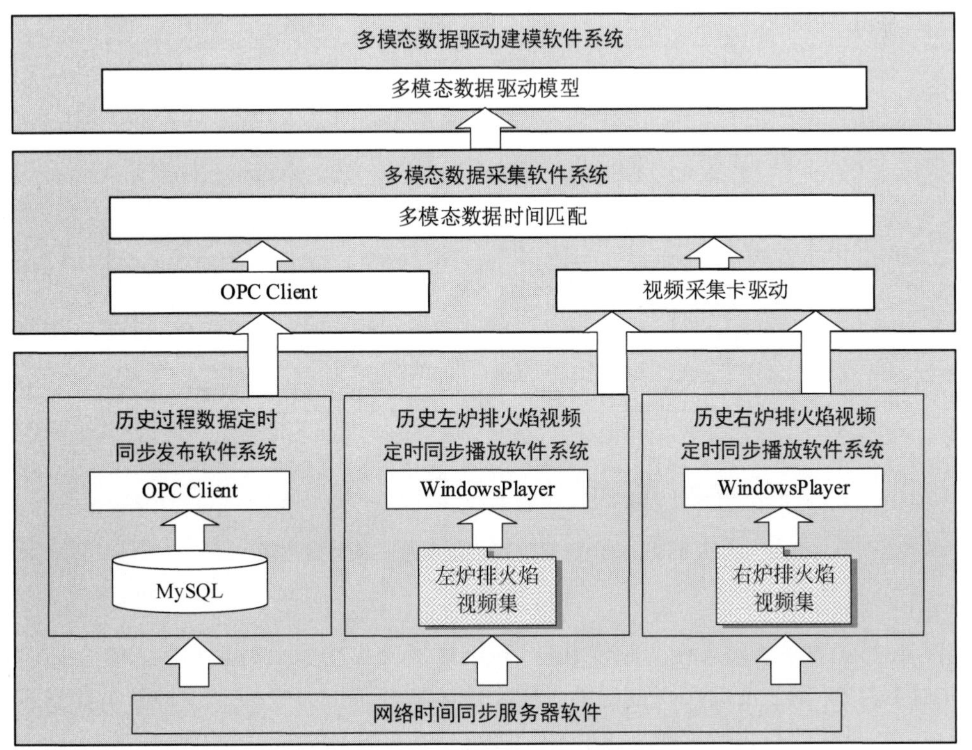

图 3.7　多模态历史数据驱动系统软件结构图

由图 3.7 可知：

(1) 网络时间同步服务器软件，通过接收卫星信号利用 Ethernet 同步各计算机时间。

(2) 历史过程数据发布软件系统，将工业现场中采集的过程数据保存至本地 MySQL 数据库，通过 OPC Client 定时读出数据并写入 OPC Sever 以实现发布功能。

(3) 历史左和右炉排火焰视频定时同步播放软件系统，将在工业现场与过程数据中同时采集的左、右炉排火焰视频保存至硬盘，配合历史过程数据发布计算机定时同步播放以实现多模态历史数据同步发布。

(4) 多模态数据采集软件系统，利用 OPC Client 采集多模态历史数据同步发布计算机发布的过程数据，并结合视频采集卡采集历史左和右炉排火焰视频发布计算机中的火焰视频，进行时间同步匹配后保存。

(5) 多模态数据驱动建模软件系统，将多模态数据采集模块采集的多模态数据输入至离线训练完毕的用于难测参数检测与预警、关键参数预测、燃烧状态识别和燃烧线量化等多模态数据驱动模型，得到模型输出。

3.4.3 安全隔离与优化控制系统软件结构

该系统软件的层次结构如图 3.8 所示。

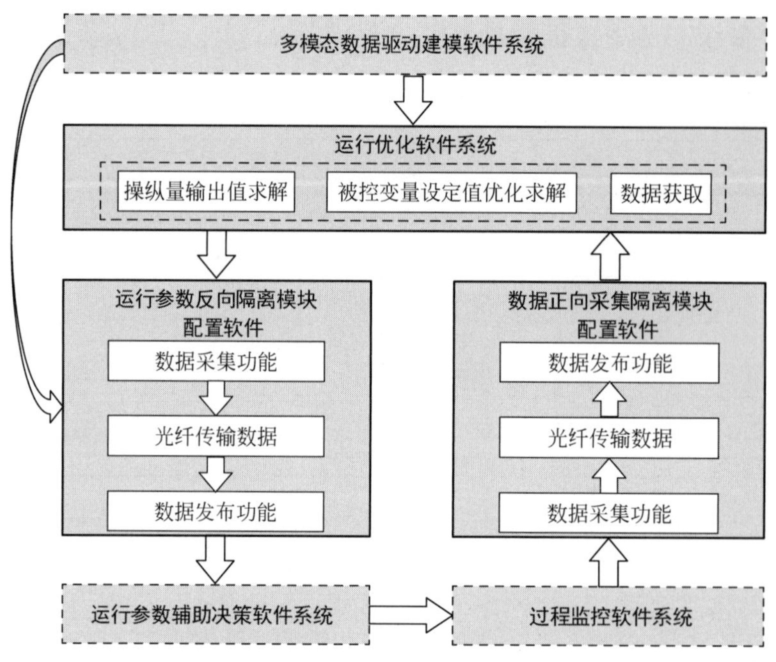

图 3.8 安全隔离与优化控制系统软件结构图

由图 3.8 可知：

(1) 数据正向采集隔离模块配置软件，利用数据采集功能实时采集多入多出回路控制系统中过程数据，基于光纤实现数据单向隔离传输，并通过 OPC Server 将采集数据进行发布，为运行优化模块提供数据源支撑。

(2) 运行优化软件系统，根据需求开发相应软件系统，通过获取正向采集隔离模块配置软件中的过程数据和多模态数据驱动建模软件系统的输出值，基于智能优化和控制算法求解被控变量设定值或操纵变量输出值。

(3) 运行参数反向隔离模块配置软件，与数据正向采集隔离软件同理，区别在于该软件采集运行优化软件求解的被控变量设定值、操纵变量输出值和多模态数据驱动建模软件系统输出值，并以单向物理隔离方式实时传输至运行参数辅助决策软件系统。

3.4.4 多入多出回路控制系统软件结构

该系统软件的层次结构如图 3.9 所示。

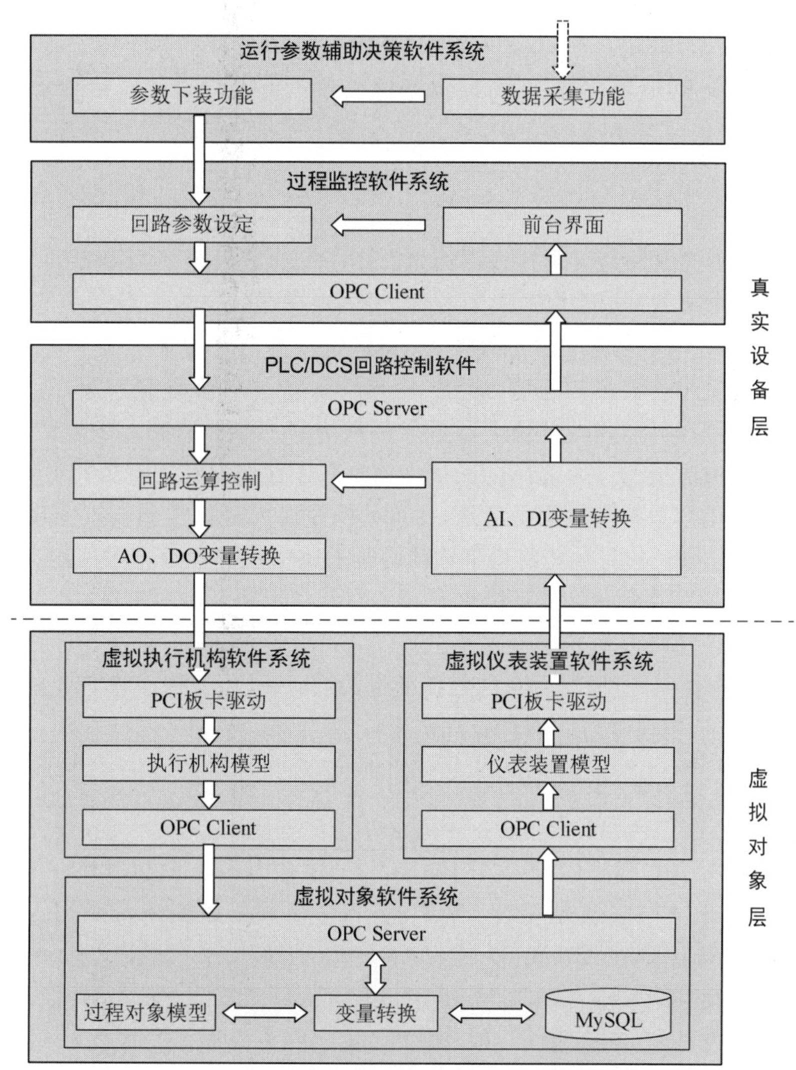

图 3.9　安全隔离与优化控制系统软件结构图

由图 3.9 可知，真实设备层由运行参数辅助决策、过程监控和 PLC/DCS 回路控制等软件系统组成；虚拟对象层由虚拟执行机构、虚拟仪表装置和虚拟对象等软件系统组成。

1) 真实设备层

(1) 运行参数辅助决策软件系统包括数据采集功能和参数下装功能，通过 OPC Client 采集运行参数反向传输模块中的被控变量设定值、操纵变量输出值、多模态数据驱动建模软件系统输出值等工艺参数值，并根据现场需求和专家辅助决策的结果下装至过程监控模块。

(2) 过程监控软件系统包括焚烧过程、炉排运行状态、锅炉状态、烟气处理、变量趋势图和参数设定等界面，通过 OPC Client 接收回路控制软件系统中的过程变量值并实时发送至 OPC Server，同时以图形化的方式显示在焚烧过程、炉排运行状态等界面，以实现 MSWI 全流程的监控功能；同时，其具备回路参数设定功能，可根据生产需求、生产指标和专家经验进行控制回路参数的设定、修改与下装。

(3) PLC/DCS 回路控制软件包括模拟量转换、数字量转换、PID 回路控制和 OPC 通信等功能，控制算法由监控设备下装至控制器中，同时通过接收虚拟仪表装置软件的电信号，基于误差进行 PID 回路参数调节，并将操纵量输出值以电信号方式传输至虚拟对象层软件，之后以电信号的形式采集虚拟仪表装置输出的被控变量测量值，直至测量值实现对设定值的跟踪。

2) 虚拟对象层

(1) 虚拟执行机构软件系统包括板卡配置、OPC 配置和固废焚烧等界面，通过 PCI 采集卡的模拟量/数字量转换功能将真实设备层下装的电信号转换为数字信号，并根据变量关系和执行机构模型将其转换成具有实际物理意义的执行机构变量值。

(2) 虚拟对象软件系统包括 OPC 配置、机理模型和数驱模型等界面，通过配置 OPC Server 实现与虚拟执行机构和虚拟仪表装置软件系统间的数据传递；具备模型选择功能，可通过机理模型和数驱模型界面选择过程对象建模算法并设置相关参数；同时，采用 OPC Client 与 Server 通信读取执行机构变量值，并将其作为过程对象模型输入实现对焚烧过程的模拟；之后，利用 OPC 的写功能将模型输出写至 OPC Server 中，再采用由 MySQL 开发的数据库实现过程数据的存储以及可视化展示。

(3) 虚拟仪表装置软件系统包括板卡配置、OPC 配置和固废焚烧等界面，采用 OPC Client 与虚拟对象软件系统进行通信，并根据变量关系、仪表装置模型和 PCI 采集卡的数字量/模拟量转换功能以电信号形式回传至真实设备层。

3.4.5 软件配置

本平台采用 C#、MATLAB、MySQL 和 Automation Builder 及定制式专用软件混合编程进行软件系统的开发和功能的实现。其中，多入多出回路控制系统采用 Visual Studio Professional 2022、MATLAB 2015b 32 位、Automation Builder 和 OPC Server 配置软件；多模态历史数据驱动系统采用 Visual Studio Professional 2022、MATLAB 2015b 32 位、网络时间同步服务器软件和 OPC Server 配置软件；安全隔离与优化控制系统采用 MATLAB 2022a、隔离模块配置软件和 OPC Server 配置软件。具体描述如表 3.2 所示。

表 3.2 平台软件的描述

序号	软件名称	功 能 描 述
1	Visual Studio Professional 2022	WinForm 包含不同功能的控件及触发事件函数，用于编写和绘制前台软件系统
2	MATLAB 2022a	通过编写代码实现复杂计算，同时具备强大的 GUI 设计功能，利用该软件实现相关算法的开发与 GUI 界面的设计

续表

序号	软件名称	功 能 描 述
3	MATLAB 2015b 32 位	利用 32 位版 MATLAB 软件将相关算法编译为动态数据连接库文件嵌入至开发的软件系统中应用
4	Automation Builder	设备制造商和系统集成商构建设备和系统的工程软件套装，实现回路控制模块的软硬件组态程序的编写功能
5	OPC Server 配置软件	模拟实际工业现场中数据点位和平台中新增点位实现数据的传输和发布功能
6	网络时间服务器同步软件	接收卫星时间为计算机授时，同步多模态历史数据驱动系统中各计算机的系统时间
7	隔离模块配置软件	配置用于数据采集和传输的 OPC Server，调用模块软硬件实现数据单向隔离传输

第 4 章

模块化半实物仿真平台实现

4.1 总体实现

4.1.1 面向模块化视角的实验平台/工业现场总体实现策略

MSWI 企业对运行的安全性考虑及 PLC/DCS 系统的封闭性导致其难以与外部算法进行交互，即非企业内部系统不能对 MSWI 原有控制系统进行直接的数据采集和参数下装操作。这些现状使得针对 MSWI 过程在实验室中基于离线多模态数据所研究的智能建模、控制与优化等算法难以实现在线测试与验证，限制了智能算法的落地应用，这使得智能算法测试与验证平台能够落地应用的不可或缺的手段。此外，在实验室内能够进行相关智能算法开发的首要条件是能够实时获得工业现场的包括火焰视频、操作文本记录和过程数据等在内的多模态数据，还需要考虑到离线验证后的智能算法如何能够逐步得到工业现场领域专家的认可以实现落地应用，更需要考虑运行智能算法的实验室开发的软硬件系统在工业现场所具有的可应用性和可移植性(模块化特性)。

从需要同时满足实验室智能算法测试与验证功能的视角及在工业现场具有可应用性和可移植性的视角，此处对第 3 章设计的模块化半实物平台进行面向模块化视角的实验室/工业现场总体实现。按照从下到上的次序，本章给出了包括 M1-多模态历史数据同步驱动模块、M12-MSWI 过程虚拟被控对象模块、M11-MSWI 过程回路控制模块、M10-MSWI 过程监控模块、M9-运行参数辅助决策模块、M13-数据采集正向隔离模块、M8-运行参数反向传输模块、M7-MSWI 过程单目标/多目标运行优化模块、M6-难测参数检测与预警模块、M5-多模态数据驱动工艺参数预测模块、M4-视觉驱动燃烧状态识别模块、M3-火焰燃烧线量化模块和 M2-多模态数据采集模块共 13 个模块的实现策略，如图 4.1 所示。基于该实现策略，至少能够搭建 4 类的能够用于实验室或工业现场的系统，包括实验室运行优化算法验证、实验室工艺参数建模算法仿实时验证、工业现场数据采集与工艺参数建模、工业现场辅助决策与运行优化等系统；需要指出的是，基于图 4.1 中的 13 个模块能够在实验室和工业现场实现的系统包含但不限于上述 4 类系统。在图 4.1 中，连接各个模块的虚线表示实验室运行优化算法验证系统独有的连接方式，实线表示上文提及的 4 个系统都具有的连接方式，粗框表示实际工业现场MSWI过程的组成及相关系统。特别地，M9-运行参数辅助决策模块在实验室和工业现场应用时存在明显差异。

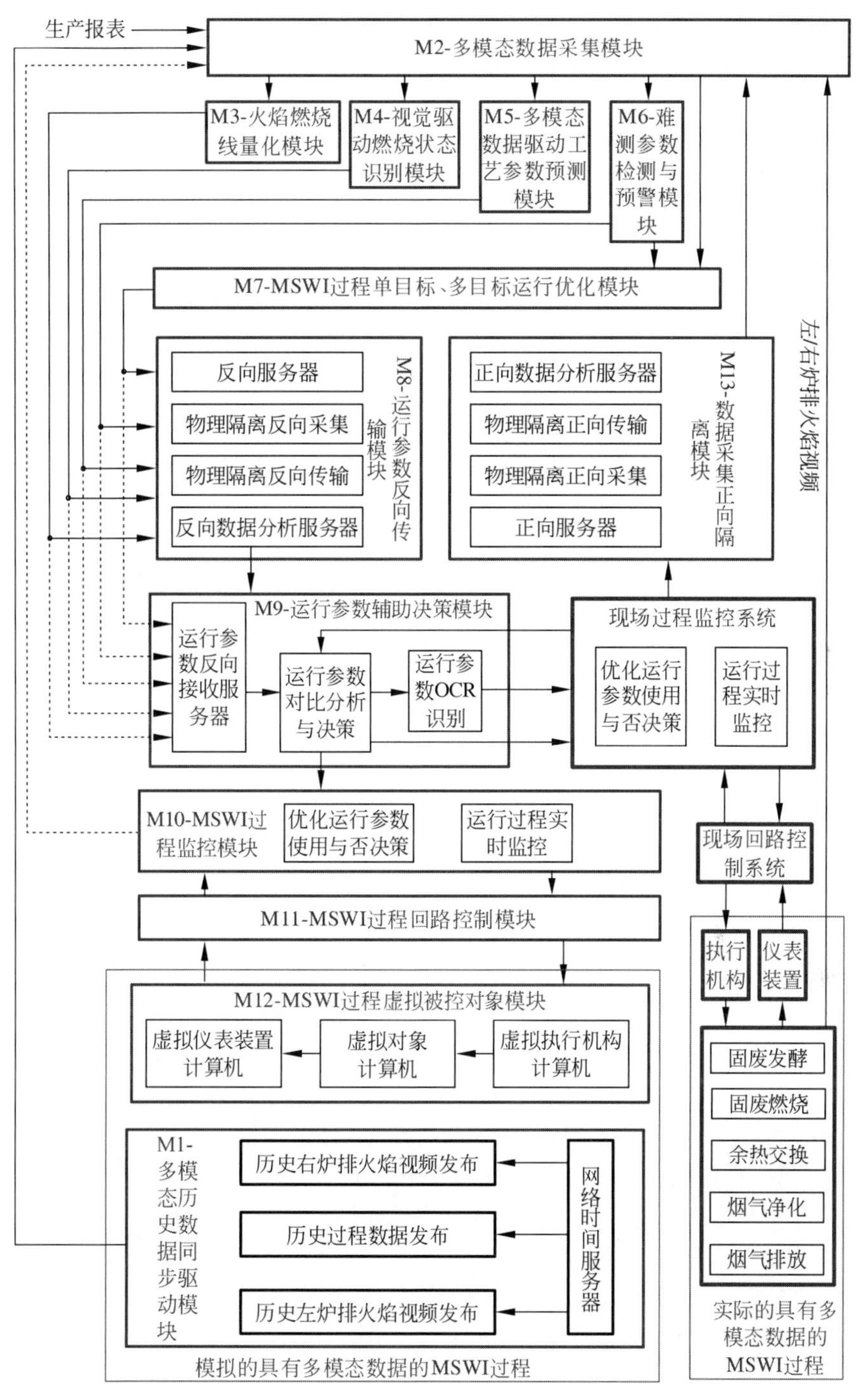

图4.1　模块化视角的实验室/工业现场总体实现策略图

不同模块的具体功能如下所示。

(1) M1-多模态历史数据同步驱动模块：该模块是针对在实验室中搭建的能够模拟具

有多模态数据产生特性的MSWI过程而言的，能够实现对历史左炉排火焰视频、右炉排火焰视频和历史过程数据的同步发布，即在实验室状态下提供仿实时MSWI过程的多模态数据源。

（2）M11-MSWI过程虚拟被控对象模块：该模块是针对在实验室中搭建的能够模拟具有多模态数据的MSWI过程而言的，通过在虚拟执行机构计算机、虚拟对象计算机和虚拟仪表装置计算机中所构建的各类模型实现难以在实验室中搭建的MSWI过程的模拟。

（3）M10-MSWI过程回路控制模块：该模块实现了对虚拟的MSWI过程的回路控制。

（4）M9-MSWI过程监控模块：该模块实现了对虚拟的MSWI过程的监控。

（5）M8-运行参数辅助决策模块：该模块通过运行参数反向接收服务器获取相关的运行参数后，经过运行参数的对比分析与决策，将这些运行参数直接传输至M9模块或工业现场过程监控系统，或者通过运行参数OCR识别方式将运行参数传输至工业现场过程监控系统。

（6）M12-数据采集正向隔离模块：该模块可将MSWI过程监控模块中的过程变量通过物理隔离的方式进行单向数据采集，避免对MSWI过程的原有控制系统造成影响。

（7）M7-运行参数反向传输模块：该模块可将源自MSWI过程单目标、多目标运行优化模块获取的运行参数优化值及火焰燃烧线量化模块、视觉驱动燃烧状态识别模块、多模态数据驱动工艺参数预测模块的运行参数和M6-难测参数检测与预警模块的运行指标检测值以物理隔离的方式进行反向传输，避免对MSWI过程的原有控制系统造成影响。

（8）M6-MSWI过程单目标、多目标运行优化模块：该模块优化了基于多模态数据、难测参数检测与预警模型的MSWI过程运行参数，主要基于对MSWI过程的质量、环保、经济等运行指标的最优化获得M10模块和现场过程监控系统所需要的优化运行参数值（被控变量优化设定值和（或）操纵变量输出值）。

（9）M3-火焰燃烧线量化模块：该模块量化了面向MSWI过程的仿领域专家识别机制的火焰燃烧线，为MSWI过程的回路控制提供支撑。

（10）M4-视觉驱动燃烧状态识别模块：该模块可识别面向MSWI过程的仿领域专家识别机制的炉内燃烧状态，为MSWI过程的回路控制提供支撑。

（11）M5-多模态数据驱动工艺参数预测模块：该模块可进行基于多模态数据的炉膛温度、烟气含氧量、蒸汽流量、CO、NO_x、CO_2 等工艺参数的单步、多步预测，为MSWI过程的回路控制提供支撑。

（12）M6-难测参数检测与预警模块：基于过程数据、火焰图像、生产报表和离线化验报告等多模态数据，该模块可对诸如产品质量参数炉渣热灼减率、环保指标参数二噁英排放浓度等难以检测参数进行检测与预警，为MSWI过程的单目标、多目标运行优化提供支撑。

（13）M2-多模态数据采集模块：该模块可采集模拟的和实际的具有多模态数据的MSWI过程的左炉排火焰视频、右炉排火焰视频和历史过程数据，并录入与预处理实际过程产生的事关产品质量、环保指标和经济指标的各类生产报表，为M3～M7模块提供数据支撑。

4.1.2 面向模块独立化视角的单用途实现

4.1.2.1 M1-多模态历史数据同步驱动模块

为了体现MSWI过程的动态特性和工业实际状况，将所采集的历史过程数据和火焰视频数据同步实时发布，包括网络时间服务器、历史右炉排火焰视频发布、历史左炉排火焰视频发布和历史过程数据发布共4个组成部分，具体实现步骤如下。

(1) 将实际MSWI电厂的历史过程数据以文件形式储存在历史过程数据OPC服务器中，通过OPC协议实现在局域网络内部的数据发布；

(2) 依据实际MSWI电厂将焚烧炉火焰监视分为左侧和两侧，分别在两台视频模拟计算机中进行实时播放；

(3) 通过交换机将历史数据OPC服务器、左炉排火焰视频模拟机、右炉排火焰视频模拟机和网络时间服务器接入局域网络中；

(4) 通过网络时间服务器，将过程数据与火焰视频的时间精确地控制在同一时刻，进而实现多模态信息的同时展示。

4.1.2.2　M2-多模态数据采集模块

火焰视频和过程数据是领域专家感知认知MSWI过程运行工况的重要依据，对上述多模态数据进行实时采集与预处理尤为重要，具体实现步骤如下。

(1) 利用完全相同的两套摄像设备分别对左和右炉排火焰视频进行实时在线采集；

(2) 通过同轴电缆将摄像头采集信息传输至视频采集卡；

(3) 将视频采集卡安装到多模态数据采集计算机中，通过视频解码实现火焰信息的初步展示；

(4) 通过图像处理算法对采集到的火焰视频进行去噪、增强等预处理；

(5) 以OPC客户端的方式通过工业以太网将OPC服务器上的过程数据采集到多模态数据采集计算机；

(6) 采用领域专家手动录入、OCR设备扫描识别等方式将生产报表采集至多模态数据采集计算机，合理设置采样周期以实现多模态数据采集后的同步存储。

4.1.2.3　M3-火焰燃烧线量化模块

火焰燃烧线是MSWI过程安全稳定运行所需要的被控变量之一，对其进行量化的具体步骤如下。

(1) 采用图像处理技术、条件生成对抗网络和循环一致性生成对抗网络，构建包含真实的燃烧线正常子库、真实/生成的燃烧线异常子库、生成的燃烧线极端异常火焰图像子库的完备图像库；

(2) 从完备图像库中选择典型图像构成典型模板库，训练孪生卷积神经网络；

(3) 针对新火焰图像提取燃烧线特征，采用孪生卷积神经网络的相似性度量值实现与"典型模板库"中火焰图像的适配；

(4) 非适配的新火焰图像，采用最近邻准则实现燃烧线量化；

(5) 基于冗余判别机制，结合领域专家经验，利用非适配图像自适应更新"典型模板库"。

4.1.2.4　M4-视觉驱动燃烧状态识别模块

火焰燃烧状态是实现MSWI过程稳定控制所需的被控变量之一，实现视觉驱动燃烧状态识别的具体实现步骤如下。

(1) 采用基于人工多曝光图像融合的去雾算法、特征归一化、陷波滤波、中值滤波等预处理手段对火焰图像进行去雾和去噪处理，进而获得清晰的图像；

(2) 提取火焰图像的亮度、纹理、颜色等具有物理含义的多个特征以从多个角度进行图像的表征，并基于互信息等方式对这些特征进行约简；

(3) 将上述约简特征作为支持向量机、深度森林、卷积神经网络等图像分类器的输入，分别建立左和右炉排的视觉驱动燃烧状态识别模型；

(4) 针对新的火焰图像，基于上文所构建模型实现其所表征燃烧状态的识别。

4.1.2.5 M5-多模态数据驱动工艺参数预测模块

进行炉膛温度、烟气含氧量、蒸汽流量、CO 排放浓度、NO_x 排放浓度等工艺参数的一步乃至多步的精准预测，对基于领域专家手动控制模式和基于智能控制与优化算法的自动控制模式而言都是至关重要的，具体实现步骤包括：

(1) 利用 M2 模块所存储的多模态数据根据 M4 模块提取火焰图像特征；

(2) 将火焰特征与过程数据串行组合为新特征，用于训练关键工艺参数预测模型；

(3) 将 M2 模块新采集的多模态过程数据输入上述关键工艺参数预测模型，得到炉膛温度、烟气含氧量、蒸汽流量、CO 排放浓度、NO_x 排放浓度等工艺参数的一步乃至多步的预测输出。

4.1.2.6 M6-难测参数检测与预警模块

产品质量参数炉渣热灼减率、环保指标参数二噁英排放浓度等难以检测参数的检测与预警模型是进行 MSWI 过程单目标、多目标运行优化的重要环节，具体实现步骤如下。

(1) 整理各类生产报表中记录的难测参数数据，作为检测与预警模型的输出真值；

(2) 面向难测参数建模数据真值对在 M2 模块中存储的多模态数据进行时间匹配处理，即获得与难测参数真值对应的多模态数据时间段；

(3) 针对上述对应难测参数真值时间段内的火焰数据，依据 M4 模块提取的火焰图像特征，并将其与过程数据串行组合后作为构建难测参数模型输入的新特征；

(4) 将上述新特征作为支持向量机、深度森林、深度神经网络等回归/分类模型的输入，建立难测参数的检测与预警模型；

(5) 将 M2 模块新采集的多模态过程数据输入上述难测参数的检测与预警模型，得到炉渣热灼减率、二噁英排放浓度等难测参数的检测值与预警等级。

4.1.2.7 M7-MSWI 过程单目标、多目标运行优化模块

在不同场景下，考虑烟气排放指标、经济效益、炉渣热酌减率等单个或多个目标，使炉膛温度、烟气含氧量、蒸汽流量等关键被控变量的设定值或进料量、炉排速度、一次风流量和二次风流量等操纵变量的输出值，能够随工业过程的动态变化而进行适时地调整，这对实现 MSWI 过程的优化控制而言非常重要，实现的具体步骤如下。

(1) 依据面向单目标、多目标优化的 MSWI 过程分析，建立以炉膛温度、锅炉蒸汽流量和烟气含氧量等关键被控变量的设定值或进料量、炉排速度、一次风流量、二次风流量等操纵变量的输出值为决策变量，最小化污染物排放指标和热酌减率等质量指标及最大化燃烧效率和经济指标等为优化目标的单目标、多目标优化模型；

(2) 基于上述单目标、多目标优化模型，利用 M2 模块实时采集的多模态数据及 M6 模块的难测参数检测与预警模型，采用遗传算法、粒子群优化算法、差分进化算法等智能优化

算法获取关键被控变量的优化设定值或操纵变量的输出值。

4.1.2.8　M8-运行参数反向传输模块

通过反向服务器获取关键运行参数模型的单步与多步预测值、难测参数的检测值与预警等级及优化运行参数值，通过物理隔离方式进行上述数据的单向传输，再通过反向数据分析服务器以 OPC 形式提供上述数据，实现步骤如下。

(1) 通过反向服务器计算机，将关键运行参数模型的单步与多步预测值、难测参数的检测值与预警等级及优化运行参数值(被控变量设定值或操纵变量输出值)进行采集和存储；

(2) 通过交换机将反向服务器与物理隔离反向采集机接入同一局域网络中，进而将数据传输至物理隔离反向采集机；

(3) 采用单向光纤传输的方式将所采集的过程数据以物理隔离反向传输的方式传输至反向数据分析服务器，进行过程变量的分组、命名和采样时间等设置；

(4) 通过交换机将物理隔离反向传输和反向数据分析服务器接入同一局域网络，反向数据分析服务器以 OPC 服务器的模式为 M9 模块提供数据服务。

4.1.2.9　M9-运行参数辅助决策模块

关键运行参数模型的单步与多步预测值和难测参数的检测值与预警等级对于辅助领域专家执行控制策略而言至关重要，也决定着是否能够将优化运行参数运用于 MSWI 过程的控制，具体实现步骤如下。

(1) 基于 M3-M6 模块将关键运行参数模型的单步与多步预测值和难测参数的检测值与预警等级采集至运行参数反向接收服务器；

(2) 基于设定的不同时间段内的关键运行参数模型的单步与多步预测值、难测参数的检测值与预警等级等及其对应真实值进行统计意义下的对比分析，采用领域专家主动学习、专家设定阈值自动判别等方式，对这些关键运行参数模型的单步与多步预测值、难测参数的检测值与预警等级的可信度进行评估；

(3) 综合上述关键运行参数模型的单步与多步预测值、难测参数的检测值与预警等级、源于 M7 模块的优化运行参数，将领域专家决策或自动决策的具有可信度的运行参数传输至 M10 模块。

4.1.2.10　M10-MSWI 过程监控模块

该模块的功能包括决策优化运行参数是否下装和进行 MSWI 过程的实时监控等，其中，后者包括焚烧过程、炉排运行状态、锅炉状态、烟气处理、变量趋势图和参数设定等界面，具体实现步骤如下。

(1) 开发包括焚烧过程、炉排运行状态、锅炉状态、烟气处理、变量趋势图和参数设定等界面的组态监控系统，对 MSWI 过程进行实时监控与数据展示；

(2) 通过 OPC Client 接收回路控制模块中实时发送至 OPC Server 的过程变量值，以图形化的方式在焚烧过程、炉排运行状态等界面进行 MSWI 过程监控，同时将过程变量值实时传输至 M2 模块；

(3) 根据生产需求、生产指标和专家经验进行优化运行参数是否使用的决策，进而确定是否进行控制回路参数的修改；

(4) 将确定后的控制回路参数下装至 M11-MSWI 过程回路控制模块。

4.1.2.11 M11-MSWI 过程回路控制模块

以实际厂家的 PLC/DCS 设备为基础构建 MSWI 过程的回路控制系统，具体实现步骤如下。

（1）基于 PLC/DCS 厂家的 CPU、输入、输出和通信等模块实现硬件设备的通电启动；

（2）通过工业以太网或控制网与 M10 模块的连接实现控制网络通信；

（3）以梯形图语言编写 MSWI 过程的启停、PID 回路、报警和联锁等程序，实现控制功能；

（4）通过 AO/DO 模块实现与 M12 模块虚拟执行机构计算机的连接，通过 AI/DI 模块实现与 M12 模块虚拟仪表装置计算机的连接，实现与 M12 模块的数据交互。

4.1.2.12 M12-MSWI 过程虚拟控制对象模块

该模块中的虚拟执行机构与检测仪表需要与 M11 模块进行有效的数据交换以支撑后者的运行，具体实现步骤如下。

（1）根据阀门、风机和液压驱动等执行机构的实际运行数据，构建数据驱动虚拟执行机构模型；根据温度、流量和压力等传感器设备的实际运行数据，构建数据驱动的虚拟检测仪表；类似地，采用数据驱动方式构建虚拟对象模型。

（2）基于数据采集板卡和端子板等设备，将 PLC/DCS 控制系统中的 I/O 模块与端子板上的 O/I 端子通过双绞线进行连接，通过以太网与 MSWI 过程虚拟焚烧对象计算机相连。

（3）执行机构模型计算机中的 DI/DO（AI/AO）与 PLC/DCS 控制系统中的 DO/DI（AO/AI）模块以双绞线方式连接，实现基于电信号的数据传输。

（4）检测仪表模型计算机中的 AI/AO 与 PLC/DCS 控制系统中 AO/AI 模块以双绞线方式连接，实现基于电信号的数据传输。

4.1.2.13 M13-数据正向采集隔离模块

通过工业现场 PLC/DCS 厂家提供的 OPC 客户端采集系统网络中的过程数据，并以物理隔离方式采集传输后再通过 OPC 协议发布所采集的实时数据，实现步骤如下。

（1）利用 PLC/DCS 厂家的 OPC 服务器协议，将过程数据从现场过程监控系统采集至正向服务器，并以 OPC 服务器的方式对外发布；

（2）通过交换机将正向服务器与物理隔离正向采集机接入同一局域网络；

（3）采用单向光纤传输的方式将所采集的过程数据以物理隔离正向传输的方式传输至正向数据分析服务器，进行过程变量分组、命名和采样时间等设置；

（4）通过交换机将物理隔离正向传输和正向数据分析服务器接入同一局域网络，正向数据分析服务器以 OPC 服务方式为 M2 模块提供数据服务。

4.1.3 面向模块组合化视角的多用途实现

如上文所示，基于由图 4.1 所示的实现策略，至少能够搭建实验室运行优化算法验证、实验室工艺参数建模算法仿实时验证、工业现场数据采集与工艺参数建模、工业现场辅助决策与运行优化 4 类用于实验室或工业现场的模块组合化系统，其具体实现描述如下。

4.1.3.1　实验室运行优化算法验证系统实现

实验室运行优化算法验证系统包括 M1-多模态历史数据同步驱动模块、M2-多模态数据采集模块、M3-火焰燃烧线量化模块、M4-视觉驱动燃烧状态识别模块、M5-多模态数据驱动工艺参数预测模块、M6-难测参数检测与预警模块、M7-MSWI 过程单目标或多目标运行优化模块、M9-运行参数辅助决策模块、M10-MSWI 过程监控模块、M11-MSWI 过程回路控制模块、M12-MSWI 过程虚拟控制对象模块。其实现流程是：采用 M2 模块获取来自 M1 模块的经过同步的左炉排和右炉排火焰视频数据及历史过程数据，通过 M3～M7 模块的处理，获得多种类别的运行参数，采用 OPC 方式将运行参数传输至 M10 模块，并下装至以真实 PLC/DCS 设备为基础的 M11 模块，进而将操纵变量的输出值以模拟量输出的方式传输至 M12 模块的虚拟执行机构，虚拟执行机构的输出在作用于虚拟对象后产生被控变量测量值的输出，通过虚拟仪表装置以模拟输入的方式传输至 M11 模块，进而传输至 M10 模块，再通过 OPC 方式传至 M2 模块，进而反馈至 M7 模块，从而完成面向实验室的运行优化算法验证。

4.1.3.2　实验室工艺参数建模算法仿实时验证系统实现

实验室工艺参数建模算法仿实时验证系统包括 M1 多模态历史数据同步驱动模块、M2 多模态数据采集模块、M3 火焰燃烧线量化模块、M4 视觉驱动燃烧状态识别模块、M5 多模态数据驱动工艺参数预测模块和 M6 难测参数检测与预警模块，实现流程是：采用 M2 模块获取来自 M1 模块的经过同步的左炉排和右炉排火焰视频数据及历史过程数据，通过 M3～M6 模块实现仿工业现场实时多模态数据同步发布的易测工艺参数预测、燃烧状态识别、燃烧线量化和难测参数检测与预警结果。

4.1.3.3　工业现场数据采集与工艺参数建模系统实现

工业现场数据采集与工艺参数建模系统包括 M13 数据正向采集隔离模块、M2 多模态数据采集模块、M3 火焰燃烧线量化模块、M4 视觉驱动燃烧状态识别模块、M5 多模态数据驱动工艺参数预测模块和 M6 难测参数检测与预警模块。其实现流程是：将工业现场数据通过 OPC 方式传至正向服务器，再经物理隔离正向采集后传输至 M2 模块，通过 M3～M6 模块实现基于工业现场实时多模态数据同步发布的工艺参数预测、燃烧状态识别、燃烧线量化和难测参数检测与预警结果。

4.1.3.4　工业现场辅助决策与运行优化系统实现

工业现场辅助决策与运行优化系统包括 M13 数据正向采集隔离模块、M2 多模态数据采集模块、M3 火焰燃烧线量化模块、M4 视觉驱动燃烧状态识别模块、M5 多模态数据驱动工艺参数预测模块、M6 难测参数检测与预警模块、M7 MSWI 过程单目标、多目标运行优化模块、M8 运行参数反向传输模块和 M9 运行参数辅助决策模块。实现流程是：过程数据通过 OPC 方式传至 M13 模块的正向服务器，经物理隔离正向采集后传输至 M2 多模态数据采集模块，经过 M3～M7 系列模块的处理获得多种类别的关键运行参数预测值、难测参数检测值与预警等级以及优化运行参数值，在传输至 M8 模块的反向服务器后，经物理隔离反向传输至运行参数反向接收服务器，在 M9 模块进行辅助决策分析后，根据 MSWI 电厂的安全要求采用 OPC 协议或 OCR 识别方式将优化运行参数传输至现场监控系统和 PLC/DCS 系统，进而将操纵变量输出值以模拟量输出的方式传输至实际 MSWI 过程执行机构，作用于由固废发酵、固废燃烧、余热交换、烟气净化和烟气排放等阶段组成的实际焚烧对象，通过仪表装置以模拟输入方式采集至 PLC/DCS 系统和现场监控系统，再通过 OPC 方式传至 M13 模块和 M2 模块，进而反馈至 M7 MSWI 过程单目标与多目标运行优化模块，从而完成面向实际工业现场的运行优化算法实施。

4.1.4 实验室半实物仿真平台总貌

基于上文描述，在实验室环境中搭建了 3.2 节设计的 MSWI 过程智能算法测试与验证模块化半实物仿真平台，如图 4.2 所示。

图 4.2 MSWI 过程智能算法测试与验证模块化半实物仿真平台实物图

4.2 面向关键被控变量智能预测的多模态历史数据驱动系统实现

4.2.1 问题描述

由于国内外 MSW 性质和管理水平的差异性，国内已引进的多数焚烧系统难以实现本土化，使得 MSWI 电厂在实际运行过程中多依靠领域专家依据过程数据、火焰视频等多模态信息，并结合自身经验预测 FT、OC 和 BSF 等关键工艺参数的变化趋势。因领域专家经验的差异性和精力的有限性，预测结果必然存在偏差性和随机性，不利于 MSWI 过程的长期稳定运行。

基于第 3 章设计的多模态历史数据驱动系统，本节建立了以被控变量 FT、OC 和 BSF 为输出的多模态数据驱动预测模型，开发了相应的软件系统进行协同运行，实现了面向关键被控变量智能预测的多模态历史数据驱动系统。

4.2.2 建模策略

本节结合实际 MSWI 过程关键工艺参数与领域专家经验，基于实际多模态历史数据，融合随机森林(random forest，RF)和 BPNN 算法，建立了以 FT、OC 和 BSF 为输出的预测模型，包括图像特征提取模块、过程数据特征选择模块和关键工艺参数预测模型模块，其建模策略图如图 4.3 所示。

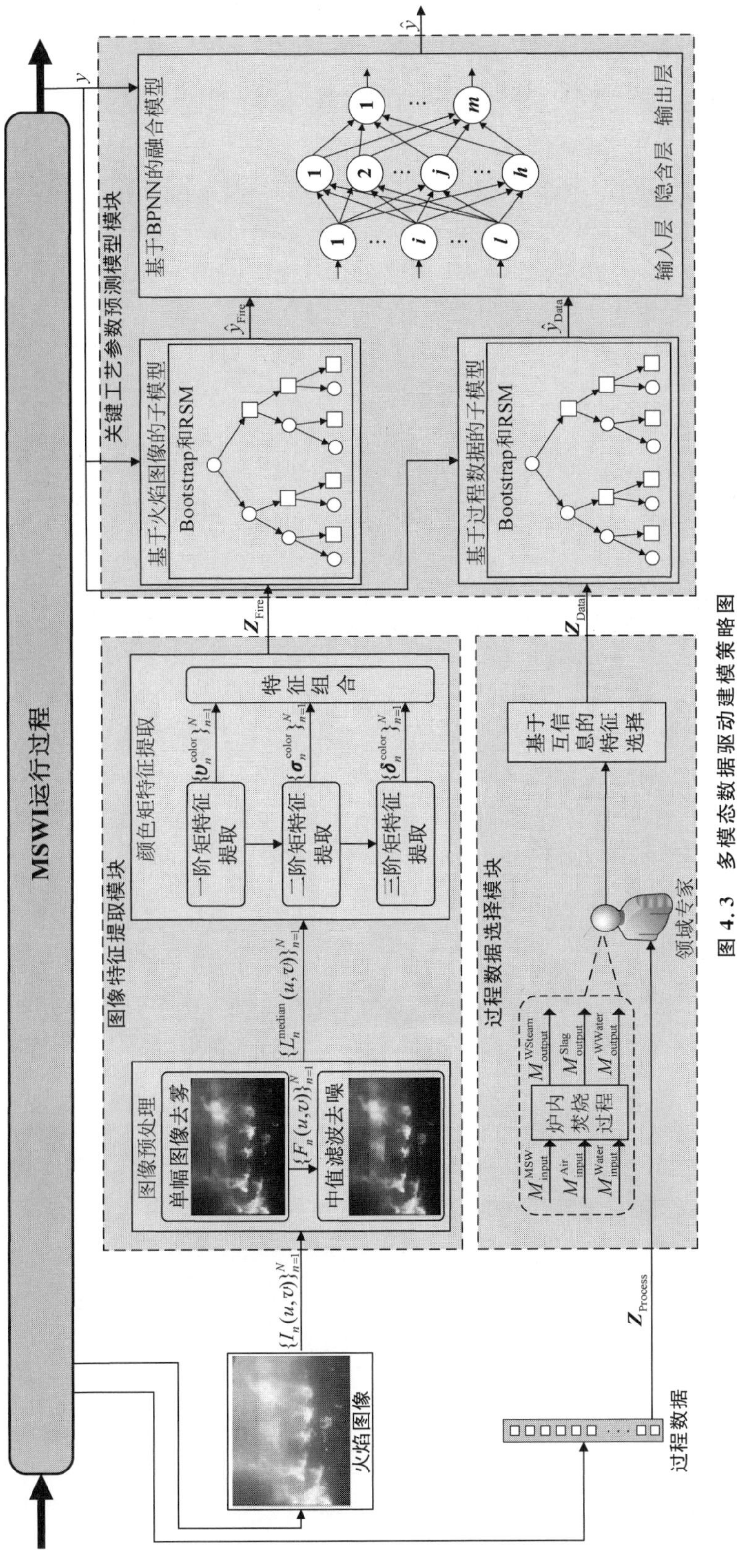

图 4.3　多模态数据驱动建模策略图

在图 4.3 中，$\{I_n(u,v)\}_{n=1}^N$、$\{F_n(u,v)\}_{n=1}^N$ 和 $\{L_n^{\text{median}}(u,v)\}_{n=1}^N$ 分别表示原始、去雾后和预处理后的火焰图像；$\{\boldsymbol{\upsilon}_n^{\text{color}}\}_{n=1}^N$、$\{\boldsymbol{\sigma}_n^{\text{color}}\}_{n=1}^N$ 和 $\{\boldsymbol{\delta}_n^{\text{color}}\}_{n=1}^N$ 分别表示一阶、二阶和三阶颜色矩特征；$\boldsymbol{Z}_{\text{Fire}}$ 表示火焰图像颜色矩组合特征；$\boldsymbol{Z}_{\text{Process}}$ 和 $\boldsymbol{Z}_{\text{Data}}$ 分别表示原始和基于专家经验选择的过程数据特征；$M_{\text{input}}^{\text{MSW}}$ 为焚烧的 MSW 量；$M_{\text{input}}^{\text{Air}}$ 为供给空气量；$M_{\text{input}}^{\text{Water}}$ 为用水量；$M_{\text{output}}^{\text{WSteam}}$ 为排出的水蒸气量；$M_{\text{output}}^{\text{WWater}}$ 为排出的废水量；$M_{\text{output}}^{\text{Slag}}$ 为排出的炉渣量；$\hat{y}_{\text{Fire}}$ 和 $\hat{y}_{\text{Data}}$ 分别表示基于火焰图像和基于过程数据的子模型预测输出；y 和 $\hat{y}$ 分别表示关键工艺参数真值和多模态数据驱动预测模型输出。

4.2.3 算法实现

4.2.3.1 图像特征提取模块

由于工况复杂、视频采集与传输存在偏差干扰等原因，原始火焰图像 $\{I_n(u,v)\}_{n=1}^N$ 包含烟雾、飞灰及不确定噪声，需进行预处理以得到清晰图像 $\{L_n^{\text{median}}(u,v)\}_{n=1}^N$，其中，$N$ 表示训练样本数量。

1）基于单幅图像的快速去雾算法

首先，取原始火焰图像 $I_n(u,v)$ 的 R、G、B 三通道中的最小值，得到 $H_n(u,v)$，如下：

$$H_n(u,v)=\min_{c\in R,G,B}(I_n^c(u,v)) \tag{4.1}$$

其次，计算环境光 $Z_n(u,v)$ 的值。透射率 $l_n(u,v)$ 与图像的关系为

$$l_n(u,v)\geqslant 1-I_n(u,v)\times(A_n)^{-1}=1-H_n(u,v)\times(A_n)^{-1} \tag{4.2}$$

其中，A_n 代表全局大气光。

对式(4.2)的等号右边进行均值滤波，将其窗口记作 Ω，大小为 $s_a\times s_a$，过程如下：

$$\text{average}s_a(1-H_n(u,v)\times(A_n)^{-1})=1-\text{average}s_a(H_n(u,v))(A_n)^{-1} \tag{4.3}$$

均值滤波后得到透射率的粗略估计值如下：

$$l_n(u,v)=1-H_n^{\text{ave}}(u,v)\times(A_n)^{-1}+\Psi H_n^{\text{ave}}(u,v)\times(A_n)^{-1} \tag{4.4}$$

其中，$H_n^{\text{ave}}(u,v)=\text{average}s_a(H_n(u,v))$，上式最末项为弥补的偏移值，$\Psi\in[0,1]$。

记 $\eta=1-\Psi$，则有：

$$l_n(u,v)=1-\eta H_n^{\text{ave}}(u,v)\times(A_n)^{-1} \tag{4.5}$$

为防止去雾后的图像出现偏暗或偏亮的情况，设置 $\tilde{\eta}=\rho h_n^{av}$，$\rho$ 为可调节参数且 $0\leqslant\rho\leqslant 1/(h_n^{av})$，$h_n^{av}$ 是 $H_n(u,v)$ 所有元素的均值。

由此得出的透射率如下：

$$l_n(u,v)=\max(1-\eta H_n^{\text{ave}}(u,v)\times(A_n)^{-1},1-H_n(u,v)\times(A_n)^{-1}) \tag{4.6}$$

其中，$1-\eta H_n^{\text{ave}}(u,v)\times(A_n)^{-1}$ 为透射率的粗略估计值；$1-H_n(u,v)\times(A_n)^{-1}$ 为透射率的下限值。

根据环境光 $Z_n(u,v)$ 的计算公式可得：

$$Z_n(u,v)=\min(\eta H_n^{\text{ave}}(u,v),H_n(u,v)) \tag{4.7}$$

然后，在取值范围 $(\max(H_n^{\text{ave}}(u,v)),\max(\max_{c\in R,G,B}(I_n^c(u,v))))$ 内估计全局大气光 A_n，取均值作为其值：

$$A_n = \frac{1}{2}(\max(H_n^{\text{ave}}(u,v)) + \max(\max_{c\in R,G,B}(I_n^c(u,v)))) \tag{4.8}$$

其中，$\max_{c\in R,G,B}(I_n^c(u,v))$表示对第 n 幅图像的 R、G、B 三通道取最大值。

最后，输出得到去雾后的图像 $F_n(u,v)$：

$$F_n(u,v) = \frac{I_n(u,v) - l_n(u,v)}{1-(A_n)^{-1}l_n(u,v)} \tag{4.9}$$

2）中值滤波去噪

中值滤波能有效消除图像中的孤立噪声点，保护图像边缘。本节采用大小为 $s_b \times s_b$ 的矩形窗 $\bar{\omega}$ 在图像上滑动，将窗口中的像素点值由大到小排序后将中间值赋给模板中心的像素点。此时，得到预处理后的图像为

$$L_n^{\text{median}}(u,v) = \underset{(u,v)\in\bar{\omega}}{\text{median}}\{F_n(u,v)\} \quad n=1,2,\cdots,N \tag{4.10}$$

炉排的运动及风流量的变化使得炉内火焰处于不断变化之中，相应的图像颜色特征也发生变化。理论上，图像中的任何颜色分布均可由颜色矩表示。考虑到火焰图像具有明显的亮度变化，将预处理后的图像$\{L_n^{\text{median}}(u,v)\}_{n=1}^N$ 由 RGB 空间转到更能够体现颜色直观性的 HSV 空间图像，记为$\{L_n^{\text{HSV}}(u,v)\}_{n=1}^N$。

本章采用一阶矩$\boldsymbol{\upsilon}_n^{\text{color}}$、二阶矩$\boldsymbol{\sigma}_n^{\text{color}}$ 和三阶矩$\boldsymbol{\delta}_n^{\text{color}}$ 表达图像的颜色信息，可表示为

$$\boldsymbol{\upsilon}_n^{\text{color}} = [\boldsymbol{\upsilon}_n^{\text{color\_H}}, \boldsymbol{\upsilon}_n^{\text{color\_S}}, \boldsymbol{\upsilon}_n^{\text{color\_V}}] \tag{4.11}$$

$$\boldsymbol{\sigma}_n^{\text{color}} = [\boldsymbol{\sigma}_n^{\text{color\_H}}, \boldsymbol{\sigma}_n^{\text{color\_S}}, \boldsymbol{\sigma}_n^{\text{color\_V}}] \tag{4.12}$$

$$\boldsymbol{\delta}_n^{\text{color}} = [\boldsymbol{\delta}_n^{\text{color\_H}}, \boldsymbol{\delta}_n^{\text{color\_S}}, \boldsymbol{\delta}_n^{\text{color\_V}}] \tag{4.13}$$

其中，$\boldsymbol{\upsilon}_n^{\text{color\_H}}$、$\boldsymbol{\upsilon}_n^{\text{color\_S}}$ 和$\boldsymbol{\upsilon}_n^{\text{color_V}}$ 分别表示 H、S 和 V 空间的一阶矩；$\boldsymbol{\sigma}_n^{\text{color\_H}}$、$\boldsymbol{\sigma}_n^{\text{color\_S}}$ 和$\boldsymbol{\sigma}_n^{\text{color_V}}$ 分别表示 H、S 和 V 空间的二阶矩；$\boldsymbol{\delta}_n^{\text{color\_H}}$、$\boldsymbol{\delta}_n^{\text{color\_S}}$ 和$\boldsymbol{\delta}_n^{\text{color_V}}$ 分别表示 H、S 和 V 空间的三阶矩。

以第 n 幅经过颜色空间转换的图像 $L_n^{\text{HSV}}(u,v)$为例，其一阶矩计算公式如下所示：

$$\begin{cases} \boldsymbol{\upsilon}_n^{\text{color\_H}} = \dfrac{1}{U}\displaystyle\sum_{u=1}^{U} L_n^{\text{H}}(u,v) \\ \boldsymbol{\upsilon}_n^{\text{color\_S}} = \dfrac{1}{U}\displaystyle\sum_{u=1}^{U} L_n^{\text{S}}(u,v) \\ \boldsymbol{\upsilon}_n^{\text{color\_V}} = \dfrac{1}{U}\displaystyle\sum_{u=1}^{U} L_n^{\text{V}}(u,v) \end{cases} \tag{4.14}$$

其中，$L_n^{\text{H}}(u,v)$、$L_n^{\text{S}}(u,v)$和 $L_n^{\text{V}}(u,v)$分别表示第 n 幅火焰图像经过颜色空间转换的 H、S、V 空间；U 表示第 n 幅火焰图像像素点的总数。

类似地，二阶矩的各项计算公式如下：

$$\begin{cases} \boldsymbol{\sigma}_n^{\text{color\_H}} = \left(\dfrac{1}{U}\displaystyle\sum_{u=1}^{U} (L_n^{\text{H}}(u,v) - \boldsymbol{\upsilon}_n^{\text{color\_H}})^2\right)^{\frac{1}{2}} \\ \boldsymbol{\sigma}_n^{\text{color\_S}} = \left(\dfrac{1}{U}\displaystyle\sum_{u=1}^{U} (L_n^{\text{S}}(u,v) - \boldsymbol{\upsilon}_n^{\text{color\_S}})^2\right)^{\frac{1}{2}} \\ \boldsymbol{\sigma}_n^{\text{color\_V}} = \left(\dfrac{1}{U}\displaystyle\sum_{u=1}^{U} (L_n^{\text{V}}(u,v) - \boldsymbol{\upsilon}_n^{\text{color\_V}})^2\right)^{\frac{1}{2}} \end{cases} \tag{4.15}$$

类似地，三阶矩的各项计算公式如下：

$$\begin{cases}\boldsymbol{\delta}_n^{\text{color\_H}}=\left(\dfrac{1}{U}\sum\limits_{u=1}^{U}(L_n^{\text{H}}(u,v)-\boldsymbol{\upsilon}_n^{\text{color\_H}})^3\right)^{\frac{1}{3}}\\ \boldsymbol{\delta}_n^{\text{color\_S}}=\left(\dfrac{1}{U}\sum\limits_{u=1}^{U}(L_n^{\text{S}}(u,v)-\boldsymbol{\upsilon}_n^{\text{color\_S}})^3\right)^{\frac{1}{3}}\\ \boldsymbol{\delta}_n^{\text{color\_V}}=\left(\dfrac{1}{U}\sum\limits_{u=1}^{U}(L_n^{\text{V}}(u,v)-\boldsymbol{\upsilon}_n^{\text{color\_V}})^3\right)^{\frac{1}{3}}\end{cases} \tag{4.16}$$

最后，将上述所提取的颜色矩特征进行组合，记作：

$$\boldsymbol{Z}_{\text{Fire}}=[\boldsymbol{\upsilon}_n^{\text{color}},\boldsymbol{\sigma}_n^{\text{color}},\boldsymbol{\delta}_n^{\text{color}}] \tag{4.17}$$

4.2.3.2 数据特征选择模块

作为具有综合复杂特性的工业过程，MSWI 过程各变量间的耦合关系难以精确量化。本章根据专家经验，选择实际运行过程中与 FT、OC 和 BSF 相关性最高的 37 个过程变量作为 3 个关键工艺参数预测模型的输入特征，具体如表 4.1 所示。

表 4.1 关键工艺参数预测模型的输入特征

序号	标　签　名	序号	标　签　名
1	进料器左内侧速度	20	干燥炉排左 2 段空气流量
2	进料器左外侧速度	21	燃烧炉排左 1-1 段空气流量
3	进料器右内侧速度	22	燃烧炉排左 1-2 段空气流量
4	进料器右外侧速度	23	燃烧炉排左 2-1 段空气流量
5	干燥炉排左内侧速度	24	燃烧炉排左 2-2 段空气流量
6	干燥炉排左外侧速度	25	燃烬炉排左段空气流量
7	干燥炉排右内侧速度	26	干燥炉排右 1 段空气流量
8	干燥炉排右外侧速度	27	干燥炉排左 2 段空气流量
9	燃烧炉排 1 段左内侧速度	28	燃烧炉排右 1-1 段空气流量
10	燃烧炉排 1 段左外侧速度	29	燃烧炉排右 1-2 段空气流量
11	燃烧炉排 1 段右内侧速度	30	燃烧炉排右 2-1 段空气流量
12	燃烧炉排 1 段右外侧速度	31	燃烧炉排右 2-2 段空气流量
13	燃烧炉排 2 段左内侧速度	32	燃烬炉排右段空气流量
14	燃烧炉排 2 段左外侧速度	33	二次风流量
15	燃烧炉排 2 段右内侧速度	34	一次空气加热器出口空气温度
16	燃烧炉排 2 段右外侧速度	35	燃烧段炉排进口空气温度
17	燃烬炉排左侧速度	36	干燥段炉排进口空气温度
18	燃烬炉排右侧速度	37	二次空气加热器出口空气温度
19	干燥炉排左 1 段空气流量		

4.2.3.3 多模态数据驱动关键工艺参数预测模型模块

下文以 FT 预测模型的构建为例进行表述。

1) 基于火焰图像的子模型

首先，针对$\{\boldsymbol{Z}_{\text{Fire}},\boldsymbol{y}_{\text{FT}}\}$采用 Bootstrap 机制获得火焰图像训练子集，并基于随机子空间(random sub-space method，RSM)机制随机选择特征，生成 $J_{\text{FT}}^{\text{Fire}}$ 个训练子集，其过程为

$$\left\{\boldsymbol{Z}_{\text{Fire}},\boldsymbol{y}_{\text{FT}}\right\}=\underset{J_{\text{FT}}^{\text{Fire}}}{\underbrace{\left\{\left\{\boldsymbol{z}_{n}^{\text{Fire}}\right\}_{n=1}^{N}\in R_{\text{Fire}}^{N\times M},\boldsymbol{y}_{\text{FT}}\right\}}}\Rightarrow\begin{cases}\left\{\boldsymbol{Z}_{\text{FT}}^{1_{\text{FT}}^{\text{Fire}}},\boldsymbol{y}_{\text{FT}}^{1_{\text{FT}}^{\text{Fire}}}\right\}=\left\{\left(\boldsymbol{z}_{\text{FT}}^{1_{\text{FT}}^{\text{Fire}},M^{1_{\text{FT}}^{\text{Fire}}}},y_{\text{FT}}^{1_{\text{FT}}^{\text{Fire}}}\right)_{n}\right\}_{n=1}^{N}\\ \qquad\vdots\\ \left\{\boldsymbol{Z}_{\text{FT}}^{j_{\text{FT}}^{\text{Fire}}},\boldsymbol{y}_{\text{FT}}^{j_{\text{FT}}^{\text{Fire}}}\right\}=\left\{\left(\boldsymbol{z}_{\text{FT}}^{j_{\text{FT}}^{\text{Fire}},M^{j_{\text{FT}}^{\text{Fire}}}},y_{\text{FT}}^{j_{\text{FT}}^{\text{Fire}}}\right)_{n}\right\}_{n=1}^{N}\\ \qquad\vdots\\ \left\{\boldsymbol{Z}_{\text{FT}}^{J_{\text{FT}}^{\text{Fire}}},\boldsymbol{y}_{\text{FT}}^{J_{\text{FT}}^{\text{Fire}}}\right\}=\left\{\left(\boldsymbol{z}_{\text{FT}}^{J_{\text{FT}}^{\text{Fire}},M^{J_{\text{FT}}^{\text{Fire}}}},y_{\text{FT}}^{J_{\text{FT}}^{\text{Fire}}}\right)_{n}\right\}_{n=1}^{N}\end{cases}\tag{4.18}$$

其中，$\left\{\boldsymbol{Z}_{\text{FT}}^{j_{\text{FT}}^{\text{Fire}}},\boldsymbol{y}_{\text{FT}}^{j_{\text{FT}}^{\text{Fire}}}\right\}$表示第 $j_{\text{FT}}^{\text{Fire}}$ 次选择的 FT 训练子集；$M^{j_{\text{FT}}^{\text{Fire}}}$ 表示第 $j_{\text{FT}}^{\text{Fire}}$ 个训练子集中包含的输入特征数量。

其次，去除训练子集中的重复样本并以第 m 个输入特征 $\boldsymbol{z}_{\text{Fire}}^{j_{\text{FT}}^{\text{Fire}},m}$ 作为分割变量，以第 n_{sel} 个样本对应的值 $\boldsymbol{z}_{\text{Fire}\cdot n_{\text{sel}}}^{j_{\text{FT}}^{\text{Fire}},m}$ 作为分割点，将输入特征空间分为两个区域 $R_{1}^{\text{Fire}\cdot\text{FT}}$ 和 $R_{2}^{\text{Fire}\cdot\text{FT}}$：

$$\begin{cases}R_{1}^{\text{Fire}\cdot\text{FT}}\left(m,x_{\text{Fire}\cdot n_{\text{sel}}}^{j_{\text{FT}}^{\text{Fire}},m}\right)=\left\{\boldsymbol{z}_{\text{Fire}}^{j_{\text{FT}}^{\text{Fire}},M^{j_{\text{FT}}^{\text{Fire}}}}\ \middle|\ z^{j_{\text{FT}}^{\text{Fire}},m}\leqslant z_{\text{Fire}\cdot n_{\text{sel}}}^{j_{\text{FT}}^{\text{Fire}},m}\right\}\\ R_{2}^{\text{Fire}\cdot\text{FT}}\left(m,x_{\text{Fire}\cdot n_{\text{sel}}}^{j_{\text{FT}}^{\text{Fire}},m}\right)=\left\{\boldsymbol{z}_{\text{Fire}}^{j_{\text{FT}}^{\text{Fire}},M^{j_{\text{FT}}^{\text{Fire}}}}\ \middle|\ z^{j_{\text{FT}}^{\text{Fire}},m}>z_{\text{Fire}\cdot n_{\text{sel}}}^{j_{\text{FT}}^{\text{Fire}},m}\right\}\end{cases}\tag{4.19}$$

再次，通过遍历获得最优分割变量和分割点，直到叶节点样本数小于经验设定阈值 $\theta_{\text{FT}}^{\text{Fire}}$，准则如下：

$$\min_{m,z_{\text{Fire}\cdot n_{\text{sel}}}^{j_{\text{FT}}^{\text{Fire}},m}}\left[\begin{array}{l}\min\limits_{C_{1}}\sum\limits_{z_{\text{Fire}}^{j_{\text{FT}}^{\text{Fire}},m}\in R_{1}^{\text{Fire}}\left(m,z_{\text{Fire}\cdot n_{\text{sel}}}^{j_{\text{FT}}^{\text{Fire}},m}\right)}\left(y_{1}^{j_{\text{FT}}^{\text{Fire}}}-C_{1}^{\text{Fire}\cdot\text{FT}}\right)^{2}\\ +\min\limits_{C_{2}}\sum\limits_{z_{\text{Fire}}^{j_{\text{FT}}^{\text{Fire}},m}\in R_{2}^{\text{Fire}}\left(m,z_{\text{Fire}\cdot n_{\text{sel}}}^{j_{\text{FT}}^{\text{Fire}},m}\right)}\left(y_{2}^{j_{\text{FT}}^{\text{Fire}}}-C_{2}^{\text{Fire}\cdot\text{FT}}\right)^{2}\end{array}\right]\tag{4.20}$$

其中，$y_{1}^{j_{\text{FT}}^{\text{Fire}}}$ 和 $y_{2}^{j_{\text{FT}}^{\text{Fire}}}$ 分别表示区域 R_{1}^{Fire} 和 R_{2}^{Fire} 中第 $j_{\text{FT}}^{\text{Fire}}$ 个训练子集的真值；$C_{1}^{\text{Fire}\cdot\text{FT}}$ 和 $C_{2}^{\text{Fire}\cdot\text{FT}}$ 分别表示区域 $R_{1}^{\text{Fire}\cdot\text{FT}}$ 和 $R_{2}^{\text{Fire}\cdot\text{FT}}$ 中真值的平均值。

最后，将输入特征空间划分为 $K^{\text{Fire}\cdot\text{FT}}$ 个区域。

进而，构建的基于火焰图像的 FT 预测模型如下：

$$\hat{y}_{\text{Fire}}^{\text{FT}}=f_{\text{Fire}}^{\text{FT}}(\cdot)=\sum_{k=1}^{K}c_{\text{Fire}}^{k}I\left(\boldsymbol{z}_{\text{Fire}}^{j_{\text{FT}}^{\text{Fire}},M^{j_{\text{FT}}^{\text{Fire}}}}\in R_{k}^{\text{Fire}\cdot\text{FT}}\right)\tag{4.21}$$

$$c_{\text{Fire}}^{k}=\frac{1}{N_{R_{k}^{\text{Fire}\cdot\text{FT}}}^{\text{Fire}\cdot\text{FT}}}\sum_{n_{R_{k}^{\text{Fire}\cdot\text{FT}}}=1}^{N_{R_{k}^{\text{Fire}\cdot\text{FT}}}}y_{\text{Fire}\cdot n_{R_{k}^{\text{Fire}\cdot\text{FT}}}}^{j_{\text{FT}}^{\text{Fire}}},\quad N_{R_{k}^{\text{Fire}\cdot\text{FT}}}\leqslant\theta_{\text{FT}}^{\text{Fire}}\tag{4.22}$$

其中，$\hat{y}_{\text{FT}}^{\text{Fire}}$ 表示基于火焰图像的 FT 模型的预测输出；$N_{R_{k}}^{\text{Fire}\cdot\text{FT}}$ 表示区域 $R_{k}^{\text{Fire}\cdot\text{FT}}$ 包含的

样本数；$y_{\mathrm{Fire} \cdot n_{R_k^{\mathrm{Fire} \cdot \mathrm{FT}}}}^{j_{\mathrm{FT}}^{\mathrm{Fire}}}$ 表示区域 $R_k^{\mathrm{Fire} \cdot \mathrm{FT}}$ 内第 $j_{\mathrm{FT}}^{\mathrm{Fire}}$ 个训练子集的第 $n_{R_k^{\mathrm{Fire} \cdot \mathrm{FT}}}^{\mathrm{Fire}}$ 个真值；$I(\cdot)$ 表示指示函数，当 $\boldsymbol{z}_{\mathrm{Fire}}^{j_{\mathrm{FT}}^{\mathrm{Fire}}, M^{j_{\mathrm{FT}}^{\mathrm{Fire}}}} \in R_{k_k^{\mathrm{Fire} \cdot \mathrm{FT}}}^{\mathrm{Fire}}$ 存在时，函数值为 1，否则为 0。

2）基于过程数据的子模型

基于过程数据的子模型采用与基于火焰图像的子模型相同的算法构建，区别在于其输入为过程数据 $\boldsymbol{Z}_{\mathrm{Data}}$，相应的输出记为 $\hat{\boldsymbol{y}}_{\mathrm{Data}}^{\mathrm{FT}}$。

3）基于 BPNN 的融合模型

采用各层之间全连接的 BPNN 作为融合模型，其网络结构设置为输入层 2 个节点，隐含层 J^{FT} 个节点，输出层 1 个节点。将输入层到隐含层的权值记为 $\boldsymbol{w}^{\mathrm{FT}}$，隐含层到输出层的权值记为 $\boldsymbol{u}^{\mathrm{FT}}$，训练步骤描述如下：

首先，取随机数初始化网络的权值和阈值，并以基于火焰图像和基于过程数据子模型的输出 $\{\hat{\boldsymbol{y}}_{\mathrm{Fire}}^{\mathrm{FT}}, \hat{\boldsymbol{y}}_{\mathrm{Data}}^{\mathrm{FT}}\}$ 作为训练样本输入，以真值 $\boldsymbol{y}_{\mathrm{FT}}$ 为训练样本输出；

其次，依次计算各层输出：

$$\begin{cases} \boldsymbol{\varphi}^{\mathrm{FT}} = f_{\mathrm{Hidden}}(\hat{\boldsymbol{y}}_{\mathrm{Fire}}^{\mathrm{FT}}, \hat{\boldsymbol{y}}_{\mathrm{Data}}^{\mathrm{FT}}, \boldsymbol{w}^{\mathrm{FT}}) \\ \hat{\boldsymbol{y}}_{\mathrm{FT}} = f_{\mathrm{Output}}(\boldsymbol{\varphi}^{\mathrm{FT}}, \boldsymbol{u}^{\mathrm{FT}}) \end{cases} \tag{4.23}$$

其中，$\boldsymbol{\varphi}^{\mathrm{FT}}$ 表示隐含层输出。

再次，计算误差 E：

$$E = \frac{1}{2} \sum_{n=1}^{N} (y_{\mathrm{FT}}^{n} - \hat{y}_{\mathrm{FT}}^{n})^2 \tag{4.24}$$

其中，y_{FT}^{n} 和 $\hat{y}_{\mathrm{FT}}^{n}$ 分别表示第 n 条样本真值和模型预测输出。

然后，更新输出层和隐含层权值：

$$\begin{cases} \boldsymbol{u}^{\mathrm{FT}}(n_0 + 1) = \boldsymbol{u}^{\mathrm{FT}}(n_0) + \eta \dfrac{\partial E}{\partial \boldsymbol{u}} \\ \boldsymbol{w}^{\mathrm{FT}}(n_0 + 1) = \boldsymbol{w}^{\mathrm{FT}}(n_0) + \eta \dfrac{\partial E}{\partial \boldsymbol{w}} \end{cases} \tag{4.25}$$

最后，若 $E > \varepsilon$（ε 表示收敛误差）或未达到最大学习次数，则继续训练；否则，终止学习并输出 FT 预测模型的结果 $\hat{y}_{\mathrm{FT}}$。

4.2.4 协同运行

基于上文所述多模态历史数据驱动系统的结构和算法实现，给出该系统的协同运行模式，如图 4.4 所示。

由图 4.4 可知，协同运行步骤如下：

步骤(1)：将多模态历史数据同步层中各设备的系统时间进行同步设置；

步骤(2)：将多模态历史数据存储至各自设备中，其中，过程数据建立新表存储至 MySQL 数据库，火焰视频存储至自定义文件夹；

步骤(3)：在多模态历史数据同步层中连接多模态数据源，并设置定时发布时间以等待多模态历史数据定时同步发布；

步骤(4)：在多模态历史数据驱动建模层中设置多模态数据采集时间，实现多模态历史

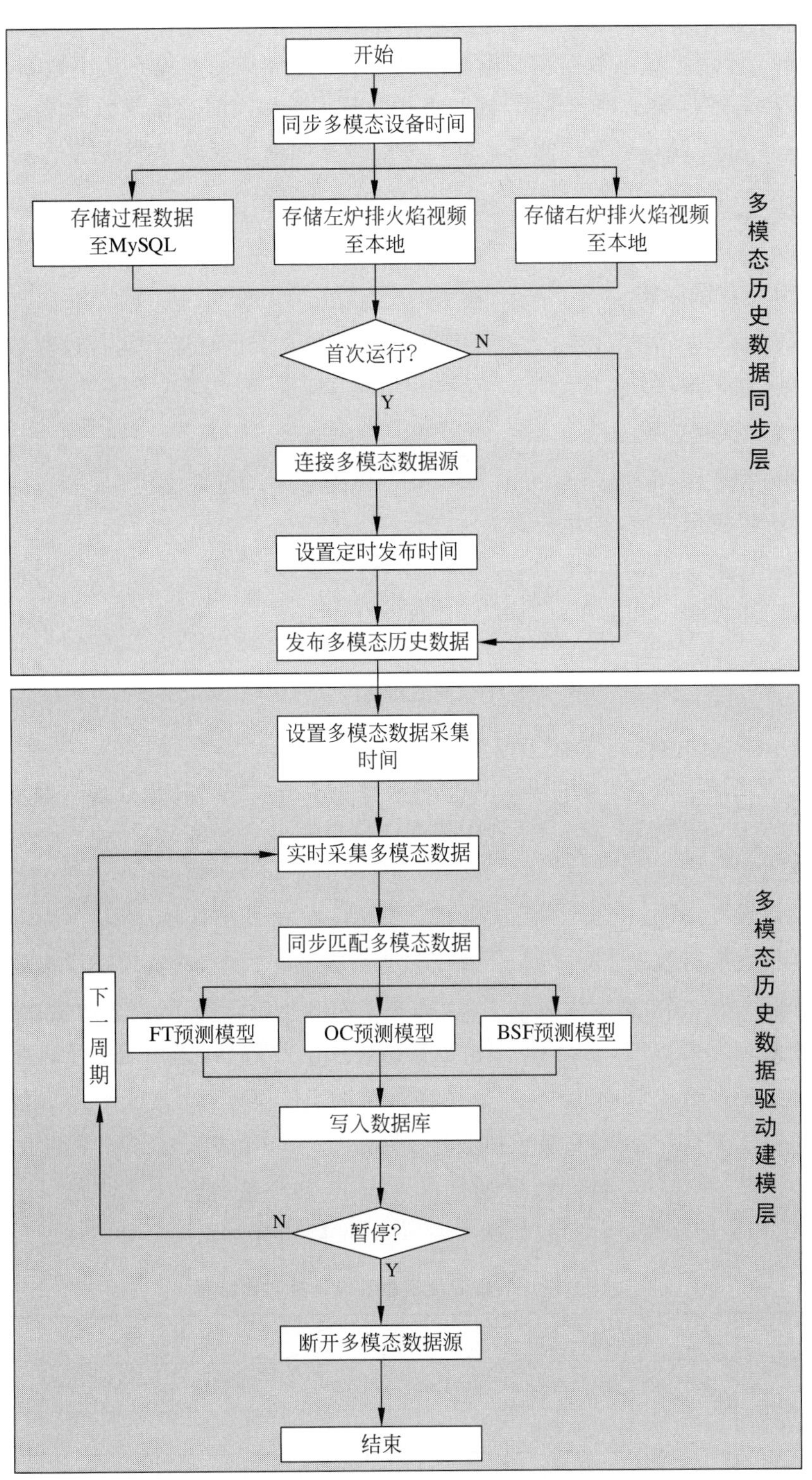

图 4.4　多模态历史数据驱动系统协同运行模式示意图

数据的采集功能；

步骤(5)：将采集得到的多模态历史数据进行时间同步匹配；

步骤(6)：采用多模态数据预测模块读取同步匹配完毕的多模态历史数据，并传输至训练完毕的多模态数据驱动预测模型，同时将相关过程数据实时存储至数据库；

步骤(7)：在多模态数据预测模块前台界面查看当前工况及预测曲线。

4.2.5 实验结果

4.2.5.1 数据描述

本节采用北京某 MSWI 电厂 2021 年某月某日的 8 个小时连续运行过程数据与火焰视频验证所提方法的准确性。

4.2.5.2 实验结果

利用均方根差(root mean square error，RMSE)和平均绝对误差(mean absolute error，MAE)评价所建模型性能，具体公式为

$$\mathrm{RMSE}=\sqrt{\frac{1}{N}\sum_{i=1}^{N}(\hat{y}_i-y_i)^2} \tag{4.26}$$

$$\mathrm{MAE}=\frac{1}{N}\sum_{i=1}^{N}|\hat{y}_i-y_i| \tag{4.27}$$

其中，$\hat{y}_i$ 表示模型预测值；y_i 表示模型真值。

实际工业现场中采集得到的火焰图像分辨率为 720×576，其预处理参数为：均值滤波窗口大小 $s_a=15$、可调节参数 $\rho=2$ 和中值滤波窗口大小 $s_b=5$。

1) 炉膛温度模型

相关参数设置如下：基于火焰图像的子模型，设置最小样本数 $\theta_{\mathrm{FT}}^{\mathrm{Fire}}$ 为 50、特征数量 $M_{\mathrm{FT}}^{\mathrm{Fire}}$ 为 10 和决策树数量 $J_{\mathrm{FT}}^{\mathrm{Fire}}$ 为 50；基于过程数据的子模型，设置最小样本数 $\theta_{\mathrm{FT}}^{\mathrm{Data}}$ 为 50、特征数量 $M_{\mathrm{FT}}^{\mathrm{Data}}$ 为 20 和决策树数量 $J_{\mathrm{FT}}^{\mathrm{Data}}$ 为 50；BPNN 融合模型，设置收敛次数为 1500 次和收敛误差 $\varepsilon_{\mathrm{FT}}$ 为 0.0001。为验证多模态数据建模的有效性，采用 RF 分别基于单模态数据建立相关模型进行比较。其中，基于过程数据的 RF 模型，设置最小样本数 $\theta_{\mathrm{FT}}^{\mathrm{RF\cdot Data}}$ 为 50、特征数量 $M_{\mathrm{FT}}^{\mathrm{RF\cdot Data}}$ 为 20 和决策树数量 $J_{\mathrm{FT}}^{\mathrm{RF\cdot Data}}$ 为 50；基于火焰图像的 RF 模型，设置最小样本数 $\theta_{\mathrm{FT}}^{\mathrm{RF\cdot Fire}}$ 为 50、特征数量 $M_{\mathrm{FT}}^{\mathrm{RF\cdot Fire}}$ 为 10 和决策树数量 $J_{\mathrm{FT}}^{\mathrm{RF\cdot Fire}}$ 为 50。模型训练集、验证机和测试集的拟合曲线如图 4.5 所示，性能指标对比结果如表 4.2 所示。

表 4.2 炉膛温度模型性能指标对比结果

数据类型	训练集		验证集		测试集		训练时间/s
	RMSE	MAE	RMSE	MAE	RMSE	MAE	
多模态数据	15.637	12.220	18.865	14.735	18.581	14.477	946.47
过程数据	18.012	14.462	19.875	15.899	19.425	15.637	513.56
火焰视频	20.230	15.778	22.715	18.085	22.378	17.682	431.76

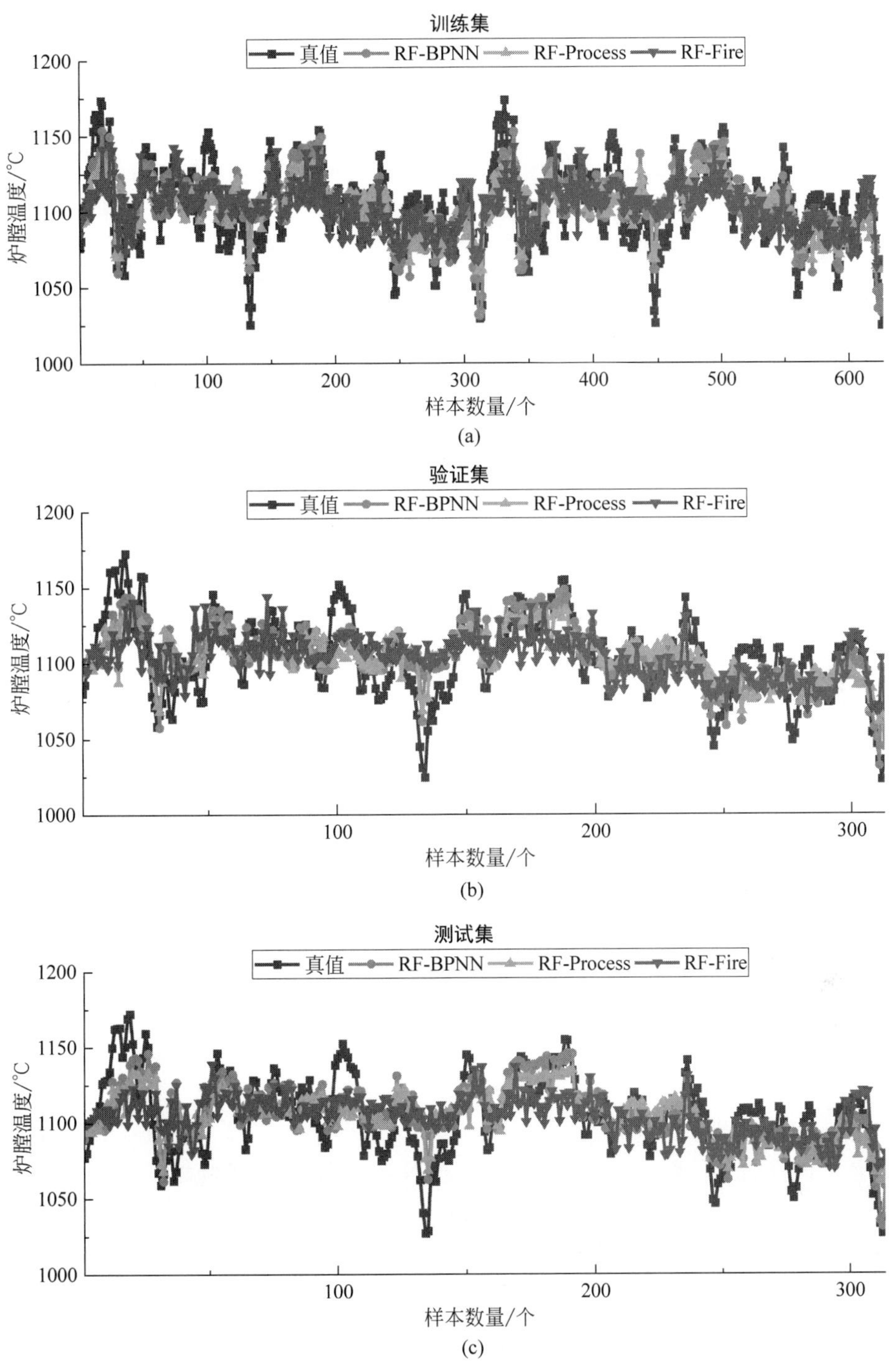

图 4.5　炉膛温度模型拟合曲线

(a) 训练集拟合曲线；(b) 验证集拟合曲线；(c) 测试集拟合曲线

由上述结果可知，相比于单模态数据模型，本节所建立的基于 RF-BPNN 融合的多模态数据驱动炉膛温度模型：在训练集中，RMSE 指标分别降低 13.19%和 22.70%，MAE 指标分别降低 15.50%和 22.55%；在验证集中，RMSE 指标分别降低 5.08%和 16.95%，MAE 指标分别降低 7.32%和 18.52%；在测试集中，RMSE 指标分别降低 4.34%和 16.97%，MAE 指标分别降低 7.42%和 18.13%；在模型训练时间上，分别增加了 432.91s 和 514.71s。

2）烟气含氧量模型

相关参数设置如下：基于火焰图像的子模型，设置最小样本数 θ_{OC}^{Fire} 为 50、特征数量 M_{OC}^{Fire} 为 10 和决策树数量 J_{OC}^{Fire} 为 50；基于过程数据的子模型，设置最小样本数 θ_{OC}^{Data} 为 50、特征数量 M_{OC}^{Data} 为 20 和决策树数量 J_{OC}^{Data} 为 50；BPNN 融合模型，设置收敛次数为 1500 次和收敛误差 ε_{OC} 为 0.0001。为验证多模态数据建模的有效性，采用 RF 算法分别基于单模态数据建立相关模型进行比较。其中，基于过程数据的 RF 模型，设置最小样本数 $\theta_{OC}^{RF\cdot Data}$ 为 50、特征数量 $M_{OC}^{RF\cdot Data}$ 为 20 和决策树数量 $J_{OC}^{RF\cdot Data}$ 为 50；基于火焰图像的 RF 模型，设置最小样本数 $\theta_{OC}^{RF\cdot Fire}$ 为 50、特征数量 $M_{OC}^{RF\cdot Fire}$ 为 10 和决策树数量 $J_{OC}^{RF\cdot Fire}$ 为 50。模型训练集、验证集和测试集拟合曲线如图 4.6 所示，性能指标对比结果如表 4.3 所示。

表 4.3 烟气含氧量模型性能指标对比结果

数据类型	训练集		验证集		测试集		训练时间/s
	RMSE	MAE	RMSE	MAE	RMSE	MAE	
多模态数据	0.6038	0.4695	0.7328	0.5756	0.7351	0.5982	1149.2
过程数据	0.7302	0.5644	0.7653	0.6004	0.7878	0.6165	594.21
火焰视频	0.9055	0.7063	0.9739	0.7716	0.9769	0.7637	553.80

由上述结果可知，相比于单模态数据模型，本节所建立的基于 RF-BPNN 融合的多模态数据驱动烟气含氧量模型：在训练集中，RMSE 指标分别降低 17.31%和 33.32%，MAE 指标分别降低 16.81%和 33.53%；在验证集中，RMSE 指标分别降低 4.25%和 24.76%，MAE 指标分别降低 4.13%和 25.40%；在测试集中，RMSE 指标分别降低 6.69%和 24.75%，MAE 指标分别降低 2.97%和 21.67%；在模型训练时间上，分别增加了 554.99s 和 595.40s。

3）锅炉蒸汽流量模型

相关参数设置如下：基于火焰图像的子模型，设置最小样本数 θ_{BSF}^{Fire} 为 50、特征数量 M_{BSF}^{Fire} 为 10 和决策树数量 J_{BSF}^{Fire} 为 50；基于过程数据的子模型，设置最小样本数 θ_{BSF}^{Data} 为 50、特征数量 M_{BSF}^{Data} 为 20 和决策树数量 J_{BSF}^{Data} 为 50；BPNN 融合模型，设置收敛次数为 1500 次和收敛误差 ε_{BSF} 为 0.0001。为验证多模态数据建模的有效性，采用 RF 算法分别基于单模态数据建立相关模型进行比较。其中，基于过程数据的 RF 模型，设置最小样本数 $\theta_{BSF}^{RF\cdot Data}$ 为 50、特征数量 $M_{BSF}^{RF\cdot Data}$ 为 20 和决策树数量 $J_{BSF}^{RF\cdot Data}$ 为 50；基于火焰图像的 RF 模型，设置最小样本数 $\theta_{BSF}^{RF\cdot Fire}$ 为 50、特征数量 $M_{BSF}^{RF\cdot Fire}$ 为 10 和决策树数量 $J_{BSF}^{RF\cdot Fire}$ 为 50。模型训练集、验证集和测试集拟合曲线如图 4.7 所示，性能指标对比结果如表 4.4 所示。

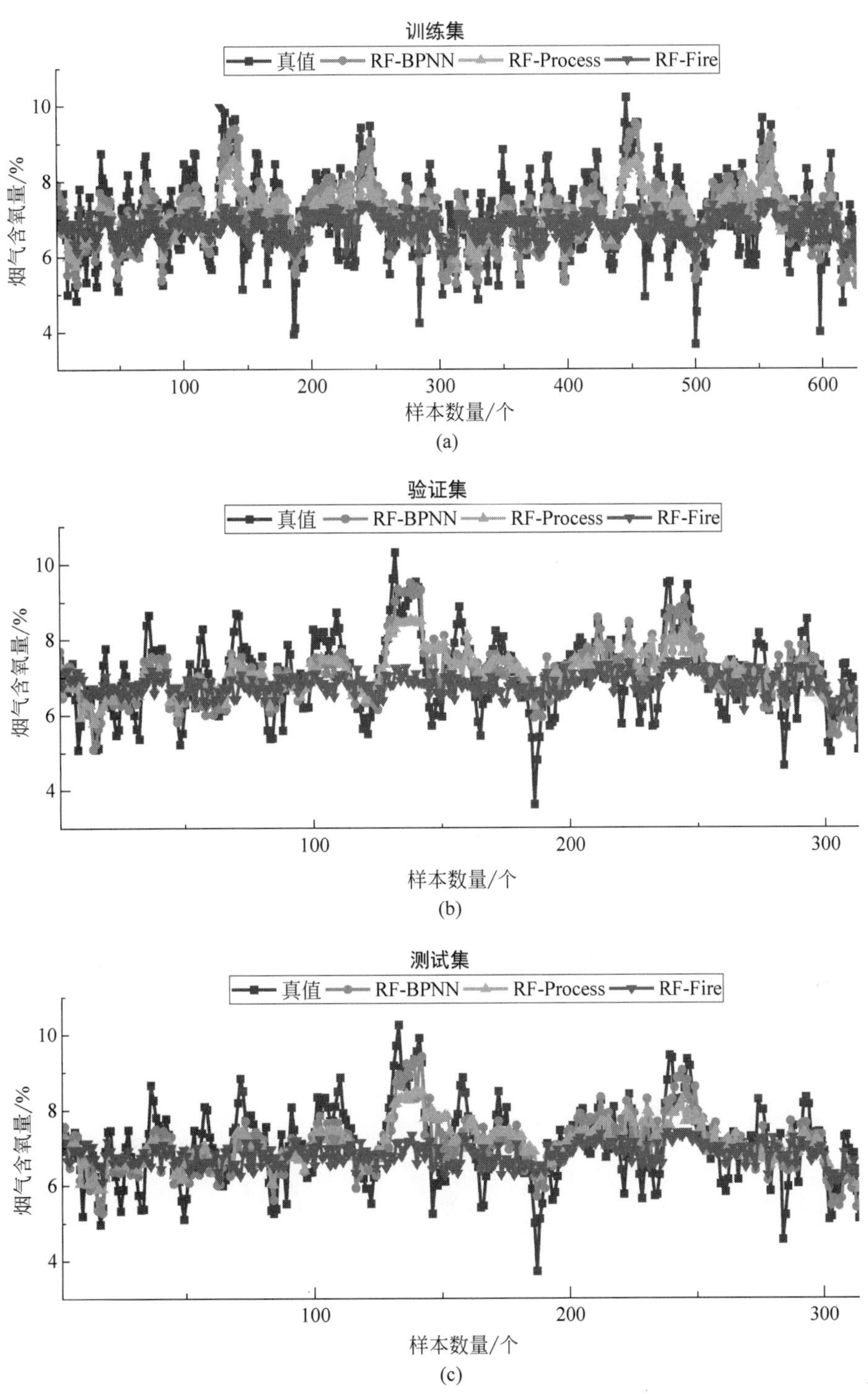

图 4.6　烟气含氧量模型拟合曲线

(a) 训练集拟合曲线；(b) 验证集拟合曲线；(c) 测试集拟合曲线

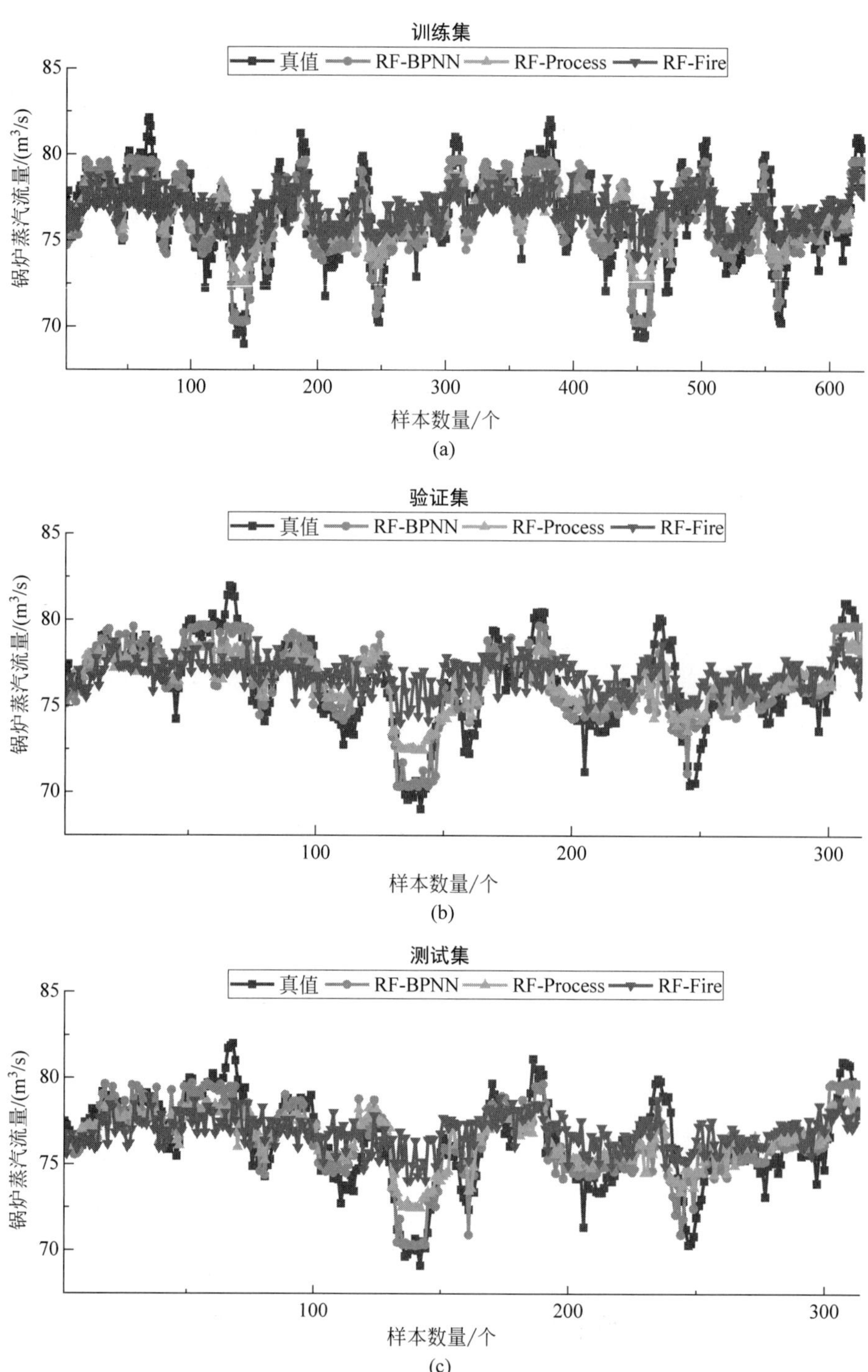

图 4.7 锅炉蒸汽流量模型拟合曲线

(a) 训练集拟合曲线；(b) 验证集拟合曲线；(c) 测试集拟合曲线

表 4.4　锅炉蒸汽流量模型性能指标对比结果

数据类型	训练集		验证集		测试集		训练时间/s
	RMSE	MAE	RMSE	MAE	RMSE	MAE	
多模态数据	1.0982	0.8245	1.3875	1.0037	1.3774	1.0515	885.94
过程数据	1.4089	1.1087	1.5699	1.2144	1.5462	1.2238	491.99
火焰视频	2.0418	1.6071	2.2541	1.7786	2.1607	1.7306	392.82

由上述结果可知，相比于单模态数据模型，本节所建立的基于 RF-BPNN 融合的多模态数据驱动锅炉蒸汽流量模型：在训练集中，RMSE 指标分别降低 22.05%和 46.21%，MAE 指标分别降低 25.63%和 48.70%；在验证集中，RMSE 指标分别降低 11.62%和 38.45%，MAE 指标分别降低 17.35%和 43.57%；在测试中，RMSE 指标分别降低 10.92%和 36.25%，MAE 指标分别降低 14.08%和 39.24%；在模型训练时间上，分别增加了 393.95s 和 493.12s。

4.2.5.3　讨论与分析

针对所建立的基于 RF-BPNN 融合的 MSWI 过程关键工艺参数多模态数据驱动预测模型，本节利用实际过程数据和火焰图像进行了验证，与采用单模态数据建立模型进行对比：从 3 个模型性能指标对比结果可知，基于过程数据建立的预测模型优于基于火焰图像特征建立的预测模型，但利用多模态数据同时建模的性能最优；可见，火焰图像特征有助于建立关键工艺参数预测模型，但本节只是采用了较为通用的颜色特征，后续可对火焰图像深度特征提取进行研究以提高预测精度。

综上所述，所提方法能有效利用多模态数据建立 MSWI 过程关键工艺参数预测模型，为 MSWI 过程多模态数据智能建模算法研究提供了参考基准和可行路线。

4.2.6　系统实现

4.2.6.1　实物连接图

本节利用软硬件结合的方式模拟了实际工业现场中的实时多模态数据产生场景，搭建了多模态历史数据驱动系统，同时构建多模态数据驱动预测模型验证了该系统的有效性，相关实物连接图如图 4.8 所示。

图 4.8　多模态历史数据驱动系统实物连接图

4.2.6.2　多模态历史数据同步发布模块软硬件图

1）历史左炉排火焰视频模块

历史左炉排火焰视频模块硬件图如图 4.9 所示，前台界面如图 4.10 所示。

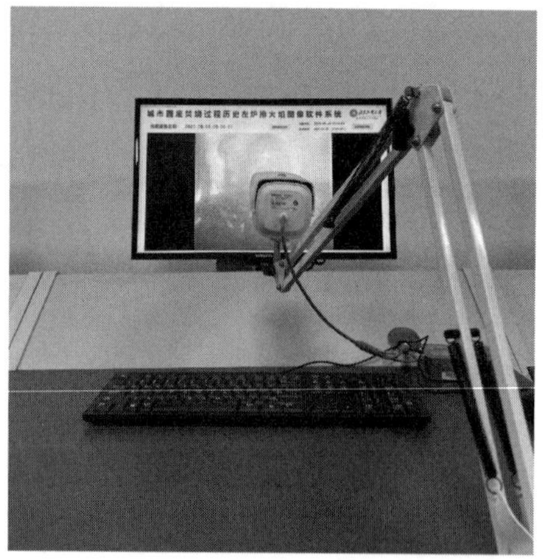

图 4.9　历史左炉排火焰视频模块硬件图

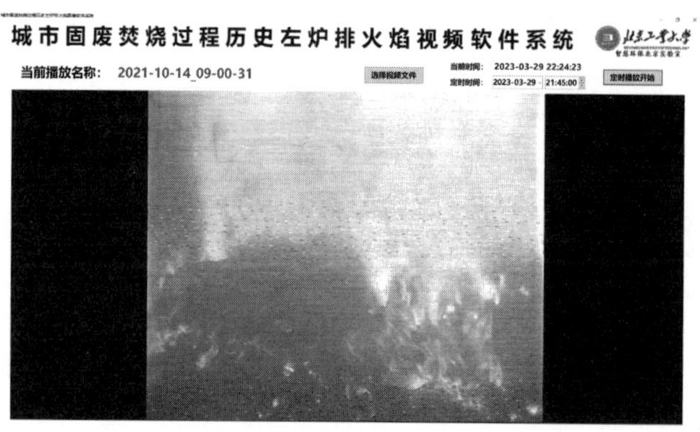

图 4.10　历史左炉排火焰视频模块前台界面

2）历史过程数据发布模块

历史过程数据发布模块硬件图如图 4.11 所示，相关界面如图 4.12 和图 4.13 所示。

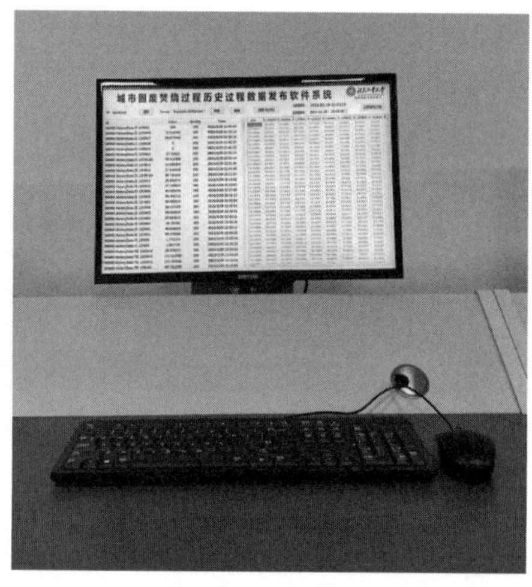

图 4.11　历史过程数据发布模块硬件图

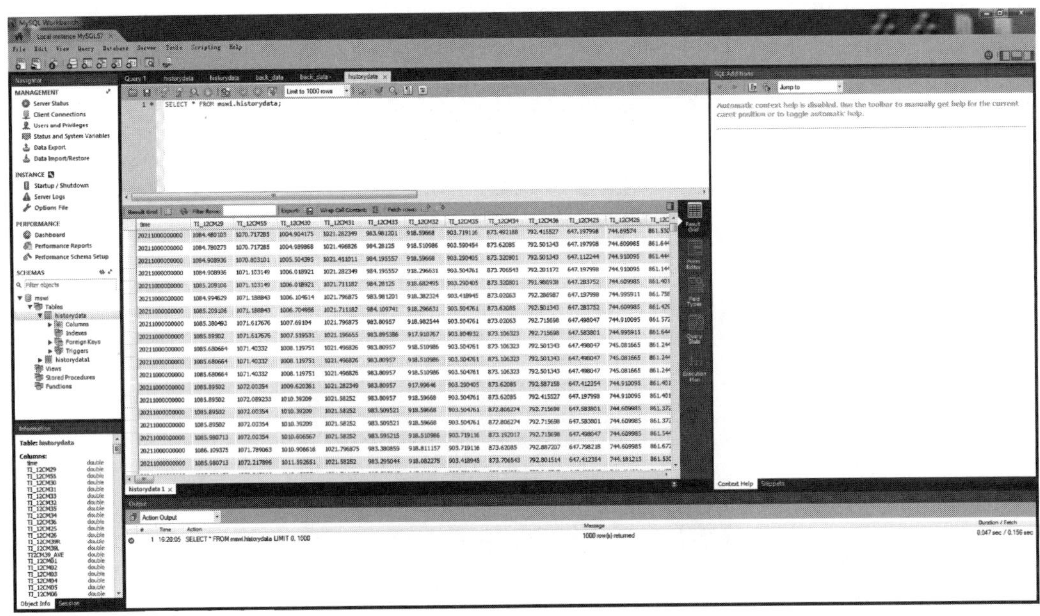

图 4.12　历史过程数据数据库存储界面

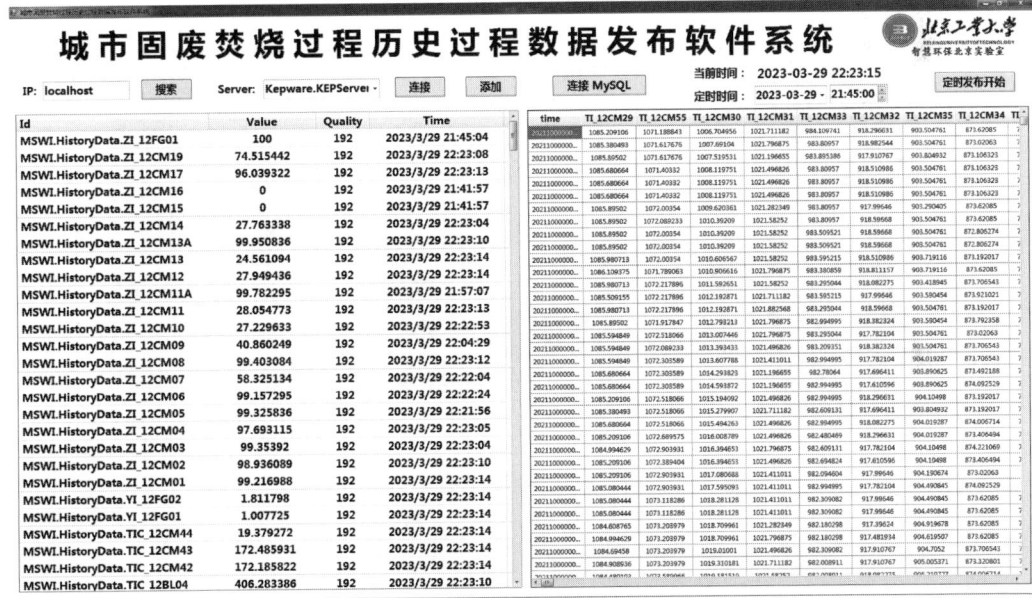

城市固废焚烧过程历史过程数据发布软件系统

IP: localhost　搜索　Server: Kepware.KEPServer　连接　添加　连接 MySQL　当前时间： 2023-03-29 22:23:15　定时时间： 2023-03-29 21:45:00　定时发布开始

Id	Value	Quality	Time
MSWI.HistoryData.ZI_12FG01	100	192	2023/3/29 21:45:04
MSWI.HistoryData.ZI_12CM19	74.515442	192	2023/3/29 22:23:08
MSWI.HistoryData.ZI_12CM17	96.039322	192	2023/3/29 22:23:13
MSWI.HistoryData.ZI_12CM16	0	192	2023/3/29 21:41:57
MSWI.HistoryData.ZI_12CM15	0	192	2023/3/29 21:41:57
MSWI.HistoryData.ZI_12CM14	27.763338	192	2023/3/29 22:23:04
MSWI.HistoryData.ZI_12CM13A	99.950836	192	2023/3/29 22:23:10
MSWI.HistoryData.ZI_12CM13	24.561094	192	2023/3/29 22:23:14
MSWI.HistoryData.ZI_12CM12	27.949436	192	2023/3/29 22:23:14
MSWI.HistoryData.ZI_12CM11A	99.782295	192	2023/3/29 21:57:07
MSWI.HistoryData.ZI_12CM11	28.054773	192	2023/3/29 22:23:13
MSWI.HistoryData.ZI_12CM10	27.229633	192	2023/3/29 22:22:53
MSWI.HistoryData.ZI_12CM09	40.860249	192	2023/3/29 22:04:29
MSWI.HistoryData.ZI_12CM08	99.403084	192	2023/3/29 22:23:12
MSWI.HistoryData.ZI_12CM07	58.325134	192	2023/3/29 22:22:04
MSWI.HistoryData.ZI_12CM06	99.157295	192	2023/3/29 22:22:24
MSWI.HistoryData.ZI_12CM05	99.325836	192	2023/3/29 22:21:56
MSWI.HistoryData.ZI_12CM04	97.693115	192	2023/3/29 22:23:05
MSWI.HistoryData.ZI_12CM03	99.35392	192	2023/3/29 22:23:04
MSWI.HistoryData.ZI_12CM02	98.936089	192	2023/3/29 22:23:10
MSWI.HistoryData.ZI_12CM01	99.216988	192	2023/3/29 22:23:14
MSWI.HistoryData.YI_12FG02	1.811798	192	2023/3/29 22:23:14
MSWI.HistoryData.YI_12FG01	1.007725	192	2023/3/29 22:23:14
MSWI.HistoryData.TIC_12CM44	19.379272	192	2023/3/29 22:23:14
MSWI.HistoryData.TIC_12CM43	172.485931	192	2023/3/29 22:23:14
MSWI.HistoryData.TIC_12CM42	172.185822	192	2023/3/29 22:23:14
MSWI.HistoryData.TIC_12BL04	406.283386	192	2023/3/29 22:23:10

图 4.13　历史过程数据发布模块前台界面

如图 4.12 和图 4.13 所示，该软件系统将实际工业现场中采集得到的过程数据保存至数据库，通过逐条读取数据库中存储的数据并通过 OPC Client 实时写至 OPC Server 中，实现历史数据的定时同步发布。

3）历史右炉排火焰视频模块

历史右炉排火焰视频模块硬件图如图 4.14 所示，前台界面如图 4.15 所示。

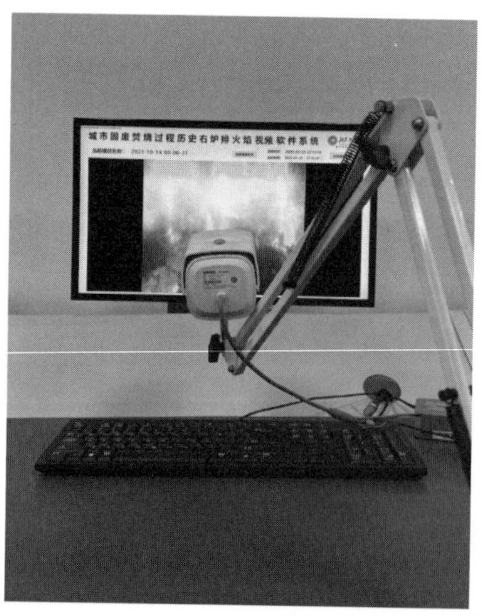

图 4.14　历史右炉排火焰视频模块硬件图

图 4.15　历史右炉排火焰视频模块前台界面

4）网络时间服务器

网络时间服务器硬件图如图 4.16 所示。

图 4.16　网络时间服务器硬件图

为保证多模态数据离线发布的同步性，利用网络时间服务器同步多模态历史数据驱动系统中各模块的系统时间，进行时间同步的步骤如下所示。

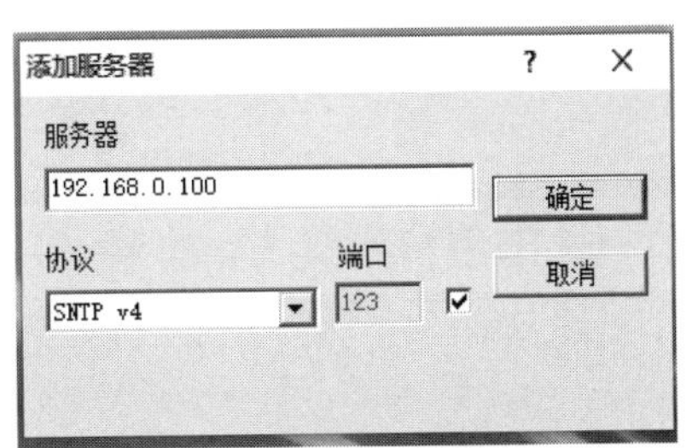

图 4.17　网络时间服务器 IP 和协议设置界面

首先，在网络时间服务器的定制式专用软件中添加网络时间服务器 IP 和协议，如图 4.17 所示。

其次，在所需同步系统时间的计算机中设置目标时间服务器 IP，如图 4.18 所示。

最后，在相关软件前台界面中设置立即同步，并勾选系统托盘和开机运行等选项，实现多模态历史数据驱动系统中各模块系统时间的自动同步，如图 4.19 所示。

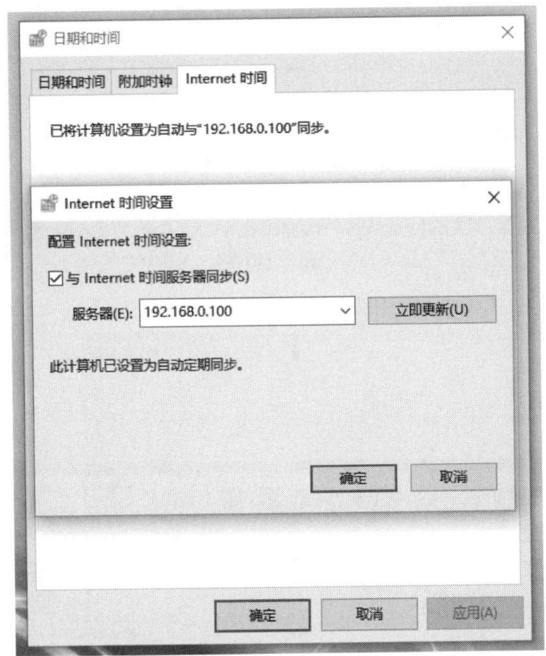

图 4.18　设置目标时间服务器 IP 地址界面

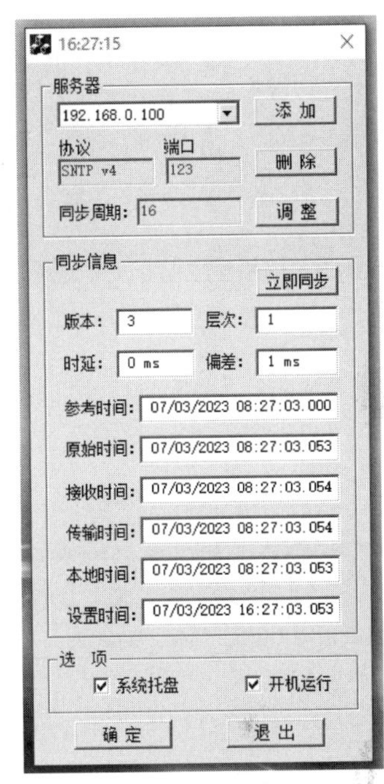

图 4.19　时间同步软件前台界面

图 4.20　多模态数据采集模块硬件图

4.2.6.3　多模态数据采集模块软硬件图

多模态数据采集模块硬件如图 4.20 所示，前台界面如图 4.21 和图 4.22 所示，多模态数据存储如图 4.23 和图 4.24 所示。

由图 4.21～图 4.24 所示，该软件系统基于视频采集卡和 OPC 协议实现了对火焰图像和过程数据的同步采集，支持依据需求设置多模态数据采集时间间隔。

4.2.6.4　面向关键被控变量的多模态数据预测模块软硬件图

多模态数据预测模块硬件如图 4.25 所示，前台界面如图 4.26～图 4.29 所示。

图 4.21　多模态数据采集模块火焰图像采集界面

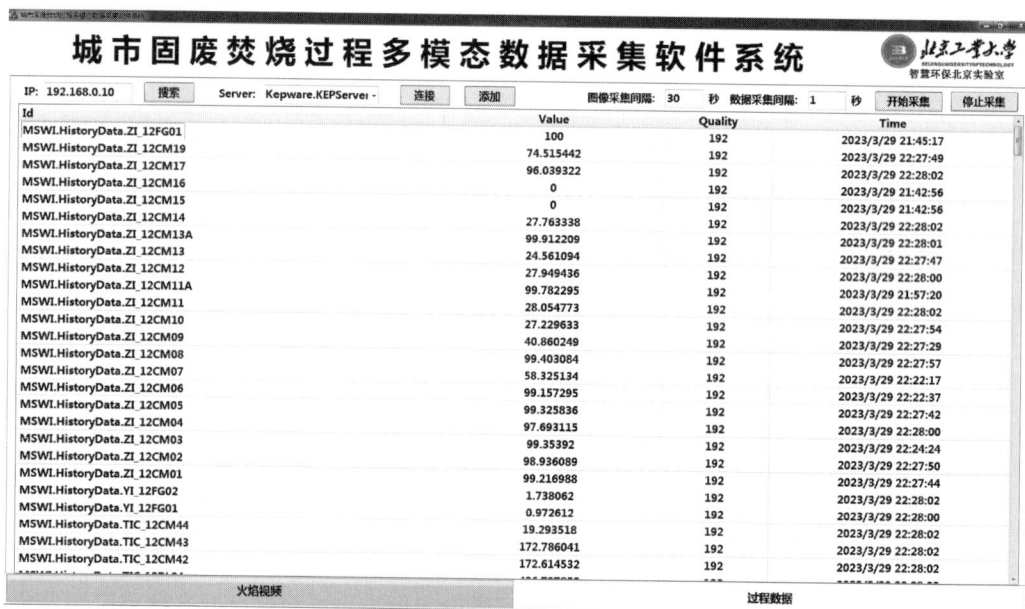

城市固废焚烧过程多模态数据采集软件系统

北京工业大学

智慧环保北京实验室

IP: 192.168.0.10　搜索　Server: Kepware.KEPServer　连接　添加　图像采集间隔: 30 秒　数据采集间隔: 1 秒　开始采集　停止采集

Id	Value	Quality	Time
MSWI.HistoryData.ZI_12FG01	100	192	2023/3/29 21:45:17
MSWI.HistoryData.ZI_12CM19	74.515442	192	2023/3/29 22:27:49
MSWI.HistoryData.ZI_12CM17	96.039322	192	2023/3/29 22:28:02
MSWI.HistoryData.ZI_12CM16	0	192	2023/3/29 21:42:56
MSWI.HistoryData.ZI_12CM15	0	192	2023/3/29 21:42:56
MSWI.HistoryData.ZI_12CM14	27.763338	192	2023/3/29 22:28:02
MSWI.HistoryData.ZI_12CM13A	99.912209	192	2023/3/29 22:28:01
MSWI.HistoryData.ZI_12CM13	24.561094	192	2023/3/29 22:27:47
MSWI.HistoryData.ZI_12CM12	27.949436	192	2023/3/29 22:28:00
MSWI.HistoryData.ZI_12CM11A	99.782295	192	2023/3/29 21:57:20
MSWI.HistoryData.ZI_12CM11	28.054773	192	2023/3/29 22:28:02
MSWI.HistoryData.ZI_12CM10	27.229633	192	2023/3/29 22:27:54
MSWI.HistoryData.ZI_12CM09	40.860249	192	2023/3/29 22:27:29
MSWI.HistoryData.ZI_12CM08	99.403084	192	2023/3/29 22:27:57
MSWI.HistoryData.ZI_12CM07	58.325134	192	2023/3/29 22:22:17
MSWI.HistoryData.ZI_12CM06	99.157295	192	2023/3/29 22:22:37
MSWI.HistoryData.ZI_12CM05	99.325836	192	2023/3/29 22:27:42
MSWI.HistoryData.ZI_12CM04	97.693115	192	2023/3/29 22:28:00
MSWI.HistoryData.ZI_12CM03	99.35392	192	2023/3/29 22:24:24
MSWI.HistoryData.ZI_12CM02	98.936089	192	2023/3/29 22:27:50
MSWI.HistoryData.ZI_12CM01	99.216988	192	2023/3/29 22:27:44
MSWI.HistoryData.YI_12FG02	1.738062	192	2023/3/29 22:28:02
MSWI.HistoryData.YI_12FG01	0.972612	192	2023/3/29 22:28:00
MSWI.HistoryData.TIC_12CM44	19.293518	192	2023/3/29 22:28:02
MSWI.HistoryData.TIC_12CM43	172.786041	192	2023/3/29 22:28:02
MSWI.HistoryData.TIC_12CM42	172.614532	192	2023/3/29 22:28:02

火焰视频　过程数据

图 4.22　多模态数据采集模块过程数据采集界面

图 4.23　多模态数据采集模块火焰图像存储

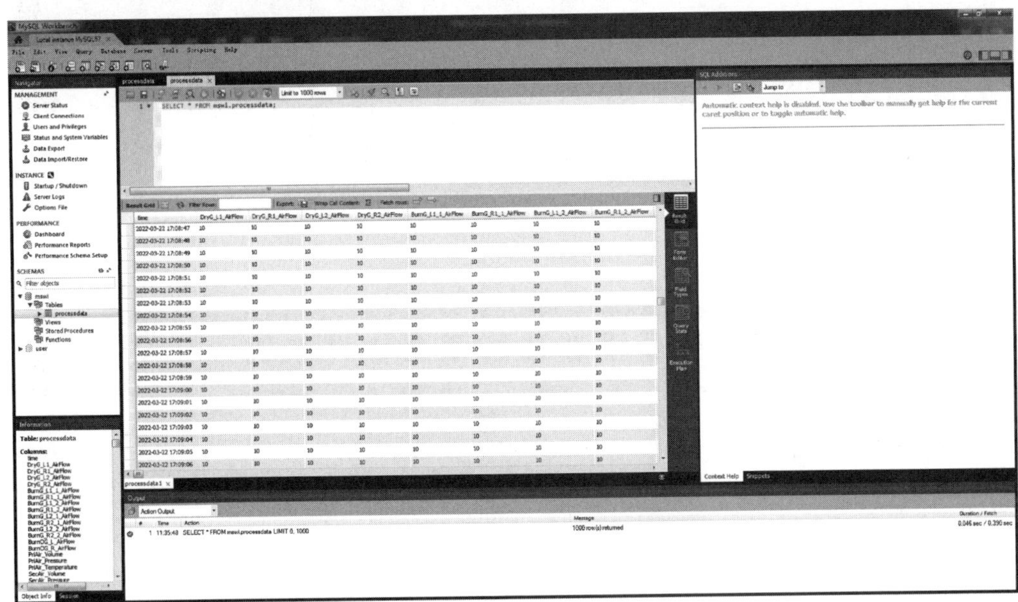

图 4.24　多模态数据采集模块过程数据存储

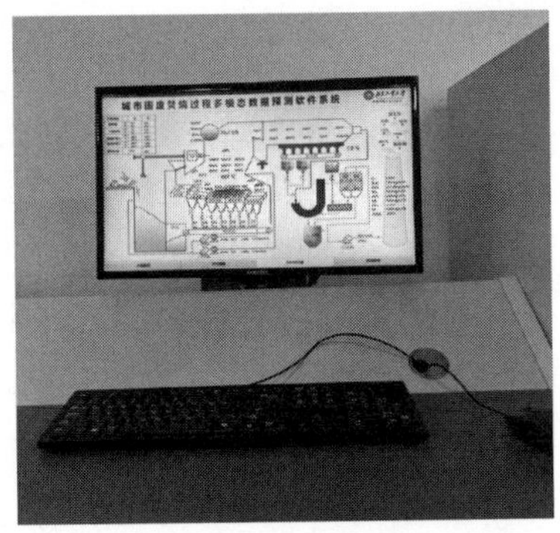

图 4.25　多模态数据预测模块硬件图

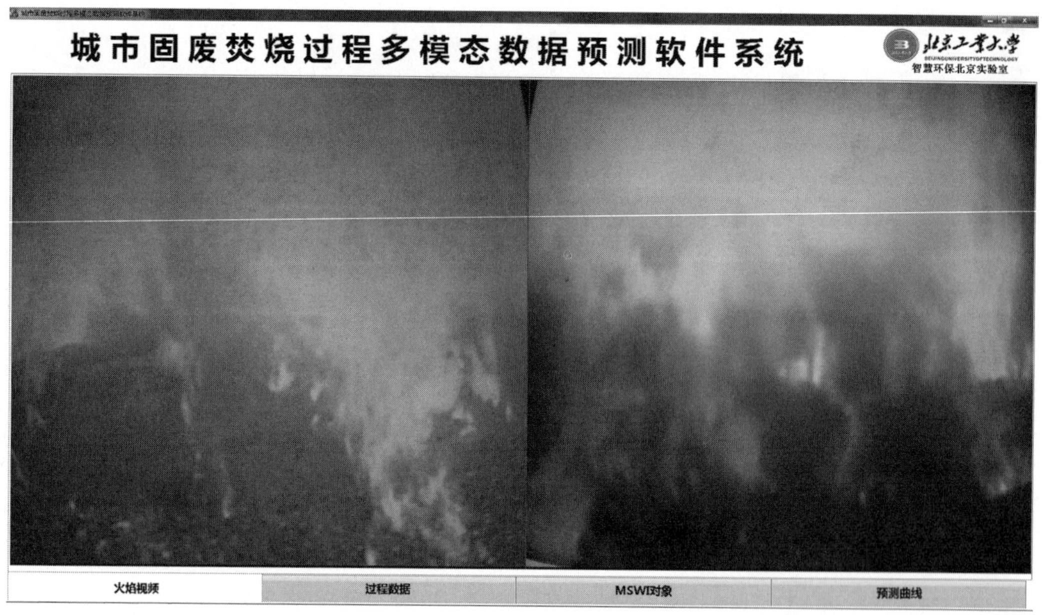

图 4.26　多模态数据预测模块火焰视频界面

城市固废焚烧过程多模态数据预测软件系统

北京工业大学 智慧环保北京实验室

IP: 192.168.0.10　搜索　Server: Kepware.KEPServer　连接　添加　图像采集间隔: 30 秒　数据采集间隔: 1 秒　开始采集　停止采集

Id	Value	Quality	Time
MSWI.HistoryData.ZI_12FG01	100	192	2023/3/29 21:46:48
MSWI.HistoryData.ZI_12CM19	74.515442	192	2023/3/29 22:30:22
MSWI.HistoryData.ZI_12CM17	96.039322	192	2023/3/29 22:29:33
MSWI.HistoryData.ZI_12CM16	0	192	2023/3/29 21:44:02
MSWI.HistoryData.ZI_12CM15	0	192	2023/3/29 21:44:02
MSWI.HistoryData.ZI_12CM14	27.763338	192	2023/3/29 22:30:25
MSWI.HistoryData.ZI_12CM13A	99.950836	192	2023/3/29 22:30:24
MSWI.HistoryData.ZI_12CM13	24.561094	192	2023/3/29 22:29:37
MSWI.HistoryData.ZI_12CM12	27.949436	192	2023/3/29 22:30:19
MSWI.HistoryData.ZI_12CM11A	99.782295	192	2023/3/29 21:58:51
MSWI.HistoryData.ZI_12CM11	28.054773	192	2023/3/29 22:30:24
MSWI.HistoryData.ZI_12CM10	27.229633	192	2023/3/29 22:30:09
MSWI.HistoryData.ZI_12CM09	40.860249	192	2023/3/29 22:29:00
MSWI.HistoryData.ZI_12CM08	99.441711	192	2023/3/29 22:30:25
MSWI.HistoryData.ZI_12CM07	58.325134	192	2023/3/29 22:23:49
MSWI.HistoryData.ZI_12CM06	99.157295	192	2023/3/29 22:24:08
MSWI.HistoryData.ZI_12CM05	99.325836	192	2023/3/29 22:29:13
MSWI.HistoryData.ZI_12CM04	97.693115	192	2023/3/29 22:30:22
MSWI.HistoryData.ZI_12CM03	99.35392	192	2023/3/29 22:25:55
MSWI.HistoryData.ZI_12CM02	98.936089	192	2023/3/29 22:30:25
MSWI.HistoryData.ZI_12CM01	99.216988	192	2023/3/29 22:30:09
MSWI.HistoryData.YI_12FG02	1.773174	192	2023/3/29 22:30:25
MSWI.HistoryData.YI_12FG01	0.972612	192	2023/3/29 22:30:25
MSWI.HistoryData.TIC_12CM44	19.507904	192	2023/3/29 22:30:24
MSWI.HistoryData.TIC_12CM43	172.314423	192	2023/3/29 22:30:25
MSWI.HistoryData.TIC_12CM42	172.485931	192	2023/3/29 22:30:25

火焰视频　过程数据　MSWI对象　预测曲线

图 4.27　多模态数据预测模块过程数据界面

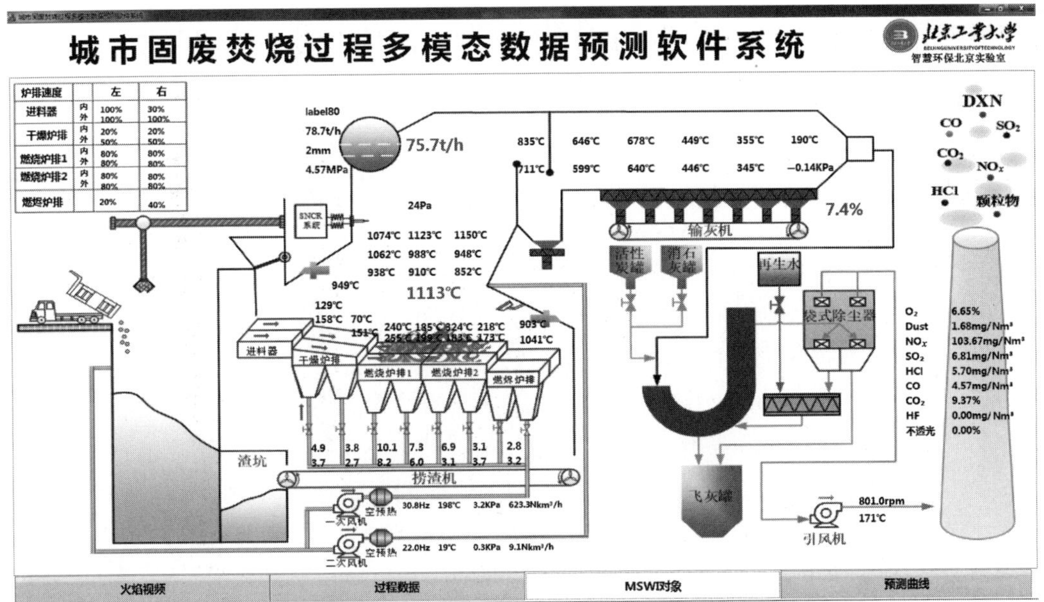

图 4.28 多模态数据预测模块监控界面

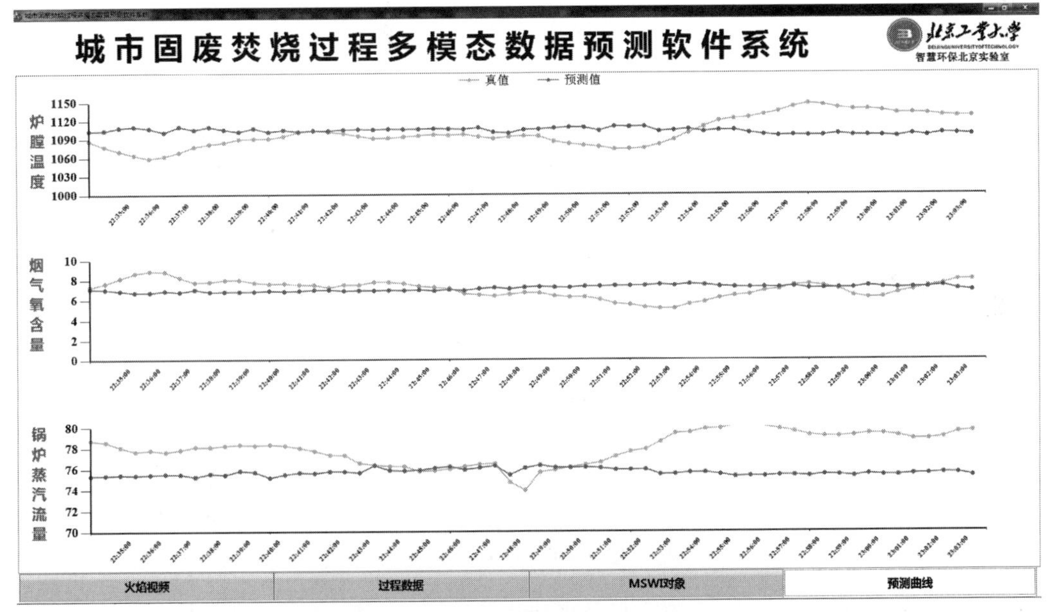

图 4.29 多模态数据预测模块预测曲线界面

综上可知，此处测试与验证了多模态历史数据驱动系统能够实现 MSWI 过程多模态历史数据的同步发布与实时采集，为离线多模态数据建模应用存在的采集难、同步难和匹配难等问题提供了一个很好的解决方案。

4.3 基于混合集成树结构对象模型和PID控制器的多入多出回路控制系统实现

4.3.1 问题描述

在非工业现场环境中，进行MSWI过程智能控制算法的研究需构建面向控制的过程对象模型予以支撑。目前，针对MSWI过程的建模研究大多依据商业版数值仿真软件进行。例如，王等[1]通过计算流体动力学（computational fluid dynamics，CFD）仿真350t/d焚烧炉，表明通过富氧及烟气再循环机制可增强炉内平均湍流强度进而保证烟气中有害物质的充分分解；Wang等[2]仿真了炉排上固相MSW和炉膛内气相组分的燃烧过程。进一步，Magnanelli等[3]利用Simulink建立了MSWI过程的动力学模型，表明MSWI过程对风流量的动态响应相对于炉排速度更快。此外，Mahlia等[4]利用状态空间动态模型研究MSWI过程的控制策略，Alobaid等[5]建立了MSWI过程的全流程动力学模型；但上述研究并未考虑实际MSWI过程的MIMO特性建立面向控制的过程对象模型。

基于第3章设计的多入多出回路控制系统，本节建立了基于混合集成树结构的多入多出对象模型，结合真实的控制系统和PID控制器，开发了相应的软件系统进行协同运行，实现了基于混合集成树结构对象模型和PID控制器的多入多出回路控制系统。考虑到真实控制系统部分不需要进行设计，本书此处仅构建与描述了执行机构模型、过程对象模型和仪表装置模型。

4.3.2 执行机构模型

真实设备层与搭载执行机构模型的虚拟执行机构间通过标准工业电信号进行传输，以给料器为例，其信号转换公式如下：

$$u_{\text{feeder}}^{\text{process}}=\frac{P_{\text{feeder}}^{\max}-P_{\text{feeder}}^{\min}}{U_{\text{feeder}}^{\max}-U_{\text{feeder}}^{\min}}\times u_{\text{feeder}} \tag{4.28}$$

其中，$P_{\text{feeder}}^{\max}$ 和 $P_{\text{feeder}}^{\min}$ 为给料器速度的上限和下限，$U_{\text{feeder}}^{\max}$ 和 $U_{\text{feeder}}^{\min}$ 为转换后电信号输出的上限和下限，u_{feeder} 为当前给料器速度电信号值，$u_{\text{feeder}}^{\text{process}}$ 为当前给料器速度的实际值。

执行机构模型采用带有时间常数的惯性环节表示，以给料器为例：

$$\dot{u}_{\text{feeder}}^{\text{process}}=-\frac{1}{T_{\text{feeder}}}u_{\text{feeder}}^{\text{process}}+\frac{K_{\text{feeder}}}{T_{\text{feeder}}}U_{\text{feeder}}^{\text{process}}(t-\tau) \tag{4.29}$$

其中，$u_{\text{feeder}}^{\text{process}}$ 为给料速度，$U_{\text{feeder}}^{\text{process}}$ 为给料器电机电压，T_{feeder} 为给料器响应时间常数，K_{feeder} 为稳态时给料器电机电压与给料器给料速度之间的比例关系，τ 为滞后时间。

4.3.3 过程对象模型

4.3.3.1 建模策略

本节以进料器左内侧速度、进料器左外侧速度等37个变量为输入（详见表4.1），以炉膛温度(FT)、烟气氧含量(OC)及锅炉蒸汽流量(BSF) 3 个关键工艺参数为输出建立了基于混合集成随机森林和梯度决策树(ensemble random forest and gradient boosting decision tree,EnRFGBDT)的 MIMO 被控对象模型。所提建模方法包括 Bootstrap 与 RSM 采样模块和模型构建模块,策略如图 4.30 所示。

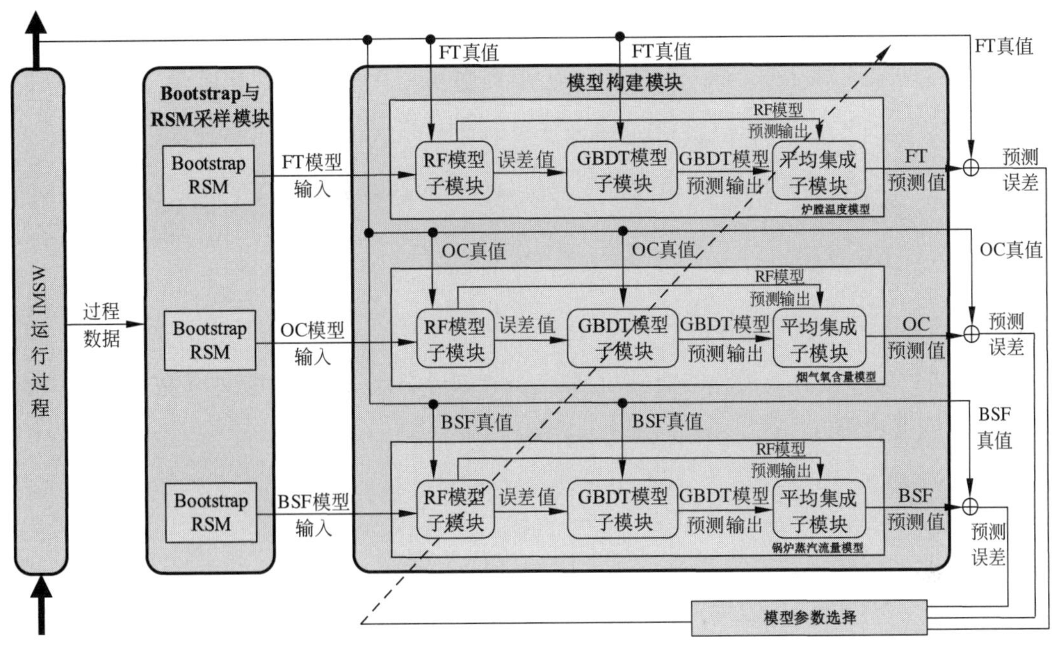

图 4.30　建模策略

在图 4.30 中,各模块的功能为:①Bootstrap 与 RSM 模块:随机采样建模样本和输入特征生成多个训练子集;②模型构建模块:包括 RF 模型子模块、GBDT 模型子模块和平均集成子模块,其中,RF 模型子模块利用训练子集建立 RF 子模型,GBDT 模型子模块以 RF 模型预测误差为真值迭代多次构建 GBDT 子模型,平均集成子模块对上述子模型预测输出进行平均加权以获得最终输出。

4.3.3.2　算法实现

1) Bootstrap 与 RSM 模块

假设建模数据包含的输入特征为 M,由上文可知过程对象模型的输入可表示为

$$\boldsymbol{Z}=\{\boldsymbol{z}_i\}_{i=1}^{N}\in\mathbb{R}^{N\times M} \tag{4.30}$$

其中,$\boldsymbol{z}_i=[u_1^{\text{process}},u_2^{\text{process}},\cdots,u_Q^{\text{process}},y_1,y_2,\cdots,y_P]$,存在 $M=Q+P$。

采用 Bootstrap 机制获得与建模数据具有相同样本数量的训练子集,并基于 RSM 机制随机选择特征,进而生成 J 个训练子集,其生成过程可表示为

$$\left.\begin{matrix}\boldsymbol{Z}\\ J\end{matrix}\right\}\Rightarrow\begin{cases}\boldsymbol{Z}_{M_{\text{type}}}^{1}=\{(\boldsymbol{z}_{M_{\text{type}}}^{1,M^1})_n\}_{i=1}^{N}\\ \quad\vdots\\ \boldsymbol{Z}_{M_{\text{type}}}^{j}=\{(\boldsymbol{z}_{M_{\text{type}}}^{j,M^j})_n\}_{i=1}^{N}\\ \quad\vdots\\ \boldsymbol{Z}_{M_{\text{type}}}^{J}=\{(\boldsymbol{z}_{M_{\text{type}}}^{J,M^J})_n\}_{i=1}^{N}\end{cases} \tag{4.31}$$

其中，$\boldsymbol{Z}_{M_{\text{type}}}^{j}$ 表示第 j 次选择的针对第 M_{type} 个被控变量的训练子集；$(\boldsymbol{z}_{M_{\text{type}}}^{j;M^j})_n$ 表示第 j 个训练子集的第 n 个输入样本；M^j 表示第 j 个训练子集中包含的输入特征数量。

2）模型构建模块

以 FT 模型的构建为例进行表述。

（1）RF 模型子模块

首先，在训练子集 $\{(\boldsymbol{z}_{\text{FT}}^{j^{\text{FT}},M^{j^{\text{FT}}}})_n\}_{n=1}^{N}$ 中去除因随机抽样产生的重复样本，并将其标记为 $\{(\boldsymbol{z}_{\text{FT}}^{j^{\text{FT}},M^{j^{\text{FT}}}})_{n_{\text{sel}}}\}_{n_{\text{sel}}=1}^{N_{\text{sel}}}$；其次，以第 m 个输入特征 $\boldsymbol{z}_{\text{FT}}^{j^{\text{FT}},m}$ 作为分割变量，以第 n_{sel} 个样本对应的值 $z_{\text{FT}\cdot n_{\text{sel}}}^{j^{\text{FT}};m}$ 作为分割点，将输入特征空间分为两个区域 R_1^{FT} 和 R_2^{FT}：

$$\begin{cases} R_1^{\text{FT}}(m, z_{\text{FT}\cdot n_{\text{sel}}}^{j^{\text{FT}},m}) = \{\boldsymbol{z}_{\text{FT}}^{j^{\text{FT}},M^{j^{\text{FT}}}} \mid z^{j^{\text{FT}},m} \leqslant z_{\text{FT}\cdot n_{\text{sel}}}^{j^{\text{FT}},m}\} \\ R_2^{\text{FT}}(m, z_{\text{FT}\cdot n_{\text{sel}}}^{j^{\text{FT}},m}) = \{\boldsymbol{z}_{\text{FT}}^{j^{\text{FT}},M^{j^{\text{FT}}}} \mid z^{j^{\text{FT}},m} > z_{\text{FT}\cdot n_{\text{sel}}}^{j^{\text{FT}},m}\} \end{cases} \tag{4.32}$$

再次，通过遍历获得最优分割变量和分割点，直到叶节点训练样本数小于依经验设定的阈值 $\theta_{\text{RF}\cdot\text{FT}}$，准则如下：

$$\min_{m, z_{\text{FT}\cdot n_{\text{sel}}}^{j^{\text{FT}},m}} \left[\min \sum_{z_{\text{FT}}^{j^{\text{FT}},m} \in R_1^{\text{FT}}(m, z_{\text{FT}\cdot n_{\text{sel}}}^{j^{\text{FT}},m})} (y_1^{j^{\text{FT}}} - C_1^{\text{FT}})^2 + \min \sum_{z_{\text{FT}}^{j^{\text{FT}},m} \in R_2^{\text{FT}}(m, z_{\text{FT}\cdot n_{\text{sel}}}^{j^{\text{FT}},m})} (y_2^{j^{\text{FT}}} - C_2^{\text{FT}})^2\right] \tag{4.33}$$

其中，$y_1^{j^{\text{FT}}}$ 和 $y_2^{j^{\text{FT}}}$ 分别表示区域 R_1^{FT} 和 R_2^{FT} 中第 j^{FT} 个训练子集的真实值；C_1^{FT} 和 C_2^{FT} 分别表示区域 R_1^{FT} 和 R_2^{FT} 中真实值的平均值。

然后，将输入特征空间划分为 K 个区域并标记为 $R_1,\cdots,R_k,\cdots,R_K$。进而，基于分类与回归树(classification and regression tree，CART)算法构建的 RF 子模型如下：

$$\hat{y}_{\text{RF}\cdot\text{FT}}^{j^{\text{FT}}} = f_{\text{RF}\cdot\text{FT}}^{j^{\text{FT}}}(\cdot) = \sum_{k=1}^{K} c_{\text{RF}\cdot\text{FT}}^{k} I(\boldsymbol{z}_{\text{FT}}^{j^{\text{FT}},M^{j^{\text{FT}}}} \in R_k) \tag{4.34}$$

$$c_{\text{RF}\cdot\text{FT}}^{k} = \frac{1}{N_{R_k}} \sum_{n_{R_k}=1}^{N_{R_k}} y_{\text{FT}\cdot n_{R_k}}^{j^{\text{FT}}}, N_{R_k} \leqslant \theta_{\text{RF}\cdot\text{FT}} \tag{4.35}$$

其中，N_{R_k} 表示区域 R_k 包含的样本数；$y_{\text{FT}\cdot n_{R_k}}^{j^{\text{FT}}}$ 表示区域 R_k 第 j^{FT} 个训练子集的第 n_{R_k} 个真实值；$I(\cdot)$表示指示函数，当 $\boldsymbol{z}_{\text{FT}}^{j^{\text{FT}},M^{j^{\text{FT}}}} \in R_k$ 存在时为 1，否则为 0。

最后，得到所构建的 RF 子模型预测误差 $\boldsymbol{e}_{\text{FT}}^{j^{\text{FT}},0}$ 为

$$\boldsymbol{e}_{\text{FT}}^{j^{\text{FT}},0} = \boldsymbol{y}_{\text{FT}}^{j^{\text{FT}}} - \hat{\boldsymbol{y}}_{\text{RF}\cdot\text{FT}}^{j^{\text{FT}}} = \{(\boldsymbol{e}_{\text{FT}}^{j^{\text{FT}},0})_n\}_{n=1}^{N} \tag{4.36}$$

（2）GBDT 模型子模块

首先，第一个子模型 $f_{\text{GBDT}\cdot\text{FT}}^{j^{\text{FT}},1}(\cdot)$可表示为

$$\hat{\boldsymbol{y}}_{\text{GBDT}\cdot\text{FT}}^{j^{\text{FT}},1} = f_{\text{GBDT}\cdot\text{FT}}^{j^{\text{FT}},1}(\{(\boldsymbol{z}_{\text{FT}}^{j^{\text{FT}},M^{j^{\text{FT}}}})_n\}_{n=1}^{N}, \boldsymbol{e}_{\text{FT}}^{j^{\text{FT}},0}) \tag{4.37}$$

上述子模型的损失函数定义如下：

$$L_{\text{GBDT}\cdot\text{FT}}(\boldsymbol{y}^{j^{\text{FT}}}, \hat{\boldsymbol{y}}_{\text{GBDT}\cdot\text{FT}}^{j^{\text{FT}},1}) = \frac{1}{2}\sum_{n=1}^{N}((\boldsymbol{e}_{\text{FT}}^{j^{\text{FT}},0})_n - (\hat{\boldsymbol{y}}_{\text{GBDT}\cdot\text{FT}}^{j^{\text{FT}},1})_n)^2 \tag{4.38}$$

其中，$(\hat{\boldsymbol{y}}^{j^{\mathrm{FT}},1}_{\mathrm{GBDT}\cdot\mathrm{FT}})_n$ 表示第 j^{FT} 个训练子集中第 n 个样本的预测值。

其次，计算子模型 $f^{j^{\mathrm{FT}},1}_{\mathrm{GBDT}\cdot\mathrm{FT}}(\cdot)$ 的输出残差 $\boldsymbol{e}^{j,1}_{\mathrm{FT}}$：

$$\begin{aligned}\boldsymbol{e}^{j^{\mathrm{FT}},1}_{\mathrm{FT}} &= \boldsymbol{e}^{j^{\mathrm{FT}},0}_{\mathrm{FT}} - f^{j^{\mathrm{FT}},1}_{\mathrm{GBDT}\cdot\mathrm{FT}}(\cdot) \\ &= \boldsymbol{y}^{j^{\mathrm{FT}}}_{\mathrm{FT}} - f^{j^{\mathrm{FT}}}_{\mathrm{RF}\cdot\mathrm{FT}}(\cdot) - f^{j^{\mathrm{FT}},1}_{\mathrm{GBDT}\cdot\mathrm{FT}}(\cdot) \\ &= \boldsymbol{y}^{j^{\mathrm{FT}}}_{\mathrm{FT}} - \hat{\boldsymbol{y}}^{j^{\mathrm{FT}}}_{\mathrm{RF}\cdot\mathrm{FT}} - \hat{\boldsymbol{y}}^{j^{\mathrm{FT}},1}_{\mathrm{GBDT}\cdot\mathrm{FT}}\end{aligned} \tag{4.39}$$

将 $\boldsymbol{e}^{j^{\mathrm{FT}},1}_{\mathrm{FT}}$ 作为第二个 GBDT 子模型 $f^{j^{\mathrm{FT}},2}_{\mathrm{GBDT}\cdot\mathrm{FT}}(\cdot)$ 的建模数据真值。同理，第二个 GBDT 子模型可表示为

$$\hat{\boldsymbol{y}}^{j^{\mathrm{FT}},2}_{\mathrm{GBDT}\cdot\mathrm{FT}} = f^{j^{\mathrm{FT}},2}_{\mathrm{GBDT}\cdot\mathrm{FT}}(\{(\boldsymbol{z}^{j^{\mathrm{FT}},M^{j^{\mathrm{FT}}}}_{\mathrm{FT}})_n\}_{n=1}^{N}, \boldsymbol{e}^{j^{\mathrm{FT}},1}_{\mathrm{FT}}) \tag{4.40}$$

再次，得到第 i^{FT} 个 GBDT 子模型 $f^{j^{\mathrm{FT}},i^{\mathrm{FT}}}_{\mathrm{GBDT}\cdot\mathrm{FT}}(\cdot)$，其残差计算如下：

$$\begin{aligned}\boldsymbol{e}^{j^{\mathrm{FT}},i^{\mathrm{FT}}}_{\mathrm{FT}} &= \boldsymbol{y}^{j^{\mathrm{FT}}}_{\mathrm{FT}} - f^{j^{\mathrm{FT}}}_{\mathrm{RF}\cdot\mathrm{FT}}(\cdot) - f^{j^{\mathrm{FT}},1}_{\mathrm{GBDT}\cdot\mathrm{FT}}(\cdot) -,\cdots,- f^{j^{\mathrm{FT}},i^{\mathrm{FT}}}_{\mathrm{GBDT}\cdot\mathrm{FT}}(\cdot) \\ &= \boldsymbol{y}^{j^{\mathrm{FT}}}_{\mathrm{FT}} - \hat{\boldsymbol{y}}^{j^{\mathrm{FT}}}_{\mathrm{RF}\cdot\mathrm{FT}} - \hat{\boldsymbol{y}}^{j^{\mathrm{FT}},1}_{\mathrm{GBDT}\cdot\mathrm{FT}} -,\cdots,- \hat{\boldsymbol{y}}^{j^{\mathrm{FT}},i^{\mathrm{FT}}}_{\mathrm{GBDT}\cdot\mathrm{FT}}\end{aligned} \tag{4.41}$$

在迭代$(I^{\mathrm{FT}}-1)$次后，第$(I^{\mathrm{FT}}-1)$个子模型的建模数据的真值为

$$\boldsymbol{e}^{j^{\mathrm{FT}},I^{\mathrm{FT}}-1}_{\mathrm{FT}} = \boldsymbol{y}^{j^{\mathrm{FT}}}_{\mathrm{FT}} - \hat{\boldsymbol{y}}^{j^{\mathrm{FT}}}_{\mathrm{RF}\cdot\mathrm{FT}} - \hat{\boldsymbol{y}}^{j^{\mathrm{FT}},1}_{\mathrm{GBDT}\cdot\mathrm{FT}} -,\cdots,- \hat{\boldsymbol{y}}^{j^{\mathrm{FT}},i^{\mathrm{FT}}}_{\mathrm{GBDT}\cdot\mathrm{FT}} -,\cdots,- \hat{\boldsymbol{y}}^{j^{\mathrm{FT}},I^{\mathrm{FT}}-1}_{\mathrm{GBDT}\cdot\mathrm{FT}} \tag{4.42}$$

因此，第 I^{FT} 个子模型可表示为

$$\hat{\boldsymbol{y}}^{j^{\mathrm{FT}},I^{\mathrm{FT}}}_{\mathrm{GBDT}\cdot\mathrm{FT}} = f^{j^{\mathrm{FT}},I^{\mathrm{FT}}}_{\mathrm{GBDT}\cdot\mathrm{FT}}(\{(\boldsymbol{z}^{j^{\mathrm{FT}},M^{j^{\mathrm{FT}}}}_{\mathrm{FT}})_n\}_{n=1}^{N}, \boldsymbol{e}^{j^{\mathrm{FT}},I^{\mathrm{FT}}-1}_{\mathrm{FT}}) \tag{4.43}$$

最后，全部基于第 j^{FT} 个训练子集的 I^{FT} 个 GBDT 子模型可表示为$\left\{f^{j^{\mathrm{FT}},i^{\mathrm{FT}}}_{\mathrm{GBDT}\cdot\mathrm{FT}}(\cdot)\right\}_{i^{\mathrm{FT}}=1}^{I^{\mathrm{FT}}}$，其输出为$\left\{\hat{\boldsymbol{y}}^{j^{\mathrm{FT}},i^{\mathrm{FT}}}_{\mathrm{GBDT}\cdot\mathrm{FT}}\right\}_{i^{\mathrm{FT}}=1}^{I^{\mathrm{FT}}}$。

(3) 平均集成子模块

由上述两个子模块的构建过程可知，RF 子模型可表示为$\left\{f^{j^{\mathrm{FT}}}_{\mathrm{RF}\cdot\mathrm{FT}}(\cdot)\right\}_{j^{\mathrm{FT}}=1}^{J^{\mathrm{FT}}}$，GBDT 子模型可表示为$\left\{(f^{j^{\mathrm{FT}},i^{\mathrm{FT}}}_{\mathrm{GBDT}\cdot\mathrm{FT}}(\cdot))_{i^{\mathrm{FT}}=1}^{I^{\mathrm{FT}}}\right\}_{j^{\mathrm{FT}}=1}^{J^{\mathrm{FT}}}$。对于第 j^{FT} 个训练子集，此处构建了 I^{FT} 个 RF 子模型和 I^{FT} 个 GBDT 子模型，其预测输出之和为最终输出，可表示为

$$\begin{aligned}\hat{\boldsymbol{y}}^{j^{\mathrm{FT}}}_{\mathrm{FT}} &= \hat{\boldsymbol{y}}^{j^{\mathrm{FT}}}_{\mathrm{RF}\cdot\mathrm{FT}} + \hat{\boldsymbol{y}}^{j^{\mathrm{FT}},1}_{\mathrm{GBDT}\cdot\mathrm{FT}} +,\cdots,+ \hat{\boldsymbol{y}}^{j^{\mathrm{FT}},i^{\mathrm{FT}}}_{\mathrm{GBDT}\cdot\mathrm{FT}} +,\cdots,+ \hat{\boldsymbol{y}}^{j^{\mathrm{FT}},I^{\mathrm{FT}}-1}_{\mathrm{GBDT}\cdot\mathrm{FT}} \\ &= \hat{\boldsymbol{y}}^{j^{\mathrm{FT}}}_{\mathrm{RF}\cdot\mathrm{FT}} + \sum_{i^{\mathrm{FT}}=1}^{I^{\mathrm{FT}}} \hat{\boldsymbol{y}}^{j^{\mathrm{FT}},i^{\mathrm{FT}}}_{\mathrm{GBDT}\cdot\mathrm{FT}} \\ &= f^{j^{\mathrm{FT}}}_{\mathrm{RF}\cdot\mathrm{FT}}(\cdot) + \sum_{i^{\mathrm{FT}}=1}^{I^{\mathrm{FT}}} f^{j^{\mathrm{FT}},i^{\mathrm{FT}}}_{\mathrm{GBDT}\cdot\mathrm{FT}}(\cdot)\end{aligned} \tag{4.44}$$

由于 J^{FT} 个训练子集是平行的，此处通过简单平均加权上述模型输出：

$$\hat{\boldsymbol{y}}_{\mathrm{FT}} = \frac{1}{J^{\mathrm{FT}}} \sum_{j^{\mathrm{FT}}=1}^{J^{\mathrm{FT}}} \hat{\boldsymbol{y}}^{j^{\mathrm{FT}}}_{\mathrm{FT}} = \frac{1}{J^{\mathrm{FT}}} \sum_{j^{\mathrm{FT}}=1}^{J^{\mathrm{FT}}} \left(f^{j^{\mathrm{FT}}}_{\mathrm{RF}\cdot\mathrm{FT}}(\cdot) + \sum_{i^{\mathrm{FT}}=1}^{I^{\mathrm{FT}}} f^{j^{\mathrm{FT}},i^{\mathrm{FT}}}_{\mathrm{GBDT}\cdot\mathrm{FT}}(\cdot) \right) \tag{4.45}$$

4.3.4 仪表装置模型

仪表装置模型采用比例环节近似，以一次风流量计为例，描述如下：

$$\dot{y}_{\text{pri}} = -\frac{1}{T_{\text{pri}}} y_{\text{pri}} + \frac{K_{\text{pri}}}{T_{\text{pri}}} u_{\text{pri}}^{\text{process}} \tag{4.46}$$

其中，y_{pri} 表示一次风单位时间流量，$u_{\text{pri}}^{\text{process}}$ 表示一次风阀门开度，T_{pri} 表示一次风流量响应时间常数，K_{pri} 表示稳态时一次风阀门开度与一次风单位时间流量之间的比例关系。

同时，真实设备层与搭载仪表装置模型的虚拟仪表装置间通过标准工业电信号进行传输，以一次风流量计为例，信号转换公式如下：

$$y_{\text{pri}}^{\text{I}} = \frac{U_{\text{pri}}^{\max} - U_{\text{pri}}^{\min}}{P_{\text{pri}}^{\max} - P_{\text{pri}}^{\min}} \times y_{\text{pri}} \tag{4.47}$$

其中，$P_{\text{pri}}^{\max}$ 和 $P_{\text{pri}}^{\min}$ 分别表示一次风流量计的上限和下限；$U_{\text{pri}}^{\max}$ 和 $U_{\text{pri}}^{\min}$ 分别表示转换后电信号输出的上限和下限；$y_{\text{pri}}^{\text{I}}$ 表示一次风流量计电信号值；y_{pri} 表示运行过程中的一次风流量值。

4.3.5 协同运行

基于上文所述子系统结构和算法实现，本节提出多入多出回路控制系统的协同运行模式，如图 4.31 所示。

协同运行步骤如下：

步骤(1)：过程监控模块利用 OPC 通信方式进行工艺参数显示及回路参数(如 PID 控制器参数及其设定值等)的修改与下装；

步骤(2)：回路控制模块接收过程监控模块下装的控制参数进行运算，并将 PID 控制器输出结果通过 AO 模块以电信号方式输出；

步骤(3)：虚拟执行机构计算机通过数据采集卡和执行机构模型将电信号转换为具有物理意义的操纵变量值(如电机频率、阀门开度等)后写入 OPC Server，并在前台界面显示；

步骤(4)：虚拟对象计算机以执行机构的操纵变量值和其他过程变量值作为过程对象模型输入进行模拟后输出被控变量值(如温度、烟气含氧量、锅炉蒸汽流量等)，将其写至 OPC Server 并在前台界面显示，同时将相关变量实时保存至 MySQL 数据库；

步骤(5)：虚拟仪表装置计算机接收 OPC Server 中的被控变量值，基于仪表装置模型和数据采集卡转换为标准工业电信号，反馈至回路控制系统的 AI 模块，同时在前台界面显示。

若被控变量未能跟踪设定值，则在回路控制模块中进行控制参数调节，重复上述过程直至实现被控变量对设定值的跟踪。

4.3.6 实验结果

4.3.6.1 数据描述

本章采用北京某 MSWI 电厂 2021 年某月某日 8h 连续运行的过程数据进行验证。

4.3.6.2 实验结果

对过程数据每 60s 取均值，在剔除异常数据后最终获得 476 组数据。

1) 过程对象建模结果

(1) 炉膛温度模型

相关参数设置如下：最小样本数 $\theta_{\text{FT}}^{\text{EnRFGBDT}}$ 为 30、决策树数量 $T_{n\text{FT}}^{\text{EnRFGBDT}}$ 为 20 和迭代

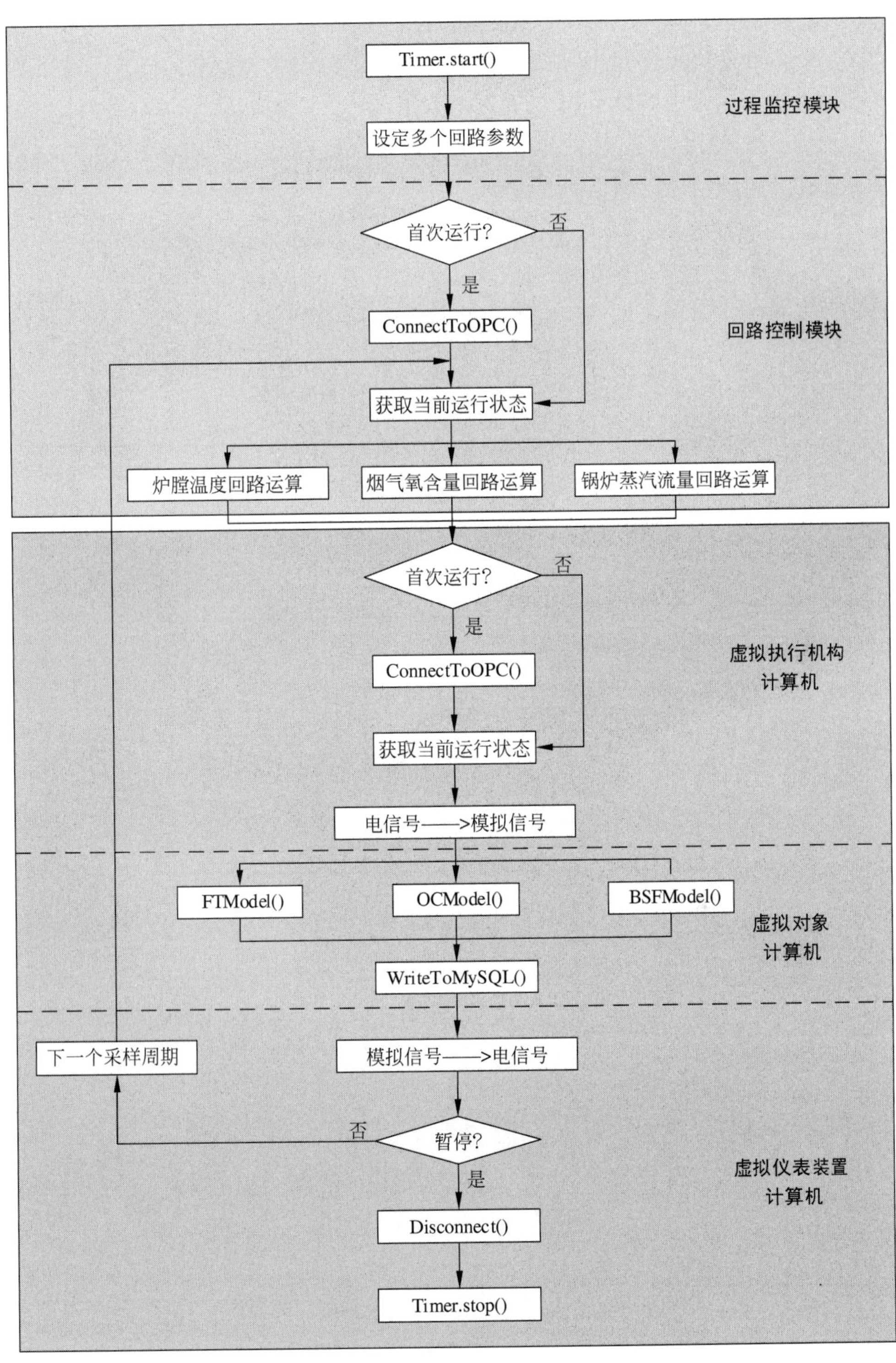

图 4.31 MIMO 回路控制系统的协同运行方式示意图

次数 $I_{FT}^{EnRFGBDT}$ 为 5。为验证所建模型的有效性，采用 RF 和 GBDT 模型进行比较，其中：RF 模型，设置最小样本数 θ_{FT}^{RF} 为 30 和决策树数量 T_{nFT}^{RF} 为 20；GBDT 模型，设置最小样本数 θ_{FT}^{GBDT} 为 30 和迭代次数 I_{FT}^{GBDT} 为 5。模型训练集、验证集和测试集的拟合曲线如图 4.32 所示，性能指标对比结果如表 4.5 所示。

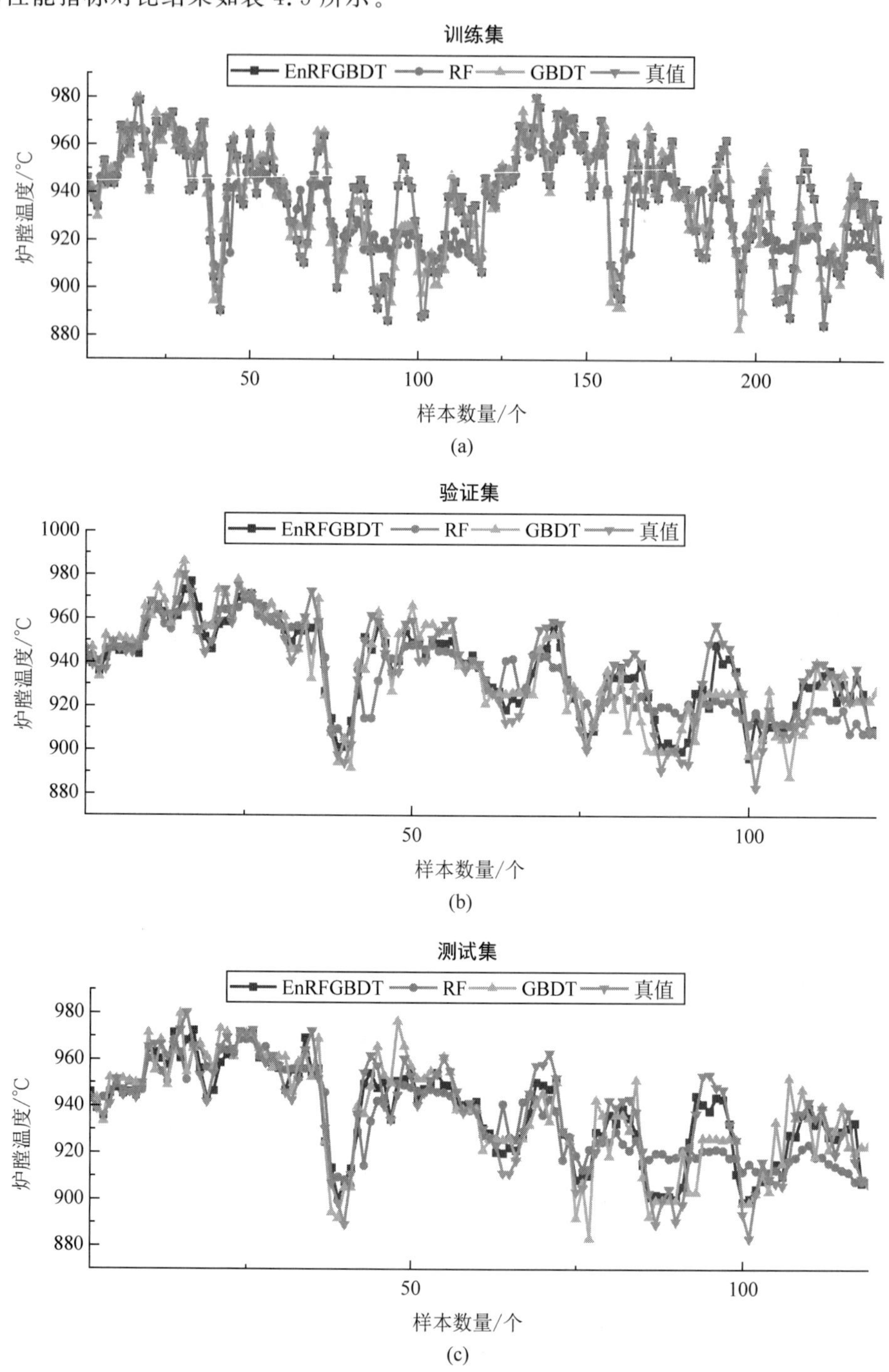

图 4.32 炉膛温度模型拟合曲线

(a) 训练集拟合曲线；(b) 验证集拟合曲线；(c) 测试集拟合曲线

表 4.5　炉膛温度模型性能指标对比结果

	训练集		验证集		测试集		训练时间/s
	RMSE	MAE	RMSE	MAE	RMSE	MAE	
EnRFGBDT	0.0622	0.0429	7.4472	5.5175	6.8949	5.3321	556.73
RF	13.415	10.159	14.372	10.848	13.939	10.655	24.06
GBDT	8.2542	6.1202	11.714	8.6503	12.600	9.4032	16.49

由上述结果可知，相比于 RF 和 GBDT 模型，本节所建立的基于 EnRFGBDT 的炉膛温度模型：在训练集中，RMSE 指标分别降低 99.54%和 99.25%，MAE 指标分别降低 99.58%和 99.30%；在验证集中，RMSE 指标分别降低 48.18%和 36.42%，MAE 指标分别降低 49.14%和 36.22%；在测试集中，RMSE 指标分别降低 50.54%和 45.28%，MAE 指标分别降低 49.96%和 43.29%；在模型训练时间上，分别增加了 532.67s 和 540.24s。

(2) 烟气含氧量模型

相关参数设置如下：最小样本数 $\theta_{\mathrm{OC}}^{\mathrm{EnRFGBDT}}$ 为 30、决策树数量 $T_{n\mathrm{OC}}^{\mathrm{EnRFGBDT}}$ 为 20 和迭代次数 $I_{\mathrm{OC}}^{\mathrm{EnRFGBDT}}$ 为 5。为验证所建模型的有效性，采用 RF 和 GBDT 模型进行比较。其中，RF 模型，设置最小样本数 $\theta_{\mathrm{OC}}^{\mathrm{RF}}$ 为 30 和决策树数量 $T_{n\mathrm{OC}}^{\mathrm{RF}}$ 为 20；GBDT 模型，设置最小样本数 $\theta_{\mathrm{OC}}^{\mathrm{GBDT}}$ 为 30 和迭代次数 $I_{\mathrm{OC}}^{\mathrm{GBDT}}$ 为 5。模型训练集、验证集和测试集拟合曲线如图 4.33 所示，性能指标对比结果如表 4.6 所示。

表 4.6　烟气含氧量模型性能指标对比结果

	训练集		验证集		测试集		训练时间/s
	RMSE	MAE	RMSE	MAE	RMSE	MAE	
EnRFGBDT	0.0039	0.0028	0.5093	0.3853	0.5256	0.4269	510.21
RF	0.5842	0.4671	0.6392	0.5141	0.6609	0.5321	27.09
GBDT	0.5311	0.4292	0.7799	0.6114	0.7784	0.6036	12.95

由上述结果可知，相比于 RF 和 GBDT 模型，本节所建立的基于 EnRFGBDT 的烟气含氧量模型：在训练集中，RMSE 指标分别降低 99.33%和 99.27%，MAE 指标分别降低 99.40%和 99.35%；在验证集中，RMSE 指标分别降低 20.32%和 34.70%，MAE 指标分别降低 25.05%和 36.98%；在测试集中，RMSE 指标分别降低 20.47%和 32.48%，MAE 指标分别降低 19.77%和 29.27%；在模型训练时间上，分别增加了 483.12s 和 497.26s。

(3) 锅炉蒸汽流量模型

相关参数设置如下：最小样本数 $\theta_{\mathrm{BSF}}^{\mathrm{EnRFGBDT}}$ 为 30、决策树数量 $T_{n\mathrm{BSF}}^{\mathrm{EnRFGBDT}}$ 为 20 和迭代次数 $I_{\mathrm{BSF}}^{\mathrm{EnRFGBDT}}$ 为 5。为验证所建模型的有效性，采用 RF 和 GBDT 模型进行比较。其中，RF 模型，设置最小样本数 $\theta_{\mathrm{BSF}}^{\mathrm{RF}}$ 为 30 和决策树数量 $T_{n\mathrm{BSF}}^{\mathrm{RF}}$ 为 20；GBDT 模型，设置最小样本数 $\theta_{\mathrm{BSF}}^{\mathrm{GBDT}}$ 为 30 和迭代次数 $I_{\mathrm{BSF}}^{\mathrm{GBDT}}$ 为 5。模型训练集、验证集和测试集拟合曲线如图 4.34 所示，性能指标对比结果如表 4.7 所示。

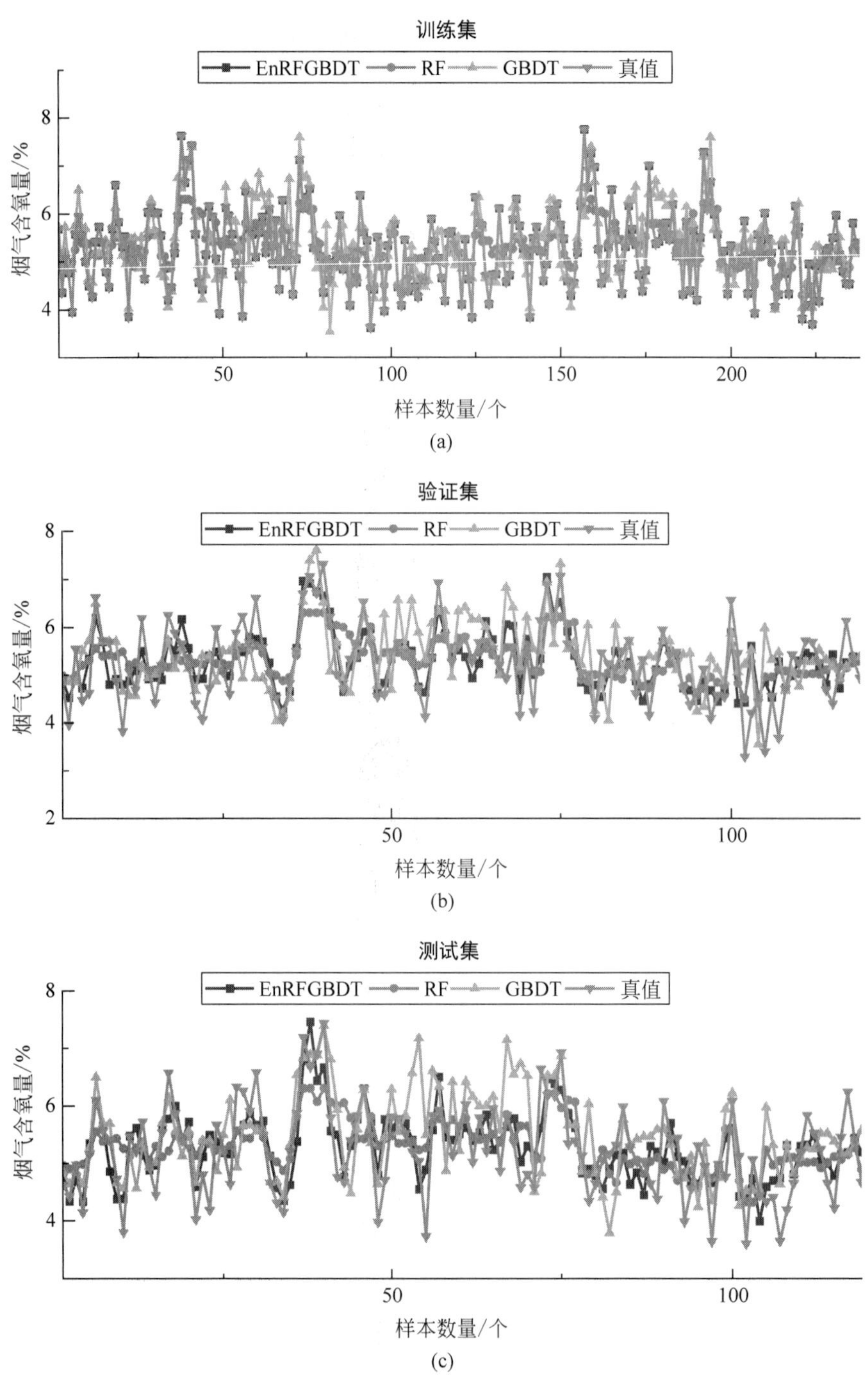

图 4.33 烟气含氧量模型拟合曲线

(a) 训练集拟合曲线；(b) 验证集拟合曲线；(c) 测试集拟合曲线

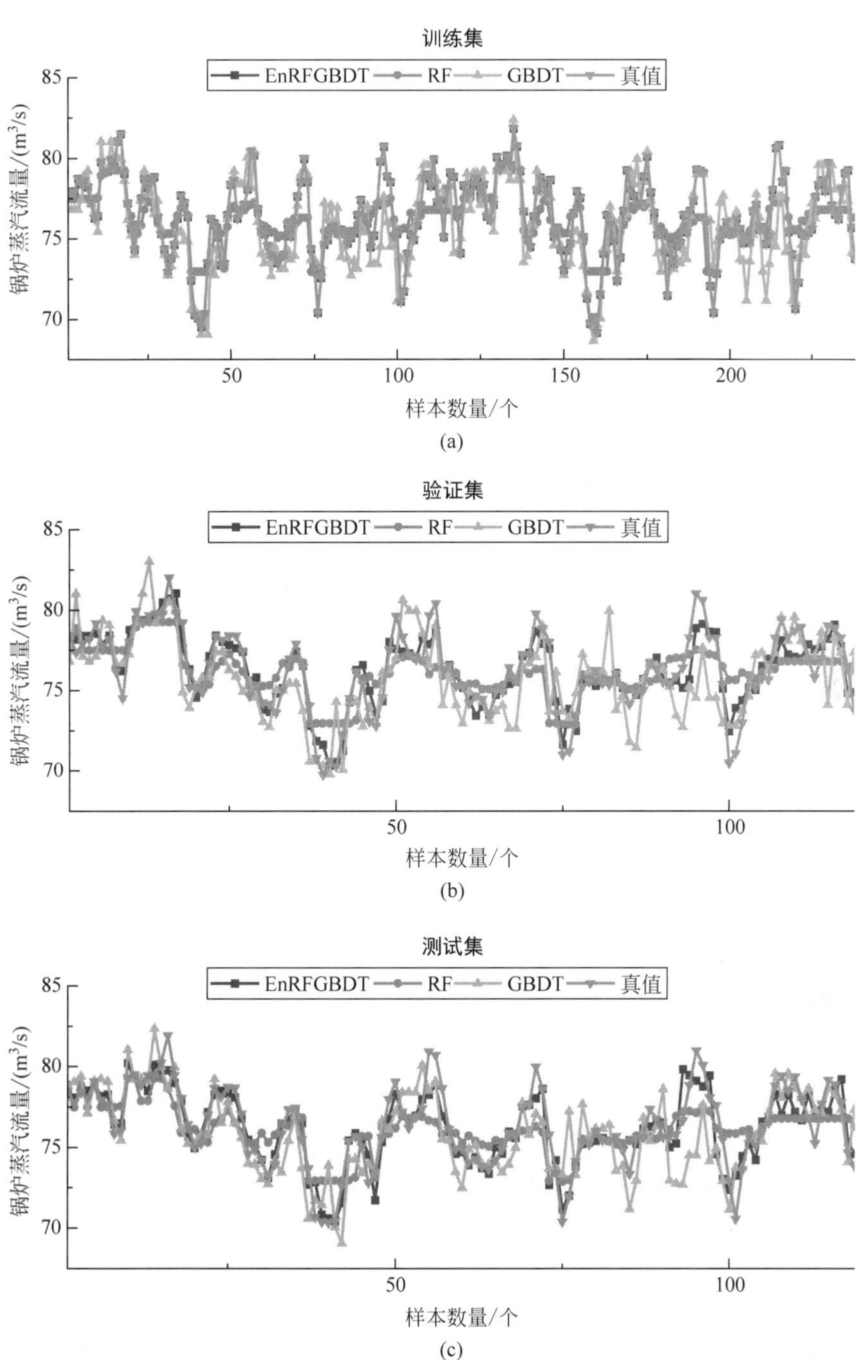

图 4.34 锅炉蒸汽流量模型拟合曲线

(a) 训练集拟合曲线；(b) 验证集拟合曲线；(c) 测试集拟合曲线

表 4.7 锅炉蒸汽流量模型性能指标对比结果

	训练集		验证集		测试集		训练时间/s
	RMSE	MAE	RMSE	MAE	RMSE	MAE	
EnRFGBDT	0.0068	0.0049	0.9881	0.7496	1.0619	0.7482	602.38
RF	1.5812	1.2083	1.7196	1.3170	1.7028	1.3154	40.17
GBDT	1.6590	1.2717	2.0967	1.6722	1.9009	1.4956	17.21

由上述结果可知，相比于 RF 和 GBDT 模型，本节所建立的基于 EnRFGBDT 的烟气含氧量模型：在训练集中，RMSE 指标分别降低 99.57%和 99.59%，MAE 指标分别降低 99.59%和 99.61%；在验证集中，RMSE 指标分别降低 42.54%和 52.87%，MAE 指标分别降低 43.08%和 55.17%；在测试集中，RMSE 指标分别降低 37.64%和 44.14%，MAE 指标分别降低 43.12%和 49.97%；在模型训练时间上，分别增加了 562.21s 和 585.17s。

2）控制回路匹配

本节基于历史数据采用互信息选择与 FT、OC 和 BSF 相匹配的操纵变量，如图 4.35 所示。

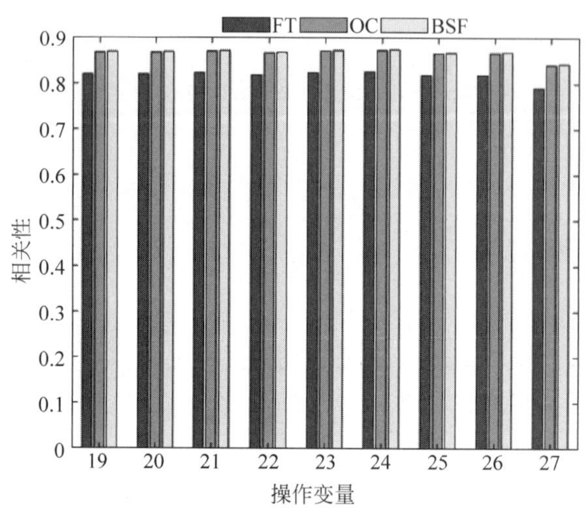

图 4.35 基于互信息的被控变量与操纵变量相关性分析

由图 4.35 可知，相较于其他过程变量，与 FT、OC 和 BSF 的互信息值相对较高的变量集中在第 19～27 个操纵变量。结合现场实际经验和采用建模数据表征的运行工况，选择燃烧炉排左 1-1 空气流量、干燥炉排右 2 空气流量及干燥炉排左 2 空气流量所对应的挡板开度作为 FT、OC 和 BSF 回路的控制器输出。

4.3.7 系统实现

4.3.7.1 实物连接图

多入多出回路控制系统实物连接图如图 4.36 所示。

4.3.7.2　过程监控模块软硬件图

过程监控模块硬件如图 4.37 所示，前台界面如图 4.38～图 4.40 所示。

图 4.36　多入多出回路控制系统实物连接图

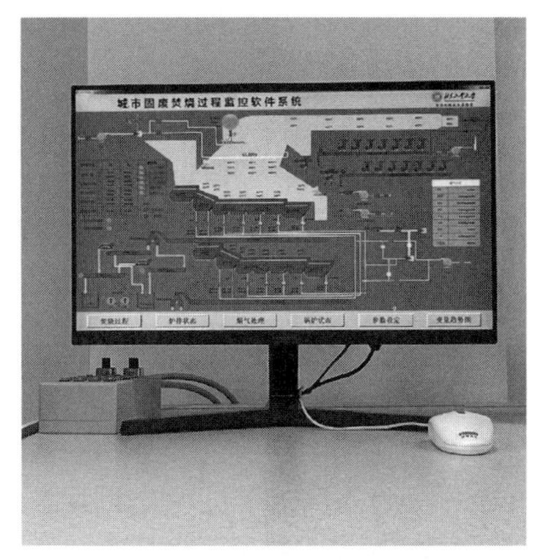

图 4.37　过程监控模块硬件图

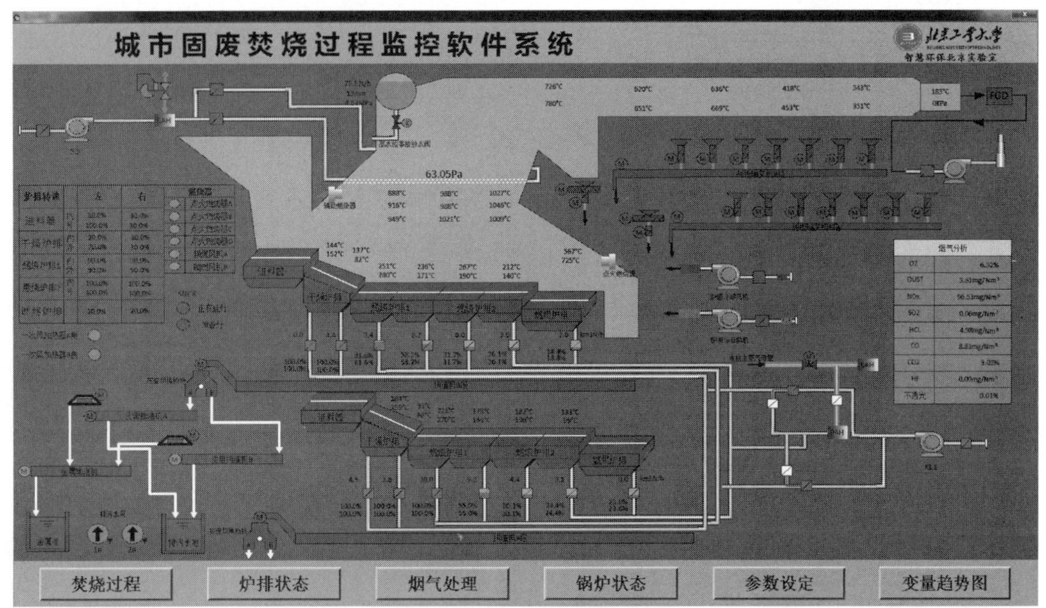

图 4.38　焚烧过程监控界面

如图 4.38～图 4.40 所示，该软件系统模拟实际工业现场中监控界面实现对虚拟 MSWI 过程的监控，并可对相关变量进行在线修改，如炉排速度、风管挡板开度等操纵变量，同时可根据需求在线修改被控变量设定值和 PID 回路参数。

4.3.7.3　回路控制模块软硬件图

回路控制模块硬件如图 4.41 所示，具体硬件组成见 2.4.2 节描述。

回路控制模块组态界面及相关程序截图如图 4.42～图 4.44 所示。

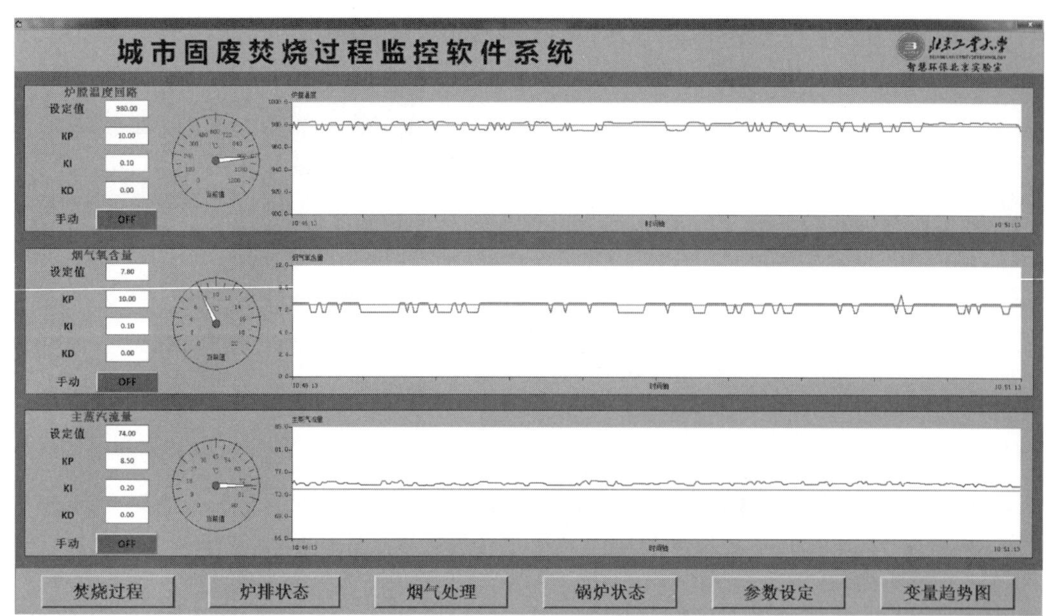

图 4.39　PID 回路参数修改界面

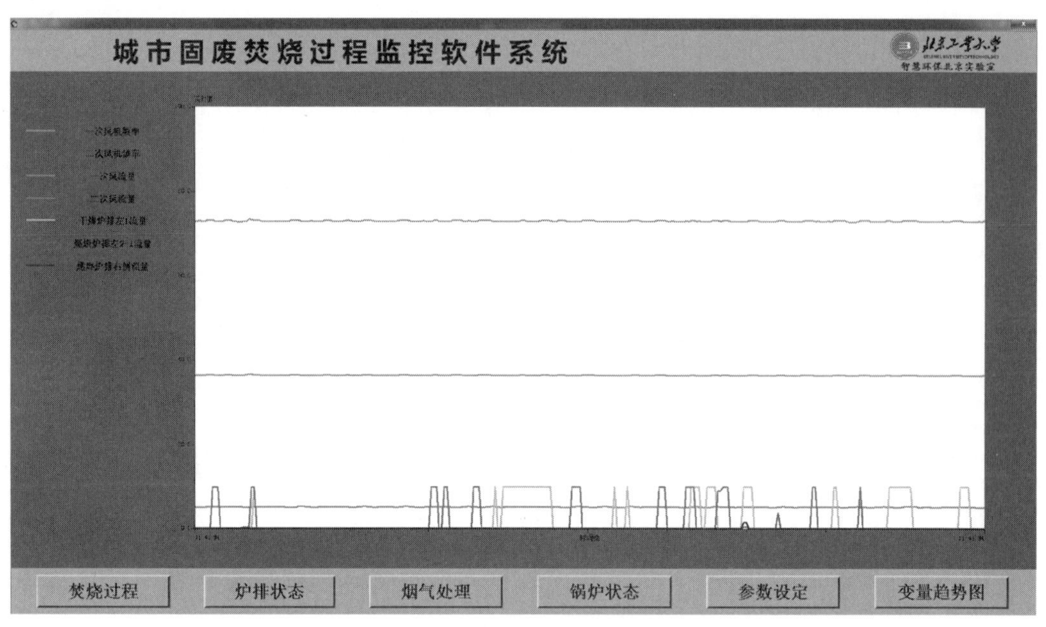

图 4.40　关键变量趋势变化界面

如图 4.42～图 4.44 所示，此处采用与实际工业现场相一致的控制系统实现过程监控模块与虚拟控制对象模块之间的信号通信功能，具体连接方式见 2.4 节。利用梯形图编写回路控制模块中的变量转换和控制系统自身的功能块实现内部数据转换与控制功能。

图 4.41　回路控制模块硬件图

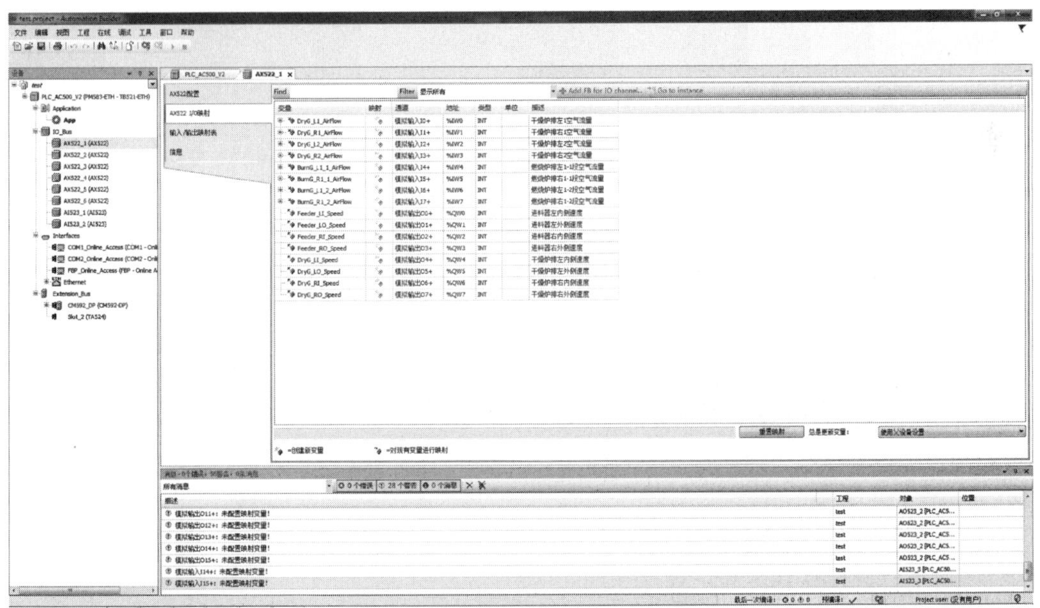

图 4.42　回路控制模块组态界面

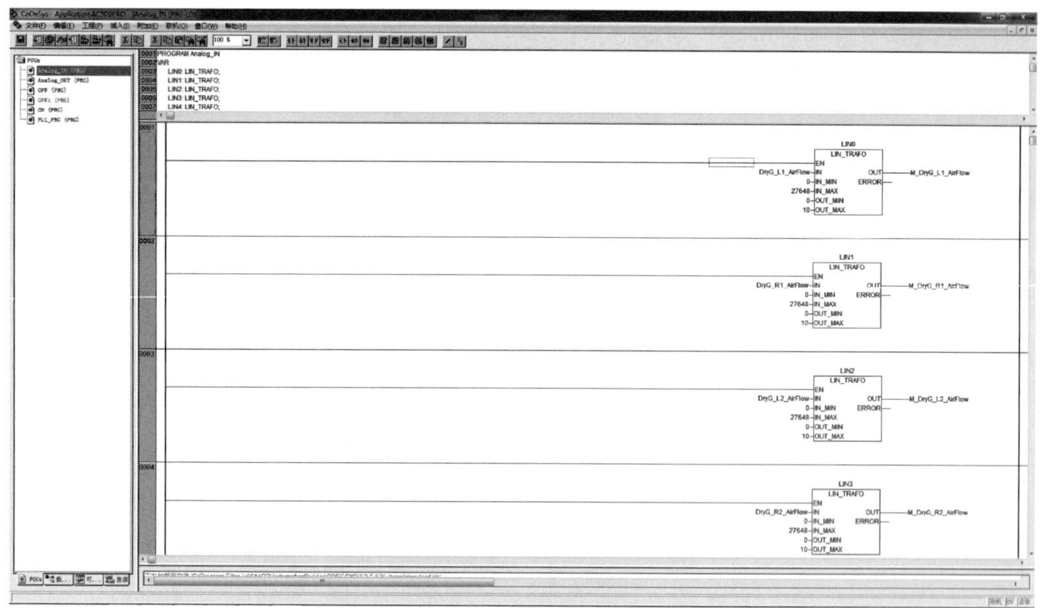

图 4.43　回路控制模块模拟量输入部分程序 1

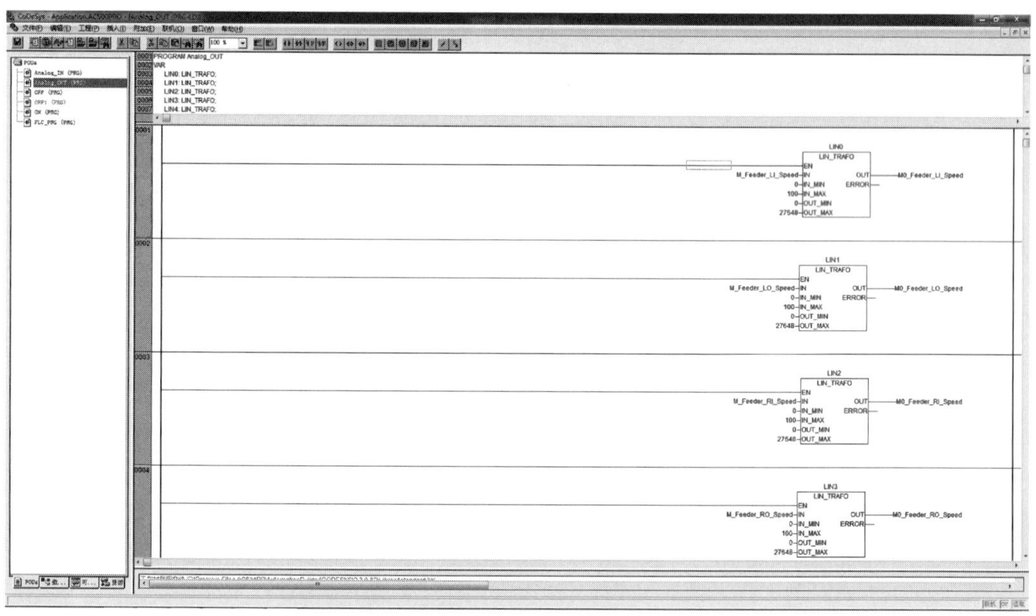

图 4.44　回路控制模块模拟量输出部分程序 2

4.3.7.4　虚拟执行机构计算机软硬件图

虚拟执行机构计算机前台界面如图 4.45～图 4.48 所示。

城市固废焚烧过程执行机构软件系统

北京工业大学 智慧环保北京实验室

IP地址: 192.168.0.21　查找　Server列表: Kepware.KEPServerE　连接　添加Tags

Tag	Value	Quality	Time
MSWI.Object.Total_smoke_flow	0	192	2023/3/6 21:31:09
MSWI.Object.SlakedLine_AO	29	192	2023/3/4 20:11:45
MSWI.Object.SlakedLime_AI	0	192	2023/3/4 20:11:45
MSWI.Object.SecFan_Frequency_AO	5.3	192	2023/3/6 21:31:14
MSWI.Object.SecFan_Frequency_AI	5.3	192	2023/3/6 21:31:15
MSWI.Object.SecAir_Volume	5.3	192	2023/3/6 21:31:15
MSWI.Object.SecAir_Temperature	13	192	2023/3/4 20:11:45
MSWI.Object.SecAir_Pressure	0.2	192	2023/3/4 20:11:45
MSWI.Object.PriFan_Frequency_AO	36.6	192	2023/3/6 21:31:15
MSWI.Object.PriFan_Frequency_AI	36.6	192	2023/3/6 21:31:16
MSWI.Object.PriBurnRoom_R_Temperature3	1009	192	2023/3/4 20:11:45
MSWI.Object.PriBurnRoom_R_Temperature2	1046	192	2023/3/4 20:11:45
MSWI.Object.PriBurnRoom_R_Temperature1	1028	192	2023/3/4 20:11:45
MSWI.Object.PriBurnRoom_M_Temperature3	1021	192	2023/3/4 20:11:45
MSWI.Object.PriBurnRoom_M_Temperature2	989	192	2023/3/4 20:11:45
MSWI.Object.PriBurnRoom_M_Temperature1	988	192	2023/3/4 20:11:45
MSWI.Object.PriBurnRoom_L_Temperature3	950	192	2023/3/4 20:11:45
MSWI.Object.PriBurnRoom_L_Temperature2	916	192	2023/3/4 20:11:45
MSWI.Object.PriBurnRoom_L_Temperature1	888	192	2023/3/4 20:11:45
MSWI.Object.PriAir_Volume	73.2	192	2023/3/6 21:31:16
MSWI.Object.PriAir_Temperature	143	192	2023/3/4 20:11:45
MSWI.Object.PriAir_Pressure	2.9	192	2023/3/4 20:11:45
MSWI.Object.Oxygen_Concentration2	0	192	2023/3/4 20:11:45
MSWI.Object.Oxygen_Concentration1	8.1602	192	2023/3/6 21:31:14
MSWI.Object.NegativePressure	63	192	2023/3/4 20:11:45
MSWI.Object.MainSteam_Volume	75.088	192	2023/3/6 21:31:15
MSWI.Object.MainSteam_Pressure	4.52	192	2023/3/4 20:11:45
MSWI.Object.Light_impermeability	0	192	2023/3/4 20:11:45
MSWI.Object.HorizontalFlue_R_Temperature5	351	192	2023/3/4 20:11:45
MSWI.Object.HorizontalFlue_R_Temperature4	454	192	2023/3/4 20:11:45
MSWI.Object.HorizontalFlue_R_Temperature3	670	192	2023/3/4 20:11:45

板卡配置　OPC配置　固废焚烧1　固废焚烧2　固废焚烧3　…

图 4.45　MSWI 过程虚拟执行机构软件系统 OPC 配置界面

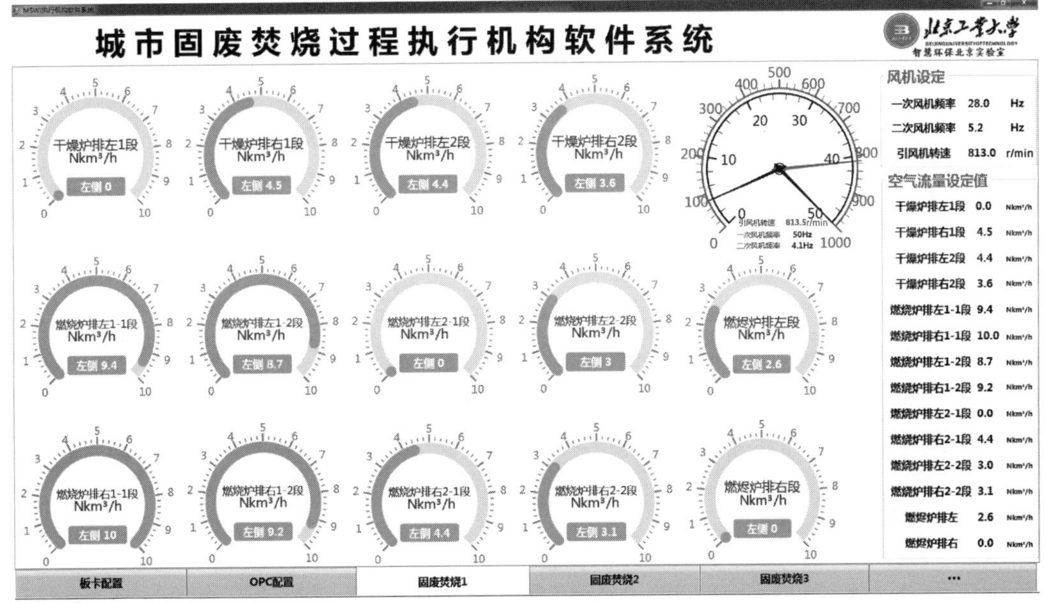

图 4.46　MSWI 过程虚拟执行机构软件系统固废焚烧 1 界面

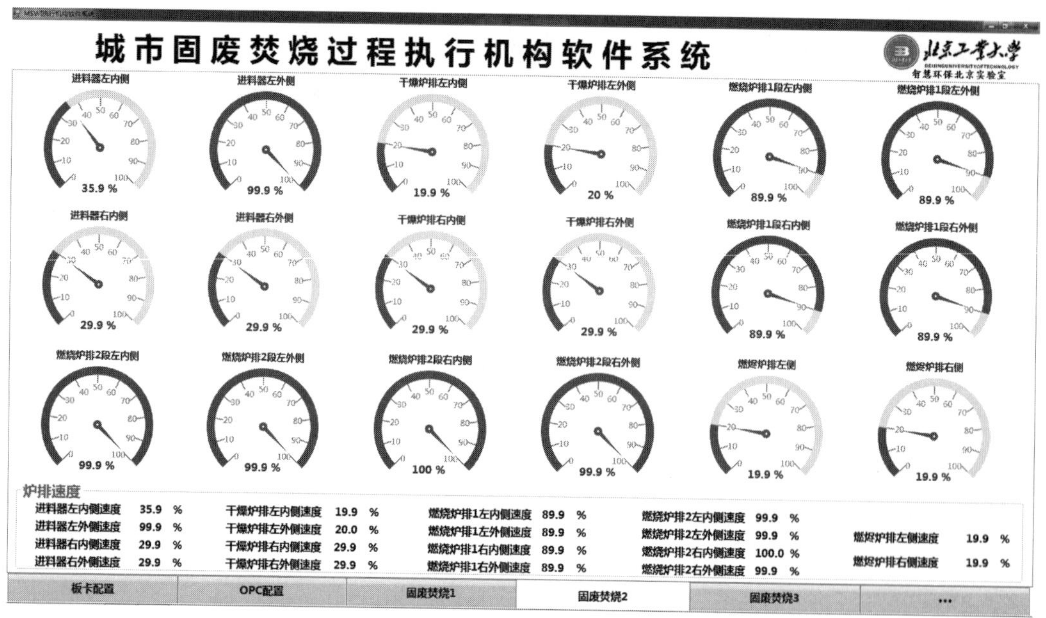

图 4.47 MSWI 过程虚拟执行机构软件系统固废焚烧 2 界面

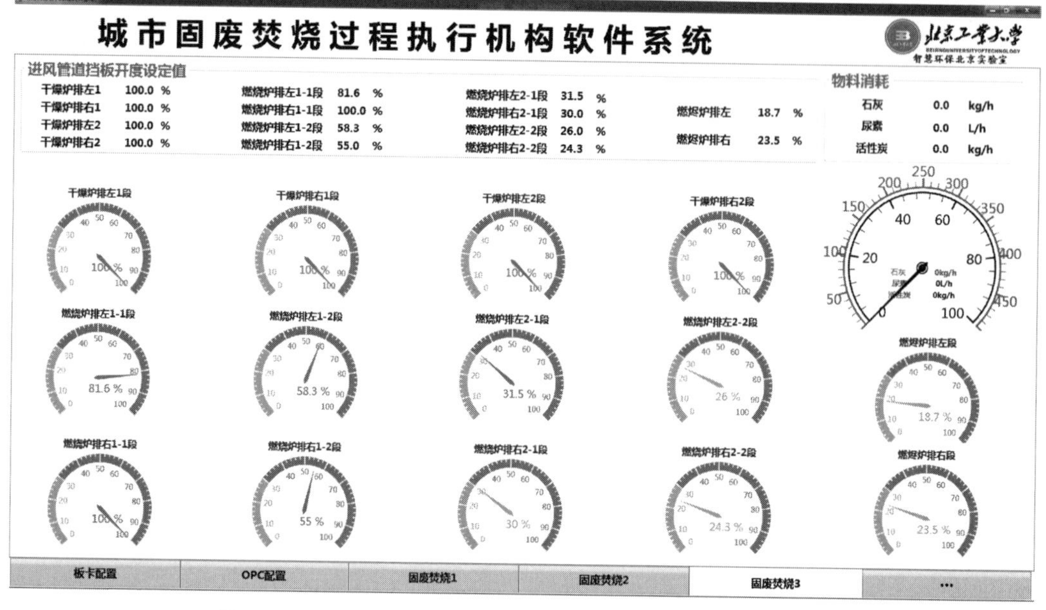

图 4.48 MSWI 过程虚拟执行机构软件系统固废焚烧 3 界面

4.3.7.5 虚拟过程对象计算机软硬件图

虚拟过程对象计算机前台界面如图 4.49～图 4.51 所示。

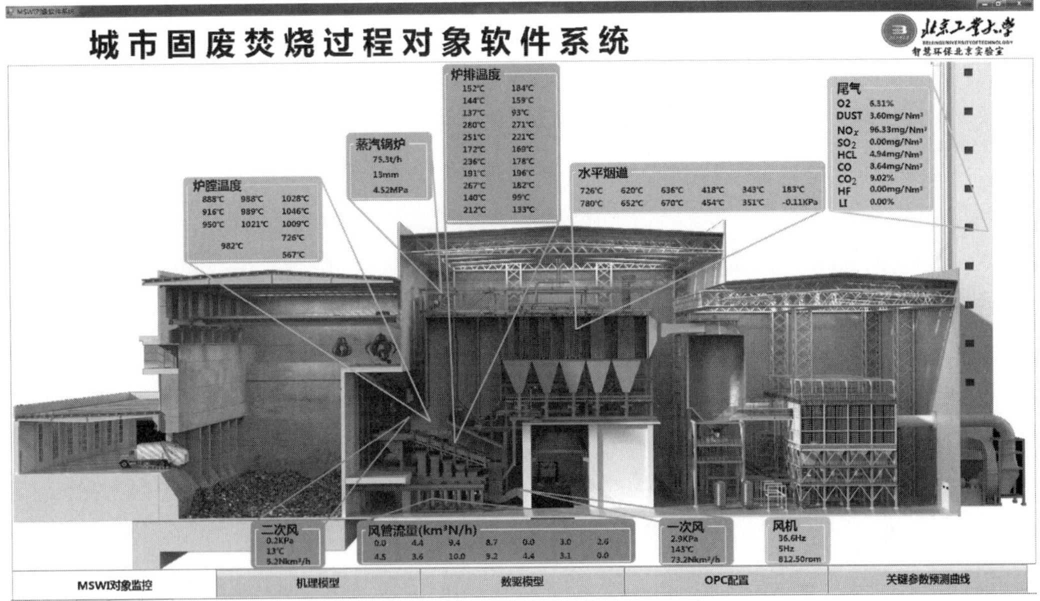

图 4.49 MSWI 过程虚拟对象软件系统对象监控界面

城市固废焚烧过程对象软件系统

北京工业大学
智慧环保北京实验室

IP地址: 192.168.0.21 查找 Server列表: Kepware.KEPServerE 连接 添加Tags

Tag	Value	Quality	Time
MSWI.Object.Total_smoke_flow	0.5	192	2023/3/6 21:50:22
MSWI.Object.SlakedLine_AO	29	192	2023/3/6 21:40:58
MSWI.Object.SlakedLime_AI	0	192	2023/3/6 21:40:58
MSWI.Object.SecFan_Frequency_AO	5.3	192	2023/3/6 21:50:16
MSWI.Object.SecFan_Frequency_AI	5.3	192	2023/3/6 21:50:16
MSWI.Object.SecAir_Volume	5.3	192	2023/3/6 21:50:16
MSWI.Object.SecAir_Temperature	13	192	2023/3/6 21:40:58
MSWI.Object.SecAir_Pressure	0.2	192	2023/3/6 21:40:58
MSWI.Object.PriFan_Frequency_AO	36.6	192	2023/3/6 21:50:22
MSWI.Object.PriFan_Frequency_AI	36.6	192	2023/3/6 21:50:24
MSWI.Object.PriBurnRoom_R_Temperature3	1009	192	2023/3/6 21:40:58
MSWI.Object.PriBurnRoom_R_Temperature2	1046	192	2023/3/6 21:40:58
MSWI.Object.PriBurnRoom_R_Temperature1	1028	192	2023/3/6 21:40:58
MSWI.Object.PriBurnRoom_M_Temperature3	1021	192	2023/3/6 21:40:58
MSWI.Object.PriBurnRoom_M_Temperature2	989	192	2023/3/6 21:40:58
MSWI.Object.PriBurnRoom_M_Temperature1	988	192	2023/3/6 21:40:58
MSWI.Object.PriBurnRoom_L_Temperature3	950	192	2023/3/6 21:40:58
MSWI.Object.PriBurnRoom_L_Temperature2	916	192	2023/3/6 21:40:58
MSWI.Object.PriBurnRoom_L_Temperature1	888	192	2023/3/6 21:40:58
MSWI.Object.PriAir_Volume	73.2	192	2023/3/6 21:50:24
MSWI.Object.PriAir_Temperature	143	192	2023/3/6 21:40:58
MSWI.Object.PriAir_Pressure	2.9	192	2023/3/6 21:40:58
MSWI.Object.Oxygen_Concentration2	0	192	2023/3/6 21:40:58
MSWI.Object.Oxygen_Concentration1	7.4088	192	2023/3/6 21:50:24
MSWI.Object.NegativePressure	63	192	2023/3/6 21:40:58
MSWI.Object.MainSteam_Volume	74.9844	192	2023/3/6 21:50:22
MSWI.Object.MainSteam_Pressure	4.52	192	2023/3/6 21:40:58
MSWI.Object.Light_impermeability	0	192	2023/3/6 21:40:58
MSWI.Object.HorizontalFlue_R_Temperature5	351	192	2023/3/6 21:40:58
MSWI.Object.HorizontalFlue_R_Temperature4	454	192	2023/3/6 21:40:58
MSWI.Object.HorizontalFlue_R_Temperature3	670	192	2023/3/6 21:40:58

MSWI对象监控 | 机理模型 | 数据模型 | OPC配置 | 关键参数预测曲线

图 4.50 MSWI 过程虚拟对象软件系统 OPC 配置界面

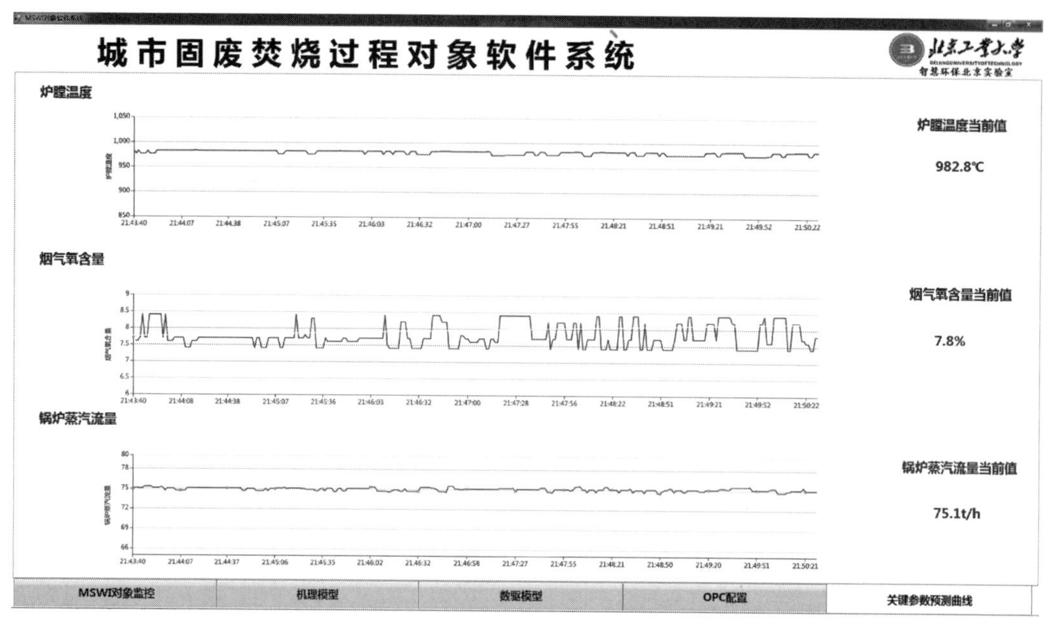

图 4.51 MSWI 过程虚拟对象软件系统关键参数预测曲线界面

如图 4.49～图 4.51 所示，该软件系统开发 OPC Client 实现其与虚拟执行机构计算机和虚拟仪表装置计算机之间的数据传输功能，并内嵌对象模型算法实现 MSWI 过程的模拟仿真。同时，该软件系统可根据需求嵌入相应的对象模型。

4.3.7.6 虚拟仪表装置计算机软硬件图

虚拟仪表装置计算机前台界面如图 4.52～图 4.58 所示。

城市固废焚烧过程仪表装置软件系统

北京工业大学 智慧环保北京实验室

IP地址: 192.168.0.21 查找 Server列表: Kepware.KEPServerE 连接 添加Tags

Tag	Value	Quality	Time
MSWI.Object.Total_smoke_flow	0	192	2023/3/6 21:48:44
MSWI.Object.SlakedLine_AO	29	192	2023/3/4 20:13:39
MSWI.Object.SlakedLime_AI	0	192	2023/3/4 20:13:39
MSWI.Object.SecFan_Frequency_AO	5.2	192	2023/3/6 21:49:21
MSWI.Object.SecFan_Frequency_AI	5.2	192	2023/3/6 21:49:21
MSWI.Object.SecAir_Volume	5.2	192	2023/3/6 21:49:21
MSWI.Object.SecAir_Temperature	13	192	2023/3/4 20:13:39
MSWI.Object.SecAir_Pressure	0.2	192	2023/3/4 20:13:39
MSWI.Object.PriFan_Frequency_AO	36.5	192	2023/3/6 21:49:21
MSWI.Object.PriFan_Frequency_AI	36.5	192	2023/3/6 21:49:21
MSWI.Object.PriBurnRoom_R_Temperature3	1009	192	2023/3/4 20:13:39
MSWI.Object.PriBurnRoom_R_Temperature2	1046	192	2023/3/4 20:13:39
MSWI.Object.PriBurnRoom_R_Temperature1	1028	192	2023/3/4 20:13:39
MSWI.Object.PriBurnRoom_M_Temperature3	1021	192	2023/3/4 20:13:39
MSWI.Object.PriBurnRoom_M_Temperature2	989	192	2023/3/4 20:13:39
MSWI.Object.PriBurnRoom_M_Temperature1	988	192	2023/3/4 20:13:39
MSWI.Object.PriBurnRoom_L_Temperature3	950	192	2023/3/4 20:13:39
MSWI.Object.PriBurnRoom_L_Temperature2	916	192	2023/3/4 20:13:39
MSWI.Object.PriBurnRoom_L_Temperature1	888	192	2023/3/4 20:13:39
MSWI.Object.PriAir_Volume	73	192	2023/3/6 21:49:21
MSWI.Object.PriAir_Temperature	143	192	2023/3/4 20:13:39
MSWI.Object.PriAir_Pressure	2.9	192	2023/3/4 20:13:39
MSWI.Object.Oxygen_Concentration2	0	192	2023/3/4 20:13:39
MSWI.Object.Oxygen_Concentration1	7.6745	192	2023/3/6 21:49:20
MSWI.Object.NegativePressure	63	192	2023/3/4 20:13:39
MSWI.Object.MainSteam_Volume	74.7092	192	2023/3/6 21:49:20
MSWI.Object.MainSteam_Pressure	4.52	192	2023/3/4 20:13:39
MSWI.Object.Light_impermeability	0	192	2023/3/4 20:13:39
MSWI.Object.HorizontalFlue_R_Temperature5	351	192	2023/3/4 20:13:39
MSWI.Object.HorizontalFlue_R_Temperature4	454	192	2023/3/4 20:13:39
MSWI.Object.HorizontalFlue_R_Temperature3	670	192	2023/3/4 20:13:39

板卡配置 | OPC配置 | 固废焚烧1 | 固废焚烧2 | 固废焚烧3 | 余热锅炉 | 尾气处理1 | 尾气处理2 | ...

图 4.52 MSWI 过程虚拟仪表装置软件系统 OPC 配置界面

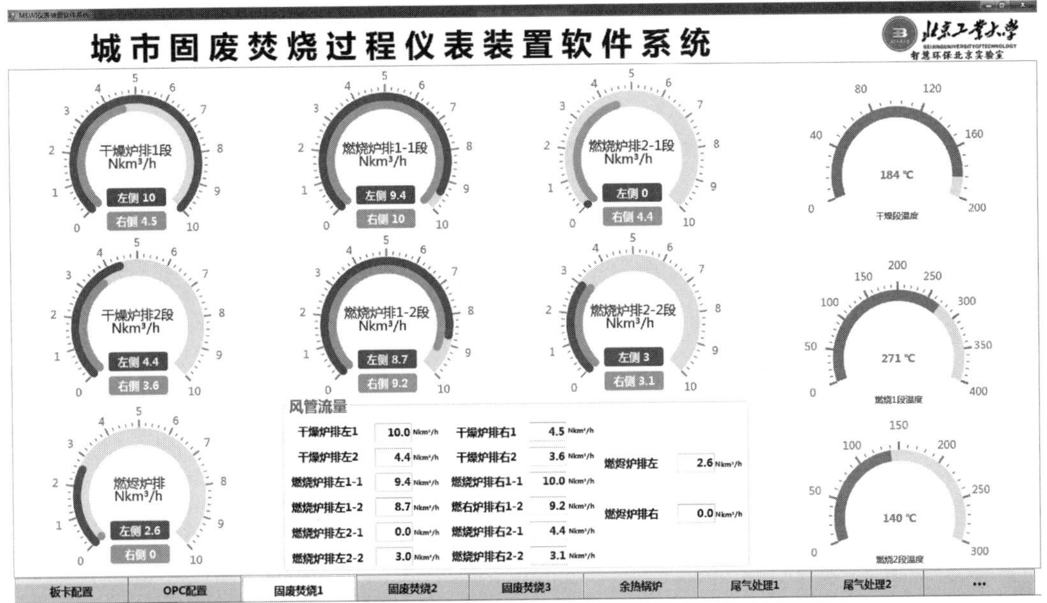

图 4.53 MSWI 过程虚拟仪表装置软件系统固废焚烧 1 界面

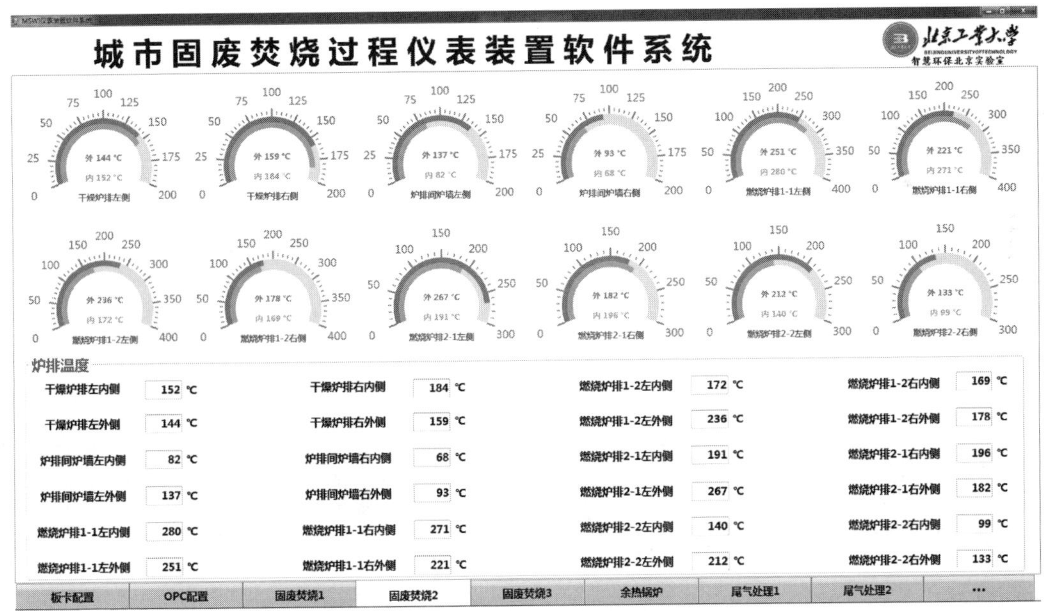

图 4.54 MSWI 过程虚拟仪表装置软件系统固废焚烧 2 界面

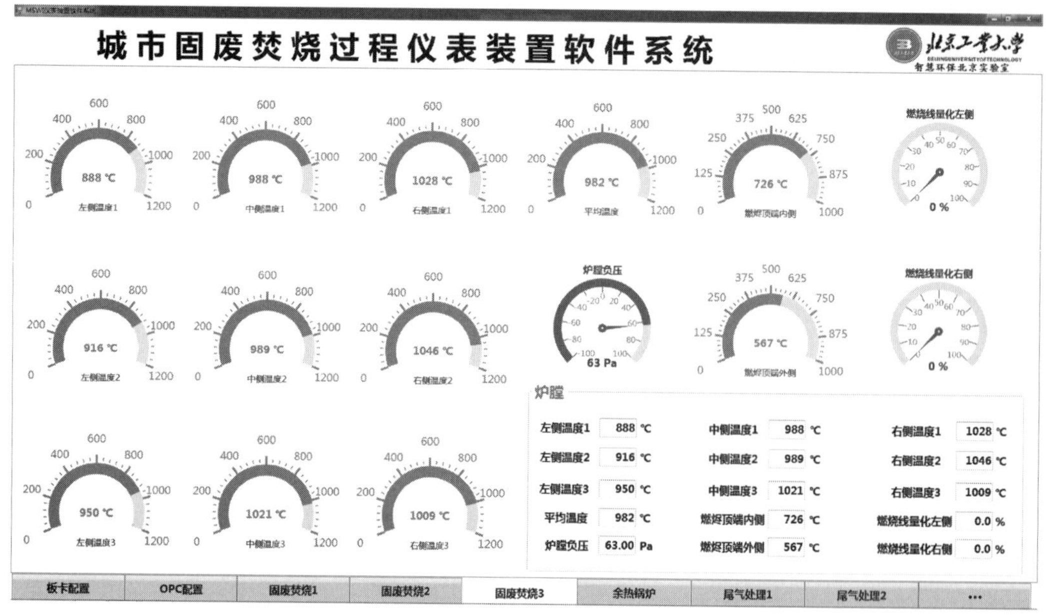

图 4.55 MSWI 过程虚拟仪表装置软件系统固废焚烧 3 界面

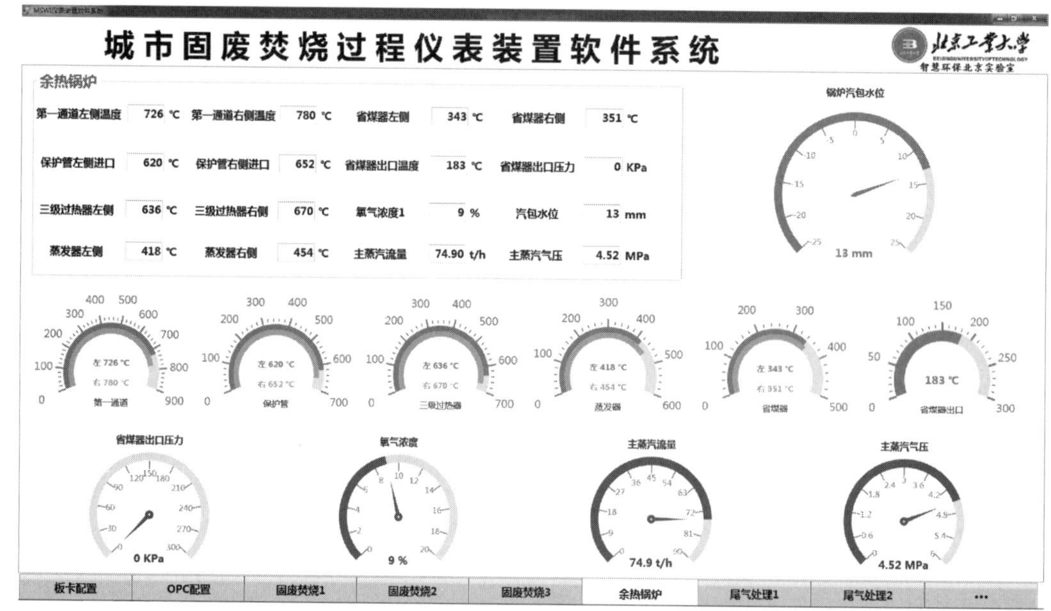

图 4.56 MSWI 过程虚拟仪表装置软件系统余热锅炉界面

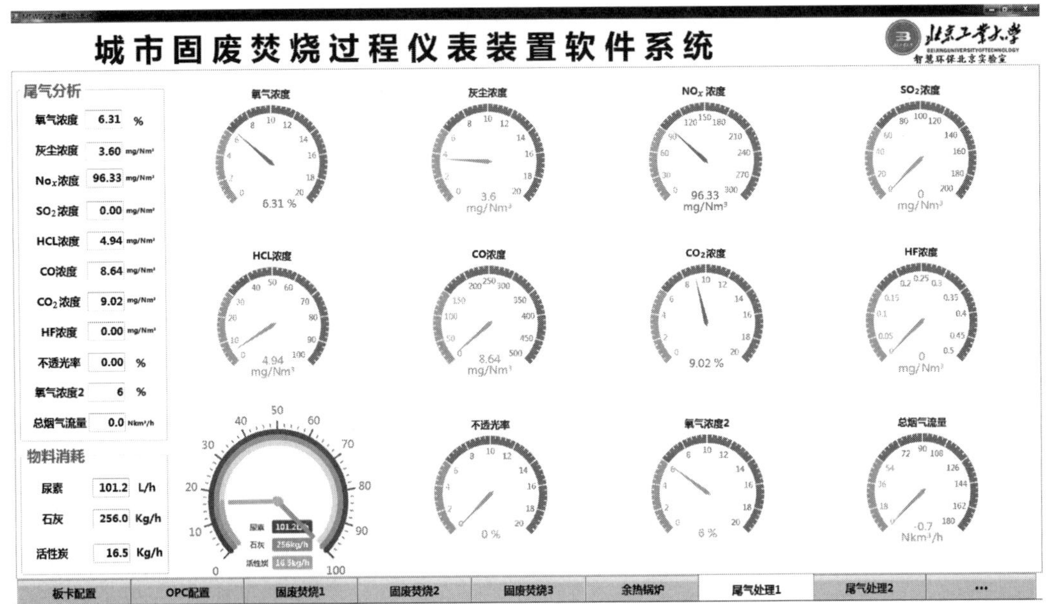

图 4.57　MSWI 过程虚拟仪表装置软件系统尾气处理 1 界面

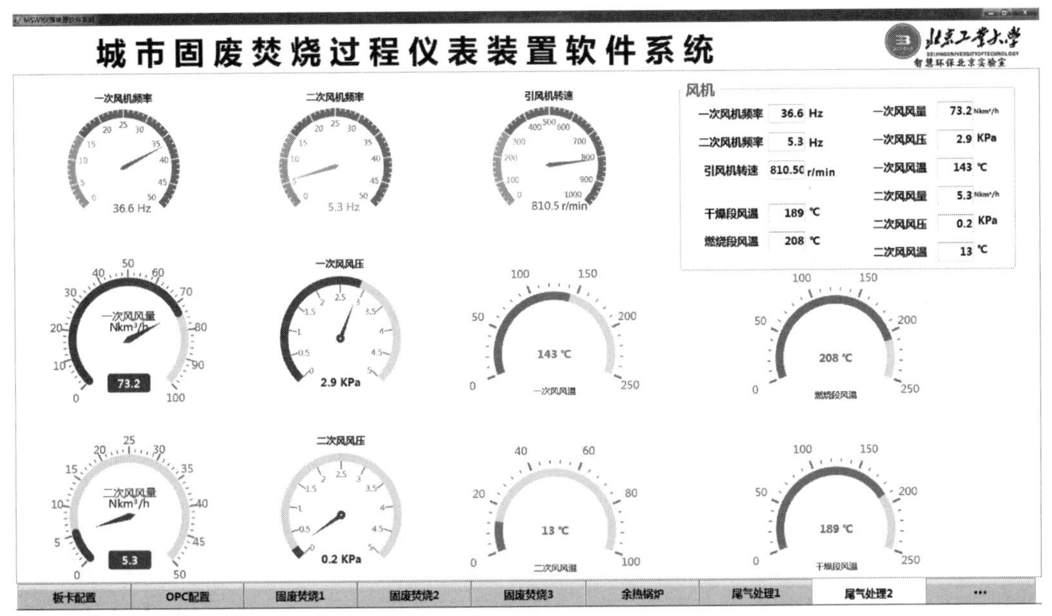

图 4.58　MSWI 过程虚拟仪表装置软件系统尾气处理 2 界面

综上可知，在特定工况下，本节测试与验证了基于所构建被控对象模型和 3 个在真实 PLC 中实现的 PID 控制器能够实现虚拟对象层被控变量值对真实设备层设定值的实时跟踪，表明了多入多出回路控制系统的有效性，为后续智能控制算法研究提供了支撑。

4.4 面向炉膛温度设定的安全隔离与优化控制系统实现

4.4.1 问题描述

作为典型的流程工业，MSWI 过程涉及复杂的物理化学反应，是具有多回路、强耦合、非线性等特点的多入多出系统，其能否稳定运行取决于被控变量与众多操纵变量间的协调控制，并且与 MSW 组分的差异性、设备的运维管理和操作工程师的经验等干扰因素相关[6]。通常，MSWI 过程的控制遵循“3T＋E”原则[7]，即炉膛温度大于 850℃、烟气停留时间大于 2s、一定的烟气湍流强度及充足的空气量。理论上，“3T＋E”原则能够有效确保燃烧过程产生的有害物质得到充分分解，从源头控制酸性气体和二噁英等有毒污染物的生成。在“3T＋E”原则中，炉膛温度尤为重要，其还与 MSWI 过程的其他被控变量和工艺参数紧密相关，如与锅炉蒸汽流量成正比，与烟气含氧量成反比[8]，与 DXN 分解和再生成及燃烧效率等直接相关[9]。由此可知，炉膛温度是保证 MSWI 过程安全运行的重要指标，也是确保尾气中多种污染物排放浓度最小化的关键因素。因此，进行 MSWI 过程炉膛温度的稳定控制研究非常必要。

面向 MSWI 过程污染物减排，目前暂无包含炉膛温度设定优化、控制器回路和被控对象等部分的研究报道，也没有针对典型污染物排放浓度与炉膛温度间指标模型的研究。针对 NO_x，Matsumura 等[10-11]提出采用系统辨识方法构建模型，Huselstein 等[12]提出采用连续时间系统辨识构建传函模型，Meng 等[13]建立了模块化神经网络模型，上述研究多侧重预测模型的构建，未考虑如何应用于炉膛温度控制。此外，CO_2 与炉膛温度极为相关，在当前“双碳”战略背景下，减排 CO_2 也将是 MSWI 过程的关注点之一[6]。降低与炉膛温度相关的污染物浓度需要依据 MSWI 过程的动态变化优化设定炉膛温度的期望值。显然，多目标优化算法是解决该问题的有效手段[14]。本章选择 NO_x 与 CO_2 排放浓度作为优化目标搜索最优炉膛温度设定值。此类研究目前还未见报道。

综上，本章从建模、控制和优化视角提出基于多回路改进单神经元自适应 PID(improred single neuron adaptive，ISNA-PID)的炉膛温度智能优化控制方法。首先，面向以炉膛温度控制为目标的过程对象建模问题，建立基于线性回归决策树(least regression decision tree，LSDT)的多入单出被控对象模型；其次，面向炉膛温度与多个操纵变量相关的问题，构建基于 ISNA-PID 的多回路控制器；最后，面向以降低与炉膛温度相关污染物排放浓度为目标的优化设定问题，建立基于 CART 树算法的单入单出 NO_x 与 CO_2 排放浓度模型，采用 PSO 算法求解以最小化 NO_x 与 CO_2 排放浓度为目标的炉膛温度优化设定值。基于实际 MSWI 电厂的过程数据验证了所提建模、控制和优化框架的有效性，实验结果表明：多入单出被控对象模型具有良好的拟合性能，多回路炉膛温度控制器具有较好的稳定性和抗扰性，优化算法能够实现炉膛温度设定值的自主寻优，降低了 NO_x 与 CO_2 的排放浓度。基于第 3 章设计的安全隔离与优化控制系统和多入多出回路控制系统，针对上述算法开发了相应的分布式软件系统进行协同运行，实现了面向炉膛温度设定的安全隔离与优化控制系统。

4.4.2 优化策略

本章提出的面向炉膛温度的智能优化策略由三部分组成：面向炉膛温度的被控对象模

型、面向炉膛温度的多回路智能控制器和面向炉膛温度的设定优化，如图 4.59 所示。

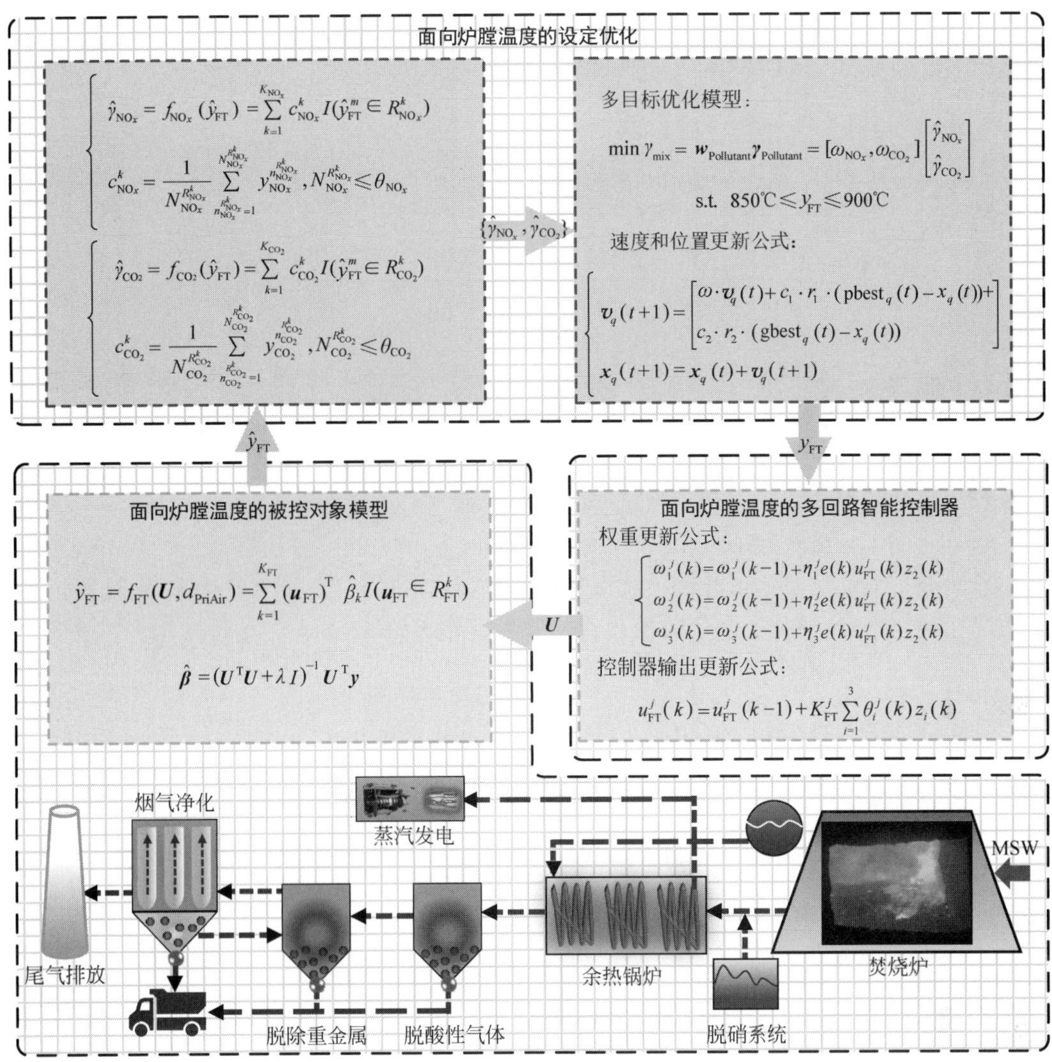

图 4.59　面向炉膛温度的智能优化策略图

其中，y_{FT} 表示炉膛温度最优设定值；$\boldsymbol{U}$ 表示多回路控制器输出矩阵；$\hat{y}_{FT}$ 表示炉膛温度模型输出值；$\hat{\gamma}_{NO_x}$ 和 $\hat{\gamma}_{CO_2}$ 表示 NO_x 与 CO_2 模型输出值；其余符号见下文描述。

4.4.3　算法实现

4.4.3.1　面向炉膛温度的被控对象模型

由于采集过程中存在传感器老化、电磁干扰等问题，采集得到的数据存在的不同程度噪声会严重影响模型精度。本章提出面向炉膛温度的被控对象模型包括基于小波的数据去噪和基于 LRDT[15] 的模型构建两部分，其结构如图 4.60 所示。

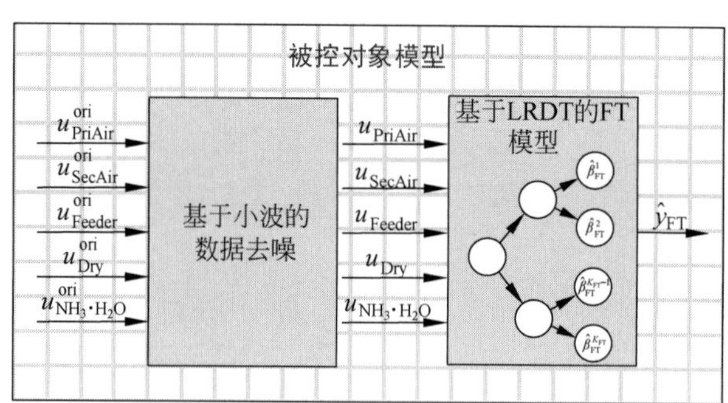

图 4.60 面向炉膛温度的被控对象模型结构图

其中，$u_{\mathrm{PriAir}}^{\mathrm{ori}}$、$u_{\mathrm{SecAir}}^{\mathrm{ori}}$、$u_{\mathrm{Feeder}}^{\mathrm{ori}}$、$u_{\mathrm{Dry}}^{\mathrm{ori}}$ 和 $u_{\mathrm{NH_3\cdot H_2O}}^{\mathrm{ori}}$ 分别表示一次风流量、二次风流量、进料器炉排均速、干燥炉排均速和氨水注入量原始数据；u_{PriAir}、u_{SecAir}、u_{Feeder}、u_{Dry} 和 $u_{\mathrm{NH_3\cdot H_2O}}$ 分别表示一次风流量、二次风流量、进料器炉排均速、干燥炉排均速和氨水注入量在进行小波去噪处理后的数据；$\hat{y}_{\mathrm{FT}}$ 表示炉膛温度模型的输出。

1）基于小波的数据去噪

小波分析能够解决傅里叶变换难以处理非平稳信号的问题，具有算法简单、计算量小等特点[16]。基于小波阈值法的硬阈值和软阈值去噪表达如下所示[17]：

$$\bar{w}_\theta=\begin{cases}w_\theta, & |w_\theta|\geqslant\theta\\ 0, & |w_\theta|<\theta\end{cases}\tag{4.48}$$

$$\bar{w}_\theta=\begin{cases}\mathrm{sgn}(w_\theta)(|w_\theta|-\theta), & |w_\theta|\geqslant\theta\\ 0, & |w_\theta|<\theta\end{cases}\tag{4.49}$$

$$\mathrm{sgn}(w_\theta)=\begin{cases}1, & w_\theta>0\\ -1, & w_\theta<0\end{cases}\tag{4.50}$$

其中，w_θ 和 $\bar{w}_\theta$ 分别表示去噪前、后的小波系数；阈值 $\theta=\left(\dfrac{\mathrm{median}(|w_\theta|)}{0.6745}\right)^2\times\lg M$，$M$ 表示信号长度。

由式(4.48)～式(4.50)可知，硬阈值将绝对值大于阈值的元素保留，小于阈值的部分置0；软阈值则是令绝对值小于阈值的元素为0，其余非0元素向0收缩，优点是平滑性好；后者适合于对本章所采用的过程数据进行去噪。

2）基于 LRDT 的炉膛温度模型

结合工业实际，为简化描述，将炉膛温度模型的全部输入特征记为 $\boldsymbol{u}_{\mathrm{FT}}=\{u_{\mathrm{PriAir}},u_{\mathrm{SecAir}},u_{\mathrm{Feeder}},u_{\mathrm{Dry}},u_{\mathrm{NH_3\cdot H_2O}}\}\in\mathbb{R}^{M\times 1}$。

首先，以第 m 个输入特征 u_{FT}^m 作为分割变量，以第 n_{sel} 个样本的对应值 $u_{\mathrm{FT}\cdot n_{\mathrm{sel}}}^m$ 作为分割点进行切割，将输入特征空间分为两个区域 R_{FT}^1 和 R_{FT}^2：

$$\begin{cases}R_{\mathrm{FT}}^1(m,u_{\mathrm{FT}\cdot n_{\mathrm{sel}}}^m)=\{\boldsymbol{u}_{\mathrm{FT}}^M \mid u_{\mathrm{FT}}^m\leqslant u_{\mathrm{FT}\cdot n_{\mathrm{sel}}}^m\}\\ R_{\mathrm{FT}}^2(m,u_{\mathrm{FT}\cdot n_{\mathrm{sel}}}^m)=\{\boldsymbol{u}_{\mathrm{FT}}^M \mid u_{\mathrm{FT}}^m> u_{\mathrm{FT}\cdot n_{\mathrm{sel}}}^m\}\end{cases}\tag{4.51}$$

基于以下准则，通过遍历寻找最优分割变量和分割点：

$$\min_{m,u_{\mathrm{FT},n_{\mathrm{sel}}}^{m}}\left[\min_{C_{\mathrm{FT}}^{1}}\sum_{u_{\mathrm{FT}}^{m}\in R_{\mathrm{FT}}^{1}(m,u_{\mathrm{FT},n_{\mathrm{sel}}}^{m})}(y_{\mathrm{FT}}^{1}-C_{\mathrm{FT}}^{1})^{2}+\min_{C_{\mathrm{FT}}^{2}}\sum_{u_{\mathrm{FT}}^{m}\in R_{\mathrm{FT}}^{2}(m,u_{\mathrm{FT},n_{\mathrm{sel}}}^{m})}(y_{\mathrm{FT}}^{2}-C_{\mathrm{FT}}^{2})^{2}\right] \tag{4.52}$$

其中，y_{FT}^{1} 和 y_{FT}^{2} 分别表示区域 R_{FT}^{1} 和 R_{FT}^{2} 中的样本真值；C_{FT}^{1} 和 C_{FT}^{2} 分别表示区域 R_{FT}^{1} 和 R_{FT}^{2} 中的样本真值平均值。

其次，重复上述过程，直到叶节点样本数小于经验设定阈值 θ_{FT}。

再次，将输入特征空间划分为 K_{FT} 个区域并标记为 $R_{\mathrm{FT}}^{1},\cdots,R_{\mathrm{FT}}^{k},\cdots,R_{\mathrm{FT}}^{K_{\mathrm{FT}}}$。

最后，基于 LRDT 的 FT 模型可表示如下：

$$\hat{y}_{\mathrm{FT}}=f_{\mathrm{FT}}(\cdot)=\sum_{k=1}^{K_{\mathrm{FT}}}(\boldsymbol{u}_{\mathrm{FT}})^{\mathrm{T}}\hat{\beta}_{k}I(u_{\mathrm{FT}}^{\mathrm{leaf}}\in R_{\mathrm{FT}}^{k}) \tag{4.53}$$

其中，$\hat{\beta}_{k}$ 表示第 k 个叶节点权重；$I(\cdot)$表示指示函数，当 $u_{\mathrm{FT}}^{\mathrm{leaf}}\in R_{\mathrm{FT}}^{k}$ 存在时函数值为 1，否则为 0，$[u_{\mathrm{FT}}^{\mathrm{leaf}}]^{\mathrm{T}}\in\mathbb{R}^{M_{\mathrm{FT}}^{\mathrm{leaf}}\times 1}$；$M_{\mathrm{FT}}^{\mathrm{leaf}}$ 表示中间节点数量，且 $M_{\mathrm{FT}}^{\mathrm{leaf}}\ll M$。

构建上述模型的损失函数，定义如下：

$$\mathrm{loss}=\frac{1}{2}\cdot\left[\sum_{i=1}^{N}(y_{\mathrm{FT}}^{i}-[\boldsymbol{u}_{\mathrm{FT}}^{i}]^{\mathrm{T}}\hat{\beta}_{i})^{2}+\lambda\hat{\boldsymbol{\beta}}^{2}\right] \tag{4.54}$$

其中，λ 表示正则项系数。

将损失函数转换成向量形式后对$\hat{\boldsymbol{\beta}}$ 求导，并令其为 0，可得：

$$\hat{\boldsymbol{\beta}}=(\boldsymbol{U}^{\mathrm{T}}\boldsymbol{U}+\lambda I)^{-1}\boldsymbol{U}^{\mathrm{T}}\boldsymbol{y}_{\mathrm{FT}} \tag{4.55}$$

其中，$\boldsymbol{U}$ 表示训练炉膛温度模型的输入特征矩阵。

4.4.3.2　面向炉膛温度的多回路智能控制器

鉴于 MSWI 过程的动态特性和强非线性，实际工业现场领域专家通过调节多个操纵变量以实现对炉膛温度的控制作用。因此，本节首先计算一次风流量、二次风流量、进料器均速等操纵变量与炉膛温度的相关系数，将相关系数较低的一次风作为扰动量，提出如图 4.61 所示的 4 回路 ISNA-PID 控制器。

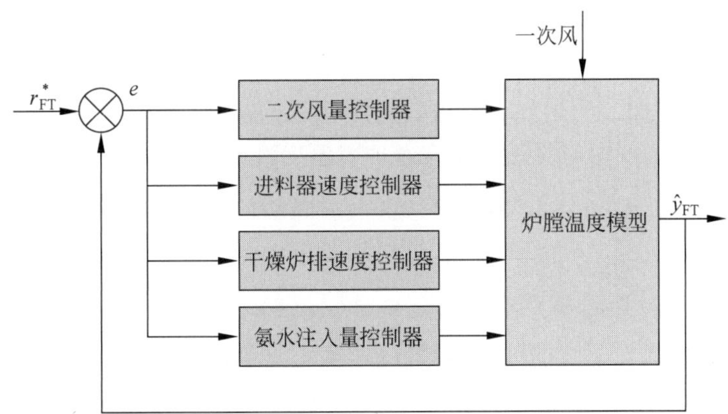

图 4.61　面向炉膛温度的多回路智能控制器结构图

以第 j 个操纵变量 u_{FT}^{j} 为例($j=1,2,\cdots,4$)，ISNA-PID 控制器如图 4.62 所示。

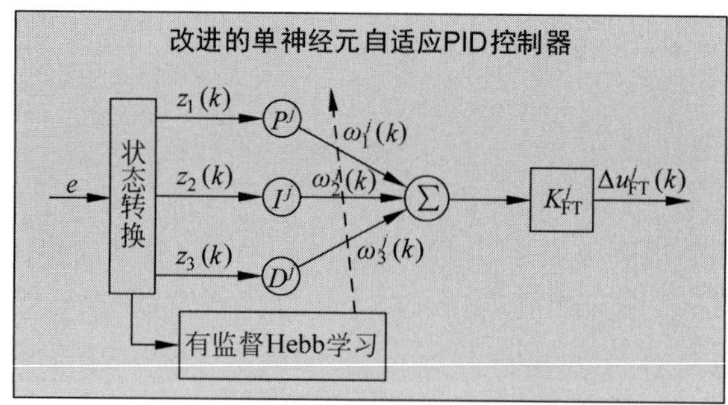

图 4.62 ISNA-PID 控制器结构图

原始 SNA-PID 控制器需要对误差信号进行状态转换，其输入为

$$\begin{cases}z_1(k)=e(k)\\ z_2(k)=e(k)-e(k-1)\\ z_3(k)=e(k)-2\times e(k-1)+e(k-2)\end{cases} \tag{4.56}$$

$$e(k)=r_{\mathrm{FT}}^{*}(k)-y_{\mathrm{FT}}(k) \tag{4.57}$$

其中，$e(k)$表示误差值；r_{FT}^{*} 和 y_{FT} 分别表示炉膛温度设定值和模型输出值；k 表示迭代次数。

为增大误差增量所占的权重且为降低输出振荡，针对 SNA-PID 控制器的输入 z_3 进行改进：

$$z_3(k)=[e(k)-e(k-1)]^2 \tag{4.58}$$

因此，针对第 j 个操纵变量的 ISNA-PID 控制器输出可表示为

$$\Delta u_{\mathrm{FT}}^{j}(k)=K_{\mathrm{FT}}^{j}\sum_{i=1}^{3}\theta_i^j(k)z_i(k) \tag{4.59}$$

其中，$\Delta u_{\mathrm{FT}}^{j}(k)$表示第 j 个操纵变量的增量；K_{FT}^{j} 表示第 j 个操纵变量的神经元增益系数；$\theta_i^j(k)$表示在 k 时刻第 j 个操纵变量的第 i 个神经元加权系数，可表示为

$$\theta_i^j(k)=\frac{\omega_i^j(k)}{\sum_{i=1}^{3}\left|\omega_i^j(k)\right|} \tag{4.60}$$

由式(4.59)和式(4.60)可知，控制器通过不断在线调整神经元加权系数和更新控制器输出，在有监督的 Hebb 学习算法下实现对炉膛温度设定值的跟踪：

$$\begin{cases}\omega_1^j(k)=\omega_1^j(k-1)+\eta_1^j e(k)u_{\mathrm{FT}}^{j}(k)z_1(k)\\ \omega_2^j(k)=\omega_2^j(k-1)+\eta_2^j e(k)u_{\mathrm{FT}}^{j}(k)z_2(k)\\ \omega_3^j(k)=\omega_3^j(k-1)+\eta_3^j e(k)u_{\mathrm{FT}}^{j}(k)z_3(k)\end{cases} \tag{4.61}$$

本章在上述基础上，为加快控制器跟踪速度重复利用误差增量实现加权系数的更新。修改后的加权系数更新公式如下：

$$\begin{cases}\omega_1^j(k)=\omega_1^j(k-1)+\eta_1^j e(k)u_{\mathrm{FT}}^j(k)z_2(k)\\ \omega_2^j(k)=\omega_2^j(k-1)+\eta_2^j e(k)u_{\mathrm{FT}}^j(k)z_2(k)\\ \omega_3^j(k)=\omega_3^j(k-1)+\eta_3^j e(k)u_{\mathrm{FT}}^j(k)z_2(k)\end{cases} \tag{4.62}$$

其中，$\omega_1^j(k)$、$\omega_2^j(k)$和 $\omega_3^j(k)$分别表示第 j 个操纵变量中比例、积分和微分神经元的权重系数，η_1^j、η_2^j 和 η_3^j 分别表示第 j 个操纵变量中比例、积分和微分神经元的学习系数。

4.4.3.3　面向炉膛温度的设定优化

1）基于 CART 树的 NO_x 与 CO_2 指标模型

此处仅考虑炉膛温度对 NO_x 与 CO_2 的影响，为增加模型的可解释性采用 CART 树算法构建单入单出指标模型。

以 NO_x 模型为例描述建模过程。

首先，以第 n_{sel} 个样本的对应值 $y_{\mathrm{FT}\cdot n_{\mathrm{sel}}}$ 作为分割点进行切割，将输入特征空间分为两个区域 $R_{\mathrm{NO}_x}^1$ 和 $R_{\mathrm{NO}_x}^2$：

$$\begin{cases}R_{\mathrm{NO}_x}^1(y_{\mathrm{FT}\cdot n_{\mathrm{sel}}})=\{\boldsymbol{y}_{\mathrm{FT}}\mid y_{\mathrm{FT}}\leqslant y_{\mathrm{FT}\cdot n_{\mathrm{sel}}}\}\\ R_{\mathrm{NO}_x}^2(y_{\mathrm{FT}\cdot n_{\mathrm{sel}}})=\{\boldsymbol{y}_{\mathrm{FT}}\mid y_{\mathrm{FT}}> y_{\mathrm{FT}\cdot n_{\mathrm{sel}}}\}\end{cases} \tag{4.63}$$

基于以下准则，通过遍历寻找最优分割点。

$$\min_{y_{\mathrm{FT}\cdot n_{\mathrm{sel}}}}\Big[\min_{C_{\mathrm{NO}_x}^1}\sum_{y_{\mathrm{FT}}\in R_{\mathrm{NO}_x}^1(y_{\mathrm{FT}\cdot n_{\mathrm{sel}}})}(y_{\mathrm{NO}_x}^1-C_{\mathrm{NO}_x}^1)^2+ \\ \min_{C_{\mathrm{NO}_x}^2}\sum_{y_{\mathrm{FT}}\in R_{\mathrm{NO}_x}^2(y_{\mathrm{FT}\cdot n_{\mathrm{sel}}})}(y_{\mathrm{NO}_x}^2-C_{\mathrm{NO}_x}^2)^2\Big] \tag{4.64}$$

其中，$y_{\mathrm{NO}_x}^1$ 和 $y_{\mathrm{NO}_x}^2$ 分别表示 $R_{\mathrm{NO}_x}^1$ 和 $R_{\mathrm{NO}_x}^2$ 区域中的样本真值；$C_{\mathrm{NO}_x}^1$ 和 $C_{\mathrm{NO}_x}^2$ 分别表示 $R_{\mathrm{NO}_x}^1$ 和 $R_{\mathrm{NO}_x}^2$ 区域中的样本真值平均值。

其次，重复上述过程进行生长，直到叶节点样本数小于依据经验设定的阈值 θ_{NO_x}。

再次，将输入特征空间划分为 K_{NO_x} 个区域并标记为 $R_{\mathrm{NO}_x}^1,\cdots,R_{\mathrm{NO}_x}^k,\cdots,R_{\mathrm{NO}_x}^{K_{\mathrm{NO}_x}}$。

最后，基于 CART 树构建的 NO_x 模型如下：

$$\hat{\gamma}_{\mathrm{NO}_x}=f_{\mathrm{NO}_x}(\cdot)=\sum_{k=1}^{K_{\mathrm{NO}_x}}c_{\mathrm{NO}_x}^k I(y_{\mathrm{FT}}\in R_{\mathrm{NO}_x}^k) \tag{4.65}$$

$$c_{\mathrm{NO}_x}^k=\frac{1}{N_{\mathrm{NO}_x}^{R_{\mathrm{NO}_x}^k}}\sum_{n_{\mathrm{NO}_x}^{R_{\mathrm{NO}_x}^k}=1}^{N_{\mathrm{NO}_x}^{R_{\mathrm{NO}_x}^k}}y_{\mathrm{NO}_x}^{n_{\mathrm{NO}_x}^{R_{\mathrm{NO}_x}^k}},\ N_{\mathrm{NO}_x}^{R_{\mathrm{NO}_x}^k}\leqslant\theta_{\mathrm{NO}_x} \tag{4.66}$$

其中，$N_{\mathrm{NO}_x}^{R_{\mathrm{NO}_x}^k}$ 表示区域 $R_{\mathrm{NO}_x}^k$ 中包含的样本数量；$y_{\mathrm{NO}_x}^{n_{\mathrm{NO}_x}^{R_{\mathrm{NO}_x}^k}}$ 表示区域 $R_{\mathrm{NO}_x}^k$ 中第 $n_{\mathrm{NO}_x}^{R_{\mathrm{NO}_x}^k}$ 个样本的真值；$I(\cdot)$表示指示函数，当 $y_{\mathrm{FT}}\in R_{\mathrm{NO}_x}^k$ 存在时函数值为 1，否则为 0。

相应地，CO_2 指标模型可记为

$$\hat{\gamma}_{CO_2} = f_{CO_2}(\cdot) = \sum_{k=1}^{K_{CO_2}} c_{CO_2}^k I(y_{FT} \in R_{CO_2}^k) \tag{4.67}$$

$$c_{CO_2}^k = \frac{1}{N_{CO_2}^{R_{CO_2}^k}} \sum_{n_{CO_2}^{R_{CO_2}^k}=1}^{N_{CO_2}^{R_{CO_2}^k}} y_{CO_2}^{n_{CO_2}^{R_{CO_2}^k}}, N_{CO_2}^{R_{CO_2}^k} \leqslant \theta_{CO_2} \tag{4.68}$$

其中，$N_{CO_2}^{R_{CO_2}^k}$ 表示区域 $R_{CO_2}^k$ 中包含的样本的数量；$y_{CO_2}^{n_{CO_2}^{R_{CO_2}^k}}$ 表示区域 $R_{CO_2}^k$ 中第 $n_{CO_2}^{R_{CO_2}^k}$ 个样本真值；θ_{CO_2} 表示经验设定阈值；$I(\cdot)$表示指示函数，当 $y_{FT} \in R_{CO_2}^k$ 存在时函数值为 1，否则为 0。

2）多目标优化模型

以最小化 NO_x 与 CO_2 的排放浓度为优化目标，此处构建的面向炉膛温度设定值优化的多目标优化模型如下所示：

$$\min \hat{\gamma}_{mix} = \boldsymbol{w}_{Pollutant} \boldsymbol{\gamma}_{Pollutant} = [\omega_{NO_x}, \omega_{CO_2}] \begin{bmatrix} \hat{\gamma}_{NO_x} \\ \hat{\gamma}_{CO_2} \end{bmatrix} \tag{4.69}$$

$$\text{s.t.} \quad 850℃ \leqslant y_{FT} \leqslant 900℃$$

其中，$\hat{\gamma}_{mix}$ 表示污染物综合排放浓度；$\boldsymbol{w}_{Pollutant}$ 表示权重向量；$\boldsymbol{\gamma}_{Pollutant}$ 表示污染物排放浓度输出向量；ω_{NO_x} 和 ω_{CO_2} 分别表示 NO_x 与 CO_2 排放浓度权重。

为最小化目标函数 $\hat{\gamma}_{mix}$，本节在基于 CART 树建立的单入单出 NO_x 与 CO_2 指标模型的基础上，采用 PSO 算法求解最优炉膛温度设定值。

作为群智能算法之一的 PSO 算法通过模拟鸟群捕食行为，将待优化问题的解看作捕食鸟群，解空间看作鸟群飞行空间，空间中每只鸟的位置即为 PSO 算法在解空间的一个粒子，利用种群中个体间的相互协作和信息共享寻找最优解[18]，具有原理简单、调整参数少及运行速度快等优点，已广泛用于各类工程优化问题。其粒子速度与位置更新的公式如下：

$$\begin{cases} \boldsymbol{v}_i(t+1) = \omega \cdot \boldsymbol{v}_i(t) + c_1 \cdot r_1 \cdot (\text{pbest}_i(t) - x_i(t)) + c_2 \cdot r_2 \cdot (\text{gbest}(t) - x_i(t)) \\ \boldsymbol{x}_i(t+1) = \boldsymbol{x}_i(t) + \boldsymbol{v}_i(t+1) \end{cases} \tag{4.70}$$

其中，t 表示迭代次数；ω 表示惯性因子；r_1 和 r_2 是(0,1)之间的随机数；c_1 和 c_2 代表学习因子，通常取值为 2；$x_i(t)$和 $\text{pbest}_i(t)$分别表示第 t 次迭代时，第 i 个粒子的当前位置和个体最优；gbest(t)表示第 t 次迭代时的全局最优。

由于炉膛温度设定值通常为整数，对速度更新公式进行取整运算：

$$\begin{cases} \boldsymbol{v}_q(t+1) = \begin{bmatrix} \omega \cdot \boldsymbol{v}_q(t) + c_1 \cdot r_1 \cdot (\text{pbest}_q(t) - x_q(t)) + \\ c_2 \cdot r_2 \cdot (\text{gbest}_q(t) - x_q(t)) \end{bmatrix} \\ \boldsymbol{x}_q(t+1) = \boldsymbol{x}_q(t) + \boldsymbol{v}_q(t+1) \end{cases} \tag{4.71}$$

其中，q 表示粒子编号；[•]表示取整运算。

4.4.4 协同运行

基于所述安全隔离与优化控制系统、多入多出回路控制系统结构、本节所提的智能优化控制策略，给出如图 4.63 所示的协同运行模式。

由图 4.63 可知，协同运行模式的步骤如下。

步骤(1)：利用数据正向采集隔离模块采集并传输多入多出回路控制系统中的过程数据；

步骤(2)：运行优化模块获取多入多出回路控制系统当前运行状态，并计算 FT 模型、NO_x 模型和 CO_2 模型的输出；

步骤(3)：当工况变化时，在运行优化模块中设置优化算法参数，求解污染物排放浓度最低的 FT 设定值；

步骤(4)：在运行优化模块中，利用多回路智能控制器计算基于步骤(3)所求解的 FT 设定值情况下的操纵变量输出；

步骤(5)：利用运行参数反向传输模块采集并转发优化算法求解所得的 FT 设定值和回路控制器的输出值；

步骤(6)：运行参数辅助决策模块采集步骤(5)中运行参数，并下装至多入多出回路控制系统实现虚拟 MSWI 过程的运行；

步骤(7)：在智能优化模块前台界面查看当前运行工况，判断是否进行下次运行优化。

4.4.5 实验结果

4.4.5.1 数据描述

本节采用北京某 MSWI 电厂 2021 年某月某日 16 个小时连续运行的过程数据验证所提方法的准确性。

4.4.5.2 实验结果

1）过程对象建模结果

(1) 数据预处理结果

在对过程数据取 60s 均值后进行预处理，最终获得 957 组数据。为保证数据平滑性，采取小波软阈值去噪，相关参数设置如下：分解层数为 3，启发式阈值 Heursure 规则和信号长度为 957。去噪结果如图 4.64 所示。

由图 4.64 可知，由于进料器均速和干燥炉排均速为定值变化，不存在平滑波动过程，故不对其进行去噪处理。

(2) 炉膛温度模型结果

利用 RMSE 和 MAE 评价所建模型性能，具体公式为

$$\mathrm{RMSE}=\sqrt{\frac{1}{N}\sum_{i=1}^{N}(\hat{y}_{\mathrm{FT}}^{i}-y_{\mathrm{FT}}^{i})^{2}} \tag{4.72}$$

$$\mathrm{MAE}=\frac{1}{N}\sum_{i=1}^{N}\left|\hat{y}_{\mathrm{FT}}^{i}-y_{\mathrm{FT}}^{i}\right| \tag{4.73}$$

其中，$\hat{y}_{\mathrm{FT}}^{i}$ 表示模型预测值，y_{FT}^{i} 表示模型真值。

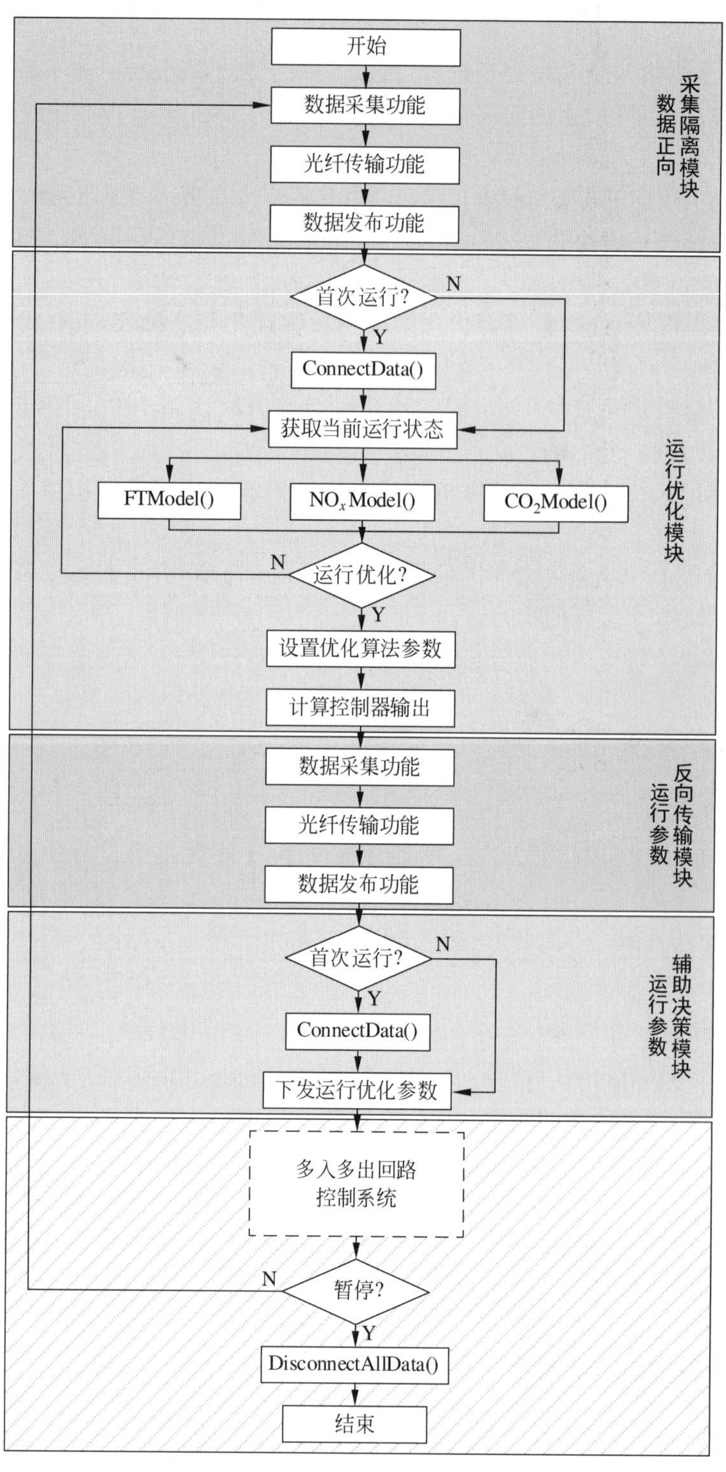
开始
数据采集功能
光纤传输功能
数据发布功能
采集隔离模块
数据正向
首次运行?
N
Y
ConnectData()
获取当前运行状态
FTModel()
NO_xModel()
CO_2Model()
运行优化模块
N
运行优化?
Y
设置优化算法参数
计算控制器输出
数据采集功能
光纤传输功能
数据发布功能
反向传输模块
运行参数
首次运行?
N
Y
ConnectData()
下发运行优化参数
辅助决策模块
运行参数
多入多出回路
控制系统
N
暂停?
Y
DisconnectAllData()
结束

图 4.63　协同运行模式示意图

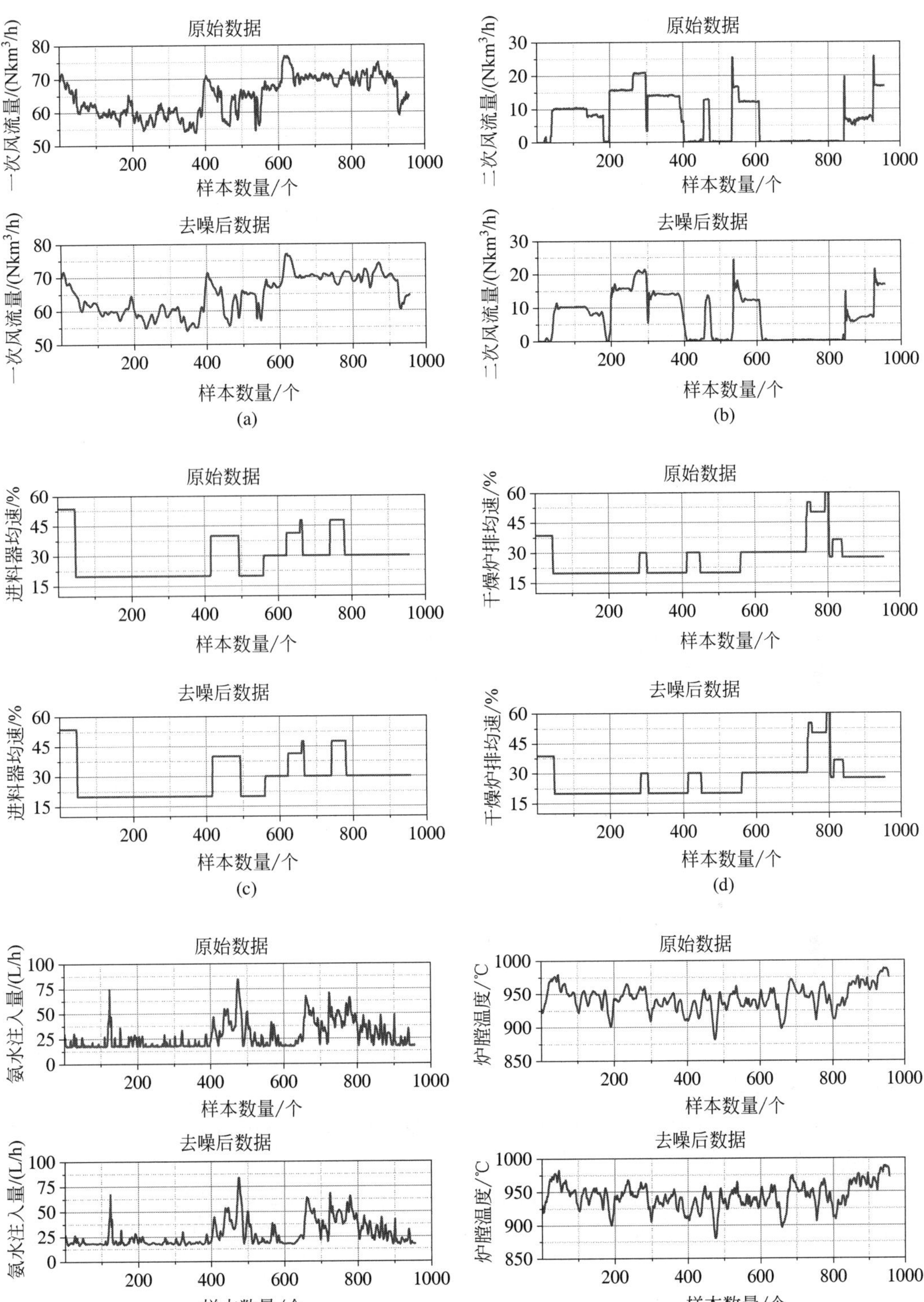

图 4.64　数据去噪结果

(a) 一次风量；(b) 二次风量；(c) 进料器均递；(d) 干燥炉排均速；
(e) 氨水注入量；(f) 炉膛温度；(g) NO_x 排放量；(h) CO_2 占比

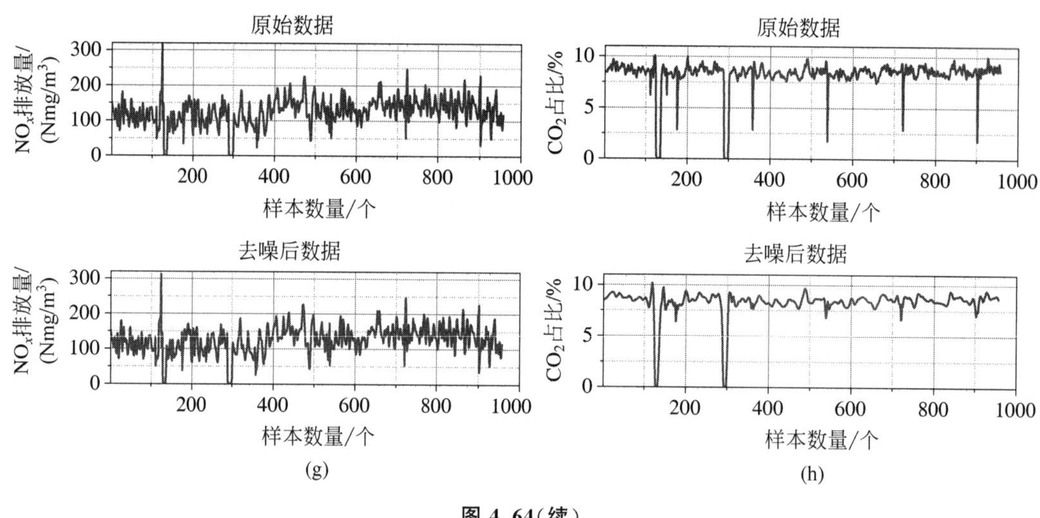

图 4.64(续)

相关参数如下：设置最小样本数 θ_{FT}^{LSDT} 为 10 和正则项系数 λ_{FT} 为 0.5。为验证所建模型的有效性，采用 CART 树、RF 和 BPNN 模型进行比较。其中，CART 树模型，设置最小样本数 θ_{FT}^{CART} 为 10；RF 模型，设置最小样本数 θ_{FT}^{RF} 为 10 和决策树数量 T_{nFT}^{RF} 为 100；BPNN 模型，设置隐含层神经元个数为 11、迭代次数为 1000、收敛误差为 0.1 和学习速率为 0.5。模型训练集、验证集和测试集拟合曲线如图 4.65 所示，性能指标对比结果如表 4.8 所示。

表 4.8　炉膛温度模型性能指标对比结果

	训练集		验证集		测试集	
	RMSE	MAE	RMSE	MAE	RMSE	MAE
LRDT	6.7026	4.8921	10.695	7.6861	10.957	7.5246
CART	18.051	12.224	20.203	14.435	20.278	14.392
RF	14.516	11.241	18.055	14.239	19.004	15.111
BPNN	14.046	10.811	14.829	11.208	14.758	11.191

由上述建模结果可知：

(1) 经小波软阈值去噪后的数据相比于原始数据更平滑，有利于后续进行智能优化算法的研究；

(2) 针对炉膛温度模型，本节采用的 LRDT 模型相比于其他模型在性能上均具有优势，拟合能力和建模精度均较好，原因在于：在树结构模型中引入权重改善了模型的平滑性能，修正了传统树结构模型叶节点均值输出的缺点。

2) 智能控制结果

利用平方积分误差(integral of squared error，ISE)、绝对积分误差(integral of absolute error，IAE)和误差最大偏差(maximal deviation from set point，DEV^{max})评估控制器性能，计算公式如下：

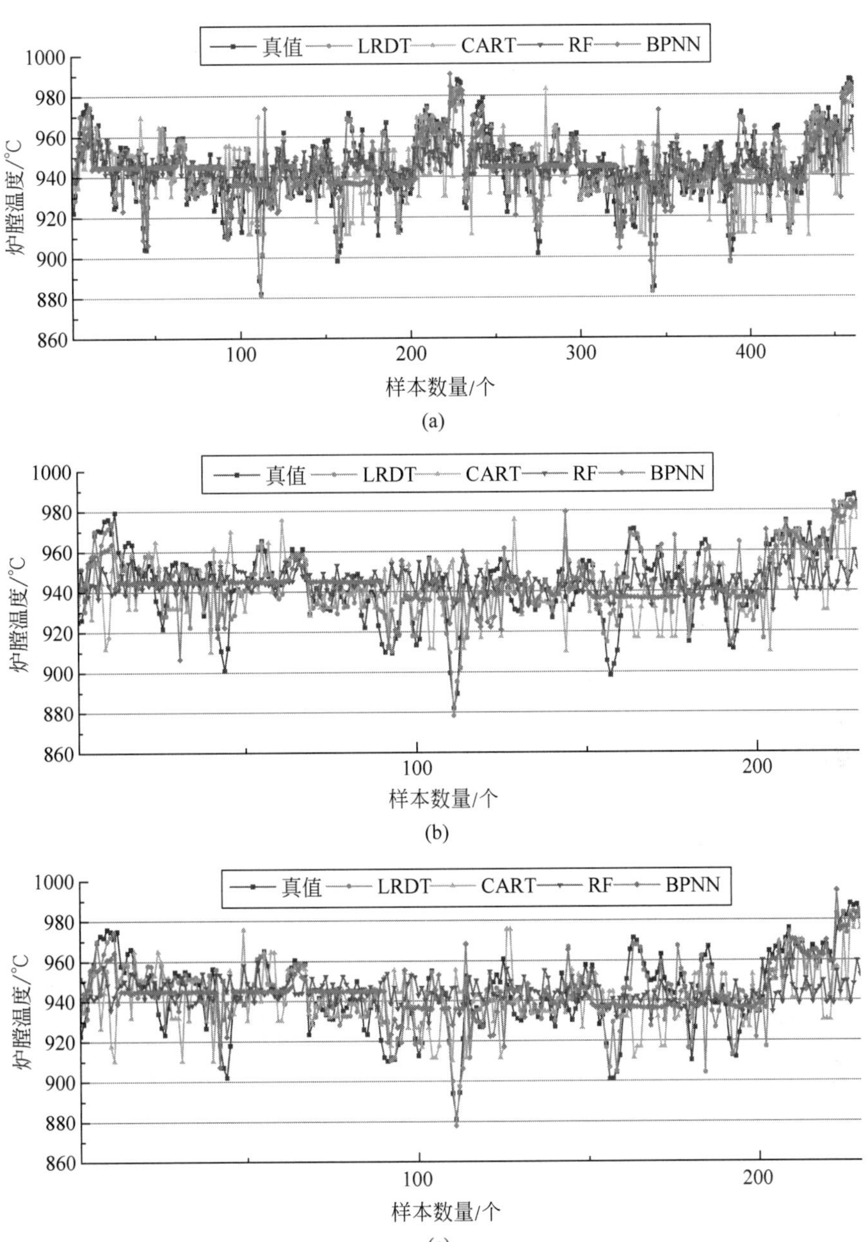

图 4.65 炉膛温度模型拟合曲线

(a) 训练集拟合曲线；(b) 验证集拟合曲线；(c) 测试集拟合曲线

$$\mathrm{ISE}=\frac{1}{t_f-t_0}\int_{t_0}^{t_f}(e(t))^2\mathrm{d}t \tag{4.74}$$

$$\mathrm{IAE}=\frac{1}{t_f-t_0}\int_{t_0}^{t_f}|e(t)|\mathrm{d}t \tag{4.75}$$

$$\mathrm{DEV}^{\max}=\max\{|e(t)|\} \tag{4.76}$$

其中，t_0 和 t_f 表示控制开始和结束时间。

基于上文所述炉膛温度模型，此处将二次风流量、进料器炉排速度、干燥炉排速度和氨水注入量作为操纵变量，一次风流量作为扰动变量，炉膛温度作为被控变量，利用 4 个 ISNA-PID 控制器进行控制实验。将其与原始 SNA-PID 控制器和 PID 控制器进行对比。其中，SNA-PID/ISNA-PID 控制器的神经元增益系数为 0.05，比例、微分和积分神经元学习率分别为 0.3、0.1 和 0.2；针对 PID 控制器，二次风流量、进料器速度、干燥炉排速度和氨水注入量控制器的比例、微分和积分系数分别设置为 0.05、0.005 和 0.001，0.01、0.005 和 0.001，0.01、0.005 和 0.001 以及 0.05、0.005 和 0.001。

跟踪结果和误差曲线如图 4.66 和图 4.67 所示。

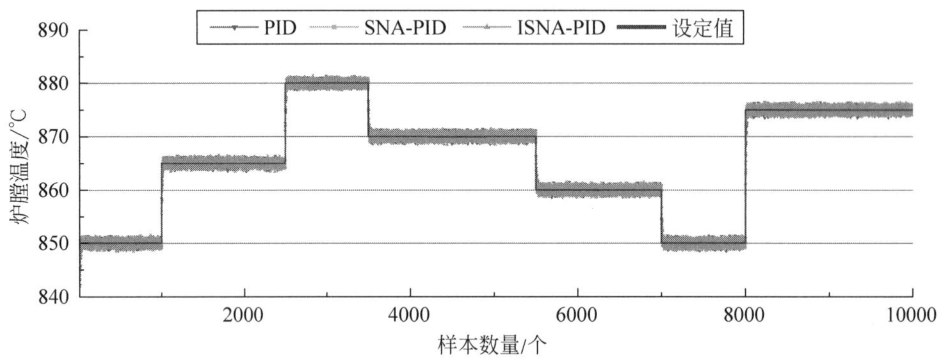

图 4.66 跟踪结果曲线

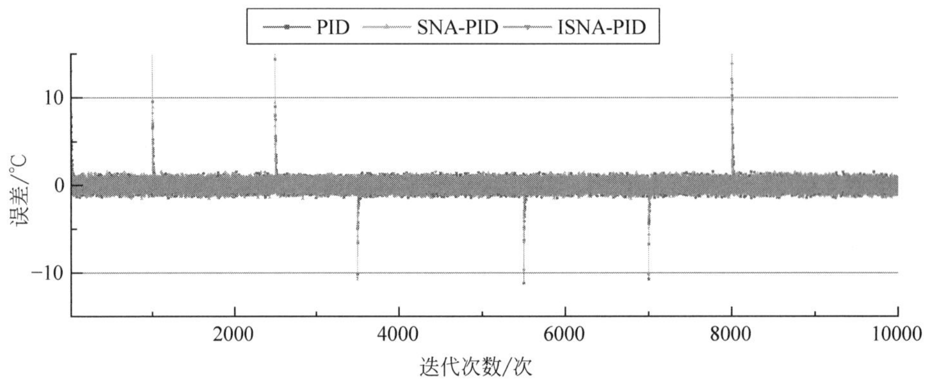

图 4.67 误差曲线

由图 4.66 和图 4.67 可知，在变设定值的情况下，3 种控制器均能实现对设定值的有效跟踪，但 ISNA-PID 控制器的输出振荡和误差更小。SNA-PID 和 ISNA-PID 控制器的输出和参数调节曲线如图 4.68 和图 4.69 所示。

由图 4.68 和图 4.69 可知，相比于 SNA-PID 控制器，ISNA-PID 控制器在稳定时刻的输出波动范围较小，说明 ISNA-PID 控制器具有降低控制器频繁波动的优势。

为评估控制器性能，将 ISNA-PID、SNA-PID 和 PID 控制器进行比较，指标变化曲线如图 4.70 所示，统计结果如表 4.9 所示。

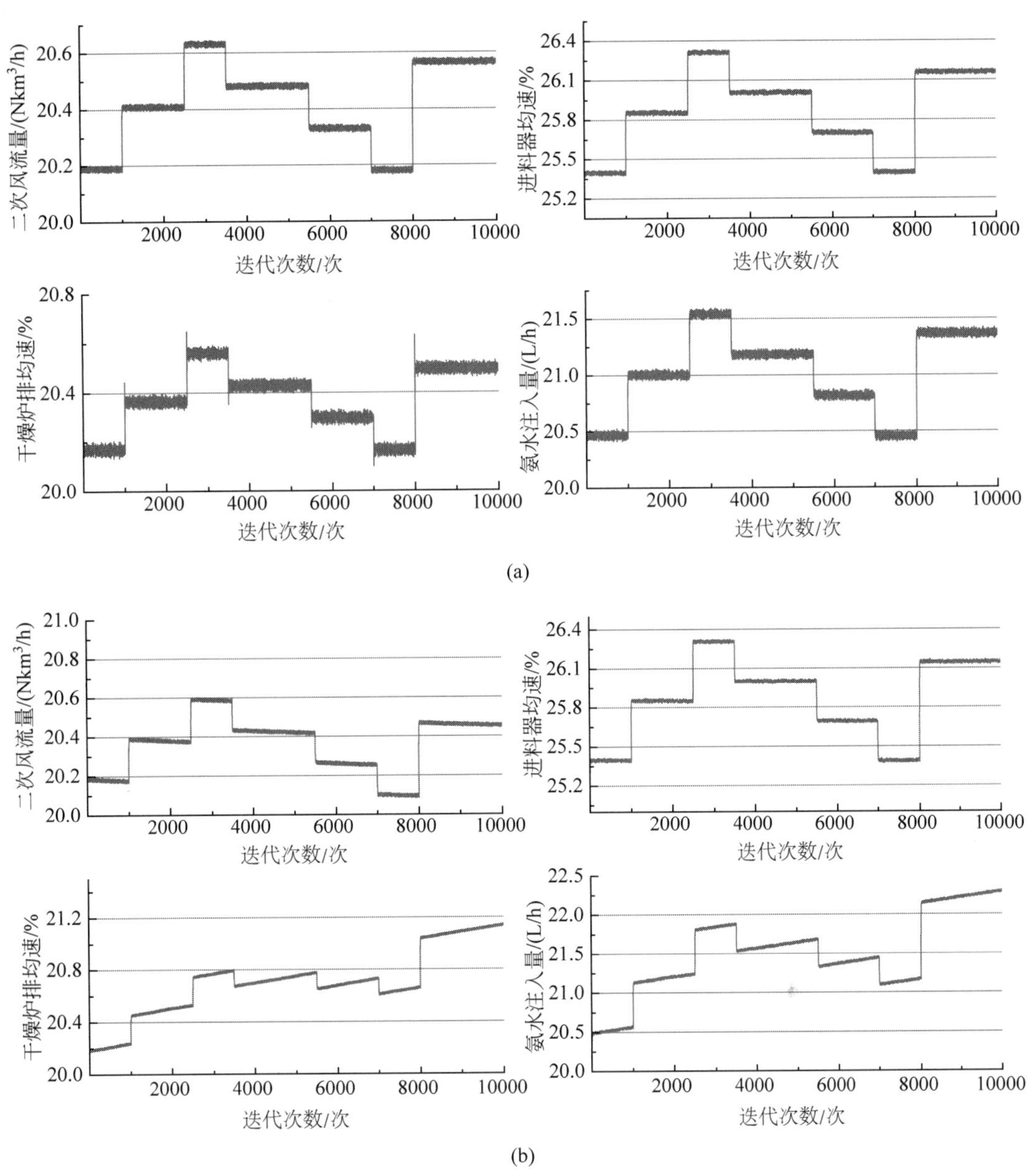

图 4.68 控制器输出曲线

(a) SNA-PID 控制器输出曲线；(b) ISNA-PID 控制器输出曲线

表 4.9 控制器性能评估结果

	ISE	IAE	DEV^{max}
ISNA-PID	0.6023	0.5077	25.1589
SNA-PID	0.6461	0.5303	25.0156
PID	0.7600	0.5457	24.0702

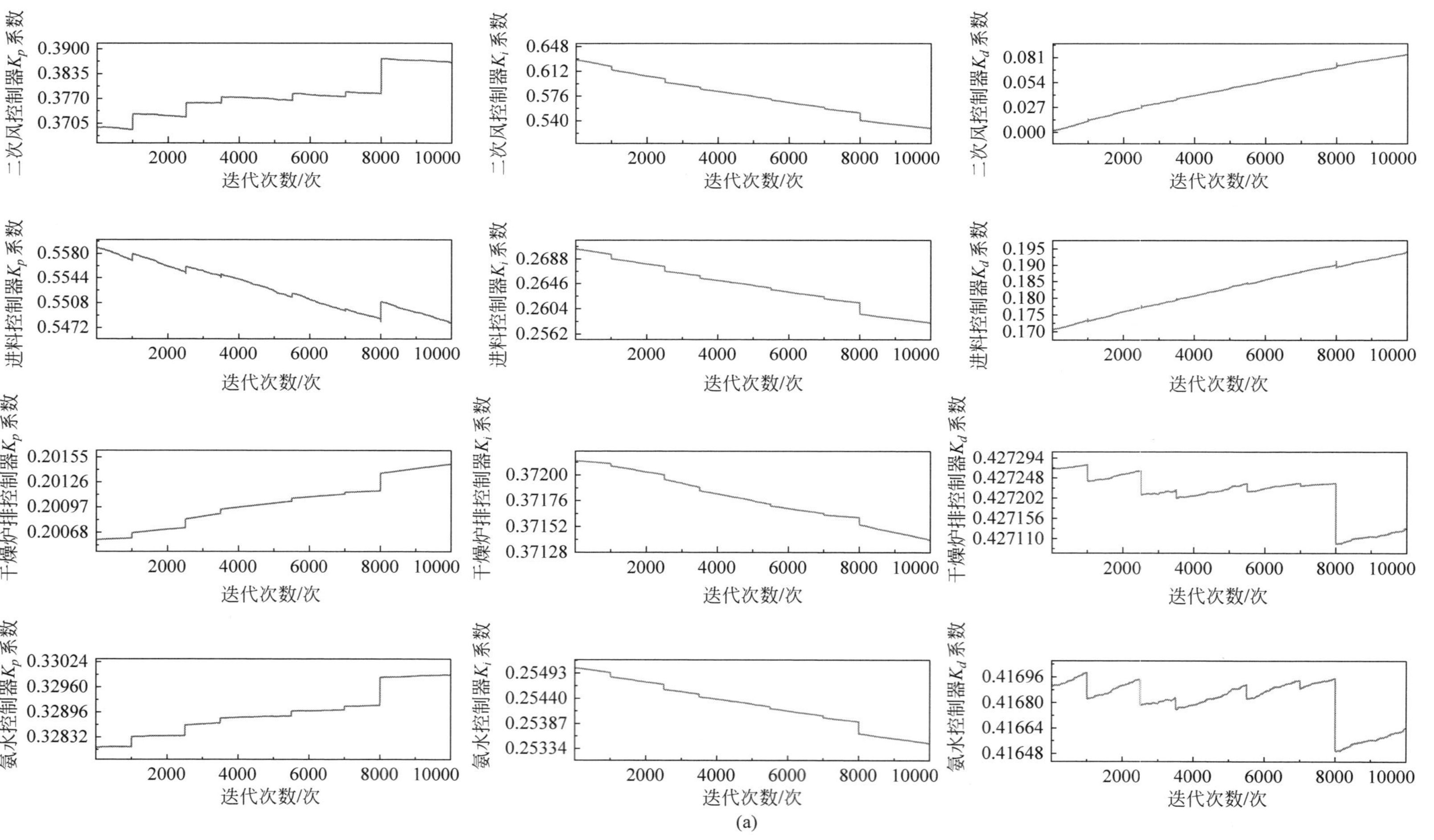

图 4.69 控制器参数变化曲线

（a）SNA-PID 控制器参数变化曲线；（b）ISNA-PID 控制器参数变化曲线

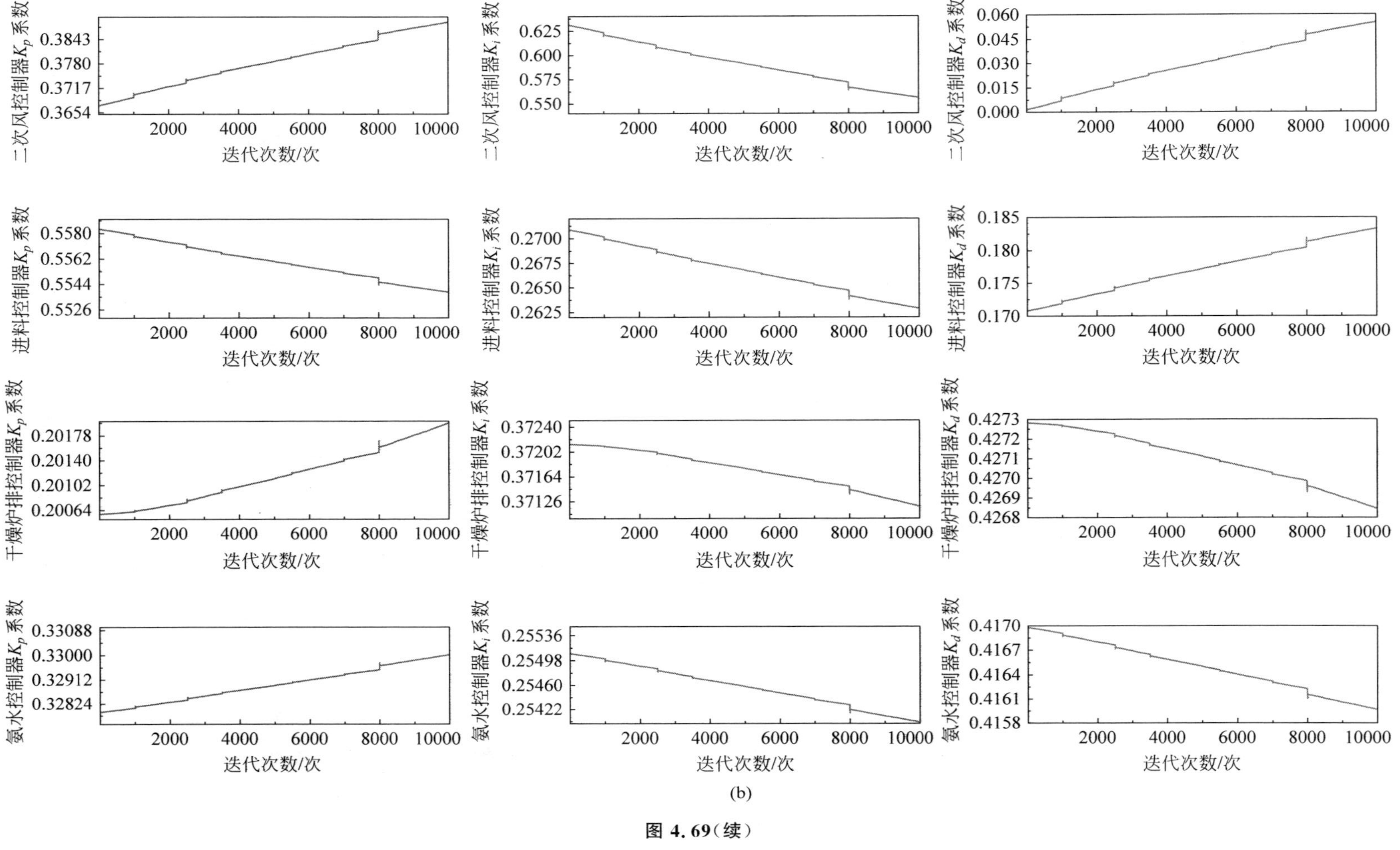
二次风控制器K_p系数
0.3843
0.3780
0.3717
0.3654
二次风控制器K_i系数
0.625
0.600
0.575
0.550
二次风控制器K_d系数
0.060
0.045
0.030
0.015
0.000
进料控制器K_p系数
0.5580
0.5562
0.5544
0.5526
进料控制器K_i系数
0.2700
0.2675
0.2650
0.2625
进料控制器K_d系数
0.185
0.180
0.175
0.170
干燥炉排控制器K_p系数
0.20178
0.20140
0.20102
0.20064
干燥炉排控制器K_i系数
0.37240
0.37202
0.37164
0.37126
干燥炉排控制器K_d系数
0.4273
0.4272
0.4271
0.4270
0.4269
0.4268
氨水控制器K_p系数
0.33088
0.33000
0.32912
0.32824
氨水控制器K_i系数
0.25536
0.25498
0.25460
0.25422
氨水控制器K_d系数
0.4170
0.4167
0.4164
0.4161
0.4158
2000
4000
6000
8000
10000
迭代次数/次

(b)

图 4.69（续）

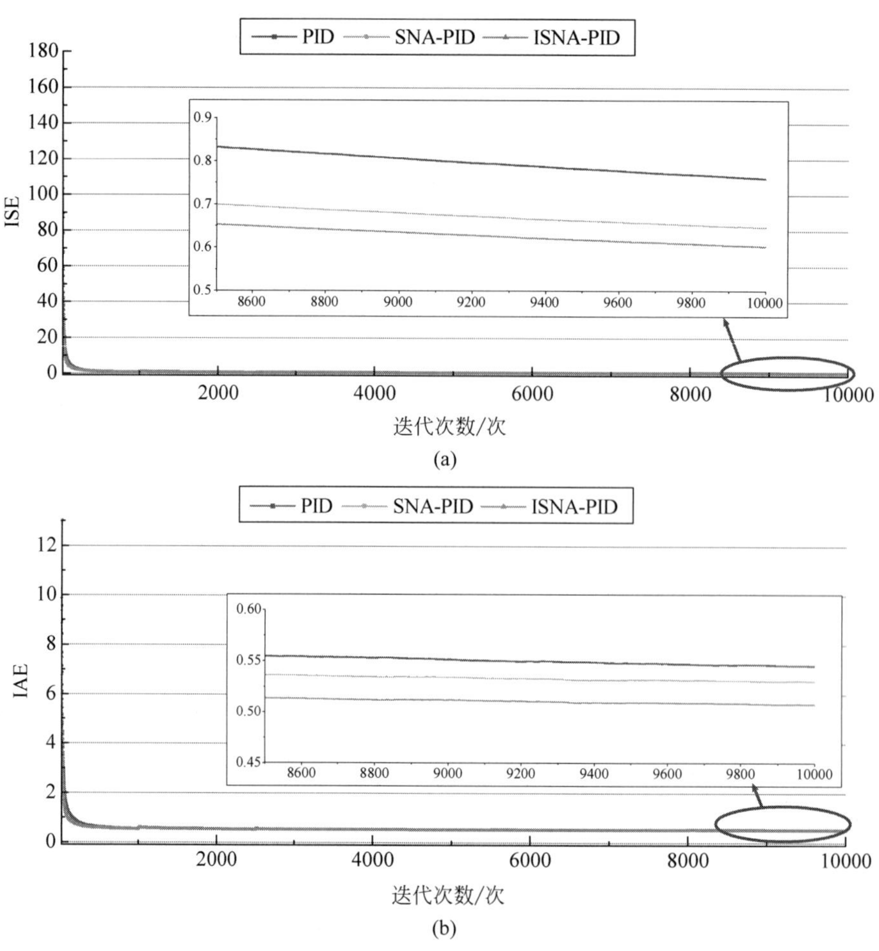

图 4.70 控制器性能指标曲线

(a) ISE 曲线；(b) IAE 曲线

由上述实验结果可知：

(1) 在变设定值对比试验中，3 种控制器均能实现扰动存在情况下的设定值跟踪，但 ISNA-PID 控制器具有更小的输出振荡和误差，原因在于：在 ISNA-PID 控制器中加大了误差增量所占的权重，在逼近设定值时会减缓控制器的输出增量而使被控变量在小范围内波动以实现跟踪。

(2) 由表 5-3 的控制器性能评估结果可知，ISNA-PID 控制器在 ISE 和 IAE 指标上均具有最好的控制性能，但其 DEV^{max} 较大，原因在于：ISNA-PID 控制器通过减缓控制器的输出幅度，降低了被控变量的振荡。

3) 设定优化结果

(1) 指标模型

在本节中，NO_x 与 CO_2 指标模型均为单入单出，考虑到模型的可解释性和知识规则的提取，本章采用 CART 树算法建立指标模型。其中，模型中的最小样本数 $\theta_{NO_x}^{CART}$ 为 10。为验证所建模型的有效性，将其与 LRDT、RF 和 BPNN 模型进行比较。其中，LSDT 模型，设置最小样本数 $\theta_{NO_x}^{LSDT}$ 为 10 和正则项系数 λ_{NO_x} 为 0.5；RF 模型，设置最小样本数 $\theta_{NO_x}^{RF}$ 为

10 和决策树数量 $T_{n\mathrm{NO}_x}^{\mathrm{RF}}$ 为 100；BPNN 模型，设置隐含层神经元个数为 3、迭代次数为 1000、收敛误差为 0.1 和学习速率为 0.5。

模型训练集、验证集和测试集拟合曲线如图 4.71 所示，性能指标对比结果如表 4.10 所示。

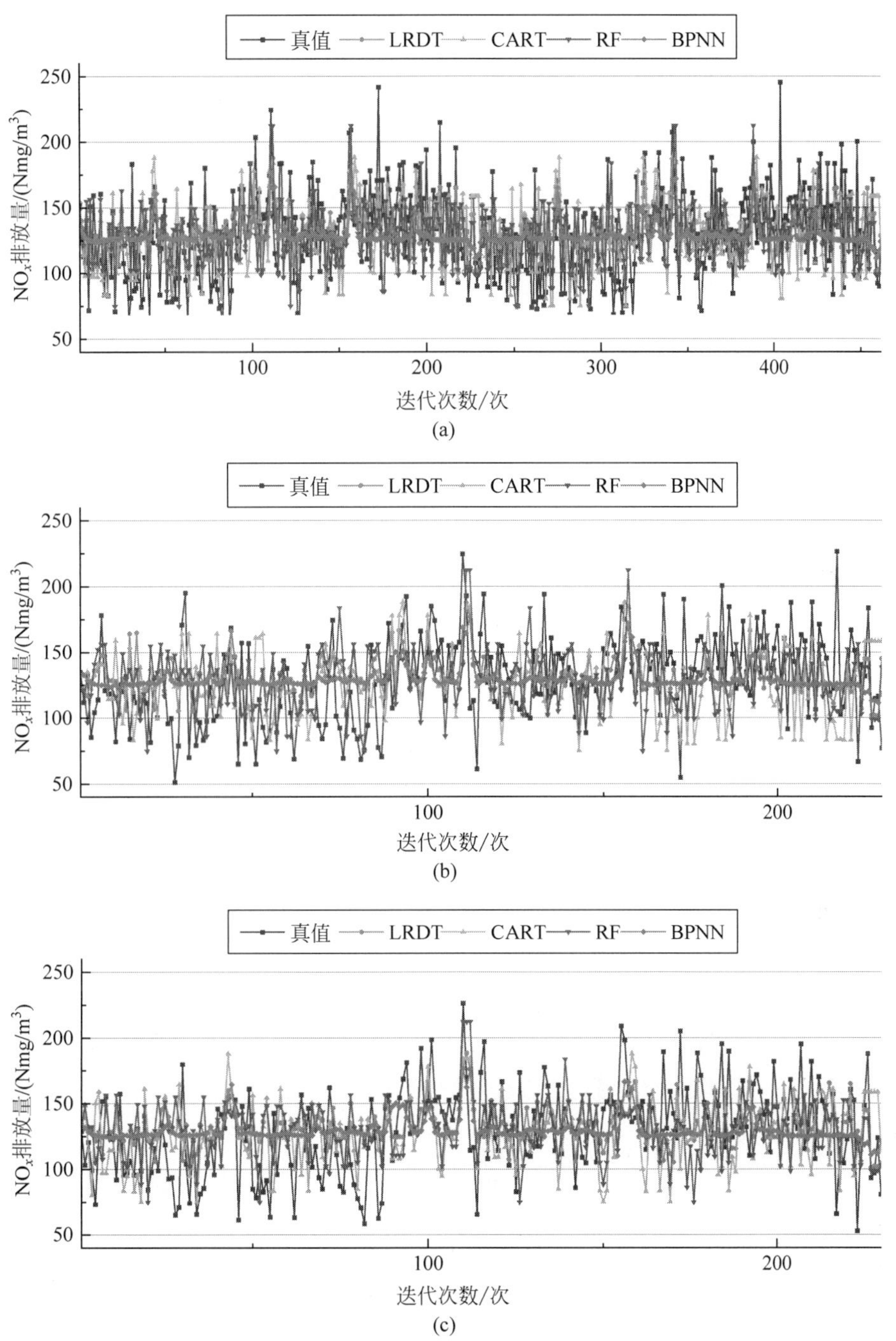

图 4.71　NO_x 模型拟合曲线

(a) 训练集拟合曲线；(b) 验证集拟合曲线；(c) 测试集拟合曲线

表 4.10 NO_x 模型性能指标对比结果

	训练集		验证集		测试集	
	RMSE	MAE	RMSE	MAE	RMSE	MAE
LRDT	28.387	22.224	34.080	27.253	33.591	26.897
CART	33.712	25.861	39.381	31.784	37.265	29.351
RF	31.022	23.972	38.315	30.965	36.778	28.926
BPNN	31.907	25.687	32.027	25.399	31.753	25.418

相关参数设置为：CO_2 模型，最小样本数 $\theta_{CO_2}^{CART}$ 为 10；LRDT 模型，最小样本数 $\theta_{CO_2}^{LSDT}$ 为 10 和正则项系数 λ_{CO_2} 为 0.5；RF 模型，最小样本数 $\theta_{CO_2}^{RF}$ 为 10 和决策树数量 $T_{nCO_2}^{RF}$ 为 100；BPNN 模型，隐含层神经元个数为 3、迭代次数为 1000、收敛误差为 0.1 和学习速率为 0.5。模型训练集、验证集和测试集拟合曲线如图 4.72 所示，性能指标对比结果如表 4.11 所示。

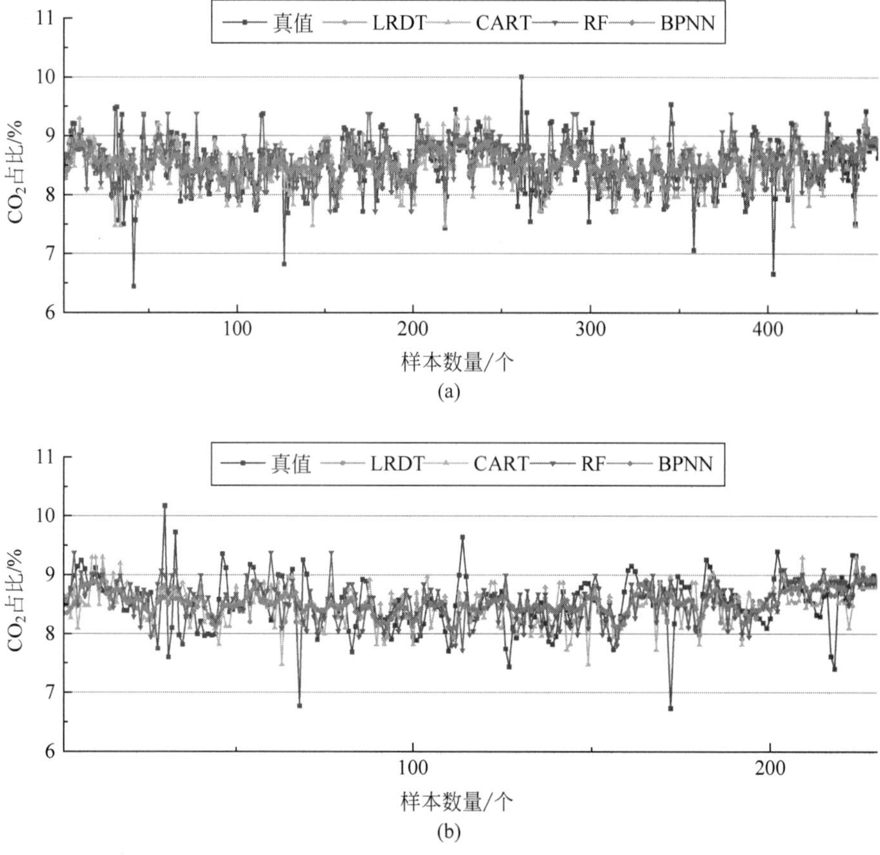

图 4.72 CO_2 模型拟合曲线

(a) 训练集拟合曲线；(b) 验证集拟合曲线；(c) 测试集拟合曲线

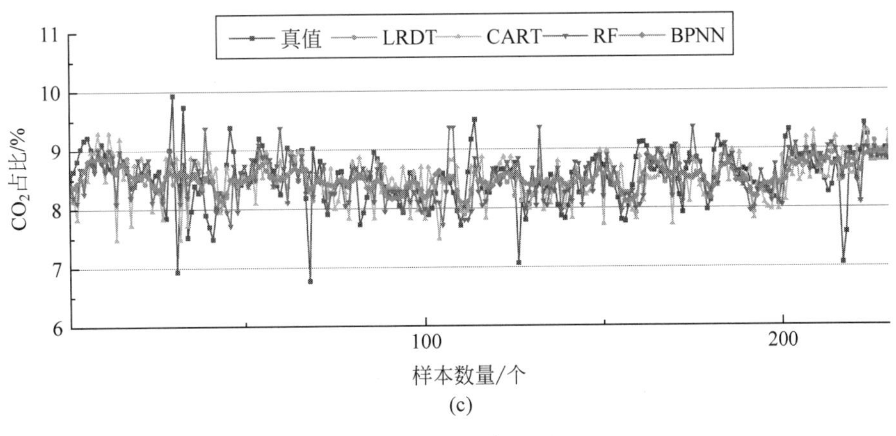

(c)

图 4.72(续)

表 4.11 CO_2 模型性能指标对比结果

	训练集		验证集		测试集	
	RMSE	MAE	RMSE	MAE	RMSE	MAE
LRDT	0.3527	0.2446	0.4356	0.3094	0.4166	0.2965
CART	0.4319	0.2923	0.5068	0.3719	0.5326	0.3912
RF	0.3949	0.2689	0.4931	0.3554	0.4900	0.3424
BPNN	0.3903	0.2722	0.4062	0.2821	0.4058	0.2826

针对指标模型,虽然 CART 树算法相比于其他算法的泛化性能指标较差,但在曲线拟合上表现良好;同时,相比于其他建模算法具有训练速度快、结构简单、可解释性强等优势,便于映射工业数据中的因果关系。

(2) 多目标优化模型

针对所建立的多目标优化模型,利用 PSO 算法求解最优炉膛温度设定值,以使污染物综合排放浓度最小。设置 PSO 参数如下:种群数量 ps 为 30、迭代次数 iter 为 20、惯性因子 ω 为 0.8、学习因子 $c_1=c_2=2$、粒子速度最大值 V_{max} 为 1、粒子位置区间为[900,950]且仅取整数。

不同权重下的最优炉膛温度设定值和污染物排放浓度曲线如图 4.73 所示。

由图 4.73 可知,当 $\omega_{NO_x}=0.0788$ 和 $\omega_{CO_2}=0.9212$ 时,两种污染物浓度的均可达到相对最低。在上述权重下,运行 30 次取均值,可得:最优设定值为 935℃、NO_x 排放浓度为 103.59mg/Nm^3、CO_2 排放浓度为 7.9255%;相应地,某次运行的适应度变化曲线如图 4.74 所示,粒子位置变化如图 4.75 所示,控制器跟踪曲线如图 4.76 所示。

综上可知,PSO 算法实现了最优炉膛温度的优化设定以使污染物综合排放浓度最低,能够对运行生产提供指导。

4.4.5.3 讨论与分析

针对所提基于多回路 ISNA-PID 和 PSO 的炉膛温度智能优化控制方法,本节利用实际工业数据逐模块进行验证并取得了良好效果,进一步的分析总结如下。

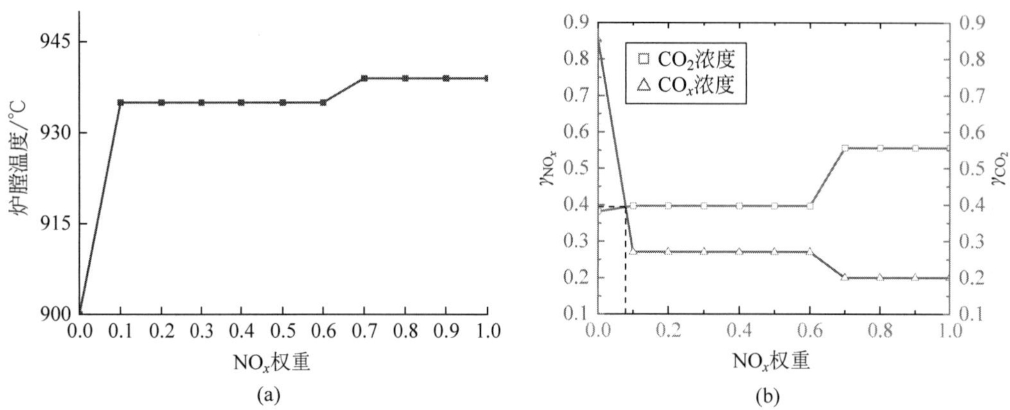

图 4.73 不同 NO_x 权重下最优炉膛温度设定和污染物排放浓度曲线

(a) 不同 NO_x 权重下的全局最优设定值；(b) 不同权重下指标模型输出曲线

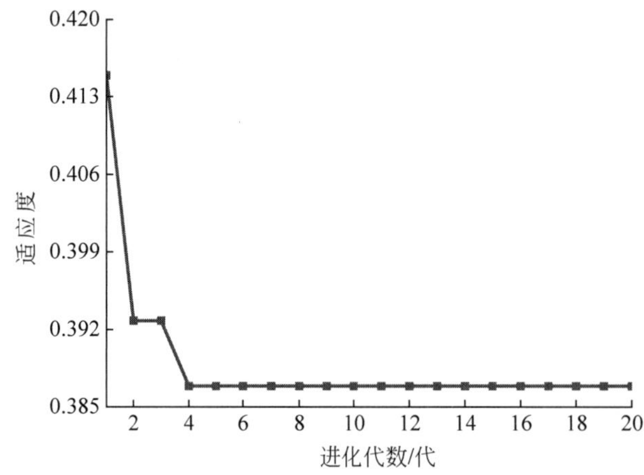

图 4.74 适应度变化曲线

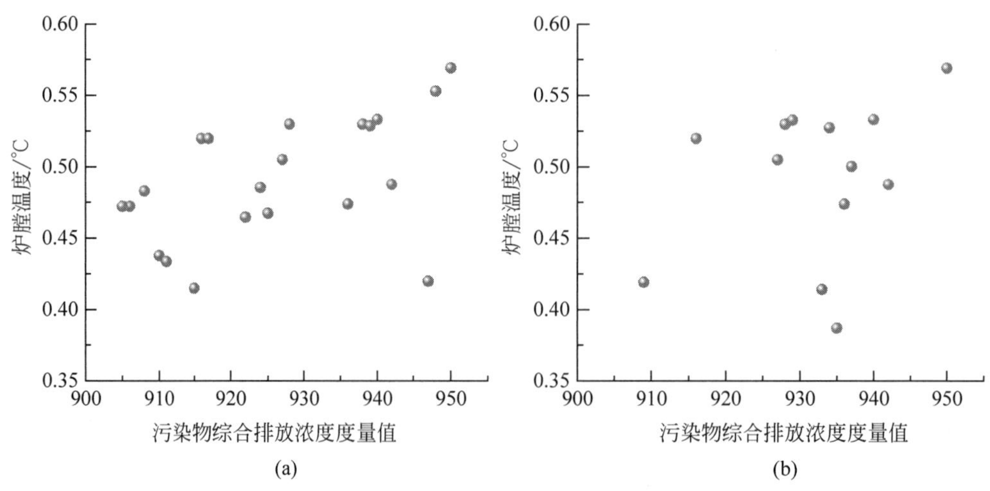

图 4.75 迭代前后粒子位置

(a) 初始粒子位置；(b) 结束粒子位置

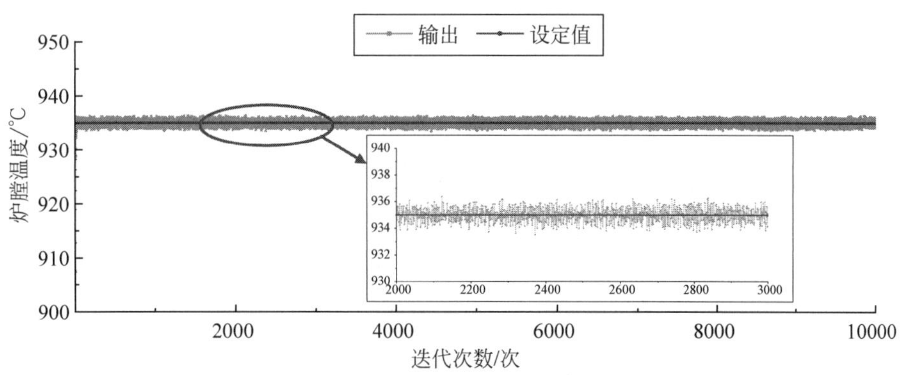

图 4.76 控制器跟踪曲线

(1) 利用 LRDT 算法建立以炉膛温度控制为目标的被控对象模型,实验结果表明被控对象模型能够反映实际 MSWI 过程的炉膛温度特性;

(2) 利用 4 个 ISNA-PID 控制器对所建炉膛温度模型进行控制,实验结果表明 ISNA-PID 控制器具备结构简单、输出振荡小和抗扰能力强等优势,更符合实际工业现场;

(3) 利用 CART 树算法建立 NO_x 与 CO_2 指标模型,虽然 CART 树算法在泛化性能指标上表现较差,但曲线拟合较好,并且结构简单、易于解释,未来可对该部分进行深入研究;并采用 PSO 求解所构建的多目标优化模型,能够获取不同污染物加权系数下的最优炉膛温度设定值,实现了降低与炉膛温度直接相关污染物排放浓度的目的。

综上所述,针对 MSWI 过程,建立的 LRDT 多入单出炉膛温度被控对象模型和 CART 树单入单出 NO_x 与 CO_2 指标模型、提出的 ISNA-PID 控制器和采用的 PSO 优化算法验证了智能优化控制的可行性。考虑到本节所提策略的目的是支撑安全隔离和优化控制系统,后续研究均需针对所提策略的各个组成部分根据实际需求进行改进,即此处研究为后续深入提供了有效支撑。

4.4.6 系统实现

4.4.6.1 实物连接图

本节利用软硬件结合的方式实现了平台中数据传输的物理隔离功能,同时开发优化软件系统搭载相应算法验证了所提安全隔离和优化控制系统的有效性,包括多入多出回路控制系统的相关实物如图 4.77 所示。

图 4.77 面向炉膛温度设定的安全隔离与优化控制系统实物连接图

4.4.6.2 运行优化模块软硬件图

运行优化模块硬件图如图 4.78 所示，前台界面如图 4.79 所示。

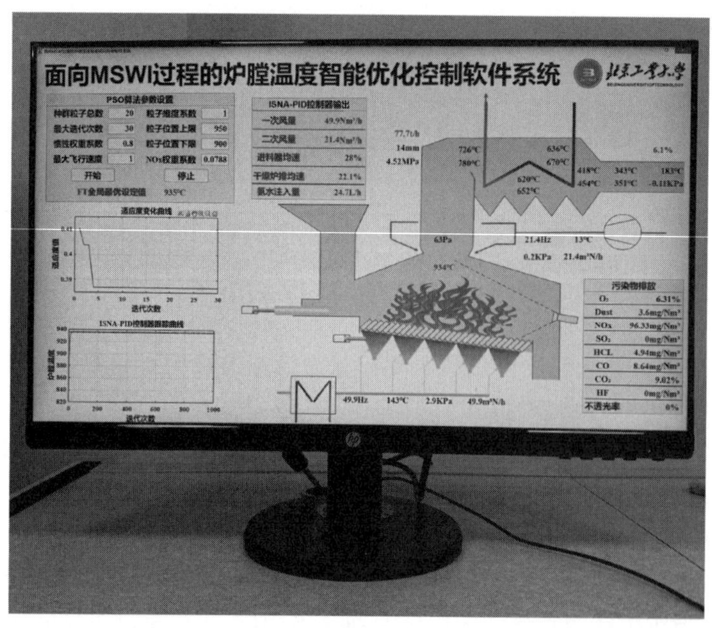

图 4.78 MSWI 过程运行优化模块硬件图

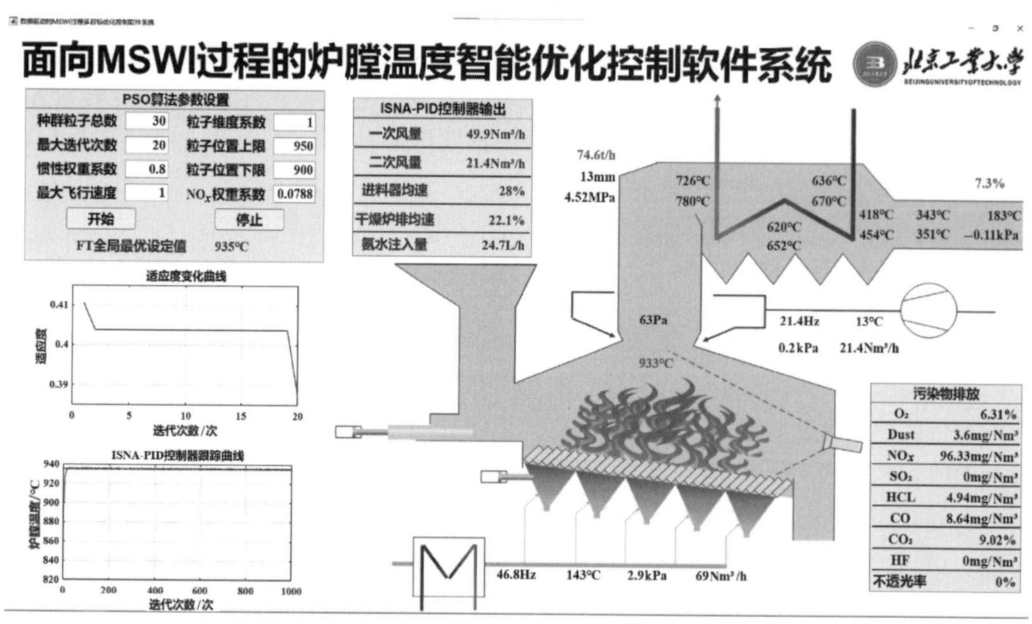

图 4.79 面向 MSWI 过程的炉膛温度智能优化控制软件系统前台界面

4.4.6.3 运行参数反向传输软硬件图

运行参数反向传输模块硬件图如图 4.80 所示，定制式专用软件配置界面如图 4.81 所示。

图 4.80 运行参数反向传输模块硬件图

OPC CLIENT 桥接程序

OPC SERVER列表
S1-在线
G1[组1]

节点名 S1 节点描 OPC_SERVER1 在线状 在线
服务名 Kepware.KEPServerEX.V6 启动时
服务 {7BC0CC8E-482C-47CA-ABDC-0FE7F9C6E729} 写操作结

序号	组名称	点名称	TagId	当前值	质量戳	最后更新时间	类型	方向	更新计数
1	G1	MSWI.Optimiza...	MSWI.Opti...	76.467556	good	2023-03-07 15:02:49 041	Double	读写	22
2	G1	MSWI.Optimiza...	MSWI.Opti...	0.996862	good	2023-03-07 15:02:49 041	Double	读写	22
3	G1	MSWI.Optimiza...	MSWI.Opti...	0.437988	good	2023-03-07 15:02:49 041	Double	读写	22
4	G1	MSWI.Optimiza...	MSWI.Opti...	139.137411	good	2023-03-07 15:02:49 041	Double	读写	22
5	G1	MSWI.Optimiza...	MSWI.Opti...	925.584739	good	2023-03-07 15:02:49 041	Double	读写	22
6	G1	MSWI.Optimiza...	MSWI.Opti...	102.347394	good	2023-03-07 15:02:49 041	Double	读写	22
7	G1	MSWI.Optimiza...	MSWI.Opti...	6.500000	good	2023-03-07 14:54:22 870	Double	读写	12
8	G1	MSWI.Optimiza...	MSWI.Opti...	77.515418	good	2023-03-07 15:05:23 144	Double	读写	12
9	G1	MSWI.Optimiza...	MSWI.Opti...	0.974002	good	2023-03-07 15:05:23 144	Double	读写	12
10	G1	MSWI.Optimiza...	MSWI.Opti...	3.458022	good	2023-03-07 15:05:23 144	Double	读写	12
11	G1	MSWI.Optimiza...	MSWI.Opti...	129.553853	good	2023-03-07 15:05:23 144	Double	读写	12
12	G1	MSWI.Optimiza...	MSWI.Opti...	913.662669	good	2023-03-07 15:05:23 144	Double	读写	12
13	G1	MSWI.Optimiza...	MSWI.Opti...	143.130778	good	2023-03-07 15:05:23 144	Double	读写	12
14	G1	MSWI.Optimiza...	MSWI.Opti...	8.500000	good	2023-03-07 14:54:03 860	Double	读写	7
15	G1	MSWI.Optimiza...	MSWI.Opti...	76.461594	good	2023-03-07 15:14:03 359	Double	读写	29
16	G1	MSWI.Optimiza...	MSWI.Opti...	1104.116943	good	2023-03-07 15:14:03 359	Double	读写	27
17	G1	MSWI.Optimiza...	MSWI.Opti...	6.613963	good	2023-03-07 15:14:03 359	Double	读写	21

图 4.81 运行参数反向传输模块定制式专用软件前台界面

如图 4.81 所示，该模块利用 OPC DA Server 发布基于单向传输光闸硬件采集得到的运行优化模块中的运行参数及多模态历史数据驱动系统中的相关工艺参数检测值、预警值和预测值，为多入多出回路控制系统中运行参数的辅助决策模块提供了数据来源。

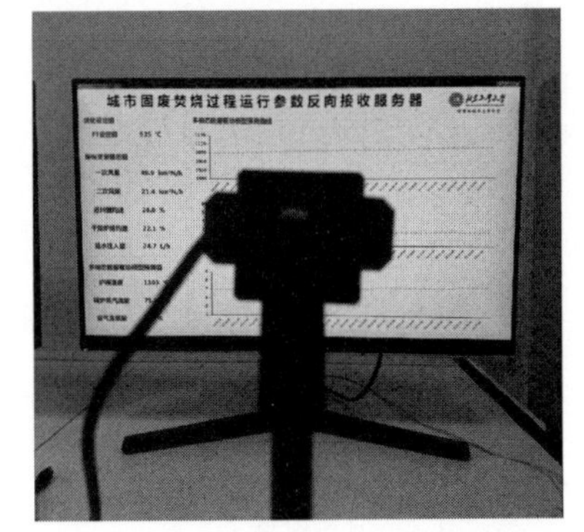

图 4.82 运行参数辅助决策模块硬件图

4.4.6.4 运行参数辅助决策软硬件图

运行参数辅助决策模块硬件如图 4.82 和图 4.84 所示，前台界面如图 4.83 和图 4.85 所示。

4.4.6.5 过程监控模块软件图

此处与 4.4 节的多入多出回路控制系统采用

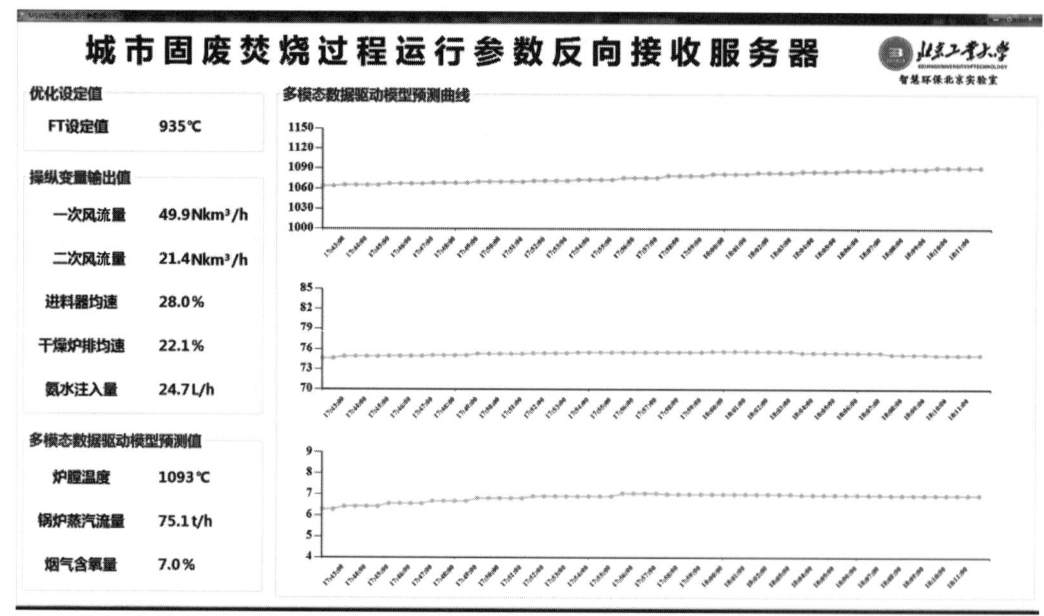

图 4.83 MSWI 过程运行参数反向接收服务器前台界面

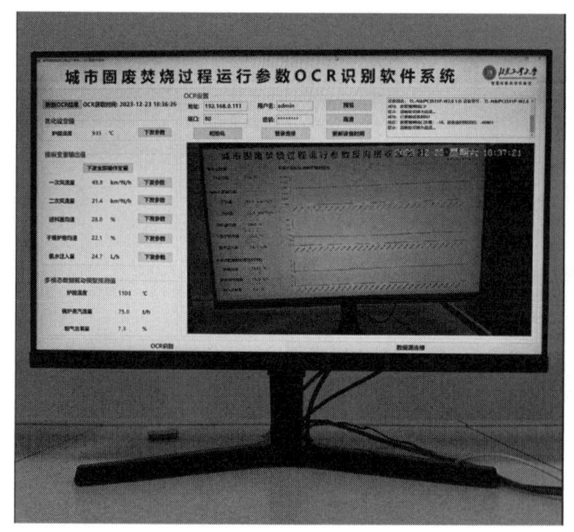

图 4.84 运行参数 OCR 识别软件硬件图

的是相同的硬件，只给出监控模块软件的前台界面，如图 4.86 所示。

由图 4.86 可知，该界面是在 4.4 节所开发的界面基础上实现的，4.3 节只是针对温度进行控制，故只有炉膛温度回路的曲线发生变化。

4.4.6.6 回路控制模块软件图

此处将神经元 PID 控制算法应用于运行优化模块，PLC 系统只用于传递操纵量的输出值，故此处无软件界面。

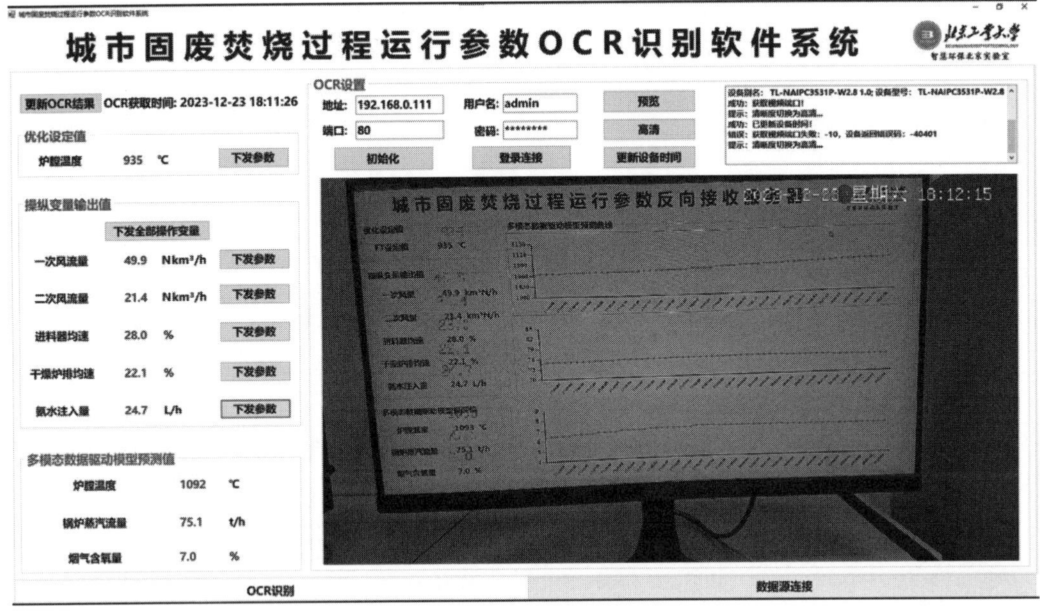

图 4.85　运行参数 OCR 识别软件界面

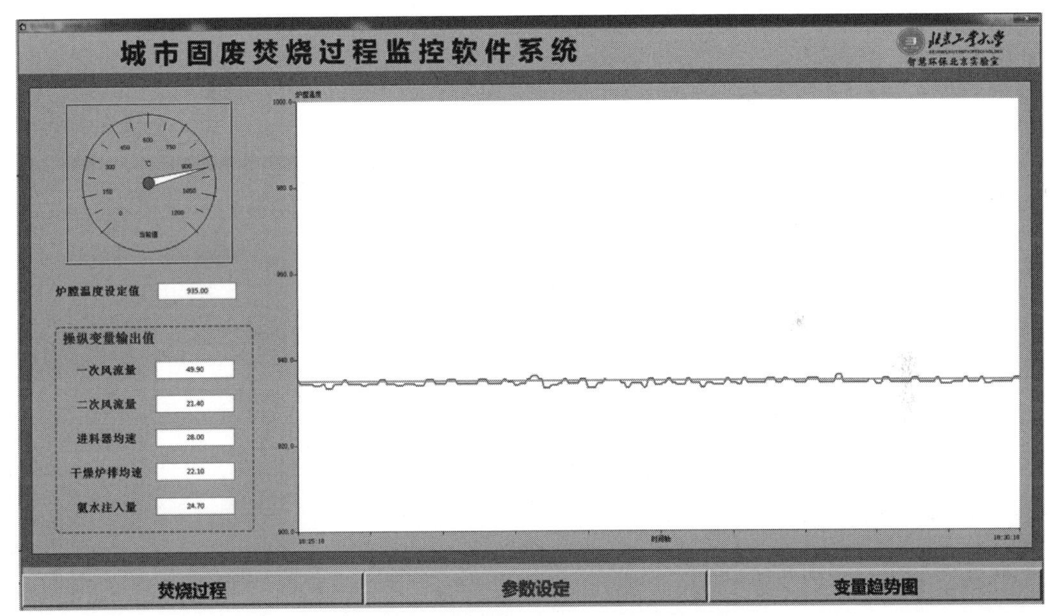

图 4.86　MSWI 过程监控模块软件前台界面

4.4.6.7　虚拟执行机构计算机软件图

此处与 4.4 节的多入多出回路控制系统采用的是相同的硬件，只给出虚拟执行机构计算机软件的前台界面，如炉排速度对应的执行机构计算机软件的前台界面，如图 4.87 所示。

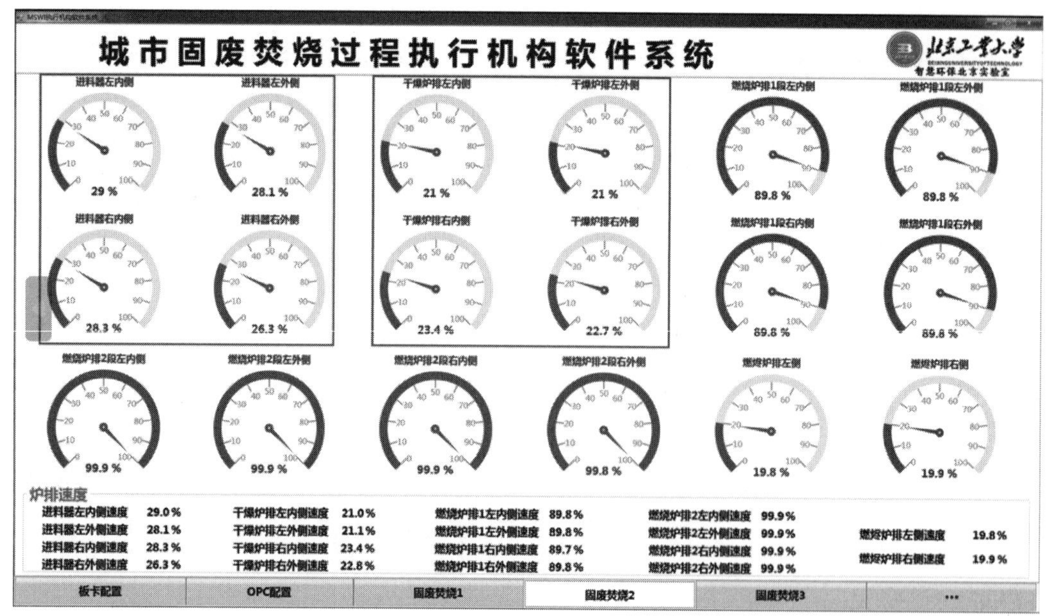

图 4.87 MSWI 过程虚拟炉排速度执行机构计算机软件前台界面

4.4.6.8 虚拟过程对象计算机软件图

此处与 4.4 节的多入多出回路控制系统采用的是相同的硬件，只给出虚拟过程对象计算机软件的前台界面，如图 4.88 所示。

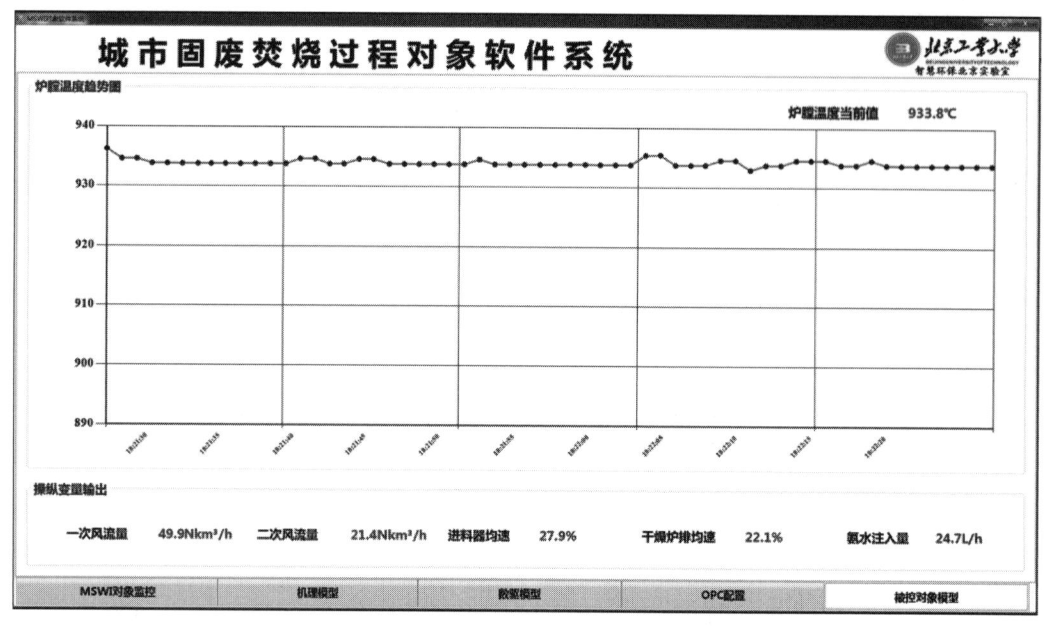

图 4.88 MSWI 过程虚拟过程对象计算机软件前台界面

4.4.6.9 虚拟仪表装置计算机软件图

此处与 4.4 节的多入多出回路控制系统采用的是相同的硬件，只给出虚拟仪表装置计算机软件的前台界面，如图 4.89 所示。

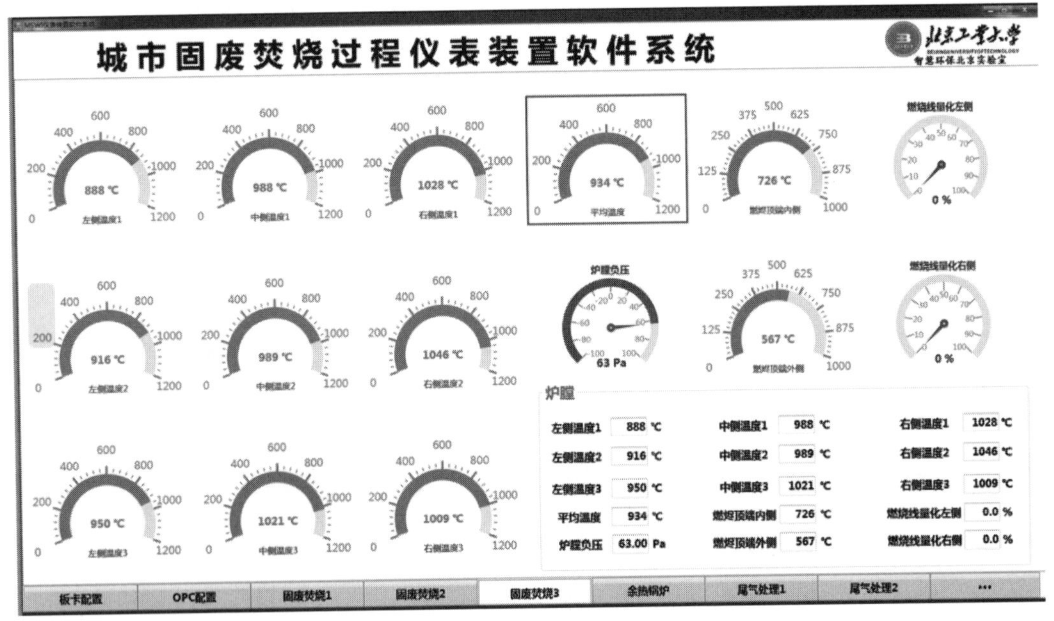

图 4.89　MSWI 过程虚拟仪表装置计算机软件前台界面

4.4.6.10　数据采集正向隔离模块软硬件图

数据采集正向隔离模块硬件图如图 4.90 所示，定制式专用软件配置界面如图 4.91 所示。

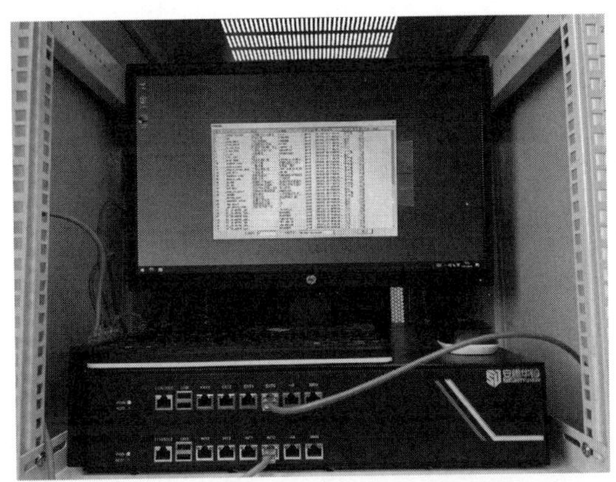

图 4.90　数据采集正向隔离模块硬件图

如图 4.91 所示，该模块基于单向传输光闸采集多入多出回路控制系统的过程数据，利用 OPC DA Server 发布，为安全隔离与优化控制系统中的运行优化模块提供数据来源。由于该模块中的数据仅允许单向传输，避免了上层优化模块对 MSWI 过程的影响。

综上，此处以炉膛温度的智能优化为目标，结合多入多出回路控制系统验证了所提出的安全隔离与优化控制系统的有效性，为智能优化算法的研究提供了工程化验证环境。

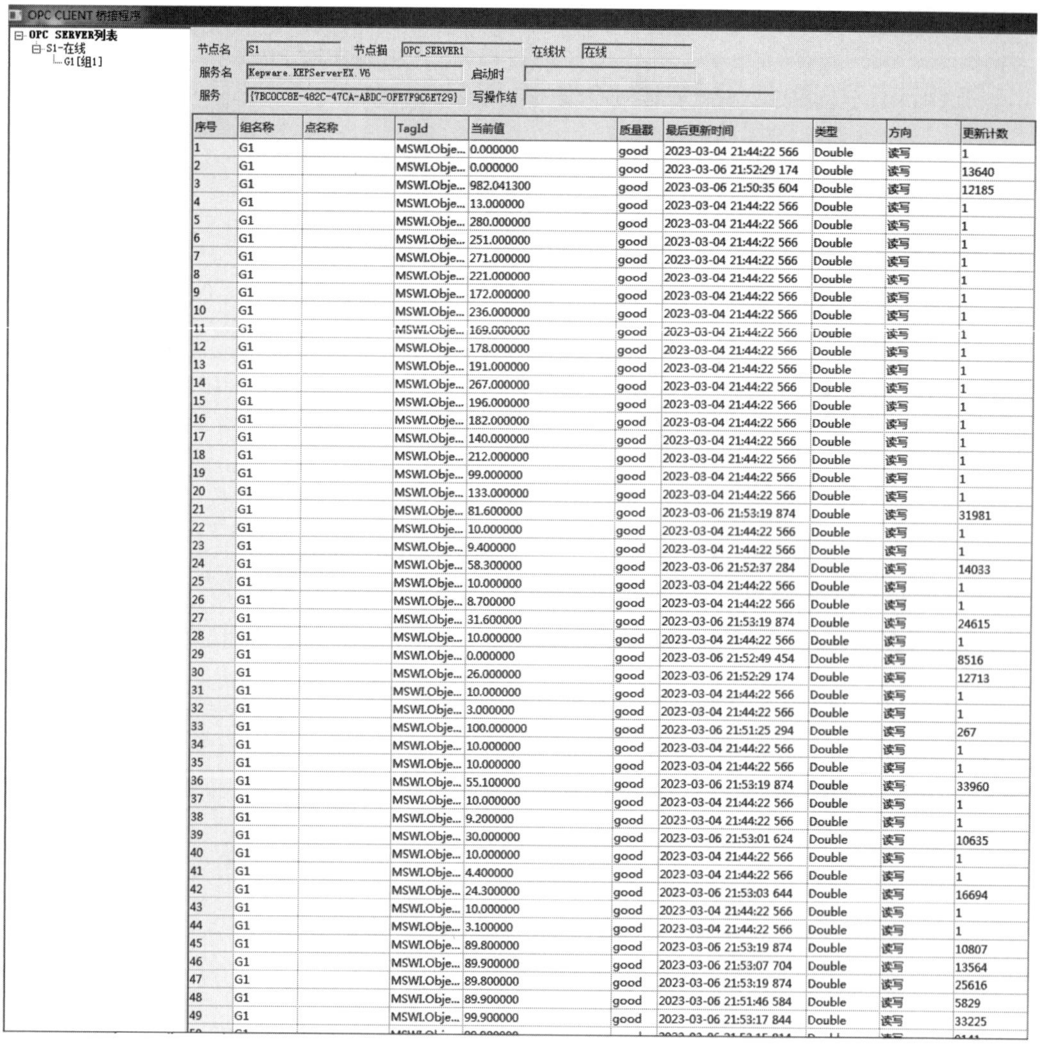

OPC CLIENT 桥接程序

OPC SERVER列表
S1-在线
G1[组1]

节点名 S1　节点描 OPC_SERVER1　在线状 在线
服务名 Kepware.KEPServerEX.V6　启动时
服务 {7BC0CC8E-482C-47CA-ABDC-0FE7F9C6E729}　写操作结

序号	组名称	点名称	TagId	当前值	质量戳	最后更新时间	类型	方向	更新计数
1	G1		MSWI.Obje...	0.000000	good	2023-03-04 21:44:22 566	Double	读写	1
2	G1		MSWI.Obje...	0.000000	good	2023-03-06 21:52:29 174	Double	读写	13640
3	G1		MSWI.Obje...	982.041300	good	2023-03-06 21:50:35 604	Double	读写	12185
4	G1		MSWI.Obje...	13.000000	good	2023-03-04 21:44:22 566	Double	读写	1
5	G1		MSWI.Obje...	280.000000	good	2023-03-04 21:44:22 566	Double	读写	1
6	G1		MSWI.Obje...	251.000000	good	2023-03-04 21:44:22 566	Double	读写	1
7	G1		MSWI.Obje...	271.000000	good	2023-03-04 21:44:22 566	Double	读写	1
8	G1		MSWI.Obje...	221.000000	good	2023-03-04 21:44:22 566	Double	读写	1
9	G1		MSWI.Obje...	172.000000	good	2023-03-04 21:44:22 566	Double	读写	1
10	G1		MSWI.Obje...	236.000000	good	2023-03-04 21:44:22 566	Double	读写	1
11	G1		MSWI.Obje...	169.000000	good	2023-03-04 21:44:22 566	Double	读写	1
12	G1		MSWI.Obje...	178.000000	good	2023-03-04 21:44:22 566	Double	读写	1
13	G1		MSWI.Obje...	191.000000	good	2023-03-04 21:44:22 566	Double	读写	1
14	G1		MSWI.Obje...	267.000000	good	2023-03-04 21:44:22 566	Double	读写	1
15	G1		MSWI.Obje...	196.000000	good	2023-03-04 21:44:22 566	Double	读写	1
16	G1		MSWI.Obje...	182.000000	good	2023-03-04 21:44:22 566	Double	读写	1
17	G1		MSWI.Obje...	140.000000	good	2023-03-04 21:44:22 566	Double	读写	1
18	G1		MSWI.Obje...	212.000000	good	2023-03-04 21:44:22 566	Double	读写	1
19	G1		MSWI.Obje...	99.000000	good	2023-03-04 21:44:22 566	Double	读写	1
20	G1		MSWI.Obje...	133.000000	good	2023-03-04 21:44:22 566	Double	读写	1
21	G1		MSWI.Obje...	81.600000	good	2023-03-06 21:53:19 874	Double	读写	31981
22	G1		MSWI.Obje...	10.000000	good	2023-03-04 21:44:22 566	Double	读写	1
23	G1		MSWI.Obje...	9.400000	good	2023-03-04 21:44:22 566	Double	读写	1
24	G1		MSWI.Obje...	58.300000	good	2023-03-06 21:52:37 284	Double	读写	14033
25	G1		MSWI.Obje...	10.000000	good	2023-03-04 21:44:22 566	Double	读写	1
26	G1		MSWI.Obje...	8.700000	good	2023-03-04 21:44:22 566	Double	读写	1
27	G1		MSWI.Obje...	31.600000	good	2023-03-06 21:53:19 874	Double	读写	24615
28	G1		MSWI.Obje...	10.000000	good	2023-03-04 21:44:22 566	Double	读写	1
29	G1		MSWI.Obje...	0.000000	good	2023-03-06 21:52:49 454	Double	读写	8516
30	G1		MSWI.Obje...	26.000000	good	2023-03-06 21:52:29 174	Double	读写	12713
31	G1		MSWI.Obje...	10.000000	good	2023-03-04 21:44:22 566	Double	读写	1
32	G1		MSWI.Obje...	3.000000	good	2023-03-04 21:44:22 566	Double	读写	1
33	G1		MSWI.Obje...	100.000000	good	2023-03-06 21:51:25 294	Double	读写	267
34	G1		MSWI.Obje...	10.000000	good	2023-03-04 21:44:22 566	Double	读写	1
35	G1		MSWI.Obje...	10.000000	good	2023-03-04 21:44:22 566	Double	读写	1
36	G1		MSWI.Obje...	55.100000	good	2023-03-06 21:53:19 874	Double	读写	33960
37	G1		MSWI.Obje...	10.000000	good	2023-03-04 21:44:22 566	Double	读写	1
38	G1		MSWI.Obje...	9.200000	good	2023-03-04 21:44:22 566	Double	读写	1
39	G1		MSWI.Obje...	30.000000	good	2023-03-06 21:53:01 624	Double	读写	10635
40	G1		MSWI.Obje...	10.000000	good	2023-03-04 21:44:22 566	Double	读写	1
41	G1		MSWI.Obje...	4.400000	good	2023-03-04 21:44:22 566	Double	读写	1
42	G1		MSWI.Obje...	24.300000	good	2023-03-06 21:53:03 644	Double	读写	16694
43	G1		MSWI.Obje...	10.000000	good	2023-03-04 21:44:22 566	Double	读写	1
44	G1		MSWI.Obje...	3.100000	good	2023-03-04 21:44:22 566	Double	读写	1
45	G1		MSWI.Obje...	89.800000	good	2023-03-06 21:53:19 874	Double	读写	10807
46	G1		MSWI.Obje...	89.900000	good	2023-03-06 21:53:07 704	Double	读写	13564
47	G1		MSWI.Obje...	89.800000	good	2023-03-06 21:53:19 874	Double	读写	25616
48	G1		MSWI.Obje...	89.900000	good	2023-03-06 21:51:46 584	Double	读写	5829
49	G1		MSWI.Obje...	99.900000	good	2023-03-06 21:53:17 844	Double	读写	33225

图 4.91　数据采集正向隔离模块定制式专用软件前台界面

4.5　未来展望

研究表明，MSWI 已经成为新时期我国环保事业发展的支柱产业。经济差异、居民素质和管理水平等因素导致引进 ACC 系统难以稳定运行，我国 MSWI 电厂多采用领域专家依据机理认知和累积经验的手动控制模式，其难以维持长时段的高效率运行，迫切需要研究适合我国国情的相关智能技术。受运行安全性和设备封闭性等因素的限制，离线研究的各类智能算法通常不允许在工业现场进行在线测试与验证，各类设备和软件系统更难以移植。对此，本章提出了由多模态历史数据驱动、安全隔离与优化控制和多入多出回路控制系统等组成的 MSWI 过程智能算法测试与验证模块化半实物仿真平台，采用“真-虚”类平台的同工业现场一致的控制层级结构，解决了多模态历史数据驱动模型构建中存在的采样难、同步难和匹配难等问题，利用数据单向传输装置实现了外网端与内网端间数据传输的安全隔离，利用混合编程模式开发了多款具有自主知识产权的工业软件，实现了仿真平台对智能建模、控制与优化算法的测试与验证。展望未来，后续研究应包含以下方面：

（1）融合多模态数据的智能自主控制算法测试与验证平台。实际工业现场中领域专家依据过程数据、操作文本记录和火焰视频等多模态数据结合自身经验实现对MSWI过程的运行控制。该操作模式存在主观性、滞后性和随机性，难以确保最优。如何在半实物仿真平台的基础上，融合其内嵌的3个系统实现协同运行，以支撑多模态数据驱动的智能自主控制算法研究及其测试与验证是未来发展的关键。

（2）耦合仿真机理与历史数据的数字孪生建模算法测试与验证平台。MSWI过程机理的综合复杂性导致难以建立以精确数学推理为基础的数字孪生模型。计算资源的发展与完善使得利用数值仿真软件建模和分析MSWI过程成为目前支撑数字孪生模型构建的主要手段之一。如何交互仿真机理模型和历史数据驱动模型提高数字孪生模型与实际MSWI过程的契合度，并在半实物仿真平台上完成数字孪生算法的测试和验证以支撑落地应用是未来研究的重点。

（3）建立端侧、边侧和云侧分层均衡化的智能控制与优化算法测试与验证平台。从实际工业现场的安全性和其固有系统的封闭特性，以及需要控制与优化具有实时性[19]的视角而言，面向多模态数据的智能控制与优化算法通常难以在PLC/DCS系统上实现[20]，因此需具有强大算力的云侧服务器以支撑在现场搭建的边侧服务器。在工业5.0的新范式[21]下，在这种需要在实时性、算力成本、优化成本、经济效益等方面进行分层均衡化，进而实现智能自主控制与运行优化一体化的策略下，如何建立安全加密的数据传输方式和进行分层任务的合理分配并实现与半实物仿真平台的交互迭代是未来研究的核心。

（4）开发能够洞悉MSWI电厂过去历程、当前动态和未来走向的工业元宇宙平台。本质上，引进ACC系统的“水土不服”成就了认知水平存在差异性的众多领域专家的具身智能技术。将不同专家经验相互融合是实现MSWI过程长时段安全稳定运行的关键。利用历史操作数据还原MSWI电厂的演化历程，整合与提取多类型专家经验后建立完备的运行优化知识库，在虚拟空间为当前运行的焚烧厂进行“变装”式类似商业元宇宙的沉浸体验[22]，根据当前动态现状进行交互式修正，及时选取最佳知识推演重构焚烧厂的元宇宙运维场景[23]和未来走向，甚至统筹多家MSWI企业搭建基于联邦学习[24-25]的焚烧工业元宇宙[26]平台以进行智能化的重构、推演、协同优化与交互控制是未来研究的难点。

参考文献

[1] 王克，张世红，付哲，等. 垃圾炉排焚烧炉的富氧燃烧改造数值模拟研究[J]. 太阳能学报，2016，37(9)：2257-2264.

[2] WANG J F，XUE Y Q，ZHANG X X，et al. Numerical study of radiation effect on the municipal solid waste combustion characteristics inside an incinerator[J]. Waste Management，2015，44：116-124.

[3] MAGNANELLI E，TRANÅS O L，CARLSSON P，et al. Dynamic modeling of municipal solid waste incineration[J]. Energy，2020，209：118426.

[4] MAHLIA T，ABDULMUIN M Z，ALAMSYAH T，et al. Dynamic modeling and simulation of a palm wastes boiler[J]. Renewable Energy，2003，28(8)：1235-1256.

[5] ALOBAID F，AL-MALIKI W，LANZ T，et al. Dynamic simulation of a municipal solid waste

incinerator[J]. Energy, 2018, 149: 230-249.

[6] 汤健,夏恒,余文,等. 城市固废焚烧过程智能优化控制研究现状与展望[J]. 自动化学报, 2023, 49(10): 2019-2059.

[7] HUNSINGER H, JAY K, VEHLOW J. Formation and destruction of PCDD/PCDF inside a grate furnace[J]. Chemosphere, 2002, 46(9/10): 1263-1272.

[8] HE H J, MENG X, TANG J, et al. A novel self-organizing TS fuzzy neural network for furnace temperature prediction in MSWI process [J]. Neural Computing and Applications, 2022, 34: 9759-9776.

[9] TANG J, XIA H, ZHANG J, et al. Deep forest regression based on cross-layer full connection[J]. Neural Computing and Applications, 2021, 33(15): 9307-9328.

[10] MATSUMURA S, IWAHARA T, SUZUKI M, et al. Improvement of de-NO_x device control performance using software sensor[J]. IFAC Proceedings Volumes, 1997, 30(11): 1433-1438.

[11] MATSUMURA S, IWAHARA T, OGATA K, et al. Improvement of de-NO_x device control performance using a software sensor[J]. Control Engineering Practice, 1998, 6(10): 1267-1276.

[12] HUSELSTEIN E, GARNIER H, RICHARD A, et al. Experimental modeling of NO_x emissions in municipal solid waste incinerator[J]. IFAC Proceedings Volumes, 2002, 35(1): 89-94.

[13] MENG X, TANG J, QIAO J F. NO_x emissions prediction with a brain-inspired modular neural network in municipal solid waste incineration processes [J]. IEEE Transactions on Industrial Informatics, 2022, 18(7): 4622-4631.

[14] HOANG Q N, VANIERSCHOT M, BLONDEAU J, et al. Review of numerical studies on thermal treatment of municipal solid waste in packed bed combustion [J]. Fuel Communications, 2021, 7: 100013.

[15] XIA H, TANG J, WANG T Z, et al. Interpretable controlled object model of furnace temperature for MSWI process based on a novel linear regression decision tree[C]//2023 35th Chinese Control and Decision Conference(CCDC). Piscataway: IEEE Press, 2023: 325-330.

[16] DAI X P, CHENG L Z, MARESCHAL J C, et al. New method for denoising borehole transient electromagnetic data with discrete wavelet transform[J]. Journal of Applied Geophysics, 2019, 168: 41-48.

[17] LAHAS S K, SWARNAKAR B, KANSABANIK S, et al. A novel signal denoising method using stationary wavelet transform and particle swarm optimization with application to rolling element bearing fault diagnosis[J]. Materials Today: Proceedings, 2022, 66(9): 3935-3943.

[18] KENNEDY J, EBERHART R. Particle swarm optimization [C]//Proceedings of ICNN' 95-international conference on neural networks. Piscataway: IEEE Press, 1995: 1942-1948.

[19] 柴天佑,程思宇,李平,等. 端边云协同的复杂工业过程运行控制智能系统[J]. 控制与决策, 2023, 38(8): 2051-2062.

[20] 柴天佑. 工业人工智能与工业互联网协同实现生产过程智能化及其未来展望[J]. 控制工程, 2023, 30(8): 1378-1388.

[21] XIAN W, YU K, HAN F L, et al. Advanced manufacturing in industry 5.0: A survey of key enabling technologies and future trends [J]. IEEE Transactions on Industrial Informatics, 2022, 20(2): 1055-1068.

[22] MOGAJI E, WIRTZ J, BELK R W, et al. Immersive time(ImT): Conceptualizing time spent in the metaverse[J]. International Journal of Information Management, 2023, 72: 102659.

[23] DOLGUI A, IVANOV D. Metaverse supply chain and operations management [J]. International Journal of Production Research, 2023, 61(23): 8179-8191.

[24] GUENDOUZI B S, OUCHANI S, ASSAAD H E L, et al. A systematic review of federated learning:

Challenges, aggregation methods, and development tools[J]. Journal of Network and Computer Applications, 2023, 220: 103714.

[25] YANG W, XIANG W, YANG Y, et al. Optimizing federated learning with deep reinforcement learning for digital twin empowered industrial IoT[J]. IEEE Transactions on Industrial Informatics, 2023, 19(2): 1884-1893.

[26] WANG J G, TIAN Y L, WANG Y T, et al. A framework and operational procedures for metaverses-based industrial foundation models[J]. IEEE Transactions on Systems, Man, and Cybernetics: Systems, 2023, 53(4): 2037-2046.

第 5 章

面向仿真平台多模态历史数据驱动系统的智能建模算法实验室场景验证

5.1 引言

MSWI 过程的现场领域专家通常是以具身智能模式根据过程数据、火焰视频、工作报表、巡检人员语音报告等多模态数据所蕴含的信息，监视预警 DXN 等难测环保指标参数，预测炉膛温度、CO 排放浓度等关键工艺参数，认知燃烧线状态与识别燃烧线位置，并根据机理知识和累积经验进行相关操作，从而保证 MSWI 过程的安全、稳定和高效运行。

针对上述问题，构建基于半监督随机森林的二噁英排放浓度软测量模型、基于模糊神经网络对抗生成的二噁英排放预警模型、基于多特征融合和改进级联森林的燃烧状态识别模型、基于 GAN 与孪生网络的燃烧线量化模型、联合多窗口漂移检测的二噁英排放软测量模型、基于约简深度特征和长短期记忆网络优化的 CO 排放浓度预测模型，基于所构建的半实物仿真平台中的多模态历史数据驱动系统进行相应工业软件的开发，实现类工业现场的实验室场景下验证。

5.2 基于半监督随机森林的二噁英排放浓度软测量算法实验室场景验证

5.2.1 问题描述

在 MSWI 过程中，可获取较多的无标记样本，但在以往的 DXN 排放浓度建模研究中未曾有效利用同样蕴含大量信息的无标记样本。因此，建立能综合利用有标记和无标记样本的半监督模型对 DXN 排放浓度进行软测量是可行方法。面向 DXN 建模的半监督学习的本质是通过获得无标记样本伪标签的方式扩展数量有限的原始标记样本，进而提高学习器的泛化性能，其关键是如何评估伪标记样本的置信度。

当存在大量无标记样本时，需要对无标记样本进行筛选以确认其是否对所构建的软测量模型具有正向作用。程等提出双优选机制的半监督回归算法，首先通过计算无标记样本与标记样本密集区中心的相似度实现对无标记样本的初选，再根据标记样本间的相似度二次优选标记样本，最后利用高斯过程回归训练学习器以获得双优选无标记样本的伪标签[1]。但是，半监督学习中的自训练策略中若选取了不可靠的无标记样本进行标记，会导致模型无法修正训练过程的累计偏差。同时，上述方法在标记样本过程中采用传统单学习器构建软测量模型，其泛化性能有待提升。

Zhou 的研究表明，集成学习机制能够进一步降低半监督学习的泛化误差[2]。Bagging 作为一种有效的并行集成机制已广泛应用于半监督领域。其中，RF 是基于 Bagging 和 RSM 的多个决策树（decision tree，DT）集成学习算法[3]，在面对小样本高维数据时具有良好的泛化性能，并且对数据中存在的噪声和异常值具有高包容性[4-5]。目前，RF 已广泛应用于医学图像分类与人脸识别[6-8]、故障诊断[9-11]、数据异常检测[12-13]、语义和情感分析[14-16]、关键参数预测[17-19]等相关领域。同时，许多学者提出了半监督 RF 方法，例如，基于信息熵协同训练半监督 RF 模型评估抑郁症状的严重程度[20]。但是，上述研究并未充分考虑伪标记初始模型的多样性，以及如何结合 Bagging 机制和 RF 获取更为有效的伪标记样本。

基于上述分析，为有效利用 MSWI 工业现场易采集的海量无标记数据，此处提出了基于 Bagging 半监督 RF 的软测量建模方法，基于真实过程数据验证了所提方法的有效性；进一步，开发软测量软件在实验室半实物仿真平台的多模态历史数据驱动系统进行了类工业场景的验证。

5.2.2 建模策略

此处提出基于 Bagging 半监督 RF 的建模策略，其包含初始 RF 模型构建模块、伪标记样本获取模块和 DXN 排放浓度软测量模块，如图 5.1 所示。

由图 5.1 可知，所提策略流程为：首先，基于原始标记样本集 $\boldsymbol{D}_{\text{labeled}}$ 随机采样得到的多个子集并构建多个 RF 模型；其次，对无标记样本 $\boldsymbol{X}_{\text{unlabeled}}$ 进行伪标记，并选择具有高置信度的伪标记样本；最后，利用混合数据集 $\boldsymbol{D}_{\text{new-train}}$ 构建软测量模型。

5.2.3 算法实现

5.2.3.1 初始 RF 模型构建模块

原始标记样本集 $\boldsymbol{D}_{\text{labeled}} \in \mathbf{R}^{N_{\text{labeled}} \times (M+1)}$ 可表示为

$$\boldsymbol{D}_{\text{labeled}} = \left\{ \boldsymbol{x}_{n_{\text{labeled}}}, \boldsymbol{y}_{n_{\text{labeled}}} \right\}_{n_{\text{labeled}}=1}^{N_{\text{labeled}}} \tag{5.1}$$

其中，N_{labeled} 和 M 分别表示样本个数和输入变量维数。

相应地，从输入特征的视角，第 n_{labeled} 个样本可表示为

$$\boldsymbol{x}_{n_{\text{labeled}}} = \left[x_{n_{\text{labeled}},1}, x_{n_{\text{labeled}},2}, \cdots, x_{n_{\text{labeled}},M} \right] \tag{5.2}$$

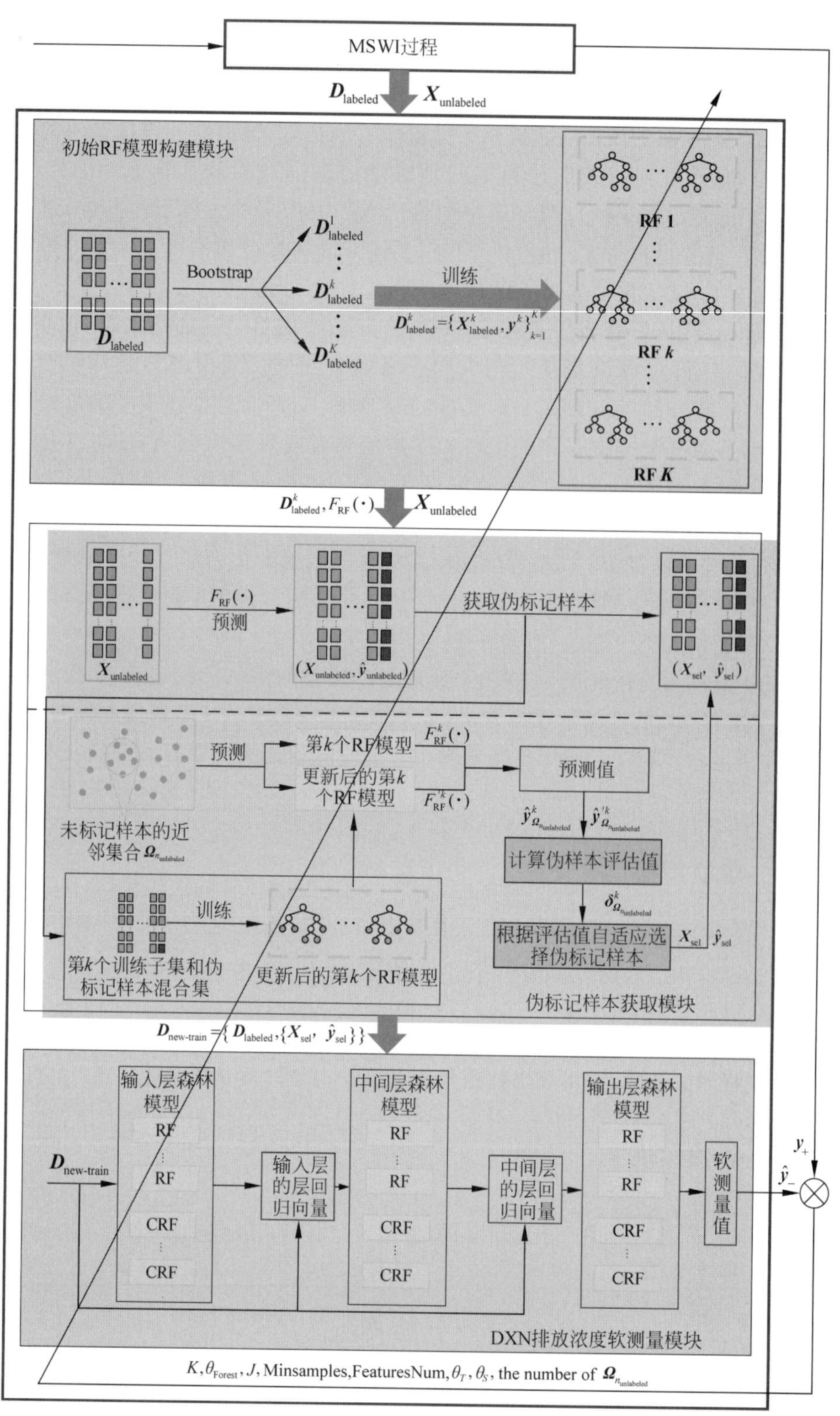

图 5.1 基于 Bagging 半监督 RF 的建模策略图

首先，通过 Bootstrap 算法对 $\boldsymbol{D}_{\text{labeled}}$ 进行 K 次随机抽样，进而得到 K 个训练子集。此处，将第 k 个训练子集记为 $\boldsymbol{D}_{\text{labeled}}^{k}$，进而全部训练子集可表示为

$$\begin{aligned}\{\boldsymbol{D}_{\text{labeled}}^{k}\}_{k=1}^{K} &= f_{\text{Bootstrap}}(\boldsymbol{D}_{\text{labeled}}, N_{\text{labeled}}, K) \\ &= \left\{\left\{\boldsymbol{x}_{n_{\text{labeled}}}^{k}, y_{n_{\text{labeled}}}^{k}\right\}_{n_{\text{labeled}}=1}^{N_{\text{labeled}}}\right\}_{k=1}^{K} \\ &= \left\{\boldsymbol{X}_{\text{labeled}}^{k}, \boldsymbol{y}_{\text{labeled}}^{k}\right\}_{k=1}^{K}\end{aligned} \tag{5.3}$$

其中，$f_{\text{Bootstrap}}(\cdot)$表示样本采样函数，$\boldsymbol{X}_{\text{labeled}}^{k}$ 和 $\boldsymbol{y}_{\text{labeled}}^{k}$ 表示第 k 个训练子集的输入和输出。

其次，基于训练子集构建 RF 模型。此处，以训练子集 $\boldsymbol{D}_{\text{labeled}}^{k}$ 为例描述构建过程，采用结合 Bootstrap 和 RSM 的方法对 $\boldsymbol{D}_{\text{labeled}}^{k}$ 进行共计 J 次的样本和特征随机抽样，第 j 次产生子集 $\boldsymbol{D}_{\text{labeled}}^{k,j}$ 的过程如下式：

$$\begin{aligned}\boldsymbol{D}_{\text{labeled}}^{k,j} &= f_{\text{RSM}}(f_{\text{Bootstrap}}(\boldsymbol{D}_{\text{labeled}}^{k}, N_{\text{labeled}}), J, M_{\text{labeled}}^{k,j}) \\ &= \left\{\boldsymbol{x}_{n_{\text{labeled}}}^{k,j}, y_{n_{\text{labeled}}}^{k,j}\right\}_{n_{\text{labeled}}=1}^{N_{\text{labeled}}}\end{aligned} \tag{5.4}$$

其中，$f_{\text{RSM}}(\cdot)$表示用于特征随机采样的子空间函数；$M_{\text{labeled}}^{k,j}$ 表示子训练集所选择的特征个数，通常存在 $M_{\text{labeled}}^{k,j} \ll M$。

在训练子集 $\boldsymbol{D}_{\text{labeled}}^{k,j}$ 所在的空间中将每个区域划分为两个子区域 R_1 和 R_2，并在每个子区域上构建 DT。遍历全部样本和特征，寻找最优变量编号和切分点取值$(M_{\text{labeled,sel}}^{k,j}, M_S)$的过程为求解如下优化问题：

$$\begin{cases}(M_{\text{labeled,sel}}^{k,j}, M_S) = \min\left[\sum^{R_1}((y_{n_{\text{labeled}}}^{k,j})_{R_1} - (\bar{y}_{\text{labeled}}^{k})_{R_1})^2 + \right. \\ \qquad\qquad \left.\sum^{R_2}((y_{n_{\text{labeled}}}^{k,j})_{R_2} - (\bar{y}_{\text{labeled}}^{k})_{R_2})^2\right] \\ \text{s.t.}\begin{cases}R_1 > \theta_{\text{Forest}} \\ R_2 > \theta_{\text{Forest}}\end{cases}\end{cases} \tag{5.5}$$

其中，$(y_{n_{\text{labeled}}}^{k,j})_{R_1}$ 和 $(y_{n_{\text{labeled}}}^{k,j})_{R_2}$ 表示在 R_1 和 R_2 区域的某个真值；$(\bar{y}_{\text{labeled}}^{k})_{R_1}$ 和 $(\bar{y}_{\text{labeled}}^{k})_{R_2}$ 表示 R_1 和 R_2 区域中全部真值的平均值；θ_{Forest} 表示叶节点包含的样本数量阈值。

通过求解式(5.5)，优选得到的$(M_{\text{labeled,sel}}^{k,j}, M_S)$用于划分 $\boldsymbol{D}_{\text{labeled}}^{k,j}$ 区域和确定相应的输出值，准则如下：

$$\begin{cases}R_1(M_{\text{labeled,sel}}^{k,j}, M_S) = \left\{\boldsymbol{x}_{n_{\text{labeled}}}^{k,j} \mid \boldsymbol{x}_{n_{\text{labeled}}}^{k,j} \leqslant M_S\right\} \\ R_2(M_{\text{labeled,sel}}^{k,j}, M_S) = \left\{\boldsymbol{x}_{n_{\text{labeled}}}^{k,j} \mid \boldsymbol{x}_{n_{\text{labeled}}}^{k,j} > M_S\right\}\end{cases} \tag{5.6}$$

进一步，对两个子区域重复上述步骤，直到叶节点中的样本数小于设定的阈值 θ_{Forest}。进而，将输入空间划分为 R_r 个区域，将获得的 DT 模型记为

$$\Gamma^{j}(\cdot) = \sum_{r=1}^{R} \hat{c}_{p,M_{\text{labeled}}^{k,j}}^{r} I(\boldsymbol{x}_{n_{\text{labeled}}}^{k,j} \in R_r) \tag{5.7}$$

$$\hat{c}_{p,M_{\text{labeled}}^{k,j}}^{r}=\frac{1}{N_{R_r}}\sum_{x_{n_{\text{labeled}}}^{k,j}\in R_r(M_{\text{labeled}}^{k,j},M_S)}y_{\text{labeled},R_r}^{j,i} \tag{5.8}$$

其中，N_{R_r} 表示 R_r 区域内所包含样本个数；$y_{\text{labeled},R_r}^{j,i}$ 表示 R_r 区域内第 j 个训练子集的第 i 个真值；$I(\cdot)$为指示函数，即当 $\boldsymbol{x}_{n_{\text{labeled}}}^{k,j}\in R_r$ 存在时 $I(\cdot)=1$，否则 $I(\cdot)=0$。

在 $\boldsymbol{D}_{\text{labeled}}^{k}$ 上重复上述过程 J 次，得到的 RF 模型可表示为

$$F_{\text{RF}}^{k}(\cdot)=\frac{1}{J}\sum_{j=1}^{J}\Gamma^{j}(\cdot) \tag{5.9}$$

进一步，在 $\boldsymbol{D}_{\text{labeled}}$ 上重复 K 次，即得到 K 个初始 RF 模型

$$F_{\text{RF}}(\cdot)=\{F_{\text{RF}}^{k}(\cdot)\}_{k=1}^{K} \tag{5.10}$$

5.2.3.2 伪标记样本获取模块

1. 更新初始 RF 模型

此处，将无标记样本 $\boldsymbol{X}_{\text{unlabeled}}\in\mathbb{R}^{N_{\text{unlabeled}}\times M}$ 写为

$$\boldsymbol{X}_{\text{unlabeled}}=[\boldsymbol{x}_1,\cdots,\boldsymbol{x}_{n_{\text{unlabeled}}},\cdots,\boldsymbol{x}_{N_{\text{unlabeled}}}]^{\mathrm{T}} \tag{5.11}$$

其中，$\boldsymbol{x}_{n_{\text{unlabeled}}}$ 为 $\boldsymbol{X}_{\text{unlabeled}}$ 中第 $n_{\text{unlabeled}}$ 个样本。类似有标记样本，其可表示为

$$\boldsymbol{x}_{n_{\text{unlabeled}}}=[x_{n_{\text{unlabeled}},1},x_{n_{\text{unlabeled}},2},\cdots,x_{n_{\text{unlabeled}},M}] \tag{5.12}$$

以第 k 个初始 RF 模型 $F_{\text{RF}}^{k}(\cdot)$为例。

首先，基于初始已构建模型获得无标记样本 $\boldsymbol{x}_{n_{\text{unlabeled}}}$ 的伪标签：

$$\hat{y}_{\boldsymbol{x}_{n_{\text{unlabeled}}}}=F_{\text{RF}}^{k}(\boldsymbol{x}_{n_{\text{unlabeled}}}) \tag{5.13}$$

其次，将由伪标签和 $\boldsymbol{D}_{\text{labeled}}^{k}$ 组合得到的新数据集 $\boldsymbol{D}_{\text{labeled}}'^{k}$ 表示为

$$\boldsymbol{D}_{\text{labeled}}'^{k}=\{\boldsymbol{D}_{\text{labeled}}^{k},\{\boldsymbol{x}_{n_{\text{unlabeled}}},\hat{y}_{\boldsymbol{x}_{n_{\text{unlabeled}}}}\}\} \tag{5.14}$$

最后，采用 $\boldsymbol{D}_{\text{labeled}}'^{k}$ 构建更新的 RF 模型 $F_{\text{RF}}'^{k}(\cdot)$：

$$F_{\text{RF}}'^{k}=f_{\text{update}}\{f_{\text{RSM}}(f_{\text{Bootstrap}}(\boldsymbol{D}_{\text{labeled}}'^{k}))\} \tag{5.15}$$

其中，$f_{\text{update}}(\cdot)$表示模型的重建过程。

2. 获取无标记样本的近邻集合

在获得采用伪标记样本更新后的 RF 模型 $F_{\text{RF}}'^{k}(\cdot)$后，需要判断该伪标记样本是否能够提升 $F_{\text{RF}}'^{k}(\cdot)$的性能。此处，通过计算无标记样本基于标记样本近邻集 RMSE 的方式进行评估。

以 $\boldsymbol{x}_{n_{\text{unlabeled}}}$ 为例，其在标记子集 $\boldsymbol{D}_{\text{labeled}}^{k}$ 中的近邻集由距离向量确定：

$$\boldsymbol{L}^{k}=[L_1^{k},\cdots,L_{n_{\text{labeled}}}^{k},\cdots,L_{N_{\text{labeled}}}^{k}] \tag{5.16}$$

其中，$L_{n_{\text{labeled}}}^{k}$ 代表无标记样本 $\boldsymbol{x}_{n_{\text{unlabeled}}}$ 与第 n_{labeled} 个标记样本间的距离值：

$$L_{n_{\text{labeled}}}^{k}=\|\boldsymbol{x}_{n_{\text{unlabeled}}}-\boldsymbol{x}_{n_{\text{labeled}}}^{k}\|_2=\sum_{m=1}^{M}\sqrt{(x_{n_{\text{unlabeled}},m}-x_{n_{\text{labeled}},m}^{k})^2} \tag{5.17}$$

在获得 $\boldsymbol{L}^{k}$ 后，依据数值大小进行升序排列，排序后的向量记为

$$\begin{aligned} \boldsymbol{L}_{\text{Sort}}^{k} &= f_{\text{Sort}}(\boldsymbol{L}^{k}) = f_{\text{Sort}}(L_{1}^{k}, L_{2}^{k}, \cdots, L_{N_{\text{labeled}}}^{k}) \\ &= \left[L_{\text{Sort},1}^{k}, L_{\text{Sort},2}^{k}, \cdots, L_{\text{Sort},N_{\text{labeled}}}^{k}\right]^{\text{T}} \end{aligned} \tag{5.18}$$

其中，$f_{\text{Sort}}(\cdot)$为排序函数。

此外，设定近邻集的数量阈值为 N_{near}，进而得到 $\boldsymbol{L}_{\text{Sel}}^{k}$，记为

$$\boldsymbol{L}_{\text{Sel}}^{k} = [L_{\text{Sort},1}^{k}, L_{\text{Sort},2}^{k}, \cdots, L_{\text{Sort},N_{\text{near}}}^{k}]^{\text{T}} \tag{5.19}$$

进一步，得到 N_{near} 个标记样本组成的近邻集合：

$$\boldsymbol{\Omega}_{n_{\text{unlabeled}}} = \left\{\boldsymbol{x}_{\text{Sel},n_{\text{near}}}^{k}\right\}_{n_{\text{near}}=1}^{N_{\text{near}}} \tag{5.20}$$

3. 评估伪标记样本

首先，基于 $F_{\text{RF}}^{k}(\cdot)$ 和 $F_{\text{RF}}'^{k}(\cdot)$ 计算得到近邻集合 $\boldsymbol{\Omega}_{n_{\text{unlabeled}}}$ 的预测值 $\hat{\boldsymbol{y}}_{\boldsymbol{\Omega}_{n_{\text{unlabeled}}}}^{k}$ 和 $\hat{\boldsymbol{y}}_{\boldsymbol{\Omega}_{n_{\text{unlabeled}}}}'^{k}$：

$$\begin{cases} \hat{\boldsymbol{y}}_{\boldsymbol{\Omega}_{n_{\text{unlabeled}}}}^{k} = F_{\text{RF}}^{k}(\boldsymbol{\Omega}_{n_{\text{unlabeled}}}) \\ \hat{\boldsymbol{y}}_{\boldsymbol{\Omega}_{n_{\text{unlabeled}}}}'^{k} = F_{\text{RF}}'^{k}(\boldsymbol{\Omega}_{n_{\text{unlabeled}}}) \end{cases} \tag{5.21}$$

采用下式评估加入伪标记样本后对近邻集合的预测性能：

$$\delta_{\boldsymbol{\Omega}_{n_{\text{unlabeled}}}}^{k} = \sum_{\boldsymbol{x}_{\boldsymbol{\Omega}} \in \boldsymbol{\Omega}_{n_{\text{unlabeled}}}} \begin{pmatrix} \left(\boldsymbol{y}_{\boldsymbol{\Omega}_{n_{\text{unlabeled}}}}^{k} - \hat{\boldsymbol{y}}_{\boldsymbol{\Omega}_{n_{\text{unlabeled}}}}^{k}\right)^{2} - \\ \left(\boldsymbol{y}_{\boldsymbol{\Omega}_{n_{\text{unlabeled}}}}^{k} - \hat{\boldsymbol{y}}_{\boldsymbol{\Omega}_{n_{\text{unlabeled}}}}'^{k}\right)^{2} \end{pmatrix} \tag{5.22}$$

其中，$\delta_{\boldsymbol{\Omega}_{n_{\text{unlabeled}}}}^{k}$ 称为伪样本评估值；$\boldsymbol{y}_{\boldsymbol{\Omega}_{n_{\text{unlabeled}}}}^{k}$ 为近邻样本 $\boldsymbol{x}_{\boldsymbol{\Omega}_{n_{\text{unlabeled}}}}$ 的真值。

显然，$\delta_{\boldsymbol{\Omega}_{n_{\text{unlabeled}}}}^{k}$ 越大，伪标记样本$(\boldsymbol{x}_{n_{\text{unlabeled}}}, \hat{\boldsymbol{y}}_{x_{n_{\text{unlabeled}}}})$对提高模型性能的正向影响越大。

上述过程评估仅针对于单个无标记样本。为优选无标记样本，此处将其最大数量记为 θ_{s}。重复上述针对单个无标记样本的评估过程，在无标记样本数量达到 θ_{s} 后，选择最大的伪样本评估值 $\delta_{\boldsymbol{\Omega}_{n_{\text{unlabeled}}}}^{k,\max}$；判断该评估值是否大于 0，若大于 0 则选择 $\delta_{\boldsymbol{\Omega}_{n_{\text{unlabeled}}}}^{k,\max}$ 对应的伪标记样本，若小于 0 则进入下次迭代。

为保证 $\boldsymbol{D}_{\text{labeled}}^{k}$ 能够得到一定数量的伪标记样本，将上述迭代过程的阈值记为 θ_{T}，并针对 $\boldsymbol{D}_{\text{labeled}}^{k}$ 在迭代过程获得的伪标记样本进行存储。将通过上述过程获得 $\boldsymbol{D}_{\text{labeled}}^{k}$ 标记的伪标记样本，记为$\{\boldsymbol{X}_{\text{sel}}^{k}, \hat{\boldsymbol{y}}_{\text{sel}}^{k}\}$。

重复上述过程 K 次，获得的伪标记样本集记为

$$\{\boldsymbol{X}_{\text{sel}}, \hat{\boldsymbol{y}}_{\text{sel}}\} = \begin{Bmatrix} \{\boldsymbol{X}_{\text{sel}}^{1}, \hat{\boldsymbol{y}}_{\text{sel}}^{1}\} \\ \vdots \\ \{\boldsymbol{X}_{\text{sel}}^{K}, \hat{\boldsymbol{y}}_{\text{sel}}^{K}\} \end{Bmatrix} \tag{5.23}$$

获取伪标记样本的流程如图 5.2 所示。

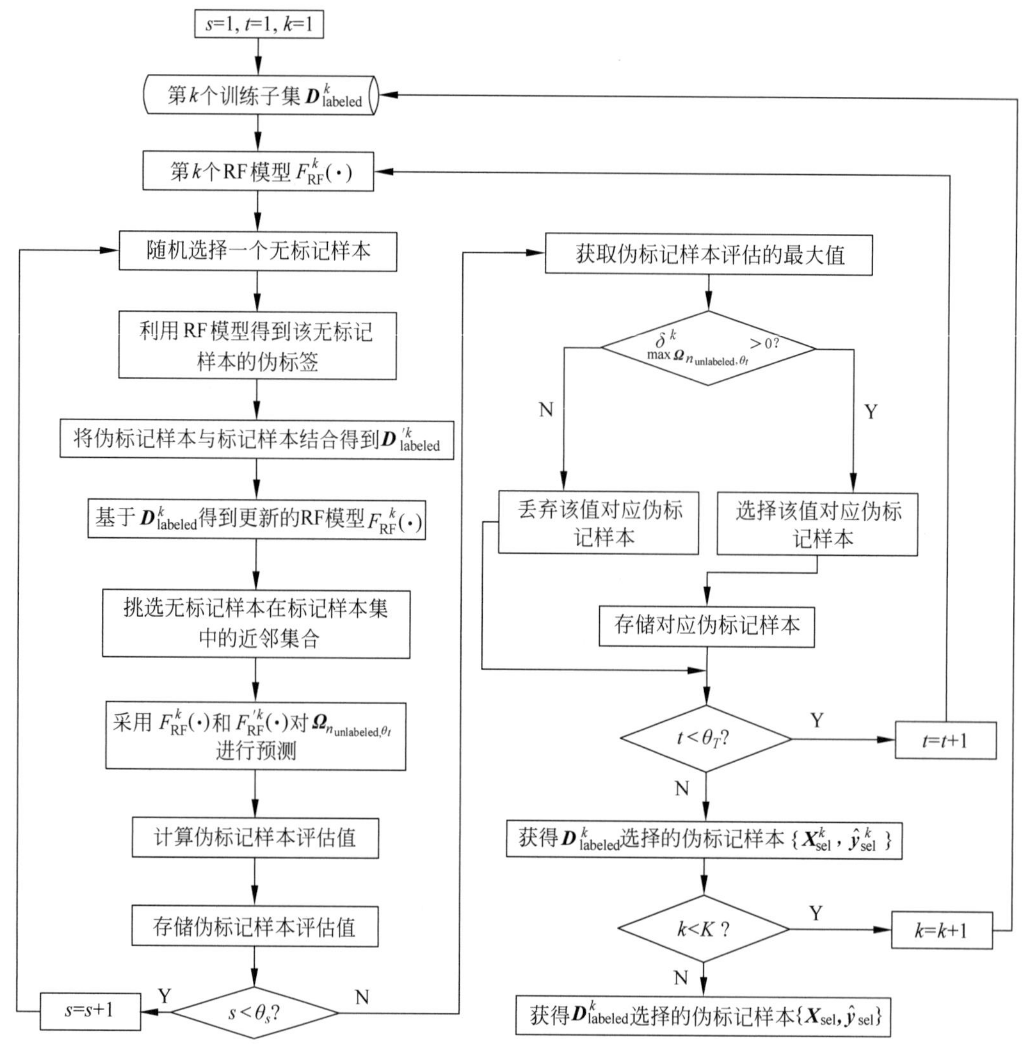

图 5.2 获取伪标记样本流程图

5.2.3.3 DXN 排放浓度软测量模块

基于混合样本集 $\boldsymbol{D}_{\text{new-train}}=\{\boldsymbol{D}_{\text{labeled}},\{\boldsymbol{X}_{\text{sel}},\hat{\boldsymbol{y}}_{\text{sel}}\}\}=\{\boldsymbol{X}_{\text{new}},\boldsymbol{y}_{\text{new}}\}\in\mathbb{R}^{N_{\text{new}}\times(M_{\text{new}}+1)}$ 构建深度森林回归(DFR)模型，其以 Stacking 方式组合多个不同类别的 RF 和 CRF 模型，包含输入层、中间层和输出层森林模型。训练过程见文献[21]，记最终预测值为 $\hat{y}$。

5.2.4 实验结果

5.2.4.1 评价指标描述

此处采用$\boldsymbol{\delta}$ 评价伪标记样本的置信度高低，采用 RMSE 和 MAE 评价模型的拟合性能，公式如下：

$$\delta=\sum_{x}((\boldsymbol{y}_x-\hat{\boldsymbol{y}}_x)^2-(\boldsymbol{y}_x-\hat{\boldsymbol{y}}'_x)^2) \tag{5.24}$$

$$\mathrm{RMSE}=\sqrt{\frac{1}{N}\sum_{n=1}^{N}(\hat{y}^n-y^n)^2} \tag{5.25}$$

$$\mathrm{MAE}=\frac{1}{N}\sum_{n=1}^{N}|\hat{y}^n-y^n| \tag{5.26}$$

5.2.4.2　数据描述

本节采用的建模数据来自北京某 MSWI 电厂 2＃号炉于 2012—2018 年检测的 DXN 排放浓度和相应检测当天及前后 3 天的过程数据。此处实验将 74 个有标记样本作为训练集、验证集和测试集，划分比例为 2∶1∶1；无标记样本为 436 个。

5.2.4.3　实验结果

1）初始 RF 模型构建结果

表 5.1 描述了 DXN 数据集初始 RF 模型构建过程的参数设置情况。

表 5.1　DXN 数据集初始 RF 模型构建参数

数据集	训练子集个数	训练集样本个数	验证集样本个数	测试集样本个数	决策树个数	最小样本个数	选取特征数量
DXN	30	38	18	18	50	8	13

2）伪标记样本获取结果

为 DXN 数据集中每个训练子集选择伪标记样本的过程如图 5.3 所示。

设置阈值为 0，在每次迭代中选择置信度最高且大于阈值的伪标记样本并添加至最终的训练集，最终伪标记样本为 298 个。

3）结果预测及比较

参数设置如下：Minsamples＝8，FeaturesNum＝13，$K=30$，$J=50$，$\theta_T=10$，$\theta_S=15$，近邻域集的样本个数为 30。4 种方法分别运行 20 次，训练集、验证集和测试集的 RMSE 及 MAE 均值、方差如表 5.2 所示，测试集的拟合曲线如图 4.8 所示。

表 5.2　DXN 数据集的实验结果

评价指标	方法	训练集		验证集		测试集	
		平均值	方差	平均值	方差	平均值	方差
RMSE	DT	2.2894×10^{-2}	2.5232×10^{-5}	2.6966×10^{-2}	4.7961×10^{-5}	2.6124×10^{-2}	4.3844×10^{-5}
	Co-DT	2.1866×10^{-2}	2.2549×10^{-5}	2.5522×10^{-2}	1.9408×10^{-5}	2.3657×10^{-2}	1.6692×10^{-5}
	RF	1.7044×10^{-2}	2.9403×10^{-7}	2.0491×10^{-2}	8.8931×10^{-7}	1.9769×10^{-2}	1.6433×10^{-6}
	本节	1.5496×10^{-2}	1.9023×10^{-7}	2.0230×10^{-2}	4.8179×10^{-7}	1.9729×10^{-2}	5.7090×10^{-7}
MAE	DT	1.6083×10^{-2}	1.5768×10^{-5}	2.2820×10^{-2}	4.5720×10^{-5}	2.0391×10^{-2}	2.6444×10^{-5}
	Co-DT	1.7421×10^{-2}	2.3846×10^{-5}	2.1682×10^{-2}	1.3978×10^{-5}	2.0111×10^{-2}	1.3910×10^{-5}
	RF	1.3894×10^{-2}	2.3999×10^{-7}	1.9469×10^{-2}	7.5650×10^{-7}	1.8075×10^{-2}	1.8798×10^{-6}
	本节	1.7447×10^{0}	1.2418×10^{-1}	1.9454×10^{0}	1.0140×10^{-1}	2.0196×10^{0}	1.4573×10^{-1}

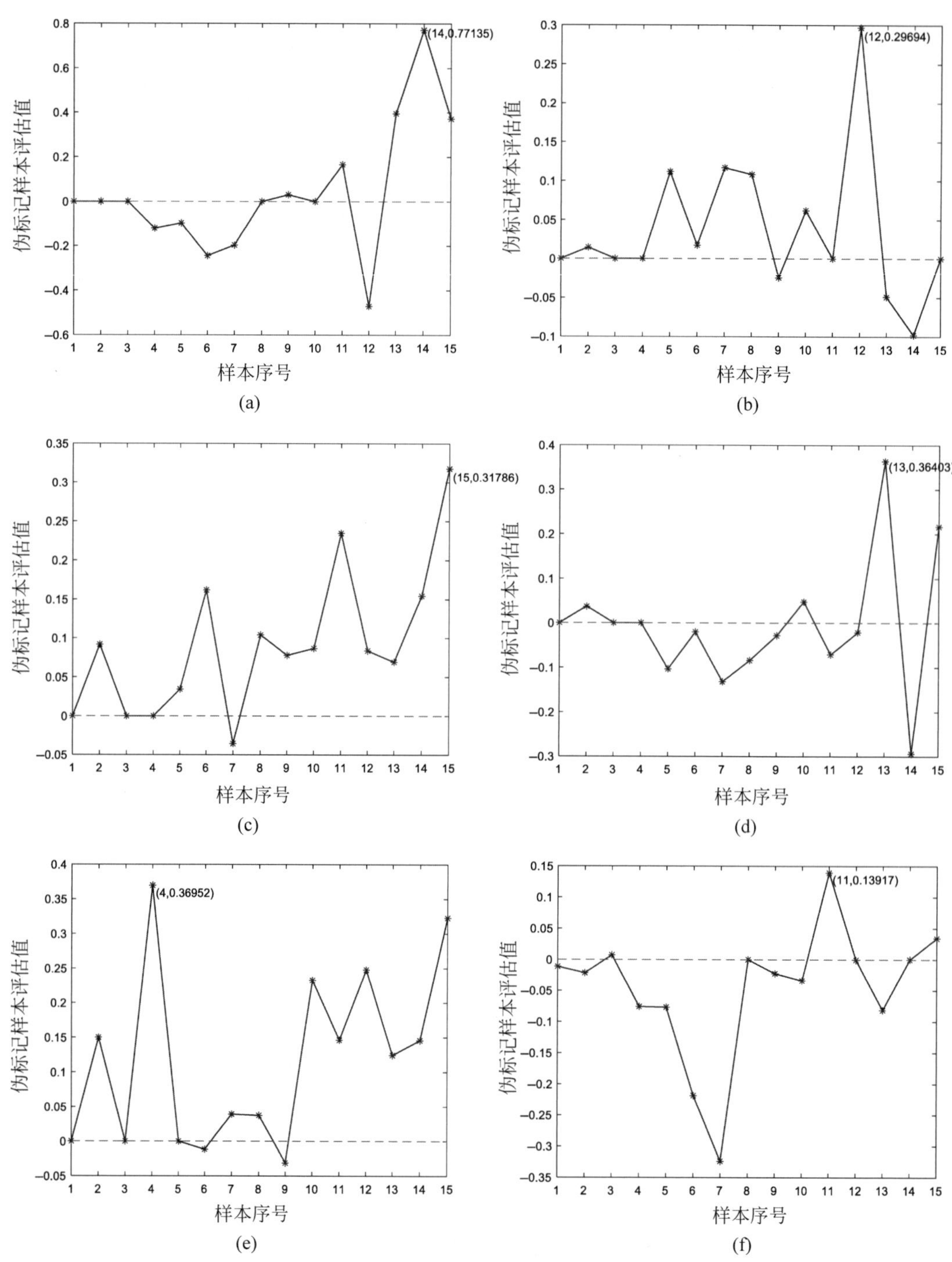

图 5.3 DXN 训练子集选取伪标记样本过程

(a) 第 1 个训练子集；(b) 第 2 个训练子集；(c) 第 3 个训练子集；
(d) 第 4 个训练子集；(e) 第 5 个训练子集；(f) 第 6 个训练子集

由表 5.2 和图 5.4 可知，此处方法的 RMSE 性能优越，且能够得到最小的 MAE 均值，表明该模型比其他方法稳定，泛化性能较好。

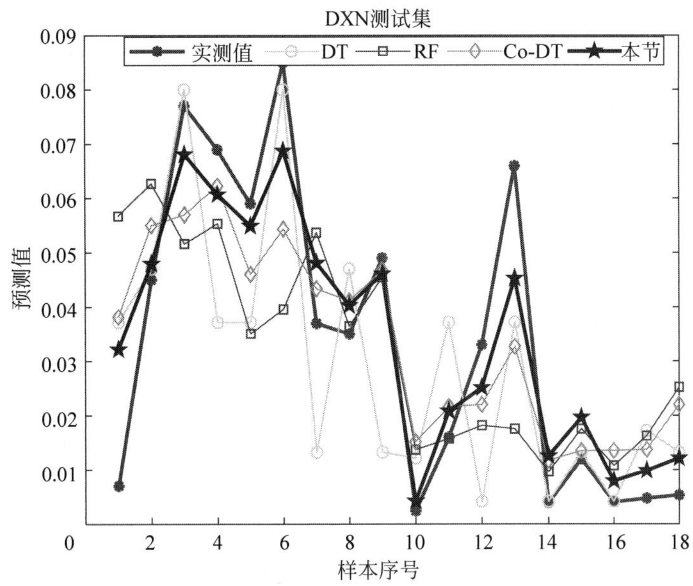

图 5.4　DXN 数据测试集的预测曲线

综上所述，加入一定数量的伪标记样本可以提高软测量模型的准确性，此处所提半监督策略是有效的。

5.2.4.4　超参数分析

针对 K、Minsamples 和 FeaturesNum 3 个超参数进行分析。图 5.5 给出了超参数与 RMSE 间的关系。

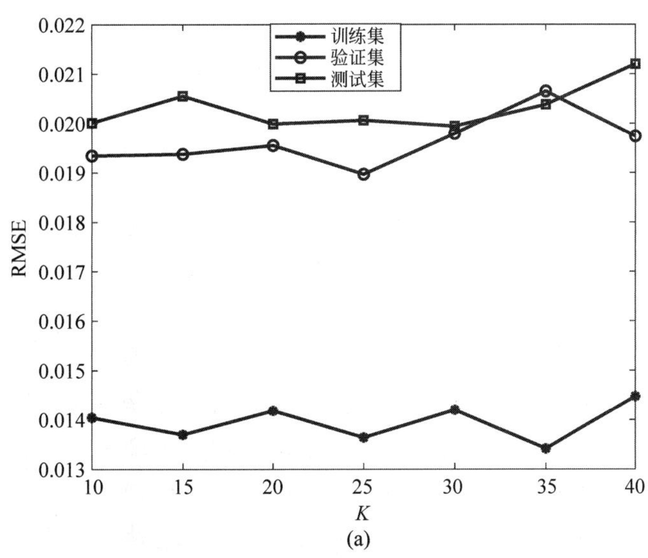

图 5.5　DXN 数据集超参数与 RMSE 的关系图

(a) K 与 RMSE 的关系；(b) Minsamples 与 RMSE 的关系；(c) FeaturesNum 与 RMSE 的关系

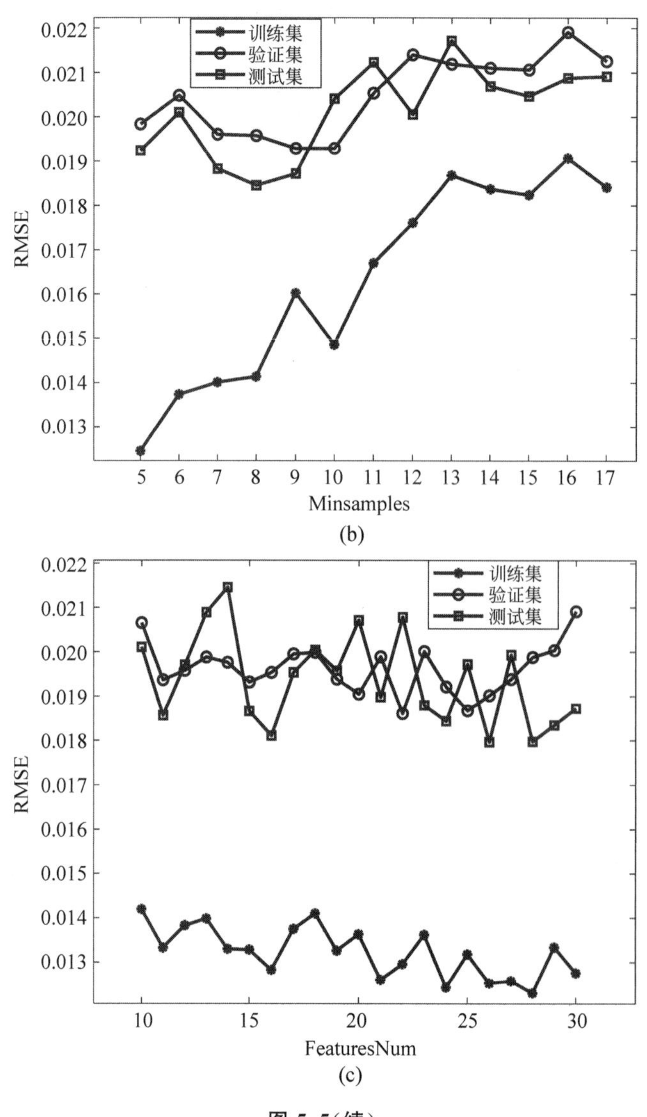

图 5.5(续)

(a) K 与 RMSE 的关系；(b) Minsamples 与 RMSE 的关系；(c) FeaturesNum 与 RMSE 的关系

由图 5.5 可知，当 3 个超参数取值分别为 25、9 和 22 时 RMSE 最小，超参数与模型性能间具有单调性趋势。综上，此处所提方法适合 DXN 数据集，超参数需要全局优化。

5.2.5 平台验证

基于上述策略，开发了基于半监督随机森林的二噁英排放浓度软测量软件，并在本平台多模态历史数据驱动系统中进行验证，其软硬件系统整体实物如图 5.6 所示。

5.2.5.1 软件阐述

本软件的设计结构如图 5.7 所示，具体为：在 MATLAB 环境下编写基于半监督 RF 的数据驱动模型程序；针对软件运行系统的 OPC Server 需求，开发 OPC Client 实现软件的外部通信功能；采用 C# 语言开发前台人机交互界面实时显示 OPC Client 读取的建模数

图 5.6　基于半监督随机森林的二噁英排放浓度软测量系统实物图

据；将 MATLAB 算法程序打包成动态链接库(dynamic link library,DLL)文件嵌入软件后台,前、后台应用程序通过.NET API 接口技术实现数据传输；通过 OPC Client 读取的关键建模数据传输至后台算法程序进行 DXN 排放浓度软测量值的计算,其结果回传给前台人机交互界面进行显示,实现 DXN 排放浓度的实时检测；当前检测结果以数值的形式显示,同时更新历史软测量结果曲线图；另外,对构建当前预测模型的有标记样本和所添加的伪标记样本集进行显示。通过本软件,使用者能够查看算法策略图、实时检测 DXN 排放浓度及其变化趋势、实时监控建模过程数据及建模样本集。

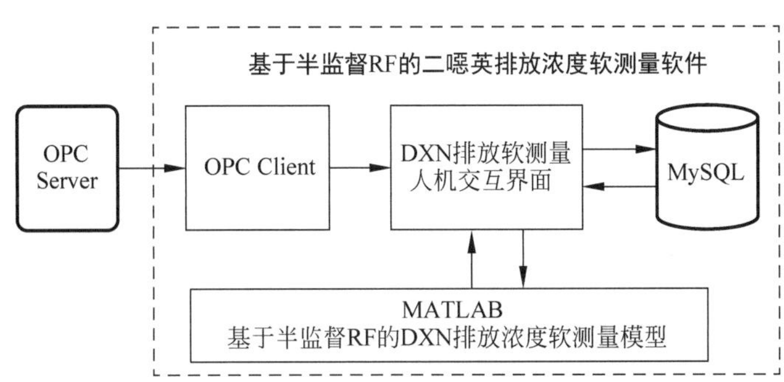

图 5.7　基于半监督随机森林的二噁英排放浓度软测量软件结构图

5.2.5.2　软件功能

该软件具体包括以下功能：

(1) 网络通信连接和数据采集传输。通过 IP 地址连接外部 OPC Server 以实现软件与外部数据源的通信,利用 OPC Client 采集 MSWI 过程数据以为软件运行提供数据源。

(2) 建模数据的自动更新、存储和导出。利用 OPC Client 采集过程数据,在 MySQL 建立数据中心实现自动存储,通过读出数据实现在 PC 端交互界面的过程数据的显示、导出等。

(3) DXN 排放浓度软测量。能够根据实时建模过程数据的变化,通过构建的基于半监督的机器学习模型实时检测 DXN 排放浓度并显示其结果。

(4) 建模样本和最优伪标记样本显示。能够实时查看用于建模的有标记样本和获得的最优伪标记样本。

(5) 数据的图表显示。提供了以表格方式的数据显示及 DXN 浓度软测量值曲线趋势显示等界面，操作人员可通过软件实时监控 DXN 排放浓度、建模用的有标记数据和伪标记数据。

5.2.5.3 软件构建

本系统基于 C# 语言进行开发，采用 Visual Studio、MATLAB 和 MySQL 混合编程。在 MATLAB 环境下编写实现基于半监督 RF 的数据驱动模型构建程序，开发 OPC Client 实现软件的外部通信功能，开发易操作的前台人机交互界面，过程数据监控界面如图 5.8 所示。

基于半监督的二噁英排放浓度软测量软件

北京工业大学 BEIJING UNIVERSITY OF TECHNOLOGY

IP: 192.168.0.10 搜索 Server: Kepware.KEPS 连接

Id	Value	Quality	Time
MSWI.HistoryData.ZI_12FG01	100	192	2023/12/19 11:45:21
MSWI.HistoryData.ZI_12CM19	74.515442	192	2023/12/19 11:45:21
MSWI.HistoryData.ZI_12CM17	96.077942	192	2023/12/19 11:45:33
MSWI.HistoryData.ZI_12CM16	0	192	2023/12/19 11:45:21
MSWI.HistoryData.ZI_12CM15	0	192	2023/12/19 11:45:21
MSWI.HistoryData.ZI_12CM14	30.059689	192	2023/12/19 11:45:21
MSWI.HistoryData.ZI_12CM13A	99.950836	192	2023/12/19 11:45:33
MSWI.HistoryData.ZI_12CM13	36.025276	192	2023/12/19 11:45:21
MSWI.HistoryData.ZI_12CM12	27.949436	192	2023/12/19 11:45:33
MSWI.HistoryData.ZI_12CM11A	99.782295	192	2023/12/19 11:45:21
MSWI.HistoryData.ZI_12CM11	49.41011	192	2023/12/19 11:45:33
MSWI.HistoryData.ZI_12CM10	27.187498	192	2023/12/19 11:45:21
MSWI.HistoryData.ZI_12CM09	40.860249	192	2023/12/19 11:45:21
MSWI.HistoryData.ZI_12CM08	99.403084	192	2023/12/19 11:45:21
MSWI.HistoryData.ZI_12CM07	69.266144	192	2023/12/19 11:45:21
MSWI.HistoryData.ZI_12CM06	99.122185	192	2023/12/19 11:45:33
MSWI.HistoryData.ZI_12CM05	99.325836	192	2023/12/19 11:45:33
MSWI.HistoryData.ZI_12CM04	97.735245	192	2023/12/19 11:45:21
MSWI.HistoryData.ZI_12CM03	99.508415	192	2023/12/19 11:45:33

过程数据监控 算法展示 建模样本 预测结果

图 5.8 过程数据监控界面

算法策略展示界面主要是对基于半监督 RF 的 DXN 排放浓度软测量模型构建方法进行介绍。单击界面底部导航栏的“算法展示”模块，即可切换显示该界面，如图 5.9 所示。

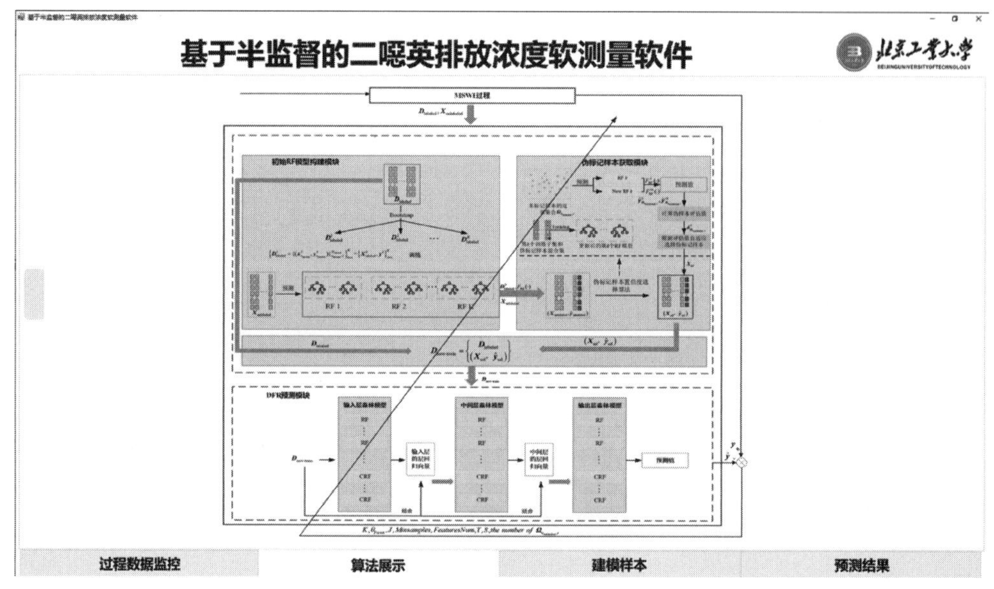

图 5.9 算法策略展示界面

建模样本展示界面主要用于展示用于构建模型的有标记样本和伪标记样本，通过单击“导入”按钮可分别将有标记样本与伪标记样本导入软件，存储至数据库并展示在界面上，如图 5.10 所示。

有标记样本：

二次燃烧室左侧温度3(℃)	二次燃烧室右侧温度2(℃)	二次燃烧室左侧温度4(℃)	二次燃烧室右侧温度3(℃)
874.777777...	852	888.777777...	904.555555...
918	868.333333...	920	914
971	914.666666...	978.333333...	957.666666...
971	979	1000	986.666666...
929.666666...	931	937.666666...	976
992	947	994.666666...	973.666666...
1006.66666...	907	1020.66666...	927.666666...
992.555555...	973.111111...	1000.77777...	991.111111...
1007.66666...	962.666666...	1028	1006
958	990.333333...	962.333333...	1009.66666...
970.333333...	975	975.666666...	1009.33333...
960.666666...	908.333333...	950	962
987.333333...	865.333333...	952.333333...	945
924.333333...	906.111111...	925.222222...	943.111111...
1033	967	1029.33333...	993
980.333333...	967.666666...	941.333333...	943.666666...
946.666666...	927.666666...	882	899.666666...

伪标记样本：

二次燃烧室左侧温度3(℃)	二次燃烧室右侧温度2(℃)	二次燃烧室左侧温度4(℃)	二次燃烧室右侧温度3(℃)
1059	991.666666...	1053	1019.33333...
1037.5	967	1032	992
1037.33333...	946.333333...	1053	985.666666...
858.888888...	918.666666...	918.222222...	916.222222...
974.666666...	989.666666...	1019.33333...	1011.66666...
1020	841.333333...	1020	880.333333...
1005.33333...	1024.33333...	1025.33333...	998
960.666666...	924.666666...	969.333333...	970.333333...
1009.5	1015.5	1026	1025
991.666666...	936.333333...	1003.66666...	963
914	865.666666...	900.333333...	926.333333...
1017.66666...	984.666666...	916	976.666666...
966.666666...	954	886.333333...	921.666666...
982.222222...	941.666666...	988.555555...	976.777777...
881	876.333333...	885.333333...	905.666666...
979	934.666666...	979.333333...	962
1003	1013	993	1013

图 5.10　建模样本展示界面

DXN 排放浓度在线检测界面是本软件的主界面，分别显示了关键建模过程数据、当前 DXN 排放浓度软测量值及历史 DXN 排放浓度软测量值，如图 5.11 所示。

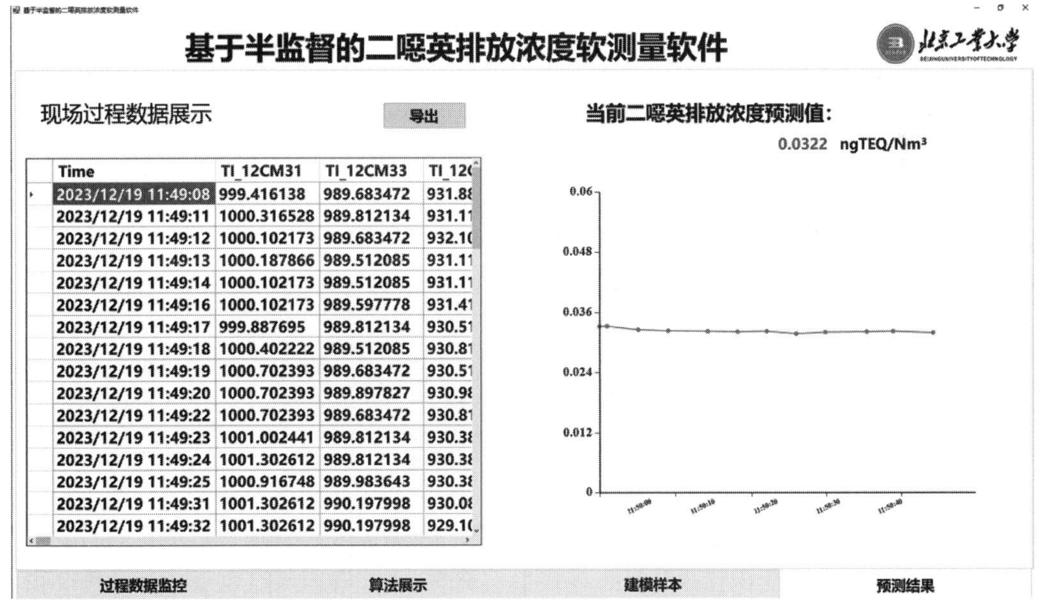

Time	TI_12CM31	TI_12CM33	TI_12(
2023/12/19 11:49:08	999.416138	989.683472	931.8
2023/12/19 11:49:11	1000.316528	989.812134	931.1
2023/12/19 11:49:12	1000.102173	989.683472	932.1
2023/12/19 11:49:13	1000.187866	989.512085	931.1
2023/12/19 11:49:14	1000.102173	989.512085	931.1
2023/12/19 11:49:16	1000.102173	989.597778	931.4
2023/12/19 11:49:17	999.887695	989.812134	930.5
2023/12/19 11:49:18	1000.402222	989.512085	930.8
2023/12/19 11:49:19	1000.702393	989.683472	930.5
2023/12/19 11:49:20	1000.702393	989.897827	930.9
2023/12/19 11:49:22	1000.702393	989.683472	930.8
2023/12/19 11:49:23	1001.002441	989.812134	930.3
2023/12/19 11:49:24	1001.302612	989.812134	930.3
2023/12/19 11:49:25	1000.916748	989.983643	930.3
2023/12/19 11:49:31	1001.302612	990.197998	930.0
2023/12/19 11:49:32	1001.302612	990.197998	929.1

图 5.11　DXN 排放浓度在线检测界面

5.3 基于模糊神经网络对抗生成的二噁英排放预警算法实验室场景验证

5.3.1 问题描述

对 DXN 排放浓度进行等级预警是解决焚烧建厂“邻避效应”和实现城市污染防控等难题的关键之一[22]。DXN 的生成、分解、再生成和吸附过程在机理上与 MSWI 全流程均具有相关性，并且存在至今仍原因不清的“记忆效应”[23]。受限于 DXN 在检测技术上的难度，目前主要采用高成本、长周期的离线化验方式对 DXN 排放浓度进行检测。上述因素导致构建 DXN 预警模型的建模数据存在维数高、不确定性强和样本稀疏等问题。

针对建模样本稀疏的问题，目前已提出多种面向小样本数据的建模方法，如支持向量机[24]、贝叶斯网络[25]和核回归[26]等。然而，直接利用有限样本建模，无法保证模型性能[27-28]。因此，基于虚拟样本生成(virtual sample generation，VSG)的建模方法被提出并在石油、化工和机械制造等复杂工业过程中广泛应用[29-30]。

本质上，VSG 是在原始数据的基础上生成能够填补真实样本间隙的虚拟样本，进而解决样本数量少和类不平衡等问题[31]。目前，VSG 主要分为以下 3 类：①基于采样；②基于信息扩散；③基于生成对抗网络(generative adversarial network，GAN)。基于采样的 VSG 通过对原始样本或其分布进行采样的方式获得新样本。其中，文献[32]对软件缺陷数据的少数类样本进行重采样以平衡类间分布，但该方法并未增加新的样本；文献[33]基于高斯分布采样生成不平衡类的样本，但该方法依赖于原始样本分布，难以应用于高维样本；文献[34]通过 t-分布随机邻域嵌入(t-distributed stochastic neighbor embedding，t-SNE)将高维样本降维后在低维空间采样以生成虚拟样本，但该方法除降维造成的信息损失外，还可能存在冗余样本。基于信息扩散的 VSG 是先通过模糊理论确定特征的扩散范围后再生成虚拟样本，包括整体趋势扩散[35]和基于树的趋势扩散[36]，但该方法易受离群数据影响而导致特征扩散范围产生偏移。不同于上述方法，基于 GAN 的 VSG 通过生成器和判别器的博弈对抗使得生成的虚拟样本越来越接近真实样本分布[37]。在生成虚拟图像方面，文献[38]通过 GAN 生成缺陷图像以扩充训练样本的数量，实验结果表明该方法可有效提高缺陷检测的准确性；文献[39]采用深度卷积 GAN 基于 MSWI 实际运行数据生成异常工况火焰图像，验证了所提方法的有效性。

在基于过程数据建模的工业领域中，基于 GAN 的 VSG 主要用于生成故障信号的虚拟样本，如文献[40]采用深度卷积 GAN 生成故障样本后再通过组合 K 均值聚类算法的卷积神经网络进行诊断，有效地提高了分类精度；文献[41]提出一种基于 Wasserstein GAN (WGAN)的数据再平衡机制，生成故障样本后采用长短期记忆全卷积网络实现基于振动信号的故障诊断；文献[42]提出一种基于自适应解耦的增强 GAN，其通过自适应学习更新潜在变量后再在特定分布中采样以提高生成样本的质量，实验表明具有较高的准确率。由上可知，通过 GAN 生成工业过程数据虚拟样本的研究鲜有报道。

针对建模数据的不确定性问题，模糊神经网络(fuzzy neural network，FNN)是一种既具有模糊系统的非线性处理与分析能力，又具备神经网络参数学习和优化功能的建模算法[43-44]。文献[45]提出基于自适应学习率梯度下降进行更新的误差概率密度函数，用于污水处理过程的出水氨氮预测，与其他方法相比具有更好的预测精度和模型稳定性。由上可知，FNN能够结合模糊系统和神经网络的优势提高模型的精度和收敛速度。然而，如何利用FNN进行博弈对抗以生成虚拟样本的研究还未有报道。

针对建模数据维数高的问题，常用的特征约简策略可分为特征提取和特征选择[46]。特征提取是通过线性或非线性的方式得到低维数据以替换原始高维数据，但所提取特征不具备物理含义且采用较小贡献率的特征建模会导致模型的不稳定。特征选择虽然会舍弃部分特征，但能够获得具有清晰物理含义的特征，适合于输入输出间具有因果关系的工业过程。文献[47]提出基于RF的特征选择算法，但未结合数据特性进行特征的自适应选择。

综上，此处提出基于FNN对抗生成的DXN排放预警模型构建方法。首先，通过RF自适应选择与DXN排放浓度相关性高的输入特征；其次，通过FNN对抗生成相应预警等级的候选虚拟样本，以解决样本稀疏和具有不确定性的问题；再次，采用判别概率、最大均值差异和最近邻类别一致性准则构建多约束选择机制，以保证所选虚拟样本的质量；最后，基于混合样本构建预警模型。在MSWI过程实际DXN数据上与已有方法进行对比，结果表明了所提方法的有效性和优越性；进一步，开发DXN排放预警软件基于实验室半实物仿真平台多模态历史数据驱动系统进行类工业场景的验证。

5.3.2　建模策略

此处所提基于FNN对抗生成的MSWI过程DXN排放预警构建策略，包括基于随机森林的特征自适应选择模块、基于FNN对抗生成候选虚拟样本模块、基于多约束的虚拟样本选择模块和基于混合样本的预警模型构建模块，如图5.12所示。

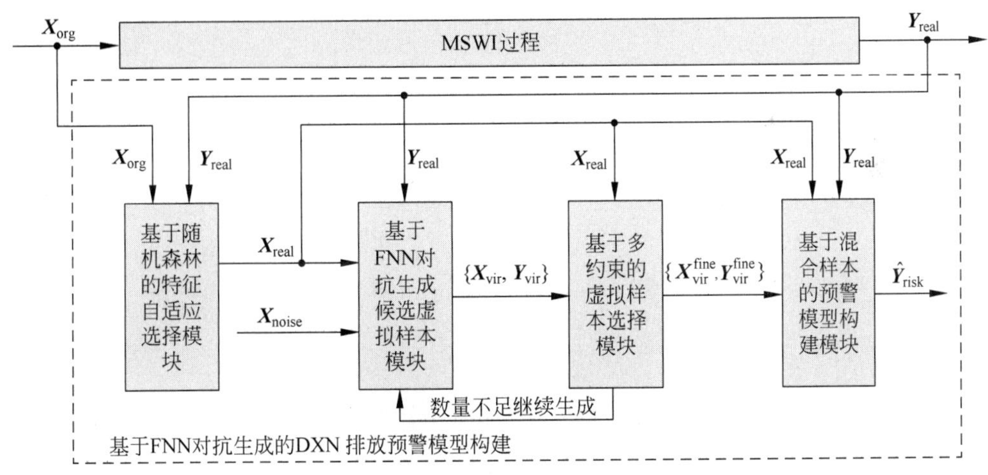

图5.12　基于FNN对抗生成的DXN排放预警模型构建策略

在图5.12中，$\{X_{org}, Y_{real}\} \in \mathbb{R}^{N_{org} \times (D_{org}+1)}$为原始真实样本集，$N_{org}$为样本数量，其中，输入变量集$X_{org}$为在工业现场获得的维数为$D_{org}$的过程变量，输出真值集$Y_{real}$为在实验室化验得到的维度为1的DXN排放浓度。为表述方便，此处对输入、输出集均采用矩阵符号予以表征；X_{real}为经过特征选择的真实样本输入；X_{noise}为随机噪声；$\{X_{vir}, Y_{vir}\}$为采用此处所提 FNN 对抗生成的候选虚拟样本集，$\boldsymbol{X}_{\mathrm{vir}}$ 和 $\boldsymbol{Y}_{\mathrm{vir}}$ 分别表示虚拟样本的输入和输出集；$\{\boldsymbol{X}_{\mathrm{vir}}^{\mathrm{fine}},\boldsymbol{Y}_{\mathrm{vir}}^{\mathrm{fine}}\}$表示筛选后的合格虚拟样本集，$\boldsymbol{X}_{\mathrm{vir}}^{\mathrm{fine}}$ 和 $\boldsymbol{Y}_{\mathrm{vir}}^{\mathrm{fine}}$ 分别表示合格虚拟样本的输入和输出集；$\hat{\boldsymbol{Y}}_{\mathrm{risk}}$ 为所构建预警模型的预测输出集。

5.3.3 算法实现

5.3.3.1 基于随机森林的特征自适应选择模块

将原始真实样本的输入和输出表示如下：

$$R_{\mathrm{org}}=\{\boldsymbol{X}_{\mathrm{org}},\boldsymbol{Y}_{\mathrm{real}}\}=\{(\boldsymbol{x}_{\mathrm{org}}^{1},y_{\mathrm{real}}^{1}),(\boldsymbol{x}_{\mathrm{org}}^{2},y_{\mathrm{real}}^{2}),\cdots,(\boldsymbol{x}_{\mathrm{org}}^{N_{\mathrm{org}}},y_{\mathrm{real}}^{N_{\mathrm{org}}})\} \tag{5.27}$$

其中，N_{org} 为原始真实样本的数量。

采用 Bootstrap 重抽样技术从$\{\boldsymbol{X}_{\mathrm{org}},\boldsymbol{Y}_{\mathrm{real}}\}$中随机抽取数据构造 R 组训练子集：

$$\boldsymbol{R}_{\mathrm{org}}^{\mathrm{sel}}=\left\{\{\boldsymbol{X}_{r},\boldsymbol{Y}_{r}\}\in\mathbb{R}^{N_{\mathrm{org}}\times(D_{\mathrm{org}}+1)}\right\}_{r=1}^{R} \tag{5.28}$$

同时，将未被抽中的 R 组袋外(out of bag，OOB)数据表示如下：

$$\boldsymbol{R}_{\mathrm{org}}^{\mathrm{OBB}}=\left\{\{\boldsymbol{X}_{r}^{\mathrm{OBB}},\boldsymbol{Y}_{r}^{\mathrm{OBB}}\}\in\mathbb{R}^{N_{r}^{\mathrm{OBB}}\times(D_{\mathrm{org}}+1)}\right\}_{r=1}^{R} \tag{5.29}$$

其中，N_{r}^{OBB} 为第 r 组 OBB 数据的样本数量。

根据 R 组训练子集构建 R 组决策树，将 R 组 OOB 数据输入相应的决策树以得到 R 组预测值：

$$\hat{\boldsymbol{Y}}_{\mathrm{org}}^{\mathrm{pre}}=[\hat{\boldsymbol{Y}}_{1}^{\mathrm{pre}},\hat{\boldsymbol{Y}}_{2}^{\mathrm{pre}},\cdots,\hat{\boldsymbol{Y}}_{R}^{\mathrm{pre}}] \tag{5.30}$$

则第 r 个 OOB 误差表示如下：

$$E_{r}=\frac{1}{2}\sum_{s=1}^{N_{r}^{\mathrm{OBB}}}[y_{r,s}^{\mathrm{OOB}}-y_{r,s}^{\mathrm{pre}}]^{2} \tag{5.31}$$

其中，$y_{r,s}^{\mathrm{pre}}$ 为第 r 组预测值的第 s 个值；$y_{r,s}^{\mathrm{OOB}}$ 为第 r 组 OOB 数据的第 s 个真值；$r=1,2,\cdots,R$；$s=1,2,\cdots,N_{r}^{\mathrm{OBB}}$。

在 OBB 数据第 h 个特征中添加噪声后进行预测，所得到的 R 组噪声预测值表示如下：

$$\hat{\boldsymbol{Y}}_{\mathrm{org}}^{\mathrm{noise}}=[\hat{\boldsymbol{Y}}_{1}^{\mathrm{nosie},h},\hat{\boldsymbol{Y}}_{2}^{\mathrm{nosie},h},\cdots,\hat{\boldsymbol{Y}}_{R}^{\mathrm{nosie},h}] \tag{5.32}$$

则添加第 r 个噪声的 OOB 误差表示如下：

$$E_{r}^{\mathrm{noise},h}=\frac{1}{2}\sum_{s=1}^{N_{\mathrm{OOB}}}[y_{r,s}^{\mathrm{OOB}}-\hat{y}_{r,s}^{\mathrm{noise},h}]^{2} \tag{5.33}$$

其中，$\hat{y}_{r,s}^{\mathrm{noise},h}$ 为第 r 组 OBB 数据的第 h 个特征中添加噪声后的第 s 个预测值，$h=1,2,\cdots,D_{\mathrm{org}}$。

通过对比添加和未添加噪声的 OBB 数据预测结果的变化，确定该特征对 DXN 排放浓度预测的重要程度。其中，计算第 h 个特征的重要性得分为

$$\gamma_{h}=\frac{1}{R}\sum_{r=1}^{R}|E_{r}-E_{r}^{\mathrm{noise},h}| \tag{5.34}$$

重复上述操作计算所有特征的重要性得分，并将全部得分进行归一化表示以便特征选择。归一化后的第 h 个特征的重要性得分表示如下：

$$\gamma_h^{\text{scale}} = \frac{\gamma_h - \min(\gamma)}{\max(\gamma) - \min(\gamma)} \tag{5.35}$$

其中，$\max(\gamma)$和 $\min(\gamma)$表示得分的最大值和最小值。

将归一化后的重要性得分按照降序排列：

$$[\gamma_1^{\text{descend}}, \gamma_2^{\text{descend}}, \cdots, \gamma_L^{\text{descend}}, \cdots, \gamma_{D_{\text{org}}}^{\text{descend}}] = f_{\text{descend}}(\{\gamma_h^{\text{scale}}\}_{h=1}^{D_{\text{org}}}) \tag{5.36}$$

其中，D_{org} 为原始样本的特征数，$\gamma_L^{\text{descend}}$ 表示第 L 个降序排列得分对应特征的重要性得分。

此处所提自适应特征选择准则是：当前 $L+1$ 个降序排列得分对应特征的重要性得分相较于前 L 个特征的增幅低于 5%时，将前 L 个降序排列得分所对应的特征作为根据数据特性自适应选择的特征，进而避免了人工设置阈值，具体步骤如下。

首先，计算重要性得分增幅 ξ_{L+1}：

$$\xi_{L+1} = \frac{\gamma_{L+1}^{\text{descend}}}{\sum_{l=1}^{L} \gamma_l^{\text{descend}}} \times 100\% \tag{5.37}$$

其中，$\gamma_{L+1}^{\text{descend}}$ 表示第 $L+1$ 个降序排列得分所对应特征的重要性得分。

其次，进行判断：若 $\xi_{L+1} \leqslant 5\%$，停止增加特征；否则，继续增加。

最后，将约简特征记为，

$$\boldsymbol{X}_{\text{real}} = [\boldsymbol{x}_1^{\text{descend}}, \cdots, \boldsymbol{x}_l^{\text{descend}}, \cdots, \boldsymbol{x}_L^{\text{descend}}] \tag{5.38}$$

其中，$\boldsymbol{x}_l^{\text{descend}}$ 表示第 l 个选择的特征。

5.3.3.2 基于 FNN 对抗生成候选虚拟样本模块

原始 GAN 采用 BP 神经网络作为生成和判别模型进行博弈对抗[48]，难以处理具有不确定性的数据。为提高处理非线性和不确定性的能力，本模块在 GAN 中引入 T-S FNN 作为生成器和判别器，即 FNN-GAN，并采用 DXN 预警等级作为条件信息用于约束虚拟样本的生成类型。所提结构如图 5.13 所示。

此处，FNN-GAN 的损失函数如下：

$$\min_{\text{G}} \max_{\text{D}} V(\text{D},\text{G}) = E_{\boldsymbol{X}_{\text{real}} \sim p_{\text{r}}(\boldsymbol{X}_{\text{real}})}(\log \boldsymbol{Y}_{\text{D}}^{\text{real}}) + E_{\boldsymbol{X}_{\text{noise}} \sim p_{\text{z}}(\boldsymbol{X}_{\text{noise}})}[\log(1 - \boldsymbol{Y}_{\text{D}}^{\text{vir}})] \tag{5.39}$$

其中，p_{r} 表示真实样本的分布；$\boldsymbol{Y}_{\text{D}}^{\text{real}}$ 为判别器对于真实样本的输出；p_{z} 表示随机噪声的分布；$\boldsymbol{Y}_{\text{D}}^{\text{vir}}$ 为判别器对于虚拟样本的输出；在此处，$\log(\cdot)$ 为自然对数函数。

具体而言，采用二元交叉熵(binary cross entropy，BCE)实现上述目标函数：

$$L_{\text{BCE}} = -\frac{1}{N'} \sum_{a=1}^{N'} [y_a \log(f(\boldsymbol{x}_a)) + (1 - y_a) \log(1 - f(\boldsymbol{x}_a))] \tag{5.40}$$

其中，$\boldsymbol{x}_a$ 和 $f(\boldsymbol{x}_a)$分别表示模型的输入和输出；y_a 为二元标签；N'为样本数。

当训练判别器时，固定生成器参数，若真实样本的二元标签 $y_a=1$，则相应的损失如下：

$$L_{\text{D}}^{\text{real}} = -\frac{1}{N_{\text{org}}} \sum_{i=1}^{N_{\text{org}}} \ln(y_{\text{D},i}^{\text{real}}) \tag{5.41}$$

若虚拟样本的二元标签 $y_a=0$，则相应的损失如下：

$$L_{\text{D}}^{\text{vir}} = -\frac{1}{N_{\text{vir}}} \sum_{j=1}^{N_{\text{vir}}} \ln(1 - y_{\text{D},j}^{\text{vir}}) \tag{5.42}$$

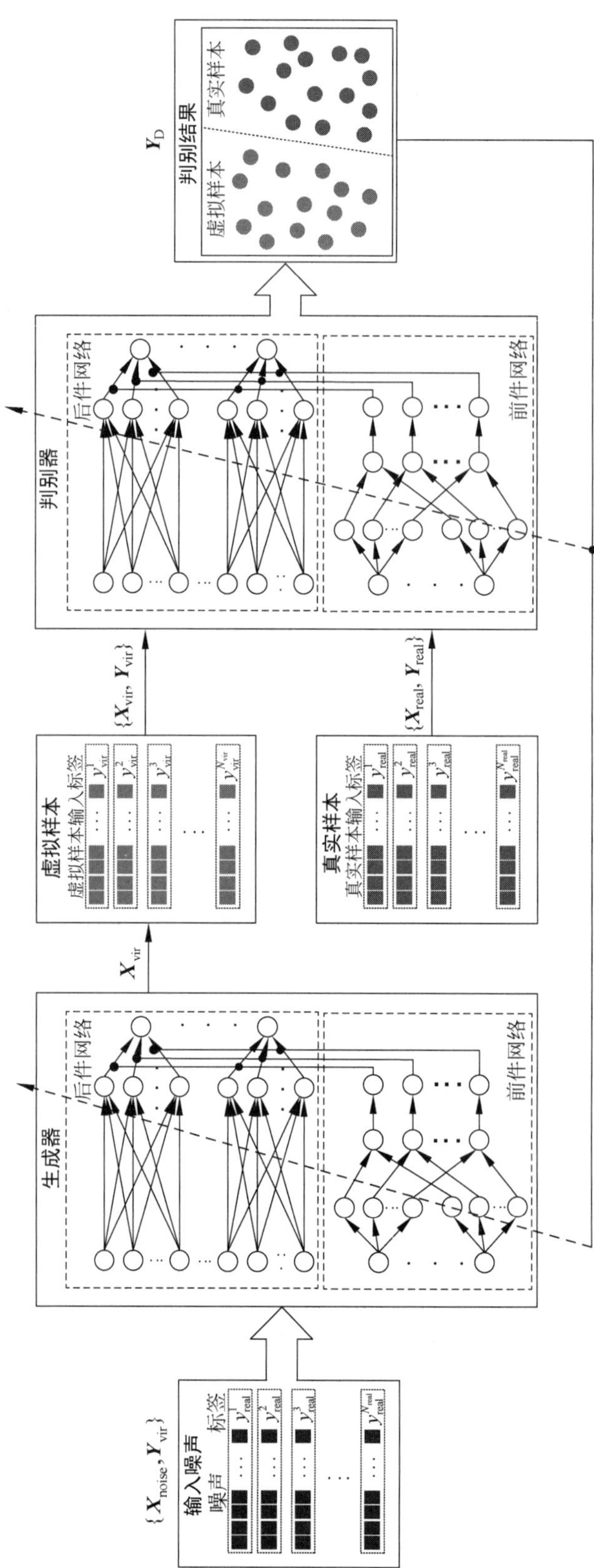

图 5.13 基于 FNN-GAN 生成候选虚拟样本结构图

综合式(5.41)和式(5.42)，可得判别器训练的目标函数：

$$L_{\mathrm{D}}=-\frac{1}{N_{\mathrm{org}}}\sum_{i=1}^{N_{\mathrm{org}}}\ln(y_{\mathrm{D},i}^{\mathrm{real}})-\frac{1}{N_{\mathrm{vir}}}\sum_{j=1}^{N_{\mathrm{vir}}}\ln(y_{\mathrm{D},j}^{\mathrm{vir}}) \tag{5.43}$$

当训练生成器时，固定判别器参数，若虚拟样本的二元标签 $y_a=1$，则相应的损失如下：

$$L_{\mathrm{G}}=-\frac{1}{N_{\mathrm{vir}}}\sum_{j=1}^{N_{\mathrm{vir}}}\ln(y_{\mathrm{D},j}^{\mathrm{vir}}) \tag{5.44}$$

重复上述操作，生成器和判别器在最小最大的博弈对抗中共同训练 N_e 代，生成器和判别器的学习率分别记为 $\alpha_{\mathrm{lr}}^{\mathrm{G}}$ 和 $\alpha_{\mathrm{lr}}^{\mathrm{D}}$。

生成器由前件网络和后件网络组成，前件网络用于匹配模糊规则的前件，后件网络用于产生模糊规则的后件。生成器的输入噪声为

$$\{\boldsymbol{X}_{\mathrm{noise}},\boldsymbol{Y}_{\mathrm{vir}}\}=[(\boldsymbol{x}_{\mathrm{noise}}^{1},y_{\mathrm{vir}}^{1}),\cdots,(\boldsymbol{x}_{\mathrm{noise}}^{s},y_{\mathrm{vir}}^{s}),\cdots,(\boldsymbol{x}_{\mathrm{noise}}^{N_{\mathrm{vir}}},y_{\mathrm{vir}}^{N_{\mathrm{vir}}})]\in\mathbb{R}^{N_{\mathrm{vir}}\times(D_{\mathrm{vir}}+1)} \tag{5.45}$$

其中，N_{vir} 和 D_{vir} 表示待生成候选虚拟样本输入的数量和维数，此处设定 $N_{\mathrm{vir}}=N_{\mathrm{org}}$。

生成器前件网络由输入层、隶属度函数层、模糊规则层和 Softmax 层组成。以第 s 个输入$(\boldsymbol{x}_{\mathrm{noise}}^{s},y_{\mathrm{vir}}^{s})$为例进行描述。

首先，将$(\boldsymbol{x}_{\mathrm{noise}}^{s},y_{\mathrm{vir}}^{s})$输入到生成器前件网络的隶属度函数层，计算输入量属于各模糊集合的隶属度：

$$\mu_{i,j}^{G}=\exp\left\{-\frac{(x_{\mathrm{noise}}^{s,i}-c_{i,j}^{G})^{2}}{(\sigma_{i,j}^{G})^{2}}\right\} \tag{5.46}$$

其中，$x_{\mathrm{noise}}^{s,i}$ 为$(\boldsymbol{x}_{\mathrm{noise}}^{s},y_{\mathrm{vir}}^{s})$的第 i 个元素，$i=1,2,\cdots,D_{\mathrm{vir}}+1$；$\mu_{i,j}^{G}$ 为 $x_{\mathrm{noise}}^{s,i}$ 第 j 个模糊集合的隶属度，$j=1,2,\cdots,M_{\mathrm{G}}$，$M_{\mathrm{G}}$ 为模糊集合的数量；$c_{i,j}^{G}$ 和 $\sigma_{i,j}^{G}$ 为隶属度函数的中心和宽度。

进一步，将隶属度输入到模糊规则层，按下式确定每个模糊规则前件的适用度：

$$\eta_{j}^{\mathrm{G}}=\mu_{1,j}^{\mathrm{G}}\mu_{2,j}^{\mathrm{G}}\cdots\mu_{D_{\mathrm{vir}},j}^{\mathrm{G}} \tag{5.47}$$

最后，经过 Softmax 层得到生成器前件网络输出 $\bar{\eta}_{j}^{\mathrm{G}}$。

生成器后件网络由 D_{vir} 个结构相同的并列子网络组成，每个子网络产生一个输出量。将$(\boldsymbol{x}_{\mathrm{noise}}^{s},y_{\mathrm{vir}}^{s})$输入生成器后件网络，得到后件网络的输出为

$$y_{k,j}^{\mathrm{G}}=p_{0,j}^{\mathrm{G}}+p_{1,j}^{\mathrm{G}}x_{\mathrm{noise}}^{s,1}+\cdots+p_{D_{\mathrm{vir}}+1,j}^{\mathrm{G}}x_{\mathrm{noise}}^{s,D_{\mathrm{vir}}+1} \tag{5.48}$$

其中，$k=1,2,\cdots,D_{\mathrm{vir}}$，$y_{k,j}^{\mathrm{G}}$ 为第 k 个子网络的第 j 个输出。

生成器的第 k 个输出表示如下：

$$Y_{k}^{\mathrm{G}}=\sum_{j=1}^{M_{\mathrm{G}}}\bar{\eta}_{j}^{\mathrm{G}}y_{k,j}^{\mathrm{G}} \tag{5.49}$$

因此，由$(\boldsymbol{x}_{\mathrm{noise}}^{s},y_{\mathrm{real}}^{s})$生成的候选虚拟样本为 $\boldsymbol{x}_{\mathrm{vir}}^{s}=[Y_{1}^{\mathrm{G}},Y_{2}^{\mathrm{G}},\cdots,Y_{D_{\mathrm{vir}}}^{\mathrm{G}}]^{\mathrm{T}}$。

最终，候选虚拟样本记为 $\boldsymbol{X}_{\mathrm{vir}}=[\boldsymbol{x}_{\mathrm{vir}}^{1},\cdots,\boldsymbol{x}_{\mathrm{vir}}^{2},\cdots,\boldsymbol{x}_{\mathrm{vir}}^{N_{\mathrm{vir}}}]$。

判别器的实现流程与生成器类似，不同之处在于其输出层增加了一个 Sigmoid 层以输出对真实样本和候选虚拟样本的判别结果 $\boldsymbol{Y}_{\mathrm{D}}$。相应地，判别器的输入为$\{\boldsymbol{X}_{\mathrm{vir}},\boldsymbol{Y}_{\mathrm{vir}}\}$和$\{\boldsymbol{X}_{\mathrm{real}},\boldsymbol{Y}_{\mathrm{real}}\}$。

5.3.3.3 基于多约束的虚拟样本选择模块

由上文可知,FNN-GAN 的博弈对抗是否终止取决于对抗网络是否稳定收敛,但即使收敛也不能保证所生成候选虚拟样本的质量,因此必须建立相应指标以进行样本的评估和筛选。此处采用 3 个指标:最大均值差异(maximum mean discrepancy,MMD)、判别器概率和最近邻类别一致性。

首先,在训练稳定阶段选择 N_{MMD}(设定阈值)个生成器,各自生成一组候选虚拟样本:

$$\boldsymbol{R}_{\mathrm{can}}=\{\{\boldsymbol{X}_{\mathrm{cand}}^{1},\boldsymbol{Y}_{\mathrm{cand}}\},\{\boldsymbol{X}_{\mathrm{cand}}^{2},\boldsymbol{Y}_{\mathrm{cand}}\},\cdots,\{\boldsymbol{X}_{\mathrm{cand}}^{N_{\mathrm{MMD}}},\boldsymbol{Y}_{\mathrm{cand}}\}\} \tag{5.50}$$

计算虚拟样本和真实样本$\{\boldsymbol{X}_{\mathrm{real}},\boldsymbol{Y}_{\mathrm{real}}\}$之间的 MMD,将 MMD 最小的生成器记为筛选生成器 $\mathrm{G}_{\phi_{\mathrm{MMD}}}$,其中 ϕ_{MMD} 的计算过程如下:

$$\phi_{\mathrm{MMD}}=\min{}_{\mathrm{MMD}}(f_{\mathrm{MMD}}(\boldsymbol{X}_{\mathrm{cand}}^{1},\boldsymbol{X}_{\mathrm{real}}),\cdots,f_{\mathrm{MMD}}(\boldsymbol{X}_{\mathrm{cand}}^{t},\boldsymbol{X}_{\mathrm{real}}),\cdots,f_{\mathrm{MMD}}(\boldsymbol{X}_{\mathrm{cand}}^{N_{\mathrm{MMD}}},\boldsymbol{X}_{\mathrm{real}})) \tag{5.51}$$

其中,$\min_{\mathrm{MMD}}(\cdot)$表示 MMD 最小的那组虚拟样本对应的生成器编号,$f_{\mathrm{MMD}}(\cdot)$定义为

$$\begin{aligned}f_{\mathrm{MMD}}(\boldsymbol{x},\boldsymbol{u})&=\sup_{\phi\in\mathcal{H}}\|E_{p_x}[\phi(\boldsymbol{x})]-E_{p_u}[\phi(\boldsymbol{u})]\|_{\mathcal{H}}\\&=\left\|\frac{1}{N_x}\sum_{i=1}^{N_x}\phi(x_i)-\frac{1}{N_u}\sum_{j=1}^{N_u}\phi(u_j)\right\|_{\mathcal{H}}\end{aligned} \tag{5.52}$$

其中,$\mathcal{H}$为再生核希尔伯特空间(reproducing kernel Hilbert space,RKHS);$\phi(\cdot)$表示将样本映射到高维 RKHS;$E_{p_x}[\phi(\boldsymbol{x})]$和 $E_{p_u}[\phi(\boldsymbol{u})]$分别表示 $\boldsymbol{x}$ 和 $\boldsymbol{u}$ 映射到 RKHS 中的期望值。

其次,由 $\mathrm{G}_{\phi_{\mathrm{MMD}}}$ 生成虚拟样本$\{\boldsymbol{X}_{\mathrm{filter}},\boldsymbol{Y}_{\mathrm{filter}}\}\in\mathbb{R}^{N_{\mathrm{filter}}\times(D_{\mathrm{org}}+1)}$并计算其对应的判别器概率,选择大于阈值 θ_{disc} 的虚拟样本,准则如下:

$$p_{\mathrm{r}}(\boldsymbol{x}_{\mathrm{filter}}^{i},y_{\mathrm{filter}}^{i})\geqslant\theta_{\mathrm{disc}} \tag{5.53}$$

其中,$(\boldsymbol{x}_{\mathrm{filter}}^{i},y_{\mathrm{filter}}^{i})$表示第 i 个虚拟样本。

再次,为便于理解,将 $\boldsymbol{X}_{\mathrm{filter}}$ 和 $\boldsymbol{X}_{\mathrm{real}}$ 表示如下:

$$\boldsymbol{X}_{\mathrm{filter}}=[\boldsymbol{x}_{\mathrm{filter}}^{1},\boldsymbol{x}_{\mathrm{filter}}^{2},\cdots,\boldsymbol{x}_{\mathrm{filter}}^{N_{\mathrm{filter}}}]\in\mathbb{R}^{N_{\mathrm{filter}}\times D_{\mathrm{org}}} \tag{5.54}$$

$$\boldsymbol{X}_{\mathrm{real}}=[\boldsymbol{x}_{\mathrm{real}}^{1},\boldsymbol{x}_{\mathrm{real}}^{2},\cdots,\boldsymbol{x}_{\mathrm{real}}^{N_{\mathrm{org}}}]\in\mathbb{R}^{N_{\mathrm{org}}\times D_{\mathrm{org}}} \tag{5.55}$$

其中,N_{filter} 表示 $\boldsymbol{X}_{\mathrm{filter}}$ 的样本数量;N_{org} 表示 $\boldsymbol{X}_{\mathrm{real}}$ 的样本数量;D_{org} 为样本维数。

计算 $\boldsymbol{X}_{\mathrm{filter}}$ 与 $\boldsymbol{X}_{\mathrm{real}}$ 包含样本间的欧氏距离:

$$d_{i,j}=\sqrt{\sum_{a=1}^{D_{\mathrm{org}}}(\boldsymbol{x}_{\mathrm{filter}}^{a,i}-\boldsymbol{x}_{\mathrm{real}}^{a,j})^2} \tag{5.56}$$

其中,$d_{i,j}$ 表示 $\boldsymbol{X}_{\mathrm{filter}}$ 的第 i 个样本 $\boldsymbol{x}_{\mathrm{filter}}^{i}$ 和 $\boldsymbol{X}_{\mathrm{real}}$ 的第 j 个样本 $\boldsymbol{x}_{\mathrm{real}}^{j}$ 间的欧氏距离;$\boldsymbol{x}_{\mathrm{filter}}^{a,i}$ 和 $\boldsymbol{x}_{\mathrm{real}}^{a,j}$ 分别表示 $\boldsymbol{x}_{\mathrm{filter}}^{i}$ 和 $\boldsymbol{x}_{\mathrm{real}}^{j}$ 的第 a 个特征。

依次选取 K 个最小距离,将其中的多数类别作为最近邻类别,表示如下:

$$\{d_{i,1}^{\min},d_{i,2}^{\min},\cdots,d_{i,K}^{\min}\}=\min{}_K(d_{i,1},d_{i,2},\cdots,d_{i,N_{\mathrm{real}}}) \tag{5.57}$$

$$y_i^{\mathrm{knn}}=\max{}_{\mathrm{knn}}(d_{i,1}^{\min},d_{i,2}^{\min},\cdots,d_{i,K}^{\min}) \tag{5.58}$$

其中,$\min_K(\cdot)$表示从所有距离中选取 K 个最小距离;$\{d_{i,1}^{\min},d_{i,2}^{\min},\cdots,d_{i,K}^{\min}\}$表示$(\boldsymbol{x}_{\mathrm{filter}}^{i}$,

y_{filter}^{i})的 K 个最小距离；$\max_{\text{knn}}(\cdot)$表示选取$\{d_{i,1}^{\min},d_{i,2}^{\min},\cdots,d_{i,K}^{\min}\}$中的多数类别；$y_i^{\text{knn}}$ 表示($\boldsymbol{x}_{\text{filter}}^{i},y_{\text{filter}}^{i}$)的最近邻类别。

当 y_i^{knn} 与 y_{filter}^{i} 所表征的最近邻类别一致时，保留该虚拟样本，准则如下：

$$\xi_i^{\text{sel}}=\begin{cases}1, & y_i^{\text{knn}}=y_{\text{filter}}^{i}\\ 0, & y_i^{\text{knn}}\neq y_{\text{filter}}^{i}\end{cases}\tag{5.59}$$

上式表明，如果 $\xi_i^{\text{sel}}=1$ 则保留($\boldsymbol{x}_{\text{filter}}^{i},y_{\text{filter}}^{i}$)；否则，放弃($\boldsymbol{x}_{\text{filter}}^{i},y_{\text{filter}}^{i}$)。

最后，将满足上述约束要求的虚拟样本作为合格虚拟样本$\{\boldsymbol{X}_{\text{vir}}^{\text{fine}},\boldsymbol{Y}_{\text{vir}}^{\text{fine}}\}$。

因此，MMD 约束通过多生成器阈值 N_{MMD} 保证生成的虚拟样本多样性，判别器概率约束通过阈值 θ_{disc} 保证所筛选虚拟样本的准确性，最近邻类别一致性约束保证所筛选虚拟样本与其他类别虚拟样本之间的差异性。此外，N_{MMD}、θ_{disc} 和 K 需根据虚拟样本质量及数据集特点确定。

5.3.3.4 基于混合样本的预警模型构建模块

将筛选后的合格虚拟样本$\{\boldsymbol{X}_{\text{vir}}^{\text{fine}},\boldsymbol{Y}_{\text{vir}}^{\text{fine}}\}$和$\{\boldsymbol{X}_{\text{real}},\boldsymbol{Y}_{\text{real}}\}$混合，得到如下混合样本：

$$R_{\text{mix}}=\{\boldsymbol{X}_{\text{mix}},\boldsymbol{Y}_{\text{mix}}\}=\{\{\boldsymbol{X}_{\text{vir}}^{\text{fine}},\boldsymbol{Y}_{\text{vir}}^{\text{fine}}\},\{\boldsymbol{X}_{\text{real}},\boldsymbol{Y}_{\text{real}}\}\}\tag{5.60}$$

采用 R_{mix} 构建由 N_{RF} 个决策树组成的 RF 作为 DXN 预警模型的分类器。

5.3.4 实验结果

5.3.4.1 实验数据描述

此处采用北京某 MSWI 电厂 2012—2018 年的 67 个 DXN 排放浓度检测样本验证所提方法的有效性。输入变量为实际 MSWI 的过程变量，维数为 127，详细信息参见文献[49]。此处将 DXN 排放浓度分为 3 个等级，对应的样本数量分别为 24 个、17 个和 26 个，如表 5.3 所示。将 DXN 数据集按照$\frac{1}{2}$、$\frac{1}{4}$和$\frac{1}{4}$随机分为训练集、验证集和测试集，样本数量分别为 34、16 和 17。其中，训练集用于模型的构建，验证集和测试集用于模型的验证和测试。

表 5.3 DXN 排放预警等级划分标准

序 号	分级标准	预警等级
1	$0.05\leqslant c(\text{DXN})$	高
2	$0.02\leqslant c(\text{DXN})<0.05$	中
3	$0\leqslant c(\text{DXN})<0.02$	低

注：c(DXN)表示 DXN 的排放浓度，单位为 ng I-TEQ/Nm^3。

5.3.4.2 实验结果

1. 基于 RF 的特征选择结果

此处，将 RF 中决策树的数量设为 500，原始输入特征的重要性得分及其增幅如图 5.14 和图 5.15 所示。

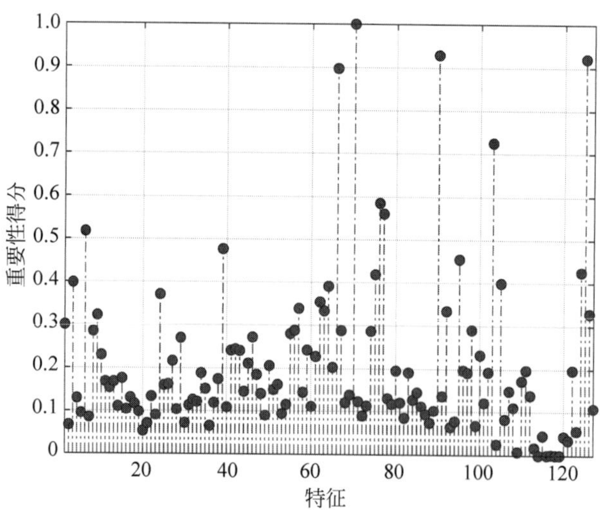

图 5.14 原始输入特征的重要性得分

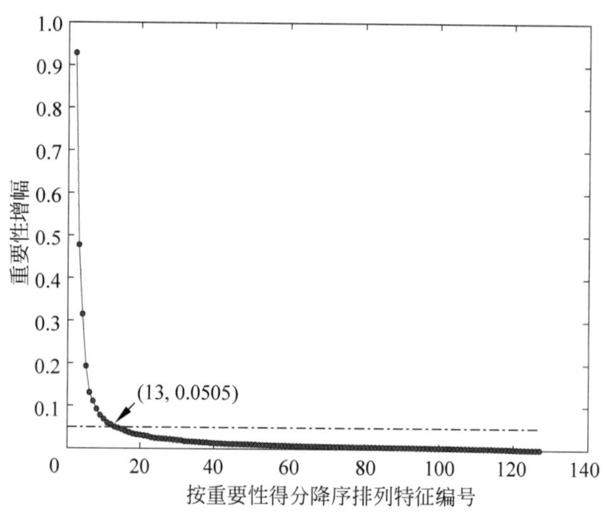

图 5.15 特征的重要性得分增幅

图 5.15 按照降序排列重要性得分，前 14 个特征相较于前 13 个特征的重要性得分增幅小于 5%，因此选择前 13 个特征作为输入特征。

2. 基于 FNN 对抗生成候选虚拟样本结果

FNN-GAN 的参数设置为：生成器输入层神经元为 14 个，隶属度函数层神经元为 70×14 个，模糊规则层神经元为 70 个，后件网络的神经元为 70×15 个，输出层神经元为 13 个；判别器输入层神经元为 14 个，隶属度函数层神经元为 70×15 个，模糊规则层神经元为 70 个，后件网络的神经元为 70×1，输出层神经元为 1 个；训练代数 N_e 设为 500，生成器和判别器的学习率 $\alpha_{\mathrm{lr}}^{\mathrm{G}}$ 和 $\alpha_{\mathrm{lr}}^{\mathrm{D}}$ 分别设为 0.0001 和 0.0001。

训练过程中生成的虚拟样本与真实样本之间的 MMD 与训练代数的关系如图 5.16 所示。

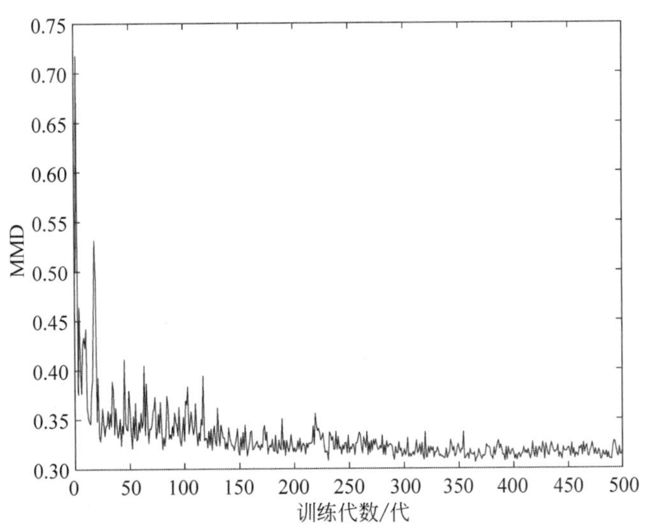

图 5.16　MMD 与训练代数的关系

由图 5.16 可知，随着训练代数的增加，虚拟样本和真实样本的 MMD 逐渐降低，当训练代数达到 400 时，MMD 趋于稳定。

3. 基于多约束的虚拟样本选择结果

以高、中和低等级各取 3 个共 9 个候选虚拟样本为例，说明通过多约束选择合格虚拟样本的过程。

首先，从 410 代到 500 代以 10 代为间隔，设定 N_{MMD} 为 10。使每个生成器生成一组与训练样本数量一致的虚拟样本，计算 10 组虚拟样本与真实样本之间的 MMD，如表 5.4 所示。

表 5.4　基于 MMD 的生成器初筛

序号	训练代数	MMD	序号	训练代数	MMD
1	410	0.3131	6	460	0.3066
2	420	0.3120	7	470	0.3104
3	430	0.3133	8	480	0.3116
4	440	0.3085	9	490	0.3060
5	450	0.3071	10	500	0.3137

由表 5.4 可知，第 490 代生成器生成的候选虚拟样本的 MMD 最小，因此选择其作为筛选生成器。

其次，使用筛选生成器生成 9 个候选虚拟样本，计算判别器概率如表 5.5 所示。

表 5.5　候选虚拟样本的判别器概率

虚拟样本编号	预 警 等 级	判别器概率
1	低	0.6017
2	低	0.7489

续表

虚拟样本编号	预 警 等 级	判别器概率
3	低	0.9789
4	中	0.8074
5	中	0.6161
6	中	0.9936
7	高	0.7926
8	高	0.5591
9	高	0.8005

由表 5.5 所示，将 θ_{disc} 设为 0.8，编号为 3、4、6 和 9 的虚拟样本满足要求。

最后，采用最近邻类别一致性准则进一步筛选，设定 K 为 5，虚拟样本的最近邻类别如表 5.6 所示。

表 5.6 候选虚拟样本的最近邻类别

虚拟样本编号	预 警 等 级	最近邻类别
3	低	低
4	中	中
6	中	高
9	高	中

由表 5.6 可知，预警等级和最近邻类别匹配的虚拟样本编号为 3 和 4，即得到 2 个合格虚拟样本。

重复上述操作，生成筛选后的合格虚拟样本 67 个和未筛选的虚拟样本 67 个。为可视化展示，通过 t-SNE 将虚拟样本和训练样本降到 3 维，并将降维后的样本点投影到 XY、XZ 和 YZ 平面，结果如图 5.17 所示。

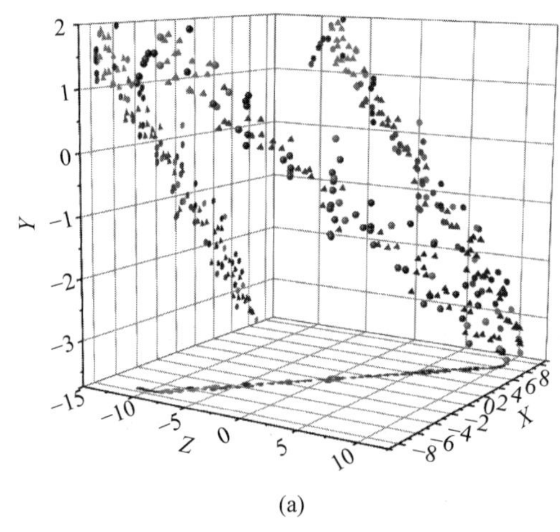

(a)

图 5.17 基于 t-SNE 的可视化结果

(a) 筛选虚拟样本；(b) 未筛选虚拟样本

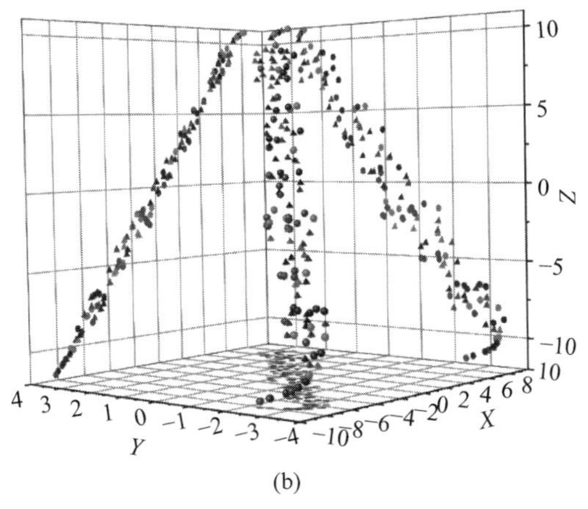

(b)

图 5.17(续)

在图 5.17 中,实心圆和三角形分别代表真实样本和虚拟样本,红色、绿色和蓝色分别代表低、中和高等级。由图 5.17 可知,经过多约束准则后,筛选得到的虚拟样本集中在真实样本附近,并且不同预警等级虚拟样本之间的边界清晰;但是,未经筛选的虚拟样本与不同预警等级虚拟样本存在相互重叠的问题。该结果表明筛选机制有效。

4. 基于混合样本的预警模型构建结果

采用上述筛选后的合格虚拟样本和真实训练样本组成混合样本构建基于 RF 的 DXN 排放预警模型。其中,决策树数量为 50;叶节点样本中取训练样本的$\frac{1}{10}$;每次在真实训练样本中添加 1 组虚拟样本(高、中、低风险虚拟样本各 1 个),共添加 20 组。考虑到 RF 具有随机性,此处进行 30 次重复实验,相应的准确率均值和方差如图 5.18 所示。其中,训练集、验证集和测试集最高预警准确率和对应的虚拟样本组数如表 5.7 所示。

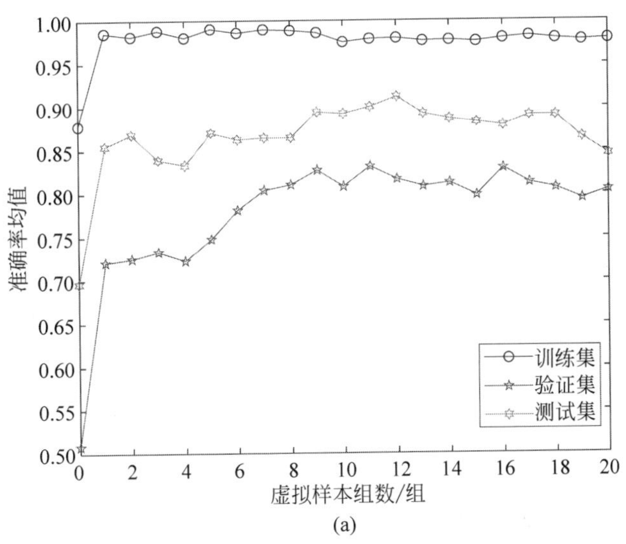

(a)

图 5.18　预警模型 30 次重复实验结果

(a) 准确率均值;(b) 准确率方差

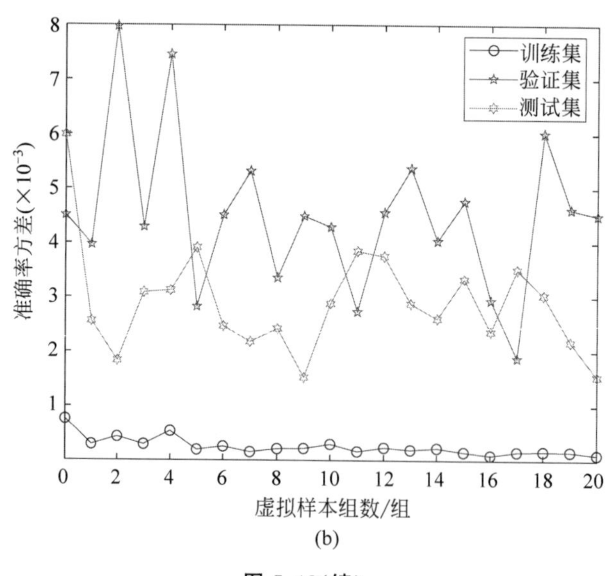

(b)

图 5.18(续)

表 5.7 训练集、验证集和测试集的最高预警准确率和对应的虚拟样本组数

训练集		验证集		测试集	
预警准确率	虚拟样本组数	预警准确率	虚拟样本组数	预警准确率	虚拟样本组数
$0.991\pm(1.934\times10^{-4})$	5 组	$0.831\pm(2.734\times10^{-3})$	11 组	$0.912\pm(3.759\times10^{-3})$	12 组

由图 5.18 和表 5.7 可知,此处所提混合样本训练的预警模型的准确率高于真实样本对应的模型,具有较好的精度。当虚拟样本添加超过 8 组时,模型性能的准确率和稳定性达到相对较优水平,同时性能波动较为平缓。因此,根据上述实验结果,选择添加虚拟样本组数大于 8 时即可获得较高性能的模型。其中,测试集的风险预警结果如图 5.19 所示。

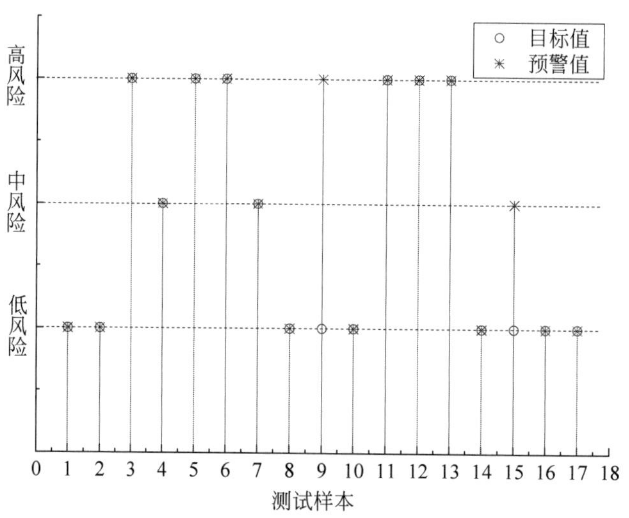

图 5.19 测试集的风险预警结果

由图5.19可知，预警模型将样本9误报为高风险，将样本15误报为中风险，其他样本的风险等级预报准确，具有较高的风险预警能力。

5.3.4.3　对比实验结果

将所提FNN-GAN与原始GAN、主动学习GAN(active learning GAN，AL-GAN)[22]对比，共3组对比实验。其中，GAN和AL-GAN的参数设置如下：对于生成器，输入神经元为14个，隐含层神经元为70个，输出层神经元为13个；对于判别器，输入神经元为14个，隐含层神经元为70个，输出层神经元为1个；学习率为0.0001；训练代数为500。

对比实验结果如表5.8所示。

表5.8　不同方法的对比实验结果

虚拟样本组数	方法	训练集	验证集	测试集
5	FNN-GAN	$0.991\pm(1.934\times10^{-4})$	$0.748\pm(2.824\times10^{-3})$	$0.871\pm(3.914\times10^{-3})$
	AL-GAN	$0.876\pm(5.726\times10^{-4})$	$0.777\pm(3.956\times10^{-3})$	$0.857\pm(3.743\times10^{-3})$
	GAN	$0.818\pm(1.015\times10^{-3})$	$0.698\pm(3.794\times10^{-3})$	$0.782\pm(2.184\times10^{-3})$
11	FNN-GAN	$0.979\pm(1.641\times10^{-4})$	$0.831\pm(2.734\times10^{-3})$	$0.900\pm(3.854\times10^{-3})$
	AL-GAN	$0.893\pm(3.749\times10^{-4})$	$0.731\pm(4.081\times10^{-3})$	$0.863\pm(5.091\times10^{-3})$
	GAN	$0.872\pm(2.870\times10^{-4})$	$0.681\pm(2.519\times10^{-3})$	$0.802\pm(2.979\times10^{-3})$
12	FNN-GAN	$0.980\pm(2.348\times10^{-4})$	$0.817\pm(4.562\times10^{-3})$	$0.912\pm(3.759\times10^{-3})$
	AL-GAN	$0.908\pm(5.452\times10^{-4})$	$0.725\pm(5.280\times10^{-3})$	$0.865\pm(6.240\times10^{-3})$
	GAN	$0.871\pm(3.868\times10^{-4})$	$0.654\pm(3.161\times10^{-3})$	$0.775\pm(2.884\times10^{-3})$

由表5.8可知：①由于原始GAN未对虚拟样本进行筛选，添加的虚拟样本质量不一，进而导致模型性能提升有限；②AL-GAN的总体性能优于原始GAN，当虚拟样本组数为5时，AL-GAN的验证集结果最优，但是由于存在人为干扰导致模型稳定性较差；③当虚拟样本组数为5时，FNN-GAN在训练集和测试集上的性能优于AL-GAN和GAN；当虚拟样本组数为11和12时，FNN-GAN在训练集、验证集和测试集上的准确率均优于对比方法。综上，此处所提方法具有较高的精度和稳定性。

5.3.4.4　超参数分析

为进一步对所提方法的泛化性能进行评估，本节选择生成器模糊规则数M_G、生成器学习率α_{lr}^{G}、判别器模糊规则数M_D、判别器学习率α_{lr}^{D}、重要性得分增幅阈值θ_{FS}、生成器选择数量N_{MMD}和最近邻数量K进行超参数分析。

采用单因素分析策略，即每次实验只选取单一参数作为可变量，超参数的分析结果如图5.20所示。

由图5.20可以得出以下结论。

(1) 生成器模糊规则数M_G：当M_G在[56,84]时模型的精度较高，M_G的增大会导致模型的精度下降；故M_G的设置不宜过大，取合适值时生成器的性能最佳；在此，当M_G取输入维数的5倍时效果较好。

(2) 生成器学习率α_{lr}^{G}：当α_{lr}^{G}取[0.0001,0.0003]时准确率较高；此处，将α_{lr}^{G}取为[0.0001,0.0003]较为合适。

(3) 判别器模糊规则数M_D：当M_D取到56时模型精度最高，可知M_D对模型的影响

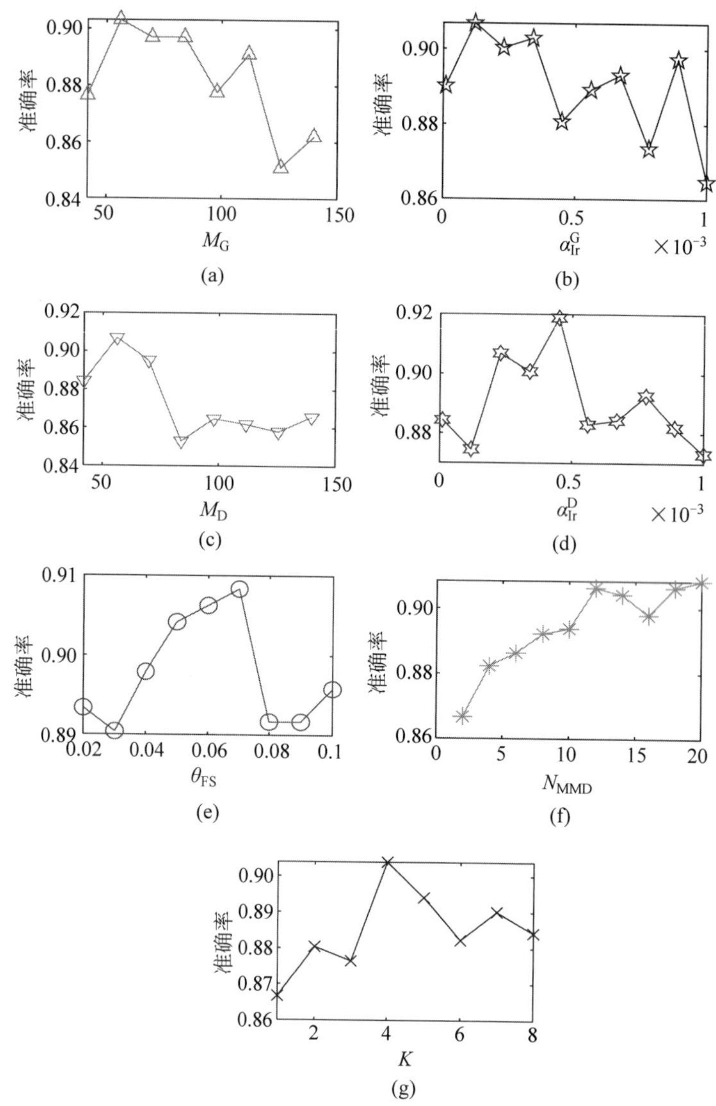

图 5.20　超参数分析结果

(a) 生成器模糊规则数；(b) 生成器学习率；(c) 判别器模糊规则数；(d) 判别器学习率；(e) 重要性得分增幅阈值；(f) 生成器选择数量；(g) 最近邻数量

与 M_G 较为一致；因此，使 M_D 的取值与 M_G 相近能够保证博弈对抗过程的平稳进行。

(4) 判别器学习率 α_{Ir}^D：当 α_{Ir}^G 取值在[0.0003,0.0004]时准确率较高，因此 α_{Ir}^D 设置在该范围内时较为合适。

(5) 特征增幅阈值 θ_{FS}：θ_{FS} 决定选择特征的数量，当选择特征数量过多时，模型训练困难且存在冗余特征；当选择特征数量过少时，将会丢失重要信息影响模型准确率。

(6) 生成器选择数量 N_{MMD}：模型准确率随 N_{MMD} 的增大而增加，当 N_{MMD} 超过 12 时准确率趋于稳定。

(7) 最近邻数量 K：当 K 取 4 和 5 时模型的准确率较高，K 过大和过小都会导致模型性能下降。

由上可知,不同的超参数对 DXN 数据集的影响存在差异性。因此,要想获得面向 DXN 数据的最优模型,需要对上述 7 个超参数进行全局优化。

5.3.5　平台验证

基于上述策略,开发了基于模糊神经网络对抗生成的二噁英排放预警软件,并在实验室半实物仿真平台的多模态历史数据驱动系统中进行验证,其软硬件系统的整体实物如图 5.21 所示。

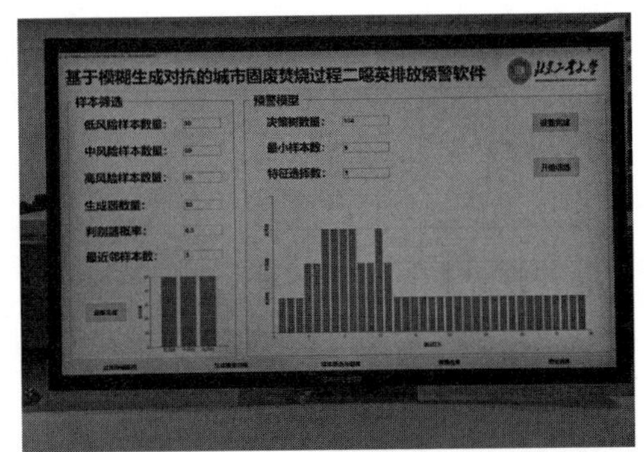

图 5.21　基于模糊神经网络对抗生成的二噁英排放预警系统实物图

5.3.5.1　软件阐述

本软件采用 C＃编程语言结合 MySQL 和 MATLAB 协同开发完成。其中,采用 OPC 通信方式实现软件与外部的通信连接功能,建模过程由 C＃调用 MATLAB 程序实现,人机交互界面由 C＃调用 MATLAB 文件实现,软件还提供了建模参数设置、显示和人性化的操作设计等。

本软件设计结构如图 5.22 所示,设计思路如下:①在 MATLAB 软件中编写构建基于模糊生成对抗的 MSWI 过程 DXN 排放预警模型程序;②针对软件运行系统的 OPC Server 需求,开发 OPC Client 实现软件的外部通信功能,开发易操作的前台人机交互界面,实时显示 OPC Client 读取的建模过程数据;③将 MATLAB 算法程序打包成 DLL 文件嵌入软件后台,前、后台应用程序通过.NET API 接口技术实现数据传输;④在人机交互界面对模型参数进行设置并展示建模过程和结果;⑤通过 OPC Client 读取的过程数据传输至后台算法程序进行 DXN 排放预警,其结果回传给前台人机交互界面进行显示,实现 DXN 排放风险的实时预警。

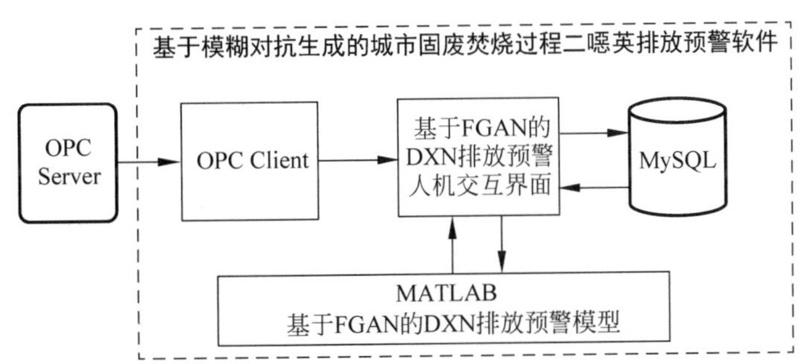

图 5.22　基于模糊神经网络对抗生成的二噁英排放预警系统软件结构图

5.3.5.2　软件功能

主要功能说明如下:

(1) 网络通信连接和数据采集传输。通过 IP 地址连接外部 OPC Server,利用 OPC Client 采集关键过程数据,为软件运行提供实时数据源。

(2) 建模过程数据自动更新和存储。利用 OPC Client 采集到过程数据后通过 MySQL

建立的数据中心实现自动存储,通过读出实现与 PC 端交互界面的数据显示功能。

(3) 参数设定和模型训练。能够对基于模糊对抗生成的 MSWI 过程 DXN 排放预警模型的参数进行设置和展示,并进行特征选择、样本生成、样本筛选及预警模型训练。

(4) 图形化展示。提供了生成模型训练过程的损失图和预警模型训练结果图等人性化的展示界面,操作人员可通过软件实时了解模型的训练过程和结果。

(5) 二噁英排放预警。训练完成 DXN 排放预警模型能够根据实时过程数据的变化对 DXN 进行实时预警,并显示当前的 DXN 排放风险等级。

5.3.5.3 软件构建

需要安装软件 Visual Studio、MATLAB、MySQL 等,所需环境为 Windows 10 64 位。软件中有如下 5 个界面。

(1) 过程数据监控界面,如图 5.23 所示。用户需输入正确的 IP,搜索并选择相应的 Server 后单击“连接”按钮,通过 OPC Client 读取关键过程数据,在前端人机交互界面进行实时显示。界面底部为“过程数据监控”“特征选择”“生成模型训练”“样本筛选与建模”和“预警结果”5 个界面的跳转功能按钮。

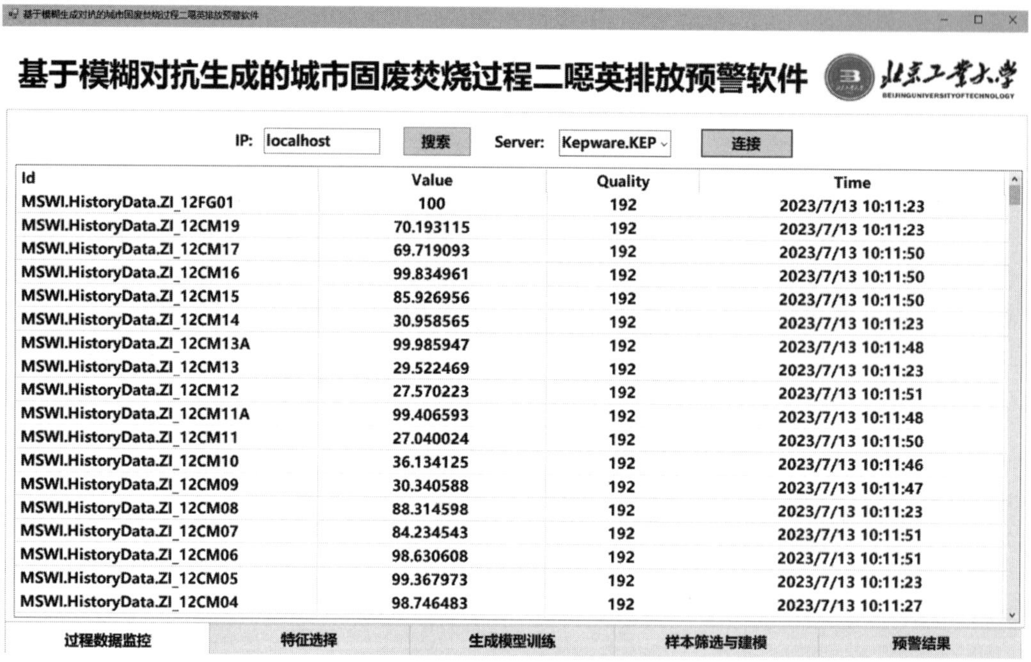

Id	Value	Quality	Time
MSWI.HistoryData.ZI_12FG01	100	192	2023/7/13 10:11:23
MSWI.HistoryData.ZI_12CM19	70.193115	192	2023/7/13 10:11:23
MSWI.HistoryData.ZI_12CM17	69.719093	192	2023/7/13 10:11:50
MSWI.HistoryData.ZI_12CM16	99.834961	192	2023/7/13 10:11:50
MSWI.HistoryData.ZI_12CM15	85.926956	192	2023/7/13 10:11:50
MSWI.HistoryData.ZI_12CM14	30.958565	192	2023/7/13 10:11:23
MSWI.HistoryData.ZI_12CM13A	99.985947	192	2023/7/13 10:11:48
MSWI.HistoryData.ZI_12CM13	29.522469	192	2023/7/13 10:11:23
MSWI.HistoryData.ZI_12CM12	27.570223	192	2023/7/13 10:11:51
MSWI.HistoryData.ZI_12CM11A	99.406593	192	2023/7/13 10:11:48
MSWI.HistoryData.ZI_12CM11	27.040024	192	2023/7/13 10:11:50
MSWI.HistoryData.ZI_12CM10	36.134125	192	2023/7/13 10:11:46
MSWI.HistoryData.ZI_12CM09	30.340588	192	2023/7/13 10:11:47
MSWI.HistoryData.ZI_12CM08	88.314598	192	2023/7/13 10:11:23
MSWI.HistoryData.ZI_12CM07	84.234543	192	2023/7/13 10:11:51
MSWI.HistoryData.ZI_12CM06	98.630608	192	2023/7/13 10:11:51
MSWI.HistoryData.ZI_12CM05	99.367973	192	2023/7/13 10:11:23
MSWI.HistoryData.ZI_12CM04	98.746483	192	2023/7/13 10:11:27

图 5.23 过程数据监控界面

(2) 特征选择界面,如图 5.24 所示。主要包括参数设置、重要性得分展示和特征选择结果展示。在参数设置框中对各个参数进行设置后,单击“开始选择”按钮启动特征选择的过程。其中,对特征的重要性得分、增幅和选择结果进行了可视化的展示。

(3) 生成模型训练界面,如图 5.25 和图 5.26 所示。主要包括参数设置、生成器损失展示和判别器损失展示。在参数设置框中对各个参数进行设置后单击“设置完成”按钮完成生成模型的参数设置。单击“开始训练”按钮后开始实时显示训练过程中生成器和判别器的损失值变化。

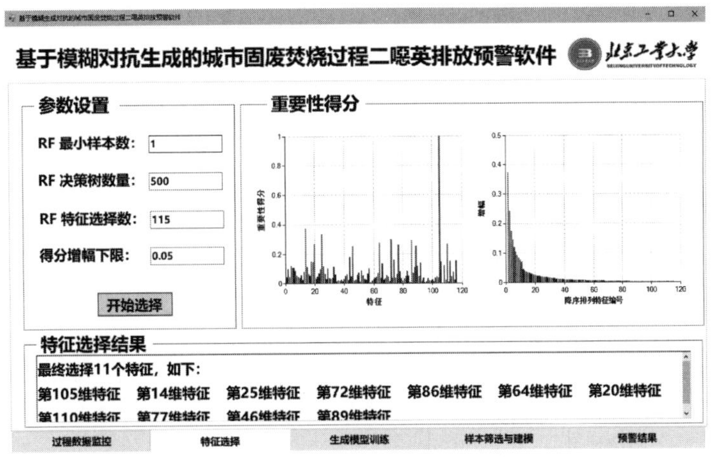

图 5.24　特征选择界面

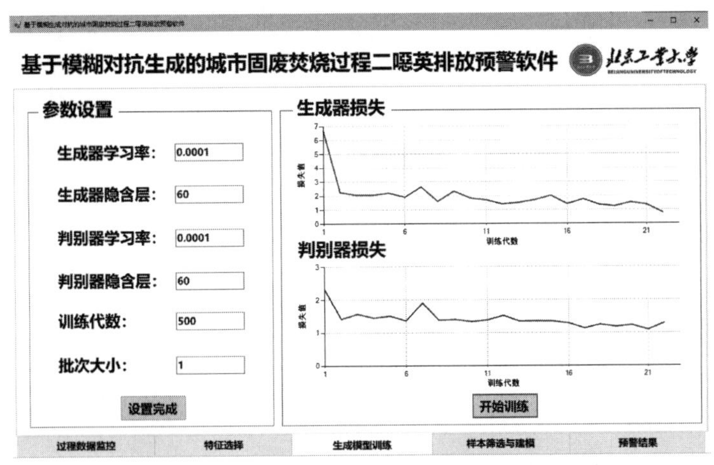

图 5.25　生成模型训练界面(训练进行中)

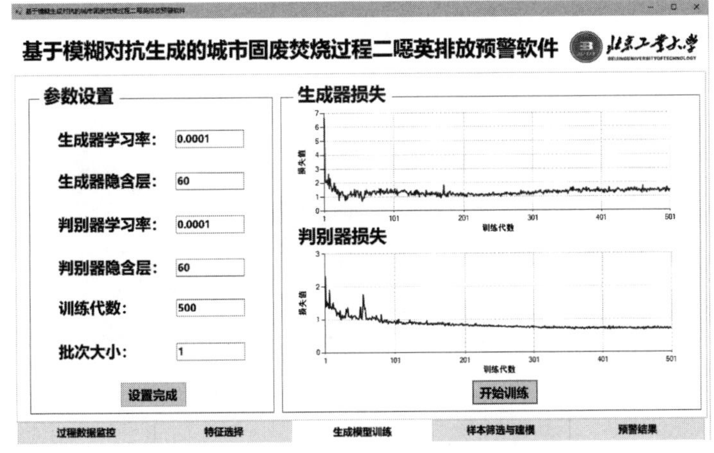

图 5.26　生成模型训练界面(训练完成)

(4) 样本筛选与建模界面,如图 5.27 所示。主要包括样本筛选和预警模型训练。其中,在样本筛选框中对低风险、中风险、高风险样本生成数量和筛选条件进行设定,单击“开始筛选”按钮进行虚拟样本的筛选,柱状图实时展示筛选过程中 3 种风险等级的虚拟样本数量;在预警模型框中设定预警模型的参数并单击“设置完成”按钮以完成参数的设定,单击“开始训练”按钮进行预警模型的训练。

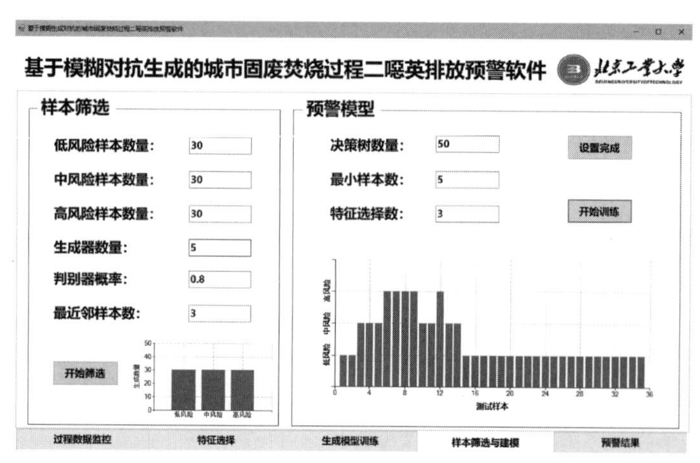

图 5.27 样本筛选与建模界面

(5) 预警结果界面,如图 5.28 所示。主要展示了现场过程数据、当前的二噁英排放风险等级及实时的预警结果图。

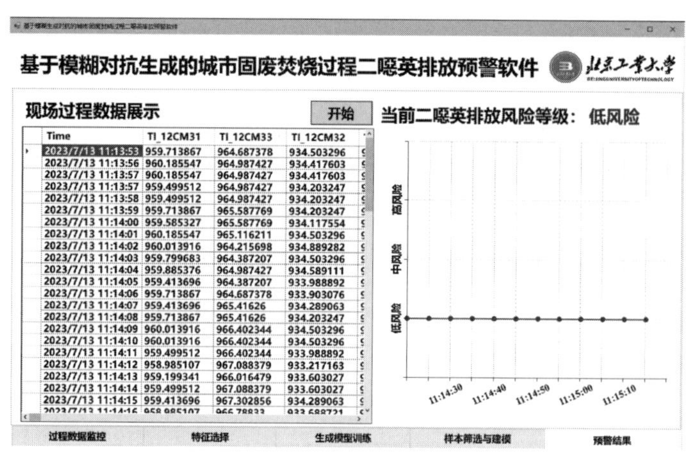

图 5.28 预警结果界面

5.4 基于多特征融合和改进级联森林的燃烧状态识别算法实验室场景验证

5.4.1 问题描述

为确保 MSWI 过程的安全、稳定、高效运行以降低污染物排放,需要准确识别 MSW 的燃烧状态。针对炉膛内复杂多变的运行状况，如何采取有效可行的手段对 MSWI 过程的燃烧状态进行识别具有十分重要的现实意义。目前对 MSWI 过程燃烧状态进行划分的主要依据是火焰燃烧线的位置。在工业现场，对于燃烧线位置的自动识别与检测还未有可行的技术手段，存在很多有待突破的技术问题。若能有效提取火焰图像中蕴含的特征信息，建立多视图特征数据库并充分予以挖掘，将为有效识别 MSWI 过程的燃烧状态带来新的解决思路。周志成[50]提取了 MSWI 过程火焰图像 3 个分区的有效区面积、火焰中心水平偏移距离等 12 个特征，采用粗糙集理论对特征进行约简，并基于 BP 神经网络进行燃烧状态识别；该方法与传统人工神经网络的弊端相同，即需要大量训练的样本才能使模型达到较佳的识别精度[51-52]。乔等[53]提出基于火焰图像颜色矩特征的 MSWI 过程燃烧状态识别方法，其将火焰图像由 RGB 空间转换至 HSV 空间后，采用滑窗对火焰图像颜色矩特征进行提取，最后采用最小二乘支持向量机(least square-support vector machine，LS-SVM)构建燃烧状态识别模型，但识别率还有待提升。

在 MSWI 过程的火焰图像中，能够表征燃烧状态的特征具有复杂多样性，难以有效提取和选择。针对其他领域的火焰图像，Zhang 等[54]研究了基于火焰图像的水泥回转窑燃烧状态识别方法，其首先将火焰图像分割为若干目标区域，然后提取目标区域的平均灰度、平均亮度及颜色特征作为识别特征，构建以回转窑的 3 种典型燃烧状态为输出的燃烧状态识别模型，但模型效果受图像分割效果影响较大；刘等[55]针对电熔镁炉熔炼过程中易发生的异常工况提出炉体动态图像驱动的异常工况诊断办法，其基于分块建模和逐级诊断的思路，通过提取炉壁动态图像局部子块区域的图像空间特征，结合定义区域的监控指标实现异常工况逐级诊断，但基于局部特征构建的模型鲁棒性较差；宋等[56]在提取锅炉燃烧火焰图像的均值和标准差构成纹理特征向量后，利用 LS-SVM 进行分类，但其提取的特征不具有代表性，识别效果不佳。相比于上述工业过程中的火焰图像，MSWI 过程包含多种复杂状况，会导致燃烧状态区域间的耦合更为严重。

当所提取的火焰图像特征维数较高时，通过有效剔除冗余特征能够提升识别模型的效率及精度。互信息(mutual information，MI)作为一种简便高效的相关性度量方法[57]，已得到广泛应用。例如，Hassan 等[58]在基于脑电图的癫痫发作检测研究中，采用 MI 对最佳特征进行选择，之后将特征输入多层感知器神经网络分类器进行训练，结果表明约简特征后模型的识别准确率得到较大提升；林等[59]利用 MI 度量地理空间聚类与属性类别的相关性，用于支撑地理空间多维数据的可视化分析。以上研究表明，MI 可在保证特征有效性的前提下完成降维。

近些年，深度神经网络得益于其通过多层网络结构提取深层特征的能力，在众多领域中取得了重大成果[60]。与传统深度神经网络不同的是，Zhou 等[61]提出的深度森林(deep forest，DF)模型是一种新型的基于树结构的深度学习网络框架，其具有模型规模自适应、可解释性强、对建模样本需求量小等优点，同时又保持着良好的表征学习能力[62-63]。DF 包括多粒度扫描和级联森林(cascading forest，CF)两部分，后者作为 DF 的核心模仿了深度神经网络的逐层处理和特征内部变换能力。目前，已有大量研究学者在计算机视觉领域对 DF 进行了应用研究[64]。例如，汤等[65]采用 DF 算法构建了废旧手机识别模型，其将提取到的手机多尺度梯度直方图特征作为输入，验证了 DF 在小样本数据集上的优良性能。为协助医学研究人员掌握疾病的分子级根源，Yu[66]等预测了基于 DF 的蛋白质间的相互作用，在 CF 中采用极致梯度提升(extreme gradient boosting，XGBoost)、RF 和极度随机树作为基学习器，实验结果表明所提方法能够有效提高预测准确性。

以上的研究表明，MSWI 过程的燃烧状态识别存在以下难点：①受现场采集环境及采集传输通道的影响，最终得到的火焰图像质量较差，需要采取合适的图像预处理技术改善图像质量；②火焰图像中蕴含的丰富信息需要进行充分提取，这可能需要采用通过多视图获取多特征的策略；③对训练样本进行标记需要花费极高的人工成本，且容易出现标记错误，因此需要选取合适的深度模型，在有限样本量的情况下建模。

综上所述，此处以 MSWI 过程的 3 种典型燃烧状态为研究对象，提出了基于多特征融合和改进级联森林(improved cascading forest，ICF)的 MSWI 过程燃烧状态识别方法。首先，对火焰图像进行预处理以获取清晰的图像；其次，先提取火焰图像的多特征进行融合以便从多个视角表征火焰；为减小冗余特征对模型识别精度的影响再利用互信息(mutual information，MI)对多特征进行约简；最后，将约简后的多特征作为 ICF 的输入，建立燃烧状态识别模型。基于北京某 MSWI 电厂的实际火焰图像验证了该模型的高效性。同时，开发了识别软件基于实验室半实物仿真平台多模态历史数据驱动系统进行类工业场景下的验证。

5.4.2 建模策略

MSW 燃烧过程在炉排上可分为干燥、点燃、燃烧和燃烬 4 个阶段，相应的燃烧工况可根据燃烧线的位置分为前移、正常和后移 3 个阶段。在此过程中，现场领域专家通过观察焚烧炉膛内的火焰视频对 MSW 的燃烧状态进行判断，并不断调整炉排速度和风流量大小以使燃烧状态尽可能保持稳定。基于以上分析，此处提出了由图像预处理模块、多特征提取与选择模块和 ICF 识别模块 3 个部分组成的建模策略，如图 5.29 所示。

在图 5.29 中，相关变量及符号的定义如下：$\{I_n(u,v)\}_{n=1}^{N}$ 代表 MSWI 过程中已标注燃烧状态的火焰图像，其中，$I_n(u,v)$代表第 n 幅图像，N 是图像样本数量，(u,v)代表每幅图像中的像素点坐标；$\{L_n^{\text{median}}(u,v)\}_{n=1}^{N}$ 代表经过预处理后的图像；$\{P_n\}_{n=1}^{N}$ 代表提取火焰特征的串行融合集合；$\hat{y}$ 表示模型输出的燃烧状态识别结果。

各个模块的功能如下。

(1) 图像预处理模块：对图像中因现场环境及传输通道等原因引入的噪声进行消除，并将火焰与炉膛背景进行分离，以便后续图像特征提取。

(2) 多图特征提取与选择模块：提取燃烧图像的亮度、火焰、颜色、主成分等多视图特征，并基于 MI 对特征进行选择。

(3) 改进级联森林(ICF)识别模块：将经过选择的多图特征作为 ICF 识别模块的输入，以 RF、CRF 和 GBDT 作为级联森林的基学习器对燃烧状态进行识别。

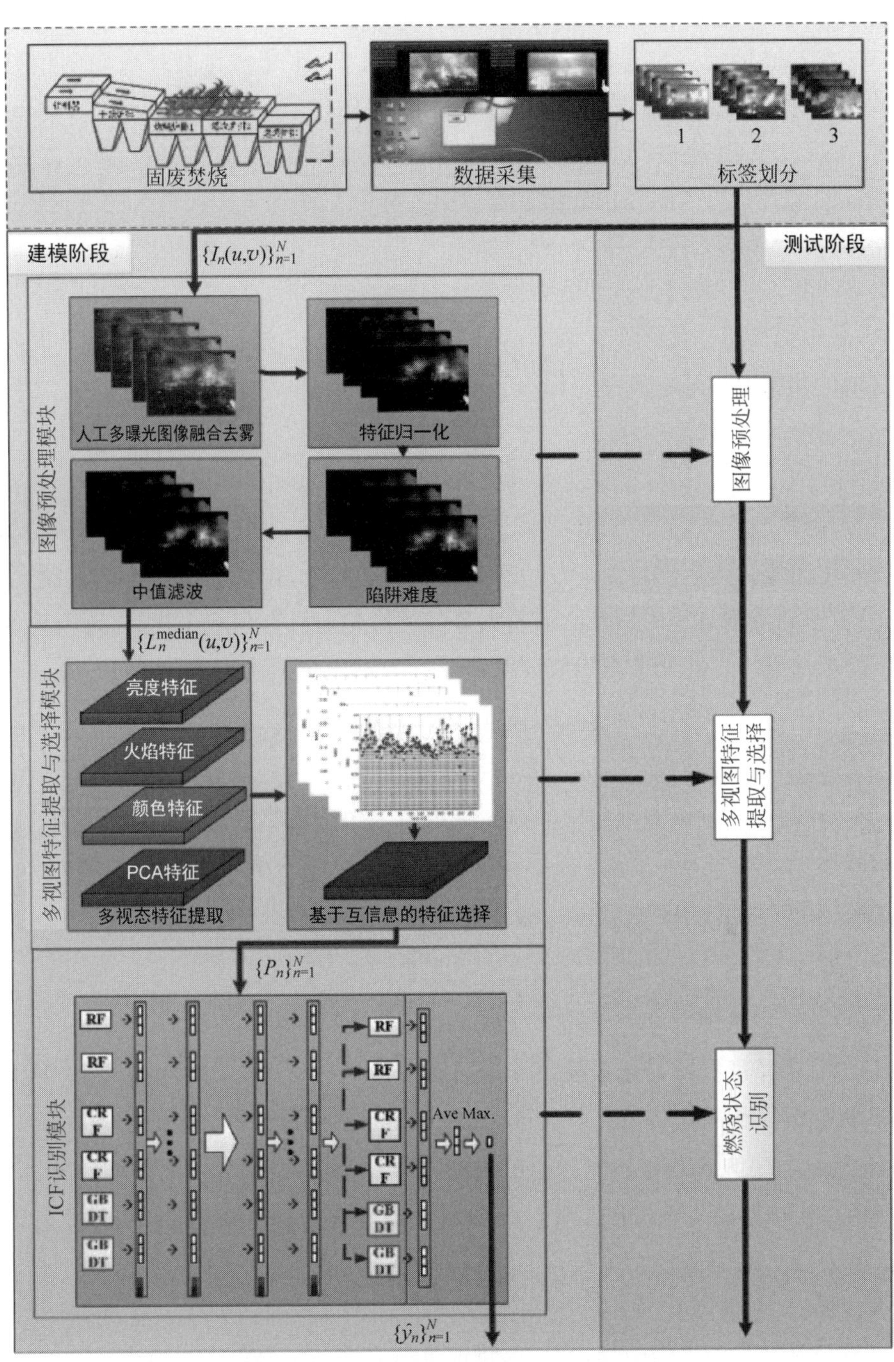

图 5.29　MSWI 过程燃烧状态识别建模策略

5.4.3 算法实现

5.4.3.1 图像预处理模块

MSWI在炉膛内燃烧时会产生较多的飞灰及烟雾，并受到高温环境和图像采集设备采用模拟信号进行图像传输的影响，所获取的彩色RGB图像$\{I_n(u,v)\}_{n=1}^N$不可避免地引入信号干扰及其他物理噪声。因此，需对图像进行预处理以尽可能恢复现场图像$\{L_n^{\text{median}}(u,v)\}_{n=1}^N$。以下图像预处理过程以第$n$幅火焰图像$I_n(u,v)$为例进行描述。

首先，对原始火焰图像$I_n(u,v)$进行基于人工多曝光图像融合的去雾处理以消除燃烧产生的烟雾干扰，进而得到去雾后的图像$Z_n(u,v)$。

其次，采用特征归一化将像素值由0～255映射到0～1，进而减小计算复杂度以提高模型运行效率。此处采用零均值归一化：

$$W_n(u,v)=\frac{Z_n(u,v)-\mu_n^{\text{Fea}}}{\sigma_n^{\text{Fea}}} \tag{5.61}$$

其中，μ_n^{Fea}为图像的均值；σ_n^{Fea}为图像的标准差；$W_n(u,v)$为被映射到的均值为0、标准差为1的归一化图像。为达到将火焰与炉膛背景分离的目的，设置μ_n^{Fea}与σ_n^{Fea}的值均为0.5。

再次，考虑到传输过程的图像会因高温环境的影响而具有频域干扰，导致所采集的火焰图像中出现条纹噪声。此处采用陷波滤波器对$W_n(u,v)$进行处理以得到$V_n(u,v)$：

$$V_n(u,v)=\text{notch}\{W_n(u,v),r^{\text{notch}}\} \tag{5.62}$$

其中，notch表示陷波滤波操作，r^{notch}为滤波半径。

进一步，针对飞灰导致的图像中的孤立噪声点采用中值滤波进行消除。采用$s_a\times s_a$的窗口$\bar{\omega}$在图像上进行滑动操作，将窗口像素的中间值赋给模板中心后得到滤波后的图像，记为$L_n^{\text{median}}(u,v)$：

$$L_n^{\text{median}}(u,v)=\underset{(u,v)\in\bar{\omega}}{\text{median}}\{V_n(u,v)\} \tag{5.63}$$

最后，将经过预处理的火焰图像集合记为$\{L_n^{\text{median}}(u,v)\}_{n=1}^N$。

5.4.3.2 多特征提取与选择模块

1. 多特征提取子模块

在MSWI过程中，为保证物料尽可能地充分燃烧，炉排一直处于周期性的运动之中，火焰图像呈现出规律性的变化特征。针对火焰图像中蕴含的丰富信息，考虑通过多特征予以表征。以第n幅火焰图像$L_n^{\text{median}}(u,v)$为例进行描述。

1）亮度特征

针对MSWI过程的火焰图像，其亮度特征可从以下多个视角进行描述。

(1) 平均灰度：通过下式将原图像$L_n^{\text{median}}(u,v)$转换为灰度图[67]：

$$G_n^{\text{Gray}}(u,v)=0.11\times(L_R^{\text{median}})_n(u,v)+0.59\times(L_G^{\text{median}})_n(u,v)+0.3\times(L_B^{\text{median}})_n(u,v) \tag{5.64}$$

其中，$(L_R^{\text{median}})_n(u,v)$、$(L_G^{\text{median}})_n(u,v)$和$(L_B^{\text{median}})_n(u,v)$分别代表第 n 幅图像的像素点(u,v)处 R^{Channel}、G^{Channel} 和 B^{Channel} 这 3 个通道的颜色分量。

图像的平均灰度计算公式如下：

$$\text{Gray\_ave}_n = \frac{1}{b \times d}\sum_{\tilde{u}=1}^{b\times d} G_n^{\text{Gray}}(u,v) \tag{5.65}$$

其中，$\tilde{u}$ 表示第 $\tilde{u}$ 个像素点，$\tilde{u}=1,\cdots,b\times d$，$b$ 和 d 分别表示图像的长与宽。

(2) 灰度方差：

$$\text{Gray\_var}_n = \frac{1}{b \times d}\sum_{\tilde{u}=1}^{b\times d}\left[G_n^{\text{Gray}}(u,v) - \text{Gray\_ave}_n\right]^2 \tag{5.66}$$

上述两个视角主要是从计算机角度描述亮度特征。与 RGB 空间的特性不同，HSV 空间对图像的表达方式更接近于人类对色彩的感知经验，其将色彩表示为颜色(H 分量)、鲜艳程度(S 分量)和明暗程度(V 分量)3 种分量的线性组合。因此，将火焰图像由 RGB 空间转到 HSV 空间后，对 V 通道进行亮度特征提取更能够体现人类视觉角度的火焰图像亮度表达。此处，引入如下的两个亮度特征。

(3) 平均亮度：将 $L_n^{\text{median}}(u,v)$转换至 HSV 图像空间并表示为 $L_n^{\text{HSV}}(u,v)$，选取 V 通道$(L_V^{\text{HSV}})_n(u,v)$，计算其像素均值以作为图像的平均亮度：

$$\text{Bright\_ave}_n = \frac{1}{b \times d}\sum_{\tilde{u}=1}^{b\times d}(L_V^{\text{HSV}})_n(u,v) \tag{5.67}$$

(4) 亮度方差由下式计算：

$$\text{Bright\_var}_n = \frac{1}{b \times d}\sum_{\tilde{u}=1}^{b\times d}\left[(L_V^{\text{HSV}})_n(u,v) - \text{Bright\_ave}_n\right]^2 \tag{5.68}$$

2) 火焰特征

火焰特征包括火焰有效区面积特征和高温区面积特征，其计算建立在 V 通道$(L_V^{\text{HSV}})_n(u,v)$的基础上，原因在于人眼区分火焰与背景时主要依靠亮度特征。

(1) 火焰有效区面积：图像内亮度大于规定阈值 θ_{th} 的像素点总数：

$$A\_\boldsymbol{v}_n = \sum_{\tilde{u}=1}^{b\times d}\Theta\left[(L_V^{\text{HSV}})_n(u,v) - \theta_{\text{th}}\right] \tag{5.69}$$

其中，$\Theta(\cdot)$为单位阶跃函数。

(2) 火焰高温区面积：图像内亮度大于规定阈值 ω_{th} 的像素点总数：

$$G\_\boldsymbol{v}_n = \sum_{\tilde{u}=1}^{b\times d}\Theta\left[(L_V^{\text{HSV}})_n(u,v) - \omega_{\text{th}}\right] \tag{5.70}$$

3) 颜色特征

火焰的产生原理是处于能量基态的原子受到激发使得核外电子吸收能量跃迁到高能级。当处于激发态的不稳定电子跃迁到较低能级时，会发出具有一定能量和波长的光，波长对应的物理现象即火焰的颜色特征。颜色矩的数学基础是图像中任何颜色分布均可由其矩表示。此处采用一阶矩、二阶矩和三阶矩表达火焰图像的颜色信息。

以第 n 幅经过预处理的火焰图像 $L_n^{\text{median}}(u,v)$为例，其一阶矩$\boldsymbol{v}_n^{\text{color}}$ 的计算如下：

$$\boldsymbol{\upsilon}_n^{\text{color}} = \frac{1}{\dot{m} \times \dot{n}} \sum_{\tilde{u}=1}^{\dot{m} \times \dot{n}} L_{c,n}^{\text{median}}(u,v), \tag{5.71}$$

$$c \in \{R^{\text{Channel}}, G^{\text{Channel}}, B^{\text{Channel}}\} \tag{5.72}$$

二阶矩$\boldsymbol{\sigma}_n^{\text{color}}$的计算公式如下：

$$\boldsymbol{\sigma}_n^{\text{color}} = \left(\frac{1}{\dot{m} \times \dot{n}} \sum_{\tilde{u}=1}^{\dot{m} \times \dot{n}} (L_{c,n}^{\text{median}}(u,v) - \boldsymbol{\upsilon}_{c,n}^{\text{color}})^2\right)^{\frac{1}{2}} \tag{5.73}$$

三阶矩$\boldsymbol{\delta}_n^{\text{color}}$的计算公式如下：

$$\boldsymbol{\delta}_n^{\text{color}} = \left(\frac{1}{\dot{m} \times \dot{n}} \sum_{\tilde{u}=1}^{\dot{m} \times \dot{n}} (L_{c,n}^{\text{median}}(u,v) - \boldsymbol{\upsilon}_{c,n}^{\text{color}})^3\right)^{\frac{1}{3}} \tag{5.74}$$

此处采用尺度大小为原始图像$\frac{1}{5}$的滑窗进行颜色矩特征的提取，将提取的颜色特征记为

$$\text{Color\_}T_n = [\boldsymbol{\upsilon}_n^{\text{color}}, \boldsymbol{\sigma}_n^{\text{color}}, \boldsymbol{\delta}_n^{\text{color}}] \tag{5.75}$$

4）主成分特征

基于主成分分析(principal components analysis，PCA)进行图像特征提取任务的目的是寻找基图像，以使其蕴含尽可能多的图像信息。

为防止因初始图像尺寸过大导致计算出现内存不足现象，将原图像$L_n^{\text{median}}(u,v)$缩小至$f \times t \times 3$，记为$l_n^{\text{median}}(u,v)$。进一步，将其重构为矩阵$\boldsymbol{\chi}_n(ft \times 3)$，其协方差矩阵$\boldsymbol{C}_n$的计算如下：

$$\boldsymbol{C}_n = [(\boldsymbol{\chi}_n - \mu_n^{\text{PCA}})(\boldsymbol{\chi}_n - \mu_n^{\text{PCA}})^{\text{T}}]/ft \tag{5.76}$$

其中，μ_n^{PCA}为$\boldsymbol{C}_n$的均值。

进一步，可计算得到$\boldsymbol{C}_n$的特征值λ_n及特征向量$\boldsymbol{\pi}_n$。将特征值按由大至小的顺序排列，取贡献率前90%的特征值对应特征向量构成矩阵$\boldsymbol{\Pi}_n$。相应地，降维后的主成分特征PCA_n的计算如下：

$$\text{PCA}_n = l_n^{\text{median}}(u,v) \times \boldsymbol{\Pi}_n \tag{5.77}$$

2. 基于互信息的特征选择子模块

将上述所提取的多特征进行串行融合，则火焰图像$L_n^{\text{median}}(u,v)$对应的多特征可表示为：$A_n = [\text{Gray\_ave}_n, \text{Gray\_var}_n, \text{Bright\_ave}_n, \text{Bright\_var}_n, A\_\boldsymbol{\upsilon}_n, G\_\boldsymbol{\upsilon}_n, \text{Color\_}T_n, \text{PCA}_n]$，其特征维数记为$\tilde{R} \times 1$。进而，$\{L_n^{\text{median}}(u,v)\}_{n=1}^N$所对应的火焰图像集合可表示为$(A_n)_{n=1}^N$。

显然，多特征中所包含的冗余特征将影响模型的运行效率和识别精度。此处采用MI度量所提取特征与燃烧状态间的相关性，并以此作为特征选择的依据。

首先，计算MI。第n幅火焰图像多特征的第$\tilde{r}$个子特征$A_n^{\tilde{r}}$的MI($\xi_n^{\tilde{r}}$)为

$$\xi_n^{\tilde{r}} = \sum_{n=1}^{N} \sum_{n=1}^{N} \left\{ k_{\text{rob}}(A_n^{\tilde{r}}, y_n) \log \left[\frac{k_{\text{rob}}(A_n^{\tilde{r}}, y_n)}{k_{\text{rob}}(A_n^{\tilde{r}}) \times k_{\text{rob}}(y_n)} \right] \right\} \tag{5.78}$$

其中，$k_{\mathrm{rob}}(A_n^{\tilde{r}}, y_n)$表示联合概率密度；$k_{\mathrm{rob}}(A_n^{\tilde{r}})$及$k_{\mathrm{rob}}(y_n)$表示边际概率密度。

进一步，比较$\{\xi_n^{\tilde{r}}\}_{n=1}^N$与阈值$\theta^{\mathrm{MI}}$，将小于阈值的特征筛除，进而得到与燃烧状态相关度较高的多图约简特征集合P_n，其维数记为$R\times 1$，则火焰图像集$\{L_n^{\mathrm{median}}(u,v)\}_{n=1}^N$对应的约简特征集合记为$\{P_n\}_{n=1}^N$。

5.4.3.3　ICF识别模块

传统深度神经网络模型的训练通常需要大数据集的支持，同时其模型的结构复杂、超参数众多等因素限制了其在某些场景中的实际应用。由 Zhou 等提出的 DF 算法是非神经网络模式的深度算法，其基于树结构，具有在小规模数据集上仅需调节少量参数即可达到良好性能，并具有结构简单和可解释性较强等优点。传统 DF 包括多粒度扫描和 CF 两部分，前者通过处理数据特征间的关系增强 CF 性能，计算消耗巨大。考虑 MSWI 过程的现场燃烧状态识别模型应满足炉排速度实时调整的需要，对实时性的要求较高，此处将经过约简的多特征直接输入 CF 以构建燃烧状态识别模型，同时对 CF 进行改进。

1. 级联层子模块

此处采用的改进 CF 每层均包含 2 个 RF、2 个 CRF 与 2 个 GBDT，目的是通过采用不同类型的基学习器进一步提高子模型的多样性。

1）随机森林算法

RF 是由 Breiman 等[68]提出的以 DT 为基学习器构建的 Bagging 集成模型，是 Bagging 算法的扩展变体，其具体构建过程如下所示。

首先，采用 Bootstrap 对训练集$D=\{(\boldsymbol{p}_i, y_i), i=1,2,\cdots,b\}\in P^{B\times R}$进行随机采样，对应的训练子集的产生过程可描述为

$$\{(\boldsymbol{p}^{j,M^j}, y^j)_1^b\}_{b=1}^B = f_{\mathrm{Gini}}(f_{\mathrm{Bootstrap}}(D,P), R^j) \tag{5.79}$$

其中，B表示训练集的样本数量，$\{(\boldsymbol{p}^{j,M^j}, y^j)_1^b\}_{b=1}^B$表示第$j$个训练子集；$f_{\mathrm{Gini}}(\cdot)$表示随机子空间函数；$f_{\mathrm{Bootstrap}}(\cdot)$表示 Bootstrap 函数；$r=1,\cdots,R^j$，$R^j$表示森林中第$j$个训练子集选择的特征数量，通常$R^j \ll R$。

重复使用上述函数J次，即可得到 RF 的训练集，过程如下：

$$\left.\begin{matrix} D \\ J \end{matrix}\right\} \Rightarrow \begin{cases} \{(\boldsymbol{p}^{1,R^1}, y^1)_1^b\}_{b=1}^B \\ \vdots \\ \{(\boldsymbol{p}^{j,R^j}, y^j)_1^b\}_{b=1}^B \\ \vdots \\ \{(\boldsymbol{p}^{1,R^J}, y^J)_1^b\}_{b=1}^B \end{cases} \tag{5.80}$$

其中，J表示 Bootstrap 次数，也表示 RF 中 DT 的数量。

采用上述J个训练子集$\{(\boldsymbol{p}^j, y^j)\}_{j=1}^J$构建 RF 模型中的$J$个 DT 模型。以第$j$个训练子集$\{(\boldsymbol{p}^{j,R^j}, y^j)_1^b\}_{b=1}^B$为例进行构建过程的描述。

基于基尼指数准则遍历寻找最佳切分特征编号R_{sel}^j和切分点s，其等价于求解如下优

化问题：

$$(R_{\mathrm{sel}}^{j}, s)=\operatorname{argmin}\left[\frac{y_{P_{\mathrm{Left}}}^{j}}{y^{j}}\operatorname{Gini}(y_{P_{\mathrm{Left}}}^{j})+\frac{y_{P_{\mathrm{Right}}}^{j}}{y^{j}}\operatorname{Gini}(y_{P_{\mathrm{Right}}}^{j})\right] \tag{5.81}$$

$$\operatorname{Gini}(\cdot)=\sum_{k_p=1}^{K_p} p_{k_p}(1-p_{k_p})=1-\sum_{k_p=1}^{K_p} p_{k_p}^{2}$$

$$\text{s. t.}\begin{cases}P_{\mathrm{Left}}>\theta_{\mathrm{Forest}}\\ P_{\mathrm{Right}}>\theta_{\mathrm{Forest}}\\ \operatorname{Gini}(y_{P_{\mathrm{Left}}}^{j})>0\\ \operatorname{Gini}(y_{P_{\mathrm{Right}}}^{\mathrm{j}})>0\end{cases} \tag{5.82}$$

其中，k_p 表示燃烧状态数据集标签 y 中的第 k_p 类，$k_p \in 1,\cdots,K_p$（本书中 $K_p=3$），p_{k_p} 表示第 k_p 类占总标签数的比例，由此计算数据集的基尼系数 Gini(•)；θ_{Forest} 表示叶节点样本数量上的阈值；$y_{P_{\mathrm{Left}}}^{j}$ 和 $y_{P_{\mathrm{Right}}}^{j}$ 分别表示第 j 个训练子集中划分至左、右节点的样本所对应的标签值。

基于上述准则，首先，通过遍历所有输入特征获得最优变量编号和切分点取值，之后将输入特征空间划分为左、右两个区域；其次，对每个区域重复上述过程，直到叶节点包含的样本数量少于阈值 θ_{Forest}，或叶节点中样本的基尼指数为 0；最后，将输入特征空间划分为 Q 个区域。

为构建分类树模型，定义如下函数：

$$\Gamma^{j}(\cdot)=\sum_{q=1}^{Q}\boldsymbol{p}_{j}^{q} I(\boldsymbol{p}^{j, R^{j}} \in G_{q}) \tag{5.83}$$

其中，

$$\boldsymbol{p}_{j}^{q}=[p_{1},\cdots,p_{k_p},\cdots,p_{K_p}]^{\mathrm{T}}(\boldsymbol{y}_{N_{R_q}}^{j} \in G_{q}, N_{G_q} \leqslant \theta_{\mathrm{Forest}}) \tag{5.84}$$

其中，N_{G_q} 表示区域 G_q 所包含的训练样本数量；$\boldsymbol{y}_{N_{R_q}}^{j}$ 表示区域 G_q 中样本特征对应的标签向量；$\boldsymbol{p}_{j}^{q}$ 表示区域 G_q 最终输出的预测结果；$I(\cdot)$为指示函数，当 $\boldsymbol{p}^{j,R^{j}} \in G_q$ 时，$I(\cdot)=1$，否则 $I(\cdot)=0$。

重复上述步骤 J 次，将得到 RF 模型：

$$F_{\mathrm{RF}}(\cdot)=\arg\left(\max_{k_p}\frac{1}{J}\sum_{j=1}^{J}\Gamma^{j}(\cdot)\right) \tag{5.85}$$

2）完全随机森林算法

CRF 与 RF 的不同之处在于前者在完整特征空间中随机选取某个特征的值作为分裂节点，后者在经过 Bootstrap 后的随机特征子空间内通过基尼系数选取分裂节点。相应地，此处以 $F_{\mathrm{CRF}}(\cdot)$表示 CRF 模型。

3）梯度提升决策树算法

GBDT 是将梯度提升框架与 DT 模型相结合，通过在残差减少的梯度方向建立一系列 DT 模型以使样本估计值不断逼近真值，最终通过对 DT 的决策结果进行叠加构成最终模型。其构建过程可描述如下。

首先，对相关参数进行初始化设置，迭代次数 $\hat{M}$、学习率 η 和输入样本 P_n 均属于第 k_p 类的函数估计值 $f_{k_p 0}(P_n)$。

其次，对 $f_{k_p}(P_n)$进行罗吉斯蒂克变换(Logistic transformation)，得到 P_n 属于第 k_p 类的概率：

$$ff_{k_p}(P_n)=\exp(f_{k_p})\Big/\sum_{k_p=1}^{K_p}\exp(f_{k_p}((P_n))$$

再次，定义如下的损失函数：

$$L=-\sum_{k_p=1}^{K_p} y_{k_p}\log ff_{k_p}(P_n) \tag{5.86}$$

其中，y_{k_p} 表示输入样本的估计值，当样本 P_n 属于第 k_p 类时，$y_{k_p}=1$，否则 $y_{k_p}=0$。

利用损失函数计算残差减少的梯度方向：

$$\tilde{y}_{k_p}=-[\partial L/\partial f_{k_p}(P_n)]=y_{k_p}-ff_{k_p}(P_n) \tag{5.87}$$

对于此处的多分类任务而言，第 k_p 类样本可根据残差 $\tilde{y}_{k_p}$ 拟合一棵树，并计算第 $\hat{j}$ 个叶子节点的增益 $\gamma_{\hat{j}k_p}$：

$$\gamma_{\hat{j}k_p}=\frac{K_p-1}{K_p}\sum_{P_n\in G_{\hat{j}k_p}}\tilde{y}_{nk_p}\Big/\sum_{P_{\hat{i}}\in G_{nk_p}}|\tilde{y}_{nk_p}|(1-|\tilde{y}_{nk_p}|) \tag{5.88}$$

其中，$\hat{j}=1,2,\cdots,\hat{J}$，$G_{\hat{j}k_p}$ 表示第 k_p 类第 $\hat{j}$ 个叶子节点区域；$\tilde{y}_{nk_p}$ 表示第 n 个样本的残差。

然后，采用下式更新 $f_{k_p\hat{m}}(P_n)$的值：

$$f_{k_p m}(P_r)=f_{k_p,m-1}(P_r)+\eta\sum_{xp\in R_{\hat{j}k_p}}\gamma_{\hat{j}k_p}\times I \tag{5.89}$$

其中，$\hat{m}$ 为迭代次数，$\hat{m}=1,2,\cdots,\hat{M}$；$\hat{I}$ 为指示函数，当 P_n 属于第 $\hat{j}$ 个节点时，$\hat{I}$ 为 1，否则为 0 在每个类别均完成本轮 DT 的构建后进行下一轮迭代，直至 $\hat{M}$ 次迭代结束。

最后，将由 $K_p\times\hat{M}$ 个 DT 构成的 GBDT 分类器学习模型记为 $F_{\text{GBDT}}(\cdot)$。

2. 加权平均子模块

此处，CF 的每层均采用 $F_{\text{RF}}(\cdot)$、$F_{\text{CRF}}(\cdot)$和 $F_{\text{GBDT}}(\cdot)$各 2 个进行串级学习，基于 Stack 思想构建 CF 模型。对于输入 P_n 而言，CF 的最后一层将输出维数为 $6K_p$ 的分布向量，记为 $\text{Res}_n=[\boldsymbol{r}_1^{\text{RF}},\boldsymbol{r}_2^{\text{RF}},\boldsymbol{r}_1^{\text{CRF}},\boldsymbol{r}_2^{\text{CRF}},\boldsymbol{r}_1^{\text{GBDT}},\boldsymbol{r}_2^{\text{GBDT}}]$。采用平均及最大值准则得到的识别结果如下所示：

$$\hat{y}_n=\max\left(\frac{1}{6}\times\text{Res}_n\right) \tag{5.90}$$

对于特征集$(P_n)_{n=1}^N$ 而言，最终的燃烧状态识别结果记为$(\hat{y}_n)_{n=1}^N$。

5.4.4 实验结果

5.4.4.1 数据描述

本次实验采用的火焰图像数据源自北京某 MSWI 电厂。为实时监视燃烧状态，在炉排末端安装工业摄像机，MSWI 过程火焰经同轴电缆传输后采用视频采集卡存储至监控机。典型的基于燃烧线位置的燃烧状态划分示意如图 5.30 所示。

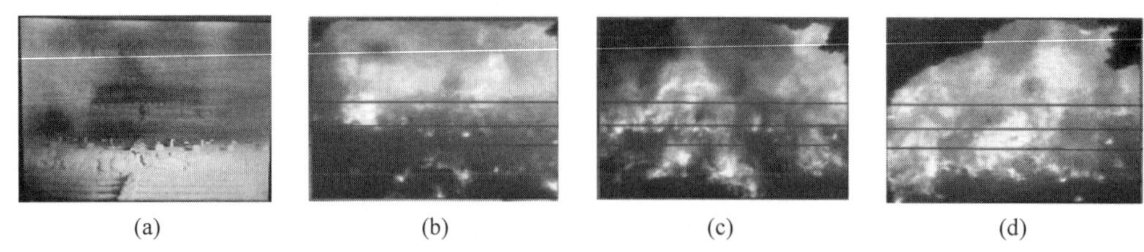

(a) (b) (c) (d)

图 5.30 燃烧状态划分

(a) 停炉画面；(b) 燃烧线前移；(c) 燃烧线正常；(d) 燃烧线后移

图 5.30(a)为停炉阶段所拍摄的炉内画面，炉膛前拱、进料口、干燥段、燃烧段及燃烬段皆清晰可见，下文据此进行基于燃烧状态下的火焰燃烧状态划分；图 5.30(b)为燃烧线前移状态，其主要分布于进料段与干燥段，此时 MSW 易出现结焦及堵塞进料口现象；图 5.30(c)为燃烧线正常状态，其主要分布于燃烧段，此时火焰明亮，燃烧状态良好；图 5.30(d)为燃烧线后移状态，其主要分布于燃烬段，此时需要及时调整炉排速度及风流量确保 MSW 充分燃烧。

基于以上燃烧状态的划分依据，对现场采集的火焰图像进行人工标记。此处采用的图像大小为 718×512，样本数量为 571 张，燃烧线前移、正常和后移工况所对应的样本数分别为 184 张、213 张和 174 张。

5.4.4.2 实验结果

1. 图像预处理结果

如图 5.31 所示为图像预处理结果。

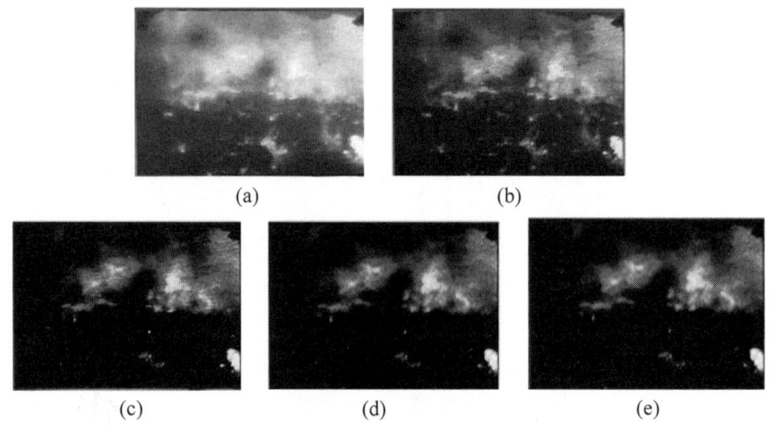

(a) (b)

(c) (d) (e)

图 5.31 图像预处理结果

(a) 原始燃烧火焰图像；(b) 去雾图像；(c) 特征归一化图像；(d) 陷波滤波后图像；(e) 中值滤波后图像

图 5.31(a)为 MSWI 过程的原始火焰图像，可见其包含大量的烟雾、飞灰和条纹噪声，质量极差；进行去雾处理后的效果如图 5.31(b)所示，可见其烟雾量明显减少，火焰的颜色及形态得到较好恢复；为进一步恢复火焰颜色及形态，采用特征归一化方式进行处理，此处将火焰图像的 3 个通道的均值和方差均设置为 0.5 以实现火焰与背景图像分离，效果如图 5.31(c)所示，可见火焰颜色鲜艳明亮，炉膛背景及未经充分燃烧的 MSW 得到明显地分离；针对图像中仍然存在的条纹干扰，将归一化处理的图像转换至频域后采用陷波滤波消除条纹噪声所对应的频带，其中陷波滤波半径为 $r^{\text{notch}}=\min(m,n)/5$，对应的滤波效果如图 5.31(d)所示，可见火焰形态得到良好恢复；针对由飞灰导致的孤立噪声点，采用中值滤波进行消除，此处设定滤波窗口为 5×5，对应的处理效果如子图 5.31(e)所示，可见其飞灰量明显减少，同时火焰形态也得到了保护。

2. 多图特征提取与选择结果

图 5.32 详细展示了提取火焰图像亮度特征的过程。首先，将预处理后的彩色图 5.32(a)转为灰度图 5.32(b)，结果表明后者的火焰所覆盖区域相比前者稍小，说明计算机视角的火焰亮度与人类视角是有差异的；其次，将火焰图像由 RGB 空间转至 HSV 空间的 V 通道，结果如图 5.32(c)所示，转换后的图像表征人类视角的火焰图像亮度；可见，图 5.32(c)中的火焰所覆盖区域与图 5.32(a)基本一致。

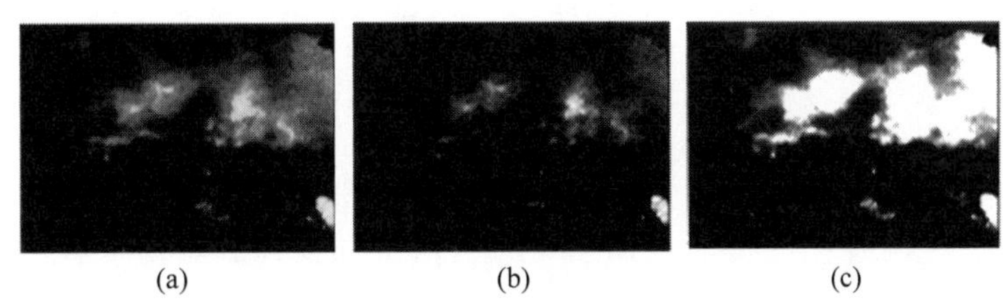

图 5.32　亮度特征提取结果

(a) 预处理后图像；(b) 灰度图像；(c) V 通道图像

在 V 通道图的基础之上，选取火焰有效区阈值 θ_{th} 及高温区阈值 ω_{th} 分别为 0.226 和 0.941，计算得到火焰有效区面积和高温区面积，进而得到图 5.32(c)对应的亮度分布的等值图，如图 5.33 所示。

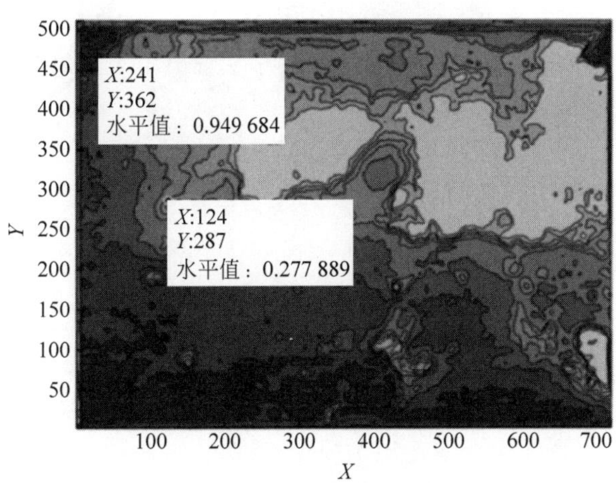

图 5.33　V 通道等值图

设置提取颜色特征的滑窗尺寸大小为火焰图像的$\frac{1}{5}$，得到不同工况下的颜色矩特征提取结果如图 5.34 所示。

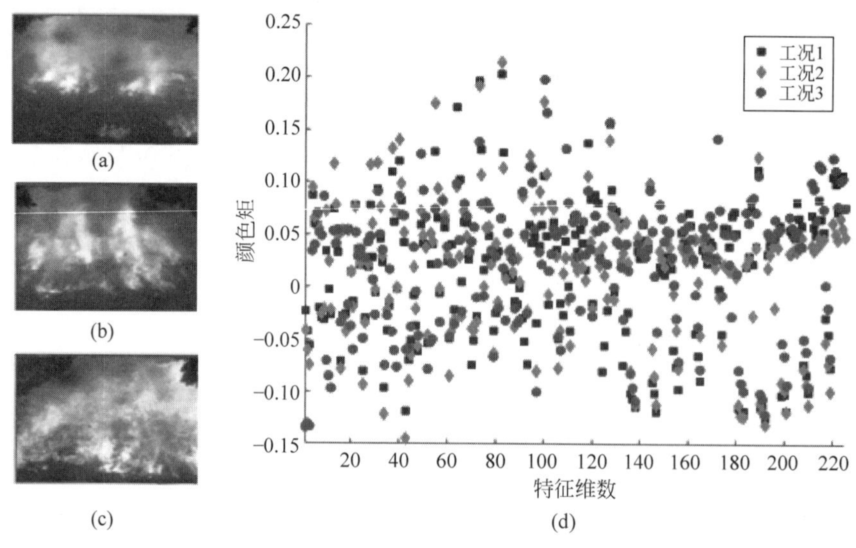

图 5.34 颜色矩特征提取结果

(a) 工况 1；(b) 工况 2；(c) 工况 3；(d) 不同工况下颜色矩特征分布图

由图 5.34 可知，不同燃烧状态下所提取的颜色矩特征具有明显不同的分布特征，能够较好地表达 3 种燃烧状态下的特征差异。

将原始图像缩小至原图的$\frac{1}{10}$后采用 PCA 进行特征提取，结果表明不同燃烧状态下的火焰图像的第一主成分贡献率均达到 95%以上，如图 5.35 所示。

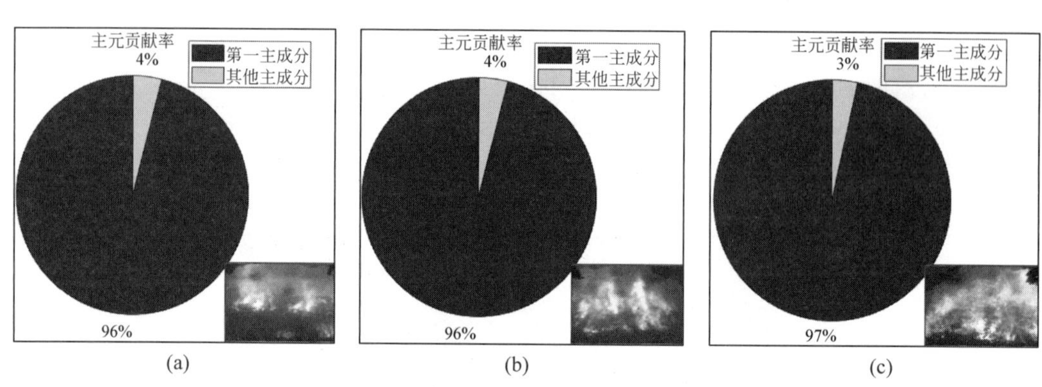

图 5.35 不同燃烧状态第一主成分贡献率

(a) 工况 1；(b) 工况 2；(c) 工况 3

设定阈值 θ^{MI} 为 2.5 进行特征度量，获得的多特征与燃烧状态间的相关性如图 5.36 所示。

由图 5.36 可知，大部分特征与燃烧状态间具有的相关性相似，仅少部分较低或较高。因此，有必要选择合适的特征组合构建识别模型。

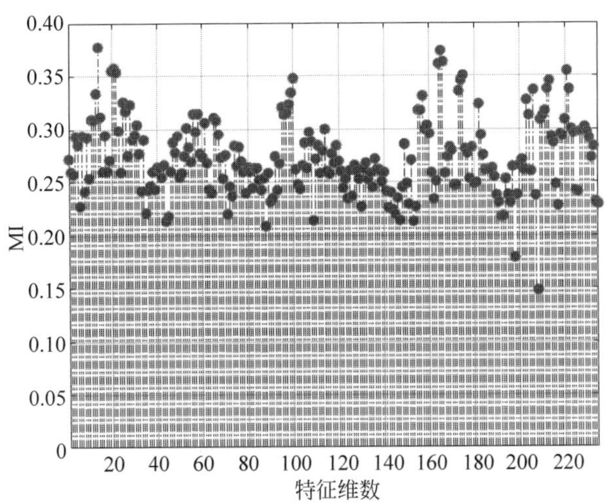

图 5.36　多视图特征与燃烧状态间 MI

3. ICF 识别模块结果

此处，将 θ^{MI}、T_n、η、minsamples、$\hat{M}$ 和初始函数估计值 $f_{k_p 0}(P_n)$ 分别设置为 2.5、30、0.6、8、4 和 0。为克服随机性造成的影响，此处取 20 次运行的均值作为最终识别率，对应的训练集、验证集和测试集的准确率分别为 100%、95.31%和 96.01%。

5.4.4.3　方法对比

将所提方法与文献已有方法进行对比，结果如表 5.9 所示。

表 5.9　识别方法对比结果

方法	模型参数	准确率
乔等[53]	PCA 累计方差贡献率阈值 0.9，SVM 惩罚参数 17.34 和 RBF 核函数宽度 13.24	75%
Zhang 等[69]	CNN 初始学习率 0.0001 和步长 30	75.56%
Duan 等[70]	RF 中决策树个数 35	94.81%
本节	$\theta^{\mathrm{MI}}=2.5$，$T_n=30$，$\eta=0.6$，$\hat{M}=4$	96.01%

乔等采用火焰图像颜色矩特征构建基于 SVM 的燃烧状态识别模型[53]。SVM 性能优劣主要取决于核函数选取，如何根据实际数据模型选择合适的核函数目前还未出现较成熟的方法。此外，主流核函数及其参数选择多依据经验人为选取，这些因素造成模型识别性能较低。Zhang 等基于卷积神经网络（convolutional neural network，CNN）构建燃烧状态识别模型[69]，其在训练过程中需要大量样本，而 MSWI 燃烧状态复杂导致标记样本成本较高，使得 CNN 网络具有很大的局限性。Duan 等构建的基于 RF 的识别模型具有较佳的学习与分类能力[70]。此处所提方法综合了多特征和 ICF，后者在每层中均采用 3 种基学习器以提高多样性，结果显示，此处方法具有最高识别准确率，且具有较高查准率（96.22%）、查全率（96.11%）及 F1 得分（96.17%），这验证了所建模型具有良好的稳定性。

5.4.4.4 讨论与分析

1. 参数灵敏度分析

此处对 θ^{MI}、$\hat{M}$、T_n 和 η 进行灵敏度分析，参数设置和分析结果如表 5.10 所示，曲线如图 5.37 所示。

表 5.10 参数设置和灵敏度分析结果

分析参数	其他参数设置	最优解
$\theta^{MI}(0,3.5)$	T_n:50; η:1; $\hat{M}$:5	θ^{MI}:2.5
$\hat{M}(2,26)$	T_n:5; η:1; θ_r^{mi}:3.4	$\hat{M}$:4
$T_n(10,50)$	$\hat{M}$:4; η:1; θ_r^{mi}:3.4	T_n:30
$\eta(0.5,0.95)$	T_n:30; $\hat{M}$:4; θ_r^{mi}:3.4	η:0.6

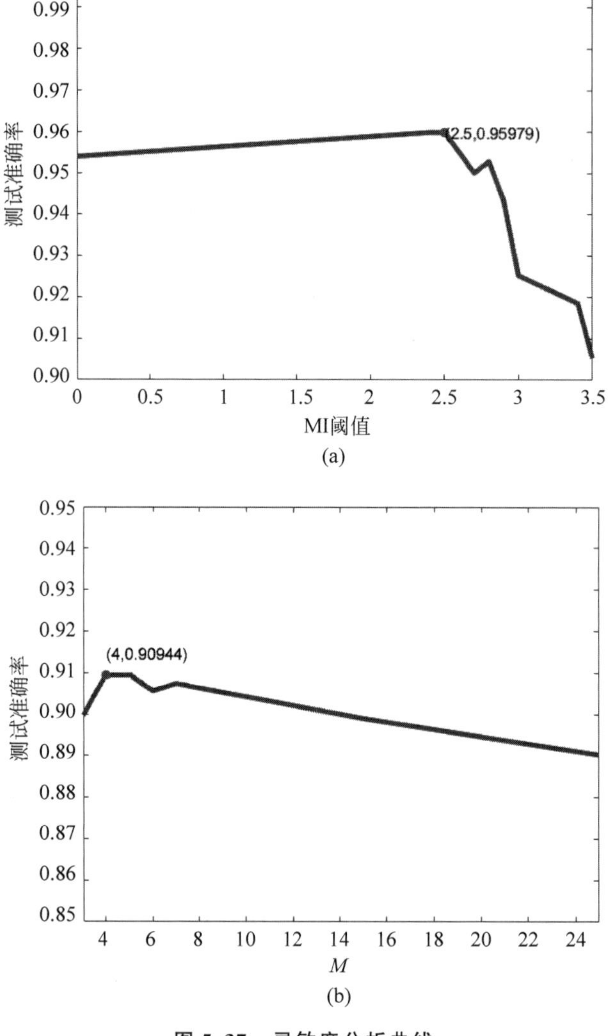

图 5.37 灵敏度分析曲线

(a) MI 阈值灵敏度曲线；(b) M 灵敏度曲线；(c) T_n 灵敏度曲线；(d) 学习率灵敏度曲线

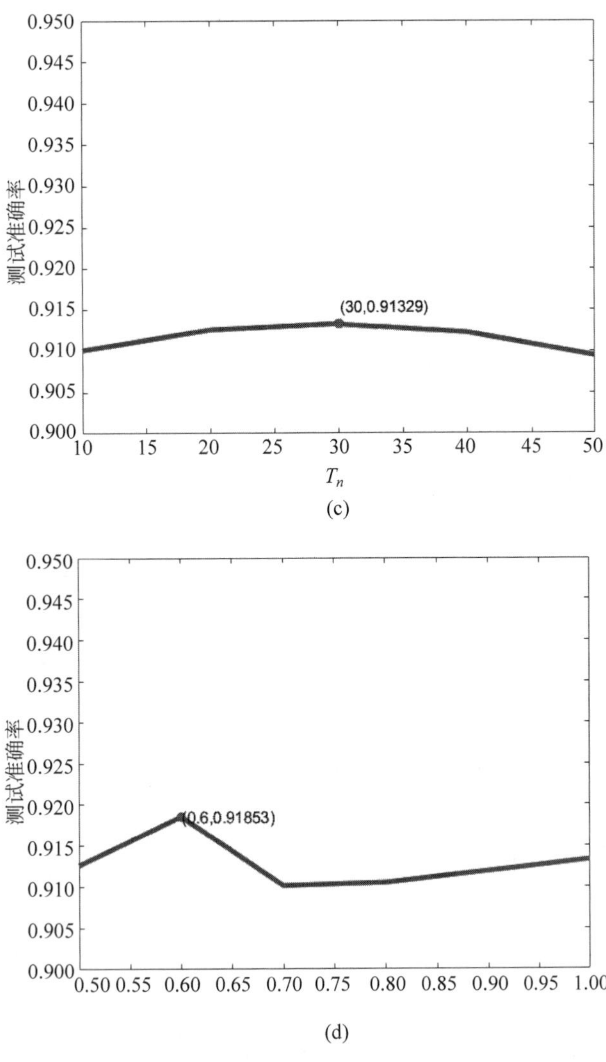

(c)

(d)

图 5.37(续)

2. 消融实验

针对基于 MI 的特征选择和不同 θ^{MI} 下的级联层基学习器组合进行消融实验,结果如表 5.11 和表 5.12 所示。

表 5.11 MI 特征选择消融实验

是否特征选择	训练集	验证集	测试集
是	100%	95.31%	96.01%
否	100%	95.28%	95.39%

表 5.12 基学习器消融实验

级联层	训练集	验证集	测试集
RF	99.79%	94.93%	95.73%
CRF	99.16%	93.81%	94.44%

续表

级联层	训练集	验证集	测试集
GBDT	100%	94.41%	94.41%
RF+GBDT	100%	94.86%	95.07%
CRF+GBDT	100%	94.55%	95.38%
RF+CRF	99.21%	94.4%	95.94%
RF+CRF+GBDT	100%	95.31%	96.01%

由表 5.11 可知,约简后的多特征输入 ICF 可提高 0.62%的模型识别准确率。由表 5.12 可知,相对级联层其他基学习器组合,此处方法的平均准确率为 96.01%,达到最高识别准确率。但其训练时间却变长,而模型效率为复杂工业过程智能控制系统的重要考虑因素,因此,需要在如何提高模型效率方面进行研究与改进。

5.4.5 平台验证

基于上述策略,开发了基于多特征融合和改进级联森林的燃烧状态识别软件并在本平台多模态历史数据驱动系统中进行验证,其软硬件系统实物图如图 5.38 所示。

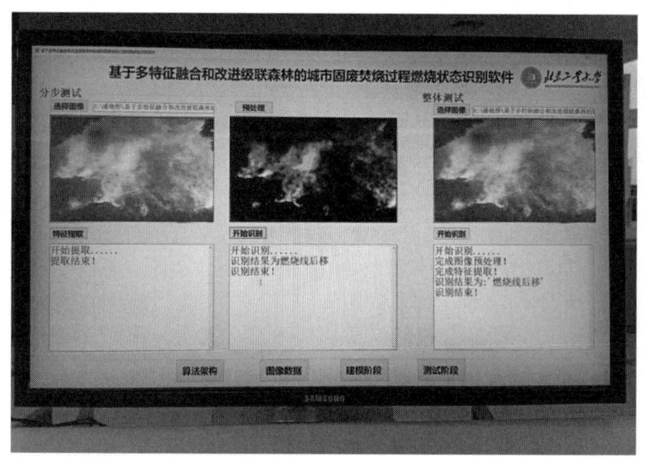

图 5.38 基于多特征融合和改进级联森林的燃烧状态识别系统实物图

5.4.5.1 软件阐述

本软件基于北京某真实 MSWI 电厂的火焰图像数据设计开发,采用 C# 编程语言结合 MATLAB 开发完成。其中,软件的识别算法由图像预处理、多特征融合与选择和识别模型构建组成,实现火焰图像的燃烧状态识别;同时,软件还提供了人性化的操作设计等。通过本软件,使用者能够对火焰图像燃烧状态进行识别,为 MSWI 过程的智能优化控制研究提供基础。

本软件设计结构如图 5.39 所示,在 MATLAB 环境下编写实现多特征融合和改进级联森林的 MSWI 过程火焰燃烧状态识别算法,确定算法程序的输入、输出。首先,对于采集到的火焰燃烧图像在人机界面进行展示;其次,在 MATLAB 环境下编写识别模型后,将其打包成 DLL 文件嵌入软件后台出,前、后台应用程序通过.NET API 接口技术实现数据传输。通过本软件,使用者能够对火焰图像燃烧状态进行识别,为城市固废焚烧过程智能优化控制的研究提供基础。

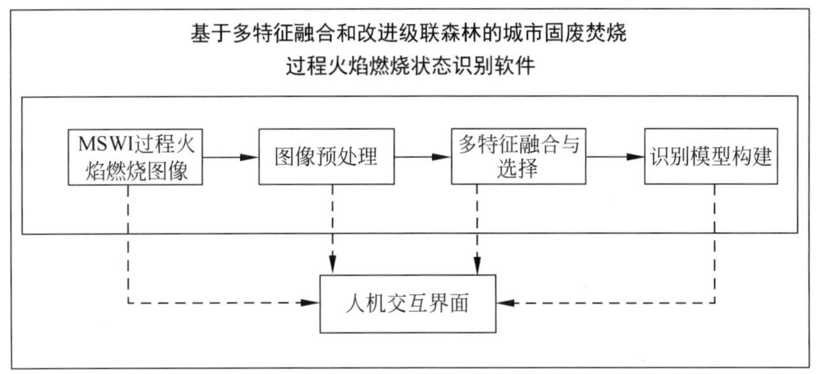

图 5.39　基于多特征融合和改进级联森林的燃烧状态识别软件结构图

5.4.5.2　软件功能

主要功能明说如下：

（1）算法架构展示。对算法框架进行直观展示，方便使用人员了解软件算法原理。

（2）图像数据展示。基于专家经验选择各类典型燃烧图像进行展示。

（3）建模阶段展示。首先，采用多种图像预处理方法对火焰图像进行预处理，并显示其结果；其次，提取预处理后火焰图像的亮度、火焰、颜色和 PCA 特征，基于 MI 进行特征选择并展示在前台界面上；最后，设置 ICF 识别模型的超参数，并显示识别结果。

（4）测试阶段展示。提供分步测试和整体测试，可选择分步展示图像预处理、特征提取和状态识别，也可直接得到燃烧状态。

5.4.5.3　软件构建

需安装软件包括 Visual Studio 2022、MATLAB 2015(32 位)等，操作系统为 Windows 7/Windows 10，对硬件系统的要求是主频大于 1.86GHz，内存不小于 4GB 和硬盘不小于 50GB。软件包括如下界面。

（1）软件主界面如图 5.40 所示。

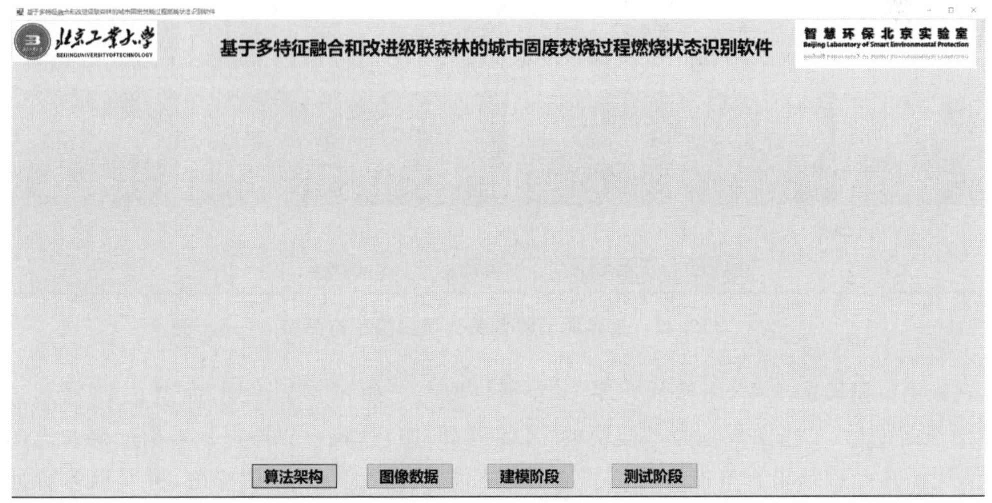

图 5.40　主界面

(2) 算法架构如图 5.41 所示。

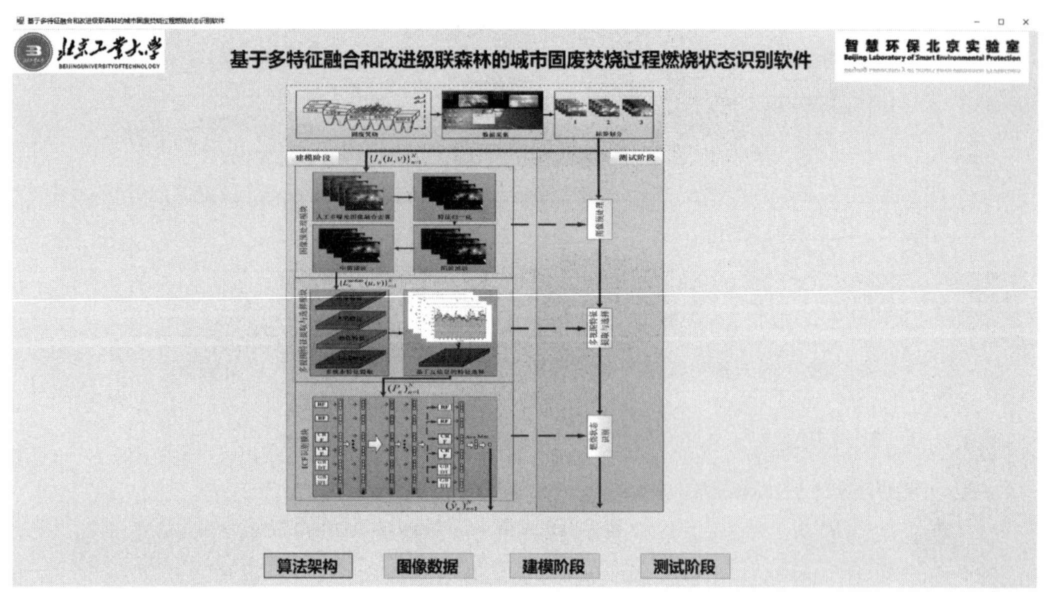

图 5.41 算法架构

(3) 展示于主界面上的各类典型燃烧状态图像(燃烧线前移、燃烧线正常和燃烧线后移)如图 5.42 所示。

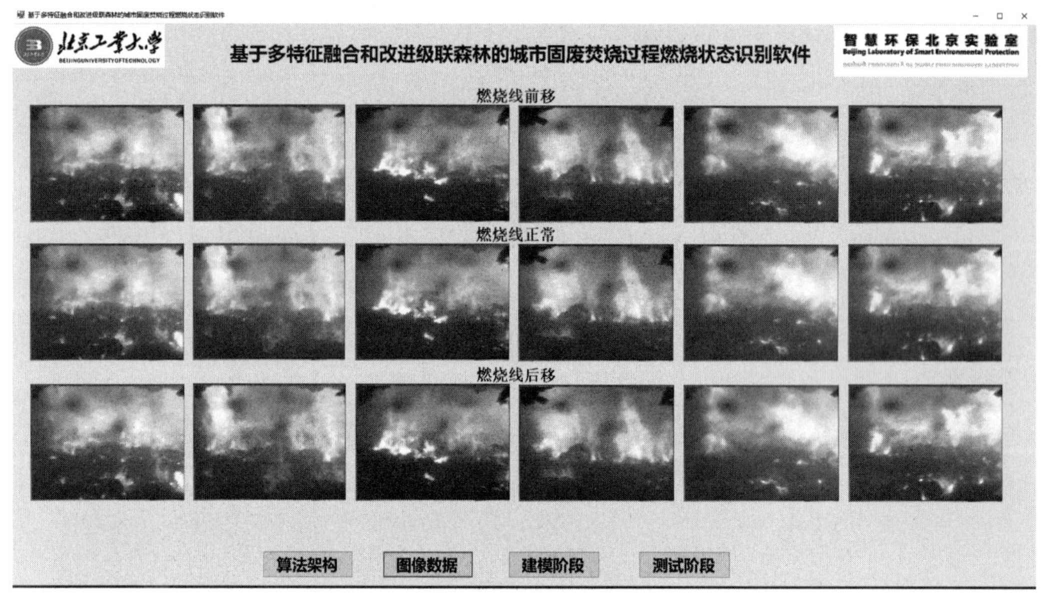

图 5.42 主界面上的各类典型燃烧状态图像

(4) 建模阶段的流程(图像预处理、多特征提取与选择和 ICF 识别)如图 5.43 所示。在选择图像路径后,单击图像预处理模块的"开始处理"按钮,将在界面显示各类燃烧状态的前 3 张图像的预处理结果。单击多特征提取与选择模块的"开始处理"按钮,将显示各特征与燃烧状态间的 MI。在对 ICF 识别模块的各参数进行设置后,单击"开始训练"按钮,模型的在线训练结果将在右侧文本框中展示。

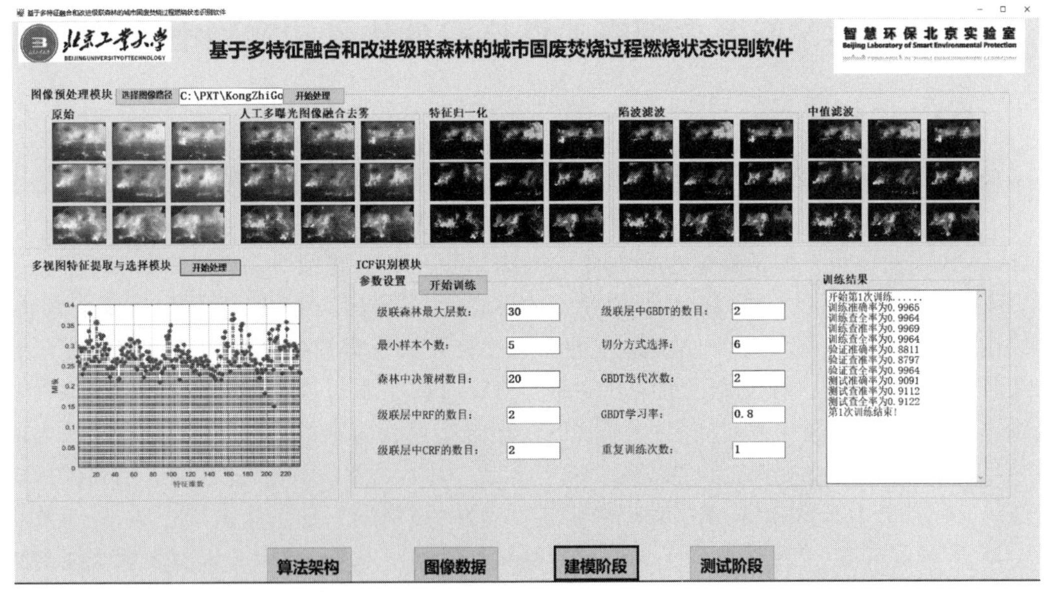

图 5.43　建模阶段

（5）测试界面如图 5.44 所示，主要包括分步测试和整体测试。

图 5.44　测试阶段

在具体操作过程中，首先确保硬件设备正常工作。之后，打开软件，单击对应按钮，进入不同的功能界面。这里需要注意的是，算法架构界面和图像数据界面与其他界面间无依赖关系，可随时点击；测试阶段需要在建模阶段完成之后方能进行相应操作。

5.5 基于 GAN 与孪生网络的燃烧线量化算法实验室场景验证

5.5.1 问题描述

目前,发展中国家的 MSWI 技术仍处于落后局面,存在诸多问题,其中最为突出的是由于人工经验操作模式的随意性和非平稳性导致的燃烧状态不稳定,使污染物排放波动较大。此外,MSWI 燃烧状态的不稳定也易造成炉膛内结焦、积灰、腐蚀等问题,严重时甚至会引起炉膛爆炸等安全问题[71]。因此,维持稳定的燃烧状态是保障 MSWI 过程运行安全高效、排放达标的关键之一。实现 MSWI 过程的稳定燃烧需要根据被控变量和环保指标变化趋势及时调整操纵变量。国外先进燃烧控制系统所涉及的主要被控量包括炉膛温度、烟气含氧量、蒸汽流量和燃烧线[72]。燃烧线指 MSW 燃烧结束变为灰烬的位置,其能够反映当前 MSW 在炉排上的燃烧状况。以北京某 MSWI 电厂为例,通常 MSWI 过程的火焰图像依据燃烧线的位置分为正常(燃烧发生在燃烧炉排)、异常(燃烧发生在干燥炉排中部、后端及燃烬炉排)和极端异常(燃烧发生在干燥炉排前端)3 种类别。目前,国内并未实现燃烧线的智能感知与检测,主要采用领域专家"人工看火"的方式进行燃烧线量化,即运行专家通过观察火焰图像凭经验识别燃烧位置[73],进而修正"布风布料"策略以保证系统的稳定运行,如图 5.45 所示。但火焰图像自身的强干扰、多粉尘等特性使上述方法存在较强的主观性与随意性,如图 5.46 所示。图 5.46(a)为非理想的焚烧情况,图 5.46(b)为理想的焚烧情况,方框标记的燃烧结束变为灰烬的位置是燃烧线。

显然,构建燃烧线量化(combustion line quantification,CLQ)系统能够辅助 MSWI 过程的稳定控制,进而避免因排放超标被罚款而造成的经济损失。目前,已有面向炉内燃烧线的研究如下:采用水平集分割模型提取火焰轮廓,通过非线性扩散滤波进行图像平滑处理,采用临界点检测算法识别燃烧线;采用非线性各向异性扩散滤波和主动轮廓模型分离火焰边界,采用频域轮廓插值和跟踪检测燃烧线;文献[74]以某生物质炉排焚烧炉为研究对象,采用主动轮廓模型算法分割火焰图像,提取燃烧火焰区域的边界(燃烧线)位置,其思路为:先基于图像处理(去噪和分割等)提取燃烧线,再进行燃烧线边缘特征计算,但特征提取过程均无法忽略 MSW 料层厚度、遮挡、运动模糊等诸多因素带来的影响,不可避免地导致实际图像处理中会得到错误的结果。因此,若构建一个数据驱动的"模板匹配"式的 CLQ 系统则能够解决上述问题,但这需要完备图像库、火焰图像相似度度量方法和非冗余的模板库予以支撑。

针对构建完备图像库存在的异常火焰图像稀疏和极端异常火焰图像缺失问题,已有研究从以下两个视角展开。①面向工业过程的图像稀疏度问题:针对红外图像的电气设备识别,文献[75]提出采用边缘生成对抗网络创建逼真的红外图像;针对工业缺陷检测缺陷图像不足、标签成本高,文献[76]采用表面缺陷生成对抗网络由大量无缺陷图像生成缺陷图像;文献[77]针对缺陷图像的收集周期长甚至难以获取的问题,提出基于改进生成对抗网络 GAN 进行数据扩充和图像修复;文献[78]提出了针对周期纹理缺陷图像的弱监督缺陷分割框架和生成对抗网络数据增强方法;文献[79]提出了具有编码器-解码器架构的模拟网络,在区域训练策略下进行对抗训练,优先考虑缺陷区域的生成;文献[80]提出了自适应

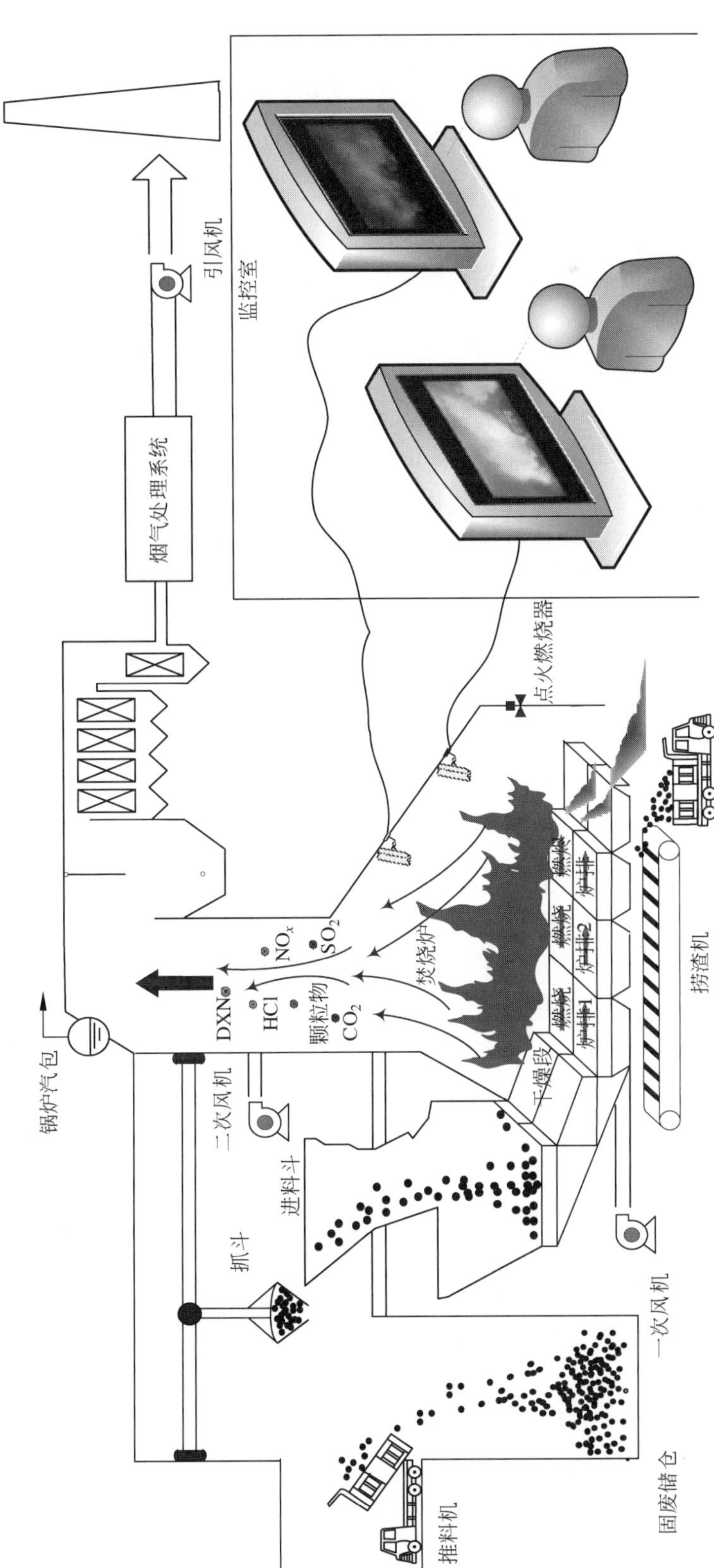

图 5.45　面向燃烧线位置经验识别的 MSWI 过程运行示意图

(a)

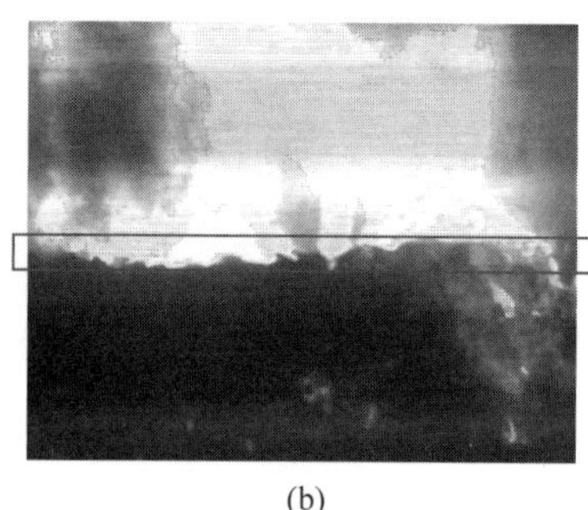
(b)

图 5.46 炉内焚烧状态图

(a) 非理想的焚烧状态；(b) 理想的焚烧状态

平衡生成网络(adaptive balance GAN，AdaBalGAN)解决类别不平衡问题；针对管道漏磁检测环境不稳定和设备异常导致的信息不完整，文献[81]设计了改进的条件 GAN 以增强漏磁信息，突出了采用 GAN 进行样本增强的优越性；针对焊接接头的弱纹理、弱对比、腐蚀等复杂特征，以及训练图像不足的问题，文献[82]结合图像处理和 GAN 生成高质量的训练图像，实验表明能够有效地完成焊接接头的检测与识别任务。以上生成方法的本质是采用拟合小样本概率分布的方式，实现小样本数据集的扩充，进而解决图像稀疏度低的问题。②面向工业过程的真实图像缺失的生成问题：针对 GAN 所采用的循环一致性结构无法学习到更丰富的图像特征问题，文献[83]提出统一双胶囊 GAN(unified dual capsule GAN，DuCaGAN)以获得更优的性能，并应用于表面缺陷检测；针对自动驾驶领域数据成本昂贵的问题，文献[84]和文献[85]通过图像到图像的转换方法合成街景图片以丰富自主驾驶场景数据集。以上方法借助源域特征扩充目标域特征，使其更加丰富，一定程度上解决了目标域图像缺失问题。然而，面向 MSWI 过程，燃烧线异常火焰图像稀缺，极端异常火焰图像缺失，且上述方法生成火焰图像燃烧线位置不具备可控性。因此，如何基于 GAN 获取特定燃烧线位置的火焰图像是构建完备火焰图像库的难点之一。

针对燃烧线量化系统需要有效的相似度度量方法的问题，从面向孪生网络的研究视角展开。例如，文献[86]为准确检测永磁同步电机匝间短路，采用孪生自编码器(siamese autoencoders，SSAE)从有限数量的样本中提取稀疏特征并采用孪生网络确定给定样本之间的相似度；文献[87]提出基于孪生网络的健康表示学习方法，以解决健康管理任务中可用的训练样本不足的问题；文献[88]提出基于双孪生网络的表面缺陷无监督异常检测方法，以解决少量无缺陷图像包含的判别信息有限的问题；文献[89]提出基于雷达的多模块级联孪生卷积神经网络，以解决现有方法存在的视点变化、条件变化和感知混叠等问题。然而，上述方法均是面向小样本分类问题进行的应用与探索，在面向 MSWI 过程的诸如 CLQ 等小样本回归问题的研究仍未见报道。因此，如何构建能够度量实时火焰图像和模板间相似度的孪生网络以实现 CLQ 是待解决的难点之一。

针对模板库的构建和更新存在的数据冗余问题，相关研究如下：文献[90]提出了非冗余特征选择(non-redundant feature selection，NRFS)启发式方法，解决传统方法(如互信息)进行特征选择未考虑冗余性的问题；文献[91]提出多层零偏差卷积自动编码器，约束预训练 CNN 到医学图像数据的非冗余和局部相关特征的转换；文献[92]提出弱监督哈希方法，通过将哈希函数约束为正交并引入基于最大熵原理的正则化以避免学习到的哈希码冗余。然而，上述方法多在特征选择和数据检索等领域进行运用与探索，在非冗余的模板库构建用于解决 CLQ 类问题上的研究还未见报道。因此，如何有效构建和更新面向燃烧线量化的非冗余模板库是待解决的难点之一。

综上，此处提出一种基于生成对抗网络-孪生卷积神经网络(generative adversarial network-siamese convolutional neural networks，GAN-SCNN)的燃烧线量化方法，包括基于 GAN 的完备图像库离线构建、基于 SCNN 的燃烧线动态量化和基于深度特征相似性度量的模板库自适应调整，在基于北京某 MSWI 电厂的真实数据完成所提方法的仿真验证的基础上，开发软测量软件基于实验室半实物仿真平台多模态历史数据驱动系统进行了类工业场景的验证。

5.5.2　建模策略

燃烧线是 MSWI 过程的关键参数之一，其能够表示炉内 MSW 燃烧的位置。本节结合炉内三维空间的位置信息，划分燃烧线等级并与停炉时的炉内图像进行对比，验证其可靠性。其过程为：首先，通过等比例建模计算出炉排与摄像头的位置信息；其次，基于位置信息和摄像头成像原理计算并标定燃烧位置；再次，结合标定结果和实际摄像头通道分辨率计算炉内三维空间位置到像素点的映射关系；最后，考虑料层厚度影响，给出燃烧线位置划分的参考标准。

根据已知的炉排长度和摄像头位置，计算炉排与摄像头之间的位置信息，其等比例建模图如图 5.47 所示。

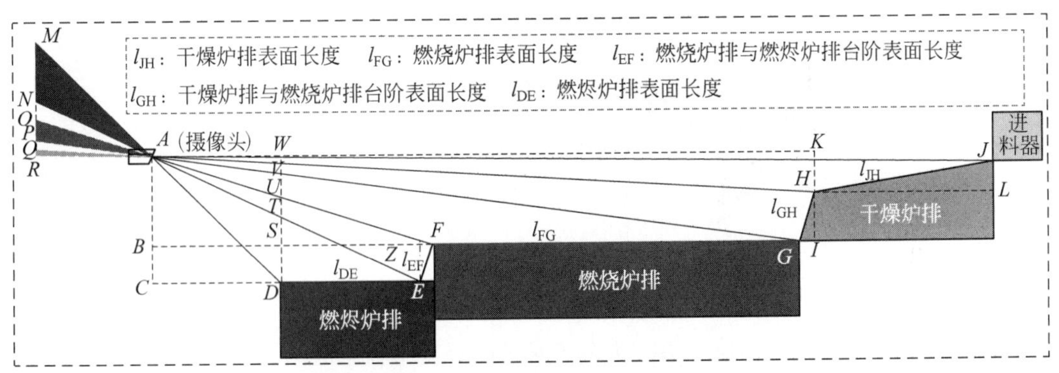

图 5.47　某 MSWI 电厂的炉内等比例建模图

在图 5.47 中，虚线为辅助线，点 A、B、C、D、E、F、G、H、I、J、K、L、M、N、O、P、Q、R、S、T、U、V、W 和 Z 为重要节点标记，各边长计算步骤如下。

(1) $\triangle AED$ 为燃烬段三角形，其三边长度 l_{AD}、l_{AE} 和 l_{ED} 的计算过程为：已知 $\angle ACD=90°$、l_{AB}、l_{DC} 和 l_{BC}，可求 $l_{AD}=\sqrt{l_{AC}^2+l_{DC}^2}$；已知 $l_{EC}=l_{ED}+l_{DC}$，可求 $l_{AE}=\sqrt{l_{EC}^2+l_{AC}^2}$。

(2) $\triangle AGF$ 为燃烧段三角形，其三边长度 l_{GF}、l_{AF} 和 l_{AG} 的计算过程为：已知 $\angle ABF=90°$、l_{GF}、l_{AB}、l_{DC} 和 l_{BF}，可求 $l_{AF}=\sqrt{l_{AB}^2+l_{BF}^2}$；已知 $l_{BG}=l_{BF}+l_{GF}$，可求 $l_{AG}=\sqrt{l_{BG}^2+l_{AB}^2}$。

(3) $\triangle JHA$ 为干燥段三角形，其三边长度 l_{JH}、l_{AH} 和 l_{AJ} 的计算过程为：已知 l_{HI}、l_{BC}、l_{JH}、l_{AB} 和 l_{DC}，可求 l_{KH} 和 l_{KA}；其次，可求 $l_{AH}=\sqrt{l_{AK}^2+l_{KH}^2}$；再次，可求 $\angle KAH=\arctan\frac{l_{KH}}{l_{KA}}$；已知 $\angle JHL$，可求 $\angle JHA=180°-\angle KAH-\angle JHL$；最后，可求 $l_{JA}=\sqrt{l_{JH}^2+l_{AH}^2-2l_{JH}\times l_{AH}\times\cos\angle AHJ}$。

(4) $\triangle AFE$ 为燃烬与燃烧夹角三角形，其三边长度 l_{AF}、l_{AE} 和 l_{EF} 的计算过程为：已知 l_{BF} 和 l_{ED}，可求 $l_{FZ}=l_{FB}-l_{EC}$；已知 $l_{EZ}=l_{BC}$，可求 $l_{EF}=\sqrt{l_{FZ}^2+l_{EZ}^2}$。

(5) $\triangle AGH$ 为干燥与燃烧段夹角三角形，其三边长度 l_{AH}、l_{AG} 和 l_{HG} 的计算过程为：已知 $\angle HIG=90°$、l_{IG} 和 l_{HI}，可求 $l_{HG}=\sqrt{l_{HI}^2+l_{IG}^2}$。

在获取炉膛内部的位置信息后，再求解其在图像上的成像位置，其成像原理同理于“小孔成像”，如图 5.47 所示。标定过程为：首先，针对 $\triangle DAS$、$\triangle SAT$、$\triangle TAU$、$\triangle UAV$ 和 $\triangle VAW$，根据余弦定理求解 l_{DS}、l_{ST}、l_{TU}、l_{UV} 和 l_{VW}；其次，由相似三角形可得 $l_{MN}:l_{NO}:l_{OP}:l_{PQ}:l_{QR}=l_{DS}:l_{ST}:l_{TU}:l_{UV}:l_{VW}$。由图 5.47 和图 5.48 可知，理论上的成像结果与实际上的成像结果是一致的。

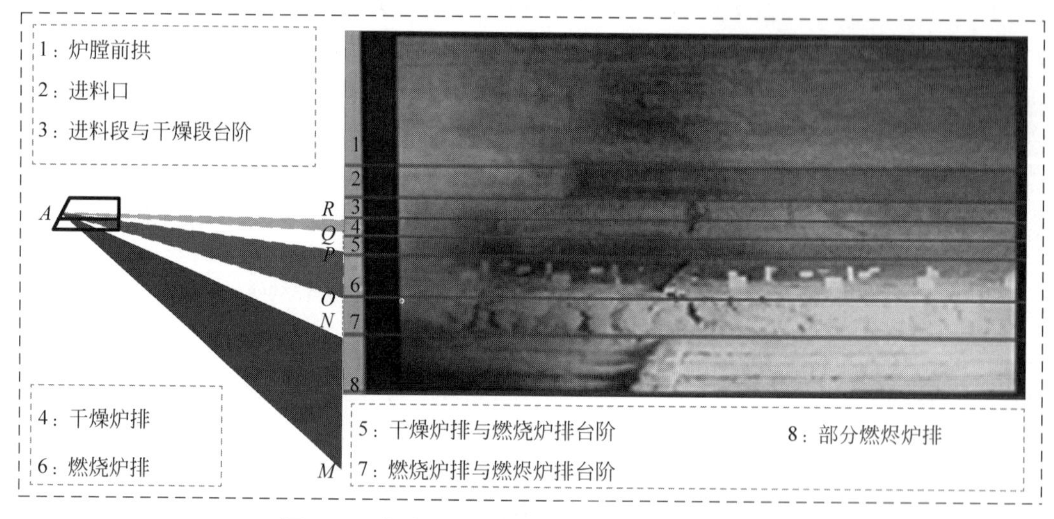

图 5.48 摄像头成像位置与停炉照片间的对应图

以北京某 MSWI 电厂为例。摄像头视频通道的分辨率为 720×576，即图像的宽度为 576 个像素。由于干燥炉排等部分炉内构件未能在摄像头中完全成像，此处采用如下方式实现三维空间到像素点映射关系的计算：①设图 5.48 中的区域 1～8 分别在图像中占 $n_1\sim n_8$ 个像素点，经度量可得 $n_6=\sum_{i=1}^{8}n_i$；因 $\sum_{i=1}^{8}n_i$ 已知，故可求得 n_6，即图 5.48 中的 PO 对应的燃烧炉排映射的像素点；②由 $l_{QR}:l_{PQ}:l_{OP}:l_{NO}:l_{MN}$ 可求得炉膛内实际位置所对应的像素点。

三维空间到像素点映射关系的计算结果如表 5.13 所示。在焚烧过程中，考虑到料层厚度的影响，此处将干燥段和燃烧段前端的成像比例依据经验修正 5%。

基于上述机理分析，此处提出如图 5.49 所示的基于 GAN-SCNN 的燃烧线量化方法，包括基于 GAN 的完备图像库离线构建、基于 SCNN 的燃烧线动态量化和基于深度特征相似性度量的模板库自适应调整模块。

表 5.13　三维空间位置到像素点的映射关系

炉膛内实际位置		成像的像素点范围	在图像中的比例范围/%	炉排长度/mm	燃烧线在图像中的比例范围/%	燃烧线状态
炉膛前拱、进料口、进料段与干燥炉排台阶		0～301	0～52.4		0～47	极端异常
炉排	干燥炉排	302～320	52.4～55.7	2840	47～51	异常前移
	干燥炉排与燃烧炉排台阶	321～350	55.7～60.9	679.78	51～60.9	正常
	燃烧炉排	351～423	60.9～73.6	5680	60.9～73.6	正常
	燃烧炉排与燃烬炉排台阶	424～484	73.6～84.0	532.09	73.6～84.0	异常后移
	部分燃烬炉排	484～575	84.0～100		84.0～100	异常后移

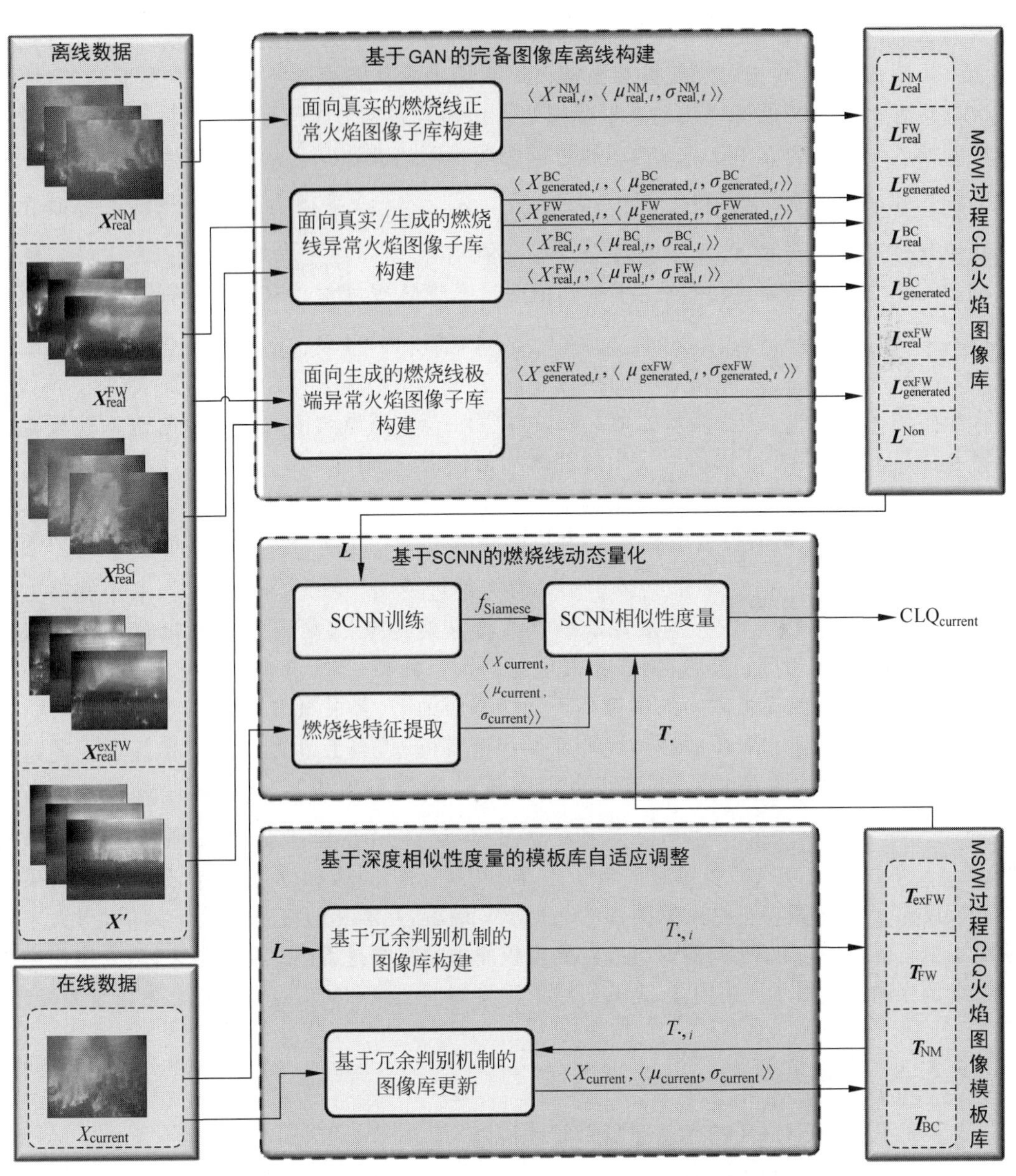

图 5.49　基于 GAN-SCNN 的 MSWI 过程燃烧线量化策略图

图 5.49 中不同模块的功能描述如下。

(1) 基于 GAN 的完备图像库离线构建模块。该模式包括 3 个子模块，其中，面向真实的燃烧线正常火焰图像子库构建子模块的输入和输出为 $\boldsymbol{X}_{\text{real}}^{\text{NM}}$ 和 $\langle X_{\text{real},t}^{\text{NM}},\langle\mu_{\text{real},t}^{\text{NM}},\sigma_{\text{real},t}^{\text{NM}}\rangle\rangle$，包括燃烧线边缘特征提取和燃烧线位置标定算法。面向真实/生成的异常火焰图像子库构建子模块的输入为 $\boldsymbol{X}_{\text{real}}^{\text{FW}}$ 和 $\boldsymbol{X}_{\text{real}}^{\text{BC}}$，输出为 $\langle X_{\text{real},t}^{\text{FW}},\langle\mu_{\text{real},t}^{\text{FW}},\sigma_{\text{real},t}^{\text{FW}}\rangle\rangle$、$\langle X_{\text{real},t}^{\text{BC}},\langle\mu_{\text{real},t}^{\text{BC}},\sigma_{\text{real},t}^{\text{BC}}\rangle\rangle$、$\langle X_{\text{generated},t}^{\text{FW}},\langle\mu_{\text{generated},t}^{\text{FW}},\sigma_{\text{generated},t}^{\text{FW}}\rangle\rangle$ 和 $\langle X_{\text{generated},t}^{\text{BC}},\langle\mu_{\text{generated},t}^{\text{BC}},\sigma_{\text{generated},t}^{\text{BC}}\rangle\rangle$，其包含的面向真实燃烧线异常火焰图像子库($\boldsymbol{L}_{\text{real}}^{\text{FW}}$ 和 $\boldsymbol{L}_{\text{real}}^{\text{BC}}$)的构建方法同上。面向生成的燃烧线异常火焰图像子库($\boldsymbol{L}_{\text{generated}}^{\text{FW}}$ 和 $\boldsymbol{L}_{\text{generated}}^{\text{BC}}$)构建包括生成式数据增强、增强图像选择、非生成式数据增强和燃烧位置标定等算法。面向生成的极端异常火焰图像子库构建子模块的输入为 $\boldsymbol{X}_{\text{Real}}$ 和 $\boldsymbol{X}'$，输出为$\langle X_{\text{generated},t}^{\text{exFW}},\langle\mu_{\text{generated},t}^{\text{exFW}},\sigma_{\text{generated},t}^{\text{exFW}}\rangle\rangle$，包括燃烧线极端异常的伪标记火焰图像获取、候选燃烧线极端异常火焰图像生成和样本选择与燃烧位置标定算法。

(2) 基于 SCNN 的燃烧线动态量化模块。该模块包括 3 个子模块，其中，SCNN 训练子模块的输入和输出为 $\boldsymbol{L}$ 和 f_{Siamese}，即通过训练孪生网络获取 f_{Siamese}。燃烧线特征提取子模块的输入和输出为 X_{current} 和 $\langle X_{\text{current}},\langle\mu_{\text{current}},\sigma_{\text{current}}\rangle\rangle$，采用燃烧线边缘特征提取和燃烧线位置标定算法获取 X_{current} 的燃烧线特征值$\langle\mu_{\text{current}},\sigma_{\text{current}}\rangle$，当 σ_{current} 大于设定阈值时输出的燃烧线不存在，当 σ_{current} 小于阈值时进行燃烧线度量。SCNN 相似性度量子模块的输入为 f_{Siamese} 和$\langle X_{\text{current}},\langle\mu_{\text{current}},\sigma_{\text{current}}\rangle\rangle$，输出为 $\text{CLQ}_{\text{current}}$。进行燃烧线度量的步骤为：首先，根据 μ_{current} 加载对应的模板子库 $\boldsymbol{T}_{.}$；其次，采用 f_{Siamese} 度量 X_{current} 与 $\boldsymbol{T}_{.}$ 中火焰图像的相似度，并取其最大值；最后，进行比较，当最大值大于阈值时进入模板重载策略并计算 CLQ，当小于阈值时输出燃烧线均值作为 CLQ。

(3) 基于深度特征相似性度量的模板库自适应调整模块。该模块包括 3 个子模块，其中，基于冗余判别机制的模板库构建子模块的输入和输出为 $\boldsymbol{L}$ 和 $T_{.,i}$。此处以 $\boldsymbol{L}$ 中的一张火焰图像 $\boldsymbol{L}_{.,j}=\langle X_{.,j},\langle\mu_{.,j},\sigma_{.,j}\rangle\rangle$ 为例进行说明：首先，根据 $\mu_{.,j}$ 采用倒序方式加载对应模板子库 $\boldsymbol{T}_{.}$ 中的火焰图像和燃烧线特征值；其次，采用 SCNN 度量子库图像和实时火焰图像的相似度；最后，判断相似度是否大于阈值，当大于阈值时不更新模板库，当小于阈值时继续判断模板库中的图像是否倒序遍历结束，若未遍历结束则继续倒序遍历，若遍历结束将当前图像和对应的燃烧线特征保存至模板库，当 $\boldsymbol{L}$ 中的每张图像经历上述过程后，初始模板库即构建完成。基于冗余判别机制的模板库更新子模块的输入和输出为$\langle X_{\text{current}},\langle\mu_{\text{current}},\sigma_{\text{current}}\rangle\rangle$ 和 $T_{.,i}$，其更新过程与模板库构建同理，简短描述为：首先，根据 μ_{current} 采用倒序方式加载对应模板子库 $\boldsymbol{T}_{.}$ 中的火焰图像和燃烧线特征值；其次，采用 SCNN 度量子库图像和实时火焰图像的相似度；最后，判断相似度是否大于阈值，当大于阈值时不更新模板库，当小于阈值时继续判断模板库中的图像是否倒序遍历结束，若未遍历结束则继续倒序遍历模板子库中图像，若遍历结束则将当前图像和对应燃烧线特征更新至模板库。

5.5.3 算法实现

5.5.3.1 基于 GAN 的完备图像库离线构建

基于 GAN 的完备图像库离线构建包括面向真实的燃烧线正常火焰图像子库构建、面向真实/生成的燃烧线异常火焰图像子库构建和面向生成的燃烧线极端异常火焰图像子库构建，其构建策略图如图 5.50 所示。

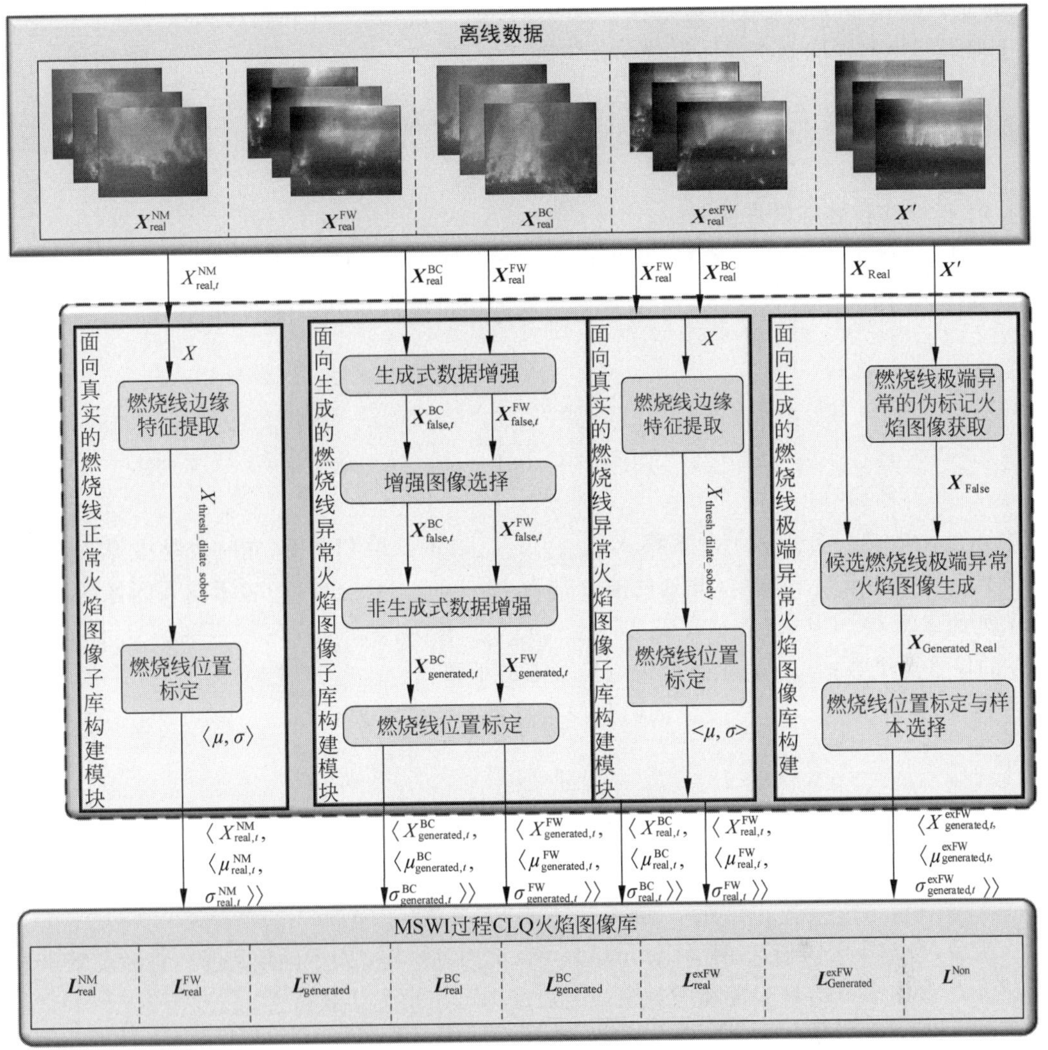

图 5.50　基于 GAN 的完备图像库构建策略图

1. 面向真实的燃烧线正常火焰图像子库构建

首先，设计燃烧线边缘特征提取算法以获得燃烧线特征图；然后，设计燃烧线位置标定算法以提取燃烧线特征值。将火焰图像及其特征值表示成$\langle X_{\text{real},t}^{\text{NM}}, \langle \mu_{\text{real},t}^{\text{NM}}, \sigma_{\text{real},t}^{\text{NM}} \rangle\rangle$，用于构建真实的燃烧线正常火焰图像子库。

1）燃烧线边缘特征提取算法

进行燃烧线边缘特征提取算法的步骤包括反向二值化处理、中值滤波、膨胀处理和燃烧线边缘特征计算等，该过程如下：

$$\begin{aligned} X_{\text{thresh\_dilate\_sobely}} &= f_{\text{image\_process}}(X, \theta_{\text{binarization}}) \\ &= f_{\text{Sobel}}(f_{\text{dilate}}^{40}(f_{\text{median\_filter}}(f_{\text{binarization}}(X, \theta_{\text{binarization}})))) \end{aligned} \tag{5.91}$$

其中，X 表示输入的火焰图像；$f_{\text{binarization}}$ 表示反向二值化；$\theta_{\text{binarization}}$ 表示反向二值化的阈值；$f_{\text{median\_filter}}$ 表示中值滤波；f_{dilate}^{40} 表示进行从横向角度消除小零散火焰的 40 次膨胀操作，算子为(1,5)；f_{Sobel} 表示采用式(5.92)所示的 S_{oper} 算子计算燃烧线边缘特征，即采用自下而上的纵向梯度表示横向燃烧线的位置：

$$S_{\text{oper}}=\begin{bmatrix}-1 & -2 & -1\\ 0 & 0 & 0\\ 1 & 2 & 1\end{bmatrix} \tag{5.92}$$

2）燃烧线位置标定算法

首先，采用上文所述的形态学处理算法得到燃烧线边缘信息图像 $X_{\text{thresh\_dilate\_sobely}}$。

其次，计算 $X_{\text{thresh\_dilate\_sobely}}$ 中表征燃烧线的白色像素点纵坐标的均值 μ：

$$\begin{cases}\mu=\dfrac{\sum\limits_{i=\theta_{\text{area}}}^{n_{\text{wide}}}\sum\limits_{j=0}^{n_{\text{high}}} i}{\text{Count}}\\ \text{s.t.}\quad f(i,j)>200\end{cases} \tag{5.93}$$

其中，n_{high} 和 n_{wide} 分别表示分辨率 $X_{\text{thresh\_dilate\_sobely}}$ 的长度和宽度，同时也是摄像头所采集的图像分辨率的长度和宽度(此处的值分别为 720 和 576)；$f(i,j)$表示输入图像的第 i 行第 j 列的像素点；Count 表示在宽为$[\theta_{\text{area}},n_{\text{wide}}]$、长为$[0,n_{\text{high}}]$区域内的满足 $f(i,j)>200$ 的像素点个数；θ_{area} 表示燃烧区域像素点的下限。

再次，计算 $X_{\text{thresh\_dilate3\_sobely}}$ 的白色像素点纵坐标的方差 σ：

$$\begin{cases}\sigma=\dfrac{\sum\limits_{i=\theta_{\text{area}}}^{n_{\text{wide}}}\sum\limits_{j=0}^{n_{\text{high}}} (i-\mu)^2}{\text{Count}}\\ \text{s.t.}\quad f(i,j)>200\end{cases} \tag{5.94}$$

最后，当 σ 小于阈值 θ_{σ} 时，将标定结果 res 记为 μ；当 σ 大于阈值 θ_{σ} 时，将标定结果 res 标记为 0，该值表征的是非常规燃烧线。上述准则可表示为下式：

$$\text{res}=\begin{cases}\mu, & \sigma<\theta_{\sigma}\\ 0, & \sigma\geqslant\theta_{\sigma}\end{cases} \tag{5.95}$$

2. 面向真实/生成的燃烧线异常火焰图像子库构建

此处，面向真实的异常火焰图像子库的构建方式与面向真实的正常火焰图像子库的构建方法相同。面向生成的异常火焰图像子库的构建需要采用 GAN 技术。

GAN 由生成器(G)和判别器(D)组成。其中，前者通过随机噪声(z)生成图像，后者判断输入为真的概率。本质上，(GAN)是 G 与 D 相互竞争的判别和欺骗过程。其中，判别过程为 D 判别图像真假时的参数更新过程，欺骗过程为 G 企图欺骗 D 时通过 D 的损失更新 G 的过程。文献[93]提出的表示 G 与 D 竞争过程的目标函数如下所示：

$$\min_{G}\max_{D}V(D,G)=E_{\boldsymbol{x}\sim p_{\text{r}(\boldsymbol{x})}}[\log(D(\boldsymbol{x}))]+E_{\boldsymbol{z}\sim p_{\boldsymbol{z}}(\boldsymbol{z})}[\log(1-D(G(\boldsymbol{z})))] \tag{5.96}$$

其中，下标 r 表示真实数据；p_{r} 表示真实数据的概率分布；p_{z} 表示 z 服从的高斯分布。

类似地，此处采用下标 g 表示生成数据，p_g 表示生成数据的概率分布。首先，考虑基于任何给定 G 求解最佳 D，即 D^*。假设真实数据和生成数据的概率分布 p_r 和 p_g 为定值，D 可拟合任意函数。在训练 D 时，固定 G 的参数，在 $\max\limits_{D} V(D,G)$ 过程中，D^* 的概率分布如下：

$$D^*(\boldsymbol{x}) = \frac{p_r(\boldsymbol{x})}{p_r(\boldsymbol{x}) + p_g(\boldsymbol{x})} \tag{5.97}$$

其次，假设每轮 D 均是最优的，并且 G 可拟合任意函数。在训练 G 时，固定 D 的参数，更新 G 的参数。相应地，$\min\limits_{G} V(D,G)$ 的过程如下：

$$\min_{G} V(G,D) = \min_{G}(2D_{JS}(p_r \,||\, p_g) - 2\log 2) \tag{5.98}$$

其中，D_{JS} 为 JS 散度(Jensen-Shannon divergence)。

通过求解上式，可得 $p_g = p_r$ 为最优解，即 G 能够拟合真实数据的概率分布。

最后，G 根据其学习到的概率分布生成符合真实数据概率分布的新样本。

由上可知，GAN 的生成能力由两点决定：①G 的特征提取能力；②D 的判别能力。GAN 通过 D 损失以更新 G，因此 D 的识别能力将直接影响 G 的生成能力。G 因其特征提取能力，在相互博弈的过程中必然表现出更强的生成能力。因此，将卷积引入 GAN 以构建深度卷积 GAN(deep convolution GAN，DCGAN)，能够有效增强 G 和 D 的特征提取和融合能力。为使 GAN 更加稳定，常用的网络结构设计建议为：①使用卷积层代替池化层；②去除全连接层；③使用批归一化；④使用恰当的激活函数，即生成网络的中间层、输出层和 D 的中间层分别用 ReLU、tanh 和 LeakyReLU 函数。

面向生成的异常火焰图像子库构建过程为：首先，分别设计两个 DCGAN 生成候选燃烧线前移和后移异常火焰图像集；其次，采用弗雷歇距离(Fréchet inception distance，FID)对生成图像进行自适应选择，以获取合格的燃烧线异常火焰图像集；再次，采用非生成式数据增强对合格的异常火焰图像集再次扩充，以获得生成的燃烧线异常火焰图像集；最后，构建生成的异常火焰图像子库。

1) 生成式数据增强

采用 DCGAN 生成燃烧线异常火焰图像，包括燃烧线前移和燃烧线后移两个网络，策略如图 5.51 所示。

下文主要从博弈过程、网络层结构和优化算法 3 个视角进行介绍。

图 5.51 所示的博弈过程可描述为：首先，获取变量 $Y_{D,t}^{FW}$ 和 $D_t^{FW}(\cdot,\cdot)$，通过最小化损失值获得判别网络参数 $\theta_{D,t+1}^{FW}$，如式(5.99)所示；其次，获取相关变量 $Y_{G,t}^{FW}$ 和 $D_{t+1}^{FW}(\cdot,\cdot)$，通过最小化损失值获得生成网络参数 $\theta_{G,t+1}^{FW}$，如式(5.100)所示；最后，重复上述博弈过程。其中，损失函数为二元交叉熵函数，如式(5.101)所示。

$$\min_{\theta_{D,t+1}} L_{\text{binary\_cross\_entropy}}(Y_{D,t}, D_t(\cdot,\cdot)) \tag{5.99}$$

$$\min_{\theta_{G,t+1}} L_{\text{binary\_cross\_entropy}}(Y_{G,t}, D_{t+1}(\cdot,\cdot)) \tag{5.100}$$

$$L_{\text{binary\_cross\_entropy}}(Y, f(\boldsymbol{X})) = -\frac{1}{n}\sum_{a=1}^{n}[y_a \log(f(X_{\boldsymbol{a}})) + (1-y_a)\log(1-f(X_{\boldsymbol{a}}))] \tag{5.101}$$

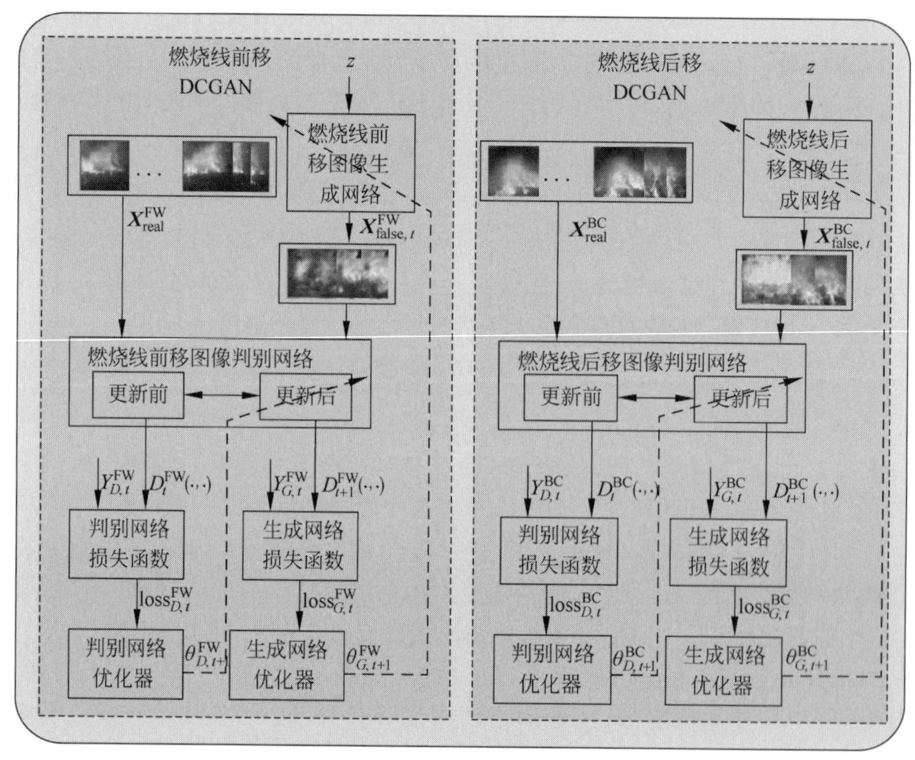

图 5.51 生成式数据增强策略

由图 5.51 可知，DCGAN 由生成网络和判别网络两个前馈网络组成。生成网络由全连接层、批归一化层、形状变换层、上采样层、卷积层和激活层组成，其设计目标是将潜在空间 100 维的随机向量 z 生成符合真实图像分布的图像，过程为：首先，在全连接层输出具有 16×16×128＝32768 个变量的一维向量；其次，通过形状变换将其变为(16,16,128)的张量；再次，通过上采样操作将形状为(16,16,128)的张量转化为形状(32,32,128)的张量，进一步将其变换为形状为(64,64,128)的张量，再通过卷积层的堆叠记录火焰图像的空间特征，并最终变换为(64,64,3)的目标形状；最后，采用 tanh 激活函数将最终输出转换成 −1～1 的实数，以便在生成图像时将其转换成对应的像素。其中，将批量归一化层添加在全连接层后以缓解内部协变量转移问题，进而提高网络训练速度与稳定性；激活函数 LeakyReLU 在增加网络非线性描述能力的同时，能够保证梯度下降的稳定性和提高生成网络与判别网络博弈过程的稳定性。判别网络由全连接层、形状变换层、上采样层、卷积层和激活层组成，其目标是给出生成图像为真的概率，过程为：首先，通过卷积层的叠加实现特征提取，通过在卷积层中间添加 LeakyReLU 在增加网络非线性的同时保证判别网络在与生成网络在博弈过程中的稳定性，通过 Dropout 层的随机丢失神经元以缓解网络的过拟合问题；其次，通过由 Flatten 层将特征图铺平；最后，采用激活函数为 sigmoid 的 Dense 层作为分类器，获得生成图像为真的概率。

在图 5.51 所示的 DCGAN 中，生成网络和判别网络均属于前馈神经网络，所采用的优化算法步骤包括反向传播算法[94]计算梯度和 Adam 算法更新权重参数两部分，此处不再赘述。

2）增强图像选择

增强图像选择的过程在本质上为先对真实图像集和生成图像集进行 FID 函数计算再进行判断。当 FID 小于阈值时，将生成图像作为非生成式数据增强模块的输入，否则返回博弈过程。其中，FID 函数如下所示：

$$\mathrm{FID} = \|\boldsymbol{\mu}_{\mathrm{r}} - \boldsymbol{\mu}_{\mathrm{g}}\|^2 + \mathrm{tr}(\mathrm{Cov}_{\mathrm{r}} + \mathrm{Cov}_{\mathrm{g}} - 2(\mathrm{Cov}_{\mathrm{r}}\mathrm{Cov}_{\mathrm{g}})^{\frac{1}{2}}) \tag{5.102}$$

其中，$\boldsymbol{\mu}_{\mathrm{r}}$ 与$\boldsymbol{\mu}_{\mathrm{g}}$ 表示真实图像集和生成图像集特征矩阵的多元正态分布均值；$\mathrm{Cov}_{\mathrm{r}}$ 和 $\mathrm{Cov}_{\mathrm{g}}$ 表示真实图像集和生成图像集特征矩阵的协方差矩阵；tr(•)表示矩阵的迹。

通常，FID(分数)越低说明模型性能越好，生成具有多样性和高质量特点的图像能力也越强。

3）非生成式数据增强

首先对选择的生成的异常火焰图像进行非生成式的数据增强，再构建面向真实和生成的异常火焰图像子库。此处采用的非生成式数据增强过程为：先对数据随机旋转 0°～5°，再沿水平方向随机平移比例 0～0.3，最后采用映射的方法填充缺失像素。

4）燃烧位置标定

首先采用燃烧线边缘特征提取算法获得燃烧线特征图；再采用燃烧线位置标定算法提取燃烧线特征值。此处，将火焰图像和特征值表示成$\langle X_{\mathrm{generated},t}^{\mathrm{FW}}, \langle \mu_{\mathrm{generated},t}^{\mathrm{FW}}, \sigma_{\mathrm{generated},t}^{\mathrm{FW}} \rangle\rangle$ 和$\langle X_{\mathrm{generated},t}^{\mathrm{BC}}, \langle \mu_{\mathrm{generated},t}^{\mathrm{BC}}, \sigma_{\mathrm{generated},t}^{\mathrm{BC}} \rangle\rangle$，用于构建生成的燃烧线异常火焰图像子库，其具体方法与 5.5.3.1 节第 1 点相同。

3. 面向生成的燃烧线极端异常火焰图像子库构建

CycleGAN 主要用于图像风格转换任务，是以循环一致性为核心理念的图像到图像的生成方法，无需匹配的数据便能实现图像到图像的转换，结构上包括生成器和判别器各 2 个，如图 5.52 所示。

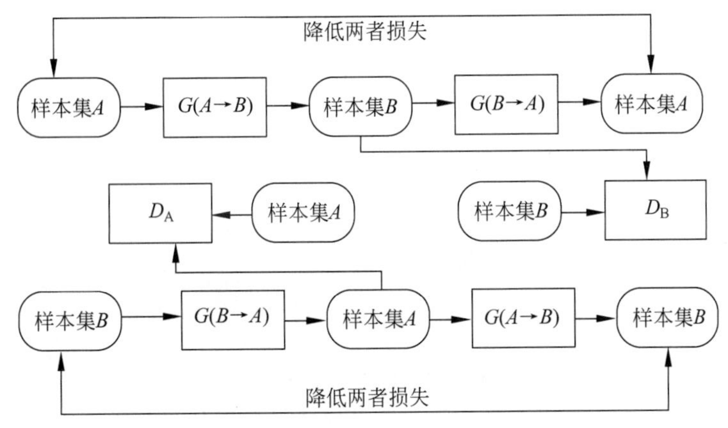

图 5.52 基于 CycleGAN 的图像到图像转换示意图

由图 5.52 可知，CycleGAN 生成器的总损失由 4 个部分组成。其中，2 个判别器损失“指导”生成器生成更逼真的图像，2 个循环损失“指导”生成器生成与输入图像尽可能接近的图像。相比之前的 GAN 模型，CycleGAN 使模型的训练过程更加稳定的原因在于：①采用实例归一化层(instance normalization，IN)代替了批归一化层(batch normalization，BN)；

②目标函数采用最小二乘 GAN(least square GAN,LSGAN)均方差损失代替传统 GAN 损失；③生成器中采用残差网络能够更好地保留图像的语义信息；④采用缓存历史图像训练生成器降低训练中的振荡。

此外,面向生成的极端异常火焰图像子库构建方法为：首先,基于知识将火焰图像上移 n 个像素点获取燃烧线极端异常的伪标记火焰图像；其次,基于 CycleGAN 将伪标记图像转换成候选的燃烧线极端异常火焰图像；最后,评估与筛选候选燃烧线极端异常火焰图像的燃烧线位置,构建生成的燃烧线极端异常火焰图像子库,具体描述如下。

1）燃烧线极端异常的伪标记火焰图像获取

在本书所面对的 MSWI 电厂中,将 MSW 在燃烧炉排处进行燃烧记为期望状态,此时量化的燃烧线位置值为 60%±5%；将 MSW 在干燥炉排前端处燃烧记为极端异常状态,此时的燃烧线位置值约为 45%。针对燃烧线极端异常图像缺失的问题,此处利用工业过程先验知识,采用像素点平移加拼接的方式获取极端异常火焰伪标记图像。

设摄像头采集图像的像素为 $n_{\text{high}} \times n_{\text{wide}}$,将选取的 MSW 燃烧位置清晰明显的图像集记为 $\boldsymbol{X}'$,生成的极端异常火焰伪标记图像集记为 $\boldsymbol{X}_{\text{False}}$,则图像上移 n 个像素点的过程可用下式表示：

$$\boldsymbol{X}_{\text{False}} = \boldsymbol{X}'[:,n:,:,:] + \boldsymbol{X}'[:,n_{\text{wide}} - n:,:,:] \tag{5.103}$$

其中,n 的取值范围为 30～40 个像素点。

2）候选燃烧线极端异常火焰图像生成

采用由 2 个生成网络和 2 个判别网络组成的 CycleGAN 策略生成候选燃烧线极端异常火焰图像,其网络结构如图 5.53 所示。

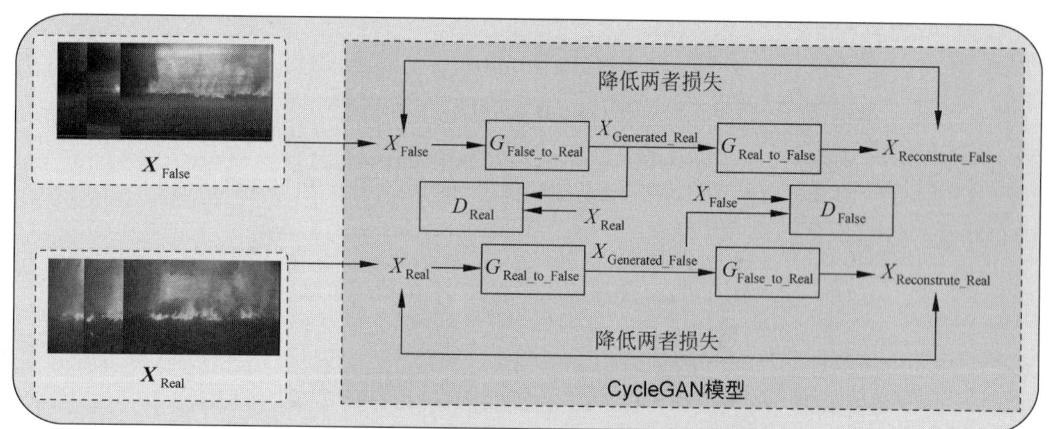

图 5.53 基于 CycleGAN 模型的极端异常火焰图像生成

从博弈过程视角的描述如下。

首先,直接获取 X_{Real} 和 X_{False},进而间接获取 $X_{\text{Generated\_False}}$、$X_{\text{Generated\_Real}}$、$X_{\text{Reconstrute\_Real}}$ 和 $X_{\text{Reconstrute\_False}}$ 及身份验证图像 $X_{\text{Real\_id}}$ 和 $X_{\text{False\_id}}$,以及判别网络结果 $Y_{\text{Generated\_False}}$、$Y_{\text{False}}$、$Y_{\text{Generated\_Real}}$ 和 Y_{Real}。

其次,更新生成网络：

$$\begin{aligned}\min_{\theta_G} L_G = & \min_{\theta_{G_{\text{False\_to\_Real}}},\theta_{G_{\text{False\_to\_Real}}}} \frac{1}{m}\sum_{i=1}^{m}((Y_{\text{Generated\_Real}}[i]-Y_1[i])^2 + \\ & 2.5\times|X_{\text{Reconstrute\_False}}[i]-X_{\text{False}}[i]|+10\times|X_{\text{False\_id}}[i]-X_{\text{False}}[i]|)+ \\ & \frac{1}{k}\sum_{i=1}^{k}((Y_{\text{Generated\_False}}[i]-Y_1[i])^2+2.5\times|X_{\text{Reconstrute\_Real}}[i]-X_{\text{Real}}[i]|+ \\ & 10\times|X_{\text{Real\_id}}[i]-X_{\text{Real}}[i]|)\end{aligned}\tag{5.104}$$

其中，L_G 和 θ_G 为包括 2 个生成网络的生成器损失函数和网络参数；$\theta_{G_{\text{False\_to\_Real}}}$ 和 $\theta_{G_{\text{Real\_to\_False}}}$ 表示 $G_{\text{False\_to\_Real}}$ 和 $G_{\text{Real\_to\_False}}$ 的网络参数；m 和 k 表示 $\boldsymbol{X}_{\text{False}}$ 和 $\boldsymbol{X}_{\text{Real}}$ 中图像的数量。

再次，更新判别网络，如式(5.105)和式(5.106)所示：

$$\begin{aligned}\min_{\theta_{D_{\text{Real}}}} L_{D_{\text{Real}}} = & \min_{\theta_{D_{\text{Real}}}}\left(0.5\times\frac{1}{m}\sum_{i=1}^{m}(Y_{\text{Generated\_Real}}[i]-\right. \\ & \left.Y_0[i])^2+0.5\times\frac{1}{k}\sum_{i=1}^{k}(Y_{\text{Real}}[i]-Y_1[i])^2\right)\end{aligned}\tag{5.105}$$

$$\begin{aligned}\min_{\theta_{D_{\text{False}}}} L_{D_{\text{False}}} = & \min_{\theta_{D_{\text{False}}}}\left(0.5\times\frac{1}{k}\sum_{i=1}^{k}(Y_{\text{Generated\_False}}[i]-\right. \\ & \left.Y_0[i])^2+0.5\times\frac{1}{m}\sum_{i=1}^{m}(Y_{\text{False}}[i]-Y_1[i]\right)^2\end{aligned}\tag{5.106}$$

最后，重复上述步骤直至循环结束，保存每个循环的网络参数和生成的候选燃烧线极端异常火焰图像。

图 5.53 所示的生成网络主要分为下采样、残差和上采样模块。其中，下采样模块由零填充(ZeroPadding2D)、卷积(Conv2D)、实例归一化(InstanceNormalization)层和 ReLU 激活函数的 3 次堆叠组成，实现火焰图像的特征提取；残差模块的组成与下采样模块相同，输入数据直接传递给输出层以保证梯度不会消失，同时实现部分特征信息的自适应修正；上采样模块由上采样、零填充、卷积、实例归一化层和 ReLU 激活函数的 2 次堆叠组成，采用零填充、卷积、实例归一化和 tanh 激活函数生成最终图像。

图 5.53 所示的判别网络由卷积层、LeakyReLU 激活函数和实例归一化层组成。其中，特征提取通过卷积层叠加实现，在卷积层中间添加 LeakyReLU 函数能够在增加网络非线性的同时保证判别网络与生成网络在博弈中的稳定性；通过实例归一化层单独计算每张图像像素的均值和方差，可避免图像间的相互影响；通过卷积层的输出判断每个像素点为真的概率。

此处采用的生成网络和判别网络的更新算法与 5.5.3.1 节第 2 点同理，包括反向传播算法计算梯度和 Adam 算法更新权重参数两部分。

3）样本选择与燃烧位置标定

样本选择的过程为：首先，加载不同批次下的生成模型并生成候选的燃烧线极端异常火焰图像样本集；其次，计算生成样本集与伪标记样本集间的 FID 和生成样本集与真实样本集间的 FID，选取 FID 和最小的 3 个生成模型所生成的样本作为候选样本。

燃烧位置标定的过程为：首先，对火焰图像进行形态学处理以提取燃烧线特征图；其次，采用燃烧线位置标定算法以提取燃烧线特征值；最后，评估燃烧线特征值以获取满足燃烧线极端异常的火焰图像。此处，将火焰图像和特征值表示成$\langle X_{\text{generated},t}^{\text{exFW}}$，$\langle \mu_{\text{generated},t}^{\text{exFW}}$，

$\sigma_{\text{generated},t}^{\text{exFW}}$〉〉用于构建面向生成的燃烧线极端异常火焰图像子库。特别说明，$\mu_{\text{generated},t}^{\text{exFW}}$ 小于 0.47 时的图像为燃烧线极端异常火焰图像。

5.5.3.2 基于 SCNN 的燃烧线动态量化

孪生神经网络是一种包含两个相同结构和参数的子网络的神经网络，即每个子网络都提供了输入到潜在特征的相同映射，其输出是两个潜在特征间的差异的度量值，其结构如图 5.54 所示。

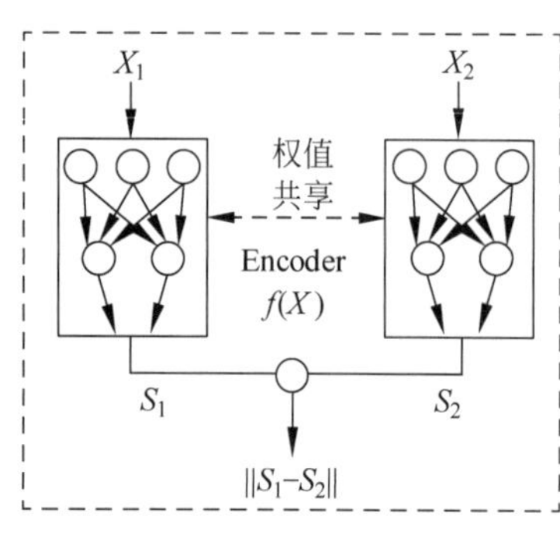

图 5.54 孪生网络结构

在图 5.54 中，Encoder 是将输入 X_1 和 X_2 编码为隐藏特征 S_1 和 S_2 的前馈网络，其输入是成对的，对应的目标函数如下：

$$L(S_1,S_2)=\begin{cases} d\{S_1,S_2\}, & X_1 \text{ 和 } X_1 \text{ 同类} \\ \max(0,\delta-d\{S_1,S_2\}), & X_1 \text{ 和 } X_1 \text{ 不同类} \end{cases} \tag{5.107}$$

其中，$d\{S_1,S_2\}$是 S_1 和 S_2 间的距离度量，若采用欧氏距离，可写成 $\| \mid S_1-S_2 \|_2^2$；δ 是预设定的超参数。采用孪生网络进行量化的优势在于其属于 few-shot 方法，即 k-way，n-shot。简而言之，训练集采用 k 类，测试集采用 n 类，即测试集类别可不存在于训练集。

此外，基于 SCNN 的燃烧线动态量化过程为：首先，训练并获取度量火焰相似度的孪生网络模型；其次，获取 X_{current} 的 μ_{current} 和 σ_{current}，当 σ_{current} 大于 θ_σ 时输出燃烧线不存在，当 σ_{current} 小于 θ_σ 时进入 SCNN 相似性度量模块；最后，通过 SCNN 相似性度量和模板重载输出 $\text{CLQ}_{\text{current}}$。其策略图如图 5.55 所示，具体描述如下文所示。

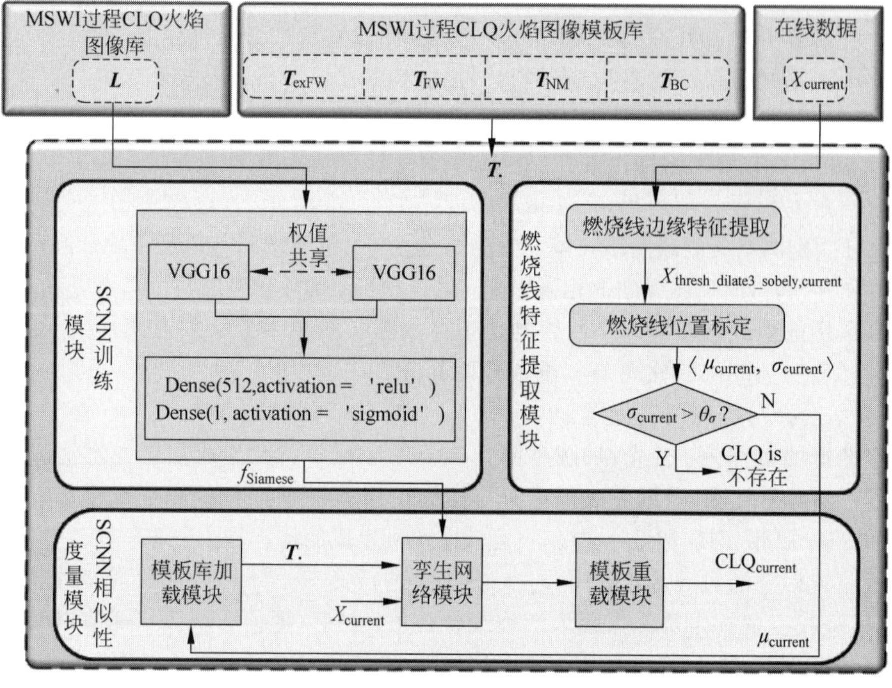

图 5.55 基于 SCNN 的燃烧线动态量化策略图

1. SCNN 训练模块

SCNN 训练阶段的目的是获取能够提取火焰图像特征的特征提取器，其包括数据准备、网络设计和训练过程。

(1) 数据准备：按照 MSW 所处干燥炉排、燃烧炉排和燃烬炉排的位置划分燃烧线前移、正常和后移数据集。在此基础上构建正样本和负样本，其中，正样本 y_i^{positive} 是在同一个子组中随机抽取两张图像组合并标记为 1；负样本 y_i^{negative} 是在不同子组中随机抽取两张图像组合并标记为 0。

(2) 网络设计：由 VGG16 和全连接层组成。

(3) 训练过程：

首先，获取 $X_i, X_j, X_k \in \boldsymbol{X} = \{\boldsymbol{X}_{FW}, \boldsymbol{X}_{NM}, \boldsymbol{X}_{BC}\}$ 和对应的标签 y_i, y_j, y_k，以 y_i 为例：

$$y_i = \begin{cases} 0, & X_i \in \boldsymbol{X}_{FW} \\ 1, & X_i \in \boldsymbol{X}_{NM} \\ 2, & X_i \in \boldsymbol{X}_{BC} \end{cases} \tag{5.108}$$

其次，将 X_i^{positive} 中的 X_i 与 X_j，以及 X_i^{negative} 中的 X_i 和 X_k 输入孪生网络，获得预测结果 $\hat{y}_i^{\text{positive}}$ 和 $\hat{y}_i^{\text{negative}}$，如式(5.109)和式(5.110)所示：

$$\hat{y}_i^{\text{positive}} = f_{\text{Siamese}}(X_i^{\text{positive}}) = f_{\text{Dense}}(f_{\text{vgg16}}(X_i) - f_{\text{vgg16}}(X_j)) \tag{5.109}$$

$$\hat{y}_i^{\text{negative}} = f_{\text{Siamese}}(X_i^{\text{negative}}) = f_{\text{Dense}}(f_{\text{vgg16}}(X_i) - f_{\text{vgg16}}(X_k)) \tag{5.110}$$

最后，采用交叉熵损失函数和 Adam 算法最小化式(5.111)以更新训练网络。

$$\begin{aligned} & L_{\text{Siamese}}(Y, f_{\text{Siamese}}(X_{\text{positive}}), f_{\text{Siamese}}(X_{\text{negative}})) \\ & = -\frac{1}{2n}\sum_{i=1}^{n}[y_i^{\text{positive}}\log(\hat{y}_i^{\text{positive}}) + (1 - y_i^{\text{negative}})\log(1 - \hat{y}_i^{\text{negative}})] \end{aligned} \tag{5.111}$$

2. 燃烧线特征提取模块

燃烧线特征提取模块的输入为实时火焰图像 X_{current}，输出为燃烧线特征 μ_{current} 和 σ_{current}，其步骤如下：

(1) 基于形态学处理算法获取燃烧线特征图，过程如下式所示：

$$\begin{aligned} X_{\text{thresh\_dilate\_sobely,current}} & = f_{\text{image\_process}}(X_{\text{current}}, \theta_{\text{binarization}}) \\ & = f_{\text{Sobel}}(f_{\text{dilate}}^{40}(f_{\text{median\_filter}}(f_{\text{binarization}}(X_{\text{current}}, \theta_{\text{binarization}})))) \end{aligned} \tag{5.112}$$

(2) 基于燃烧线位置标定算法提取燃烧线特征，过程如下式所示：

$$\mu_{\text{current}}, \sigma_{\text{current}} = f_{\text{combustion\_line\_calibration}}(X_{\text{thresh\_dilate\_sobely,current}}, \theta_{\text{variance}}) \tag{5.113}$$

(3) 当 σ_{current} 大于阈值 θ_σ 时，输出 $\text{CLQ}_{\text{current}}$ 为 0，表示实时火焰图像燃烧线不存在；当 σ_{current} 小于阈值 θ_σ 时，进入后续的 SCNN 相似性度量模块。

3. SCNN 相似性度量模块

SCNN 相似性度量模块包括模板库加载、孪生网络和模板重载模块，具体描述如下。

(1) 模板库加载模块：根据 μ_{current} 和表 5.13 对应的关系加载对应的模板库 $\boldsymbol{T}_{\cdot}$：

$$\boldsymbol{T}_{\cdot}=\begin{cases}\boldsymbol{T}_{\mathrm{ex}FW}, & 0<\mu_{\text{current}}\leqslant 0.47\\ \boldsymbol{T}_{FW}, & 0.47<\mu_{\text{current}}\leqslant 0.51\\ \boldsymbol{T}_{NM}, & 0.51<\mu_{\text{current}}\leqslant 0.736\\ \boldsymbol{T}_{BC}, & 0.736<\mu_{\text{current}}\leqslant 1\end{cases}\tag{5.114}$$

其中，$\boldsymbol{T}_{\cdot}$ 中模板 $T_{\cdot,i}$ 描述的特征记为 $\langle\mu_{\cdot,i},\sigma_{\cdot,i}\rangle$，$i=1,2,\cdots,I$，$I$ 表示当前模板子库中模板数量。

（2）孪生网络模块：采用 SCNN 度量 X_{current} 与 $T_{\cdot,i}$ 的相似度，并取最大值：

$$\begin{aligned}\mathrm{SIM}(X_{\text{current}},T_{\cdot,i})&=f_{\text{Siamese}}(X_{\text{current}},T_{\cdot,i})\\&=f_{\text{Dense}}(f_{\text{vgg16}}(X_{\text{current}})-f_{\text{vgg16}}(T_{\cdot,i}))\end{aligned}\tag{5.115}$$

$$\mathrm{SIM}_{\max}=\max_{i\in\{1,2,\cdots,I\}}(\mathrm{SIM}(X_{\text{current}},T_{\cdot,i}))\tag{5.116}$$

在计算出相似度后，此处将 $\mathrm{SIM}(X_{\text{current}},T_{\cdot,i})$ 大于均值 θ_{sim} 的图像视作匹配模板。

（3）模板重载模块：根据相似度 $\mathrm{SIM}(X_{\text{current}},T_{\cdot,i})$ 和模板的特征描述，设定 θ_{sim} 为 0.99，采用加权算法求解当前图像的燃烧线量化值 $\mathrm{CLQ}_{\text{current}}$，当 $\mathrm{SIM}(X_{\text{current}},T_{\cdot,i})$ 均小于 θ_{sim} 时，将采用经典算法获取的 μ_{current} 作为燃烧线的量化值，该过程如下：

$$w_i=\begin{cases}1, & \mathrm{SIM}(X_{\text{current}},T_{\cdot,i})>\theta_{\text{sim}}\\ 0, & \mathrm{SIM}(X_{\text{current}},T_{\cdot,i})\leqslant\theta_{\text{sim}}\end{cases}\tag{5.117}$$

$$\mathrm{CLQ}_{\text{current}}=\begin{cases}\dfrac{\sum_{i=1}^{I}w_i\times\mu_{\cdot,i}}{\sum_{i=1}^{I}w_i}, & \sum_{i=1}^{I}w_i\neq 0\\ \mu_{\text{current}}, & \sum_{i=1}^{I}w_i=0\end{cases}\tag{5.118}$$

5.5.3.3 基于深度特征相似性度量的模板库自适应调整

基于深度特征相似性度量的模板库自适应调整包括基于冗余判别机制的模板库构建和基于冗余判别机制的模板库更新，其策略图如图 5.56 所示。

1. 基于冗余判别机制的图像库构建

构建步骤描述如下。

步骤(1)加载模板库 $\boldsymbol{L}$ 中的第 j 个图像 X_j，$\boldsymbol{L}$ 可表示为

$$\boldsymbol{L}=\{\boldsymbol{L}_{\text{real}}^{NM},\boldsymbol{L}_{\text{real}}^{FW},\boldsymbol{L}_{\text{Generated}}^{FW},\boldsymbol{L}_{\text{real}}^{BC},\boldsymbol{L}_{\text{Generated}}^{BC},\boldsymbol{L}_{\text{real}}^{\mathrm{ex}FW},\boldsymbol{L}_{\text{Generated}}^{\mathrm{ex}FW}\}\tag{5.119}$$

进一步，将 X_j 所对应的特征表示为 L_j：

$$L_j=\langle X_j,\langle\mu_j,\sigma_j\rangle\rangle\tag{5.120}$$

其中，$\langle\mu_j,\sigma_j\rangle$ 表示第 j 个图像 X_j 的燃烧线特征，$j=1,2,\cdots,J$，J 表示 $\boldsymbol{L}$ 中图像的数量。

步骤(2)根据 μ_j 和表 5.13 的对应关系倒序加载对应模板子库图像 $\boldsymbol{T}_{\cdot}$。此处，将 $\boldsymbol{T}_{\cdot}$ 中的模板 $T_{\cdot,i}$ 的特征表示为 $\langle\mu_{\cdot,i},\sigma_{\cdot,i}\rangle$，$i=I,I-1,\cdots,1$，$I$ 表示当前模板子库中的模板数量。

步骤(3)采用孪生网络度量子库中图像和实时火焰图像的相似度：

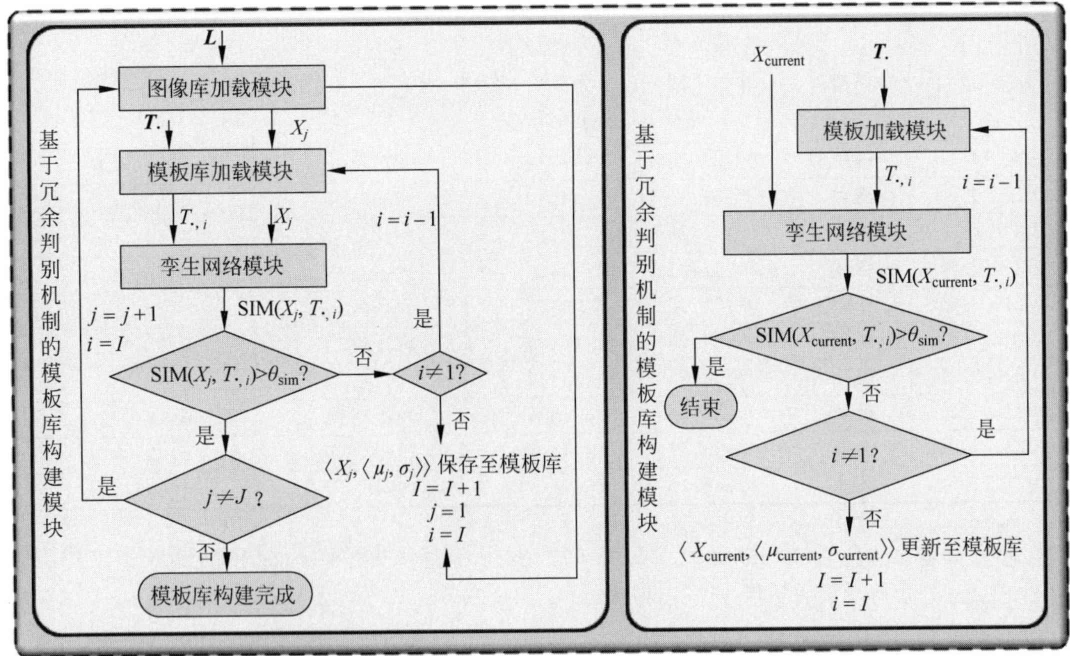

图 5.56　基于深度特征相似性度量的模板库自适应调整策略图

$$\text{SIM}(X_j, T_{\cdot,i}) = f_{\text{Siamese}}(X_j, T_{\cdot,i}) \tag{5.121}$$

步骤(4)判断 $\text{SIM}(X_j, T_{\cdot,i})$是否大于 θ_{sim}，存在两种情况：若大于 θ_{sim}，再判断 j 是否等于 J，“是”则表示模板库已构建完成，“否”则表示构建未完成，加载 $\boldsymbol{L}$ 中的下张图像，并跳至步骤(1)；若小于 θ_{sim}，判断倒序遍历是否结束，“是”则将$\langle X_j, \langle \mu_j, \sigma_j \rangle\rangle$保存则模板库，“否”则倒序加载下个模板，跳至步骤(3)。

2. 基于冗余判别机制的图像库更新

模板库更新步骤描述如下。

步骤(1)根据 μ 和表 5.13 的对应关系倒序加载对应模板子库图像 $\boldsymbol{T}_{\cdot}$。

步骤(2)采用孪生网络度量子库中图像和实时火焰图像的相似度：

$$\text{SIM}(X_{\text{current}}, T_{\cdot,i}) = f_{\text{Siamese}}(X_{\text{current}}, T_{\cdot,i}) \tag{5.122}$$

步骤(3)判断 $\text{SIM}(X_{\text{current}}, T_{\cdot,i})$是否大于 θ_{sim}，存在两种情况：若大于 θ_{sim}，则不更新模板库并跳出遍历；否则，判断倒序遍历是否结束，“是”则采用$\langle X_{\text{current}}, \langle \mu_{\text{current}}, \sigma_{\text{current}} \rangle\rangle$更新模板库，“否”则继续进行倒序遍历：

$$\begin{cases} \text{if}(\text{SIM}(X_{\text{current}}, T_{\cdot,i}) > \theta_{\text{sim}}):\text{break} \\ \text{elseif}(i \neq 1): i = i - 1 \\ \text{else}: \boldsymbol{T}_{\cdot}.\text{append}(\langle X_{\text{current}}, \{\mu_{\text{current}}, \sigma_{\text{current}}\}\rangle), I = I + 1 \end{cases} \tag{5.123}$$

5.5.4　实验结果

5.5.4.1　数据描述

本节数据源于北京市某 MSWI 电厂，如表 5.14 所示。

表 5.14 MSWI 过程火焰图像数据采集统计表

采集时间	存储形式	左摄像头开始时间(h:min:s)	左摄像头采集时长(h:min:s)	右摄像头开始时间(h:min:s)	右摄像头采集时长(h:min:s)
2020.11.15	视频	09:33:05	23:30:21	09:33:04	23:30:31
2020.11.16	视频	09:07:16	15:46:04	09:07:17	15:46:05
202011.19	视频	09:55:29	15:46:05	09:55:31	15:46:05
2020.11.30	视频	10:42:31	4:55:28	10:42:33	4:55:28
2021.04.10	视频	09:01:25	7:50:49	09:01:26	7:50:50
2021.05.13	视频	08:53:50	1:45:34	11:16:25	8:58:14
2021.07.13	视频	09:14:53	8:38:42	09:14:55	8:38:39
2021.07.27	视频	09:35:16	08:16:48	09:35:36	8:16:26
2021.12.06	图像	10:23:37	9:43:08	10:23:37	9:43:08
2021.12.06	图像	19:48:20	164:54:14	19:48:20	164:54:14

此处选取 2021.07.27 和 2021.12.06 的数据构建完备火焰图像库和训练孪生网络，采用 2021.12.06，17:48 的数据更新模板库。

5.5.4.2 实验结果

1. 基于 GAN 的完备图像库离线构建结果

MSWI 过程 CLQ 火焰图像库的构建结果如表 5.15 所示。

表 5.15 MSWI 过程初始火焰图像库左摄像头构建结果

采集时间/图像类型	(0%,47%)	[47%,51%)	[51%,73.6%)	[73.6%,100%]	0%
2021.07.27	6	52	435	0	3
2021.12.06	0	1	536	61	0
生成图像	221	655	0	805	0
真实/生成图像库	227	708	871	866	3

其中间过程结果如下。

1）面向真实的燃烧线正常火焰图像子库构建结果

（1）超参数分析

在真实燃烧线火焰图像库构建过程中存在的超参数为 θ_{σ}、$\theta_{\text{binarization}}$ 和 θ_{area}。

燃烧线方差 θ_{σ} 表征 MSW 在炉排上的焚烧分布情况如图 5.57 所示。

由图 5.57 可知，燃烧线方差与 MSW 在炉排上的焚烧均匀程度正相关，此处设定其为 10000。

针对反向二值化阈值 $\theta_{\text{binarization}}$ 而言，人工核对标定结果表明，其取值为 130 时，2021.12.06 的数据标定结果准确，而 2021.07.27 的数据标定结果存在偏差，原因在于后者存在特定噪声，如图 5.58 所示。

在图 5.58 中，方框圈出的部分呈白色，该处的像素点值高使得基于像素点值的燃烧线提取算法将此处的状态误判为燃烧部分，故在此处所提取的燃烧线存在冗余特征。该噪声对 $\theta_{\text{binarization}}$ 较为敏感，采用不同超参数{120,150,160}时的燃烧线提取结果如图 5.59 所示，结果对比如表 5.16 所示。

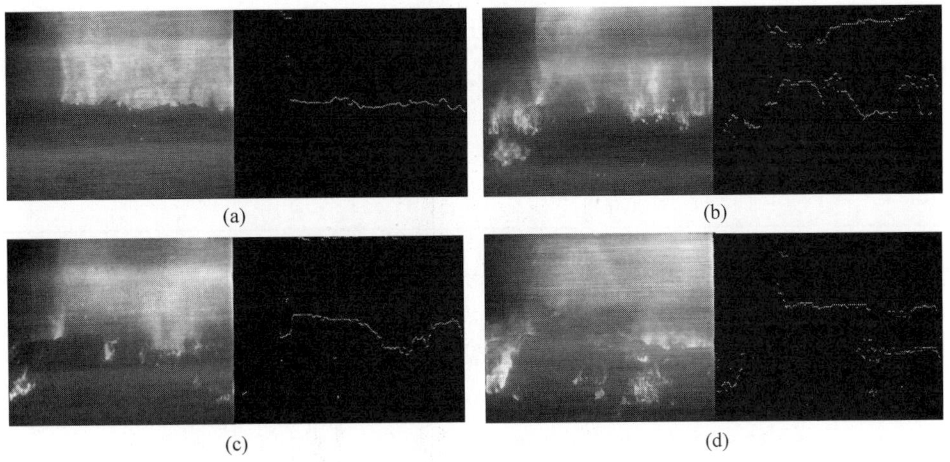

图 5.57　存在特定噪声的火焰图像，源于 2021.07.27 数据（$\theta_\sigma=150$，$\theta_{area}=240$）

（a）燃烧线均值 0.5018，方差 98.28；（b）燃烧线均值 0.5153，方差 1979.72；（c）燃烧线均值 0.5180，方差 2709.75；（d）燃烧线均值 0.6730，方差 3180.88

图 5.58　存在特定噪声的火焰图像

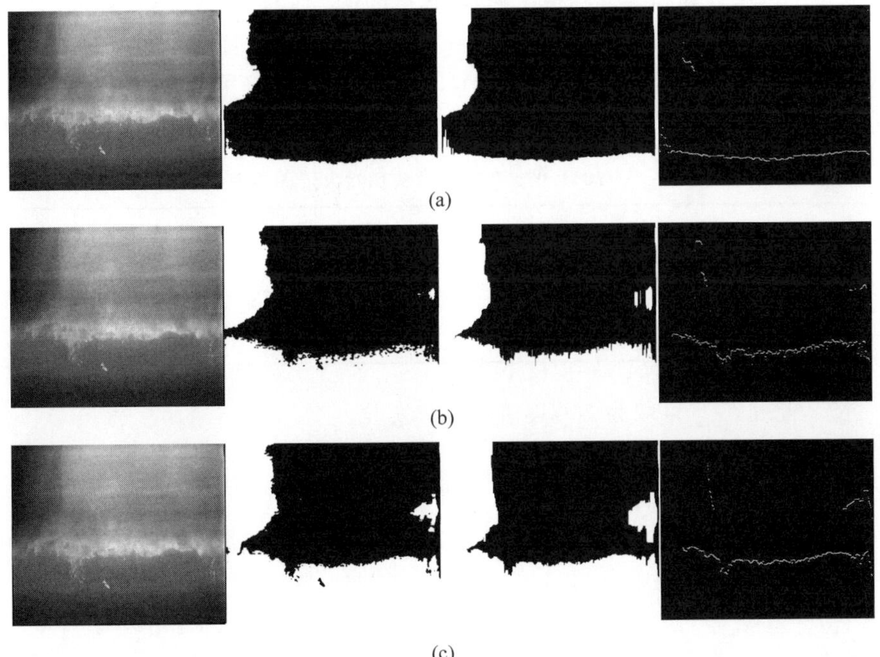

图 5.59　面对 2021.07.27 的数据时 $\theta_{binarization}$ 对燃烧线边缘特征提取算法的影响

（a）$\theta_{binarization}=120$；（b）$\theta_{binarization}=150$；（c）$\theta_{binarization}=160$

表 5.16 二值化阈值对 2021.07.27 的数据中噪声的影响

二值化阈值 $\theta_{binarization}$	(0%,47%)	[47%,51%)	[51%,73.6%)	[73.6%,100%]	0%	严重偏差图像数量(人工数)
120	0	6	421	68	1	100+
150	2	25	465	1	3	32
160	13	64	417	0	2	13

表 5.16 中的结果证明,当存在此类型噪声时,需要提高 $\theta_{binarization}$ 以实现有效抑制,但 $\theta_{binarization}$ 过高也可能会导致对光线暗淡火焰的误判,故此处其值取为 150。此外,对于火焰图像库中具有偏差的图像,需要采用人工辅助的剔除策略。

针对用于计算燃烧线均值的阈值 θ_{area} 而言,考虑到 MSW 在炉排上的焚烧不够均匀,采用整个图像进行边缘特征提取时,其结果具有严重偏差,如图 5.60 所示。

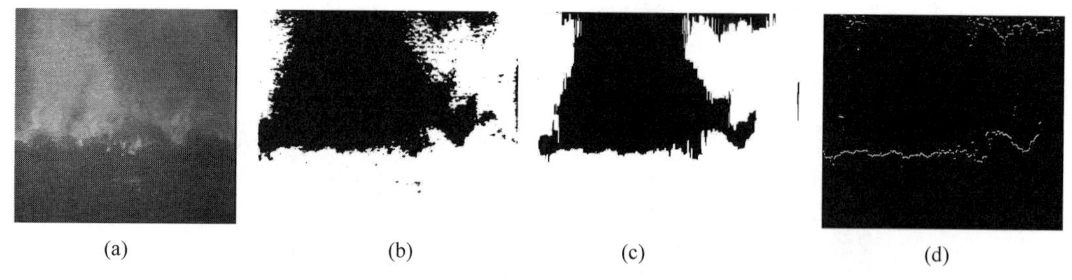

(a) (b) (c) (d)

图 5.60 存在偏差的燃烧线边缘特征提取结果示意图

(a) 原始图像;(b) 边缘特征提取中间结果 1;(c) 边缘特征提取中间结果 2;(d) 边缘特征提取结果

若以图 5.60(d)中的白色像素点纵坐标的均值作为燃烧线均值,则结果偏小。因此,此处选用选取特定区域计算燃烧线均值策略,即在区间(θ_{area},576)内计算燃烧线的均值,存在 2 种情况:若 θ_{area} 过高,可能会导致 MSW 在干燥炉排前端焚烧时燃烧线无法被计算;若 θ_{area} 过低,会导致非燃烧线部分参与燃烧线计算。根据表 5.17 的实验结果,设定 θ_{area} 的取值范围为[230,250],结果详见表 5.17。

表 5.17 θ_{area} 对 2021.07.27 左摄像头初始火焰图像库构建的影响

下限取值	(0%,47%)	[47%,51%)	[51%,73.6%)	[73.6%,100%]	0%
230	13	64	417	0	2
240	6	52	435	0	3
250	4	34	455	0	3

由上可知,此处 θ_{area} 可取为 240 以进行后续实验。

(2) 燃烧线边缘特征提取结果

面向不同步骤的燃烧线边缘特征提取结果如图 5.61 所示。

在图 5.61 中,图(a)是二值化处理结果,图(b)是中值滤波结果,图(c)是膨胀 40 次结果,图(d)是对纵轴求梯度的结果。

综上,针对 2021.07.27 数据的超参数为 $\theta_\sigma=1000$、$\theta_{binarization}=150$ 和 $\theta_{area}=240$,针对 2021.12.06 数据的超参数为 $\theta_\sigma=1000$、$\theta_{binarization}=130$ 和 $\theta_{area}=240$。

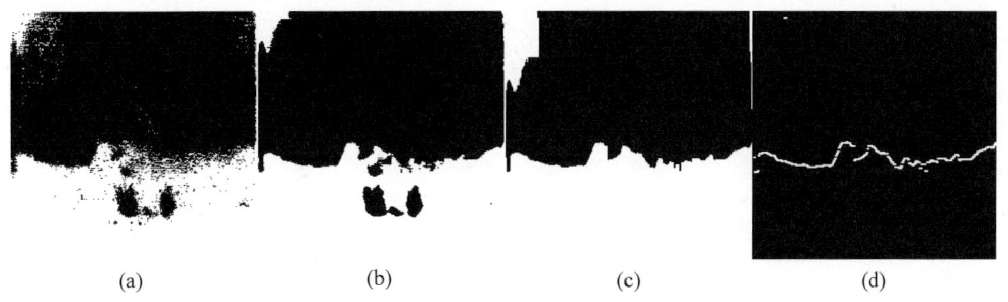

图 5.61　面向不同步骤的燃烧线边缘特征提取结果

(a) 原始图像；(b) 边缘特征提取中间结果 1；(c) 边缘特征提取中间结果 2；(d) 边缘特征提取结果

2）面向真实/生成的燃烧线异常火焰图像子库构建结果

(1) 生成式数据增强结果

燃烧线异常的前移和后移 FID 评估结果分别如下所示。

在图 5.62 中，存在 $\mathrm{FID}_{\min}^{\mathrm{forward}}=67.7$ 和 $\mathrm{FID}_{\mathrm{average}}^{\mathrm{forward}}=74.81$；在图 5.63 中，存在 $\mathrm{FID}_{\min}^{\mathrm{back}}=60.39$ 和 $\mathrm{FID}_{\mathrm{average}}^{\mathrm{back}}=68.49$。上述结果表明了此处设计的 DCGAN 模型性能的优异性。

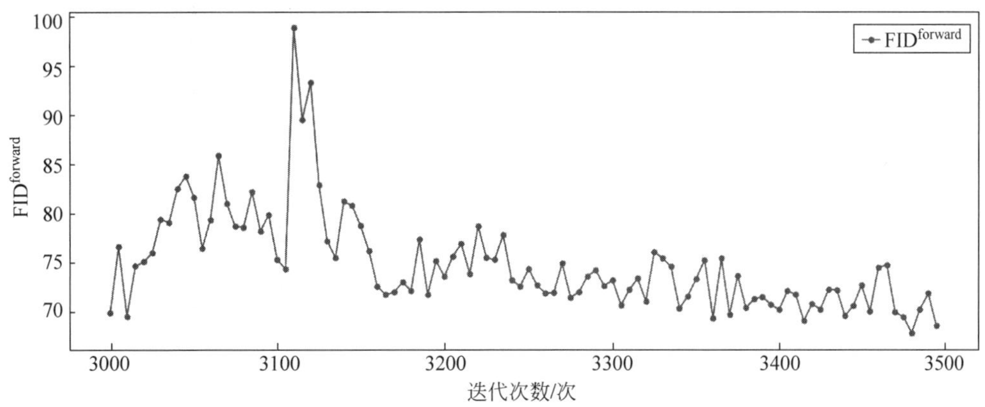

图 5.62　燃烧线前移 DCGAN 迭代过程中 FID 对生成燃烧状态图像的评估结果

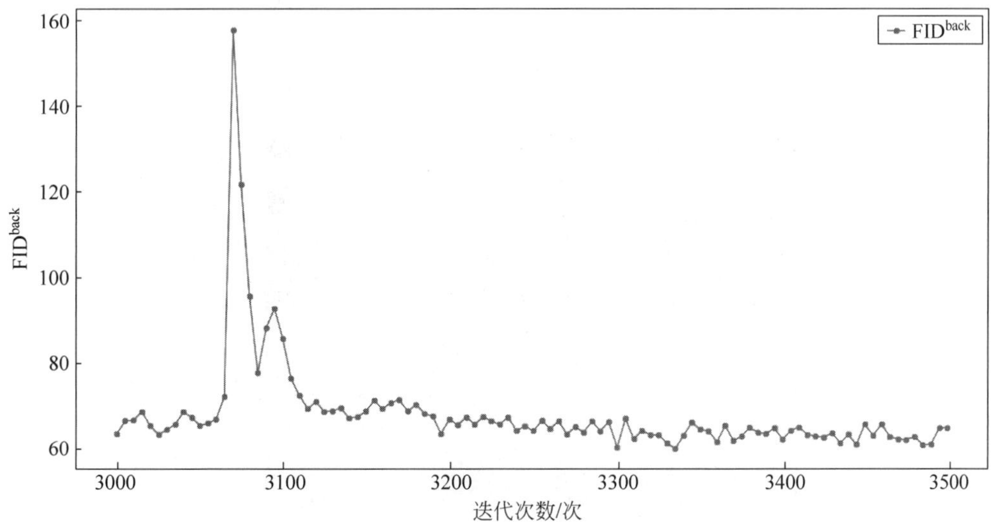

图 5.63　燃烧线后移 DCGAN 迭代过程中 FID 对生成燃烧状态图像的评估结果

(2) 增强图像选择结果

增强图像的选择结果如图 5.64 和图 5.65 所示。

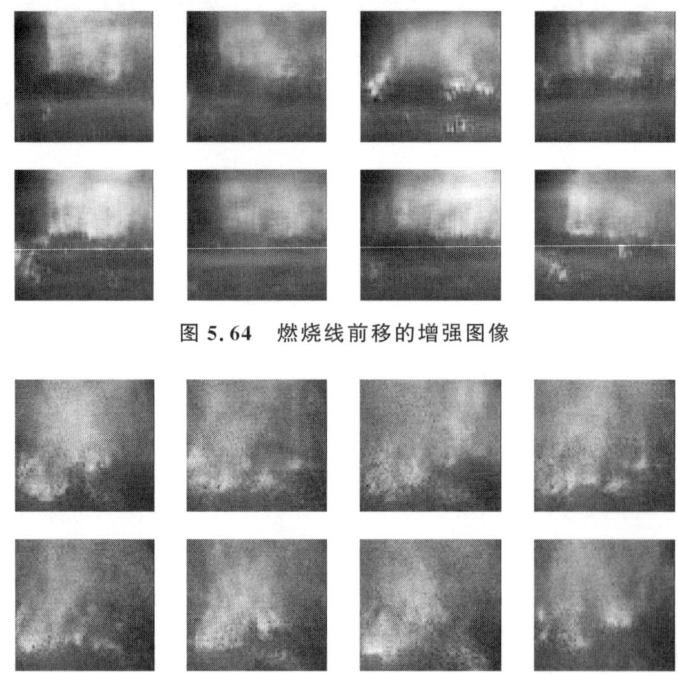

图 5.64 燃烧线前移的增强图像

图 5.65 燃烧线后移的增强图像

结合在博弈过程中所生成的图像，将燃烧线前移、后移的阈值分别设定为 70 和 65。

(3) 非生成式数据增强结果

采用上文所述的非生成式数据增强方式，某张燃烧线前移图像增强的效果如图 5.66 所示。

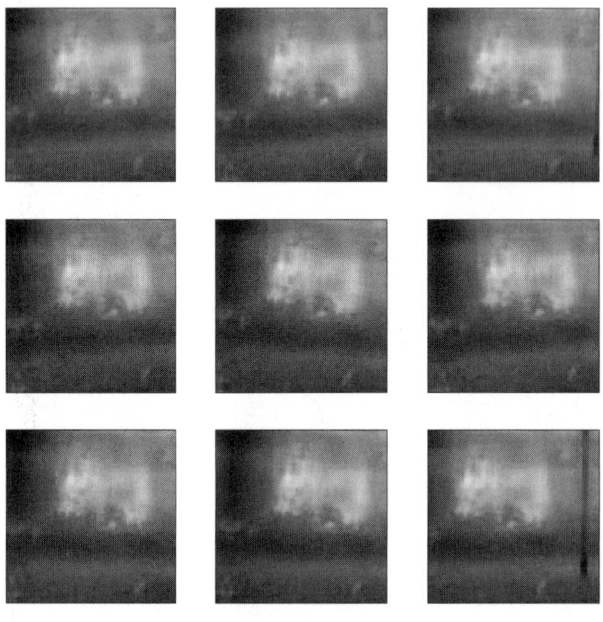

图 5.66 非生成式数据增强

（4）燃烧位置标定结果

对最终生成的燃烧线火焰图像进行燃烧线位置评估，结果表明，燃烧线前移和后移的生成图像中符合要求的图像数量分别为749和1225。此处，选取53张真实和随机选取655张生成燃烧线前移图像构建前移的燃烧线异常火焰图像子库，选取61张真实和随机选取805张生成燃烧线后移图像构建前移的燃烧线异常火焰图像子库。

3）面向生成的燃烧线极端异常火焰图像子库构建结果

（1）燃烧线极端异常火焰的伪标记火焰图像获取结果

如上文所述，在对典型燃烧状态图像的像素点平移后获取燃烧线极端异常伪标记火焰图像456张，部分原始和伪标记图像的结果如图5.67所示。

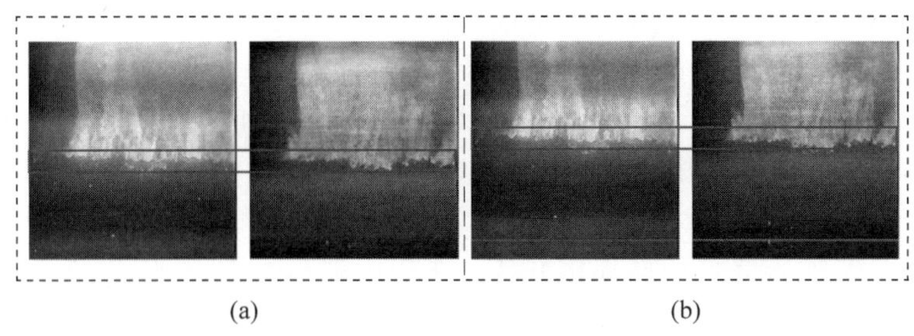

图5.67　原始图像及对其上移30个像素点后获得的伪标记图像

（a）真实图像；（b）伪标图像

在图5.67中，方框标识的是燃烧线，由此可知，平移后的伪标记图像具有不存在的燃烧线位置信息，同时也存在诸如火焰亮度、平移痕迹等明显的不合理特征。因此，需将伪标记火焰图像转换成符合真实火焰图像概率分布的生成图像。

（2）候选燃烧线极端异常火焰图像生成结果

训练过程中的候选燃烧线极端异常火焰图像的变化过程如图5.68所示。

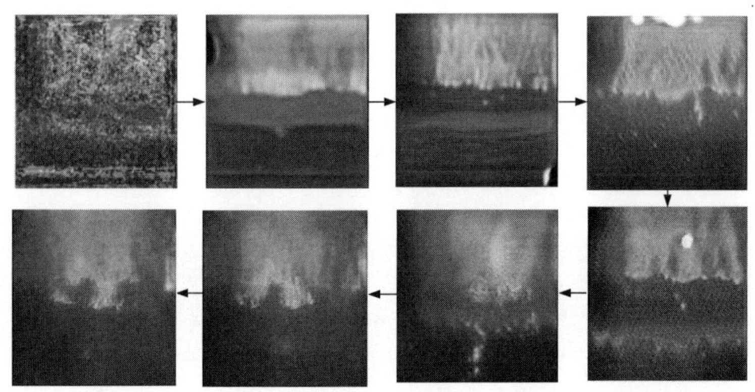

图5.68　不同训练批次下的候选燃烧线极端异常火焰图像

在图5.68中，前5图的批次编号均小于5，后3图则是编号为10、60和110的批次所生成的火焰图像，可以看到在批次编号达到10之后所生成的图像较为清晰。

候选生成结果中存在的部分符合和不符合期望的火焰图像如图5.69所示。

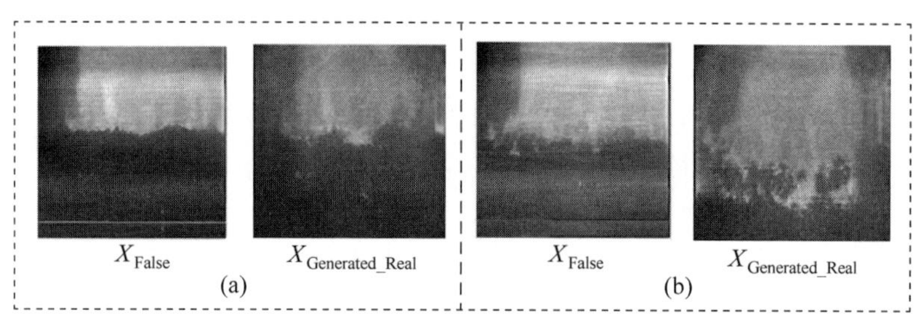

图 5.69　候选燃烧线极端异常火焰图像生成结果

(a) 符合期望的火焰图像；(b) 不符合期望的火焰图像

图 5.69 的图像分别取自 X_{False} 和 $X_{Generated\_Real}$ 集合，可以看到图 5.69(a)的生成效果较好，图 5.69(b)的生成效果较差(未能保留燃烧线特征)。图 5.69(a)对 $X_{Generated\_Real}$ 评价较好的原因在于：能够保留基于工业过程知识进行平移操作而获取的 X_{False} 中的燃烧线位置信息，能够符合炉内火焰图像存在的特征间的因果关系，由于平移而存在的诸如由翻转操作遗留的明显横线等不合理特征信息被消除。而图 5.69(b)生成的 $X_{Generated\_Real}$ 不符合期望，即燃烧线位置特征未能保留的原因在于：在初始训练批次时，$G_{False\_to\_Real}$ 的修改能力弱，仅能消除伪标记图像集中明显不合理的特征；$G_{False\_to\_Real}$ 的修改能力虽然随批次的增加而变强，但为使生成图像集分布符合真实图像集的分布，部分伪标记图像被转换成正常或异常的图像。

(3) 样本选择和燃烧位置标定结果

通过对伪标记样本集和生成样本集及对真实样本集和生成样本集间的 FID 进行评估的方式筛选生成模型，对应曲线如图 5.70 所示。

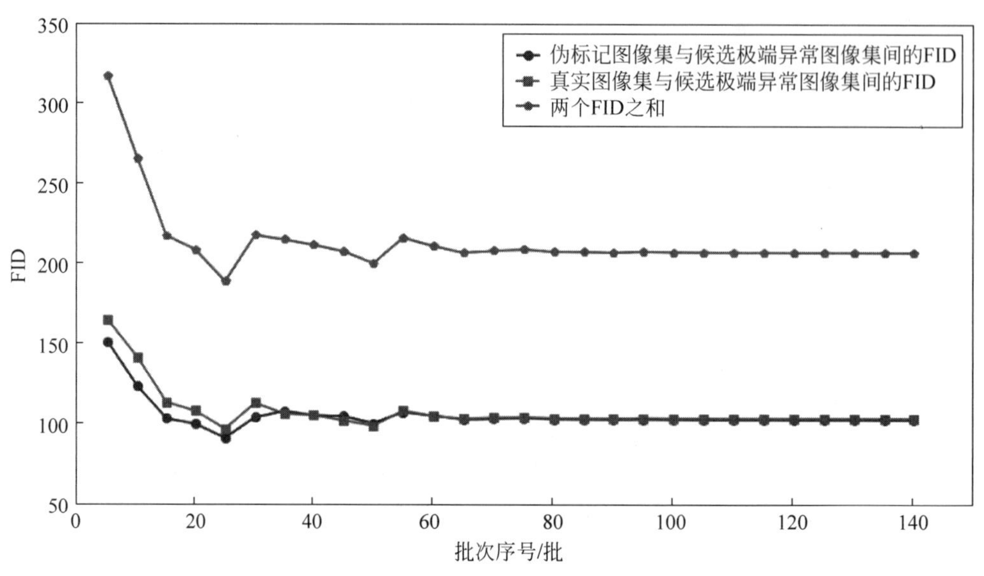

图 5.70　FID 评估结果曲线

在图 5.70 中，蓝色表示伪标记图像集与候选极端异常图像集间的 FID，绿色表示真实图像集与候选极端异常图像集间的 FID，红色表示上述两个 FID 之和。由图 5.70 可知，第

25 批次的生成图像集与伪标记图像集、生成样本集与真实样本集的 FID 最小，即该批次的模型最优。

为保证生成图像的多样性，此处选择 3 个满足上述要求的模型作为燃烧线极端异常火焰图像的生成模型，经燃烧位置标定算法评估，在 1320 张生成图像中选择 221 张作为合格的燃烧线极端异常火焰图像。

2. 基于 SCNN 的燃烧线动态量化结果

1）模型训练结果

此处给出基于真实/生成完备火焰图像库的孪生网络训练结果。首先，以学习率 0.001 训练孪生网络，对应的精度和损失结果如图 5.71 所示。

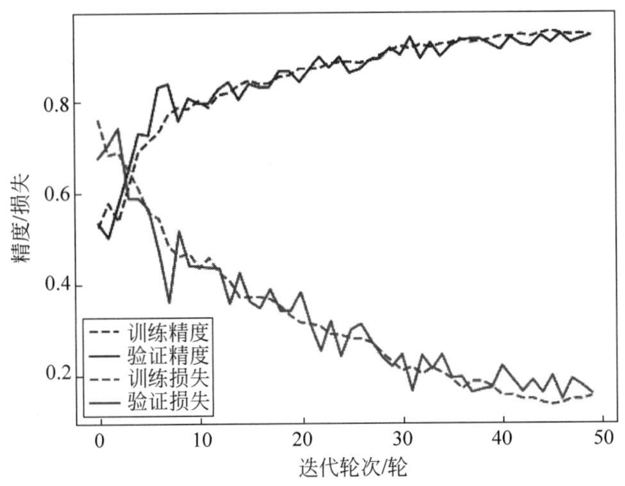

图 5.71　前 500 批次的孪生网络损失和准确率曲线

在训练 500 批次后，再以学习率 0.0001 训练孪生网络。当损失不再降低和准确率不再提高时停止训练，此时的准确率和损失曲线如图 5.72 和图 5.73 所示。

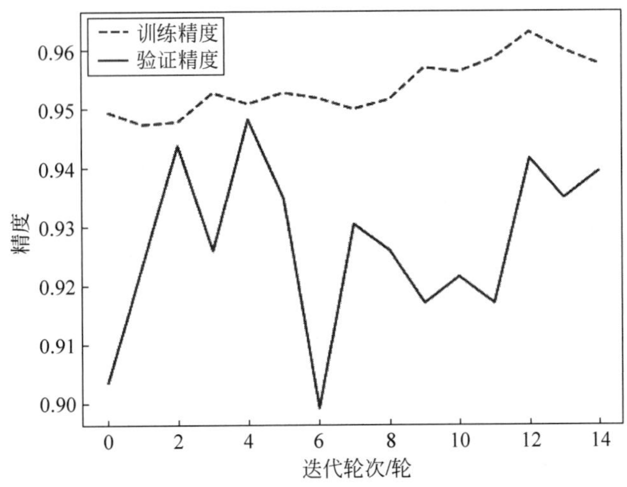

图 5.72　500 批次后的孪生网络准确率曲线

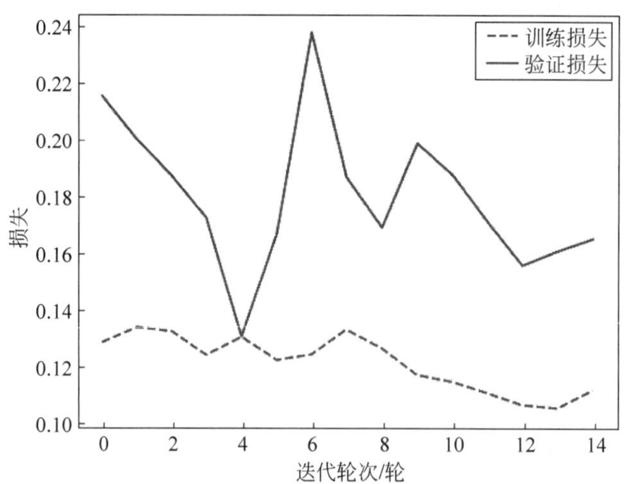

图 5.73 500 批次后的孪生网络损失曲线

上述结果表明，该孪生网络能够较好地区分燃烧线的状态，可用于度量火焰图像间的相似度。

2）燃烧线动态量化结果

基于模板匹配的燃烧线量化结果如图 5.74 所示。

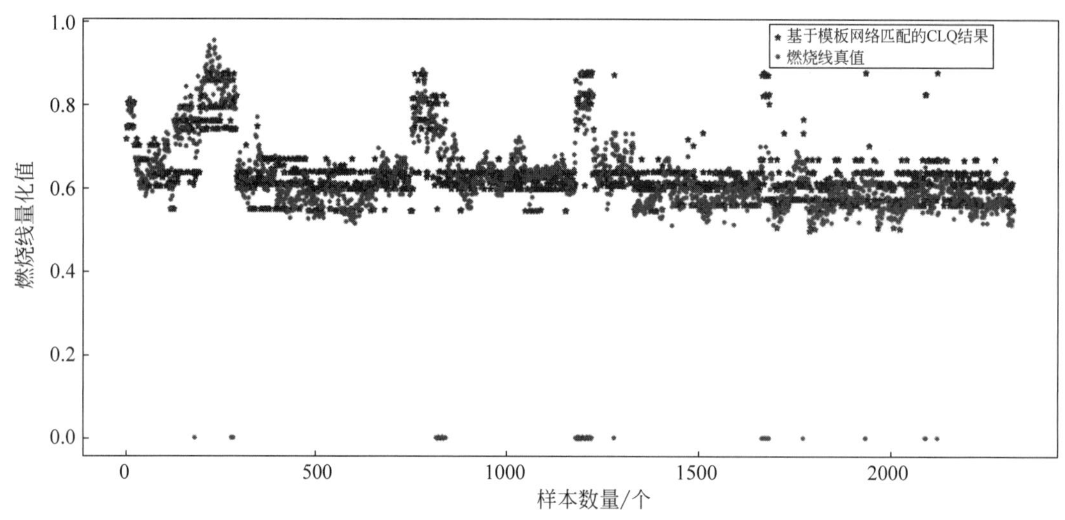

图 5.74 基于模板匹配的燃烧线量化结果

在图 5.74 中，红色点表示燃烧线提取算法标定的真值，蓝色星号为基于模板匹配的燃烧线量化值；纵坐标上的值为 0 代表非常规的燃烧线，即燃烧线的方差大于 10000。由图 5.74 可知，红色点与蓝色星号是基本重合的，说明基于模板匹配的燃烧线量化值的正确性。

此处特别说明，基于模板匹配的燃烧线量化方法属于人工智能算法，基于图像处理的燃烧线标定算法属于硬编码的经典算法，两者的区别在于：经典算法需保证对某一类问题的有效性，而人工智能方法只需面向合理的或实际的问题；经典算法需保证对某一类问题的正确性；而人工智能算法为模拟领域专家的认知，容许某一方法对某一特殊问题存在失败的可能，尝试各种方法是人类的求解策略之一；经典算法需保证对某一类问题的最优性，而人工智能算法不只是追求最佳解答，还要求多种可行解。

基于上述分析，基于模板匹配的燃烧线量化算法的优势在于：无需“卡阈值”即可获得燃烧线量化结果的可行解；此外，从服务控制的角度而言，其能够为匹配模板库中图像而寻求对应的控制策略。基于图像处理算法的燃烧线标定算法在曝光程度上不同，存在遮挡、料层厚度等噪声和干扰时均会造成错误标定结果。

3. 基于深度特征相似性度量的模板库自适应调整结果

基于深度特征相似性度量的模板库自适应调整结果如表 5.18 所示。

表 5.18　MSWI 过程火焰模板库（左摄像头）构建和更新结果

采集时间/图像类型	(0%,47%)	[47%,51%)	[51%,73.6%)	[73.6%,100%]	0%
初始完备 CLQ 图像库	227	708	871	866	3
初始 CLQ 模板库	2	4	8	4	3
2021.12.07 部分图像	3128				
更新到图像库中的图像	0	7	2017	246	48
更新到模板库中的火焰图像	0	3	29	23	0

5.5.4.3　下游应用实验

此处在不同训练集和验证集上构建卷积网络识别模型后，在相同测试集上进行比较，用于验证火焰图像库的有效性。数据集组成及训练策略如表 5.19 所示。

表 5.19　数据集的训练集、验证集和测试集说明

训练集和验证集	测试集 1	测试集 2
非完备火焰图像库（数量 9∶1）	2021.12.06 的 17:48 数据用于动态更新。前移、正常和后移图像分别为 7 张、2017 张和 246 张	2021.12.06 的 17:48 的部分数据用于更新。前移、正常和后移图像分别为 7 张、30 张和 30 张
完备火焰图像库（数量 9∶1）		
完备火焰图像库（数量 9∶1）+更新后的模板库（前移、正常和后移图像分别为 3 张、29 张和 23 张）		

实验结果如表 5.20 所示。

表 5.20　数据集的训练集、验证集和测试集结果

训练集和验证集	训练集损失	训练集准确率/%	验证集损失	验证集准确率/%	测试集 1 损失	测试集 1 准确率/%	测试集 2 损失	测试集 2 准确率/%
非完备火焰图像库	0.2844	90.81	0.2500	89.80	0.1731	94.93	0.5386	77.61
完备火焰图像库	0.1804	93.52	0.1841	92.05	0.7532	58.85	0.7990	67.16
动态更新火焰图像库	0.1431	95.27	0.1383	95.08	0.1944	94.71	0.2517	90.00

由表 5.20 可知，基于非完备火焰图像库的 CNN 识别模型在训练集和验证集分别达到 90.81%和 89.80%的准确率，在测试集 1 上达到 94.93%，在测试集 2 上仅为 77.61%，其原因为：非完备火焰图像库是一个类严重不平衡的数据集，而测试集 1 与其类似，故无论燃烧

线的类别如何，CNN 均识别其为正常类，从而可使准确率达到 90%以上。

基于完备火焰图像库的 CNN 识别模型在训练集和验证集上分别达到 93.52%和 92.05%的准确率，在测试集 1 和测试集 2 上的准确率分别为 58.85%和 67.16%，其原因为：训练集和验证集与测试集所属的数据概率分布不同，这也验证了在小数据集上训练的模型的鲁棒性较差。

基于动态更新火焰图像库的 CNN 识别模型在训练集和验证集分别达到 95.27%和 95.08%的准确率，在测试集 1 和测试集 2 上的准确率分别为 94.71%和 90.00%，其原因在于：CNN 模型先在事先构建的完备火焰图像库上进行训练，再在更新后的模板库（前移：3 张；正常：29 张；后移：23 张）上训练 10 个批次，这使得测试集 1 和测试集 2 的准确率均得到较大提升。

5.5.5 平台验证

基于上述策略，开发了基于 GAN 与孪生网络的燃烧线量化软件并在本平台多模态历史数据驱动系统中进行验证，其软硬件系统整体实物如图 5.75 所示。

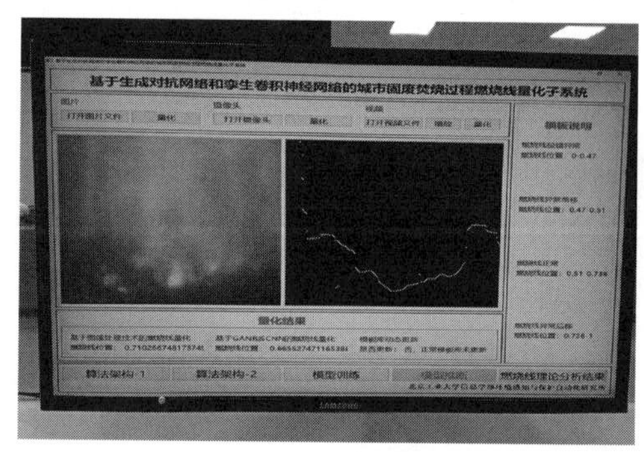

图 5.75 基于 GAN 与孪生网络的燃烧线量化系统实物图

5.5.5.1 软件阐述

本软件的设计结构如图 5.76 所示，其对应设计思路为：首先，读取数据集进行模型训练；其次，读取信号源（图像、视频、摄像头）加载训练好的模型；再次，进行基于 GAN 和孪生卷积神经网络的燃烧线动态量化；最后，在交互界面展示信号源、生成图像、量化结果和燃烧线特征提取结果等。

5.5.5.2 软件功能

主要功能说明如下：

（1）算法展示。包括基于生成对抗网络的完备图像库构建、基于孪生卷积神经网络的燃烧线动态量化和基于相似性度量的模板库自适应调整等策略图。

（2）模型训练。读取本地数据集，进行模型训练。

（3）参数设定、量化和图像、视频显示。参数设定功能包括打开图片文件、打开视频文件、播放和量化等功能；量化功能包括显示基于图像处理技术的燃烧线量化和基于生成对抗网络和孪生卷积神经网络的燃烧线量化结果；图像、视频显示功能包括图片显示、视频显示和燃烧线特征提取结果显示。

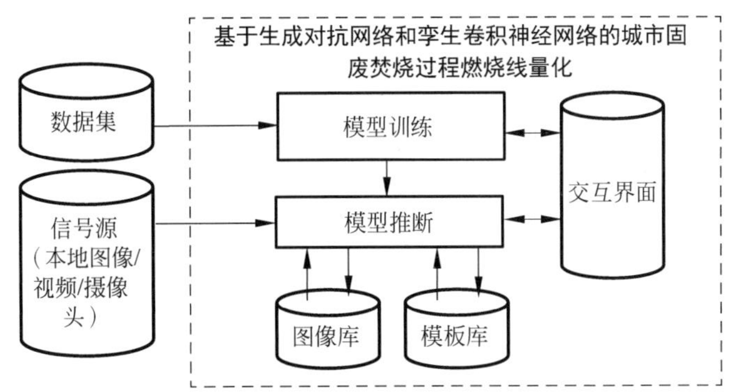

图 5.76　基于 GAN 与孪生网络的燃烧线量化结构图

(4) 燃烧线理论分析结果展示。主要展示炉排等比例建模、炉内焚烧状态、摄像头成像位置与停炉图像间的对应图、三维空间位置到像素点的映射关系等。

5.5.5.3　软件构建

采用 Python 编程语言结合 Pycharm、Pyqt5 和 Qt designer 开发完成，所需环境为 Windows10 64 位、Tensorflow1.12GPU 等。软件包括如下 4 个界面。

(1) 登录界面，如图 5.77 所示。

(2) 算法架构-1 界面，如图 5.78 所示。界面底部为“算法架构-1”“算法架构-2”“模型训练”“模型推断”“燃烧线理论分析结果”5 个界面的跳转功能按钮。

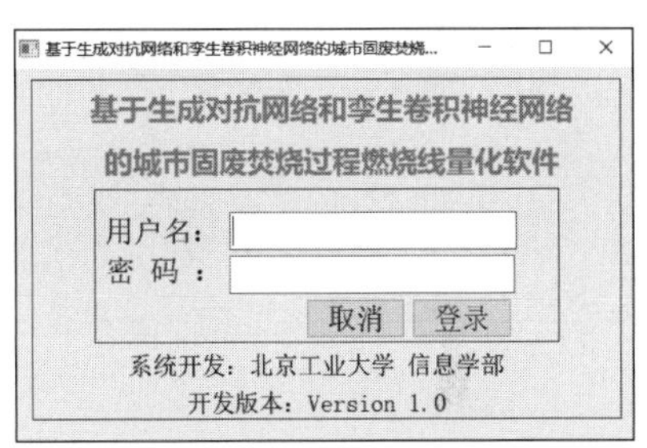

图 5.77　登录界面

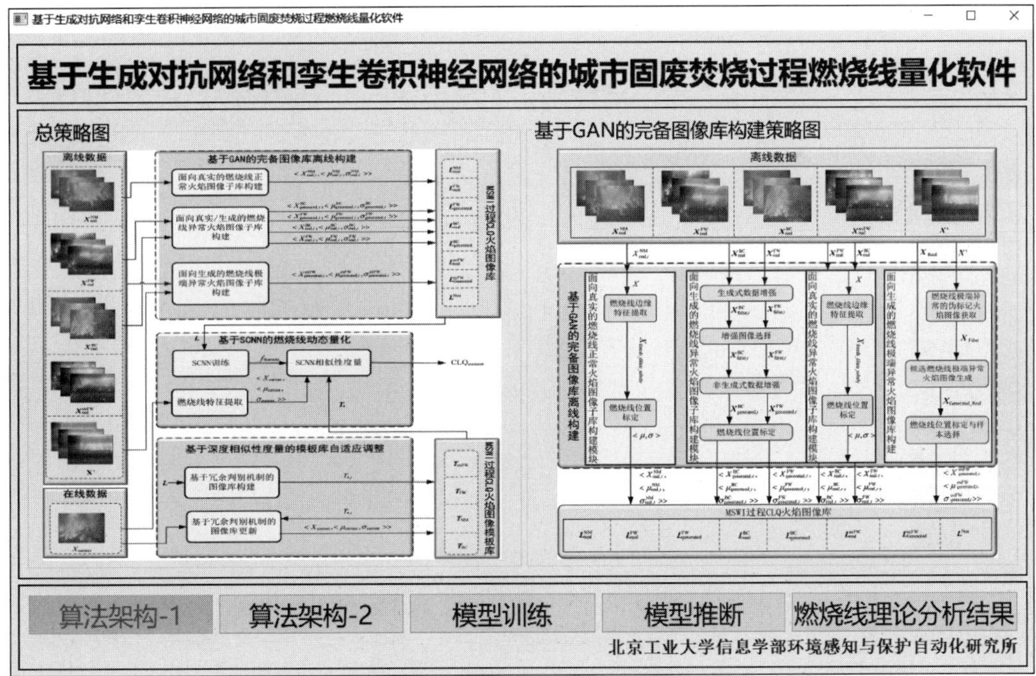

图 5.78　算法架构-1 界面

（3）算法架构-2 界面如图 5.79 所示。

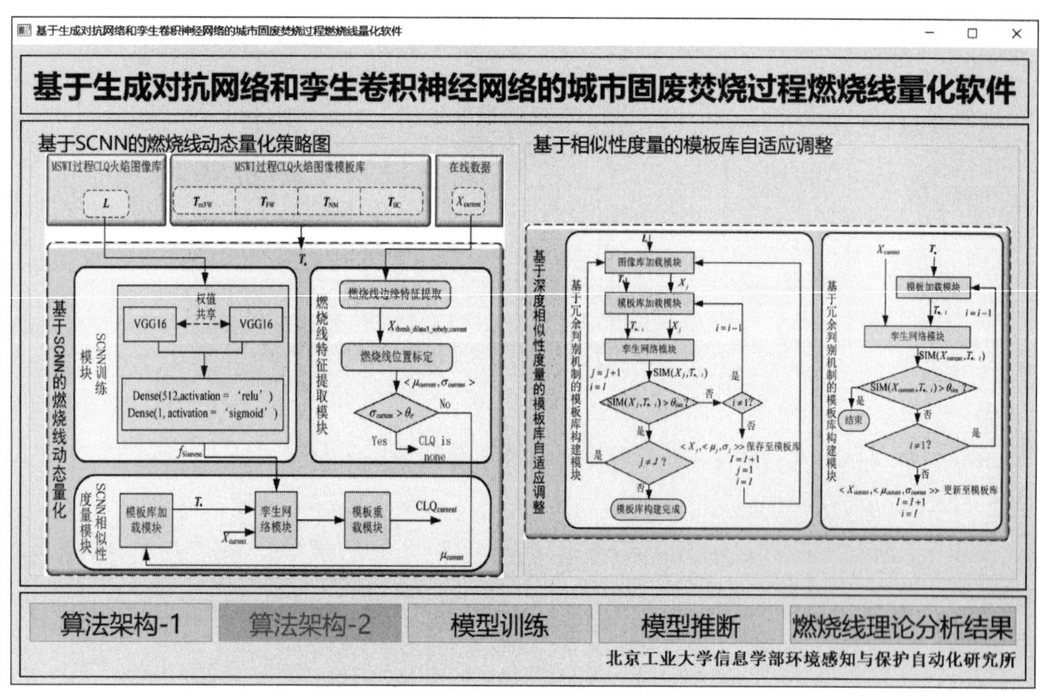

图 5.79　算法架构-2 界面

（4）模型训练界面如图 5.80 和图 5.81 所示。其中，图 5.80 为模型训练未开始阶段，图 5.81 为模型训练已开始阶段。

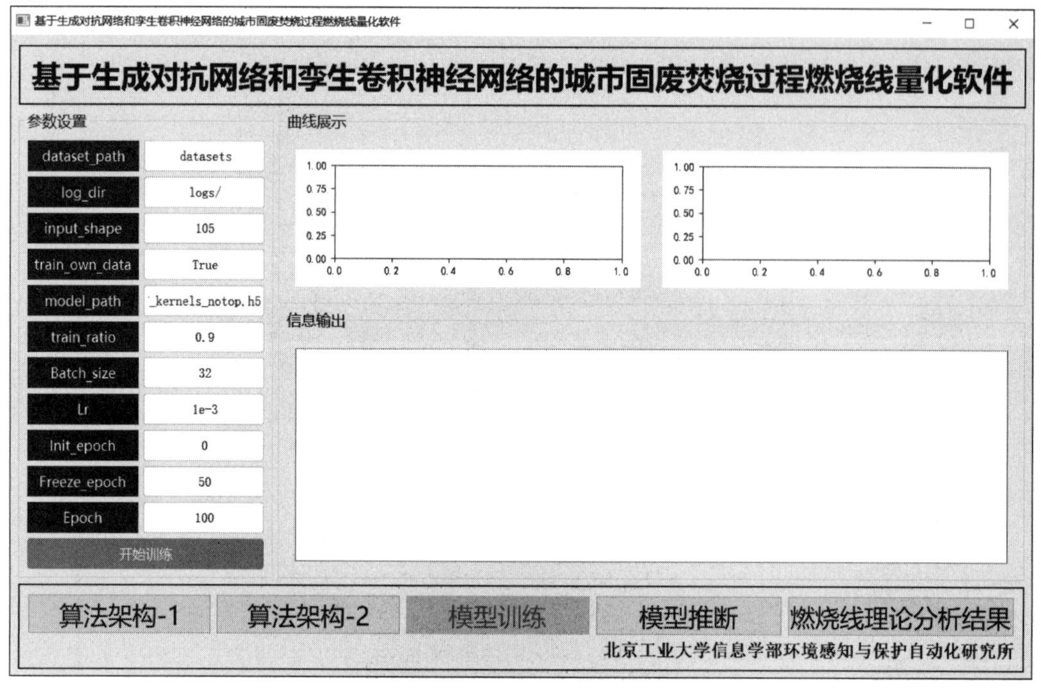

图 5.80　模型训练界面（训练未开始）

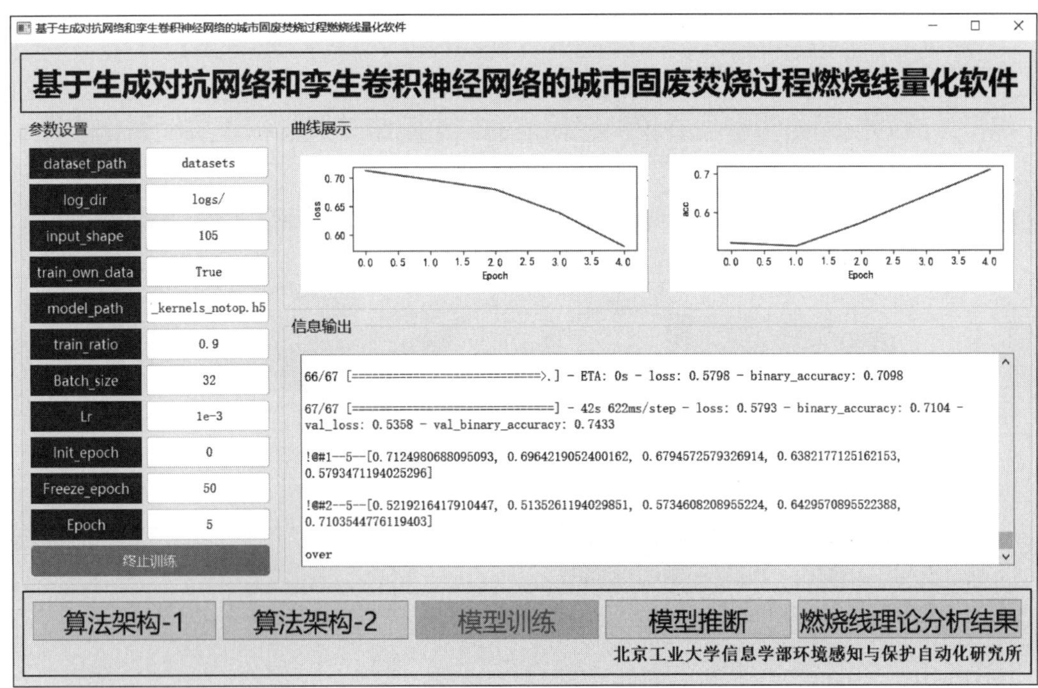

图 5.81　模型训练界面(Epoch＝5)

(5) 模型推断界面如图 5.82 所示。包括打开图像文件、打开摄像头、打开视频文件、播放和量化等按钮。

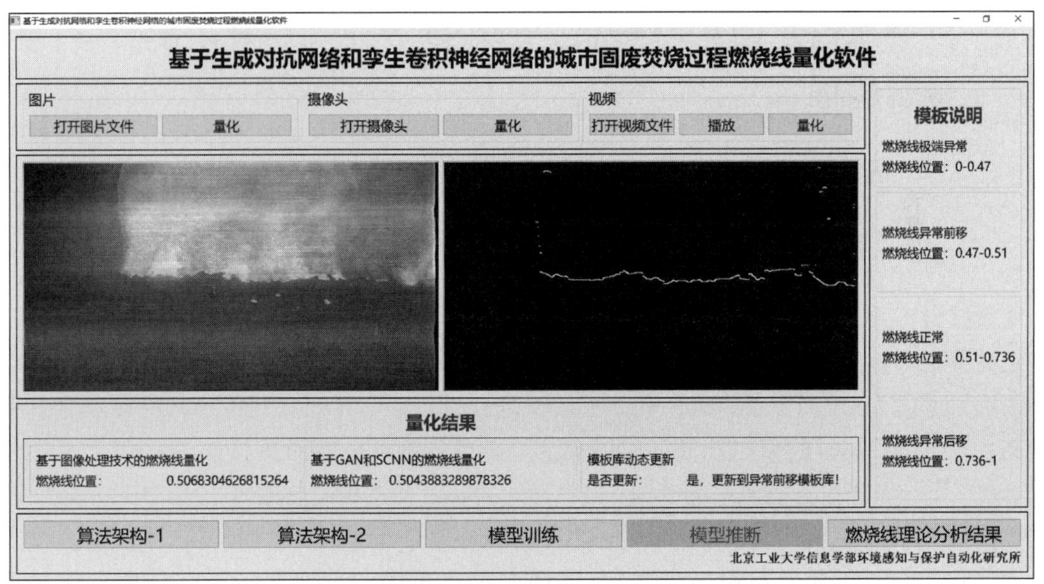

图 5.82　模型推断界面

（6）燃烧线理论分析结果界面如图 5.83 所示。

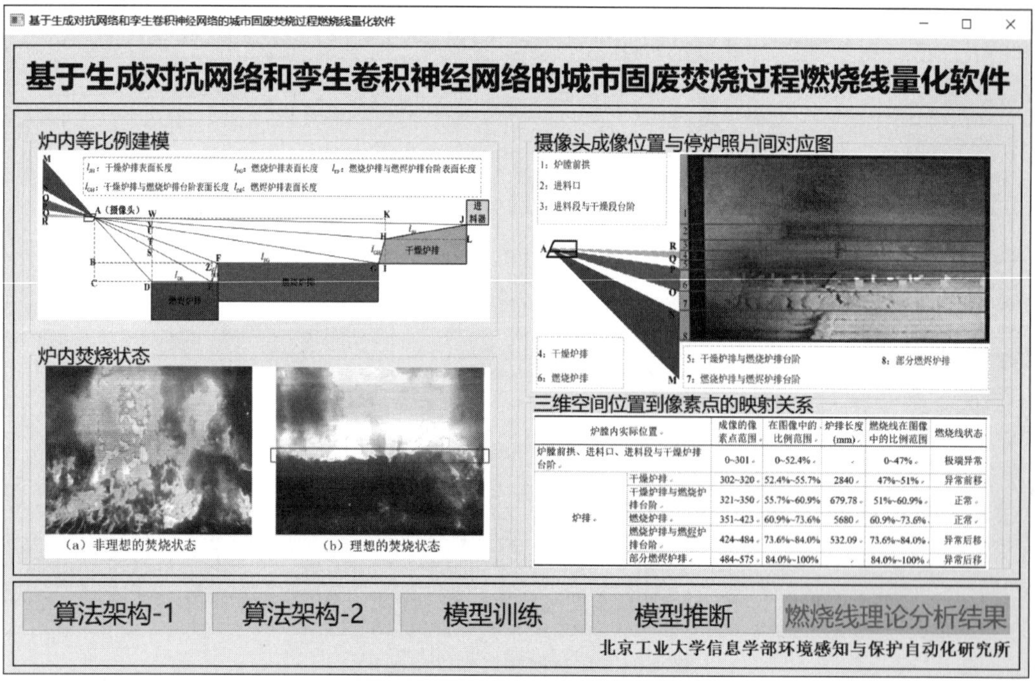

图 5.83　燃烧线理论分析结果界面

5.6　联合多窗口漂移检测的二噁英排放软测量算法实验室场景验证

5.6.1　问题描述

DXN 是 MSWI 过程排放的被称为“世纪之毒”的有机类污染物，其在生物体内存在累积效应，对生态环境具有潜在的巨大危害。常用的 DXN 检测方法包括：①基于激光质谱的离线直接检测法[95]，其原理是基于激光波长电离相关分子后通过质谱仪实现直接检测，其缺点是检测严重滞后；②基于指示物、关联物的在线间接检测法，其原理是先在线检测关联物浓度再通过 DXN 与关联物之间的映射模型进行检测[96]，其缺点是指示物检测装置复杂性高且难以维护，关联物和 DXN 的映射关系复杂且依赖离线检测化验值，难以推广；③软测量法[97-98]，其通过易检测过程变量与 DXN 间的映射关系构建软测量模型，能够实现实时在线检测。

实际 MSWI 过程常采用高成本、长周期的在线采样和离线化验相结合的方式检测 DXN 排放浓度，难以支撑 MSWI 过程的实时反馈控制。对此问题，已有众多研究人员采用历史样本构建软测量模型实现 DXN 的实时检测[1]。通常，软测量模型采用基于特定分布的有限数量的历史样本构建[99]。显然，复杂工业过程中固有的工况波动会导致软测量模型的泛化性能下降。研究学者将工作环境改变、物料变化和设备老化等因素导致的历史模型泛化性能变差的现象称为概念漂移[100]，其由 Schlimmer 和 Granger 提出[101]后，相继出现了漂移检测法（drift detection method，DDM）、多元统计分析法和 Page-Hinkley 法等[102]。MSWI 过程的概念漂移会导致表征 DXN 的分布相对于历史检测分布发生变化，导致能够表征历史数据分布的软测量模型难以适用于漂移样本[103]。工业过程数据除具有非线性、强耦合、大时滞等特性外，还存在数据噪声、数据缺失等不确定性问题，这使得概念漂移问题更为复杂[104]。概念漂移对 DXN 在线检测精度的影响体现在：基于历史数据构建的软测量模型难以覆盖工况波动后的样本分布，这使得基于历史数据构建的软测量模型在实际应用中存在偏差。因此，实现 DXN 排放浓度在线实时预测的前提是能够对工况漂移现象进行准确识别，并采用能够表征工况漂移的样本更新软测量模型，进而提高泛化性能。显然，要实现 DXN 排放浓度的高精度检测首先需要解决 MSWI 过程的漂移识别问题。

目前，针对概念漂移检测的代表性方法分为两类[105]：

（1）基于单窗口的漂移检测，包括针对特征空间的检测，基于 Page-Hinkley 确认是否漂移[106]，基于多元统计策略分析样本特征空间的分布变化进行漂移检测[107]，基于距离度量策略采用马氏距离和领域熵度量特征空间的概念变化以检测漂移样本[108]等；文献[109]依据模型更新前后输出权重值的变化程度判别漂移，文献[110]依据欧氏距离的分布判别是否发生概念漂移等；但单窗口机制存在限制，其难以适应多因素导致的动态过程变化进而引起判别不充分等问题[111]。

（2）基于双窗口的漂移检测，包括文献[112]提出结合伪真值标记策略的特征空间与输出空间联合概念漂移检测；文献[113]提出采用模糊规则融合相对近似线性依赖条件和相对预测误差的更新样本识别算法。但是，上述研究均未在样本预测和漂移检测前识别对工业现场可能存在的离群样本及进行在线预处理，也未考虑对特征空间及输出空间识别到的漂移样本间的冗余性进行处理。

针对上述问题，本节提出联合多窗口检测的 DXN 排放软测量方法。首先，基于历史数据建立基于 RF 的软测量模型和基于 PCA 的漂移检测模型；其次，通过多窗口概念漂移检测策略对新样本进行漂移检测，其中，在离群样本检测窗口中判断新样本是否为离群样本并进行在线标准化处理，在特征空间漂移检测窗口中计算新样本的 T^2 和 SPE 以确定其是否为特征空间漂移样本，在输出空间漂移检测窗口中实现对新样本的预测并根据误差确定其是否为输出空间漂移样本；最后，对上述的漂移样本进行去冗处理并判断其数量是否满足预设定的阈值，若满足则重新训练 PCA 模型及 RF 模型，若不满足则继续采用历史模型对新样本进行预测。采用工业过程数据验证了所提方法的有效性，并开发软测量软件，基于实验室半实物仿真平台多模态历史数据驱动系统进行了类工业场景的验证。

5.6.2 建模策略

针对上述问题，此处提出如图 5.84 所示的 MSWI 过程 DXN 排放预测策略图。

图 5.84 中各模块的功能描述如下：

（1）多窗口检测模块：首先，标准化历史数据后构建软测量模型 $\hat{f}_{\text{old}}^{\text{RF}}(\cdot)$ 及特征空间检测模型 $\hat{f}_{\text{old}}^{\text{PCA}}(\cdot)$，并计算漂移检测限 $T_{\text{old}}^{\text{UCL}}$ 和 $\text{SPE}_{\text{old}}^{\alpha_{\text{pro}}}$；在离群样本检测窗口对新样本进行递推预处理后，对新样本进行离群判别并进行标准化处理；在特征空间漂移检测窗口，通过

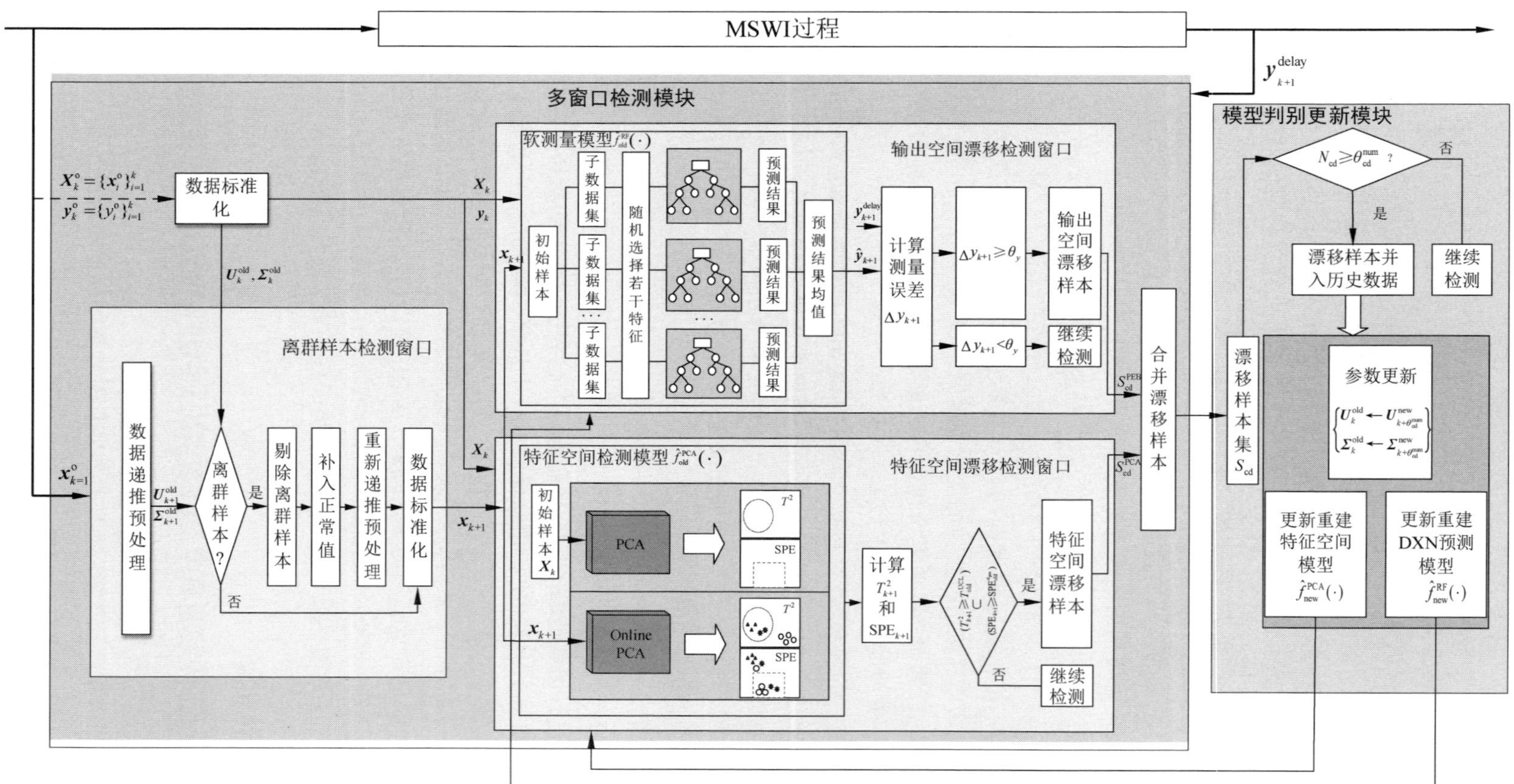

图 5.84　联合多窗口漂移检测的 DXN 排放软测量策略图

计算标准化后新样本的 T_{k+1}^2 和 SPE_{k+1}，确定其是否为特征空间漂移样本，若是则存入样本集 $\boldsymbol{S}_{\mathrm{cd}}^{\mathrm{PCA}}$；在输出空间漂移检测窗口获得新样本预测输出 $\hat{\boldsymbol{y}}_{k+1}$ 后，计算新样本的输出空间判别值 Δy_{k+1} 是否大于设定阈值 θ_y，确定其是否为输出空间漂移样本，若是则存入样本集 $\boldsymbol{S}_{\mathrm{cd}}^{\mathrm{PEB}}$；

(2) 模型更新判别模块：将上述存储的两类漂移样本进行合并去冗后获得有效的漂移样本 $\boldsymbol{S}_{\mathrm{cd}}$，并判别其数量 N_{cd} 是否达到预设的更新模型阈值 $\theta_{\mathrm{cd}}^{\mathrm{num}}$；若达到，则将漂移样本加入历史数据并重新训练软测量模型及特征空间漂移检测模型，同时更新相应参数；如未达到，则采用历史模型对新样本进行预测，直至达到模型更新阈值。

5.6.3 算法实现

5.6.3.1 多窗口检测模块

本节分为数据标准化、离群样本检测窗口、特征空间检测窗口及输出空间检测窗口，其中：第 1 个窗口实现离群样本识别及新样本标准化；第 2 个窗口实现新样本预测输出和漂移样本识别；第 3 个窗口实现漂移样本的判别。

1. 历史数据标准化

为便于描述，将 DXN 检测过程中的历史样本表示为

$$\boldsymbol{X}_k^{\circ}=\{\boldsymbol{x}_i^{\circ}\}_{i=1}^{k}=\{\boldsymbol{x}_m^{\circ}\}_{m=1}^{M}=\{\{x_{mi}^{\circ}\}_{m=1}^{M}\}_{i=1}^{k}\tag{5.124}$$

其中，$\boldsymbol{x}_i^{\circ}$ 表示第 i 个历史样本向量；$\boldsymbol{x}_m^{\circ}$ 表示所有历史样本的第 m 个特征组成的向量，x_{mi}° 表示为第 i 个历史样本中的第 m 个特征；k 为样本数量；M 为特征数量。

此处，将历史样本的输出记为 $\boldsymbol{y}_k^{\circ}=\{y_i^{\circ}\}_{i=1}^{k}$。进而，历史建模样本集可表示为

$$\boldsymbol{S}_{\mathrm{old}}=\{\boldsymbol{X}_k^{\circ},\boldsymbol{y}_k^{\circ}\}=\{\{\boldsymbol{x}_i^{\circ}\}_{i=1}^{k},\{\boldsymbol{y}_i^{\circ}\}_{i=1}^{k}\}\tag{5.125}$$

首先，进行标准化处理，即对$\{\boldsymbol{x}_i^{\circ}\}_{i=1}^{k}$ 计算样本均值$\boldsymbol{U}_k^{\mathrm{old}}$ 及标准差$\boldsymbol{\Sigma}_k^{\mathrm{old}}$：

$$\boldsymbol{U}_k^{\mathrm{old}}=[U_1^{\mathrm{old}},U_2^{\mathrm{old}},\cdots,U_m^{\mathrm{old}},\cdots,U_M^{\mathrm{old}}]\tag{5.126}$$

$$\boldsymbol{U}_m^{\mathrm{old}}=\frac{1}{k}\sum_{i=1}^{k}\boldsymbol{x}_{mi}^{\mathrm{old}}\tag{5.127}$$

$$\boldsymbol{\Sigma}_k^{\mathrm{old}}=[\Sigma_1^{\mathrm{old}},\Sigma_2^{\mathrm{old}},\cdots,\Sigma_m^{\mathrm{old}},\cdots,\Sigma_M^{\mathrm{old}}]\tag{5.128}$$

$$\boldsymbol{\Sigma}_m^{\mathrm{old}}=\frac{1}{k}\cdot\sum_{i=1}^{k}(\boldsymbol{x}_{mi}^{\mathrm{old}}-\boldsymbol{U}_m^{\mathrm{old}})^2\tag{5.129}$$

其次，将历史数据 $\boldsymbol{X}_k^{\circ}$ 标准化：

$$\boldsymbol{X}_k=\frac{\boldsymbol{X}_k^{\circ}-\boldsymbol{U}_k^{\mathrm{old}}}{\boldsymbol{\Sigma}_k^{\mathrm{old}}}\tag{5.130}$$

最后，将标准化后的历史数据表示为

$$\boldsymbol{X}_k=\{\boldsymbol{x}_i\}_{i=1}^{k}=\{\boldsymbol{x}_m\}_{m=1}^{M}=\{\{\boldsymbol{x}_{mi}\}_{m=1}^{M}\}_{i=1}^{k}\tag{5.131}$$

其中，$\boldsymbol{x}_i$ 表示第 i 个标准历史样本向量，$\boldsymbol{x}_m$ 表示所有标准化的历史样本的第 m 个特征组成的向量，$\boldsymbol{x}_{mi}$ 表示为第 i 个标准化的历史样本中的第 m 个特征。

2. 离群样本检测窗口

本节首先对新采集的样本进行预处理，此时需要考虑新样本对历史建模样本均值和方

差的影响。对历史的均值和标准差进行递推更新：

$$\boldsymbol{U}_{k+1}^{\text{old}}=\frac{k}{k+1}\boldsymbol{U}_{k}^{\text{old}}+\frac{1}{k+1}\boldsymbol{x}_{k+1}^{\text{o}} \tag{5.132}$$

$$\boldsymbol{\Sigma}_{k+1}^{\text{old}}=\frac{k-1}{k}\boldsymbol{\Sigma}_{k}^{\text{old}}+\Delta(\boldsymbol{U}_{k+1}^{\text{old}})^{2}+\frac{1}{k}\|\boldsymbol{x}_{k+1}^{\text{o}}-\boldsymbol{U}_{k+1}^{\text{old}}\|^{2} \tag{5.133}$$

利用递推更新后的均值 $\boldsymbol{U}_{k+1}^{\text{old}}$ 及标准差 $\boldsymbol{\Sigma}_{k+1}^{\text{old}}$ 判断新样本是否为离群样本。

以第 m 个特征为例，存在如下两种情况。

(1) 若下式成立：

$$|(\boldsymbol{x}_{k+1}^{\text{o}})_{m}-(\boldsymbol{U}_{k+1}^{\text{old}})_{m}|>3(\boldsymbol{\Sigma}_{k+1}^{\text{old}})_{m} \tag{5.134}$$

则该样本为离群样本。

此处，取前两个时刻的均值作为内插值代替新样本数据，仍以第 m 个特征为例，即

$$(\boldsymbol{x}'^{\text{o}}_{k+1})_{m}=\frac{1}{2}[(\boldsymbol{x}_{k}^{\text{o}})_{m}+(\boldsymbol{x}_{k-1}^{\text{o}})_{m}] \tag{5.135}$$

其中，$(\boldsymbol{x}_{k}^{\text{o}})_{m}$ 和 $(\boldsymbol{x}_{k-1}^{\text{o}})_{m}$ 表示第 k 个和第 $k-1$ 个历史样本的第 m 个特征值。

针对输入数据 $\boldsymbol{x}'^{\text{o}}_{k+1}$，根据式(5.132)和式(5.133)进行递推更新，可得均值 $\boldsymbol{U}'^{\text{old}}_{k+1}$ 及标准差 $\boldsymbol{\Sigma}'^{\text{old}}_{k+1}$。进一步，对 $\boldsymbol{x}'^{\text{o}}_{k+1}$ 进行标准化，获得标准化数据 $\boldsymbol{x}_{k+1}^{\text{unnomal}}$：

$$\boldsymbol{x}_{k+1}^{\text{unnomal}}=\frac{\boldsymbol{x}'^{\text{o}}_{k+1}-\boldsymbol{U}'^{\text{old}}_{k+1}}{\boldsymbol{\Sigma}'^{\text{old}}_{k+1}} \tag{5.136}$$

(2) 若式(5.134)不成立，则新样本 $\boldsymbol{x}_{k+1}^{\text{o}}$ 为正常值，需依据历史的均值和标准差对 $\boldsymbol{x}_{k+1}^{\text{o}}$ 进行标准化：

$$\boldsymbol{x}_{k+1}^{\text{nomal}}=\frac{\boldsymbol{x}_{k+1}^{\text{o}}-\boldsymbol{U}_{k+1}^{\text{old}}}{\boldsymbol{\Sigma}_{k+1}^{\text{old}}} \tag{5.137}$$

由上可知，针对新样本是否为离群点，标准化后的数据分别表示为 $\boldsymbol{x}_{k+1}^{\text{unnomal}}$ 和 $\boldsymbol{x}_{k+1}^{\text{nomal}}$，为便于描述，下文将两者统一表示为 $\boldsymbol{x}_{k+1}$。

3. 特征空间检测窗口

本节采用 PCA 构建样本的特征空间漂移检测模型，并采用该模型判别新样本是否为漂移样本。

PCA 能够从 DXN 的历史数据 $\boldsymbol{X}_k$ 的高维特征中提取关键变化信息，能够以较少的潜在特征反映原始高维变量的变化[114]。标准化的历史数据 $\boldsymbol{X}_k$ 由具有 M 个特征的 k 个样本组成，即 $\boldsymbol{X}_k\in\boldsymbol{R}^{k\times M}$，$\boldsymbol{X}_k$ 可按下式分解：

$$\boldsymbol{X}_k=\boldsymbol{t}_1\boldsymbol{p}_1^{\text{T}}+\boldsymbol{t}_2\boldsymbol{p}_2^{\text{T}}+\cdots+\boldsymbol{t}_h\boldsymbol{p}_h^{\text{T}}+\boldsymbol{t}_{h+1}\boldsymbol{p}_{h+1}^{\text{T}}+\cdots+\boldsymbol{t}_M\boldsymbol{p}_M^{\text{T}} \tag{5.138}$$

其中，$\boldsymbol{t}_h$ 和 $\boldsymbol{p}_h$ 分别是得分向量和负荷向量。

本质上，$\boldsymbol{p}_h$ 为相关系数矩阵 $\boldsymbol{R}_k\in\mathcal{R}^{M\times M}$ 的第 h 个主元向量。在 PCA 过程中，存在如下关系式：

$$\boldsymbol{R}_k\approx\frac{1}{k-1}\boldsymbol{X}_k^{\text{T}}\cdot\boldsymbol{X}_k \tag{5.139}$$

$$(\boldsymbol{R}_k-\lambda_k)\boldsymbol{P}_k=0 \tag{5.140}$$

其中，λ_k 是 $\boldsymbol{R}_k$ 的特征值。

分解后的 $\boldsymbol{X}_k$ 可表示为：

$$\boldsymbol{X}_k=\hat{\boldsymbol{X}}_k+\widetilde{\boldsymbol{X}}_k=\hat{\boldsymbol{T}}_k\hat{\boldsymbol{P}}_k^{\mathrm{T}}+\widetilde{\boldsymbol{T}}_k\widetilde{\boldsymbol{P}}_k^{\mathrm{T}} \tag{5.141}$$

其中，$\hat{\boldsymbol{X}}_k$ 和 $\widetilde{\boldsymbol{X}}_k$ 分别是 PCA 的模型部分和残差部分；$\boldsymbol{P}_k\in\mathcal{R}^{M\times h}$ 是由 $\boldsymbol{R}_k$ 的前 h 个主元向量组成的负荷矩阵，其覆盖的空间称为主元子空间；$\hat{\boldsymbol{T}}_k\in\mathcal{R}^{k\times h}$ 是 $\boldsymbol{X}_k$ 在 $\hat{\boldsymbol{P}}_k$ 上的投影，称为得分矩阵；$\widetilde{\boldsymbol{P}}_k^{\mathrm{T}}\in\mathcal{R}^{M\times(M-h)}$ 称为残差负荷矩阵，其覆盖的空间称为残差子空间；$\hat{\boldsymbol{T}}_k\in\mathcal{R}^{k\times(M-h)}$ 称为残差得分。

通过上述过程，获得特征空间的漂移检测模型 $\hat{f}_{\mathrm{old}}^{\mathrm{PCA}}(\cdot)$。

进一步，由上述模型计算得到置信度为 $1-\alpha$ 的两条控制限 $T_{\mathrm{old}}^{\mathrm{UCL}}$ 和 $\mathrm{SPE}_{\mathrm{old}}^{\alpha_{\mathrm{pro}}}$：

$$\mathrm{SPE}_{\mathrm{old}}^{\alpha_{\mathrm{pro}}}=\theta_1\left[\frac{C_\alpha\cdot h_0\cdot\sqrt{2\theta_2}}{\theta_1}+1+\frac{\theta_2\cdot h_0\cdot(h_0-1)}{\theta_1^2}\right]^{\frac{1}{h_0}} \tag{5.142}$$

$$T_{\mathrm{old}}^{\mathrm{UCL}}=\frac{h\cdot(M^2-1)}{h\cdot(M-h)}F_\alpha(M,M-h) \tag{5.143}$$

其中，$h_0=1-\dfrac{2\theta_1\theta_3}{3\theta_2}$，$\theta_r=\sum\limits_{j=h+1}^{k}\lambda_j^r$，$r=1,2,3$。

利用上述特征空间漂移检测模型对新样本进行检测。

首先，将新样本 $\boldsymbol{x}_{k+1}$ 分解为 $\hat{\boldsymbol{x}}_{k+1}$ 和 $\widetilde{\boldsymbol{x}}_{k+1}$ 两部分：

$$\boldsymbol{x}_{k+1}=\hat{\boldsymbol{x}}_{k+1}+\widetilde{\boldsymbol{x}}_{k+1} \tag{5.144}$$

$$\hat{\boldsymbol{x}}_{k+1}=\boldsymbol{x}_{k+1}\hat{\boldsymbol{P}}_k\hat{\boldsymbol{P}}_k^{\mathrm{T}} \tag{5.145}$$

$$\widetilde{\boldsymbol{x}}_{k+1}=\boldsymbol{x}_{k+1}(\boldsymbol{I}-\hat{\boldsymbol{P}}_k\hat{\boldsymbol{P}}_k^{\mathrm{T}}) \tag{5.146}$$

其中，$\hat{\boldsymbol{x}}_{k+1}$ 和 $\widetilde{\boldsymbol{x}}_{k+1}$ 分别是 $\boldsymbol{x}_{k+1}$ 在 PCA 主元子空间和残差子空间的投影。

通常，T^2 能够衡量新样本在主元子空间中的变化程度，SPE 能够衡量新样本在残差子空间中的偏离程度。进一步，基于 $\hat{f}_{\mathrm{old}}^{\mathrm{PCA}}(\cdot)$ 在置信度为 $1-\alpha$ 时，计算新样本 $\boldsymbol{x}_{k+1}$ 的 T_{k+1}^2 和 SPE_{k+1}[115]：

$$\hat{\boldsymbol{t}}_{k+1}=\boldsymbol{x}_{k+1}\hat{\boldsymbol{P}}_k \tag{5.147}$$

$$\hat{\boldsymbol{x}}_{k+1}=\hat{\boldsymbol{t}}_{k+1}\hat{\boldsymbol{P}}_k^{\mathrm{T}} \tag{5.148}$$

$$\widetilde{\boldsymbol{x}}_{k+1}=\boldsymbol{x}_{k+1}-\hat{\boldsymbol{x}}_{k+1} \tag{5.149}$$

$$\mathrm{SPE}_{k+1}=\|\widetilde{\boldsymbol{x}}_{k+1}\|^2=\|\boldsymbol{x}_{k+1}(\boldsymbol{I}-\hat{\boldsymbol{P}}_k\hat{\boldsymbol{P}}_k^{\mathrm{T}})\|^2 \tag{5.150}$$

$$T_{k+1}^2=\boldsymbol{x}_{k+1}\hat{\boldsymbol{P}}_k\hat{\boldsymbol{\Lambda}}_k^{-1}\hat{\boldsymbol{P}}_k^{\mathrm{T}}\boldsymbol{x}_{k+1}^{\mathrm{T}} \tag{5.151}$$

$$\hat{\boldsymbol{\Lambda}}_k=\frac{\hat{\boldsymbol{T}}_k^{\mathrm{T}}\hat{\boldsymbol{T}}_k}{k-1}=\mathrm{diag}\{\lambda_1,\lambda_2,\cdots,\lambda_h\} \tag{5.152}$$

其中，$\hat{\boldsymbol{t}}_{k+1}$ 表示得分向量，$\hat{\boldsymbol{\Lambda}}_k$ 是由 $\boldsymbol{R}_k$ 中前 h 个值所组成的对角阵。

特征空间漂移样本判别函数如下：

$$\phi_{\mathrm{PCA}}(\mathrm{SPE}_{k+1}, T_{k+1}^2, \mathrm{SPE}_{\mathrm{old}}^{\alpha_{\mathrm{pro}}}, T_{\mathrm{old}}^{\mathrm{UCL}}) = \begin{cases} 1, & (\mathrm{SPE}_{k+1} \geqslant \mathrm{SPE}_{\mathrm{old}}^{\alpha_{\mathrm{pro}}}) \cup (T_{k+1}^2 \geqslant T_{\mathrm{old}}^{\mathrm{UCL}}) \\ 0, & 其他 \end{cases} \tag{5.153}$$

其中，若 $\phi_{\mathrm{PCA}}(\mathrm{SPE}_{k+1}, T_{k+1}^2, \mathrm{SPE}_{\mathrm{old}}^{\alpha_{\mathrm{pro}}}, T_{\mathrm{old}}^{\mathrm{UCL}})$ 为 1，则新样本能够表征漂移，进而得到特征空间的漂移样本 $\boldsymbol{S}_{\mathrm{cd}}^{\mathrm{PCA}}$；反之，未发生概念漂移。

4. 输出空间检测窗口

本节采用 RF 构建 DXN 软测量模型并采用该模型判别新样本是否为漂移样本，其构建过程如图 5.85 所示。RF 利用随机重采样技术和随机节点分裂技术构建多棵决策树，最终由输出值的均值得到结果。RF 对于存在缺失值的数据具有很好的鲁棒性，同时 RF 具有较快的学习速度，近年来已经被广泛应用于各种预测、特征选择及异常点检测问题[116]。

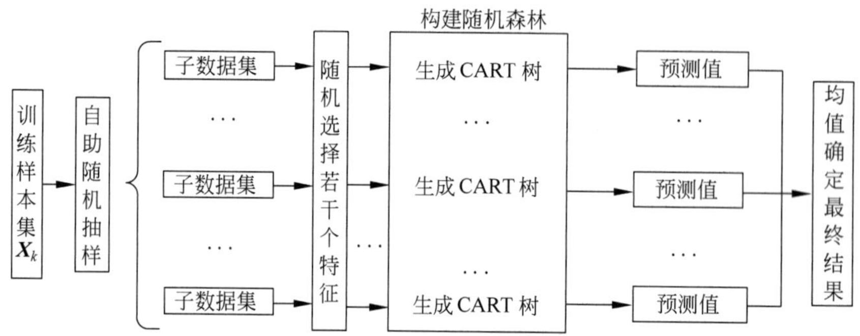

图 5.85　DXN 软测量模型构建过程

由图 5.85 可知，构建过程可描述为：对标准 DXN 历史数据 $\boldsymbol{X}_k$ 采用自助随机抽样，有放回的随机抽取子数据集作为训练集；从其 M 个特征中随机选取若干个特征，从这些特征中选择具有分类能力的特征作为分裂节点的依据；其次，多次训练得到不同的 CART 树；最后，将各个 CART 树输出值的均值作为基于 RF 的 DXN 排放浓度软测量的结果。

由上述过程，通过标准历史数据 $\boldsymbol{X}_k$ 训练得到软测量模型 $\hat{f}_{\mathrm{old}}^{\mathrm{RF}}(\cdot)$。

利用上述构建的软测量模型 $\hat{f}_{\mathrm{old}}^{\mathrm{RF}}(\cdot)$ 对新样本 $\boldsymbol{x}_{k+1}$ 进行预测得到 $\hat{\boldsymbol{y}}_{k+1}$：

$$\hat{\boldsymbol{y}}_{k+1} = \hat{f}_{\mathrm{old}}^{\mathrm{RF}}(\boldsymbol{x}_{k+1}) \tag{5.154}$$

通过比较预测值 $\hat{\boldsymbol{y}}_{k+1}$ 与真实值 $\boldsymbol{y}_{k+1}^{\mathrm{delay}}$ 的差异以确定该样本是否能够表征漂移。此处，记判别阈值为 θ_y，并提出判别函数：

$$\phi_{\mathrm{PEB}}(\Delta_y, \theta_y) = \begin{cases} 1, & \Delta y_{k+1} \geqslant \theta_y \\ 0, & \Delta y_{k+1} < \theta_y \end{cases} \tag{5.155}$$

其中，f_{PEB} 表示 Δy_{k+1} 的获取函数：

$$\Delta y_{k+1} = f_{\mathrm{PEB}}(\hat{y}_{k+1}, y_{k+1}, \{y_i\}_{i=1}^k, \{\hat{y}_i\}_{i=1}^k) \tag{5.156}$$

此处采用绝对误差方式确定 Δy_{k+1}。

由式(5.155)可知，若 $\phi(\Delta_y, \theta_y)$ 的值为 1，则新样本能够表征概念漂移，进而得到输出空间的漂移样本 $\boldsymbol{S}_{\mathrm{cd}}^{\mathrm{PEB}}$；反之，未发生概念漂移。

5.6.3.2 模型更新判别模块

将从特征空间和输出空间检测到的漂移样本合并进行去冗处理后，得到漂移样本集 $\boldsymbol{S}_{\mathrm{cd}}$，将最终漂移样本集 $\boldsymbol{S}_{\mathrm{cd}}$ 的数量记为 N_{cd}，并定义阈值 $\theta_{\mathrm{cd}}^{\mathrm{num}}$ 用于判别是否更新历史模型。存在以下两种情况。

(1) 若 N_{cd} 小于阈值 $\theta_{\mathrm{cd}}^{\mathrm{num}}$，即 $N_{\mathrm{cd}} \leqslant \theta_{\mathrm{cd}}^{\mathrm{num}}$，则不执行模型更新。此时，采用 $\boldsymbol{U}_k^{\mathrm{old}}$ 及 $\boldsymbol{\Sigma}_k^{\mathrm{old}}$ 进行新样本的递推更新，并基于历史模型 $\hat{f}_{\mathrm{old}}^{\mathrm{RF}}(\cdot)$ 和 $\hat{f}_{\mathrm{old}}^{\mathrm{PCA}}(\cdot)$ 进行输出预测和漂移检测。

(2) 若 N_{cd} 大于或等于阈值 $\theta_{\mathrm{cd}}^{\mathrm{num}}$，即 $N_{\mathrm{cd}} \geqslant \theta_{\mathrm{cd}}^{\mathrm{num}}$，将 $\boldsymbol{S}_{\mathrm{cd}}$ 与历史样本集 $\boldsymbol{X}_k^{\circ}$ 合并。此时，新的建模样本集 $\boldsymbol{S}_{k+\theta_{\mathrm{cd}}^{\mathrm{num}}}^{\circ}$ 可表示为

$$\boldsymbol{S}_{k+\theta_{\mathrm{cd}}^{\mathrm{num}}}^{\circ} = \boldsymbol{S}_{\mathrm{old}} \cup \boldsymbol{S}_{\mathrm{cd}} \tag{5.157}$$

重新训练软测量模型和特征空间漂移检测模型，过程如下：

$$\boldsymbol{S}_{k+\theta_{\mathrm{cd}}^{\mathrm{num}}}^{\circ} \Rightarrow f_{\mathrm{build}}^{\mathrm{RF}}(\cdot) \Rightarrow \hat{f}_{\mathrm{new}}^{\mathrm{RF}}(\cdot) \tag{5.158}$$

$$\boldsymbol{X}_{k+\theta_{\mathrm{cd}}^{\mathrm{num}}}^{\circ} \Rightarrow f_{\mathrm{build}}^{\mathrm{PCA}}(\cdot) \Rightarrow \hat{f}_{\mathrm{new}}^{\mathrm{PCA}}(\cdot) \tag{5.159}$$

其中，$\boldsymbol{X}_{k+\theta_{\mathrm{cd}}^{\mathrm{num}}}^{\circ}$ 表示新的建模样本集 $\boldsymbol{S}_{k+\theta_{\mathrm{cd}}^{\mathrm{num}}}^{\circ}$ 的输入；$f_{\mathrm{build}}^{\mathrm{RF}}(\cdot)$ 和 $f_{\mathrm{build}}^{\mathrm{PCA}}(\cdot)$ 表示模型的训练过程；$\hat{f}_{\mathrm{new}}^{\mathrm{RF}}(\cdot)$ 和 $\hat{f}_{\mathrm{new}}^{\mathrm{PCA}}(\cdot)$ 表示更新后的模型。

此外，考虑到 $\boldsymbol{S}_{\mathrm{cd}}$ 对历史均值和标准差的影响，为保证针对第 $k+\theta_{\mathrm{cd}}^{\mathrm{num}}+1$ 个新样本的正常软测量和漂移检测，按下式进行赋值更新：

$$\begin{cases} \hat{f}_{\mathrm{old}}^{\mathrm{PCA}}(\cdot) \leftarrow \hat{f}_{\mathrm{new}}^{\mathrm{PCA}}(\cdot) \\ \hat{f}_{\mathrm{old}}^{\mathrm{RF}}(\cdot) \leftarrow \hat{f}_{\mathrm{new}}^{\mathrm{RF}}(\cdot) \end{cases} \tag{5.160}$$

$$\begin{cases} \boldsymbol{U}_k^{\mathrm{old}} \leftarrow \boldsymbol{U}_{k+\theta_{\mathrm{cd}}^{\mathrm{num}}}^{\mathrm{new}} \\ \boldsymbol{\Sigma}_k^{\mathrm{old}} \leftarrow \boldsymbol{\Sigma}_{k+\theta_{\mathrm{cd}}^{\mathrm{num}}}^{\mathrm{new}} \end{cases} \tag{5.161}$$

$$\begin{cases} T_{\mathrm{old}}^{\mathrm{UCL}} \leftarrow T_{k+\theta_{\mathrm{cd}}^{\mathrm{num}}}^{\mathrm{new}} \\ \mathrm{SPE}_{\mathrm{old}}^{\alpha_{\mathrm{pro}}} \leftarrow \mathrm{SPE}_{k+\theta_{\mathrm{cd}}^{\mathrm{num}}}^{\mathrm{new}} \end{cases} \tag{5.162}$$

其中，$\boldsymbol{U}_{k+\theta_{\mathrm{cd}}^{\mathrm{num}}}^{\mathrm{new}}$ 和 $\boldsymbol{\Sigma}_{k+\theta_{\mathrm{cd}}^{\mathrm{num}}}^{\mathrm{new}}$ 分别表示更新后的均值和标准差，$T_{k+\theta_{\mathrm{cd}}^{\mathrm{num}}}^{\mathrm{new}}$ 和 $\mathrm{SPE}_{k+\theta_{\mathrm{cd}}^{\mathrm{num}}}^{\mathrm{new}}$ 分别表示更新后的漂移检测限 $T_{\mathrm{old}}^{\mathrm{UCL}}$ 和 $\mathrm{SPE}_{\mathrm{old}}^{\alpha_{\mathrm{pro}}}$。

通过上述更新后，所提软测量模型能够更好地适应 MSWI 过程的动态变化。

5.6.4 实验结果

5.6.4.1 数据描述

本节建模数据为北京某 MSWI 电厂某条线近 6 年来的真实 DXN 排放浓度数据。将全部 33 个标记数据分为两部分，其中$\frac{2}{3}$用作训练样本，$\frac{1}{3}$用作测试样本。

5.6.4.2 实验结果

通过历史数据构建 DXN 软测量模型及特征空间漂移检测 PCA 模型。RF 模型的建模参数为：内部决策树的棵数 $n_{\text{tree}}=300$，树节点的变量个数 $m_{\text{feature}}=121$。训练样本的预测值与真值的对比曲线如图 5.86 所示。

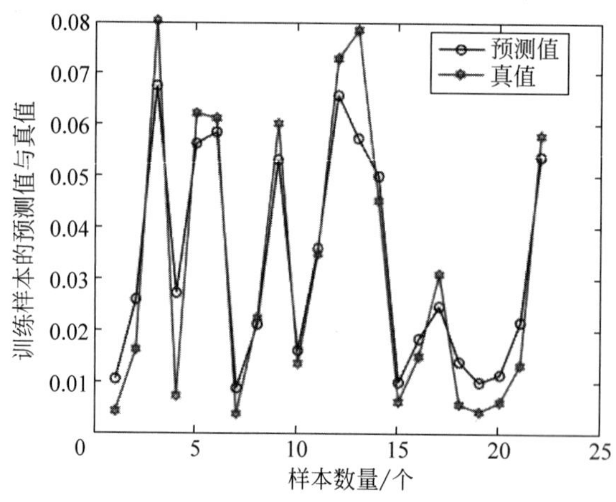

图 5.86 训练样本的预测值与真值曲线

此处将特征空间漂移检测 PCA 模型选择的主元数量设定为 10 个，置信度为 95% 的漂移检测限的值分别为 $T_{\text{old}}^{\text{UCL}}=6.2807$ 和 $\text{SPE}_{\text{old}}^{\alpha_{\text{pro}}}=31.0424$。此处，设置参数 $\alpha=0.05$，$\theta_y=0.01$ 和 $\theta_{\text{cd}}=1$。

测试样本的离群点分析表明，在设定准则下，测试样本中的离群样本为 1 个。更新后的特征空间漂移检测限与新样本对应的 T^2 和 SPE 的曲线如图 5.87 和图 5.88 所示。

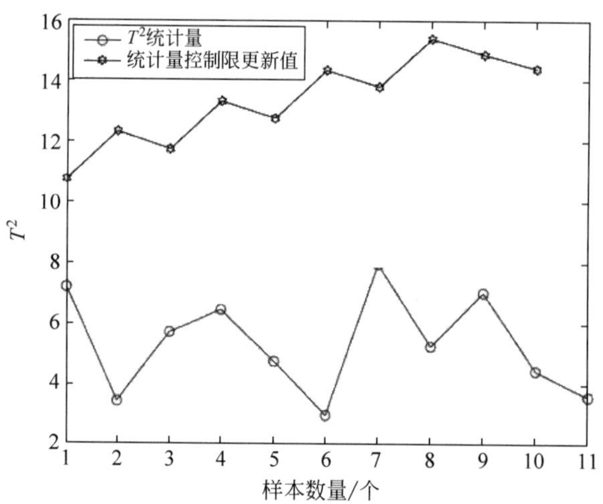

图 5.87 $T_{\text{old}}^{\text{UCL}}$ 控制限和新样本 T^2 控制限更新值

由图 5.87 和图 5.88 可知，表征主元子空间的 T^2 检出的漂移样本为 0 个，表征残差子空间的 SPE 的漂移样本为 10 个，按照此处规则，特征空间的漂移样本总数共计 10 个。

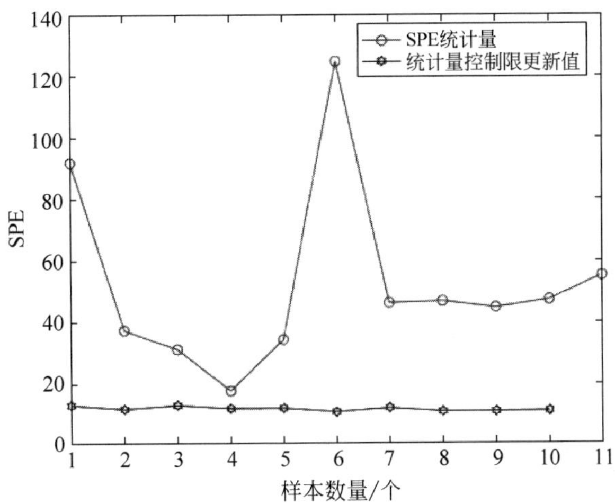

图 5.88　$SPE_{old}^{\alpha_{pro}}$ 控制限和新样本 SPE 控制限更新值

统计每个测试样本的软测量值、真值，计算相应的误差，其与输出空间漂移检测限 θ_y 的对比结果如图 5.89 所示。

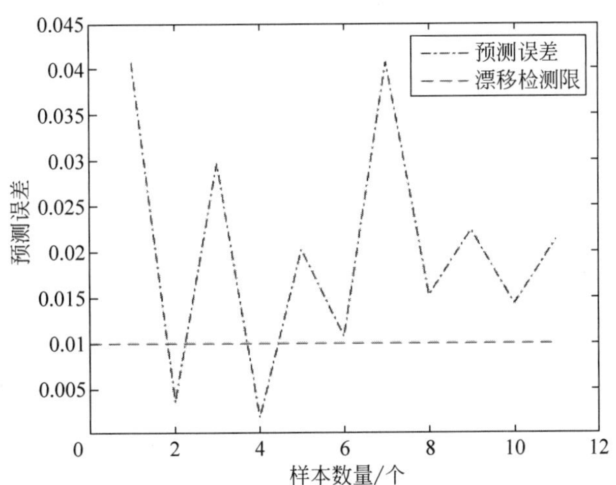

图 5.89　输出检测窗口预测误差与漂移检测限对比曲线

由图 5.89 可知，输出空间漂移样本共 9 个。将本次实验中的全部测试样本经过判别、合并和去冗后可知，输出空间和特征空间检出的漂移检测样本为 9 个和 10 个，进而可知，测试样本中存在 10 个漂移样本。

采用每次更新的模型 $\hat{f}_{new}^{RF}(\cdot)$ 对样本进行预测，得到测试数据的预测值，其与真值的对比如图 5.90 所示。

5.6.4.3　方法对比

采用此处所提算法与离线模型、仅基于输出空间误差、仅基于特征空间漂移检测的方法进行比较，实验结果如表 5.21 所示。

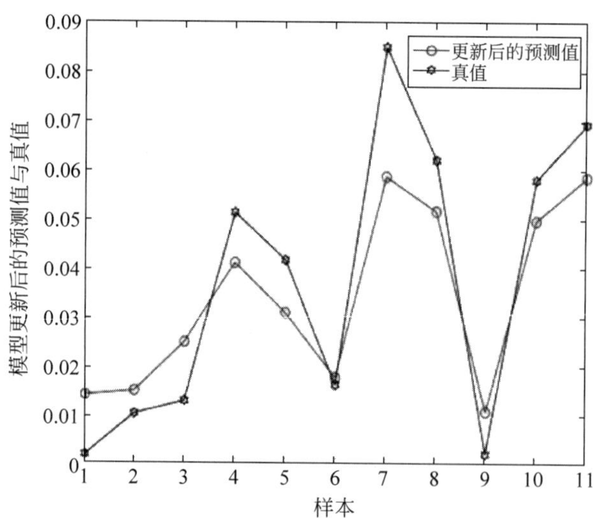

图 5.90 模型更新后的预测值与真值曲线

表 5.21 不同概念漂移检测算法的性能对比

漂移检测算法	RMSE	R^2	MAE	更新样本数量
仅离线模型	0.0106	0.8546	0.0126	0
仅基于输出空间	0.0075	0.8746	0.0063	9
仅基于特征空间	0.0062	0.8800	0.0051	10
此处方法	0.0062	0.8800	0.0051	10

根据表 5.21 可知，①当仅采用离线模型进行漂移检测时，RMSE 和 MAE 最大，R^2 最小，即具有最差的泛化性能；②当仅采用输出空间进行漂移检测时，RMSE 和 MAE 降低，R^2 增大，表示存在较大的误差；③当仅采用特征空间进行漂移检测时，RMSE 和 MAE 明显降低，R^2 明显增大，泛化性能得到明显提升；④当采用此处方法进行 DXN 数据漂移检测时，由于特征空间检测的漂移样本数量与最终漂移样本数量相同，其预测性能与前者一致。更多超参数分析详见下文。

5.6.4.4 参数分析

1. 输出空间漂移检测阈值

此处，取 $\alpha=0.05$ 和 $\theta_{\mathrm{cd}}=1$，通过改变 θ_y 获得其对预测性能的影响，如图 5.91 和表 5.22 所示。

表 5.22 不同输出空间漂移检测阈值的影响对比

输出空间漂移检测阈值	漂移样本数量	RMSE
$\theta_y=0.005$	9	0.0064
$\theta_y=0.01$	10	0.0062
$\theta_y=0.03$	2	0.0105

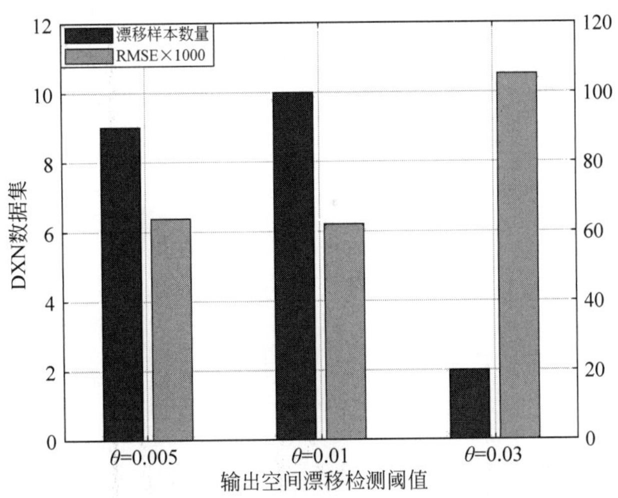

图 5.91　数据输出空间漂移检测阈值的影响

根据表 5.22 可知，在输出空间漂移检测阈值 θ_y 取 0.01 时具有最佳的检测效果。

2. 检验置信水平

此处，取 $\theta_{cd}=1$，变化 α 获得其对预测性能的影响，不同的置信水平下的检验效果如图 5.92 和表 5.23 所示。

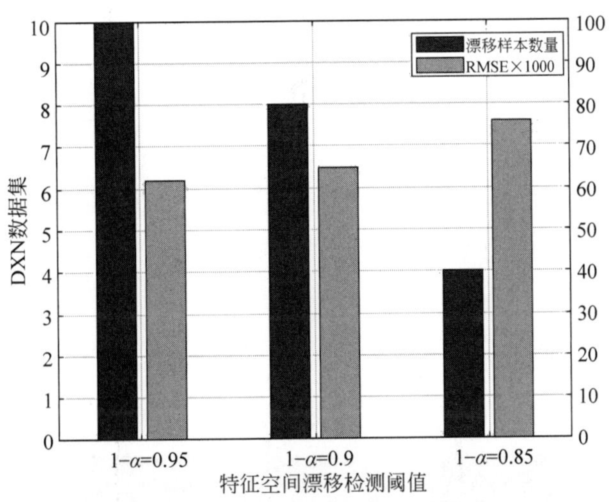

图 5.92　不同置信水平时数据特征空间漂移检测的影响

表 5.23　不同置信水平特征空间漂移检测性能对比

特征空间置信水平	漂移样本数量	RMSE
$1-\alpha=0.95$	10	0.0062
$1-\alpha=0.90$	8	0.0065
$1-\alpha=0.85$	4	0.0076

由表 5.23 可知，不同置信水平下的结果存在差异，即置信度越低泛化性能越差，能够检测到的漂移样本数量越小。在统计检验中，通常选取 95%以取得较好效果。

3. 模型更新阈值

此处，取 $\alpha=0.05$ 和 $\theta_y=0.01$，改变 θ_{cd} 以获得其对预测性能的影响，如图 5.93 和表 5.24 所示。

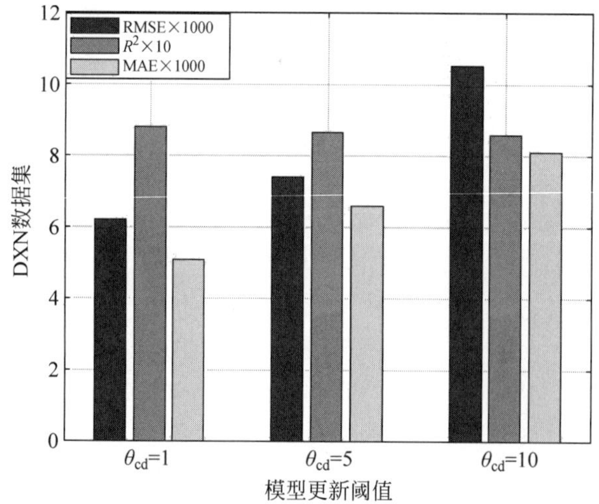

图 5.93　不同模型更新阈值时的影响

表 5.24　不同模型更新阈值的影响对比

模型更新阈值	模型更新阈值	RMSE	R^2	MAE
$\theta_{cd}^{num}=1$	$\theta_{cd}^{num}=1$	0.0062	0.8800	0.0051
$\theta_{cd}^{num}=10$	$\theta_{cd}^{num}=5$	0.0074	0.8643	0.0066
$\theta_{cd}^{num}=50$	$\theta_{cd}^{num}=10$	0.0105	0.8577	0.0081

由表 5.24 可知，不同模型更新阈值下的结果存在差异，即阈值越小预测模型的泛化性能越好。即更新次数越多，泛化性能越好。

5.6.5　平台验证

基于上述策略，开发了联合多窗口漂移检测的 MSWI 过程二噁英排放软测量软件，并在本平台多模态历史数据驱动系统中进行验证，其软硬件系统整体实物如图 5.94 所示。

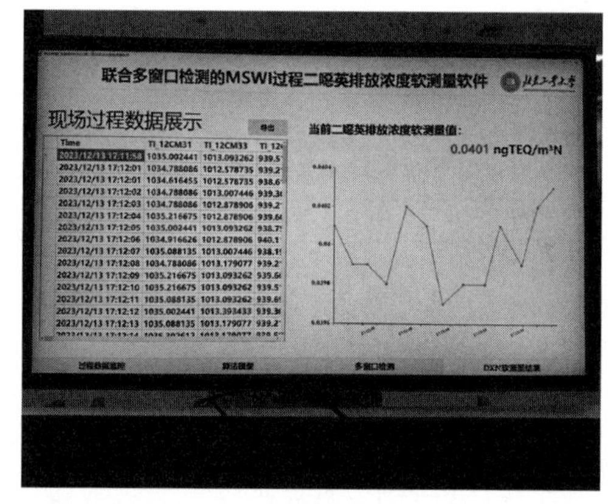

图 5.94　联合多窗口漂移检测的 MSWI 过程二噁英排放软测量系统实物图

5.6.5.1　软件阐述

该联合多窗口检测的 MSWI 过程二噁英排放浓度预测软件面向 MSWI 过程智能检测的研究需要，基于实际工业现场过程数据存在的漂移问题设计而成，本软件的设计结构如图 5.95 所示。首先，针对工业过程数据实现采集，开发与实际工业现场相一致的通信方式，即 OPC 方式传输过程数据；其次，开发易操作的前台人机交互界面，实时显示过程数据源；再次，对现有数据基于异常检测窗口实现异常值检测、基于输出检测窗口和特征空间检测窗口实现多窗口概念漂移检测；最后，基于漂移检测后的数据更新模型，实现 MSWI 过程 DXN 排放浓度软测量。本软件能够为使用者采集过程数据，且可根据需求分别设置。

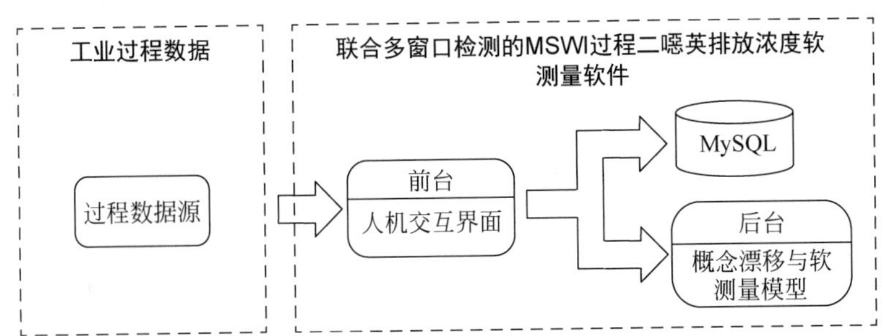

图 5.95　联合多窗口检测的 MSWI 过程二噁英排放软测量系统软件结构图

5.6.5.2　软件功能

该软件的具体功能如下。

(1) 网络通信连接。通过 IP 地址连接外部 OPC Server，实现软件获取过程数据的功能。

(2) 算法模型参数设置。通过界面窗口的参数设置可实现对算法模型参数的更新设置。

(3) 多窗口概念漂移检测。将过程数据通过多窗口实现离群样本检测、概念漂移检测。

(4) 模型实时软测量。根据模型检测到的概念漂移数据对模型实现更新并对 DXN 排放浓度进行软测量。

(5) 信息展示。软件提供了当前过程数据与软测量结果的展示功能，操作人员可通过前台界面实时监控软件的运行状况。

5.6.5.3　软件构建

本软件的开发平台为 Windows 7，对硬件系统的要求为 PC 机主频大于 1.86GHz、内存不小于 4GB 和硬盘不小于 50GB。软件采用 C# 语言结合 MySQL 数据库开发完成，其采用 OPC 通信方式获取过程数据源，基于后台算法对过程数据进行漂移检测、模型更新和 DXN 软测量，将过程数据及相应的漂移信息存入 MySQL 数据库。

首先，在网络连接与同轴电缆连接正常的情况下开启本软件，并设置 OPC 通信连接，获取过程数据源如图 5.96 所示。

其次，在算法模型界面显示历史模型参数及在线数据参数，如图 5.97 所示。

联合多窗口检测的MSWI过程二噁英排放浓度软测量软件

IP: 192.168.0.10　搜索　Server: Kepware.KEPSen　连接

Id	Value	Quality	Time
MSWI.HistoryData.ZI_12FG01	100	192	2023/12/13 17:11:57
MSWI.HistoryData.ZI_12CM19	74.515442	192	2023/12/13 17:12:31
MSWI.HistoryData.ZI_12CM17	96.077942	192	2023/12/13 17:13:18
MSWI.HistoryData.ZI_12CM16	0	192	2023/12/13 17:11:57
MSWI.HistoryData.ZI_12CM15	0	192	2023/12/13 17:11:57
MSWI.HistoryData.ZI_12CM14	30.059689	192	2023/12/13 17:11:57
MSWI.HistoryData.ZI_12CM13A	99.912209	192	2023/12/13 17:13:18
MSWI.HistoryData.ZI_12CM13	36.025276	192	2023/12/13 17:11:57
MSWI.HistoryData.ZI_12CM12	27.907303	192	2023/12/13 17:13:06
MSWI.HistoryData.ZI_12CM11A	99.782295	192	2023/12/13 17:13:18
MSWI.HistoryData.ZI_12CM11	36.853928	192	2023/12/13 17:13:16
MSWI.HistoryData.ZI_12CM10	27.187498	192	2023/12/13 17:11:57
MSWI.HistoryData.ZI_12CM09	29.627808	192	2023/12/13 17:11:57
MSWI.HistoryData.ZI_12CM08	99.403084	192	2023/12/13 17:11:57
MSWI.HistoryData.ZI_12CM07	69.266144	192	2023/12/13 17:11:57
MSWI.HistoryData.ZI_12CM06	99.122185	192	2023/12/13 17:13:05
MSWI.HistoryData.ZI_12CM05	99.325836	192	2023/12/13 17:13:16
MSWI.HistoryData.ZI_12CM04	97.735245	192	2023/12/13 17:12:31
MSWI.HistoryData.ZI_12CM03	99.466286	192	2023/12/13 17:13:16

过程数据监控　算法模型　多窗口检测　DXN软测量结果

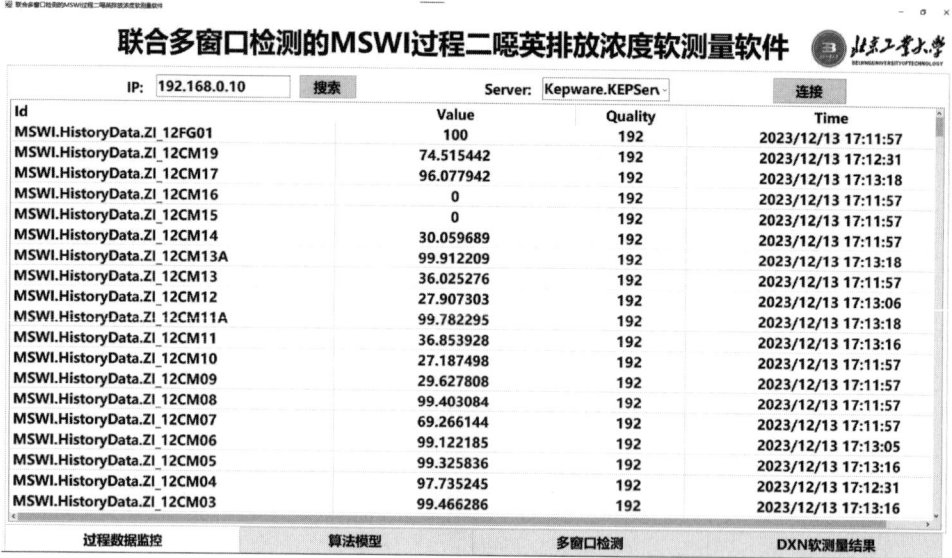

图 5.96　过程数据监控界面

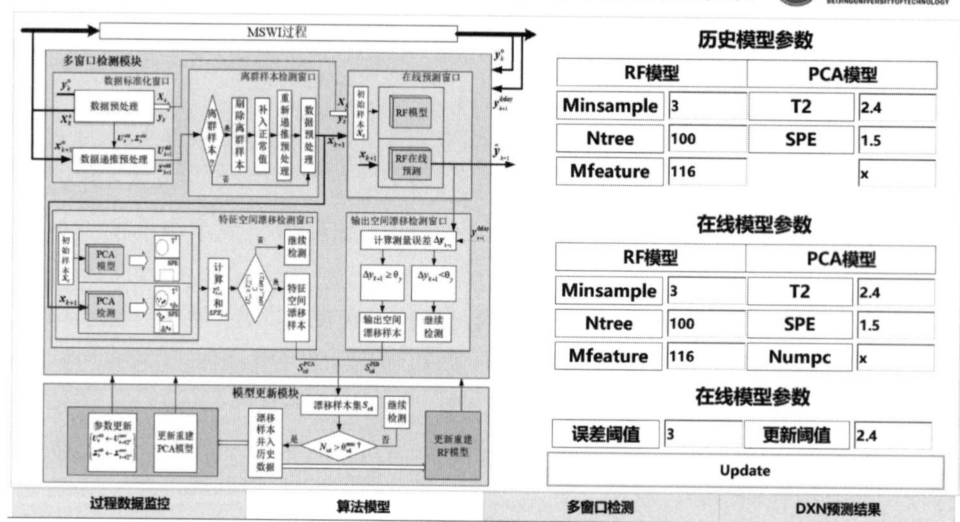

图 5.97　算法模型界面

再次，在多窗口检测界面，基于在线过程数据进行多窗口概念漂移检测，并在左侧部分观测相应的检测值，在右侧部分进行可视化展示，如图 5.98 所示。

然后，操作员可在算法模型界面，单击"Update"按钮，可对现有模型的参数进行在线更新，如图 5.99 所示。

最后，在 DXN 预测界面，展示了相应的实时过程数据及软测量值，如图 5.100 所示。

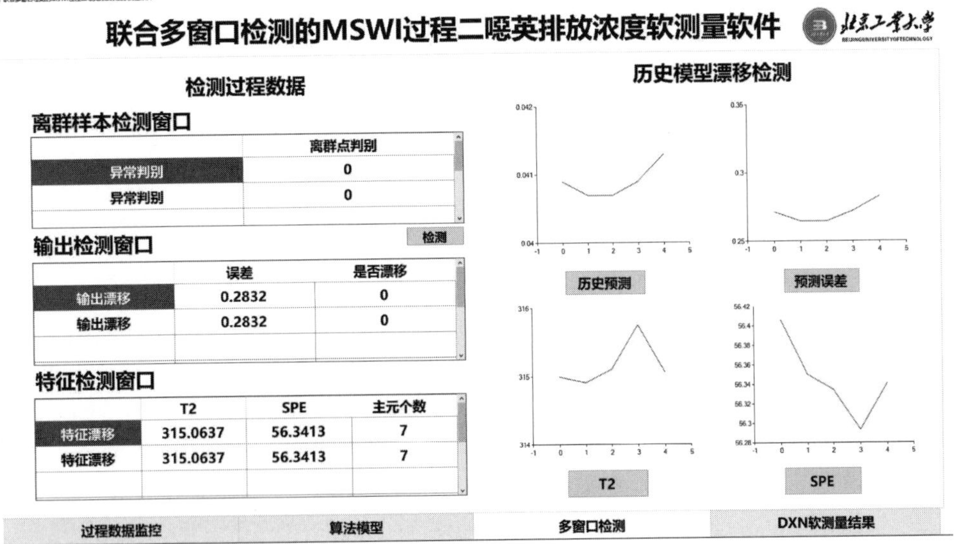

图 5.98　多窗口检测界面

图 5.99　算法模型参数更新界面

图 5.100 DXN 预测结果界面

5.7 基于约简深度特征和 LSTM 优化的 CO 排放预测算法实验室场景验证

5.7.1 问题描述

一氧化碳(carbon monoxide,CO)作为 MSWI 过程中产生的有毒气体之一,难以被感官感知,其与血红蛋白结合后将阻碍血液输氧,严重时会造成人体心肌梗死,因此必须要严格控制[117]。此外,其与造成焚烧建厂具有"邻避效应"的 DXN 直接相关[118],DXN 是国际上严格限制排放的"世纪之毒",具有累积性和剧毒性[119]。目前,以实时、准确和低成本的方式实现 DXN 排放检测是业界亟待解决的难题[120]。相对而言,CO 可采用烟气自动监控系统实时检测。由于 CO 排放浓度存在明显的尖峰脉冲现象,国际上的通用准则是以半小时均值为主[121]。研究表明,实现复杂工业过程的智能优化控制和绿色生产需要对产品质量、能耗物耗、污染排放等参数进行实时检测[122-123]。MSWI 过程可通过对 CO 排放的预测间接服务于 DXN 排放的长周期、高成本检测,进而辅助实现 MSWI 过程的优化控制。

从产生机理的视角,CO 排放浓度与 MSWI 过程的众多过程变量间均具有相关性,且在不同工况下也存在差异,这使得建模数据的高维特性成为 CO 预测建模所面临的首要问题。处理高维特征需要大量计算[124],特征选择是降低维度、删除不相关数据和提高学习准确性的有效策略[125]。针对复杂工业过程,只有具有长期运行经验的领域专家才能基于自身丰富的先验知识选择出较相关的过程变量,但也存在一定的主观性和随意性。针对先验知识提取难度大甚至无法获取的情况,学术界聚焦于如何从相关性的视角获取有效特征[126]。基于单变量皮尔逊相关系数度量的特征选择策略能够描述自变量与因变量间的复杂非线性映射关系[127]。Vergara 等[128]的研究表明，MI 对线性和非线性相关性均具有良好的表征能力。进一步，Jain 等[129]提出基于个体最佳 MI 特征选择方法。针对复杂工业过程自变量和因变量间的映射关系难以采用单一线性或非线性进行表征的问题[130]，Fleuret[131]提出基于条件 MI 的特征选择，以确保所选特征具有信息独立性；Xie 等[132]针对工业蒸发过程利用 MI 确定变量之间的非线性关系得到变量权重矩阵，以获得高质量的流程生产信息。然而，上述研究并未解决如何根据数据特点确定特征的选择阈值，也未考虑特征间的深层次关联性。

研究表明，CNN 具有较好的深度特征学习与表征能力，能够按其阶层结构对输入信息进行深度特征提取[133]。传统 CNN 主要用于处理二维图像数据，一维 CNN(one-dimensional CNN，1DCNN)具有挖掘深层特征和权值共享的特点，可用于过程数据的特征提取。浅层特征具有丰富的信息但没有足够的判别力[134-135]，深层特征的语义则相对稳健[136]。已有面向过程数据的 1DCNN 研究包括：Zhang 等[137]利用 1DCNN 通过堆叠卷积核提取原始信号的深层特征；Abdeljaber 等[138]将传统损伤监测系统的特征提取和分类过程融合至单学习器，在优化特征的同时最大限度地提高检测性能；Yang 等[139]针对油气管道泄漏检测模型采用 1DCNN 进行特征提取，效果很好。以上研究说明，针对复杂工业过程中过程变量间复杂且耦合的关系，IDCNN 在提取其深度特征方面具有较大潜力。但是，如何确定卷积核和卷积层数仍是需要关注的问题。

针对 MSWI 过程的特性，采用合适的算法构建 CO 排放预测模型非常重要。研究表明，Mtibaa 等[140]提出了基于长短期记忆神经网络(long short term memory，LSTM)的智能建筑暖通空调系统室内气温预测方法，可以处理系统中的非线性；Zhang 等[141]开发了基于 LSTM 的地下水位深度预测模型，优于传统的前馈神经网络(feedforward neural networks，FFNN)和 Double-LSTM 模型；Kong 等[142]描述了基于 LSTM 的多变量输入特征短期住宅负荷预测，结果表明其优于 BP、k 近邻算法(k-nearest neighbor，KNN)和随机权神经网络等方法；Chondrodima[143]等基于 LSTM，有效预测了长达 60min 的船舶位置；Pisa 等[144]验证了 LSTM 可用于高度复杂和非线性过程的建模。进一步，Zha 等[145]提出基于 CNN-LSTM 的气田产量预测模型，结果表明其优于 RF、SVM、CNN 和 LSTM 等方法。以上研究表明，LSTM 在非线性数据建模上具有良好的特性。针对 DXN 的排放浓度预测模型，已有方法包括适合于小样本数据建模[146-148]的 SVM、偏最小二乘法(partial least squares，PLS)、RF、GBTD 等[149]算法。CO 排放预测模型的样本数据相对丰富，同时具有强耦合和非线性的特点，因此适合采用 LSTM。

LSTM 作为非线性数据的映射模型，对其具有的强关联超参数进行优化也是改进方向之一。Qiao 等[150]针对 MSWI 过程中氧含量的预测控制，利用 PSO 优化改进了 LSTM 参数；Ruma 等[151]利用 PSO 方法调整了 LSTM 参数，提高了学习数据序列特征的能力，在预测水文数据方面的结果表明，其优于 ANN、PSO-ANN 和 LSTM；Yang 等[152]验证了 PSO-LSTM 的径流预测性能优于 RF 和 LSTM。以上研究表明，PSO 根据所有其他粒子的历史最佳信息进行粒子更新，能够保持种群多样性且防止过早收敛[153-154]。针对 MSWI 过程的 CO 排放建模问题，不仅需要确保 LSTM 参数的优化过程不会提前收敛至局部最优，也需要在同时进行特征选择与深度映射时具有较好的收敛速度，PSO 可有效解决该问题。

综上所述，以 CO 排放预测为目标，MSWI 过程所涉及的过程变量众多且关系复杂。针对建模过程中存在的特征选择、深度特征提取、深度模型构建和超参数优化等难点，此处提出基于约简深度特征和超参数优化的 LSTM 建模策略。该策略的主要优势为：①针对数据的高维特性，基于 MI 分析过程变量与 CO 的关系，以包含信息量较大的变量作为模型输入；②为获得高质量且具有互补特性的特征，进一步采用 1DCNN 提取有效特征；③为确定所提方法的最佳参数，根据数据特性自适应确定特征选择范围，采用 PSO 算法对约简特征和模型超参数进行优化。通过实际工业数据集验证了所提建模方法的合理性及有效性，并开发预测软件对基于实验室半实物仿真平台的多模态历史数据驱动系统进行了类工业场景的验证。

5.7.2 建模策略

在燃烧过程中，MSW 转化为气体、焦油和焦炭，焦炭氧化反应产生 CO、CO_2 和其他气体；在二次反应时，MSW 挥发的物质在炉排区域停留时间较长，所产生的焦油经裂解再次产生 CO、CO_2 和煤焦[155]。

焦炭氧化反应的主要产物为 CO 和 CO_2：

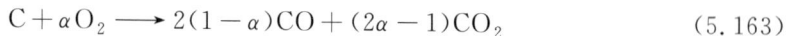

$$C + \alpha O_2 \longrightarrow 2(1-\alpha)CO + (2\alpha - 1)CO_2 \tag{5.163}$$

其中，系数 α 的范围在 0.5～1。

当固体燃料正常（无抑制）燃烧时，气化反应生成 CO 和 CO_2 的相对速率常用亚瑟定律确定，其作为温度的函数定义如下：

$$\frac{CO}{CO_2} = 10^{3.4}\exp\left(-\frac{12400}{RT}\right) = 2512\exp\left(-\frac{6420}{T}\right) \tag{5.164}$$

其中，温度 T 为 730～1170K，K 为热力学温度单位；R 表示理想气体常数；12400cal/mol 是活化能[156]。

焦炭气化反应如下所示：

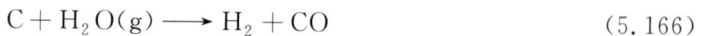

$$C + CO_2 \longrightarrow 2CO \tag{5.165}$$

$$C + H_2O(g) \longrightarrow H_2 + CO \tag{5.166}$$

其中，g 表示气化，即 $H_2O(g)$ 为水蒸气。

研究表明，烟囱排放烟气中的 CO 与 DXN 排放浓度直接相关[118]。Hasberg 等[157]给出的 DXN 与 CO 的映射关系如下：

$$\rho_{DXN} = \left(\frac{\rho_{CO}}{k_{CO}}\right)^2 \tag{5.167}$$

其中，ρ_{DXN} 表示 DXN 浓度，ρ_{CO} 表示 CO 浓度，k_{CO} 为常数。

CO 浓度增加说明产生不完全燃烧的程度大，可能会造成 DXN 排放浓度升高。从工程实践视角而言，工业现场应严格控制 CO 的排放浓度。因此，进行 CO 排放浓度的预测对通过优化控制降低 MSWI 过程的污染排放非常必要。

此处主要预测烟囱排放烟气中的 CO 排放浓度。由上述流程可知，CO 与 MSWI 过程的多个阶段的多个变量均相关，有必要进行特征约简和选择适合的建模算法。

此处提出的基于约简深度特征和 LSTM 优化的 CO 排放预测可表示为如下式所示的

优化问题：

$$\max_{X \in S} f(X): f_{\text{1DCNN-LSTM}}(\boldsymbol{X}^{\text{sel}}) = f_{\text{1DCNN-LSTM}}(f_{\text{MI}}(\boldsymbol{X}_{\text{nom}}^{\text{ori}})) \rightarrow F$$

$$\text{s. t.}\begin{cases} \boldsymbol{X}^{\text{ori}} \in \mathbb{R}^{N\times M^{\text{ori}}}, \boldsymbol{X}^{\text{sel}} \in \mathbb{R}^{N\times M^{\text{sel}}}, \boldsymbol{X}^{\text{exa}} \in \mathbb{R}^{N\times M^{\text{exa}}} \\ \boldsymbol{X}^{\text{ori}} > \boldsymbol{X}^{\text{sel}} > \boldsymbol{X}^{\text{exa}} \\ 1 \leqslant n \leqslant N, 1 \leqslant m \leqslant M \\ M^{\text{sel}} \geqslant \theta_{\text{numFilters}} \geqslant \theta_{\text{convlayers}} \end{cases} \tag{5.168}$$

其中，$f(X)$表示所构建 CO 排放预测模型的性能指标，其作为优化求解的适应度函数；$f_{\text{1DCNN-LSTM}}(\cdot)$表示基于 1DCNN 和 LSTM 的模型；$\boldsymbol{X}^{\text{ori}} \in \mathbb{R}^{N\times M^{\text{ori}}}$ 表示原始样本输入数据集；$\boldsymbol{X}_{\text{nom}}^{\text{ori}}$ 表示 $\boldsymbol{X}^{\text{ori}}$ 归一化后的数据集；$\boldsymbol{X}^{\text{sel}}$ 表示经 MI 特征选择 $f_{\text{MI}}(\cdot)$的特征数据集；F 表示测试集在 $f_{\text{1DCNN-LSTM}}(\cdot)$上的泛化性能，其作为适应度 $f(X)$；$\boldsymbol{X}^{\text{exa}}$ 表示经 1DCNN 特征提取后的特征数据集；n 表示样本数，共 N 个；m 表示卷积层数，共 M 层；M^{ori} 表示 $\boldsymbol{X}^{\text{ori}}$ 的维数，M^{sel} 表示 $\boldsymbol{X}^{\text{sel}}$ 的维数，M^{exa} 表示 $\boldsymbol{X}^{\text{exa}}$ 的维数；$\theta_{\text{numFilters}}$ 和 $\theta_{\text{convlayers}}$ 分别表示卷积核数量和卷积层数。

为解决上述优化问题，提出由面向约简深度特征和 LSTM 优化的粒子设计、面向约简深度特征和 LSTM 优化的适应度函数设计、基于 PSO 的优化过程共 3 部分组成的预测策略，如图 5.101 所示。

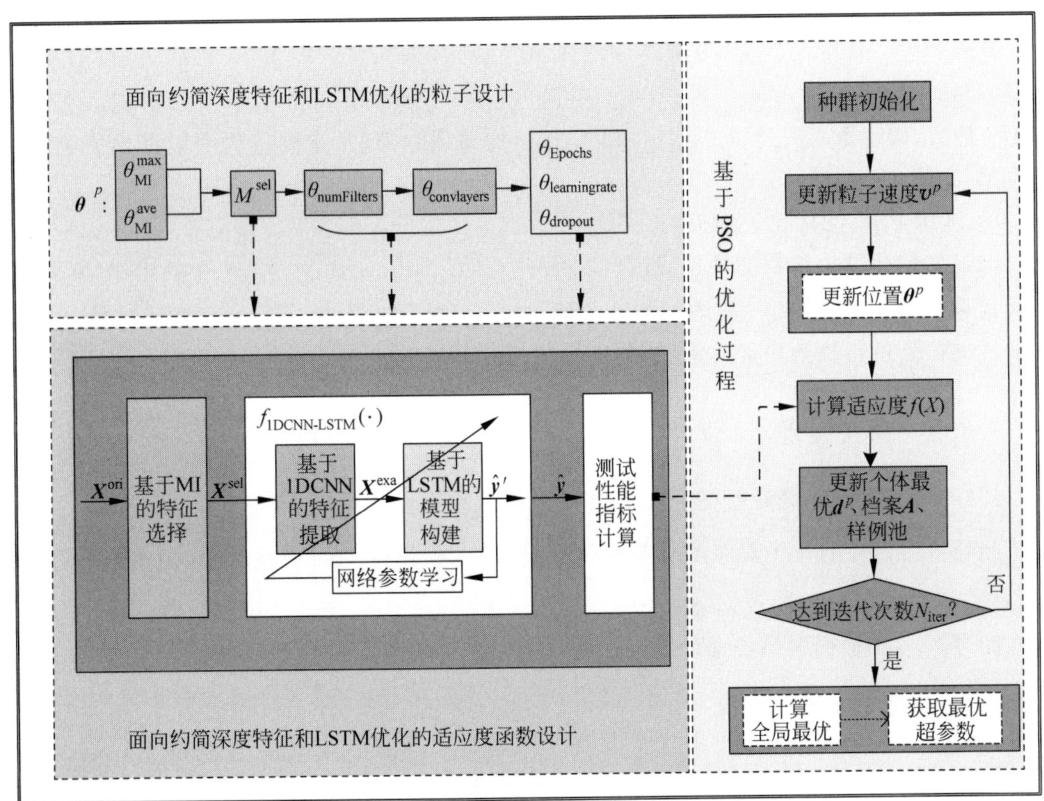

图 5.101　CO 排放浓度预测建模策略图

在图 5.101 中，$\boldsymbol{\theta}^{p}$ 表示粒子决策变量，同时也是 PSO 中的粒子位置；θ_{MI} 表示基于 MI 的特征选择阈值，$\theta_{\mathrm{MI}}^{\max}$ 和 $\theta_{\mathrm{MI}}^{\mathrm{ave}}$ 分别表示 MI 的最大值和平均值；$\hat{\boldsymbol{y}}'$ 表示经 1DCNN 特征提取后输入 LSTM 模型的预测结果；θ_{Epochs}、$\theta_{\mathrm{learningrate}}$ 和 $\theta_{\mathrm{dropout}}$ 表示 LSTM 模型的迭代次数、学习率和 dropout 率；$\hat{\boldsymbol{y}}$ 表示模型 $f_{\mathrm{1DCNN\text{-}LSTM}}(\cdot)$ 的预测值；$\boldsymbol{v}^{p}$ 表示 PSO 中的粒子速度；$\boldsymbol{d}^{p}$ 表示粒子个体最优；$\boldsymbol{A}$ 表示档案；N_{iter} 表示 PSO 寻优的迭代次数。

由图 5.101 可知，所提策略的步骤为：首先，根据数据特点选择 MI 的阈值范围，进而获得基于 MI 选择的特征；其次，优化提取 1DCNN 的特征；再次，优化 LSTM 超参数，实现模型构建。主要的模块功能如下。

1）面向约简深度特征和 LSTM 优化的粒子设计模块

决策变量 $\boldsymbol{\theta}^{p}$ 根据数据特点指导超参数的选择，通过粒子设计实现优化策略，具体过程为：根据建模数据计算 $\theta_{\mathrm{MI}}^{\max}$ 和 $\theta_{\mathrm{MI}}^{\mathrm{ave}}$，并将其作为 θ_{MI} 的上下限，基于所得 θ_{MI} 得出特征选择后的特征数 $\boldsymbol{M}^{\mathrm{sel}}$，使 $\theta_{\mathrm{numFilters}}$ 与 M^{sel} 满足 $M^{\mathrm{sel}}\geqslant\theta_{\mathrm{numFilters}}$，进而存在 $\theta_{\mathrm{numFilters}}\geqslant\theta_{\mathrm{convlayers}}$，进一步确定 LSTM 的超参数 θ_{Epochs}、$\theta_{\mathrm{learningrate}}$ 和 $\theta_{\mathrm{dropout}}$ 范围。

2）面向约简深度特征和 LSTM 优化的适应度函数设计模块

该模块分为基于 MI 的特征选择、基于 1DCNN 的特征提取、基于 LSTM 的模型构建和针对 1DCNN-LSTM 的网络参数学习共 4 个阶段计算适应度，评价指标为该模型在测试集上的预测性能 R^2。首先，对原始数据集 $\{\boldsymbol{X}^{\mathrm{ori}},\boldsymbol{y}\}$ 进行归一化处理获得标准数据集 $\{\boldsymbol{X}_{\mathrm{nom}}^{\mathrm{ori}},\boldsymbol{y}_{\mathrm{nom}}\}$；其次，进行基于 MI 的特征选择：先计算过程变量中单个特征与 CO 浓度 $\boldsymbol{y}_{\mathrm{nom}}$ 间的 MI，再基于 θ_{MI} 得到 $\boldsymbol{X}_{\mathrm{nom}}^{\mathrm{ori}}$ 中的 M^{sel} 个特征向量，获得特征数据集 $\boldsymbol{X}^{\mathrm{sel}}$；再次，进行 1DCNN 特征提取，通过参数 $\theta_{\mathrm{numFilters}}$ 和 $\theta_{\mathrm{convlayers}}$ 进行卷积得到约简特征数据集 $\boldsymbol{X}^{\mathrm{exa}}$ 并输入 LSTM 模型；最后，以参数 θ_{Epochs}、$\theta_{\mathrm{learningrate}}$ 和 $\theta_{\mathrm{dropout}}$ 构建预测模型，建模过程中根据损失函数更新网络参数。

3）基于 PSO 的优化过程模块

通过初始化算法参数和种群，选择满足 $M^{\mathrm{sel}}\geqslant\theta_{\mathrm{numFilters}}\geqslant\theta_{\mathrm{convlayers}}$ 关系的粒子，对 $\boldsymbol{\theta}^{p}$ 赋值并计算 $f(X)$，随着 N_{iter} 的增加不断更新 $\boldsymbol{d}^{p}$、$\boldsymbol{A}$ 和样例池，在达到最大迭代次数后对全局最优的粒子进行决策变量的解码，进而获得最优超参数。

5.7.3 算法实现

5.7.3.1 面向约简深度特征和 LSTM 优化的粒子设计

此处将所设计的粒子对应的决策变量向量，即建模过程的 6 个超参数，记为 $\boldsymbol{\theta}^{p}=\{\theta_{\mathrm{MI}},\theta_{\mathrm{numFilters}},\theta_{\mathrm{convlayers}},\theta_{\mathrm{Epochs}},\theta_{\mathrm{learningrate}},\theta_{\mathrm{dropout}}\}$。

针对 θ_{MI}，先根据建模数据计算输入特征与 CO 排放浓度间的 MI，再计算 $\theta_{\mathrm{MI}}^{\max}$ 和 $\theta_{\mathrm{MI}}^{\mathrm{ave}}$：

$$\theta_{\mathrm{MI}}^{\mathrm{ave}}=\frac{\sum_{i=1}^{M^{\mathrm{ori}}} I(\boldsymbol{x}_{i}^{\mathrm{nom\text{-}ori}};\boldsymbol{y}_{\mathrm{nom}})}{M^{\mathrm{ori}}} \tag{5.169}$$

$$\theta_{\mathrm{MI}}^{\max}=\max\{\boldsymbol{I}_{\mathrm{MI}}\} \tag{5.170}$$

其中，$\boldsymbol{x}_i^{\text{nom-ori}}$ 表示 $\boldsymbol{X}_{\text{nom}}^{\text{ori}}$ 中的第 i 个特征，$\boldsymbol{y}_{\text{nom}}$ 表示 CO 排放浓度，$\boldsymbol{I}_{\text{MI}}$ 表示由各输入特征与 $\boldsymbol{y}_{\text{nom}}$ 间的 MI 组成的向量。

根据建模数据特性获得更适合的阈值范围，即存在 $\theta_{\text{MI}}^{\text{ave}} \leqslant \theta_{\text{MI}} < \theta_{\text{MI}}^{\max}$。显然，基于设定的 θ_{MI} 可获得 M^{sel} 个特征，这使得后续的 1DCNN 特征提取超参数 $\theta_{\text{numFilters}}$ 应满足的关系为 $M^{\text{sel}} \geqslant \theta_{\text{numFilters}} \geqslant \theta_{\text{convlayers}}$。LSTM 超参数 θ_{Epochs}、$\theta_{\text{learningrate}}$ 和 θ_{dropout} 的上限和下限需要根据经验进行确定。

此处进行的粒子设计中的每个粒子均包含$\boldsymbol{\theta}^p$、$\boldsymbol{v}^p$、$f(X)$、学习样例 $\boldsymbol{E}^P$、个体最优排序 rank^p 和学习概率 P_c^p 等属性。其中，粒子的 rank^p 确定了 P_c^p，后者会影响 $\boldsymbol{E}^P$ 的更新；$\boldsymbol{E}^P$ 指导粒子$\boldsymbol{v}^p$ 的搜索方向和步长，后者决定着粒子$\boldsymbol{\theta}^p$ 的更新；根据$\boldsymbol{\theta}^p$ 计算 $f(X)$，后者的值决定着更新粒子的个体最优及其排序。

5.7.3.2　面向约简深度特征和 LSTM 优化的适应度函数设计模块

适应度函数值的变化过程是根据粒子的位置$\boldsymbol{\theta}^p$ 计算式(5.168)所定义的优化目标的过程，此处将测试集的评价性能指标 R^2 作为粒子的适应度。

为消除过程变量不同量纲的影响，将 $\boldsymbol{X}^{\text{ori}}$ 归一化为 $\boldsymbol{X}_{\text{nom}}^{\text{ori}}$，其中 $\boldsymbol{x}_i^{\text{nom-ori}}$ 的计算如下式所示：

$$\boldsymbol{x}_i^{\text{nom-ori}} = \theta_{\text{low}}^{\text{Normal}} + \frac{\boldsymbol{x}_i^{\text{ori}} - x_{i,\min}}{x_{i,\max} - x_{i,\min}} (\theta_{\text{high}}^{\text{Normal}} - \theta_{\text{low}}^{\text{Normal}}) \tag{5.171}$$

其中，$\boldsymbol{x}_i^{\text{ori}}$ 表示 $\boldsymbol{X}^{\text{ori}}$ 的第 i 个特征，$x_{i,\min}$ 和 $x_{i,\max}$ 分别表示第 i 个特征的最小值和最大值。此处，将数据归一化到[0,1]，即 $\theta_{\text{low}}^{\text{Normal}}=0$，$\theta_{\text{high}}^{\text{Normal}}=1$。显然，存在 $\boldsymbol{X}_{\text{nom}}^{\text{ori}} = \{\boldsymbol{x}_i^{\text{nom-ori}}\}_{i=1}^{M^{\text{ori}}}$。

同理，将 $\boldsymbol{y}$ 归一化为 $\boldsymbol{y}_{\text{nom}}$。

1. 基于 MI 的特征选择

计算过程变量中单个特征与 $\boldsymbol{y}_{\text{nom}}$ 间的 MI。

首先，设定空集 $\boldsymbol{X}^{\text{sel}}$，按下式计算 $\boldsymbol{x}_i^{\text{nom-ori}}$ 与 $\boldsymbol{y}_{\text{nom}}$ 之间的 MI：

$$I(\boldsymbol{x}_i^{\text{nom-ori}};\boldsymbol{y}_{\text{nom}}) = \sum_{x_{n,i}^{\text{nom-ori}}} \sum_{y_n^{\text{nom}}} p(x_{n,i}^{\text{nom-ori}}, y_n^{\text{nom}}) \log_2 \frac{p(x_{n,i}^{\text{nom-ori}}, y_n^{\text{nom}})}{p(x_{n,i}^{\text{nom-ori}})p(y_n^{\text{nom}})} \tag{5.172}$$

其中，$x_{n,i}^{\text{nom-ori}}$ 表示第 n 个样本的第 i 个特征值，y_n^{nom} 表示第 n 个样本的值，$p(x_{n,i}^{\text{nom-ori}}, y_n^{\text{nom}})$ 表示联合概率分布，$p(x_{n,i}^{\text{nom-ori}})p(y_n^{\text{nom}})$表示边缘概率分布。

通过上式计算得出 $\boldsymbol{I}_{\text{MI}}$，即 $\boldsymbol{I}_{\text{MI}} = \{I(\boldsymbol{x}_i^{\text{nom-ori}};\boldsymbol{y}_{\text{nom}})\}_{i=1}^{M^{\text{ori}}}$。

其次，利用所得 MI 进一步获得 $\theta_{\text{MI}}^{\max}$ 和 $\theta_{\text{MI}}^{\text{ave}}$。

最后，基于设定的 θ_{MI} 得到 $\boldsymbol{X}_{\text{nom}}^{\text{ori}}$ 中的 M^{sel} 个特征向量，约简特征后的数据集如下：

$$\boldsymbol{X}^{\text{sel}} = f_{\text{MI}}(\boldsymbol{X}_{\text{nom}}^{\text{ori}}) \tag{5.173}$$

2. 基于 1DCNN 的特征提取

1DCNN 包含 $m=1,2,\cdots,M$ 个卷积层，其输入为 $\boldsymbol{X}_1^{\text{sel}}$，显然存在 $\boldsymbol{X}_1^{\text{sel}} = \boldsymbol{X}^{\text{sel}}$。

第 1 层的计算过程如图 5.102 所示。

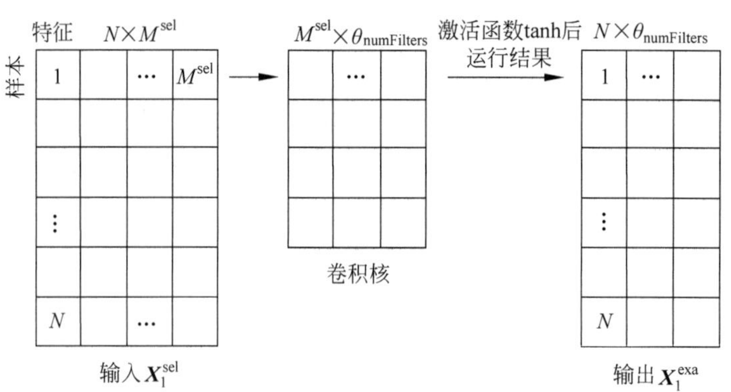

图 5.102　1DCNN 工作原理图

由图 5.102 可知，第 1 层的卷积过程如下。

首先，确定卷积核大小为 $M^{sel}\times\theta_{numFilters}$。

其次，设定步长为 s，将样本与卷积核进行卷积。以第 n 个样本为例，每次卷积后将特征数 M^{sel} 降维到 $\theta_{numFilters}$，卷积过程如下：

$$\boldsymbol{x}_{n,1}^{exa}=\tanh(\boldsymbol{X}_{n,1}^{sel}\cdot\boldsymbol{W}_{k,1}+\boldsymbol{b}_{k,1})=\frac{1-e^{-2(\boldsymbol{X}_{n,1}^{sel}\cdot\boldsymbol{W}_{k,1}+\boldsymbol{b}_{k,1})}}{1+e^{-2(\boldsymbol{X}_{n,1}^{sel}\cdot\boldsymbol{W}_{k,1}+\boldsymbol{b}_{k,1})}} \tag{5.174}$$

其中，$\boldsymbol{W}_{k,1}$ 表示第 1 层的卷积核，$\boldsymbol{b}_{k,1}$ 表示第 1 层的卷积偏置，$\boldsymbol{X}_{n,1}^{sel}$ 表示第 1 层卷积时的输入 $\boldsymbol{X}^{sel}$ 的第 n 个样本，$\boldsymbol{x}_{n,1}^{exa}$ 表示第 1 层卷积第 n 个样本的输出。

第 1 层卷积完后输出 $\boldsymbol{X}_1^{exa}$：

$$\boldsymbol{X}_1^{exa}=\{\boldsymbol{x}_{1,1}^{exa},\boldsymbol{x}_{2,1}^{exa},\cdots,\boldsymbol{x}_{n,1}^{exa},\cdots,\boldsymbol{x}_{N,1}^{exa}\} \tag{5.175}$$

类似的，第 m 层卷积的输入为第 $m-1$ 层卷积后的输出 $\boldsymbol{X}_{m-1}^{exa}$，卷积过程如下：

$$\boldsymbol{x}_{n,m}^{exa}=\tanh(\boldsymbol{X}_{n,m-1}^{exa}\cdot\boldsymbol{W}_{k,m}+\boldsymbol{b}_{k,m})=\frac{1-e^{-2(\boldsymbol{X}_{n,m-1}^{exa}\cdot\boldsymbol{W}_{k,m}+\boldsymbol{b}_{k,m})}}{1+e^{-2(\boldsymbol{X}_{n,m-1}^{exa}\cdot\boldsymbol{W}_{k,m}+\boldsymbol{b}_{k,m})}} \tag{5.176}$$

其中，$\boldsymbol{X}_{n,m-1}^{exa}$ 表示第 m 层卷积时的输入 $\boldsymbol{X}^{exa}$ 的第 n 个样本，$\boldsymbol{W}_{k,m}$ 表示第 m 层的卷积核，$\boldsymbol{b}_{k,m}$ 表示第 m 层的卷积偏置，$\boldsymbol{x}_{n,m}^{exa}$ 表示第 m 层卷积第 n 个样本的输出。

最后，第 m 层卷积后的输出 $\boldsymbol{X}_m^{exa}$：

$$\boldsymbol{X}_m^{exa}=\{\boldsymbol{x}_{1,m}^{exa},\boldsymbol{x}_{2,m}^{exa},\cdots,\boldsymbol{x}_{n,m}^{exa},\cdots,\boldsymbol{x}_{N,m}^{exa}\} \tag{5.177}$$

最终，第 M 层卷积后的输出 $\boldsymbol{X}_M^{exa}$ 可表示为

$$\boldsymbol{X}_M^{exa}=\{\boldsymbol{x}_{1,M}^{exa},\boldsymbol{x}_{2,M}^{exa},\cdots,\boldsymbol{x}_{n,M}^{exa},\cdots,\boldsymbol{x}_{N,M}^{exa}\} \tag{5.178}$$

3. 基于 LSTM 的模型构建

此处所采用的 LSTM 结构如图 5.103 所示。

在图 5.103 中，$\boldsymbol{X}_n^{exa}$ 表示第 n 个样本输入；$\boldsymbol{h}_{n-1}$ 和 $\boldsymbol{C}_{n-1}$ 分别表示第 $n-1$ 个样本在 LSTM 隐含层的输出和状态信息，是下一个样本的输入；$\boldsymbol{h}_n$ 和 $\boldsymbol{C}_n$ 分别表示第 n 个样本在 LSTM 的输出和状态信息。

在初始样本计算时，$n=1$，$\boldsymbol{h}_{n-1}=0$，其具体过程如下。

(1) 设定空集 $\boldsymbol{C}_n$ 为记忆单元。遗忘门 $\boldsymbol{f}_n$ 决定记忆单元 $\boldsymbol{C}_n$ 的上一个样本输出值被输

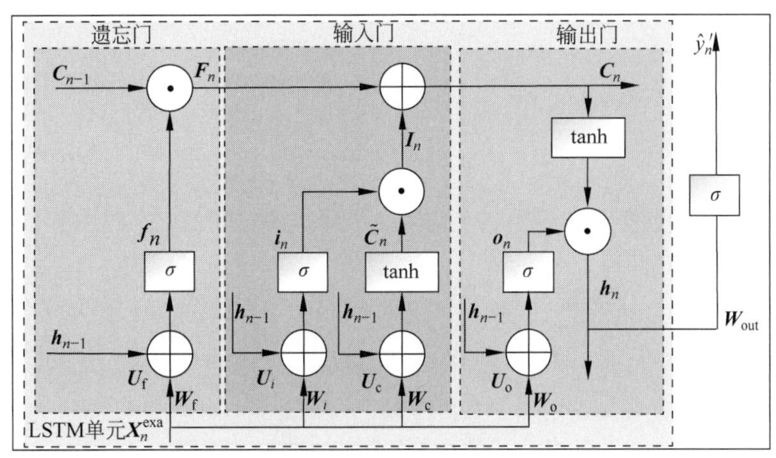

图 5.103　LSTM 结构图

出到本次输入的比例，对应的遗忘门输出 $\boldsymbol{F}_n$ 的计算如下：

$$\boldsymbol{f}_n=\sigma(\boldsymbol{U}_{\mathrm{f}}\cdot\boldsymbol{h}_{n-1}+\boldsymbol{W}_{\mathrm{f}}\cdot\boldsymbol{X}_n^{\mathrm{exa}}+\boldsymbol{b}_{\mathrm{f}})\tag{5.179}$$

$$\boldsymbol{F}_n=\boldsymbol{f}_n\odot\boldsymbol{C}_n\tag{5.180}$$

其中，$\boldsymbol{U}_{\mathrm{f}}$ 和 $\boldsymbol{W}_{\mathrm{f}}$ 分别对应 $\boldsymbol{h}_{n-1}$ 和 $\boldsymbol{X}_n^{\mathrm{exa}}$ 的权重，$\boldsymbol{b}_{\mathrm{f}}$ 为偏置；$\sigma(\cdot)$表示 sigmoid 激活函数；$\odot$表示哈达玛积(Hadamard product)。

(2) 计算当前输入状态的候选值 $\widetilde{\boldsymbol{C}}_n$：

$$\widetilde{\boldsymbol{C}}_n=\tanh(\boldsymbol{U}_{\mathrm{c}}\cdot\boldsymbol{h}_{n-1}+\boldsymbol{W}_{\mathrm{c}}\cdot\boldsymbol{X}_n^{\mathrm{exa}}+\boldsymbol{b}_{\mathrm{c}})\tag{5.181}$$

其中，$\boldsymbol{U}_{\mathrm{c}}$ 和 $\boldsymbol{W}_{\mathrm{c}}$ 分别对应 $\boldsymbol{h}_{n-1}$ 和 $\boldsymbol{X}_n^{\mathrm{exa}}$ 的权重；$\boldsymbol{b}_{\mathrm{c}}$ 为偏置；tanh(•)表示 tanh 激活函数。

(3) 计算输入门 $\boldsymbol{i}_n$，其用于控制第 n 个样本输入存储到记忆单元 $\boldsymbol{C}_n$ 的比例。相应地，输入门的输出 $\boldsymbol{I}_n$ 如下：

$$\boldsymbol{i}_n=\sigma(\boldsymbol{U}_i\cdot\boldsymbol{h}_{n-1}+\boldsymbol{W}_i\cdot\boldsymbol{X}_n^{\mathrm{exa}}+\boldsymbol{b}_i)\tag{5.182}$$

$$\boldsymbol{I}_n=\boldsymbol{i}_n\odot\widetilde{\boldsymbol{C}}_n\tag{5.183}$$

其中，$\boldsymbol{U}_i$ 和 $\boldsymbol{W}_i$ 分别对应 $\boldsymbol{h}_{n-1}$ 和 $\boldsymbol{X}_n^{\mathrm{exa}}$ 的权重，$\boldsymbol{b}_i$ 为偏置。

(4) 将所得值储存到记忆单元 $\boldsymbol{C}_n$：

$$\boldsymbol{C}_n=\boldsymbol{F}_n+\boldsymbol{I}_n\tag{5.184}$$

此外，第一个样本输出 $\boldsymbol{C}_n$ 的值为 $\boldsymbol{I}_n$，即存在 $\boldsymbol{C}_n=\boldsymbol{I}_n$ 和 $\boldsymbol{F}_n=0$。

(5) 计算第 n 个样本的隐含层输出 $\boldsymbol{h}_n$ 和输出门 $\boldsymbol{o}_n$ 控制记忆单元 $\boldsymbol{C}_n$ 中存储值的可被输出比例：

$$\boldsymbol{o}_n=\sigma(\boldsymbol{U}_{\mathrm{o}}\cdot\boldsymbol{h}_{n-1}+\boldsymbol{W}_{\mathrm{o}}\cdot\boldsymbol{X}_n^{\mathrm{exa}}+\boldsymbol{b}_{\mathrm{o}})\tag{5.185}$$

$$\boldsymbol{h}_n=\boldsymbol{o}_n\odot\tanh(\boldsymbol{C}_n)\tag{5.186}$$

其中，$\boldsymbol{U}_{\mathrm{o}}$ 和 $\boldsymbol{W}_{\mathrm{o}}$ 分别对应 $\boldsymbol{h}_{n-1}$ 和 $\boldsymbol{X}_n^{\mathrm{exa}}$ 的权重，$\boldsymbol{b}_{\mathrm{o}}$ 为偏置。

(6) 计算第 n 个样本的输出值 $\hat{y}_n'$：

$$\hat{y}_n'=\sigma(\boldsymbol{W}_{\mathrm{out}}\cdot\boldsymbol{h}_n)=\sigma(\hat{y}_n'')\tag{5.187}$$

其中，$\boldsymbol{W}_{\mathrm{out}}$ 为隐含层对应的权重。

类似地，在输入剩余样本时，循环上述过程。全部完成后的输出为 $\hat{\boldsymbol{y}}'$：

$$\hat{\boldsymbol{y}}' = \{\hat{y}'_n, \hat{y}'_{n+1}, \cdots, \hat{y}'_{n+N-1}\} \tag{5.188}$$

4. 网络层参数学习

损失函数 e' 按下式计算：

$$e' = \frac{1}{2}(y_n - \hat{y}'_n)^2 \tag{5.189}$$

其中，e' 表示 $\hat{\boldsymbol{y}}'$ 与实际数据 $\boldsymbol{y}$ 的误差，y_n 是第 n 个样本的实际值，$\hat{y}'_n$ 是基于 $f_{\text{1DCNN-LSTM}}(\cdot)$ 的第 n 个样本输出的预测值。

首先，进行卷积层参数更新：

$$\boldsymbol{W}_k^{n+1} = \boldsymbol{W}_k^n - \theta_{\text{learningrate}} \frac{\partial e'}{\partial \boldsymbol{W}_k^n} \tag{5.190}$$

$$\boldsymbol{b}_k^{n+1} = \boldsymbol{b}_k^n - \theta_{\text{learningrate}} \frac{\partial e'}{\partial \boldsymbol{b}_k^n} \tag{5.191}$$

其中，$\boldsymbol{W}_k^{n+1}$ 为更新后的卷积核，$\boldsymbol{b}_k^{n+1}$ 为更新后的偏置。

其次，进行 LSTM 参数更新。此时，存在隐藏状态 $\boldsymbol{C}_n$ 和 $\boldsymbol{h}_n$，定义 $\delta_{\boldsymbol{C}_n} = \frac{\partial e'}{\partial \boldsymbol{C}_n}$ 和 $\delta_{\boldsymbol{h}_n} = \frac{\partial e'}{\partial \boldsymbol{h}_n}$，相应的计算公式如下：

$$\begin{cases} \delta_{\boldsymbol{C}_n} = \delta_{\boldsymbol{h}_n} \odot \boldsymbol{o}_n \odot (1 - \tanh^2(\boldsymbol{C}_n)) + \delta_{\boldsymbol{C}_{n+1}} \odot \boldsymbol{f}_{n+1} \\ \delta_{\boldsymbol{h}_n} = \boldsymbol{W}_{\text{o}} \delta_{\hat{y}''_n} \oplus \boldsymbol{U}_{\text{i}} \delta_{\boldsymbol{i}_{n+1}} \boldsymbol{U}_{\text{f}} \delta_{\boldsymbol{f}_{n+1}} + \boldsymbol{U}_{\text{o}} \delta_{\boldsymbol{o}_{n+1}} + \boldsymbol{U}_{\text{c}} \delta_{\boldsymbol{C}_{n+1}} \end{cases} \tag{5.192}$$

再次，计算遗忘门、输入门和输出门的权重和偏置。

以输出门的权重计算为例，权重的学习公式如下：

$$\Delta \boldsymbol{W}_{\text{o}} = \theta_{\text{learningrate}} (\delta_{\boldsymbol{h}_n} \odot \tanh(\boldsymbol{C}_n) \odot \boldsymbol{o}_n \odot (1 - \boldsymbol{o}_n)) \boldsymbol{X}_n^{\text{exa}} \tag{5.193}$$

最终，权值的更新如下：

$$\boldsymbol{W}_{\text{o}}^{n+1} = \boldsymbol{W}_{\text{o}}^n - \Delta \boldsymbol{W}_{\text{o}} \tag{5.194}$$

其中，$\boldsymbol{W}_{\text{o}}^{n+1}$ 为更新后的输出门权重。

5. 测试性能指标计算

计算测试集的 R^2 作为粒子适应度。

由上可知，计算适应度的过程可表示为

$$f(X): \boldsymbol{X}_{\text{nom}}^{\text{ori}} \xrightarrow{\theta_{\text{MI}}} \boldsymbol{X}^{\text{sel}} \xrightarrow{\theta_{\text{numFilters}}、\theta_{\text{convlayers}}} \boldsymbol{X}^{\text{exa}} \xrightarrow{\theta_{\text{Epochs}}、\theta_{\text{learningrate}}、\theta_{\text{dropout}}} f_{\text{1DCNN-LSTM}}(\boldsymbol{X}^{\text{sel}}) \rightarrow F \tag{5.195}$$

由上式可知，优化过程涉及 6 个超参数且相互之间存在耦合影响，有必要对其进行同时优化。

5.7.3.3 基于 PSO 的优化过程模块

如图 5.101 所示，采用 PSO 算法对建模过程所涉及的超参数进行优化，其步骤包括种群初始化，更新粒子速度和选择决策变量，计算适应度，更新粒子个体最优、档案和样例池，在达到迭代次数后获得全局最优和模型超参数。

1. 种群初始化

首先，对粒子数量 P_{num}、迭代次数 N_{iter}、更新阈值 N_{refresh}、参数决策变量的上限和下限

等相关参数进行设定；其次，生成由 P_{num} 个粒子构成的种群，基于随机初始化粒子的$\boldsymbol{\theta}^p$ 和 $\boldsymbol{v}^p$，计算粒子的 $f(X)$；再次，初始化粒子的 $\boldsymbol{d}^p$ 与$\boldsymbol{A}$；最后，计算粒子的 P_c^p 与$\boldsymbol{E}^P$。

2. 更新粒子速度

以最大化 $f(X)$为目标函数，粒子 X_i 的当前最好位置由下式确定：

$$\text{Pbest}_i(t+1)=\begin{cases}X_i(t+1), & f(X_i(t+1))\geqslant f(\text{Pbest}_i(t))\\ \text{Pbest}_i(t), & f(X_i(t+1))< f(\text{Pbest}_i(t))\end{cases} \tag{5.196}$$

其速度$\boldsymbol{v}^p$ 的更新公式如下：

$$v_n^p(t+1)=w_{\text{inertia}}(t)\cdot v_n^p(t)+c\cdot r_n^p\cdot(E_n^p(t)-\theta_n^p(t)) \tag{5.197}$$

其中，w_{inertia} 是影响粒子搜索步长的惯性权重，c 为学习因子，r_n^p 服从[0,1]的均匀分布，E_n^p 为粒子 p 第 n 维的学习样例。

3. 更新位置

粒子位置$\boldsymbol{\theta}^p$ 的更新公式如下：

$$\theta_n^p(t+1)=\theta_n^p(t)+v_n^p(t+1) \tag{5.198}$$

4. 计算适应度

以上文描述的方式计算评价指标 R^2 以作为粒子适应度 $f(X)$。

5. 更新个体最优、档案和样例池

粒子速度的更新不受个体最优与全局最优的综合影响，而是学习所有粒子的个体最优，其更新公式如下：

$$\boldsymbol{d}^p(t+1)=\begin{cases}\boldsymbol{\theta}^p(t+1), & \boldsymbol{\theta}^p(t+1)<\boldsymbol{d}^p(t)\\ \boldsymbol{d}^p(t), & \text{其他}\end{cases} \tag{5.199}$$

其中，$\boldsymbol{d}^p=(d_1^p,d_2^p,\cdots,d_n^p)$表示粒子 p 的个体最优。

此外，粒子更新不应超过原设定范围。此处的决策变量共有 6 个，存在 site∈ [1,6]：

$$\text{pop}=\begin{cases}\max(\text{popmin}(\text{site}),\text{pop}(\text{site})),\text{site}\in[1,6]\\ \min(\text{popmax}(\text{site}),\text{pop}(\text{site})),\text{site}\in[1,6]\end{cases} \tag{5.200}$$

其中，pop 表示粒子的信息，popmin(site)和 popmax(site)表示第 site 位置粒子范围的最小阈值和最大阈值。

若粒子个体在最优迭代 N_{refresh} 次后仍未能更新，则对学习样例池进行更新，策略为：设定粒子学习样例的更新概率为 P_c^p，更新时首先任意选择种群中的两个粒子，再对比两个粒子的个体最优，选择较好的个体最优作为新学习样例，可表示为

$$E_n^p=\{d_n^{p'}\mid\max_{p'}(f(\boldsymbol{d}^{p'})),p'=p_{\text{rand1}},p_{\text{rand2}}\} \tag{5.201}$$

粒子 p 的学习概率 P_c^p 的更新如下：

$$P_c^p=0.05+0.45\frac{\mathrm{e}^{\frac{10(\text{rank}^p-1)}{P_{\text{num}}-1}}}{\mathrm{e}^{10}-1} \tag{5.202}$$

随着粒子排序 rank^p 的递增，其学习概率随之平滑增大，即学习样例的更新概率随之在5%～50%逐渐增大。

6. 计算全局最优

初始化种群后，进入迭代寻优阶段。首先，更新粒子的速度 v^p；其次，更新粒子的参数决策变量的位置$\boldsymbol{\theta}^p$，获取超参数值后进行特征约简、模型构建和计算评价指标 R^2 以作为粒子适应度 $f(X)$；其次，基于适应度更新粒子个体最优，并将种群搜索到的解存入档案，并更新档案 $\mathbf{A}$；再次，计算粒子的个体最优排序 rank^p，并更新其学习概率 $\boldsymbol{P}_c$，进而对迭代 N_{refresh} 次后个体最优仍未更新的粒子进行学习样例的更新；最后，将档案中 $f(X)$最大的粒子作为全局最优，解码后获得最优超参数。

5.7.4 实验结果

5.7.4.1 评价指标描述

此处选取 R^2、RMSE 和 MAE 3 个评价指标进行评估[158]：

$$R^2=1-\frac{\sum_{n_{\text{test}}=1}^{N_{\text{test}}}(\hat{y}_n^{\text{test}}-y_n^{\text{test}})^2}{\sum_{n_{\text{test}}=1}^{N_{\text{test}}}(\bar{y}_n^{\text{test}}-y_n^{\text{test}})^2} \tag{5.203}$$

$$\text{RMSE}=\sqrt{\frac{1}{N_{\text{test}}}\sum_{n_{\text{test}}=1}^{N_{\text{test}}}(\hat{y}_n^{\text{test}}-y_n^{\text{test}})^2} \tag{5.204}$$

$$\text{MAE}=\frac{1}{N_{\text{test}}}\sum_{n_{\text{test}}=1}^{N_{\text{test}}}\left|\hat{y}_n^{\text{test}}-y_n^{\text{test}}\right| \tag{5.205}$$

其中，n_{test} 表示第 n_{test} 个样本；N_{test} 表示总测试集样本数；y_n^{test} 表示测试集第 n_{test} 个样本的实际值；$\hat{y}_n^{\text{test}}$ 表示测试集第 n_{test} 个样本的预测值；$\bar{y}_n^{\text{test}}$ 表示 y_n^{test} 的平均值。

5.7.4.2 数据描述

该数据集源自北京某 MSWI 电厂，将每分钟的数据作均值处理，共有 720 组，包含 185 个过程变量和一个输出变量(CO 浓度)。将样本等间隔划分为 4 份，取第 1 份和第 2 份作为训练样本，第 3 份为验证样本，第 4 份为测试样本。

5.7.4.3 实验结果

CO 数据集的 PSO 算法和超参数设置如表 5.25 所示。

表 5.25 PSO 算法和超参数设置

P_{num}	N_{iter}	N_{refresh}	θ_{MI}	$\theta_{\text{numFilters}}$	$\theta_{\text{convlayers}}$	θ_{Epochs}	$\theta_{\text{learningrate}}$	θ_{dropout}
30	30	3	[0.511,0.661]	[1,125]	[1,10]	[50,500]	[0.001,0.03]	[0.1,0.5]

在 PSO 迭代过程中，各超参数值的变化如图 5.104 所示。

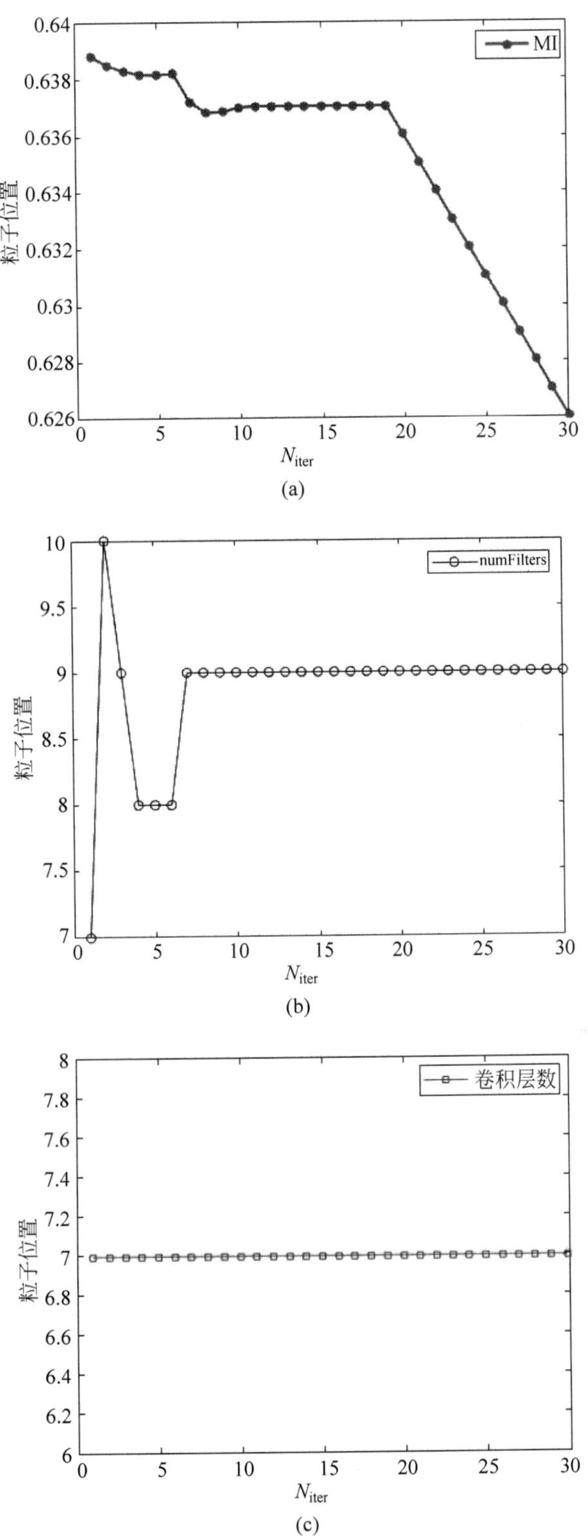

图 5.104　各超参数值与迭代次数关系图

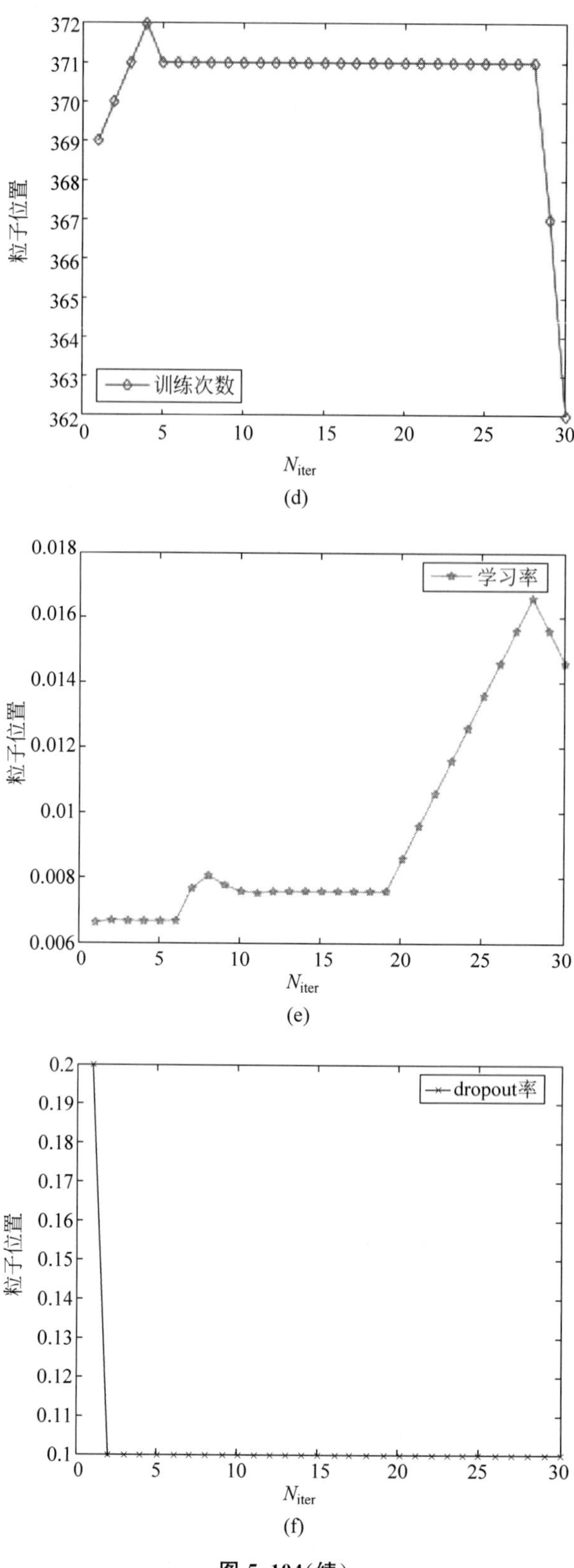

图 5.104(续)

由上可知，最优解源自第 24 个粒子。CO 数据集的寻优迭代次数与适应度函数(R^2)的关系如图 5.105 所示。

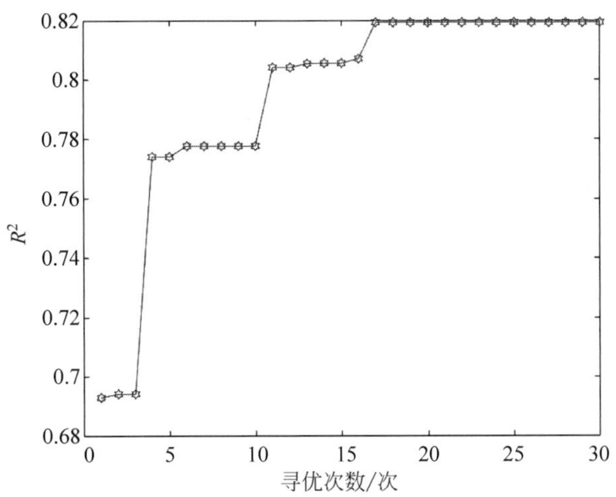

图 5.105　迭代次数和 R^2 关系图

由图 5.105 可知，PSO 在第 17 次迭代后趋于平稳时的 R^2 为 0.8193。经 PSO 优化后的 MI-1DCNN-LSTM 模型的参数为：$\theta_{\mathrm{MI}}=0.6371$、$s=1$、$\theta_{\mathrm{numFilters}}=9$、$\theta_{\mathrm{convlayers}}=7$、$\theta_{\mathrm{Epochs}}=371$、$\theta_{\mathrm{learningrate}}=0.0075$ 和 $\theta_{\mathrm{dropout}}=0.1$。对比方法采用 BPNN、RF 和 LSTM，对应参数设置为：BPNN 模型的迭代次数为 3000、收敛率为 0.0001、学习率为 0.01 和隐含层神经元个数为 371；RF 模型的叶节点最小样本数为 5、决策树个数为 40；LSTM 模型的训练次数为 371、学习率为 0.0075 和 dropout 率为 0.1。上述方法的实验均重复运行 30 次，实验结果对比如表 5.26 所示，测试曲线如图 5.106 所示。

表 5.26　实验结果对比

模型	数据	R^2±方差	RMSE±方差	MAE±方差
BPNN	训练	0.2105±(3.74×10^{-2})	31.8123±(1.71×10^{1})	17.8316±(3.15×10^{0})
	验证	0.2798±(1.29×10^{-2})	34.4997±(4.59×10^{0})	19.3033±(5.90×10^{0})
	测试	0.1004±(1.87×10^{-2})	46.4718±(1.36×10^{1})	26.6425±(1.01×10^{1})
RF	训练	0.8823±(1.35×10^{-4})	12.3698±(0.37×10^{0})	4.2028±(2.56×10^{-2})
	验证	0.5980±(1.45×10^{-3})	22.7904±(1.23×10^{0})	8.2066±(1.12×10^{-1})
	测试	0.7077±(8.89×10^{-4})	26.5333±(1.84×10^{0})	12.0161±(2.37×10^{-1})
LSTM	训练	0.9188±(3.80×10^{-4})	14.3341±(3.13×10^{0})	8.3088±(5.56×10^{-1})
	验证	0.6321±(5.23×10^{-4})	30.6225±(9.14×10^{-1})	13.6944±(3.23×10^{-1})
	测试	0.6208±(1.57×10^{-4})	42.4670±(4.97×10^{-1})	16.6588±(2.47×10^{-1})
MI-1DCNN-LSTM	训练	0.9413±(4.36×10^{-4})	8.6211±(2.22×10^{0})	5.3015±(5.41×10^{-1})
	验证	0.6897±(4.90×10^{-3})	19.9304±(4.74×10^{0})	10.0759±(6.60×10^{-1})
	测试	0.7636±(3.19×10^{-3})	23.7503±(6.94×10^{0})	11.1149±(1.29×10^{0})

由表 5.26 和图 5.106 可知，①RF 和 LSTM 模型在训练集、验证集和测试集的 R^2、RMSE 和 MAE 统计结果均优于 BPNN 模型，表明 BPNN 模型难以适用于 CO 数据集；

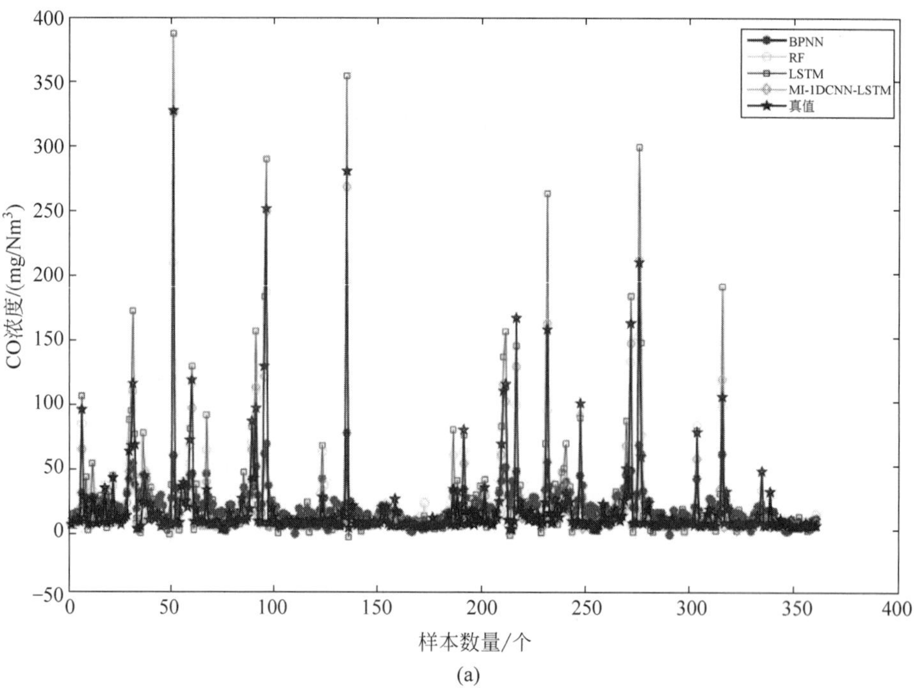

(a)

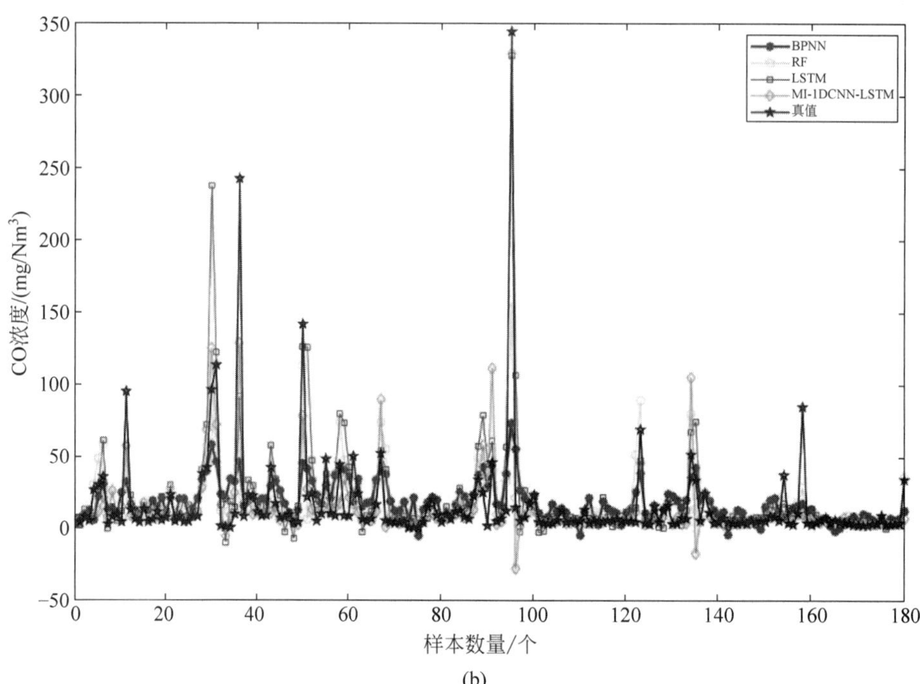

(b)

图 5.106 不同数据集的 CO 浓度预测曲线

(a) 训练集；(b) 验证集；(c) 测试集

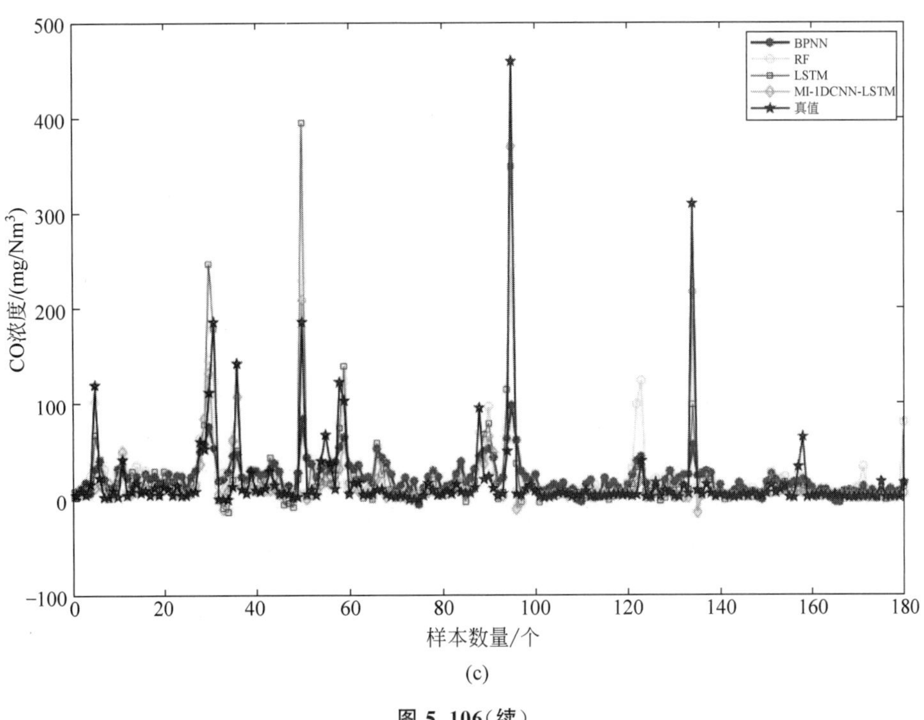

(c)

图 5.106（续）

②LSTM 模型在训练集和验证集优于 RF 模型，在测试集略低于 RF 模型，但 LSTM 模型的测试集方差仅为 1.57×10^{-4}，而 RF 模型的测试集方差为 8.89×10^{-4}，波动性更大，说明 LSTM 模型的预测性能更优；③MI-1DCNN-LSTM 在训练集、验证集和测试集均有最佳的 R2、RMSE 和 MAE 指标统计结果，表明 MI-1DCNN-LSTM 具有良好的泛化性能和稳定性，模型预测效果最佳。

上述实验表明，此处所提 MI-1DCNN-LSTM 模型在构建 CO 预测模型中具有明显优势。

5.7.4.4　模型超参数分析

本节对互信息阈值 θ_{MI}、卷积层数 $\theta_{\mathrm{convlayers}}$、LSTM 模型训练次数 θ_{Epochs}、学习率 $\theta_{\mathrm{learningrate}}$ 和 dropout 率 $\theta_{\mathrm{dropout}}$ 等超参数进行单因素敏感性分析，即考虑每次改变单个超参数值时其他值均保持上文建模中的最优值不变。这些超参数的设置区间如表 5.27 所示。

表 5.27　MI-1DCNN-LSTM 超参数分析区间设置

超参数	符号	区间设置
互信息阈值	θ_{MI}	[0.511,0.661]
卷积核层数	$\theta_{\mathrm{convlayers}}$	[1,10]
训练次数	θ_{Epochs}	[50,3000]　[50,500]
学习率	$\theta_{\mathrm{learningrate}}$	[0.01,0.1]　[0.001,0.03]
dropout 率	$\theta_{\mathrm{dropout}}$	[0.1,0.9]

(1) 互信息阈值：该值越高所选择的特征变量越少，其与 R^2 关系如图 5.107 所示。

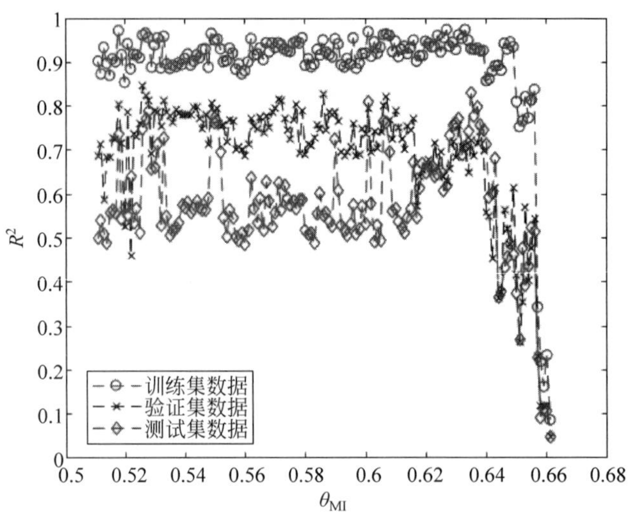

图 5.107 θ_{MI} 与 MI-1DCNN-LSTM 模型 R^2 的关系

由图 5.107 可知，R^2 随着 θ_{MI} 的增大呈现先增大后减小的趋势，因此需要选择合适的 θ_{MI} 值。

(2) 卷积层数量：如果该值较小，会导致网络收敛慢或不收敛；反之，网络的表征能力较强，但容易导致训练速度慢和网络模型过度拟合，从而使预测效果不好。其与 R^2 的关系如图 5.108 所示。

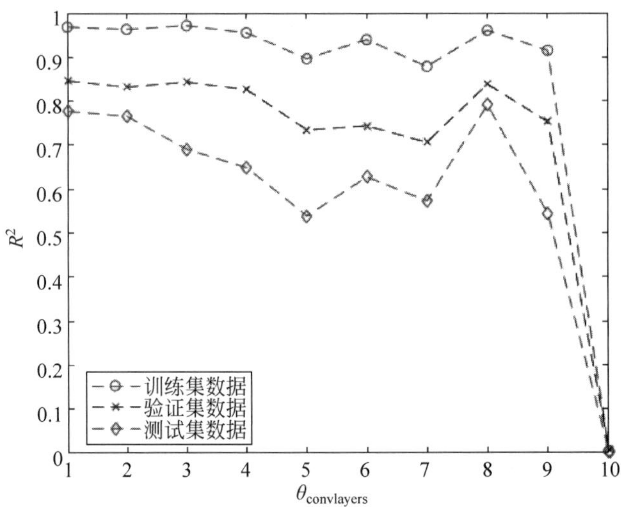

图 5.108 $\theta_{convlayers}$ 与 MI-1DCNN-LSTM 模型 R^2 的关系

由图 5.108 可知，R^2 随着 $\theta_{convlayers}$ 的增大呈现先缓慢减小再增大最后减小的趋势，因此需要选择合适的 $\theta_{convlayers}$。

(3) 训练次数：增加训练次数能够使模型权重的更新次数增加，提高预测精度。此处，设置迭代次数范围为(50,3000)且以 50 为步长逐次改变的结果如图 5.109(a)所示，设置范围为(50,500)且以 5 为步长逐次改变的结果如图 5.109(b)所示。

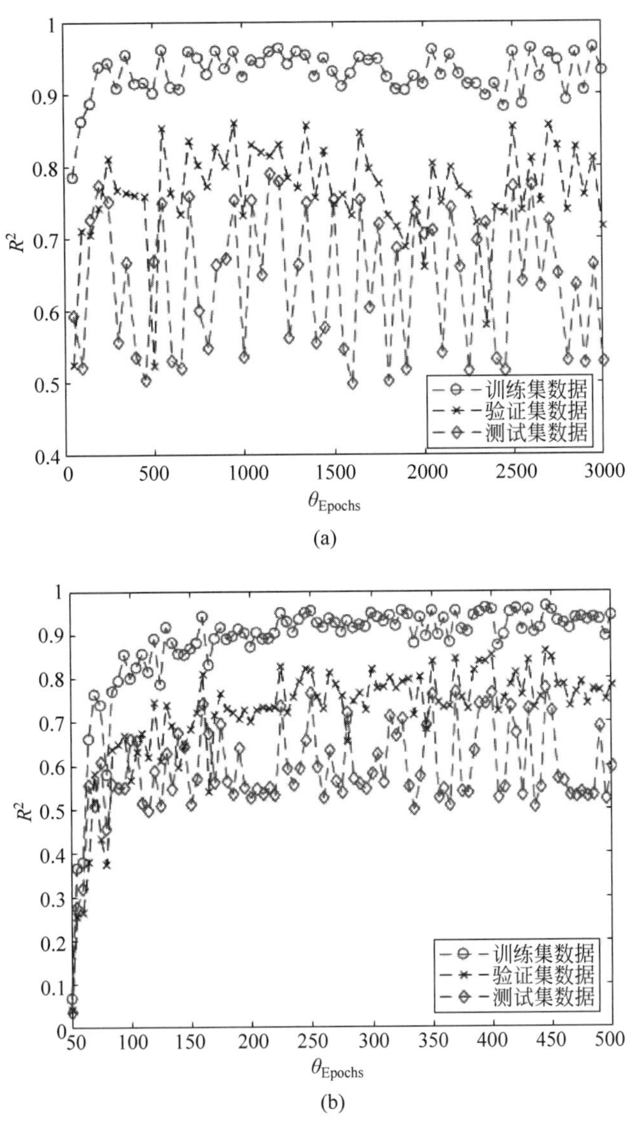

图 5.109　θ_{Epochs} 与 MI-1DCNN-LSTM 模型 R^2 的关系

由图 5.109 可知，在范围为(50,3000)时，随着 θ_{Epochs} 的增大，模型性能逐渐变好，对应的 R^2 相对变化较小；在范围为(50,500)时，R^2 随着 θ_{Epochs} 的增大呈现逐渐增大的趋势，但存在一些性能下降点。因此，需要选择合适的 θ_{Epochs} 以使模型性能较稳定。

(4) 学习率：学习率能够使目标函数在目标时间内收敛到局部最小值。通常，学习率的初始值设为 0.01 和 0.001 为宜。此处，学习率的范围设置在(0.01,0.1)、步长为 0.01，结果如图 5.110(a)所示，范围设置为(0.001,0.03)间、步长为 0.001，结果如图 5.110(b)所示。

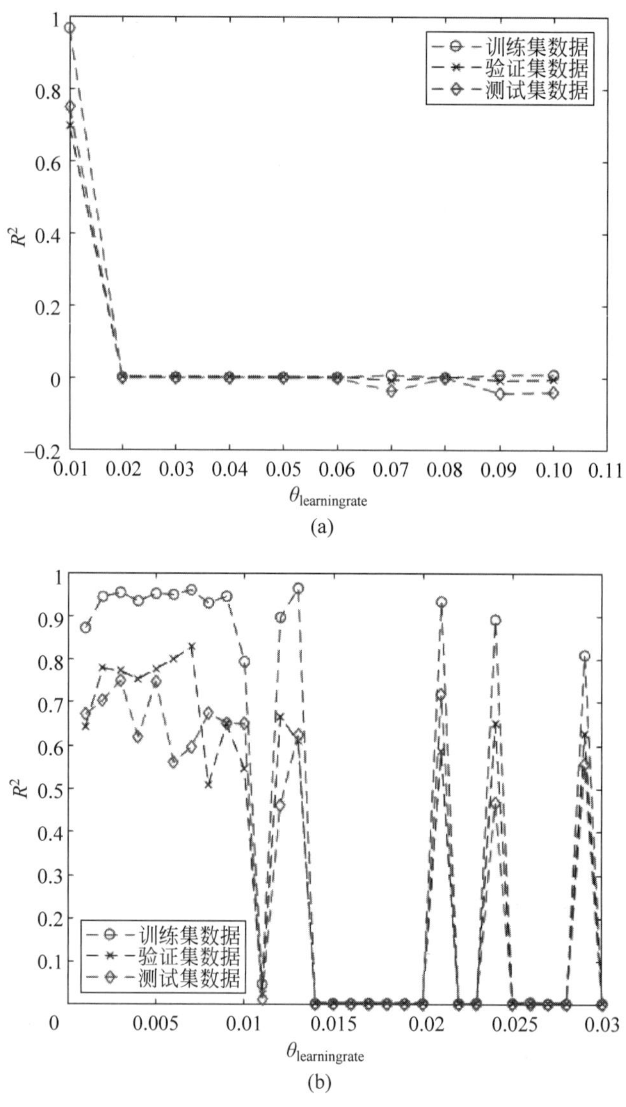

图 5.110 $\theta_{\text{learningrate}}$ 与 MI-1DCNN-LSTM 模型 R^2 的关系

由图 5.110 可知，在范围为(0.01,0.1)时，模型性能随 $\theta_{\text{learningrate}}$ 的增大大幅下降，表明应选择较小的 $\theta_{\text{learningrate}}$；在范围为(0.001,0.03)时，$R^2$ 呈现前期较稳定后期大幅度波动的现象，也表明应选择较小的 $\theta_{\text{learningrate}}$。上述结果表明，应选择合适的 $\theta_{\text{learningrate}}$。

(5) dropout 率：dropout 可使某些神经元的激活值以一定的概率停止工作，使得模型的泛化性更强。此处将其设在 0.1～0.9，其与 R^2 关系如图 5.111 所示。

由图 5.111 可知，R^2 随着 θ_{dropout} 的增大呈现逐渐减小的趋势，表明需要选择较小的 θ_{dropout}。

综上可知，不同的超参数针对的不同数据集具有差异性。此处利用 PSO 进行超参数的全局优化是合理的。

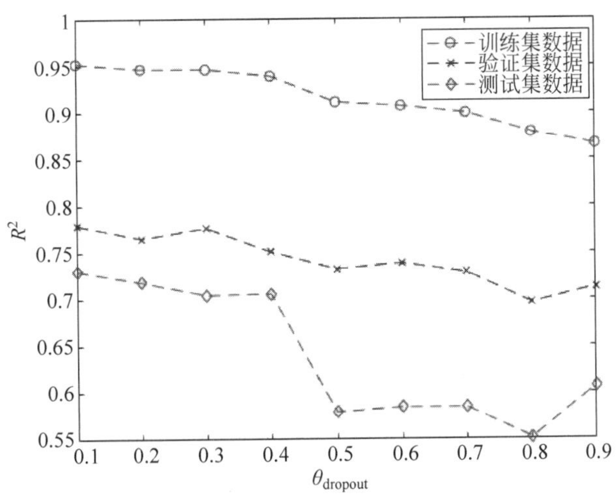

图 5.111　θ_{dropout} 与 MI-1DCNN-LSTM 模型 R^2 的关系

5.7.5　平台验证

基于上述策略，开发了基于约简深度特征和 LSTM 优化的 MSWI 过程 CO 排放预测软件并在本平台多模态历史数据驱动系统中进行验证，其软硬件系统的整体实物如图 5.112 所示。

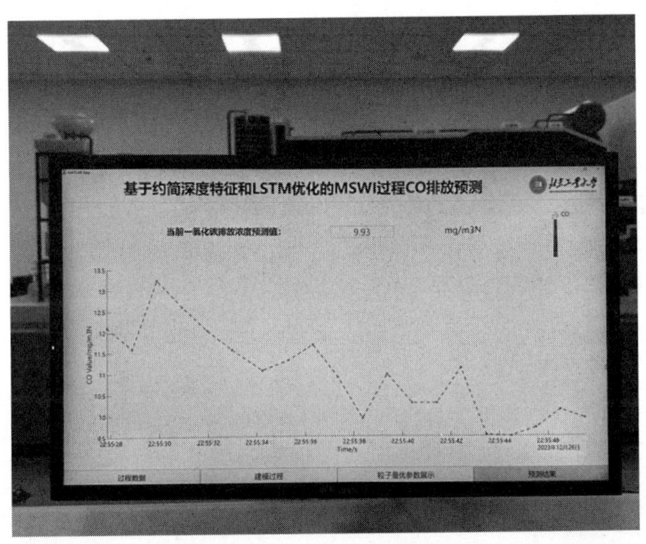

图 5.112　基于约简深度特征和 LSTM 优化的 MSWI 过程 CO 排放预测系统实物图

5.7.5.1　软件阐述

本软件的设计结构如图 5.113 所示。首先，模拟实际工业现场数据传输方式开发 OPC Client，实现对数据源中过程数据的实时读取功能，以支撑预测模型计算；其次，在 MATLAB 环境中编写实现 MSWI 过程 CO 预测应用算法；最后，将采集得到的过程数据作为 MSWI 过程 CO 预测模型的输入并计算输出，将结果回传至前台人机交互界面进行显示，以实现对 MSWI 过程 CO 的实时监测。软件系统将当前采集得到的过程数据、CO 预测

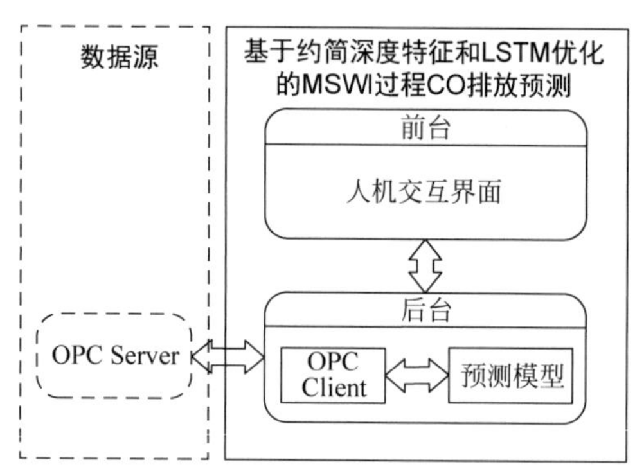

图 5.113 基于约简深度特征和 LSTM 优化的 MSWI 过程 CO 排放预测软件结构图

结果显示在前台界面，同时绘制 CO 预测曲线。通过本软件系统，操作人员能够利用所开发的基于约简深度特征和 LSTM 优化的 MSWI 过程 CO 排放预测算法实现对 MSWI 过程的模拟并监控 CO 变化趋势。

5.7.5.2 软件功能

该软件具体包括以下功能。

（1）网络通信连接。通过 IP 地址连接外部 OPC Server，实现软件系统与外部的通信功能，读取预测模型所需输入变量，并将计算后的结果写入 OPC Server，为基于约简深度特征和 LSTM 优化的 MSWI 过程 CO 排放预测软件运行提供正常数据传输。

（2）模型预测功能。根据实时的输入数据的变化，训练数据驱动模型实时预测 CO 排放浓度，并显示其结果。

（3）信息展示。软件提供了过程变量显示、建模过程、参数展示和预测结果界面，操作人员可通过软件系统预测 CO 浓度。

5.7.5.3 软件构建

本系统采用 MATLAB 编程语言开发完成。软件系统的预测功能是通过所构建的 MSWI 过程 CO 浓度预测模型实现的；采用 OPC 通信方式实现软件与过程数据源之间的通信连接功能；同时，软件还提供了过程数据监测及人性化的操作设计等。

打开本软件系统，软件首页为过程数据界面，如图 5.114 所示。

MATLAB App

基于约简深度特征和LSTM优化的MSWI过程CO排放预测

北京工業大學 BEIJING UNIVERSITY OF TECHNOLOGY

IP地址： 192.168.0.10　搜索　Server： Kepware.KEPServerEX.V6　连接　添加Tags

TagName	Value	Quality	Time					
MSWI.HistoryData.FCD_12CM02	100	Good: Non-specific	2023	12	26	23	5	3.1650
MSWI.HistoryData.FCD_12CM03	100	Good: Non-specific	2023	12	26	23	5	3.1650
MSWI.HistoryData.FCD_12CM04	98.4909	Good: Non-specific	2023	12	26	23	5	3.1650
MSWI.HistoryData.FCD_12CM05	100	Good: Non-specific	2023	12	26	23	5	3.1650
MSWI.HistoryData.FCD_12CM06	100	Good: Non-specific	2023	12	26	23	5	3.1650
MSWI.HistoryData.FCD_12CM07	58.2495	Good: Non-specific	2023	12	26	23	5	3.1650
MSWI.HistoryData.FCD_12CM08	100	Good: Non-specific	2023	12	26	23	5	3.1650
MSWI.HistoryData.FCD_12CM09	40.5433	Good: Non-specific	2023	12	26	23	5	3.1650
MSWI.HistoryData.FCD_12CM10	26.8612	Good: Non-specific	2023	12	26	23	5	3.1650
MSWI.HistoryData.FCD_12CM11	28	Good: Non-specific	2023	12	26	23	5	3.1650
MSWI.HistoryData.FCD_12CM12	28	Good: Non-specific	2023	12	26	23	5	3.1650
MSWI.HistoryData.FCD_12CM13	25	Good: Non-specific	2023	12	26	23	5	3.1650
MSWI.HistoryData.FCD_12CM14	26.8612	Good: Non-specific	2023	12	26	23	5	3.1650
MSWI.HistoryData.FCV_12CM15	22	Good: Non-specific	2023	12	26	23	5	3.1650
MSWI.HistoryData.FI_12BL02	3.5329	Good: Non-specific	2023	12	26	23	5	3.1650
MSWI.HistoryData.FI_12BL02_QDIS	1.6726e+03	Good: Non-specific	2023	12	26	23	5	3.1650
MSWI.HistoryData.FI_12BL0203	6.6467	Good: Non-specific	2023	12	26	23	5	3.1650
MSWI.HistoryData.FI_12BL03	3.1138	Good: Non-specific	2023	12	26	23	5	3.1650
MSWI.HistoryData.FI_2SN01	18.4779	Good: Non-specific	2023	12	26	23	5	3.1650
MSWI.HistoryData.FI_2SN01_Q_24	214.2242	Good: Non-specific	2023	12	26	23	5	3.1650
MSWI.HistoryData.FI_2SN01_QDIS	1.0841e+04	Good: Non-specific	2023	12	26	23	5	3.1650
MSWI.HistoryData.FI12FG01PV	130.9908	Good: Non-specific	2023	12	26	23	5	3.1650
MSWI.HistoryData.FI2BL04PV	82.0357	Good: Non-specific	2023	12	26	23	5	3.1650
MSWI.HistoryData.FI2BL04PV_Q	3.3202e+04	Good: Non-specific	2023	12	26	23	5	3.1650
MSWI.HistoryData.FI2CM16PV	0	Good: Non-specific	2023	12	26	23	5	3.1650
MSWI.HistoryData.FIC_12BL05	37.7221	Good: Non-specific	2023	12	26	23	5	3.1650
MSWI.HistoryData.FIC_12BL06	31.8876	Good: Non-specific	2023	12	26	23	5	3.1650
MSWI.HistoryData.FIC_12BLZ	69.6097	Good: Non-specific	2023	12	26	23	5	3.1650
MSWI.HistoryData.FIC_12SN02_Q_24	0	Good: Non-specific	2023	12	26	23	5	3.1650
MSWI.HistoryData.FIC2CM01PV	3.5956	Good: Non-specific	2023	12	26	23	5	3.1650
MSWI.HistoryData.FIC2CM01SV	3.5956	Good: Non-specific	2023	12	26	23	5	3.1650
MSWI.HistoryData.FIC2CM02PV	3.3199	Good: Non-specific	2023	12	26	23	5	3.1650
MSWI.HistoryData.FIC2CM02SV	3.3199	Good: Non-specific	2023	12	26	23	5	3.1650

过程数据　建模过程　粒子最优参数展示　预测结果

图 5.114 过程数据监控界面

单击“建模过程”按钮，显示预测模型的构建策略界面，如图 5.115 所示。

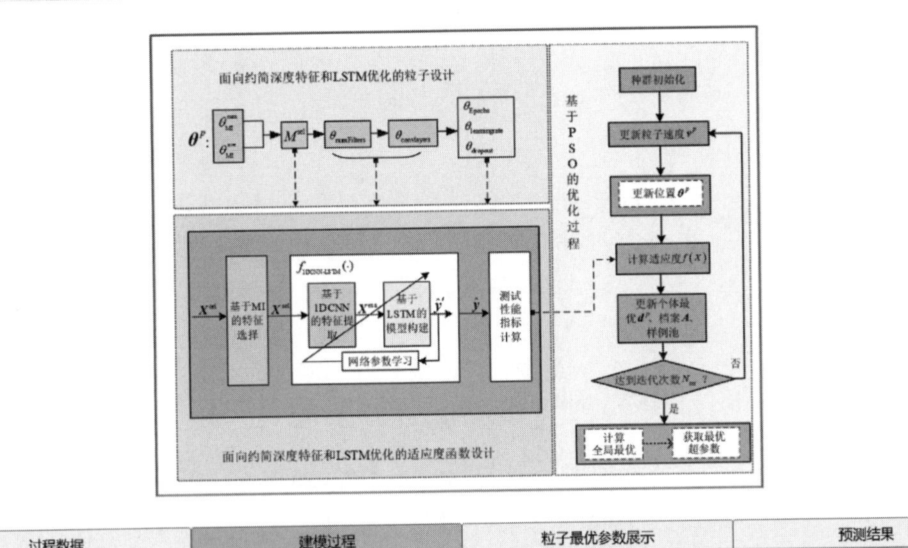

图 5.115 预测模型的构建策略界面

单击“粒子最优参数展示”按钮，展示该模型的适应度曲线、互信息曲线、粒子最优参数和特征选择结果，如图 5.116 所示。

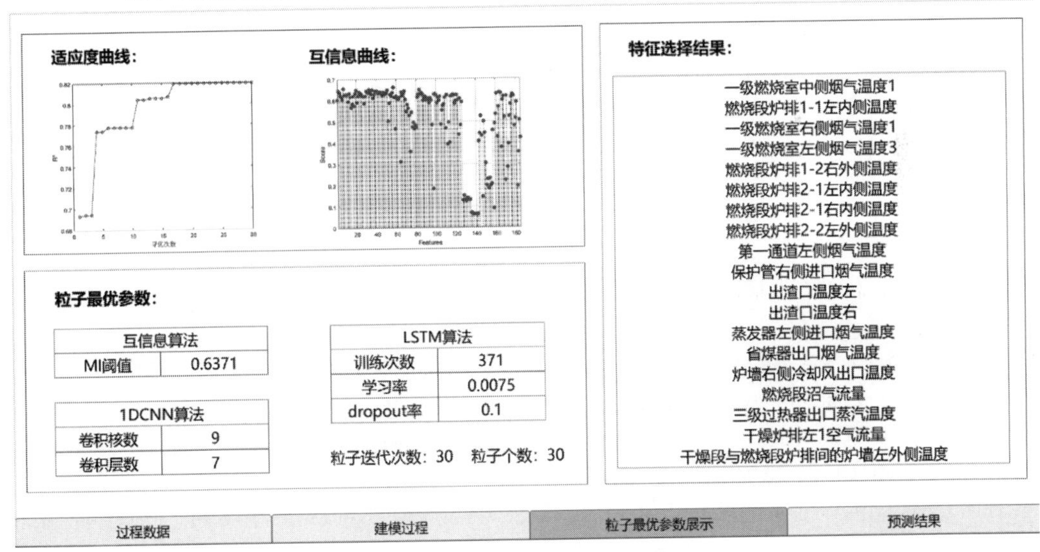

图 5.116 预测模型相关参数界面

单击“预测结果”按钮，显示当前 CO 排放浓度在线检测界面，如图 5.117 所示。

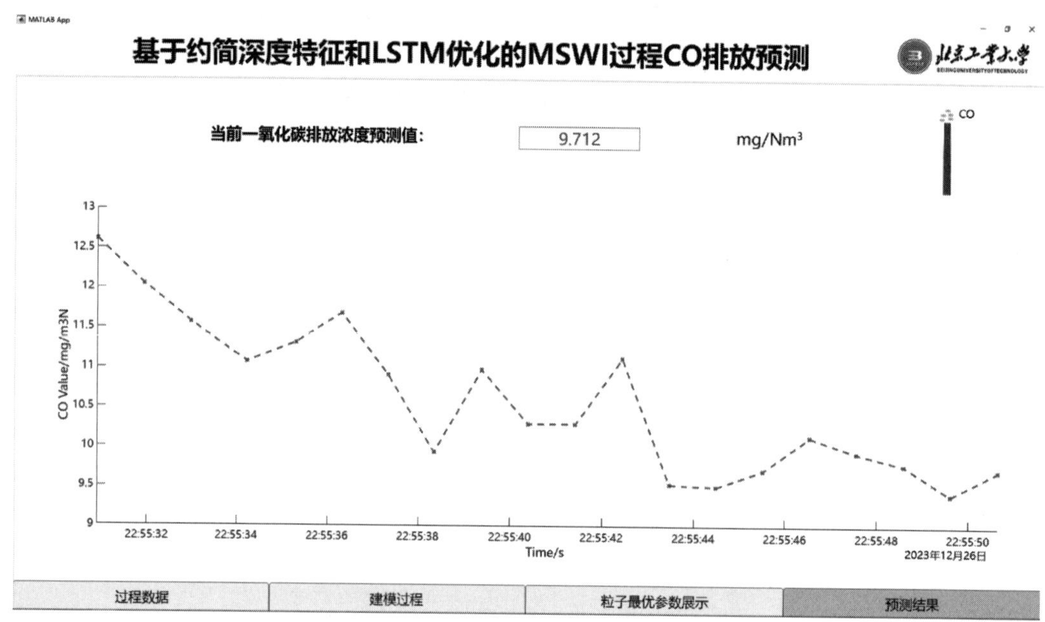

图 5.117　CO 排放浓度在线检测界面

5.8　未来展望

基于仿真平台多模态历史数据驱动系统的智能建模算法与其软硬件系统在经过实验室场景验证后,可直接移植到工业现场,原因在于这类系统并不直接接入现场的 PLS/DCS 系统,即不参与现场运行,只是为领域专家提供辅助决策。由于"模型是智能的基础",因此针对领域的研究还需要结合工业机理进行持续的深入研究。

参 考 文 献

[1] 程康明,熊伟丽.一种双优选的半监督回归算法[J].智能系统学报,2019,14(4):689-696.

[2] ZHOU Z H. When semi-supervised learning meets ensemble learning[J]. Frontiers of Electrical and Electronic Engineering in China,2011,6(1):6-16.

[3] BREIMAN L. Random forests[J]. Machine learning,2001,45(1):5-32.

[4] KULKARNI V,SINHA P K. Efficient learning of random forest classifier using disjoint partitioning approach[J]. Computer Science,2013,2:826-830.

[5] 方匡南,吴见彬,朱建平,等.随机森林方法研究综述[J].统计与信息论坛,2011,26(3):32-38.

[6] EUN S J,CHUL K B,YEAL N J. Medical image classification and retrieval using BoF feature histogram with random forest classifier[J]. KIPS Transactions on Software and Data Engineering,2013,2(4):273-280.

[7] KREMIC E,SUBASI A. Performance of random forest and SVM in face recognition[J]. International Arab Journal of Information Technology,2016,13(2):287-293.

[8] ARIF M. Classification of cardiotocograms using random forest classifier and selection of important features from cardiotocogram signal[J]. Biomaterials and Biomedical Engineering,2015,2(3):

173-183.

[9] ZHANG Y Q, LUO L, JI X, et al. Improved random forest algorithm based on decision paths for fault diagnosis of chemical process with incomplete data[J]. Sensors, 2021, 21(20): 6715.

[10] LUO J S, LIU Y C, ZHANG S H, et al. Extreme random forest method for machine fault classification[J]. Measurement Science and Technology, 2021, 32(11): 114006.

[11] 高学金，马东阳，韩华云，等. 基于DAE和TCN的复杂工业过程故障预测[J]. 仪器仪表学报，2021，42(6)：140-151.

[12] ÖZEN H, BAL C. A study on missing data problem in random forest[J]. Osmangazi Tip Dergisi, 2020, 42(1): 103-109.

[13] DENG W, GUO Y, LIU J, et al. A missing power data filling method based on improved random forest algorithm[J]. Chinese Journal of Electrical Engineering, 2019, 5(4): 33-39.

[14] REZAEE A A, GOLPARVAR S E. The sequencing of adverbial clauses of time in academic English: Random forest modelling[J]. Journal of Language Modelling, 2015, 4(2): 225.

[15] SWATI V, PREETI S, CHAMANDEEP K. Classification of human emotions using multiwavelet transform based features and random forest technique[J]. Indian Journal of Science and Technology, 2015, 8(28).

[16] SUJAY A, SIVA R V. Multimodal sentiment analysis using reliefF feature selection and random forest classifier[J]. International Journal of Computers and Applications, 2021, 43(9): 931-939.

[17] KOESTANI V R, BAZARGANLARI M R, ASGARI M J. Prediction of maximum surface settlement caused by earth pressure balance shield tunneling using random forest[J]. Journal of Artificial Intelligence and Data Mining, 2017, 5(1): 127-135.

[18] LI L, LIANG T C, AI S, et al. An improved random forest algorithm and its application to wind pressure prediction[J]. International Journal of Intelligent Systems, 2021, 36(8): 4016-4032.

[19] SUN H, LIANG L, WANG C, et al. Prediction of the electrical strength and boiling temperature of the substitutes for greenhouse gas SF_6 using neural network and random forest[J]. IEEE Access, 2020, 8: 124204-124216.

[20] LU S F, SHI X, LI M, et al. Semi-supervised random forest regression model based on co-training and grouping with information entropy for evaluation of depression symptoms severity[J]. Mathematical Biosciences and Engineering, 2021, 18(4): 4586-4602.

[21] 汤健，夏恒，乔俊飞，等. 深度集成森林回归建模方法及应用[J]. 北京工业大学学报，2021，47(11)：1219-1229.

[22] 汤健，崔璨麟，夏恒，等. 基于主动学习机制GAN的MSWI过程二噁英排放风险预警模型[J]. 北京工业大学学报，2023，49(5)：507-522.

[23] 汤健，夏恒，余文，等. 城市固废焚烧过程智能优化控制研究现状与展望[J]. 自动化学报，2023，49(10)：2019-2059.

[24] CHEN Y, XU P, CHU Y, et al. Short-term electrical load forecasting using the Support Vector Regression (SVR) model to calculate the demand response baseline for office buildings[J]. Applied Energy, 2017, 195: 659-670.

[25] PANG T Y, YU T X, SONG B F. A Bayesian network model for fault diagnosis of a lock mechanism based on degradation data[J]. Engineering Failure Analysis, 2021, 122: 1-21.

[26] DING Y F, JIA M P, MIAO Q H, et al. Remaining useful life estimation using deep metric transfer learning for kernel regression[J]. Reliability Engineering & System Safety, 2021, 212: 1-11.

[27] GONG H F, CHEN Z S, ZHU Q X, et al. A Monte Carlo and PSO based virtual sample generation method for enhancing the energy prediction and energy optimization on small data problem: An empirical study of petrochemical industries[J]. Applied Energy, 2017, 197: 405-455.

[28] ZHU Q X,CHEN Z S,ZHANG X H,et al. Dealing with small sample size problems in process industry using virtual sample generation: A Kriging-based approach[J]. Soft Computing,2020,24: 6889-6902.

[29] ZHU Q X,LIU D P,XU Y,et al. Novel space projection interpolation based virtual sample generation for solving the small data problem in developing soft sensor[J]. Chemometrics and Intelligent Laboratory Systems,2021,217: 1-13.

[30] 汤健,乔俊飞,柴天佑,等. 基于虚拟样本生成技术的多组分机械信号建模[J]. 自动化学报,2018,44(9): 1569-1589.

[31] LI C,LIN L S. Generating information for small data sets with a multi-modal distribution[J]. Decision Support Systems,2014,66: 71-81.

[32] BENNIN K E,KEUNG J W,MONDON A. On the relative value of data resampling approaches for software defect prediction[J]. Empirical Software Engineering,2019,24(2): 602-636.

[33] XIE Y,QIU M,ZHANG H,et al. Gaussian distribution based oversampling for imbalanced data classification[J]. IEEE Transactions on Knowledge and Data Engineering,2020,34(2): 667-679.

[34] HE Y L,HUA Q,ZHU Q X,et al. Enhanced virtual sample generation based on manifold features: Applications to developing soft sensor using small data[J]. ISA Transactions,2022,126: 398-406.

[35] LI D C,WU C S,TSAI T I,et al. Using mega-trend-diffusion and artificial samples in small data set learning for early flexible manufacturing system scheduling knowledge[J]. Computers and Operations Research,2007,34(4): 966-982.

[36] LI D C,CHEN C C,CHANG C J,et al. A tree-based-trend-diffusion prediction procedure for small sample sets in the early stages of manufacturing systems[J]. Expert Systems with Applications,2012,39(1): 1575-1581.

[37] GOODFELLOW I J,POUGET-ABADIE J,MIRZA M,et al. Generative adversarial networks[J]. Advances in Neural Information Processing Systems,2014,3: 2672-2680.

[38] LIAN J,JIA W K,ZAREAPOOR M,et al. Deep-learning-based small surface defect detection via an exaggerated local variation-based generative adversarial network[J]. IEEE Transactions on Industrial Informatics,2020,16(2): 1343-1351.

[39] 郭海涛,汤健,丁海旭,等. 基于混合数据增强的 MSWI 过程燃烧状态识别[J]. 自动化学报,2022,48(12): 1-16.

[40] WANG R G,ZHANG S H,CHEN Z Y,et al. Enhanced generative adversarial network for extremely imbalanced fault diagnosis of rotating machine[J]. Measurement,2021,180: 1-14.

[41] LI Y B,ZOU W T,JIANG L. Fault diagnosis of rotating machinery based on combination of Wasserstein generative adversarial networks and long short term memory fully convolutional network [J]. Measurement,2022,191: 1-16.

[42] ZHANG K Y,CHEN Q,CHEN J L,et al. A multi-module generative adversarial network augmented with adaptive decoupling strategy for intelligent fault diagnosis of machines with small sample[J]. Knowledge-Based Systems,2022,239: 1-16.

[43] ZADEH L A. Outline of a new approach to the analysis of complex systems and decision processes [J]. IEEE Transactions on Systems,Man,and Cybernetics,1973,3(1): 28-44.

[44] JANG J S R. ANFIS: adaptive-network-based fuzzy inference system[J]. IEEE Transactions on Systems,Man,and Cybernetics,1993,23(3): 665-685.

[45] QIAO J F,QUAN L M,YANG C L. Design of modeling error PDF based fuzzy neural network for effluent ammonia nitrogen prediction[J]. Applied Soft Computing Journal,2020,91: 1-11.

[46] TANG J,ZHUO L,ZHANG J,et al. Kernel latent features adaptive extraction and selection method for multi-component non-stationary signal of industrial mechanical device[J]. Neurocomputing,2016,

216：296-309.

[47] XIA H,TANG J,ALJERF L. Dioxin emission prediction based on improved deep forest regression for municipal solid waste incineration process[J]. Chemosphere,2022,294：1-13.

[48] GOODFELLOW I J,POUGET-ABADIE J,MIRZA M,et al. Generative adversarial networks[J]. Advances in Neural Information Processing Systems,2014,3：2672-2680.

[49] 夏恒,汤健,崔璨麟,等. 基于宽度混合森林回归的城市固废焚烧过程二噁英排放软测量[J]. 自动化学报,2023,49(2)：343-365.

[50] 周志成. 基于图像处理和人工智能的垃圾焚烧炉燃烧状态诊断研究[D]. 南京：东南大学,2015.

[51] FANG Z. A high-efficient hybrid physics-informed neural networks based on convolutional neural network[J]. IEEE Transactions on Neural Networks and Learning Systems,2021,33(6)：1-13.

[52] RUBIO J. Stability analysis of the modified Levenberg-Marquardt algorithm for the artificial neural network training[J]. IEEE Transactions on Neural Networks and Learning Systems,2021,33(6)：1-15.

[53] 乔俊飞,段滈杉,汤健,等. 基于火焰图像颜色特征的 MSWI 燃烧工况识别[J]. 控制工程,2022,29(7)：1153-1161.

[54] ZHANG R,LU S,YU H,et al. Recognition method of cement rotary kiln burning state based on Otsu-Kmeans flame image segmentation and SVM[J]. Optik,2021,243：167418.

[55] 刘强,孔德胜,郎自强. 基于多级动态主元分析的电熔镁炉异常工况诊断[J]. 自动化学报,2021,47(11)：2570-2577.

[56] 宋昱,吴一全. Log-Gabor 小波和分数阶多项式 KPCA 的火焰图像状态识别[J]. 中国图象图形学报,2014,19(12)：1785-1793.

[57] 乔俊飞,郭子豪,汤健. 基于多层特征选择的固废焚烧过程二噁英排放浓度软测量[J]. 信息与控制,2021,50(1)：75-87.

[58] HASSAN K M,ISLAM M R,NGUYEN T T,et al. Epileptic seizure detection in EEG using mutual information-based best individual feature selection[J]. Expert Systems with Applications,2022,193：116414.

[59] 林景栋,吴欣怡,柴毅,等. 卷积神经网络结构优化综述[J]. 自动化学报,2020,46(1)：24-37.

[60] 杨小冈,高凡,卢瑞涛,等. 基于改进 YOLOv5 的轻量化航空目标检测方法[J]. 信息与控制,2022,51(1)：1-7.

[61] ZHOU Z H,FENG J. Deep forest[J]. National Science Review,2019,6(1)：74-86.

[62] MOLAEI S,HAVVAEI A,ZARE H,et al. Collaborative deep forest learning for recommender systems[J]. IEEE Access,2021,9：22053-22061.

[63] SHAO L,ZHANG D,DU H,et al. Deep forest in ADHD data classification[J]. IEEE Access,2019,7：137913-137919.

[64] 夏恒,汤健,乔俊飞. 深度森林研究综述[J]. 北京工业大学学报,2022,48(2)：182-196.

[65] 汤健,王子轩,夏恒,等. 面向智能回收装置的废旧手机深度森林识别[J]. 控制工程,2023,30(5)：886-893.

[66] YU B,CHEN C,WANG X,et al. Prediction of protein-protein interactions based on elastic net and deep forest[J]. Expert Systems with Applications,2021,176：114876.

[67] GONZALEZ R C. 数字图像处理[M]. 2 版. 阮秋琦,译. 北京：电子工业出版社,2007：97-146.

[68] BREIMAN L,QUINLAN R. Bagging predictors[M]. Machine Learning,1996,24(2)：123-140.

[69] ZHANG H,MENG X,TANG J,et al. Recognition of combustion conditions in MSWI process using convolutional neural network[C]//2021 33rd Chinese Control and Decision Conference. Piscataway：IEEE Press,2021：6364-6369.

[70] DUAN H S,TANG J,QIAO J F. Recognition of combustion condition in MSWI process based on

multi-scale color moment features and random forest[C]//2019 Chinese Automation Congress. Piscataway: IEEE Press, 2019: 2542-2547.

[71] KOLEKAR K A, HAZRA T, CHAKRABARTY S N. A review on prediction of municipal solid waste generation models[J]. Procedia Environmental Sciences, 2016, 35: 238-244.

[72] 丁海旭,汤健,夏恒,等. 基于 TS-FNN 的城市固废焚烧过程 MIMO 被控对象建模[J]. 控制理论与应用,2022,39(8): 1529-1540.

[73] 乔俊飞,段滈杉,汤健,等. 基于火焰图像颜色特征的 MSWI 燃烧工况识别[J]. 控制工程,2022,29(7): 1153-1161.

[74] GARAMI A, CSORDÁS B, PALOTÁS Á, et al. Reaction zone monitoring in biomass combustion [J]. Control Engineering Practice, 2018, 74: 95-106.

[75] NIU Z, REFORMAT M Z, TANG W, et al. Electrical equipment identification method with synthetic data using edge-oriented generative adversarial network[J]. IEEE Access, 2020, 8: 136487-136497.

[76] NIU S, LI B, WANG X, et al. Defect image sample generation with GAN for improving defect recognition[J]. IEEE Transactions on Automation Science and Engineering, 2020, 17(3): 1611-1622.

[77] WANG Q, YANG R, WU C, et al. An effective defect detection method based on improved Generative Adversarial Networks (iGAN) for machined surfaces[J]. Journal of Manufacturing Processes, 2021, 65: 373-381.

[78] KIM M, JO H, RA M, et al. Weakly-supervised defect segmentation on periodic textures using cycleGAN[J]. IEEE Access, 2020, 8: 176202-176216.

[79] LIU L, CAO D, WU Y, et al. Defective samples simulation through adversarial training for automatic surface inspection[J]. Neurocomputing, 2019, 360: 230-245.

[80] WANG J, YANG Z, ZHANG J, et al. AdaBalGAN: An improved generative adversarial network with imbalanced learning for wafer defective pattern recognition[J]. IEEE Transactions on Semiconductor Manufacturing, 2019, 32(3): 310-319.

[81] FU M, LIU J, ZHANG H, LU S. Multisensor fusion for magnetic flux leakage defect characterization under information incompletion[J]. IEEE Transactions on Industrial Electronics, 2021, 68(5): 4382-4392.

[82] YANG L, LIU Y, PENG J. An automatic detection and identification method of welded joints based on deep neural network[J]. IEEE Access, 2019, 7: 164952-164961.

[83] SHAO G, HUANG M, GAO F, et al. DuCaGAN: Unified dual capsule generative adversarial network for unsupervised image-to-image translation[J]. IEEE Access, 2020, 8: 154691-154707.

[84] LIN C T, HUANG S W, WU Y Y, et al. GAN-based day-to-night image style transfer for nighttime vehicle detection[J]. IEEE Transactions on Intelligent Transportation Systems, 2019, 22(2): 951-963.

[85] ZHANG C, TANG Y, ZHAO C, et al. Multitask GANs for semantic segmentation and depth completion with cycle consistency[J]. IEEE Transactions on Neural Networks and Learning Systems, 2021, 32(12): 5404-5415.

[86] ZHANG J, WANG Y, ZHU K, et al. Diagnosis of interturn short-circuit faults in permanent magnet synchronous motors based on few-shot learning under a federated learning framework[J]. IEEE Transactions on Industrial Informatics, 2021, 17(12): 8495-8504.

[87] JANG J, CHANG O K. Siamese network-based health representation learning and robust reference-based remaining useful life prediction[J]. IEEE Transactions on Industrial Informatics, 2022, 18(8): 5264-5274.

[88] TAO X, ZHANG D, MA W, et al. Unsupervised anomaly detection for surface defects with dual-siamese network[J]. IEEE Transactions on Industrial Informatics, 2022, 18(11): 7707-7717.

[89] KONG D,LI X,CEN Y,et al. Simultaneous viewpoint- and condition-invariant loop closure detection based on LiDAR descriptor for outdoor large-scale environments[J]. IEEE Transactions on Industrial Electronics,2023,70(2):2117-2127.

[90] HUSSAIN S F,BABAR H Z U D,KHALIL A,et al. A fast non-redundant feature selection technique for text data[J]. IEEE Access,2020,8:181763-181781.

[91] AHN E,KUMAR A,FULHAM M,et al. Unsupervised domain adaptation to classify medical images using aero-bias convolutional auto-encoders and context-based feature augmentation[J]. IEEE Transactions on Medical Imaging,2020,39(7):2385-2394.

[92] TANG J,LI Z. Weakly supervised multimodal hashing for scalable social image retrieval[J]. IEEE Transactions on Circuits and Systems for Video Technology,2018,28(10):2730-2741.

[93] GOODFELLOW I J,POUGET-ABADIE J,MIRZA M,et al. Generative adversarial nets[C]//Proceedings of the 27th International Conference on Neural Information Processing Systems. Cambridge:MIT Press,2014:2672-2680.

[94] RUMELHART D E,HINTON G E,WILLIAMS R J. Learning representations by back-propagating errors[J]. Nature,1986,323(6088):533-536.

[95] 李海英,张书廷,赵新华.城市生活垃圾焚烧产物中二噁英检测方法[J].燃料化学学报,2005,33(3):379-384.

[96] MANNIEN H. Formation of PCDD/PCDF:Effect of fuel and fly ash composition on the formation of PCDD/PCDF in the co-combustion of refuse-derived and packaging-derived fuels-Multivariate analysis[J]. Environmental Science and Pollution Research,1996,3(3):129-134.

[97] 汤健,夏恒,乔俊飞,等.深度集成森林回归建模方法及应用[J].北京工业大学学报,2021,47(11):1219-1229.

[98] 汤健,王丹丹,郭子豪,等.基于虚拟样本优化选择的城市固废焚烧过程二噁英排放浓度预测[J].北京工业大学学报,2021,47(5):431-443.

[99] ZHONG K,HAN M,HAN B. Data-driven based fault prognosis for industrial systems:A concise overview[J]. IEEE/CAA Journal of Automatica Sinica,2020,7(2):330-345.

[100] GAMA J,ZLIOBAITE I,BIFET A,et al. A survey on concept drift adaptation[J]. ACM Computing Surveys,2014,46(4):1-37.

[101] SCHLIMMER J,GRANGER R. Incremental learning from noisy data[J]. Machine Learning,1986,1(3):317-354.

[102] LU J,LIU A,DONG F,et al. Learning under concept drift:A review[J]. IEEE Transactions on Knowledge and Data Engineering,2019,31(12):2346-2363.

[103] RAMIREZ G S,KRAWCZYK B,GARCIA S,et al. A survey on data preprocessing for data stream mining:Current status and future directions[J]. Neurocomputing,2017,239:39-57.

[104] ZHU Q X,CHEN Z,ZHANG X H,et al. Dealing with small sample size problems in process industry using virtual sample generation:A Kriging-based approach[J]. Soft Computing,2020,24(9):6889-6902.

[105] 乔俊飞,孙子健,汤健.面向工业过程软测量建模的概念漂移检测综述[J].控制理论与应用,2021,38(8):1159-1174.

[106] MAHDI O A,PARDEDE E,ALI N,et al. Diversity measure as a new drift detection method in data streaming[J]. Knowledge-Based Systems,2020,191:105227.

[107] HAN X,TIAN S,ROMAGNOLI J A,et al. PCA-SDG based process monitoring and fault diagnosis:Application to an industrial pyrolysis furnace[J]. IFAC-PapersOnLine,2018,51(18):482-487.

[108] XU S,FENG L,LIU S,et al. Self-adaption neighborhood density clustering method for mixed data

stream with concept drift[J]. Engineering Applications of Artificial Intelligence,2020,89: 103451.

[109] YANG Z,DAHIDI S,BARALDI P,et al. A novel concept drift detection method for incremental learning in nonstationary environments[J]. IEEE Transactions on Neural Networks and Learning Systems,2019,31(1): 309-320.

[110] 孙子健,汤健,乔俊飞.面向工业过程难测参数建模的双窗口概念漂移检测[J].控制理论与应用,2021,38(12): 1979-1992.

[111] 朱群,张玉红,胡学钢,等.一种基于双层窗口的概念漂移数据流分类算法[J].自动化学报,2011,37(9): 1077-1084.

[112] 孙子健,汤健,乔俊飞.联合样本输出与特征空间的半监督概念漂移检测法及其应用[J].自动化学报,2022,48(5): 1259-1272.

[113] 汤健,柴天佑,刘卓,等.基于更新样本智能识别算法的自适应集成建模[J].自动化学报,2016,42(7): 1040-1052.

[114] YIN S,DING S X,XIE X,et al. A review on basic data-driven approaches for industrial process monitoring[J]. IEEE Transactions on Industrial Electronics,2014,61(11): 6418-6428.

[115] YUE H H,QIN S J. Reconstruction-based fault identification using a combined index[J]. Industrial and Engineering Chemistry Research,2001,40(20): 4403-4414.

[116] STROBL C,BOULESTEIX A L,KNEIB T,et al. Conditional variable importance for random forests[J]. BMC Bioinformatics,2008,9(1): 1-11.

[117] WANG B,WANG P L,XIE L H,et al. A stable zirconium based metal-organic framework for specific recognition of representative polychlorinated dibenzo-p-dioxin molecules [J]. Nature Communications,2019,10(1): 1-8.

[118] 乔俊飞,郭子豪,汤健.面向城市固废焚烧过程的二噁英排放浓度检测方法综述[J].自动化学报,2020,46(6): 1063-1089.

[119] LIANG X,KURNIAWAN T A,GOH H H,et al. Conversion of landfilled waste-to-electricity (WTE) for energy efficiency improvement in Shenzhen (China): A strategy to contribute to resource recovery of unused methane for generating renewable energy on-site[J]. Journal of Cleaner Production,2022,369: 133078.

[120] 汤健,乔俊飞.基于选择性集成核学习算法的固废焚烧过程二噁英排放浓度软测量[J].化工学报,2019,70(2): 696-706.

[121] 胡华龙,温雪峰,罗庆明.废物焚烧：综合污染预防与控制最佳可行技术[M].北京：化学工业出版社,2009.

[122] 柴天佑.工业过程控制系统研究现状与发展方向[J].中国科学：信息科学,2016,46(8): 1003-1015.

[123] WANG T,LEUNG H,ZHAO J,et al. Multiseries featural LSTM for partial periodic time-series prediction: A case study for steel industry [J]. IEEE Transactions on Instrumentation and Measurement,2020,69(9): 5994-6003.

[124] HUDA R K,BANKA H. Efficient feature selection and classification algorithm based on PSO and rough sets[J]. Neural Computing and Applications,2019,31: 4287-4303.

[125] 汤健,乔俊飞,徐喆,等.基于特征约简与选择性集成算法的城市固废焚烧过程二噁英排放浓度软测量[J].控制理论与应用,2021,38(1): 110-120.

[126] AKINOLA O O,EZUGWU A E,AGUSHAKA J O,et al. Multiclass feature selection with metaheuristic optimization algorithms: A review[J]. Neural Computing and Applications,2022,34: 19751-19790.

[127] BATTITI R. Using mutual information for selecting features in supervised neural net learning[J]. IEEE Transactions on Neural Networks,1994,5(4): 537-550.

[128] VERGARA J R, ESTÉVEZ P A. A review of feature selection methods based on mutual information[J]. Neural Computing and Applications, 2014, 24(1): 175-186.

[129] JAIN A K, DUIN R P W, MAO J. Statistical pattern recognition: A review[J]. IEEE Transactions on Pattern Analysis and Machine Intelligence, 2000, 22(1): 4-37.

[130] 乔俊飞,郭子豪,汤健. 基于多层特征选择的固废焚烧过程二噁英排放浓度软测量[J]. 信息与控制, 2021, 50(1): 75-87.

[131] FLEURET F. Fast binary feature selection with conditional mutual information[J]. Journal of Machine Learning Research, 2004, 5: 1531-1555.

[132] XIE S, HUA Y, LU S, et al. A novel spatio-temporal adaptive prediction modeling strategy for industrial production process[J]. IEEE Transactions on Instrumentation and Measurement, 2023, 72: 1-11.

[133] 林景栋,吴欣怡,柴毅,等. 卷积神经网络结构优化综述[J]. 自动化学报, 2020, 46(1): 24-37.

[134] WAN B, ZHOU X, ZHENG B, et al. LFRNet: Localizing, Focus, and Refinement Network for Salient Object Detection of Surface Defects[J]. IEEE Transactions on Instrumentation and Measurement, 2023, 72: 1-12.

[135] BEJANI M M, GHATEE M. A systematic review on overfitting control in shallow and deep neural networks[J]. Artificial Intelligence Review, 2021, 54: 6391-6438.

[136] HE Y, SONG K, MENG Q, et al. An end-to-end steel surface defect detection approach via fusing multiple hierarchical features[J]. IEEE Transactions on Instrumentation and Measurement, 2019, 69(4): 1493-1504.

[137] ZHANG Y, QIN N, HUANG D, et al. Precise diagnosis of unknown fault of high-speed train bogie using novel FBM-Net[J]. IEEE Transactions on Instrumentation and Measurement, 2022, 71: 1-11.

[138] ABDELJABER O, SASSI S, AVCI O, et al. Fault detection and severity identification of ball bearings by online condition monitoring[J]. IEEE Transactions on Industrial Electronics, 2018, 66(10): 8136-8147.

[139] YANG D, LU J, ZHOU Y, et al. Establishment of leakage detection model for oil and gas pipeline based on VMD-MD-1DCNN[J]. Engineering Research Express, 2022, 4(2): 025051.

[140] MTIBAA F, NGUYEN K K, AZAM M, et al. LSTM-based indoor air temperature prediction framework for HVAC systems in smart buildings[J]. Neural Computing and Applications, 2020, 32: 17569-17585.

[141] ZHANG J, ZHU Y, ZHANG X, et al. Developing a long short-term memory (LSTM) based model for predicting water table depth in agricultural areas[J]. Journal of Hydrology, 2018, 561: 918-929.

[142] KONG W, DONG Z Y, JIA Y, et al. Short-term residential load forecasting based on LSTM recurrent neural network[J]. IEEE Transactions on Smart Grid, 2017, 10(1): 841-851.

[143] CHONDRODIMA E, PELEKIS N, PIKRAKIS A, et al. An efficient LSTM neural network-based framework for vessel location forecasting[J]. IEEE Transactions on Intelligent Transportation Systems, 2023, 24(5): 4872-4888.

[144] PISA I, MORELL A, VICARIO J L, et al. Denoising autoencoders and LSTM-based artificial neural networks data processing for its application to internal model control in industrial environments-the wastewater treatment plant control case[J]. Sensors, 2020, 20(13): 3743.

[145] ZHA W S, LIU Y P, WAN Y J, et al. Forecasting monthly gas field production based on the CNN-LSTM model[J]. Energy, 2022, 260: 124889.

[146] CUI C L, TANG J, XIA H, et al. Virtual sample generation method based on generative adversarial fuzzy neural network[J]. Neural Computing and Applications, 2023, 35(9): 6979-7001.

[147] TANG J, XIA H, ZHANG J, et al. Deep forest regression based on cross-layer full connection[J].

Neural Computing and Applications，2021，33：9307-9328.

[148] XIA H，TANG J，QIAO J F，et al. DF classification algorithm for constructing a small sample size of data-oriented DF regression model[J]. Neural Computing and Applications，2022，34：2785-2810.

[149] 夏恒，汤健，崔璨麟，等. 基于宽度混合森林回归的城市固废焚烧过程二噁英排放软测量[J]. 自动化学报，2023，49(2)：343-365.

[150] QIAO J F，SUN J，MENG X. Event-triggered adaptive model predictive control of oxygen content for municipal solid waste incineration process[J]. IEEE Transactions on Automation Science and Engineering，2023，20(2)：1234-1245.

[151] RUMA J F，ADNAN M S G，DEWAN A，et al. Particle swarm optimization based LSTM networks for water level forecasting：A case study on Bangladesh river network[J]. Results in Engineering，2023，17：100951.

[152] YANG X，MAIHEMUTI B，SIMAYI Z，et al. Prediction of glacially derived runoff in the muzati river watershed based on the PSO-LSTM model[J]. Water，2022，14(13)：2018.

[153] LIANG J J，QIN A K，SUGANTHAN P N，et al. Comprehensive learning particle swarm optimizer for global optimization of multimodal functions [J]. IEEE Transactions on Evolutionary Computation，2006，10(3)：281-295.

[154] 王丹丹，汤健，夏恒，等. 基于多目标 PSO 混合优化的虚拟样本生成[J]. 自动化学报，2022，45(x)：1-22.

[155] 庄家宾，汤健，夏恒，等. 炉排固相和炉膛气相燃烧耦合的 MSWI 过程模拟[J]. 中国电机工程学报，2022，42(24)：8961-8972.

[156] ARTHUR J R. Reactions between carbon and oxygen[J]. Transactions of the Faraday Society，1951，47：164-78.

[157] HASBERG W，MAY H，DORN I. Description of the residence-time behaviour and burnout of PCDD，PCDF and other higher chlorinated aromatic hydrocarbons in industrial waste incineration plants[J]. Chemosphere，1989，19(1-6)：565-571.

[158] 徐雯，汤健，夏恒，等. 基于 Bagging 半监督深度森林回归的二噁英排放浓度软测量[J]. 仪器仪表学报，2022，43(6)：251-259.

第 6 章

面向仿真平台多入多出回路控制系统的智能控制算法实验室场景验证

6.1 引言

MSWI 过程在多个维度上具有不同程度的不确定性。例如，MSW 的组分受到社会、经济和环境等诸多地区性因素的影响，在组分含量、热值和化学组成等方面随时间和供应源的变化而发生改变，增加了入口物料的复杂性；MSW 燃烧是处于固气液多相和热流力多场交互作用下的高温化学反应，其化学反应动力学和热力学参数存在难以描述的不确定性，难以获得对燃烧机制的完整、准确认知；执行机构长期处于高温和高腐蚀环境下，其随时间的推移会导致磨损和性能变化，进而导致不稳定燃烧，在降低热效率的同时会增加结焦风险；此外，在强干扰环境下，传感器所测量的数据中存在难以避免的诸多不确定性噪声，传统的 PID 控制的性能与精度仍有待提升，其在本质上难以有效应对 MSWI 过程固有的不确定性，需要研究性能更加优异的智能控制算法。

针对上述问题，构建基于区间Ⅱ型 FNN 的炉膛温度控制算法和基于自组织 IT2FNN 的炉膛温度模型预测控制算法，基于上文所构建的半实物仿真平台中的多入多出回路控制系统进行相应工业软件的开发，实现类工业现场的实验室场景验证。

6.2 基于区间Ⅱ型 FNN(IT2FNN)的炉膛温度控制算法实验室场景验证

6.2.1 问题描述

炉膛温度是表征焚烧炉运行状态的重要参数，对其进行精准控制是实现 MSWI 过程平稳运行和减污降碳的关键。构建炉膛温度模型是深入了解其变化机理和研究其优化控制的基础。目前，以控制量为输入的建模研究包括 He 等[1]提出的(Takagi-Sugeno fuzzy neural network，TS-FNN)多入单出模型，严等[2]提出的最小二乘-支持向量回归等。针对炉膛温度、烟气含氧量和蒸汽流量，丁等[3]提出了 TS-FNN 多入多出模型，Chen 等[4]构建了基于权重自适应 PSO 的级联传函模型。上述方法未针对不同工况的炉膛温度与操纵变量间的映射关系进行详细描述。因此，有必要采用更具有直观规则形式的算法构建多操纵变量与炉膛温度间的模型。

目前，针对 MSWI 过程炉膛温度控制的研究已取得了众多成果。面向炉膛温度的单独控制研究包括何海军等[5]提出的基于事件触发机制的径向基函数-比例积分微分(event triggering-radial basis function-proportional integral differentiation，ET-RBF-PID)炉膛温度控制方法，减少了控制器更新次数。针对包括炉膛温度、烟气含氧量和蒸汽流量在内的 MIMO 控制，Ding 等[6]提出了基于准对角递归神经网络(quasi-diagonal recurrent neural network，QDRNN)的面向多回路控制器的 PID 控制，王天峥等[7]提出了面向 PLC 系统控制器的多回路 PID 控制。上述研究仅能在特定工况下实现炉膛温度的控制，即 PID 控制不具备较强的抗干扰能力。

自 Jang[8]提出 FNN 以来，FNN 控制便因其具有在线优化控制规则、抗干扰能力强及自适应能力强等优势，在工业控制领域被广泛研究。针对炉膛温度、蒸汽流量和过热器温度的同时控制问题，Chang 等[9]提出了采用遗传算法确定全局最优模糊规则的遗传模糊控制逻辑器；在此基础上，Chen 等[10]利用神经网络调整模糊控制规则及相关参数以获得更优的模糊规则库，结果表明这些方法均能实现稳定控制。丁等[11]设计了基于多任务学习的自组织模糊神经网络控制器用于炉膛温度和烟气含氧量控制。针对其他工业过程控制问题，Han 等[12]提出了协同模糊神经网络和自组织滑膜控制器，提高了污水处理过程的运行性能，抑制了污水处理过程的干扰；Diaz 等[13]将 FNN 用于控制间歇和连续过程的蒸馏塔，具有良好的抗扰性和动态性能。区别于其他工业过程，MSWI 过程需要将炉膛温度稳定控制在 850℃以上。因此，除因物料组分不确定引起的干扰外，现场的高温环境使得传感器的测量噪声、执行器的特性变化及运行环境均存在多种不确定性的干扰。研究表明，采用精确隶属度函数表征模糊信息的 FNN 难以直接处理实际工业现场存在的众多不确定性[14]。

区间Ⅱ型 FNN(interval type-Ⅱ FNN，IT2FNN)通过对模糊集合的隶属度进行再次模糊化，以使Ⅱ型模糊集能够表征更深层次的不确定性，进而增强了对不确定性的处理和刻画能力[15]，目前已成为处理复杂工业过程不确定性控制问题的有力工具。已有的将 IT2FNN 应用到具有较强不确定性工业过程控制的研究包括：针对污水处理过程的不确定性问题，Han 等[12]提出了基于 IT2FNN 的协同控制器；针对污水处理过程中的数据短缺问题，Han 等[16]设计了基于 IT2FNN 的融合模糊神经网络控制器；针对非线性扰动柔性关节机械手，Hu 等[17]提出了基于 IT2FNN 的动态表面控制策略；Liu 等[18]设计了 IT2FNN 滑模鲁棒控制器用于磁刚性航天器姿态控制。目前，基于 IT2FNN 的 MSWI 过程炉膛温度控制还未见报道。

针对上述问题，此处提出基于线性回归决策树 LRDT 的炉膛温度模型和 IT2FNN 的炉膛温度控制。首先，在进行炉膛温度控制特性分析的基础上，基于 LRDT 算法建立以一次风流量、二次风流量、进料器均速、干燥炉排均速、氨水注入量为输入和以炉膛温度为输出的多入单出(MISO)的炉膛温度模型。其次，采用 IT2FNN 作为控制器，通过自适应学习算法调整控制器参数以克服不确定性扰动以提高控制器的自适应能力，并对控制器进行稳定性分析。最后，采用北京某MSWI电厂的运行数据进行炉膛温度的恒定值与设定值跟踪实验表明所提方法的有效性，并开发智能控制软件，基于实验室半实物仿真平台多入多出回路控制系统进行了类工业场景的验证。

6.2.2　控制策略

固废燃烧是MSWI过程的关键阶段，可分为干燥、燃烧和燃烬3个过程。首先，MSW在干燥炉排上完成全水分(表面和内在水分)析出，其将影响燃烧状态乃至全流程的运行工况；之后，MSW在燃烧炉排进行燃烧，其涉及强氧化、热解和原子基团碰撞等一系列复杂反应，燃烧风流量和炉排速度对该过程的稳定进行至关重要；最后，剩余燃烧组分在燃烬炉排上继续反应直至炉排上的MSW全部成为灰渣，即燃烧过程完全停止[19]。上述过程涉及诸多关键被控变量，包括炉膛温度、烟气含氧量、蒸汽流量和燃烧线，通过对这些变量的稳定控制可保证烟气中有害物质的分解和燃烧。

维持较高的焚烧温度并保持稳定有利于促进MSW燃烬、提高发电水平、减少污染物排放和实现MSW资源化利用的目标。此处以炉膛温度为被控变量，为确定与其相关的布风布料操纵变量，基于某MSWI电厂某天8:00—24:00的运行数据，先结合专家经验初步选定对炉膛温度影响较大的53个变量，再分别计算这些变量与炉膛温度间的皮尔逊相关系数(Pearson correlation coefficient，PCC)，如图6.1所示。

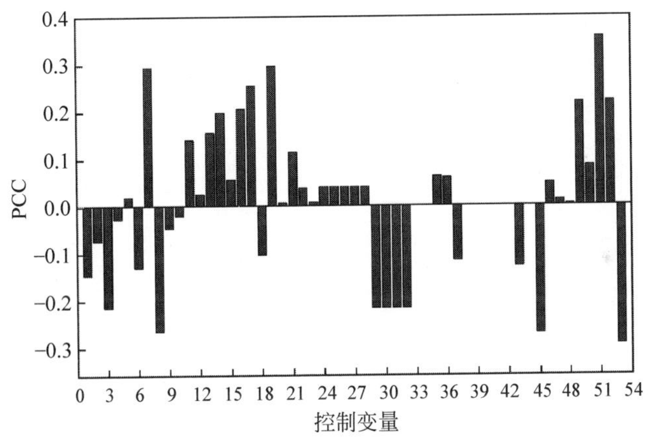

图6.1　操纵变量与炉膛温度间的PCC

进一步，由图6.1可知，部分风管的挡板开度与炉膛温度之间具有较高的PCC，原因在于挡板附近存在电流与振动等干扰，使得挡板开度产生高频低幅的波动；考虑到工业现场通常保持各风管挡板的开度固定，因此此处选取用于控制总风流量的一次风流量作为构建炉膛温度模型的关键输入变量；考虑到进料器和干燥炉排的各段速度间的耦合性与差异性较小，选择其对应的平均速度作为温度模型的关键输入变量；此外，燃烧和燃烬炉排速度在该工况期间未发生变化，二次风流量与氨水注入量与炉膛温度间具有较高的PCC。基于上述分析，目前选取一次风流量、二次风流量、进料器均速、干燥炉排均速和氨水注入量作为炉膛温度模型的输入变量；选择具有最高PCC的二次风流量作为炉膛温度控制系统的操纵变量，其他变量作为干扰变量。需要提出的是，此处仅关注炉膛温度运行范围为 880～988℃的某天运行数据所表征的工况，后续研究将针对其他范围内的炉膛温度波动和更长运行时间段的运行数据进行分析。

此处工况下的关键操纵变量/炉膛温度的波动范围如表 6.1 所示。

表 6.1 某天内 8:00—24:00 的关键操纵变量/炉膛温度波动范围

操纵变量/炉膛温度	单位	波动范围
一次风流量	Nkm^3/h	[53.78,76.71]
二次风流量	Nkm^3/h	[0,20.88]
进料器均速	%	[20,53.75]
干燥炉排均速	%	[20,60]
氨水注入量	L/h	[16.75,84.42]
炉膛温度	℃	[880,988]

此处所提控制策略的目标是，通过控制器输出修正后的二次风流量，使得炉膛温度能够跟踪给定的设定值。MSWI 过程作为复杂工业过程，其动态模型的状态函数和操纵变量函数难以表达，无法直接求取最优控制律 u^*，因此采用 IT2FNN 逼近最优控制律，并利用梯度下降法在线调整网络参数。此处提出基于 IT2FNN 的炉膛温度自适应控制策略，如图 6.2 所示。

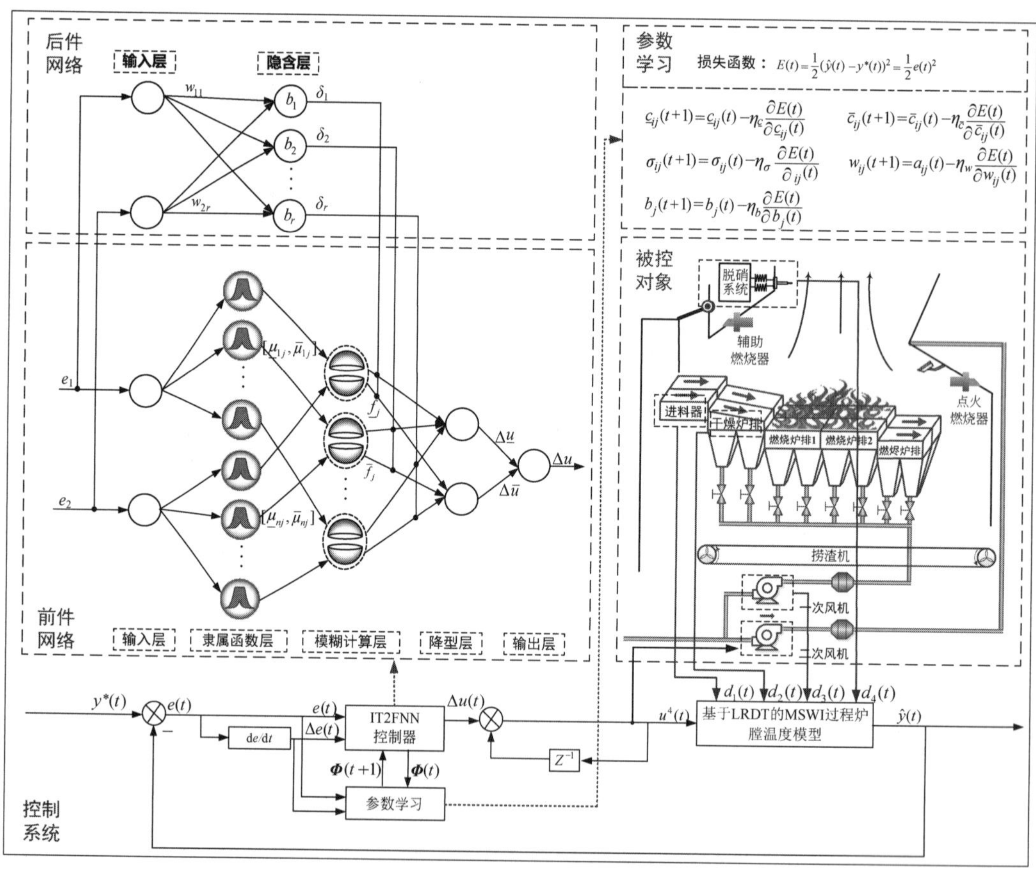

图 6.2 基于 IT2FNN 的炉膛温度控制策略图

在图 6.2 中，$y^*(t)$为当前 t 时刻的炉膛温度设定值；$\hat{y}(t)$为当前 t 时刻 LRDT 模型输出的炉膛温度；e_1 和 e_2 为控制器输入，其中，$e_1=e(t)$为 t 时刻的系统误差，$e_2=\Delta e(t)$为 t 时刻系统误差的变化量；$\boldsymbol{\Phi}(t)$为 t 时刻的 IT2FNN 的参数矩阵，包括不确定中心的上界和下界向量 $\underline{\boldsymbol{c}}$ 和 $\overline{\boldsymbol{c}}$，标准差向量$\boldsymbol{\sigma}$，后件连接权值向量 $\boldsymbol{w}$ 和偏置项向量 $\boldsymbol{b}$；$\Delta u(t)$为 t 时刻系统的控制量增量，即控制器输出；Z^{-1} 为一步延迟，其运算关系满足 $Z^{-1}u^4(t)=u^4(t-1)$；$u^4(t)$为 t 时刻系统的控制量，即当前时刻的二次风流量；$d_1(t)$、$d_2(t)$、$d_3(t)$和 $d_4(t)$为 t 时刻系统的干扰量，分别为添加噪声后的进料器均速、干燥炉排均速、一次风流量和氨水注入量；$\underline{\mu}_{ij}$ 为第 i 个输入对应第 j 个规则的隶属度下界；$\bar{\mu}_{ij}$ 为第 i 个输入对应第 j 个规则的隶属度上界；$[\underline{f}_j,\bar{f}_j]$为第 j 条规则的激活强度的下界和上界；$[\Delta\underline{u},\Delta\bar{u}]$为控制器输出的下界和上界；$\eta_{\underline{c}}$、$\eta_{\bar{c}}$、$\eta_\sigma$、$\eta_w$ 和 η_b 分别为对应参数的学习率；w_{ij} 为后件层第 i 个输入对应第 j 个规则的连接权值；b_j 为后件层第 j 个规则的偏置；δ_j 为后件层的第 j 个输出，即后件区间权重。

6.2.3　算法实现

6.2.3.1　基于 LRDT 的炉膛温度模型

结合上文分析，从统计数据的相关性视角并结合现场领域专家经验，针对表 6.1 工况的波动范围，选定干燥炉排均速、进料器均速、一次风流量、二次风流量和氨水注入量为输入，构建基于 LRDT 的炉膛温度模型，其结构如图 6.3 所示。

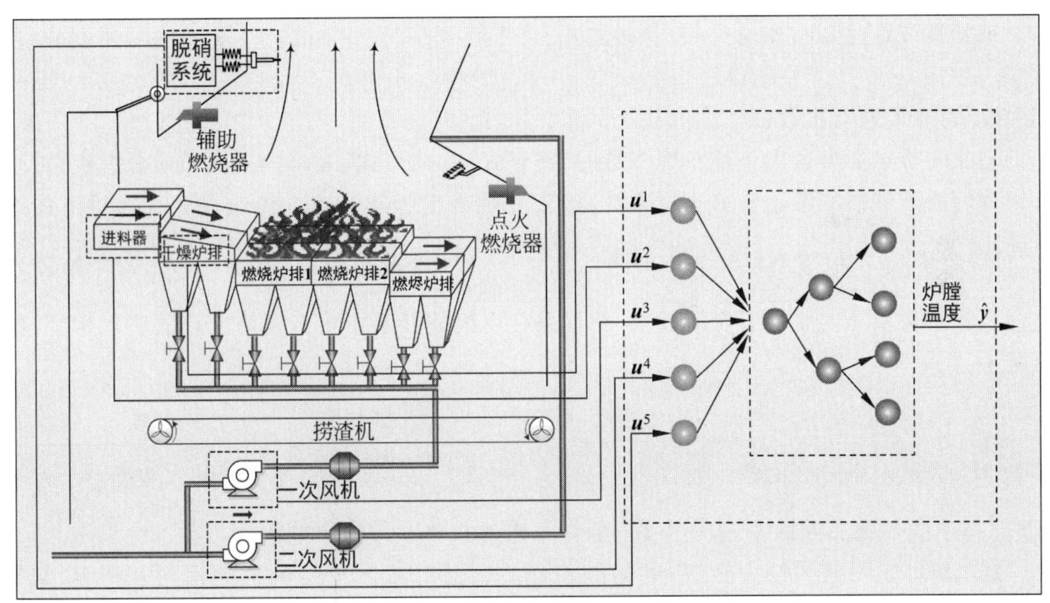

图 6.3　多入单出炉膛温度模型

在图 6.3 中，左侧为 MSWI 过程固废燃烧阶段的示意图，右侧为所提 LRDT 模型的结构示意图。其中，$\boldsymbol{u}=[\boldsymbol{u}^1;\boldsymbol{u}^2;\cdots;\boldsymbol{u}^5]^{\mathrm{T}}$ 为 LRDT 的关键输入数据，$\hat{\boldsymbol{y}}$ 为 LRDT 的预测值。

首先，给定炉膛温度数据集 $\boldsymbol{D}=\{\boldsymbol{u}_{i_n},y_{i_n}\}_{i_n=1}^{N}$，$\boldsymbol{u}_{i_n}=[u_{i_n}^1;u_{i_n}^2;\cdots;u_{i_n}^5]^{\mathrm{T}}$ 为 $\boldsymbol{u}$ 的第 i_n 个样本向量，$u_{i_n}^1$ 为 $\boldsymbol{u}^1$ 的第 i_n 个样本，y_{i_n} 为第 i_n 个样本的炉膛温度，N 为数据集样本个数。中间节点根据样本向量 $\boldsymbol{u}_{i_n}$ 将数据集 $\boldsymbol{D}$ 划分为子节点 $\boldsymbol{D}_{\mathrm{L}}$ 和 $\boldsymbol{D}_{\mathrm{R}}$：

$$\begin{cases}\boldsymbol{D}_{\mathrm{L}}:\{\boldsymbol{D}_{\mathrm{L}}\in\mathbb{R}^{N_{\mathrm{L}}\times M}\mid\varphi_{\mathrm{nonleaf}}^{1}(u)\equiv 1\}\\ \boldsymbol{D}_{\mathrm{R}}:\{\boldsymbol{D}_{\mathrm{R}}\in\mathbb{R}^{N_{\mathrm{R}}\times M}\mid\varphi_{\mathrm{nonleaf}}^{1}(u)\equiv 0\}\end{cases}\tag{6.1}$$

其中，$\boldsymbol{D}_{\mathrm{L}}$ 和 $\boldsymbol{D}_{\mathrm{R}}$ 分别表示数据集 $\boldsymbol{D}$ 划分后的左子节点和右子节点，N_{L} 和 N_{R} 分别表示 $\boldsymbol{D}_{\mathrm{L}}$ 和 $\boldsymbol{D}_{\mathrm{R}}$ 的样本数量，M 为特征个数，$\varphi_{\mathrm{nonleaf}}^{1}$ 为指示函数，其计算方式如下：

$$\varphi_{\mathrm{nonleaf}}^{1}(u)\equiv\begin{cases}1, & u_{i_n m_{\mathrm{s}}}\geqslant u_{\mathrm{nonleaf}}^{1}\\ 0, & u_{i_n m_{\mathrm{s}}}< u_{\mathrm{nonleaf}}^{1}\end{cases}\tag{6.2}$$

其中，$u_{i_n m_{\mathrm{s}}}$ 为第 i_n 个样本的第 m_{s} 个特征值；u_{nonleaf}^{1} 表示第一个非叶节点的节点判断器，其通过均方误差和循环遍历过程确定：

$$\begin{aligned}\Omega_l(i_n,m_{\mathrm{s}})&=f_{\mathrm{MSE}}(\boldsymbol{D}_{\mathrm{L}})+f_{\mathrm{MSE}}(\boldsymbol{D}_{\mathrm{R}})\\&=((\boldsymbol{y}_{\mathrm{L}}-\bar{y}_{\mathrm{L}})\varphi_{\mathrm{nonleaf}}^{k}(u_{i_n m_{\mathrm{s}}}))^2+((\boldsymbol{y}_{\mathrm{R}}-\bar{y}_{\mathrm{R}})\varphi_{\mathrm{nonleaf}}^{k}(u_{i_n m_{\mathrm{s}}}))^2\end{aligned}\tag{6.3}$$

其中，$\Omega_l(i_n,m_{\mathrm{s}})$为当前遍历下数据集切分 $\boldsymbol{D}_{\mathrm{L}}$ 和 $\boldsymbol{D}_{\mathrm{R}}$ 后的 MSE，(i_n,m_{s})为数据集坐标(在第 l 次迭代下，第 i_n 个样本的第 m_{s} 个特征值)，$f_{\mathrm{MSE}}(\cdot)$为 MSE 的求解函数，$\varphi_{\mathrm{nonleaf}}^{k}$ 为指示函数，$\boldsymbol{y}_{\mathrm{L}}$ 和 $\boldsymbol{y}_{\mathrm{R}}$ 分别为左、右子节点中所有样本的炉膛温度，$\bar{y}_{\mathrm{L}}$ 和 $\bar{y}_{\mathrm{R}}$ 分别为左、右节点的炉膛温度均值。

第一个节点的判断器由式(6.4)确定：

$$\Omega_{\mathrm{Best}}(i_n,m_{\mathrm{s}})=\min\{\Omega_l(i_n,m_{\mathrm{s}})\}_{l=1}^{L}\tag{6.4}$$

其中，L 为最大遍历次数($L\leqslant(N\times M)$)。

当非叶节点样本数大于最小样本数时，循环式(6.1)～式(6.4)的遍历和切分过程，直至被切分后的节点样本数小于最小样本数，该节点被确定为叶节点并停止循环。通过上述过程，可确定 P 条从根节点到叶节点的路径、$\left(\dfrac{P}{2}\right)-1$ 个非叶节点和$\dfrac{P}{2}$个叶节点，每条路径均包含具有显著差异的非叶节点。因此，根据路径上的非叶节点可指定叶节点的输入特性，如下所示：

$$\boldsymbol{D}^{k}=\{\boldsymbol{U}^{k},\boldsymbol{y}^{k}\}\in\mathbb{R}^{N^{k}\times(M^{k}+1)}\tag{6.5}$$

其中，$\boldsymbol{D}^{k}$ 为第 k 条路径的输入特性$\left(k=1,\cdots,\dfrac{P}{2}\right)$，$\boldsymbol{U}^{k}$ 为第 k 条路径下的输入数据，$\boldsymbol{y}^{k}$ 为第 k 条路径下的炉膛温度向量，N^{k} 为 $\boldsymbol{U}^{k}$ 的样本数，M^{k} 为 $\boldsymbol{U}^{k}$ 的特征数。

基于特征选择后的输入数据，利用线性回归方法计算叶节点的预测输出。其中，第 k 条路径下的叶节点的求解过程如下所示：

$$\hat{\boldsymbol{y}}^{k}=\boldsymbol{U}^{k}\boldsymbol{w}_{\mathrm{leaf}}^{k}\tag{6.6}$$

其中，$\hat{\boldsymbol{y}}^{k}$ 为第 k 条路径下叶节点的预测输出，$\boldsymbol{w}_{\mathrm{leaf}}^{k}$ 为第 k 条路径下叶节点的权重向量。采用正则化最小二乘损失函数进行求解以确保权重向量 $\boldsymbol{w}_{\mathrm{leaf}}^{k}$ 不发散。用于求解的损失函数如下：

$$J(\boldsymbol{w}_{\text{leaf}}^{k})=\frac{1}{2}(\|\boldsymbol{U}^{k}\boldsymbol{w}_{\text{leaf}}^{k}-\boldsymbol{y}^{k}\|_{2}^{2}+\lambda\|\boldsymbol{w}_{\text{leaf}}^{k}\|_{2}^{2})$$
$$=\frac{1}{2}\left[(\boldsymbol{U}^{k}\boldsymbol{w}_{\text{leaf}}^{k}-\boldsymbol{y}^{k})^{\mathrm{T}}(\boldsymbol{U}^{k}\boldsymbol{w}_{\text{leaf}}^{k}-\boldsymbol{y}^{k})+\lambda(\boldsymbol{w}_{\text{leaf}}^{k})^{\mathrm{T}}(\boldsymbol{w}_{\text{leaf}}^{k})\right] \tag{6.7}$$

其中，$\lambda\geqslant 0$ 为正则化系数。

对其进行求解，计算 $J(\boldsymbol{w}_{\text{leaf}}^{k})$ 对应 $\boldsymbol{w}_{\text{leaf}}^{k}$ 的梯度：

$$\frac{\partial J(\boldsymbol{w}_{\text{leaf}}^{k})}{\partial(\boldsymbol{w}_{\text{leaf}}^{k})^{\mathrm{T}}}=\frac{\partial}{\partial(\boldsymbol{w}_{\text{leaf}}^{k})^{\mathrm{T}}}\left\{\frac{1}{2}\begin{bmatrix}(\boldsymbol{U}^{k}\boldsymbol{w}_{\text{leaf}}^{k}-\boldsymbol{y}^{k})^{\mathrm{T}}\\(\boldsymbol{U}^{k}\boldsymbol{w}_{\text{leaf}}^{k}-\boldsymbol{y}^{k})+\\\lambda(\boldsymbol{w}_{\text{leaf}}^{k})^{\mathrm{T}}(\boldsymbol{w}_{\text{leaf}}^{k})\end{bmatrix}\right\}$$
$$=\frac{1}{2}\left[2(\boldsymbol{U}^{k})^{\mathrm{T}}(\boldsymbol{U}^{k}\boldsymbol{w}_{\text{leaf}}^{k}-\boldsymbol{y}^{k})+2\lambda(\boldsymbol{w}_{\text{leaf}}^{k})\right]$$
$$=(\boldsymbol{U}^{k})^{\mathrm{T}}\boldsymbol{U}^{k}\boldsymbol{w}_{\text{leaf}}^{k}-(\boldsymbol{U}^{k})^{\mathrm{T}}\boldsymbol{y}^{k}+\lambda(\boldsymbol{w}_{\text{leaf}}^{k}) \tag{6.8}$$

令 $\dfrac{\partial J(\boldsymbol{w}_{\text{leaf}}^{k})}{\partial(\boldsymbol{w}_{\text{leaf}}^{k})^{\mathrm{T}}}=0$，可得

$$(\boldsymbol{U}^{k})^{\mathrm{T}}\boldsymbol{U}^{k}\boldsymbol{w}_{\text{leaf}}^{k}-(\boldsymbol{U}^{k})^{\mathrm{T}}\boldsymbol{y}^{k}+\lambda(\boldsymbol{w}_{\text{leaf}}^{k})=0 \tag{6.9}$$

移项后，存在

$$(\boldsymbol{U}^{k})^{\mathrm{T}}\boldsymbol{y}^{k}=(\boldsymbol{U}^{k})^{\mathrm{T}}\boldsymbol{U}^{k}\boldsymbol{w}_{\text{leaf}}^{k}+\lambda(\boldsymbol{w}_{\text{leaf}}^{k})$$
$$=((\boldsymbol{U}^{k})^{\mathrm{T}}\boldsymbol{U}^{k}+\lambda\boldsymbol{I})\boldsymbol{w}_{\text{leaf}}^{k} \tag{6.10}$$

其中，$\boldsymbol{I}$ 为 $M^{k}\times M^{k}$ 维的单位矩阵，由式(6.10)求解 $\boldsymbol{w}_{\text{leaf}}^{k}$，可得

$$\boldsymbol{w}_{\text{leaf}}^{k}=((\boldsymbol{U}^{k})^{\mathrm{T}}\boldsymbol{U}^{k}+\lambda\boldsymbol{I})^{-1}(\boldsymbol{U}^{k})^{\mathrm{T}}\boldsymbol{y}^{k} \tag{6.11}$$

最后，通过式(6.11)计算出的权重向量，第 k 条路径下叶节点的输出值可由式(6.6)得到。

按照上述步骤，完成 LRDT 模型的构建。

针对测试数据，基于式(6.1)～式(6.4)所判断的路径 k_n，可知该路径下叶节点的预测输出即测试输出：

$$\hat{\boldsymbol{y}}=\hat{\boldsymbol{y}}^{k_n}=\boldsymbol{U}^{k_n}\boldsymbol{w}_{\text{leaf}}^{k_n} \tag{6.12}$$

6.2.3.2　基于 IT2FNN 的控制器网络结构

IT2FNN 采用区间Ⅱ型规则：

$$\widetilde{R}^{j}:\text{IF } e_1 \text{ is } \widetilde{X}_1^{j} \text{ and } e_2 \text{ is } \widetilde{X}_n^{j},$$
$$\text{THEN } \delta_j=b_j+w_{1j}e_1+w_{2j}e_2=b_j+\sum_{i=1}^{2}w_{ij}e_i$$
$$i=1,2;\ j=1,2,\cdots,r \tag{6.13}$$

其中，$\widetilde{R}^{j}$ 表示第 j 条模糊规则，e_1 和 e_2 表示 IT2FNN 的输入，w_{ij} 和 b_j 为第 i 个输入第 j 条规则的后件参数，$\widetilde{X}_i^{j}$ 表示第 i 个输入第 j 条规则的区间Ⅱ型模糊集合，δ_j 表示第 j 条规则的后件区间权重，r 表示模糊规则的个数。

IF2FNN 网络结构包含前件网络与后件网络。其中，前件网络包括模糊化及解模糊化

计算；后件网络用于计算模糊规则的后件权值。

1. IT2FNN 的前件网络结构

IT2FNN 的前件网络结构包括输入层、隶属函数层、模糊计算层、降型层和输出层共 5 层。

(1) 输入层：该层权值为 1。输入变量与该层节点直接连接，传递至后续网络。该层节点个数等于输入变量的个数。IT2FNN 的输入为系统误差及其变化量$[e(t),\Delta e(t)]$，为方便算法表述，将其记为$[e_1,e_2]$：

$$e_1=e(t)=\hat{y}(t)-y^*(t) \tag{6.14}$$

$$e_2=\Delta e(t)=e(t)-e(t-1) \tag{6.15}$$

其中，$\hat{y}(t)$表示 t 时刻的 LRDT 模型输出，$y^*(t)$表示 t 时刻的期望值，即炉膛温度设定值，$t-1$ 表示上一时刻的变量值。

(2) 隶属函数层：该层连接权值为 1，节点数为 $2r$ 个。输入层的输出直接作为隶属函数层的输入。该层的每个节点代表一个区间Ⅱ型隶属函数，选用均值不确定的高斯型隶属函数作为上界和下界隶属函数，计算输入变量对应模糊集的隶属度：

$$\begin{cases}\underline{\mu}_{ij}=\begin{cases}\exp\left[-\dfrac{1}{2}\left(\dfrac{e_i-\bar{c}_{ij}}{\sigma_{ij}}\right)^2\right], & e_i\leqslant\dfrac{\bar{c}_{ij}+\bar{c}_{ij}}{2}\\ \exp\left[-\dfrac{1}{2}\left(\dfrac{e_i-\underline{c}_{ij}}{\sigma_{ij}}\right)^2\right], & e_i>\dfrac{\underline{c}_{ij}+\bar{c}_{ij}}{2}\end{cases}\\ \bar{\mu}_{ij}=\begin{cases}\exp\left[-\dfrac{1}{2}\left(\dfrac{e_i-\underline{c}_{ij}}{\sigma_{ij}}\right)^2\right], & e_i<\underline{c}_{ij}\\ 1, & \underline{c}_{ij}\leqslant e_i<\bar{c}_{ij}\\ \exp\left[-\dfrac{1}{2}\left(\dfrac{e_i-\bar{c}_{ij}}{\sigma_{ij}}\right)^2\right], & e_i\geqslant\bar{c}_{ij}\end{cases}\end{cases} \tag{6.16}$$

其中，$\underline{\mu}_{ij}$ 和$\bar{\mu}_{ij}$ 为第i 个输入对应第j 个规则的隶属度的下界和上界，$[\underline{c}_{ij},\bar{c}_{ij}]$为第 i 个输入对应第 j 个隶属函数的不确定中心的下界和上界，σ_{ij} 为第 i 个输入第 j 个隶属函数的宽度。

(3) 模糊计算层：该层连接权值为 1，节点个数即模糊规则个数为 r。隶属函数层的输出在直接输入至该层后，用于计算每条规则的激活强度，第 j 条规则激活强度的下界和上界如下：

$$\begin{cases}\underline{f}_j=\prod\limits_{i=1}^{2}\underline{\mu}_{ij}\\ \bar{f}_j=\prod\limits_{i=1}^{2}\bar{\mu}_{ij}\end{cases} \tag{6.17}$$

(4) 降型层：该层的连接权值为后件区间权重。该层执行降型(type-reduction，TR)操作以组合$[\underline{f}_j,\bar{f}_j]$和对应的后件规则。采用 Begian-Melek-Mendel(BMM)算法实现 TR 过程：

$$
\begin{cases}
\Delta \underline{u} = \dfrac{\sum_{j=1}^{r} \underline{f}_j \delta_j}{\sum_{j=1}^{r} \underline{f}_j} \\
\Delta \overline{u} = \dfrac{\sum_{j=1}^{r} \overline{f}_j \delta_j}{\sum_{j=1}^{r} \overline{f}_j}
\end{cases}
\tag{6.18}
$$

其中，$[\Delta \underline{u}, \Delta \overline{u}]$为控制器输出的下界和上界，$\delta_j$ 为式(6.13)所计算的后件区间权重。

(5) 输出层：该层的连接权值为下界比例 q 和上界比例$(1-q)$，用于解模糊化后得到对应的输出：

$$
\Delta u = q\Delta \underline{u} + (1-q)\Delta \overline{u} \tag{6.19}
$$

其中，q 为下界比例，Δu 为 IT2FNN 控制器的输出，即操纵变量增量，其与上一时刻的操纵变量相加后得到当前时刻的操纵变量：

$$
u^4(t) = u^4(t-1) + \Delta u \tag{6.20}
$$

其中，$u^4(t)$为当前 t 时刻的二次风流量，$u^4(t-1)$为上一时刻的二次风流量。

2. IT2FNN 的后件网络结构

IT2FNN 的后件网络结构为 2 层，分别为：①输入层：与前件网络输入层作用一致，将输入直接传递至后续网络，其节点个数等于输入变量个数；②隐含层：其输出为模糊规则的后件权值，通过式(6.13)计算所得，其节点个数即模糊规则个数。

6.2.3.3　控制器的参数学习算法

采用梯度下降法对隶属函数层中隶属函数的不确定中心向量$\underline{\boldsymbol{c}}$ 和$\overline{\boldsymbol{c}}$、宽度向量$\boldsymbol{\sigma}$、后件层中的后件连接权值向量和偏置项向量 $\boldsymbol{w}$ 和 $\boldsymbol{b}$ 进行更新。

设置性能函数 $E(t)$：

$$
E(t) = \frac{1}{2}(\hat{y}(t) - y^*(t))^2 = \frac{1}{2}e(t)^2 \tag{6.21}
$$

参数更新公式为

$$
\underline{c}_{ij}(t+1) = \underline{c}_{ij}(t) - \eta_{\underline{c}} \frac{\partial E(t)}{\partial \underline{c}_{ij}(t)} \tag{6.22}
$$

$$
\overline{c}_{ij}(t+1) = \overline{c}_{ij}(t) - \eta_{\overline{c}} \frac{\partial E(t)}{\partial \overline{c}_{ij}(t)} \tag{6.23}
$$

$$
\sigma_{ij}(t+1) = \sigma_{ij}(t) - \eta_{\sigma} \frac{\partial E(t)}{\partial \sigma_{ij}(t)} \tag{6.24}
$$

$$
w_{ij}(t+1) = a_{ij}(t) - \eta_{w} \frac{\partial E(t)}{\partial w_{ij}(t)} \tag{6.25}
$$

$$b_j(t+1)=b_j(t)-\eta_b\frac{\partial E(t)}{\partial b_j(t)} \tag{6.26}$$

其中，$\eta_{\underline{c}}$、$\eta_{\bar{c}}$、η_σ、η_w 和 $\eta_b>0$ 分别为对应参数各自的学习率，$\underline{c}_{ij}(t)$为当前时刻第 i 个输入第 j 条规则的不确定中心下界，$\underline{c}_{ij}(t+1)$为下一时刻第 i 个输入第 j 条规则的不确定中心下界，其余参数同上。

由复合函数链式求导法则，可知

$$\frac{\partial E(t)}{\partial \underline{c}_{ij}(t)}=\frac{\partial E(t)}{\partial \hat{y}(t)}\frac{\partial \hat{y}(t)}{\partial \underline{c}_{ij}(t)}=\frac{\partial E(t)}{\partial \hat{y}(t)}\left(\frac{\partial \hat{y}(t)}{\partial \underline{f}_j}\frac{\partial \underline{f}_j}{\partial \underline{\mu}_{ij}}\frac{\partial \underline{\mu}_{ij}}{\partial \underline{c}_{ij}}+\frac{\partial \hat{y}(t)}{\partial \bar{f}_j}\frac{\partial \bar{f}_j}{\partial \bar{\mu}_{ij}}\frac{\partial \bar{\mu}_{ij}}{\partial \underline{c}_{ij}}\right) \tag{6.27}$$

$$\frac{\partial E(t)}{\partial \bar{c}_{ij}(t)}=\frac{\partial E(t)}{\partial \hat{y}(t)}\frac{\partial \hat{y}(t)}{\partial \bar{c}_{ij}(t)}=\frac{\partial E(t)}{\partial \hat{y}(t)}\left(\frac{\partial \hat{y}(t)}{\partial \underline{f}_j}\frac{\partial \underline{f}_j}{\partial \underline{\mu}_{ij}}\frac{\partial \underline{\mu}_{ij}}{\partial \bar{c}_{ij}}+\frac{\partial \hat{y}(t)}{\partial \bar{f}_j}\frac{\partial \bar{f}_j}{\partial \bar{\mu}_{ij}}\frac{\partial \bar{\mu}_{ij}}{\partial \bar{c}_{ij}}\right) \tag{6.28}$$

$$\frac{\partial E(t)}{\partial \sigma_{ij}(t)}=\frac{\partial E(t)}{\partial \hat{y}(t)}\frac{\partial \hat{y}(t)}{\partial \sigma_{ij}(t)}=\frac{\partial E(t)}{\partial \hat{y}(t)}\left(\frac{\partial \hat{y}(t)}{\partial \underline{f}_j}\frac{\partial \underline{f}_j}{\partial \underline{\mu}_{ij}}\frac{\partial \underline{\mu}_{ij}}{\partial \sigma_{ij}}+\frac{\partial \hat{y}(t)}{\partial \bar{f}_j}\frac{\partial \bar{f}_j}{\partial \bar{\mu}_{ij}}\frac{\partial \bar{\mu}_{ij}}{\partial \sigma_{ij}}\right) \tag{6.29}$$

其中，

$$\frac{\partial E(t)}{\partial \hat{y}(t)}=\hat{y}(t)-y^*(t)=e(t) \tag{6.30}$$

$$\begin{cases}\dfrac{\partial \hat{y}(t)}{\partial \underline{f}_j}=q\dfrac{\delta_j-\Delta\underline{u}}{\sum\limits_{j=1}^{r}\underline{f}_j}\\[2ex]\dfrac{\partial \hat{y}(t)}{\partial \bar{f}_j}=(1-q)\dfrac{\delta_j-\Delta\bar{u}}{\sum\limits_{j=1}^{r}\bar{f}_j}\end{cases} \tag{6.31}$$

$$\begin{cases}\dfrac{\partial \underline{f}_j}{\partial \underline{\mu}_{ij}}=\prod\limits_{\substack{z=1\\z\neq i}}^{2}\underline{\mu}_{zj}\\[2ex]\dfrac{\partial \bar{f}_j}{\partial \bar{\mu}_{ij}}=\prod\limits_{\substack{z=1\\z\neq i}}^{2}\bar{\mu}_{zj}\end{cases} \tag{6.32}$$

$$\begin{cases}\dfrac{\partial \underline{\mu}_{ij}}{\partial \underline{c}_{ij}}=\begin{cases}0, & e_i\leqslant\dfrac{\underline{c}_{ij}+\bar{c}_{ij}}{2}\\[2ex] G(\underline{c}_{ij})(e_i-\underline{c}_{ij})\sigma_{ij}^{-2}, & e_i>\dfrac{\underline{c}_{ij}+\bar{c}_{ij}}{2}\end{cases}\\[4ex]\dfrac{\partial \bar{\mu}_{ij}}{\partial \underline{c}_{ij}}=\begin{cases}G(\underline{c}_{ij})(e_i-\underline{c}_{ij})\sigma_{ij}^{-2}, & e_i<\underline{c}_{ij}\\ 0, & \underline{c}_{ij}\leqslant e_i<\bar{c}_{ij}\\ 0, & e_i\geqslant\bar{c}_{ij}\end{cases}\end{cases} \tag{6.33}$$

$$\begin{cases}\dfrac{\partial \underline{\mu}_{ij}}{\partial \bar{c}_{ij}}=\begin{cases}G(\bar{c}_{ij})(e_i-\bar{c}_{ij})\sigma_{ij}^{-2}, & e_i \leqslant \dfrac{\underline{c}_{ij}+\bar{c}_{ij}}{2}\\ 0, & e_i > \dfrac{\underline{c}_{ij}+\bar{c}_{ij}}{2}\end{cases}\\ \dfrac{\partial \bar{\mu}_{ij}}{\partial \bar{c}_{ij}}=\begin{cases}0, & e_i<\underline{c}_{ij}\\ 0, & \underline{c}_{ij}\leqslant e_i<\bar{c}_{ij}\\ G(\bar{c}_{ij})(e_i-\bar{c}_{ij})\sigma_{ij}^{-2}, & e_i \geqslant \bar{c}_{ij}\end{cases}\end{cases} \tag{6.34}$$

$$\begin{cases}\dfrac{\partial \underline{\mu}_{ij}}{\partial \sigma_{ij}}=\begin{cases}G(\bar{c}_{ij})(e_i-\bar{c}_{ij})^2\sigma_{ij}^{-3}, & e_i \leqslant \dfrac{\underline{c}_{ij}+\bar{c}_{ij}}{2}\\ G(\underline{c}_{ij})(e_i-\underline{c}_{ij})^2\sigma_{ij}^{-3}, & e_i > \dfrac{\underline{c}_{ij}+\bar{c}_{ij}}{2}\end{cases}\\ \dfrac{\partial \bar{\mu}_{ij}}{\partial \sigma_{ij}}=\begin{cases}G(\underline{c}_{ij})(e_i-\underline{c}_{ij})^2\sigma_{ij}^{-3}, & e_i<\underline{c}_{ij}\\ 0, & \underline{c}_{ij}\leqslant e_i<\bar{c}_{ij}\\ G(\bar{c}_{ij})(e_i-\bar{c}_{ij})^2\sigma_{ij}^{-3}, & e_i \geqslant \bar{c}_{ij}\end{cases}\end{cases} \tag{6.35}$$

其中，$G(\underline{c}_{ij})=\exp\left(-\dfrac{1}{2}\left(\dfrac{e_i-\underline{c}_{ij}}{\sigma_{ij}}\right)^2\right)$。

后件参数的求导公式为

$$\frac{\partial E(t)}{\partial w_{ij}(t)}=\frac{\partial E(t)}{\partial \hat{y}(t)}\frac{\partial \hat{y}(t)}{\partial \delta_j}\frac{\partial \delta_j}{\partial w_j} \tag{6.36}$$

$$\frac{\partial E(t)}{\partial b_j(t)}=\frac{\partial E(t)}{\partial \hat{y}(t)}\frac{\partial \hat{y}(t)}{\partial \delta_j}\frac{\partial \delta_j}{\partial b_j} \tag{6.37}$$

其中，

$$\frac{\partial \hat{y}(t)}{\partial \delta_j}=\frac{q\underline{f}_j}{\sum\limits_{j=1}^{r}\underline{f}_j}+\frac{(1-q)\bar{f}_j}{\sum\limits_{j=1}^{r}\bar{f}_j} \tag{6.38}$$

$$\frac{\partial \delta_j}{\partial w_{ij}}=e_i \tag{6.39}$$

$$\frac{\partial \delta_j}{\partial b_j}=1 \tag{6.40}$$

由式(6.27)～式(6.40)可得各参数的更新公式：

$$\frac{\partial E(t)}{\partial \underline{c}_{ij}(t)}=\begin{cases}e(t)(1-q)\dfrac{\delta_j-\Delta\bar{u}}{\sum\limits_{j=1}^{r}\bar{f}_j}\left(\prod\limits_{\substack{z=1\\ z\neq i}}^{2}\bar{\mu}_{zj}\right)G(\underline{c}_{ij})(e_i-\underline{c}_{ij})\sigma_{ij}^{-2}, & e_i\leqslant\underline{c}_{ij}\\ 0, & \underline{c}_{ij}<e_i\leqslant\dfrac{\underline{c}_{ij}+\bar{c}_{ij}}{2}\\ e(t)q\dfrac{\delta_j-\Delta\underline{u}}{\sum\limits_{j=1}^{r}\underline{f}_j}\left(\prod\limits_{\substack{z=1\\ z\neq i}}^{2}\underline{\mu}_{zj}\right)G(\underline{c}_{ij})(e_i-\underline{c}_{ij})\sigma_{ij}^{-2}, & e_i>\dfrac{\underline{c}_{ij}+\bar{c}_{ij}}{2}\end{cases} \tag{6.41}$$

$$\frac{\partial E(t)}{\partial \bar{c}_{ij}(t)}=\begin{cases} e(t)q\dfrac{\delta_j-\Delta \underline{u}}{\sum_{j=1}^{r}\underline{f}_j}\left(\prod_{\substack{z=1\\z\neq i}}^{2}\underline{\mu}_{zj}\right)G(\bar{c}_{ij})(e_i-\bar{c}_{ij})\sigma_{ij}^{-2}, & e_i\leqslant\dfrac{\underline{c}_{ij}+\bar{c}_{ij}}{2}\\ 0, & \dfrac{\underline{c}_{ij}+\bar{c}_{ij}}{2}<e_i\leqslant\bar{c}_{ij}\\ e(t)(1-q)\dfrac{\delta_j-\Delta \bar{u}}{\sum_{j=1}^{r}\bar{f}_j}\left(\prod_{\substack{z=1\\z\neq i}}^{2}\bar{\mu}_{zj}\right)\prod G(\bar{c}_{ij})(e_i-\bar{c}_{ij})\sigma_{ij}^{-2}, & e_i>\bar{c}_{ij}\end{cases}$$

(6.42)

$$\frac{\partial E}{\partial w_{ij}}=e(t)\left[\frac{q\underline{f}_j}{\sum_{j=1}^{r}\underline{f}_j}+\frac{(1-q)\bar{f}_j}{\sum_{j=1}^{r}\bar{f}_j}\right]e_i \tag{6.43}$$

$$\frac{\partial E}{\partial b_j}=e(t)\left[\frac{q\underline{f}_j}{\sum_{j=1}^{r}\underline{f}_j}+\frac{(1-q)\bar{f}_j}{\sum_{j=1}^{r}\bar{f}_j}\right] \tag{6.44}$$

$$\frac{\partial E(t)}{\partial \sigma_{ij}(t)}=\begin{cases} e(t)\left[q\dfrac{\delta_j-\Delta \underline{u}}{\sum_{j=1}^{r}\underline{f}_j}\left(\prod_{\substack{z=1\\z\neq i}}^{2}\underline{\mu}_{zj}\right)G(\bar{c}_{ij})(e_i-\bar{c}_{ij})^2\sigma_{ij}^{-3}+\right. & \\ \qquad\left.(1-q)\dfrac{\delta_j-\Delta \bar{u}}{\sum_{j=1}^{r}\bar{f}_j}\left(\prod_{\substack{z=1\\z\neq i}}^{2}\bar{\mu}_{zj}\right)G(\underline{c}_{ij})(e_i-\underline{c}_{ij})^2\sigma_{ij}^{-3}\right], & e_i\leqslant\underline{c}_{ij}\\ e(t)q\dfrac{\delta_j-\Delta \underline{u}}{\sum_{j=1}^{r}\underline{f}_j}\left(\prod_{\substack{z=1\\z\neq i}}^{2}\underline{\mu}_{zj}\right)G(\bar{c}_{ij})(e_i-\bar{c}_{ij})^2\sigma_{ij}^{-3}, & \underline{c}_{ij}<e_i\leqslant\dfrac{\underline{c}_{ij}+\bar{c}_{ij}}{2}\\ e(t)q\dfrac{\delta_j-\Delta \underline{u}}{\sum_{j=1}^{r}\underline{f}_j}\left(\prod_{\substack{z=1\\z\neq i}}^{2}\underline{\mu}_{zj}\right)G(\underline{c}_{ij})(e_i-\underline{c}_{ij})^2\sigma_{ij}^{-3}, & \dfrac{\underline{c}_{ij}+\bar{c}_{ij}}{2}<e_i\leqslant\bar{c}_{ij}\\ e(t)\left[q\dfrac{\delta_j-\Delta \underline{u}}{\sum_{j=1}^{r}\underline{f}_j}\left(\prod_{\substack{z=1\\z\neq i}}^{2}\underline{\mu}_{zj}\right)G(\underline{c}_{ij})(e_i-\underline{c}_{ij})^2\sigma_{ij}^{-3}+\right. & \\ \qquad\left.(1-q)\dfrac{\delta_j-\Delta \bar{u}}{\sum_{j=1}^{r}\bar{f}_j}\left(\prod_{\substack{z=1\\z\neq i}}^{2}\bar{\mu}_{zj}\right)G(\bar{c}_{ij})(e_i-\bar{c}_{ij})^2\sigma_{ij}^{-3}\right], & e_i>\bar{c}_{ij}\end{cases}$$

(6.45)

将式(6.41)～式(6.45)代入式(6.22)～式(6.26)，即完成当前迭代下 IT2FNN 的参数(不确定中心$\underline{\boldsymbol{c}}$ 和$\bar{\boldsymbol{c}}$，宽度$\boldsymbol{\sigma}$，后件层中的 $\boldsymbol{w}$ 和 $\boldsymbol{b}$)的更新过程。

6.2.3.4 控制器稳定性分析

为了证明所提控制器的稳定性，此处假设李雅普诺夫函数：

$$V(t)=\frac{1}{2}(\hat{y}(t)-y^{*}(t))^{2}=\frac{1}{2}e^{2}(t) \tag{6.46}$$

定理 IT2FNN 控制器使用梯度下降法进行参数更新，存在一正值标量函数 $V(t)$ 作为李雅普诺夫函数，当控制器参数的学习率满足式(6.47)时，可保证 $V(t)$ 变化量 $\Delta V(t)<0$，此时系统状态是稳定的。

证明：$V(t)$ 的变化量可表示为

$$\begin{aligned}\Delta V(t)&=V(t+1)-V(t)\\&=\frac{1}{2}\left[e^{2}(t+1)-e^{2}(t)\right]\\&=\frac{1}{2}\Delta e(t)\left[e(t+1)+e(t)\right]\\&=\frac{1}{2}\Delta e(t)\left[2e(t)+\Delta e(t)\right]\end{aligned} \tag{6.47}$$

参数学习后的误差变化量可表示为

$$\Delta e(t)=e(t+1)-e(t)\approx\left[\frac{\partial e(t)}{\partial \boldsymbol{\Phi}}\right]\Delta\boldsymbol{\Phi}^{\mathrm{T}} \tag{6.48}$$

其中，由式(6.27)～式(6.30)可知，$\frac{\partial e(t)}{\partial \boldsymbol{\Phi}}$ 可表示为

$$\begin{aligned}\left[\frac{\partial e(t)}{\partial \boldsymbol{\Phi}}\right]&=\left[\left(\frac{\partial e(t)}{\partial \underline{\boldsymbol{c}}}\right),\left(\frac{\partial e(t)}{\partial \overline{\boldsymbol{c}}}\right),\left(\frac{\partial e(t)}{\partial \boldsymbol{\sigma}}\right),\left(\frac{\partial e(t)}{\partial \boldsymbol{w}}\right),\left(\frac{\partial e(t)}{\partial \boldsymbol{b}}\right)\right]\\&=\left[\left(\frac{\partial \hat{y}(t)}{\partial \underline{\boldsymbol{c}}}\right),\left(\frac{\partial \hat{y}(t)}{\partial \overline{\boldsymbol{c}}}\right),\left(\frac{\partial \hat{y}(t)}{\partial \boldsymbol{\sigma}}\right),\left(\frac{\partial \hat{y}(t)}{\partial \boldsymbol{w}}\right),\left(\frac{\partial \hat{y}(t)}{\partial \boldsymbol{b}}\right)\right]\\&\xlongequal{\text{进一步表示为}}\left[\boldsymbol{p}_1,\boldsymbol{p}_2,\boldsymbol{p}_3,\boldsymbol{p}_4,\boldsymbol{p}_5\right]\end{aligned} \tag{6.49}$$

$\Delta\boldsymbol{\Phi}$ 可表示为

$$\Delta\boldsymbol{\Phi}=\left[\Delta\underline{\boldsymbol{c}},\Delta\overline{\boldsymbol{c}},\Delta\boldsymbol{\sigma},\Delta\boldsymbol{w},\Delta\boldsymbol{b}\right] \tag{6.50}$$

结合式(6.22)～式(6.26)，各参数的计算过程如下：

$$\Delta\underline{\boldsymbol{c}}=-\eta_{\underline{c}}e(t)\frac{\partial \hat{y}(t)}{\partial \underline{\boldsymbol{c}}}=-\eta_{\underline{c}}e(t)\boldsymbol{p}_1 \tag{6.51}$$

$$\Delta\overline{\boldsymbol{c}}=-\eta_{\overline{c}}e(t)\frac{\partial \hat{y}(t)}{\partial \overline{\boldsymbol{c}}}=-\eta_{\overline{c}}e(t)\boldsymbol{p}_2 \tag{6.52}$$

$$\Delta\boldsymbol{\sigma}=-\eta_{\sigma}e(t)\frac{\partial \hat{y}(t)}{\partial \boldsymbol{\sigma}}=-\eta_{\sigma}e(t)\boldsymbol{p}_3 \tag{6.53}$$

$$\Delta\boldsymbol{w}=-\eta_{w}e(t)\frac{\partial \hat{y}(t)}{\partial \boldsymbol{w}}=-\eta_{w}e(t)\boldsymbol{p}_4 \tag{6.54}$$

$$\Delta\boldsymbol{b}=-\eta_{b}e(t)\frac{\partial \hat{y}(t)}{\partial \boldsymbol{b}}=-\eta_{b}e(t)\boldsymbol{p}_5 \tag{6.55}$$

将式(6.48)～式(6.55)代入式(6.47)：

$$\Delta V(t) = -\frac{1}{2}\begin{pmatrix}\boldsymbol{p}_1\eta_{\underline{c}}e(t)\boldsymbol{p}_1^{\mathrm{T}} + \boldsymbol{p}_2\eta_{\bar{c}}e(t)\boldsymbol{p}_2^{\mathrm{T}} + \\ \boldsymbol{p}_3\eta_\sigma e(t)\boldsymbol{p}_3^{\mathrm{T}} + \boldsymbol{p}_4\eta_w e(t)\boldsymbol{p}_4^{\mathrm{T}} + \\ \boldsymbol{p}_5\eta_b e(t)\boldsymbol{p}_5^{\mathrm{T}}\end{pmatrix}$$

$$\left[2e(t) - \begin{pmatrix}\boldsymbol{p}_1\eta_{\underline{c}}e(t)\boldsymbol{p}_1^{\mathrm{T}} + \boldsymbol{p}_2\eta_{\bar{c}}e(t)\boldsymbol{p}_2^{\mathrm{T}} + \\ \boldsymbol{p}_3\eta_\sigma e(t)\boldsymbol{p}_3^{\mathrm{T}} + \boldsymbol{p}_4\eta_w e(t)\boldsymbol{p}_4^{\mathrm{T}} + \\ \boldsymbol{p}_5\eta_b e(t)\boldsymbol{p}_5^{\mathrm{T}}\end{pmatrix}\right]$$

$$= -\frac{1}{2}e^2(t)\begin{pmatrix}\eta_{\underline{c}}\boldsymbol{p}_1\boldsymbol{p}_1^{\mathrm{T}} + \eta_{\bar{c}}\boldsymbol{p}_2\boldsymbol{p}_2^{\mathrm{T}} + \\ \eta_\sigma\boldsymbol{p}_3\boldsymbol{p}_3^{\mathrm{T}} + \eta_w\boldsymbol{p}_4\boldsymbol{p}_4^{\mathrm{T}} + \eta_b\boldsymbol{p}_5\boldsymbol{p}_5^{\mathrm{T}}\end{pmatrix}$$

$$\left[2 - \begin{pmatrix}\eta_{\underline{c}}\boldsymbol{p}_1\boldsymbol{p}_1^{\mathrm{T}} + \eta_{\bar{c}}\boldsymbol{p}_2\boldsymbol{p}_2^{\mathrm{T}} + \eta_\sigma\boldsymbol{p}_3\boldsymbol{p}_3^{\mathrm{T}} + \\ \eta_w\boldsymbol{p}_4\boldsymbol{p}_4^{\mathrm{T}} + \eta_b\boldsymbol{p}_5\boldsymbol{p}_5^{\mathrm{T}}\end{pmatrix}\right]$$

$$= -\frac{1}{2}e^2(t)(\psi_{\underline{c}} + \psi_{\bar{c}} + \psi_\sigma + \psi_w + \psi_b)$$

$$[2 - (\psi_{\underline{c}} + \psi_{\bar{c}} + \psi_\sigma + \psi_w + \psi_b)] \tag{6.56}$$

由定理可知，若要满足 $\Delta V(t)<0$，即满足 $2-(\psi_{\underline{c}}+\psi_{\bar{c}}+\psi_\sigma+\psi_w+\psi_b)>0$，则式(6.57)满足，系统稳定，证毕。

$$\psi_{\underline{c}} + \psi_{\bar{c}} + \psi_\sigma + \psi_w + \psi_b < 2 \tag{6.57}$$

其中，$\eta_{\underline{c}}$、$\eta_{\bar{c}}$、η_σ、η_w 和 $\eta_b>0$，各项如下所示：

$$\psi_{\underline{c}} = \eta_{\underline{c}}\boldsymbol{p}_1\boldsymbol{p}_1^{\mathrm{T}} > 0 \tag{6.58}$$

$$\psi_{\bar{c}} = \eta_{\bar{c}}\boldsymbol{p}_2\boldsymbol{p}_2^{\mathrm{T}} > 0 \tag{6.59}$$

$$\psi_\sigma = \eta_\sigma\boldsymbol{p}_3\boldsymbol{p}_3^{\mathrm{T}} > 0 \tag{6.60}$$

$$\psi_w = \eta_w\boldsymbol{p}_4\boldsymbol{p}_4^{\mathrm{T}} > 0 \tag{6.61}$$

$$\psi_b = \eta_b\boldsymbol{p}_5\boldsymbol{p}_5^{\mathrm{T}} > 0 \tag{6.62}$$

在参数学习过程中，偏导数向量 $\boldsymbol{p}_i$ $(i=1,2,\cdots,5)$ 所包含的各元素的取值可由式(6.41)～式(6.45)计算，在初次迭代时可得到 $\boldsymbol{p}_i\boldsymbol{p}_i^{\mathrm{T}}$ $(i=1,2,\cdots,5)$ 的具体值，进而通过式(6.57)选择合适的参数学习率。需要注意的是，式(6.57)仅是系统稳定的充分条件而非必要条件，由上述方法得到的学习率仅可作为设置的参考。

由于控制系统的稳定性是由多种因素或条件共同影响的，在确定学习率时必须要综合考虑多方面因素的影响。此处主要基于经验对学习率进行选择，后续将考虑如何优化策略进行选择。

6.2.4 实验结果

本节采用的数据来自北京某实际 MSWI 电厂，从过程数据中选取关键操纵变量(一次风流量、二次风流量、进料器均速、干燥炉排均速和氨水注入量)和被控变量(炉膛温度)构成实验数据集，其样本数 N_{sam} 为 857，特征数 M_{sam} 为 5。

6.2.4.1　炉膛温度建模结果

选用均方根误差 RMSE 和平均绝对误差 MAE 作为模型评价指标：

$$e_{RMSE}=\sqrt{\frac{1}{N}\sum_{i_n=1}^{N}(\hat{y}_{i_n}-y_{i_n})^2} \tag{6.63}$$

$$e_{MAE}=\frac{1}{N}\sum_{i_n=1}^{N}|\hat{y}_{i_n}-y_{i_n}| \tag{6.64}$$

其中，y_{i_n} 和 $\hat{y}_{i_n}$ 为第 i_n 个样本的炉膛温度实际值和预测值，N 为数据集样本数。

为比较模型性能，此处选择分类回归树(classification and regression tree，CART)、RF 和 BPNN 分别进行炉膛温度建模实验，并与 LRDT 进行比较。上述算法的超参数设置为：CART，叶节点中的最小样本数为 3；RF，叶节点中的最小样本数为 3，每棵树的特征选择数为 $\sqrt{M}$(M 为特征数)，树的棵数为 500；BPNN，最大收敛次数为 3000，隐含层神经元数量为 15，学习率为 0.2，收敛误差为 0.001，激活函数采用 tanh 型函数；LRDT，叶节点中的最小样本数为 21，特征选择数为 $\sqrt{M}$，正则化系数为 0.05。

炉膛温度拟合的实验结果如图 6.4 所示。

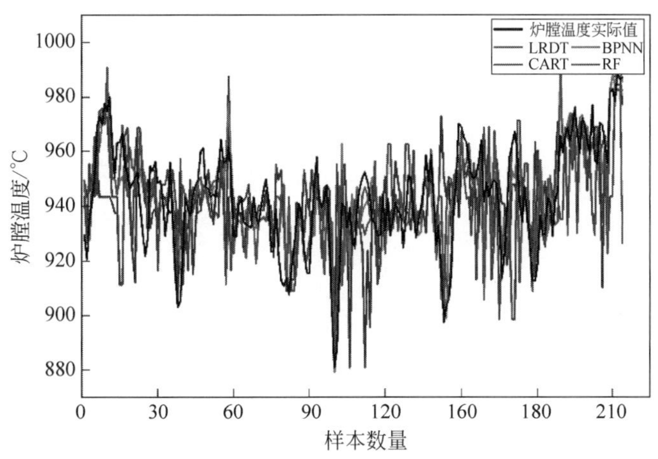

图 6.4　炉膛温度拟合曲线对比图

本节所提方法与其他方法的实验结果对比如表 6.2 所示。其中，由于 BPNN 和 RF 的结果受随机参数的影响，为保证对比实验的公平性，上述算法均运行 10 次并求取均值和方差进行对比。

表 6.2　炉膛温度建模效果对比

算法	数据集	RMSE		MAE	
		均值	方差	均值	方差
CART	训练集	9.0246×10^{0}	3.3240×10^{-1}	6.8655×10^{0}	2.3242×10^{-1}
	验证集	1.1724×10^{1}	1.1265×10^{0}	7.6992×10^{0}	7.2130×10^{-1}
	测试集	1.2517×10^{1}	1.4235×10^{0}	9.4474×10^{0}	1.2124×10^{0}

续表

算法	数据集	RMSE		MAE	
RF	训练集	6.4938×10^{0}	1.4252×10^{-3}	4.2345×10^{0}	5.9000×10^{-3}
	验证集	1.3235×10^{1}	2.3030×10^{-3}	1.0628×10^{1}	6.6000×10^{-3}
	测试集	1.2998×10^{1}	3.2520×10^{-3}	1.0268×10^{1}	6.0000×10^{-3}
BPNN	训练集	7.9683×10^{0}	3.2415×10^{-2}	5.4197×10^{0}	5.4560×10^{-2}
	验证集	1.3508×10^{1}	9.6000×10^{-3}	7.8921×10^{1}	6.6000×10^{-3}
	测试集	1.2355×10^{1}	9.8000×10^{-3}	1.1102×10^{1}	6.0000×10^{-3}
LRDT	训练集	9.0228×10^{0}	0.0000×10^{0}	6.5494×10^{0}	0.0000×10^{0}
	验证集	1.1561×10^{1}	0.0000×10^{0}	7.3928×10^{0}	0.0000×10^{0}
	测试集	1.1640×10^{1}	0.0000×10^{0}	9.1372×10^{0}	0.0000×10^{0}

由图 6.4 和表 6.2 可知：

(1) 在训练集中，RF 具有最好的拟合效果，LRDT 的拟合效果优于其他两类算法，且在两个指标的方差统计中表现最好；

(2) 在验证集和测试集中，LRDT 的拟合效果和两个指标的方差统计均优于其他 3 类算法。

综上，LRDT 算法在炉膛温度建模应用方面具有良好的拟合效果和较高的建模精度，能够满足实际控制系统中被控对象的需求，实验结果证明了所提算法的有效性。

6.2.4.2 IT2FNN 控制结果

为评估所提策略的控制性能，此处设计两类仿真实验。其中，一类为炉膛温度的恒定值(930℃)跟踪实验，用于测试所提方法的控制精度；另一类为炉膛温度的变设定值(920～940℃，设定点：1000s，2000s)跟踪实验，用于评估控制系统的自适应能力和控制稳定性。

为对控制效果进行定量分析，选用 ISE、IAE 和 $\mathrm{Dev}^{\max}$ 作为系统的瞬态响应、稳定性和抗干扰能力的性能指标：

$$e_{\mathrm{ISE}}=\frac{1}{t_f-t_0}\int_{t_0}^{t_f} e^2(t)\,\mathrm{d}t \tag{6.65}$$

$$e_{\mathrm{IAE}}=\frac{1}{t_f-t_0}\int_{t_0}^{t_f} |e(t)|\,\mathrm{d}t \tag{6.66}$$

$$e_{\mathrm{Dev}^{\max}}=\max\{|e(t)|\} \tag{6.67}$$

其中，t_0 为控制器迭代的初始时刻，t_f 为控制器的迭代次数，$e(t)$ 为当前 t 时刻的系统误差。

为分析学习率对控制器不同参数的影响，设计两类 IT2FNN 控制器分别进行实验，其中控制器 IT2FNN-1 的学习率满足 $\eta_{\underline{c}}\neq\eta_{\overline{c}}\neq\eta_\sigma\neq\eta_w\neq\eta_b$，控制器 IT2FNN-2 的学习率满足 $\eta_{\underline{c}}=\eta_{\overline{c}}=\eta_\sigma=\eta_w=\eta_b$。自适应炉膛温度控制实验的参数设置如表 6.3 所示。

表 6.3 IT2FNN 控制器参数设置

控制器	$\eta_{\underline{c}}$	$\eta_{\underline{c}}$	η_σ	η_w	η_b	r	q
IT2FNN-1	0.9	0.9	0.8	0.9	0.005	20	0.3
IT2FNN-2	0.6	0.6	0.6	0.6	0.6	20	0.3

为比较控制器的性能，选用增量式 PID 控制器和基于 T-S 模糊神经网络的自组织控制器分别作为炉膛温度控制器进行性能比较，上述两类控制器参数的设置如表 6.4 所示。

表 6.4 PID 和 TS-FNN 控制器参数设置

参数	K_p	T_i	T_d	G_{th}	E_{th}	R_{th}	r_{FNN}	η_α	η_σ	η_c
设定值	0.05	0.005	0.005	0.7	0.02	0.85	20	0.001	0.0001	0.0001

其中，$\eta_{\underline{c}}$、$\eta_{\bar{c}}$、η_σ、η_w 和 η_b 为 IT2FNN 的参数学习率；r 为模糊规则数；q 为下界比例系数；K_p、T_i 和 T_d 为 PID 控制器的比例、积分和微分参数；G_{th} 为自组织 TS-FNN 增长过程的判断阈值；E_{th} 为删减过程的判断阈值；R_{th} 为无用率的判断阈值；r_{FNN} 为 TS-FNN 的模糊规则数量；η_α、η_σ 和 η_c 为 TS-FNN 的参数学习率。

此处，将一次风流量、进料器均速、干燥炉排均速和氨水注入量作为系统的扰动变量，噪声设置为高斯白噪声。

1. 恒定值跟踪实验结果

恒定值跟踪实验的控制过程如图 6.5 所示，跟踪曲线对比如图 6.6 所示，性能指标对比如表 6.5 所示。为验证所设学习率是否满足定理给出的条件式，此处令 $\psi=\psi_{\underline{c}}+\psi_{\bar{c}}+\psi_\sigma+\psi_w+\psi_b$，其在训练过程的取值变化如图 6.7 所示。

表 6.5 恒定值实验控制性能对比表

控制器	性能指标		
	ISE	IAE	Dev^{max}
IT2FNN-1	7.2700×10^{-2}	1.4920×10^{-1}	3.0002×10^{0}
IT2FNN-2	7.5000×10^{-2}	1.9110×10^{-1}	1.9957×10^{0}
TS-FNN	7.5041×10^{-2}	2.2004×10^{-1}	8.2190×10^{-1}
PID	6.0857×10^{-1}	3.0270×10^{-1}	2.0029×10^{1}

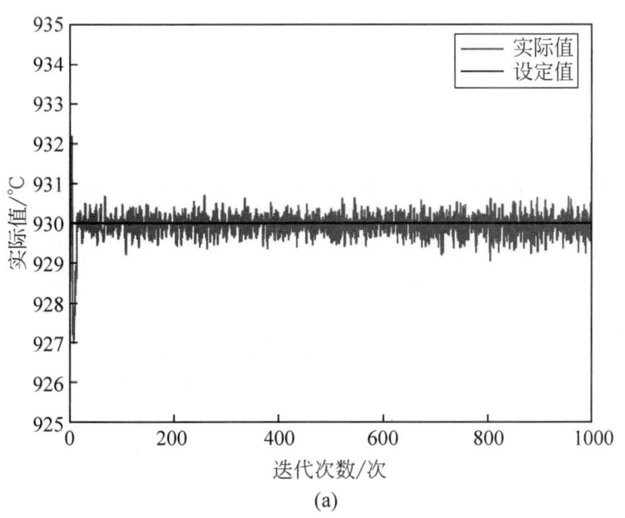

(a)

图 6.5 恒定值跟踪实验结果图

(a) 恒定值炉温跟踪曲线；(b) 恒定值炉温跟踪误差曲线；(c) 恒定值二次风流量修正曲线

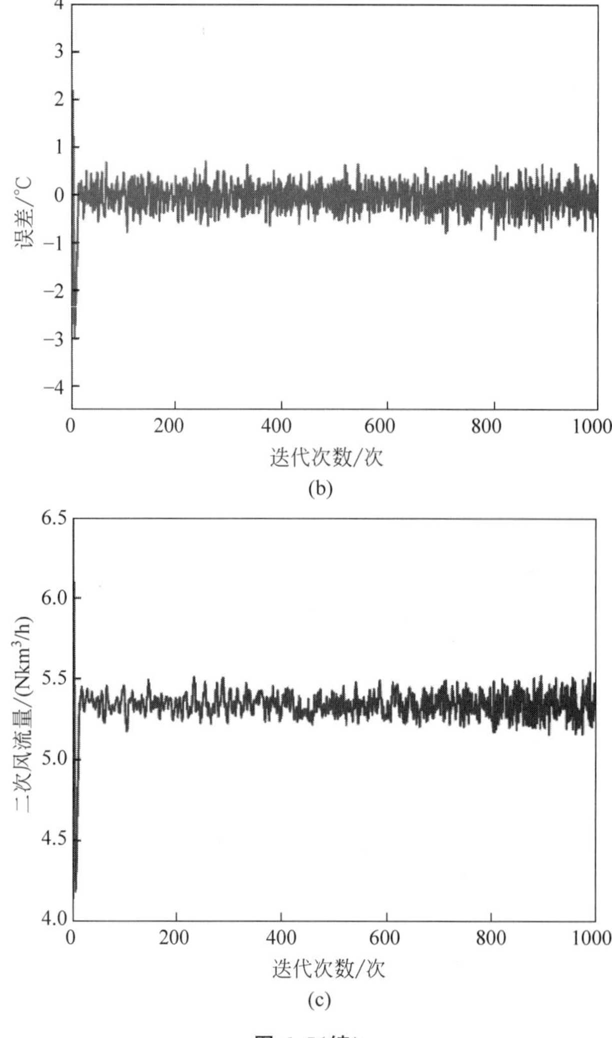

图 6.5(续)

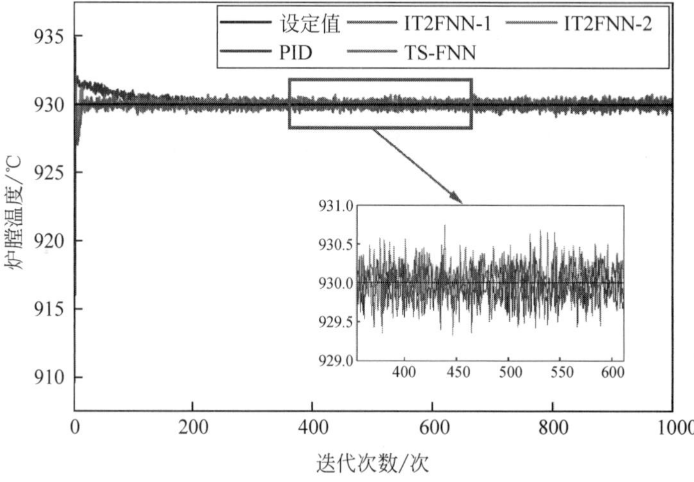

图 6.6 恒定值跟踪实验对比图

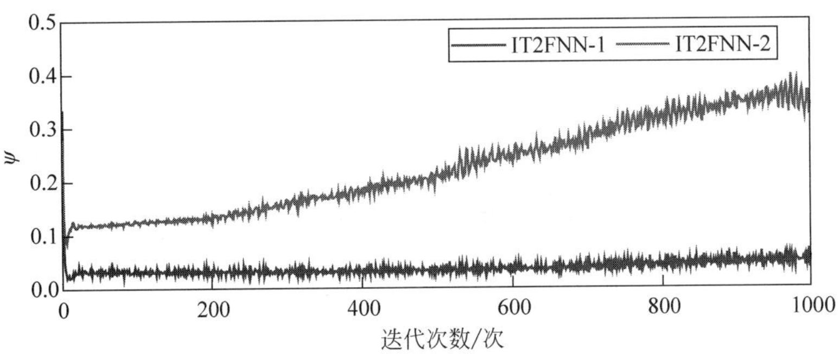

图 6.7　恒定值跟踪实验 ψ 变化曲线图

由图 6.5～图 6.7 和表 6.5 可知，此处所提 IT2FNN 控制器的响应速度快且无超调，具有良好的控制性能；在干扰环境下，稳定后的炉温与设定值之间的偏差保持在±0.5℃，表明控制器具有较强的抗干扰能力且精度高；当控制器存在较多类型参数时，采用不同的学习率可有效提升控制效果，学习率在每次迭代时计算得到的 ψ 均满足式(6.57)，控制性能指标的定量对比说明所提控制方法在处理不确定性问题上相较于其他控制器具有优越性。

2. 变设定值实验结果

为进一步验证所提控制器的性能，设置炉膛温度在 925～935℃逐步变化，以验证控制器在 MSWI 过程工况变化下的适应能力，使用 PID 控制器和 T-S FNN 控制器分别进行实验。变设定值的炉温跟踪实验结果如图 6.8～图 6.10 和表 6.6 所示。

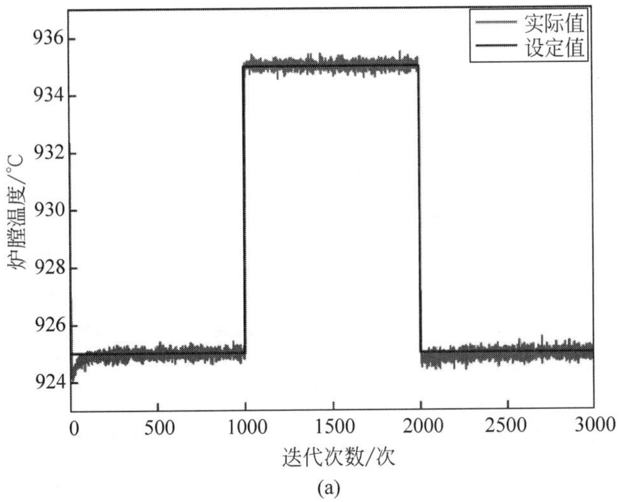

图 6.8　变设定值跟踪实验结果图

(a) 变设定值炉温跟踪曲线；(b) 变设定值跟踪误差曲线；
(c) 变设定值二次风流量修正曲线

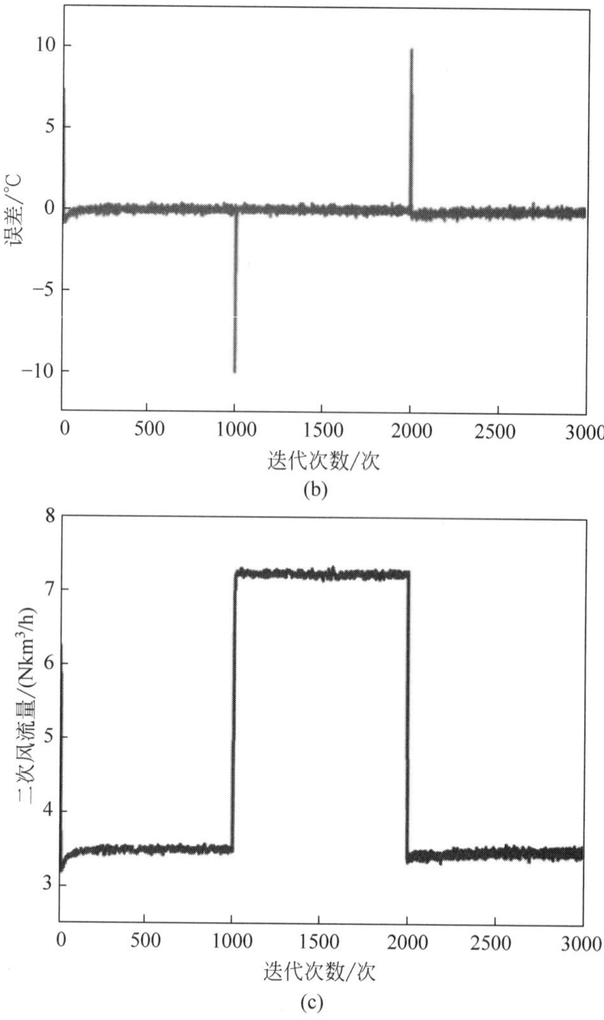

图 6.8(续)

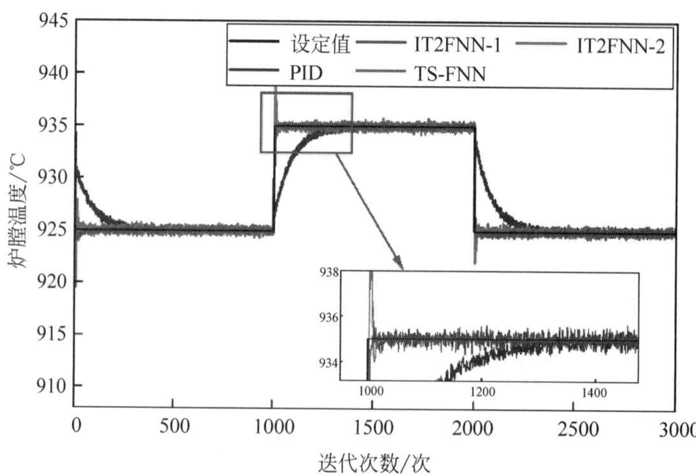

图 6.9 变设定值跟踪实验对比图

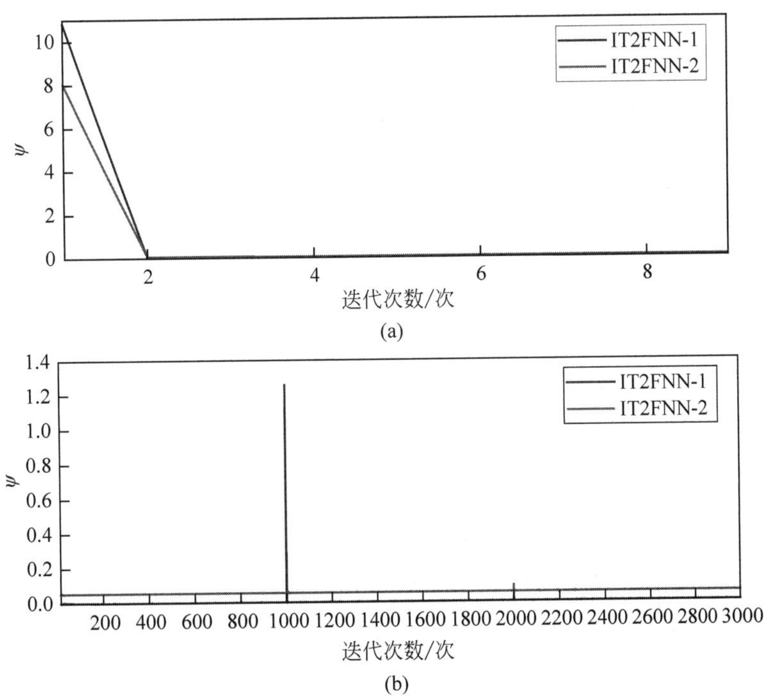

图 6.10　变设定值跟踪实验 ψ 变化曲线图

(a) 迭代次数为 0～9；(b) 次迭代为 10～3000

表 6.6 为变设定值跟踪实验的性能指标对比。

表 6.6　变设定值实验控制性能对比表

控制器	性能指标		
	ISE	IAE	Dev^{max}
IT2FNN-1	1.8350×10^{-1}	1.5530×10^{-1}	1.0365×10^{1}
IT2FNN-2	2.3680×10^{-1}	1.6900×10^{-1}	1.0047×10^{1}
TS-FNN	1.9510×10^{-1}	2.4248×10^{-1}	1.0121×10^{1}
PID	2.8726×10^{0}	7.8220×10^{-1}	1.5347×10^{1}

由图 6.8～图 6.10 和表 6.6 可知，所提自适应控制方法在炉膛温度的设定值发生变化时，仍能够进行稳定的追踪，跟踪误差在大部分时间内均稳定在±0.5℃；当设定值温度发生变化时，IT2FNN 控制器表现出优于其他控制器的动态性能；基于梯度下降法的参数学习能够快速调整网络参数从而适应新的设定值温度，表明具有较好的自适应能力；学习率除在第一次迭代时不满足式(6.57)外，在其余次时均能够满足式(6.57)，这也表明定理中给出的稳定条件为充分条件，即控制系统的稳定性还与初始设定值的设置与噪声大小等因素有关；此外，ψ 在第一次迭代后即快速减小，表明所采用的梯度下降法的有效性。

上述结果表明，PID 控制算法虽然在线性或在小范围内近似线性的控制系统中具有较好的性能[20]，但由于 MSWI 过程固有的复杂非线性、强干扰噪声和因组分变化与高温环境所导致的不确定性等[21]，该类控制器难以适用；相比之下，FNN 控制器通过固有的神经网络非线性拟合能力和模糊系统推理能力，能够更好地捕捉输入与输出间的复杂关系；IT2FNN 能够同时建模个体内和个体间不确定性[22]，在处理不确定性问题上更具优势。

6.2.5 平台验证

6.2.5.1 过程监控模块软件图

考虑到此处与 4.3 节的多入多出回路控制系统采用的是相同的硬件，只给出监控模块软件的前台界面，如图 6.11 所示。

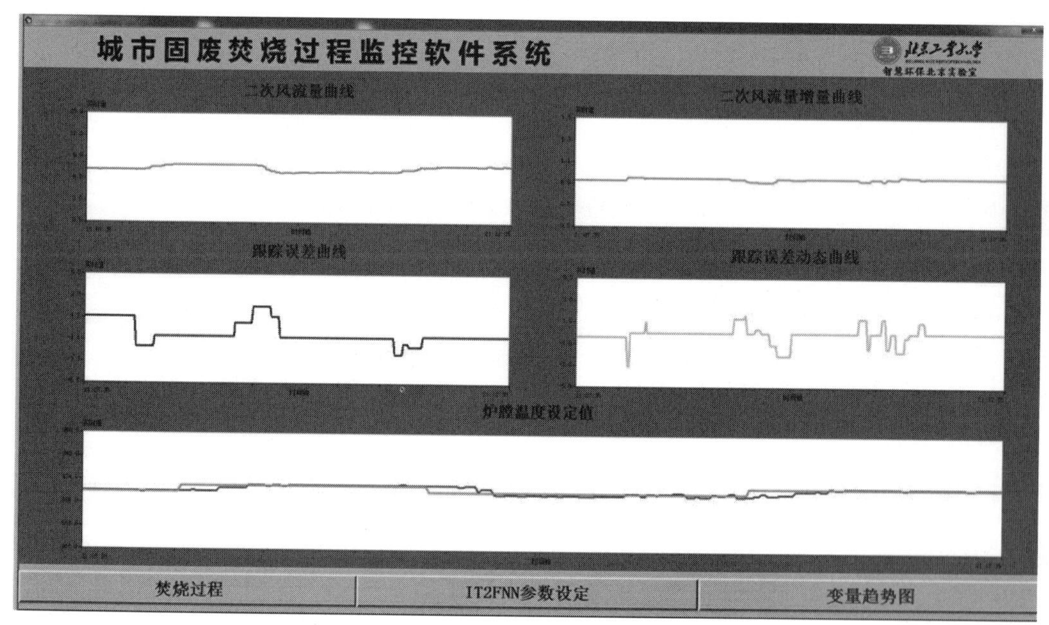

图 6.11 基于 IT2FNN 温度控制的监控模块软件前台界面

该界面是在 4.3 节所开发的界面上实现的，因本节只针对温度进行控制，故只有炉膛温度回路的曲线存在变化。

6.2.5.2 回路控制模块软件图

此处采用的是神经元 PID，在监控计算机中实现，在 PLC 中只用于传递操纵量的输出，故此处无软件界面。

6.2.5.3 虚拟执行机构计算机软件图

考虑到此处与 4.3 节的多入多出回路控制系统采用的是相同的硬件，只给出虚拟执行机构计算机软件的前台界面，如图 6.12 所示。

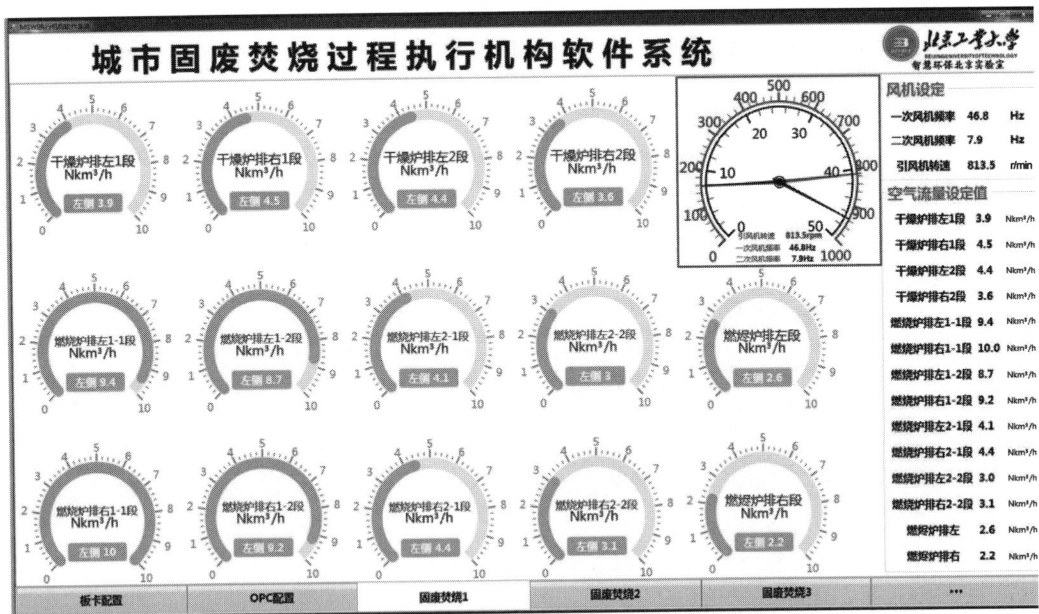

图 6.12　基于 IT2FNN 温度控制的虚拟二次风量执行机构计算机软件前台界面

6.2.5.4　虚拟过程对象计算机软件图

考虑到此处与 4.3 节的多入多出回路控制系统采用的是相同的硬件，只给出虚拟过程对象计算机软件的前台界面，如图 6.13～图 6.15 所示。

城市固废焚烧过程对象软件系统

IP地址: localhost　查找　Server列表: Kepware.KEPServerE　连接　添加Tags

Tag	Value	Quality	Time
MSWI.Object.Total_smoke_flow	270	192	2023/12/26 21:16:11
MSWI.Object.SlakedLine_AO	29	192	2023/12/26 21:15:43
MSWI.Object.SlakedLime_AI	16.7	192	2023/12/26 21:15:43
MSWI.Object.SecFan_Frequency_AO	8	192	2023/12/26 21:16:15
MSWI.Object.SecFan_Frequency_AI	5.3	192	2023/12/26 21:15:43
MSWI.Object.SecAir_Volume	8	192	2023/12/26 21:16:15
MSWI.Object.SecAir_Temperature	13	192	2023/12/26 21:15:43
MSWI.Object.SecAir_Pressure	0.2	192	2023/12/26 21:15:43
MSWI.Object.PriFan_Frequency_AO	46.8	192	2023/12/26 21:15:43
MSWI.Object.PriFan_Frequency_AI	46.7	192	2023/12/26 21:15:43
MSWI.Object.PriBurnRoom_R_Temperature3	1009	192	2023/12/26 21:15:43
MSWI.Object.PriBurnRoom_R_Temperature2	1046	192	2023/12/26 21:15:43
MSWI.Object.PriBurnRoom_R_Temperature1	1028	192	2023/12/26 21:15:43
MSWI.Object.PriBurnRoom_M_Temperature3	1021	192	2023/12/26 21:15:43
MSWI.Object.PriBurnRoom_M_Temperature2	989	192	2023/12/26 21:15:43
MSWI.Object.PriBurnRoom_M_Temperature1	988	192	2023/12/26 21:15:43
MSWI.Object.PriBurnRoom_L_Temperature3	950	192	2023/12/26 21:15:43
MSWI.Object.PriBurnRoom_L_Temperature2	916	192	2023/12/26 21:15:43
MSWI.Object.PriBurnRoom_L_Temperature1	888	192	2023/12/26 21:15:43
MSWI.Object.PriAir_Volume	69	192	2023/12/26 21:15:43
MSWI.Object.PriAir_Temperature	143	192	2023/12/26 21:15:43
MSWI.Object.PriAir_Pressure	2.9	192	2023/12/26 21:15:43
MSWI.Object.Oxygen_Concentration2	6	192	2023/12/26 21:15:43
MSWI.Object.Oxygen_Concentration1	5.9632	192	2023/12/26 21:15:43
MSWI.Object.NegativePressure	63	192	2023/12/26 21:15:43
MSWI.Object.MainSteam_Volume	77.7	192	2023/12/26 21:15:43
MSWI.Object.MainSteam_Pressure	4.52	192	2023/12/26 21:15:43
MSWI.Object.Light_Impermeability	0	192	2023/12/26 21:15:43
MSWI.Object.HorizontalFlue_R_Temperature5	351	192	2023/12/26 21:15:43
MSWI.Object.HorizontalFlue_R_Temperature4	454	192	2023/12/26 21:15:43
MSWI.Object.HorizontalFlue_R_Temperature3	670	192	2023/12/26 21:15:43

MSWI对象监控　机理模型　数据模型　OPC配置　被控对象模型

图 6.13　基于 IT2FNN 温度控制的虚拟过程对象计算机软件前台界面 1

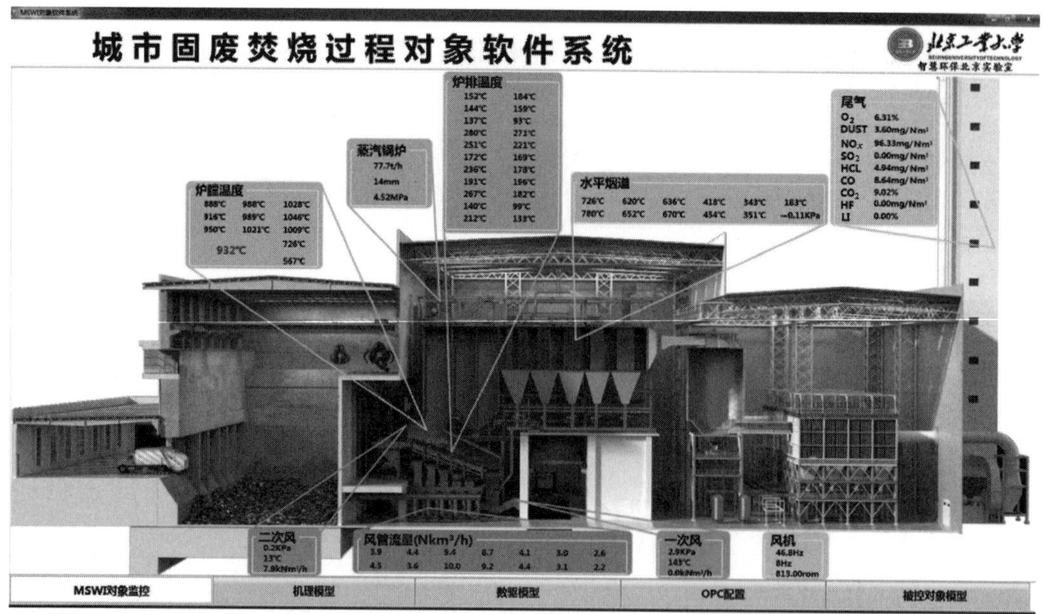

图 6.14　基于 IT2FNN 温度控制的虚拟过程对象计算机软件前台界面 2

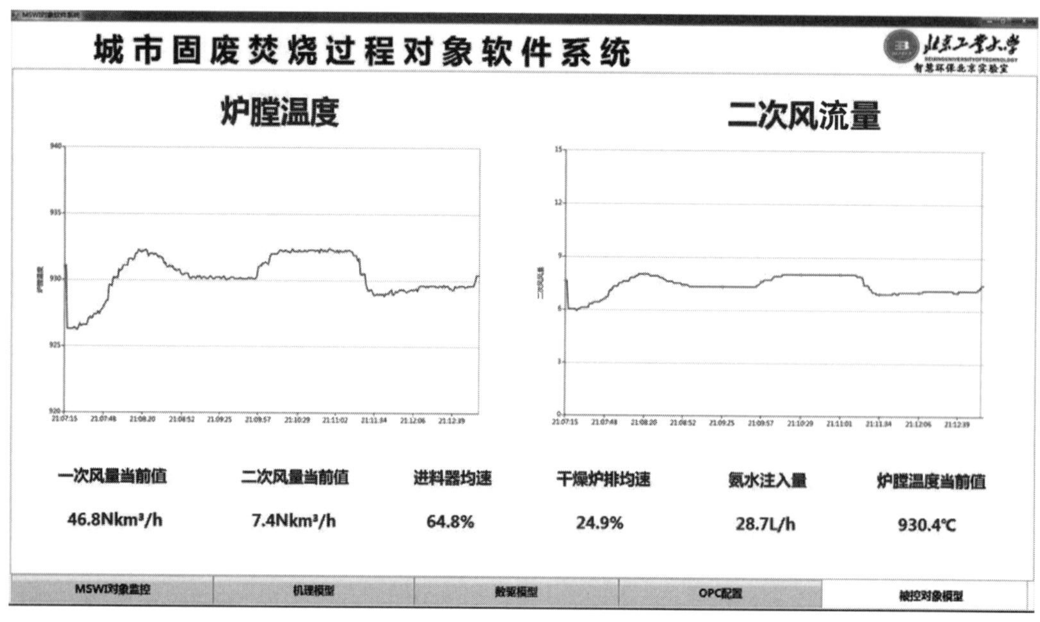

图 6.15　基于 IT2FNN 温度控制的虚拟过程对象计算机软件前台界面 3

6.2.5.5　虚拟仪表装置计算机软件图

考虑到此处与 4.3 节的多入多出回路控制系统采用的是相同的硬件，只给出虚拟仪表装置计算机软件的前台界面，如图 6.16 所示。

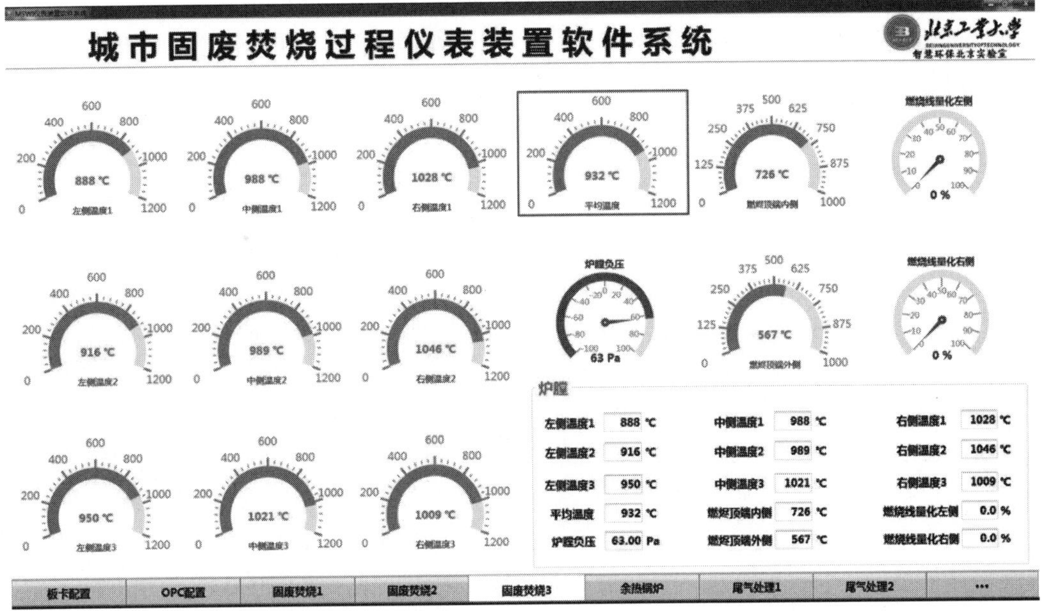

图 6.16　基于 IT2FNN 温度控制的虚拟仪表计算机界面

6.3　基于自组织 IT2FNN 的炉膛温度模型预测控制算法实验室场景验证

6.3.1　问题描述

炉膛温度作为 MSW 燃烧阶段的重要参数，与 MSWI 过程的安全稳定运行和污染物排放浓度密切相关[23]。研究发现，若炉膛温度过高，会导致设备使用寿命大幅降低，维修频繁以致形成经济损失；若炉膛温度过低，会导致燃烧效率大幅降低，使得排放烟气中的污染物含量增加[24]。国内由于起步较晚，相关技术引进自国外，积累时间短等，适合本土 MSW 特性的技术发展尚不完全[25]，当前国内 MSWI 电厂多采用领域专家干涉为主的炉膛温度控制模式。即在运行平稳时进行炉膛温度自动控制，在工况波动或异常工况时由专家进行人工操纵变量设置，导致炉膛温度受专家精力和经验的影响较大，易造成排放烟气中的污染物超标，甚至计划外的停炉。综上，如何制定有效的炉膛温度智能控制策略进而确保安全稳定运行和降低烟气排放污染物含量，仍是目前国内 MSWI 领域的研究重点。

自国内“十三五”“十四五”时期发展和推广 MSWI 技术以来，专家学者针对炉膛温度控制展开了广泛研究，出现了 PID 控制[26]、模糊控制[27]、神经网络控制[28]、仿人智能控制等方法。其中，以各类 PID 控制方法应用更为广泛，例如：代启化等[29]将 PID 控制和模糊控制相结合，通过模糊方法适时地调整 PID 控制参数以实现有效控制；何海军等[25]采用 TS 型模糊神经网络 TS-FNN 建立了基于数据驱动的炉膛温度动态模型；何海军等[5]进一步提出了基于事件触发机制的径向基网络 PID(event triggered mechanism-radial basis function neural networks-PID，ET-RBF-PID)，通过事件触发控制器更新后采用 RBF 网络更新 PID

控制器参数，避免频繁和无效的参数更新。上述研究中，当 PID 控制器在外部扰动较大的环境下运行时，输出误差会处于较高水平，即仅能在外部扰动较小的情况下实现炉温精确控制，因此仍需进一步寻找抗干扰能力更佳的控制方法。

模型预测控制(model predictive control，MPC)因其良好的预测性和鲁棒性而在复杂工业过程中获得了关注[30]，已经广泛用于实际生产[31-32]。目前，针对 MSWI 过程的 MPC 研究有：Sun 等[33]提出了基于数据驱动的烟气含氧量模型预测控制策略，其采用 RBF 神经网络构建预测模型和自适应模糊 C 均值确定网络初始结构；在此基础上，Sun 等[34]进一步提出了基于 LSTM 网络的预测模型，将烟气含氧量有效控制在合理范围；进一步，Qiao 等[35]提出了带有事件触发机制的烟气含氧量模型预测控制，避免因控制器优化而频繁更新控制量，造成计算量大和设备磨损等情况。因此，针对 MSWI 过程炉膛温度的 MPC 相关研究还未见报道。此外，上述面向 MSWI 过程的 MPC 研究中，主要选用 RBF 和 LSTM 建立预测模型，无法充分分析与表征 MSWI 过程的不确定性，这使得预测性能有限，造成控制过程中的输出量偏差较为明显。

Jang[8]提出的自适应模糊神经网络(adaptive fuzzy neural network，AFNN)结合了神经网络的学习能力和模糊系统的解释能力，能够有效辨识与表征具有非线性与不确定性的复杂工业过程[36]，其被视作复杂工业过程 MPC 系统预测模型的有效建立方法[37]。区间Ⅱ型模糊神经网络(interval Type-2 FNN，IT2FNN)通过将Ⅱ型模糊集与 FNN 相结合，通过将网络中的隶属度、激活强度等参数模糊化进一步提升网络的不确定性处理能力和自适应学习能力，在处理具有非线性的复杂系统时具有更好的效果[38]。目前，基于 IT2FNN 的 MPC 已被应用于复杂工业过程控制研究，包括 Wang 等[39]提出了基于 IT2FNN 的广义 MPC，用于选择性催化还原氮氧化物分解过程中的氨流量控制；Han 等[40]针对污水处理过程提出了基于 IT2FNN 的数据驱动鲁棒 MPC，用于减弱扰动对控制性能和稳定性的影响。目前，将采用 IT2FNN 构建预测模型的 MPC 应用于 MSWI 过程炉温控制的研究还未见报道。

针对上述问题，此处提出了一种面向 MSWI 过程炉膛温度的自组织 IT2FNN 模型预测控制(SOIT2FNN-MPC)方法。首先，采用 IT2FNN 构建用于预测炉膛温度未来动态变化的模型，增强对不确定性和非线性的表征能力；其次，针对 IT2FNN 预测模型设计参数在线学习算法与结构在线自组织算法，进而能够在控制过程中进行修正以实现良好的预测效果和较强的抗干扰能力；再次，采用基于梯度下降的在线滚动优化策略，通过在设定的周期内优化目标函数减小预测偏差，实时求解有限时域内的最优操纵变量；最后，证明了 IT2FNN 模型的收敛性和 SOIT2FNN-MPC 的稳定性。根据某 MSWI 电厂的实际运行数据，对此处提出的建模与控制方法进行实验，证明了所提方法的有效性，并开发智能控制软件，基于实验室半实物仿真平台多入多出回路控制系统进行类工业场景的验证。

6.3.2 控制策略

相关研究表明，合适的炉膛温度对固废燃烧阶段和 MSWI 全流程的稳定运行至关重要，应将其控制在 850～950℃[41]，原因在于：该范围有利于 MSW 的充分燃烧，提高 MSW 的燃烬程度，达到期望的减容率和减质率；可以充分增加高温烟气换热阶段的蒸汽产量，大幅提高 MSWI 过程的能量回收率；能够使焚烧炉内的物理化学反应更加充分，有效减少部分有害污染物的排放量[5]。因此，合适的炉膛温度是MSWI过程安全高效稳定运行的前提之一。

当前，在我国MSWI电厂的现场炉膛温度控制中，主要依靠领域专家的具身智能通过结合各工艺参数和炉温的过去时刻信息及当前燃烧工况实现对炉膛温度变化趋势的预测，进而对操纵变量进行人工设定。由此可知，人为预测炉膛温度存在主观性和滞后性，对相关操纵变量的设定也是基于主观经验，同样具有较强的差异性和随意性。为实现MSWI过程炉膛温度的有效预测控制，需分析控制系统中各工艺参数对炉膛温度的影响。文献[42]通过相关性分析表明，一次风流量、二次风流量、进料器均速、干燥炉排均速和氨水注入量与炉温的PCC较高，其中，二次风流量最高。此处选择将一次风流量、二次风流量、进料器均速、干燥炉排均速、氨水注入量和炉膛温度的过去时刻信息作为输入构建预测模型；将二次风流量作为操纵变量，上述其他变量作为干扰量，设计炉膛温度模型预测控制器。

作为复杂工业系统的MSWI过程，其精确的数学模型无法直接建立，而且存在着强非线性及大量的不确定扰动，从而导致系统最优控制率 u^* 难以求解。此处提出的基于SOIT2FNN-MPC的炉膛温度控制策略如图6.17所示。

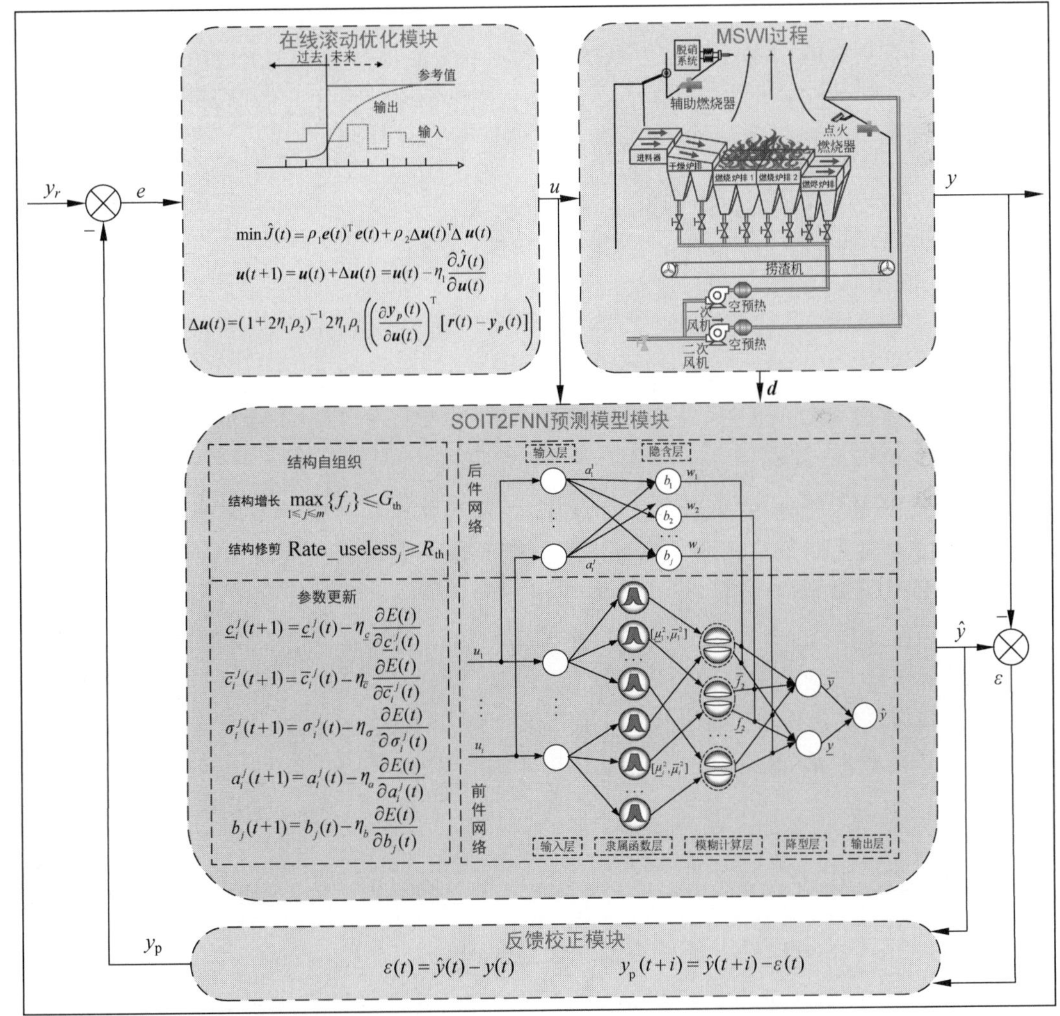

图6.17　基于自组织IT2FNN的炉膛温度预测控制策略图

在图 6.17 中，y 为炉膛温度的实际输出值；u 为二次风流量的输入；Δu 为二次风的流量变化量；$\boldsymbol{d}=[d_1,d_2,d_3,d_4]$ 为干扰量向量，其中 d_1、d_2、d_3 和 d_4 分别为一次风流量、进料器均速、干燥炉排均速和氨水注入量；$\hat{y}$ 为预测模型的输出；ε 为预测模型输出与实际输出的误差；y_{p} 为经反馈校正后的预测值；y_r 为炉膛温度参考值；e 为预测值与参考值的偏差；$\hat{J}$ 为 MPC 系统的目标函数；ρ_1 和 ρ_2 为目标函数控制权重因子；η_1 为 MPC 梯度优化学习率；$\boldsymbol{u}=\{u_i\}_{i=1}^5$ 为 IT2FNN 的输入，其中，$u_1=u$ 为二次风流量，$\{u_i\}_{i=2}^5=\boldsymbol{d}$ 为各干扰量；a_i^j 为第 i 个输入第 j 条规则的后件连接权值；b_j 为第 j 条规则的偏置；w_j 为第 j 条规则的后件区间权重；$\underline{c}_i^j$ 和 $\bar{c}_i^j$ 分别为第 i 个输入第 j 个隶属函数的不确定中心下界和上界；σ_i^j 为第 i 个输入第 j 个隶属函数的宽度；$\underline{\mu}_i^j$ 和 $\bar{\mu}_i^j$ 分别为第 i 个输入第 j 个规则对应的隶属度区间的下界和上界；$\underline{f}_j$ 和 $\bar{f}_j$ 分别为第 j 条规则激活强度区间的下界和上界；$\underline{y}$ 和 $\bar{y}$ 分别为 IT2FNN 降型层输出的下界和上界；f_j 为模糊规则激活强度区间均值；G_{th} 为结构增长判断阈值；$\mathrm{Rate\_useless}_j$ 为第 j 条规则的无用率；R_{th} 为结构修剪判断阈值。

假设控制时域内现在和未来的控制动作集合为 $\Delta u(t),\Delta u(t+1),\cdots,\Delta u(t+H_{\mathrm{u}})$；此外，SOIT2FNN 在预测时域 H_{p} 内的输出可以假设为 $\hat{y}(t+1|t),\hat{y}(t+2|t),\cdots,\hat{y}(t+H_{\mathrm{p}}|t)$。显然，MPC 具有更好的预测效果和更高的优化效率的前提是控制时域 H_{u} 小于预测时域 $H_{\mathrm{p}}(H_{\mathrm{u}}<H_{\mathrm{p}})$[43]。此处在设计 MPC 时，将炉膛温度的参考值跟踪问题转化为最小化目标函数的优化问题，目标函数可由式(6.68)表示：

$$\begin{aligned}\hat{J}(t)=&\sum_{i_{\mathrm{p}}=1}^{H_{\mathrm{p}}}e(t+i_{\mathrm{p}})^{\mathrm{T}}w_{i_{\mathrm{p}}}^{y}e(t+i_{\mathrm{p}})+\\&\sum_{j_{\mathrm{u}}=1}^{H_{\mathrm{u}}}\Delta u(t+j_{\mathrm{u}}-1)^{\mathrm{T}}w_{j_{\mathrm{u}}}^{u}\Delta u(t+j_{\mathrm{u}}-1)\end{aligned}\tag{6.68}$$

其中，$e(t)=y_r(t)-\hat{y}(t)$ 为 t 时刻的预测值与参考值的误差；$w_{i_{\mathrm{p}}}^{y}$ 和 $w_{j_{\mathrm{u}}}^{u}$ 为炉膛温度预测控制的权重参数。

图 6.17 中各个模块的功能如下。

(1) 基于 SOIT2FNN 的炉温预测模型模块：构建用于描述炉膛温度动态变化的模型，其通过将各变量过去时刻信息输入模型预测炉膛温度未来时刻内的具体数值和变化趋势，通过在线参数学习和结构自组织适应动态变化。

(2) 反馈矫正模块：计算某一时刻预测模型输出值与炉膛温度实际值的偏差，并将其用于补偿未来 H_{p} 时刻的预测模型输出以作为 MPC 的预测值，减小预测模型的预测偏差。

(3) 在线滚动优化模块：通过梯度下降法最小化系统目标函数，求解未来一段时间内的最优二次风流量向量，并将第一个分量作用于 MSWI 过程，在每一控制时刻迭代重复上述过程。

6.3.3 算法实现

6.3.3.1 基于 SOIT2FNN 的炉温预测模型模块

实现 MPC 的关键在于建立精确有效的预测模型，其准确性直接影响着控制的有效性及系统的稳定性。在 MPC 系统中,预测模型能够根据系统的设定输入与各类信号的历史信息预测被控对象未来可能的输入。对于此处所构建的未知非线性动态预测模型,其可采用特定形式的非线性自回归外生(nonlinear autoregressive exogenous, NARX)模型表示[33]:

$$\begin{aligned}\hat{y}(t)=f[&y(t-1),y(t-2),\cdots,y(t-n_y),\\&u(t-1),u(t-2),\cdots,u(t-n_u),\\&\boldsymbol{d}(t-1),\boldsymbol{d}(t-2),\cdots,\boldsymbol{d}(t-n_u)]\end{aligned}\tag{6.69}$$

其中,$\hat{y}(t)$为 t 时刻预测模型的输出,$u(t-1)$为 $t-1$ 时刻的二次风流量输入,$y(t)$为炉膛温度的实际输出,n_u 和 n_y 分别为输入和输出的最大滞后时刻,$\boldsymbol{d}(t-1)$表示 $t-1$ 时刻的干扰量向量,$f(\cdot)$是 MSWI 过程炉膛温度的预测模型。

在此处,采用 IT2FNN 建立 $f(\cdot)$以预测炉膛温度动态变化。存在两种 IT2FNN 规则类型:Zadeh 型和 TSK 型。其中,后者因其简单性在实践中得到了大量应用[44]。此处采用 TSK 型规则:

$$\begin{aligned}&\widetilde{R}^j:\text{IF } u_1 \text{ is } \widetilde{U}_1^j \text{ and } u_2 \text{ is } \widetilde{U}_2^j\cdots \text{ and } u_n \text{ is } \widetilde{U}_n^j,\\&\text{THEN } w_j=b_j+a_1^jx_1+a_2^jx_2+\cdots+a_n^jx_n=b_j+\sum_{i=1}^{n}a_i^jx_i\end{aligned}\tag{6.70}$$

其中,$i=1,2,\cdots,n,n$ 表示输入个数,此处 $n=5$;$j=1,2,\cdots,m,m$ 表示模糊规则个数;$\widetilde{R}^j$ 表示第 j 条模糊规则;a_i^j 和 b_j 分别为第 i 个输入第 j 条规则的后件连接权值和偏置;$\widetilde{U}_i^j$ 表示第 i 条输入第 j 条规则的区间二型模糊集合;w_j 表示第 j 条规则的输出,即后件区间权重。

1. IT2FNN 结构

1) 前件网络结构

IT2FNN 的网络结构如图 6.17 中部所示,其包含前件网络与后件网络。其中,前者用于模糊化及解模糊化计算,后者用于计算模糊规则的后件权值,具体描述如下。

前件网络由输入层、隶属函数层、模糊计算层、降型层和输出层组成。

(1) 输入层:该层节点的个数等于输入变量的个数,层连接权值为 1,输入变量与层节点直接连接以传递至后续网络,其输入和输出为

$$\begin{cases}u^{(1)}=[u_1,u_2,\cdots,u_n]\\y^{(1)}=u^{(1)}\end{cases}\tag{6.71}$$

(2) 隶属函数层:也被称为模糊化层,层连接权值为 1,共有 $n\times m$ 个节点(特征数×模糊规则数),以输入层的输出为输入。该层的每个节点表征一个用于计算输入变量对应模糊集隶属度的区间二型隶属函数,其边界隶属函数采用均值不确定的高斯型隶属函数。该层的输入和输出为

$$\begin{cases}u^{(2)}=y^{(1)}\\y^{(2)}=[\underline{\mu}_i^j,\bar{\mu}_i^j]_{\substack{i=1,2,\cdots,n\\j=1,2,\cdots,m}}\end{cases}\tag{6.72}$$

在式(6.72)中,$\underline{\mu}_i^j$ 和 $\bar{\mu}_i^j$ 分别表示第 i 个输入第 j 个隶属函数层节点输出的下界和上界,可由下式表示:

$$\underline{\mu}_i^j=\begin{cases}\exp\left[-\dfrac{1}{2}\left(\dfrac{u_i-\overline{c}_i^j}{\sigma_i^j}\right)^2\right], & u_i\leqslant\dfrac{\underline{c}_i^j+\overline{c}_i^j}{2}\\ \exp\left[-\dfrac{1}{2}\left(\dfrac{u_i-\underline{c}_i^j}{\sigma_i^j}\right)^2\right], & u_i>\dfrac{\underline{c}_i^j+\overline{c}_i^j}{2}\end{cases} \tag{6.73}$$

$$\overline{\mu}_i^j=\begin{cases}\exp\left[-\dfrac{1}{2}\left(\dfrac{u_i-\underline{c}_i^j}{\sigma_i^j}\right)^2\right], & u_i<\underline{c}_i^j\\ 1, & \underline{c}_i^j\leqslant u_i<\overline{c}_i^j\\ \exp\left[-\dfrac{1}{2}\left(\dfrac{u_i-\overline{c}_i^j}{\sigma_i^j}\right)^2\right], & u_i\geqslant\overline{c}_i^j\end{cases} \tag{6.74}$$

其中,$\underline{c}_i^j$ 和 $\overline{c}_i^j$ 分别表示第 i 个输入第 j 个隶属函数的不确定中心的下界和上界,σ_i^j 表示第 i 个输入第 j 个隶属函数的宽度。

(3) 模糊计算层:也被称为模糊规则层,层连接权值为 1,共有 m 个节点(模糊规则数);该层以隶属函数层的输出为输入计算每条模糊规则的激活强度,其输入和输出为

$$\begin{cases}u^{(3)}=y^{(2)}\\ y^{(3)}=[\underline{f}_j,\overline{f}_j]_{j=1,2,\cdots,M}\end{cases} \tag{6.75}$$

其中,$\underline{f}_j$ 和 $\overline{f}_j$ 分别表示第 j 条规则激活强度区间的下界和上界:

$$\begin{cases}\underline{f}_j=\prod\limits_{i=1}^{n}\underline{\mu}_i^j\\ \overline{f}_j=\prod\limits_{i=1}^{n}\overline{\mu}_i^j\end{cases} \tag{6.76}$$

(4) 降型层:该层以后件网络输出的区间权重为连接权值,包括 2 个节点,作用是通过执行降型操作将某条规则的激活强度区间$[\underline{f}_j,\overline{f}_j]$与其对应的后件规则相结合。降型常用方法包括 center-of-sets 算法[45]、Karnik-Mendel(KM)算法[46]和 Begian-Melek-Mendel(BMM)算法[47]等。此处选用计算资源消耗小、计算速度快的 BMM 算法。该层的输入和输出为

$$\begin{cases}u^{(4)}=y_j^{(3)}w_j(\boldsymbol{x})\big|_{j=1,2,\cdots,m}\\ y^{(4)}=[\underline{y},\overline{y}]\end{cases} \tag{6.77}$$

其中,$\underline{y}$ 和 $\overline{y}$ 为输出的下界和上界:

$$\begin{cases}\underline{y}=\dfrac{\sum\limits_{j=1}^{m}\underline{f}_j w_j(\boldsymbol{x})}{\sum\limits_{j=1}^{m}\underline{f}_j}\\ \overline{y}=\dfrac{\sum\limits_{j=1}^{m}\overline{f}_j w_j(\boldsymbol{x})}{\sum\limits_{j=1}^{m}\overline{f}_j}\end{cases} \tag{6.78}$$

（5）输出层：以降型层的输出为输入，输出常取降型层输出区间$[\underline{y},\overline{y}]$的均值。此处引入了上界和下界的比例系数 q，该层的输入和输出为

$$\begin{cases} u^{(5)}=y^{(4)} \\ y^{(5)}=\hat{y}=q\underline{y}+(1-q)\overline{y} \end{cases} \tag{6.79}$$

2）后件网络结构

后件网络包括输入层和隐含层。其中，输入层共有 n 个节点（特征值个数），作用与前件网络的输入层一致，即将输入变量直接传至后续网络；隐含层共有 m 个节点（模糊规则数），作用是通过式(6.70)计算得到模糊规则的后件权值，并输出到前件网络的降型层进行规则匹配。

2. 参数在线学习算法

由于 MSWI 过程存在诸如 MSW 组成、设备磨损等扰动及各种不确定因素，采用离线训练的预测模型难以精确有效地预测实际过程中炉膛温度的动态变化，从而使预测误差增加。因此，本节在模型离线训练和在线预测过程中采用了参数在线学习策略[48]，提高模型动态预测效果和克服扰动及不确定性的影响。

此处的 IT2FNN 参数的离线训练和在线学习均采用基于误差的反向传播算法，对隶属函数的不确定中心向量 $\underline{\boldsymbol{c}}$ 和 $\overline{\boldsymbol{c}}$、宽度向量$\boldsymbol{\sigma}$、后件连接权值向量 $\boldsymbol{a}$ 和偏置项向量 $\boldsymbol{b}$ 进行在线更新，过程如下。

首先，设置性能函数 $E(t)$：

$$E(t)=\frac{1}{2}(\hat{y}(t)-y(t))^2=\frac{1}{2}\varepsilon(t)^2 \tag{6.80}$$

其中，$\varepsilon(t)$为 t 时刻的预测值与实际值的误差。

面向式(6.80)对上述 5 个参数向量求偏导，得到针对第 i 个输入第 j 条规则的参数学习算法：

$$\underline{c}_i^j(t+1)=\underline{c}_i^j(t)-\eta_{\underline{c}}\frac{\partial E(t)}{\partial \underline{c}_i^j(t)} \tag{6.81}$$

$$\overline{c}_i^j(t+1)=\overline{c}_i^j(t)-\eta_{\overline{c}}\frac{\partial E(t)}{\partial \overline{c}_i^j(t)} \tag{6.82}$$

$$\sigma_i^j(t+1)=\sigma_i^j(t)-\eta_{\sigma}\frac{\partial E(t)}{\partial \sigma_i^j(t)} \tag{6.83}$$

$$a_i^j(t+1)=a_i^j(t)-\eta_{a}\frac{\partial E(t)}{\partial a_i^j(t)} \tag{6.84}$$

$$b_j(t+1)=b_j(t)-\eta_{b}\frac{\partial E(t)}{\partial b_j(t)} \tag{6.85}$$

其中，$\underline{c}_i^j(t)$和 $\underline{c}_i^j(t+1)$为当前时刻和更新后第 i 个输入第 j 条规则的不确定中心下界，其余参数的含义同上述参数类似；$\eta_{\underline{c}}$、$\eta_{\overline{c}}$、η_{σ}、η_{a} 和 $\eta_{b}\in[0,1]$分别表示各参数对应的学习率；$\frac{\partial E(t)}{\partial \underline{c}_i^j(t)}$、$\frac{\partial E(t)}{\partial \overline{c}_i^j(t)}$、$\frac{\partial E(t)}{\partial \sigma_i^j(t)}$、$\frac{\partial E(t)}{\partial a_i^j(t)}$和$\frac{\partial E(t)}{\partial b_j(t)}$分别表示各参数关于 $E(t)$的偏导数。

式(6.81)～式(6.85)的偏导数通过链式求导法则可得。

前件网络隶属函数 $\underline{\boldsymbol{c}}$、$\bar{\boldsymbol{c}}$ 和 $\boldsymbol{\sigma}$ 的求导公式如下：

$$\frac{\partial E(t)}{\partial \underline{c}_i^j(t)}=\frac{\partial E(t)}{\partial \hat{y}(t)}\frac{\partial \hat{y}(t)}{\partial \underline{c}_i^j(t)}=\frac{\partial E(t)}{\partial \hat{y}(t)}\left(\frac{\partial \hat{y}(t)}{\partial \underline{f}_j}\frac{\partial \underline{f}_j}{\partial \underline{\mu}_i^j}\frac{\partial \underline{\mu}_i^j}{\partial \underline{c}_i^j}+\frac{\partial \hat{y}(t)}{\partial \bar{f}_j}\frac{\partial \bar{f}_j}{\partial \bar{\mu}_i^j}\frac{\partial \bar{\mu}_i^j}{\partial \underline{c}_i^j}\right) \tag{6.86}$$

$$\frac{\partial E(t)}{\partial \bar{c}_i^j(t)}=\frac{\partial E(t)}{\partial \hat{y}(t)}\frac{\partial \hat{y}(t)}{\partial \bar{c}_i^j(t)}=\frac{\partial E(t)}{\partial \hat{y}(t)}\left(\frac{\partial \hat{y}(t)}{\partial \underline{f}_j}\frac{\partial \underline{f}_j}{\partial \underline{\mu}_i^j}\frac{\partial \underline{\mu}_i^j}{\partial \bar{c}_i^j}+\frac{\partial \hat{y}(t)}{\partial \bar{f}_j}\frac{\partial \bar{f}_j}{\partial \bar{\mu}_i^j}\frac{\partial \bar{\mu}_i^j}{\partial \bar{c}_i^j}\right) \tag{6.87}$$

$$\frac{\partial E(t)}{\partial \sigma_i^j(t)}=\frac{\partial E(t)}{\partial \hat{y}(t)}\frac{\partial \hat{y}(t)}{\partial \sigma_i^j(t)}=\frac{\partial E(t)}{\partial \hat{y}(t)}\left(\frac{\partial \hat{y}(t)}{\partial \underline{f}_j}\frac{\partial \underline{f}_j}{\partial \underline{\mu}_i^j}\frac{\partial \bar{\mu}_i^j}{\partial \sigma_i^j}+\frac{\partial \hat{y}(t)}{\partial \bar{f}_j}\frac{\partial \bar{f}_j}{\partial \bar{\mu}_i^j}\frac{\partial \underline{\mu}_i^j}{\partial \sigma_i^j}\right) \tag{6.88}$$

其中，

$$\frac{\partial E(t)}{\partial \hat{y}(t)}=\hat{y}(t)-y(t) \tag{6.89}$$

$$\frac{\partial \hat{y}(t)}{\partial \underline{f}_j}=q\,\frac{w_j-\underline{y}}{\sum\limits_{j=1}^{m}\underline{f}_j} \tag{6.90}$$

$$\frac{\partial \hat{y}(t)}{\partial \bar{f}_j}=(1-q)\,\frac{w_j-\bar{y}}{\sum\limits_{j=1}^{m}\bar{f}_j} \tag{6.91}$$

$$\frac{\partial \underline{f}_j}{\partial \underline{\mu}_i^j}=\prod_{\substack{t=1\\t\neq i}}^{n}\underline{\mu}_t^j \tag{6.92}$$

$$\frac{\partial \bar{f}_j}{\partial \underline{\mu}_i^j}=\prod_{\substack{t=1\\t\neq i}}^{n}\underline{\mu}_t^j \tag{6.93}$$

$$\frac{\partial \underline{\mu}_i^j}{\partial \underline{c}_i^j}=\begin{cases}0, & u_i\leqslant\dfrac{\underline{c}_i^j+\bar{c}_i^j}{2}\\ F(\underline{c}_i^j)(x_i-\underline{c}_i^j)(\sigma_i^j)^{-2}, & u_i>\dfrac{\underline{c}_i^j+\bar{c}_i^j}{2}\end{cases} \tag{6.94}$$

$$\frac{\partial \bar{\mu}_i^j}{\partial \underline{c}_i^j}=\begin{cases}F(\underline{c}_i^j)(x_i-\underline{c}_i^j)(\sigma_i^j)^{-2}, & u_i<\underline{c}_i^j\\ 0, & \underline{c}_i^j\leqslant u_i<\bar{c}_i^j\\ 0, & u_i\geqslant\bar{c}_i^j\end{cases} \tag{6.95}$$

$$\frac{\partial \underline{\mu}_i^j}{\partial \bar{c}_i^j}=\begin{cases}F(\bar{c}_i^j)(x_i-\bar{c}_i^j)(\sigma_i^j)^{-2}, & u_i\leqslant\dfrac{\underline{c}_i^j+\bar{c}_i^j}{2}\\ 0, & u_i>\dfrac{\underline{c}_i^j+\bar{c}_i^j}{2}\end{cases} \tag{6.96}$$

$$\frac{\partial \bar{\mu}_i^j}{\partial \bar{c}_i^j}=\begin{cases}0, & u_i<\underline{c}_i^j\\ 0, & \underline{c}_i^j\leqslant u_i<\bar{c}_i^j\\ F(\bar{c}_i^j)(x_i-\bar{c}_i^j)(\sigma_i^j)^{-2}, & u_i\geqslant \bar{c}_i^j\end{cases} \tag{6.97}$$

$$F(\underline{c}_i^j)=\exp\left(-\frac{1}{2}\left(\frac{u_i-\underline{c}_i^j}{\sigma_i^j}\right)^2\right) \tag{6.98}$$

$$F(\bar{c}_i^j)=\exp\left(-\frac{1}{2}\left(\frac{u_i-\bar{c}_i^j}{\sigma_i^j}\right)^2\right) \tag{6.99}$$

后件网络的 $\boldsymbol{a}$ 和 $\boldsymbol{b}$ 的求导公式如下：

$$\frac{\partial E(t)}{\partial a_i^j(t)}=\frac{\partial E(t)}{\partial \hat{y}(t)}\frac{\partial \hat{y}(t)}{\partial a_i^j}=\frac{\partial E(t)}{\partial \hat{y}(t)}\frac{\partial \hat{y}(t)}{\partial w_j}\frac{\partial w_j}{\partial a_i^j} \tag{6.100}$$

$$\frac{\partial E(t)}{\partial b_j(t)}=\frac{\partial E(t)}{\partial \hat{y}(t)}\frac{\partial \hat{y}(t)}{\partial b_j}=\frac{\partial E(t)}{\partial \hat{y}(t)}\frac{\partial \hat{y}(t)}{\partial w_j}\frac{\partial w_j}{\partial b_j} \tag{6.101}$$

其中，$\dfrac{\partial E(t)}{\partial \hat{y}(t)}$已由式(6.89)给出，其余各项如下：

$$\frac{\partial \hat{y}(t)}{\partial w_j}=\frac{q\underline{f}_j}{\sum_{j=1}^{m}\underline{f}_j}+\frac{(1-q)\bar{f}_j}{\sum_{j=1}^{m}\bar{f}_j} \tag{6.102}$$

$$\frac{\partial w_j}{\partial a_i^j}=u_i \tag{6.103}$$

$$\frac{\partial w_j}{\partial b_j}=1 \tag{6.104}$$

由式(6.86)～式(6.104)可得各参数的学习算法：

$$\frac{\partial E(t)}{\partial \underline{c}_i^j(t)}=\begin{cases}[\hat{y}(t)-y(t)](1-q)\dfrac{w_j-\bar{y}}{\sum_{j=1}^{m}\bar{f}_j}\left(\prod_{\substack{t=1\\t\neq i}}^{m}\bar{\mu}_t^j\right)F(\underline{c}_i^j)(u_i-\underline{c}_i^j)(\sigma_i^j)^{-2}, & u_i\leqslant \underline{c}_i^j\\ 0, & \underline{c}_i^j<u_i\leqslant\dfrac{\underline{c}_i^j+\bar{c}_i^j}{2}\\ [\hat{y}(t)-y(t)]q\dfrac{w_j-\underline{y}}{\sum_{j=1}^{m}\underline{f}_j}\left(\prod_{\substack{t=1\\t\neq i}}^{m}\underline{\mu}_t^j\right)F(\underline{c}_i^j)(u_i-\underline{c}_i^j)(\sigma_i^j)^{-2}, & u_i>\dfrac{\underline{c}_i^j+\bar{c}_i^j}{2}\end{cases}$$

(6.105)

$$\frac{\partial E(t)}{\partial \bar{c}_i^j(t)}=\begin{cases}[\hat{y}(t)-y(t)]q\dfrac{w_j-\underline{y}}{\sum\limits_{j=1}^{m}\underline{f}_j}\left(\prod\limits_{\substack{t=1\\t\neq i}}^{m}\underline{\mu}_t^j\right)F(\bar{c}_i^j)(u_i-\bar{c}_i^j)(\sigma_i^j)^{-2}, & u_i\leqslant\dfrac{\underline{c}_i^j+\bar{c}_i^j}{2}\\ 0, & \dfrac{\underline{c}_i^j+\bar{c}_i^j}{2}<u_i\leqslant\bar{c}_i^j\\ [\hat{y}(t)-y(t)](1-q)\dfrac{w_j-\bar{y}}{\sum\limits_{j=1}^{m}\bar{f}_j}\left(\prod\limits_{\substack{t=1\\t\neq i}}^{m}\bar{\mu}_t^j\right)F(\bar{c}_i^j)(u_i-\bar{c}_i^j)(\sigma_i^j)^{-2}, & u_i>\bar{c}_i^j\end{cases}\tag{6.106}$$

$$\frac{\partial E(t)}{\partial \sigma_i^j(t)}=\begin{cases}[\hat{y}(t)-y(t)]\left[\begin{array}{l}q\dfrac{w_j-\underline{y}}{\sum\limits_{j=1}^{m}\underline{f}_j}\left(\prod\limits_{\substack{t=1\\t\neq i}}^{m}\underline{\mu}_t^j\right)F(\bar{c}_i^j)(u_i-\bar{c}_i^j)^2(\sigma_i^j)^{-3}+\\ (1-q)\dfrac{w_j-\bar{y}}{\sum\limits_{j=1}^{m}\bar{f}_j}\left(\prod\limits_{\substack{t=1\\t\neq i}}^{m}\mu_t^j\right)F(\underline{c}_i^j)(u_i-\underline{c}_i^j)^2(\sigma_i^j)^{-3}\end{array}\right], & u_i\leqslant\underline{c}_i^j\\ [\hat{y}(t)-y(t)]q\dfrac{w_j-\underline{y}}{\sum\limits_{j=1}^{m}\underline{f}_j}\left(\prod\limits_{\substack{t=1\\t\neq i}}^{m}\underline{\mu}_t^j\right)F(\bar{c}_i^j)(u_i-\bar{c}_i^j)^2(\sigma_i^j)^{-3}, & \underline{c}_i^j<u_i\leqslant\dfrac{\underline{c}_i^j+\bar{c}_i^j}{2}\\ [\hat{y}(t)-y(t)]q\dfrac{w_j-\underline{y}}{\sum\limits_{j=1}^{m}\underline{f}_j}\left(\prod\limits_{\substack{t=1\\t\neq i}}^{m}\underline{\mu}_t^j\right)F(\underline{c}_i^j)(u_i-\underline{c}_i^j)^2(\sigma_i^j)^{-3}, & \dfrac{\underline{c}_i^j+\bar{c}_i^j}{2}<u_i\leqslant\bar{c}_i^j\\ [\hat{y}(t)-y(t)]\left[\begin{array}{l}q\dfrac{w_j-\underline{y}}{\sum\limits_{j=1}^{m}\underline{f}_j}\left(\prod\limits_{\substack{t=1\\t\neq i}}^{m}\underline{\mu}_t^j\right)F(\underline{c}_i^j)(u_i-\underline{c}_i^j)^2(\sigma_i^j)^{-3}+\\ (1-q)\dfrac{w_j-\bar{y}}{\sum\limits_{j=1}^{m}\bar{f}_j}\left(\prod\limits_{\substack{t=1\\t\neq i}}^{m}\mu_t^j\right)F(\bar{c}_i^j)(u_i-\bar{c}_i^j)^2(\sigma_i^j)^{-3}\end{array}\right], & u_i>\bar{c}_i^j\end{cases}\tag{6.107}$$

$$\frac{\partial E(t)}{\partial a_i^j(t)}=[\hat{y}(t)-y(t)]\left[\frac{q\underline{f}_j}{\sum\limits_{j=1}^{m}\underline{f}_j}+\frac{(1-q)\bar{f}_j}{\sum\limits_{j=1}^{m}\bar{f}_j}\right]u_i\tag{6.108}$$

$$\frac{\partial E(t)}{\partial b_j(t)}=[\hat{y}(t)-y(t)]\left[\frac{q\underline{f}_j}{\sum\limits_{j=1}^{m}\underline{f}_j}+\frac{(1-q)\bar{f}_j}{\sum\limits_{j=1}^{m}\bar{f}_j}\right]\tag{6.109}$$

将式(6.105)～式(6.109)分别代入式(6.81)～式(6.85),即完成 IT2FNN 在当前迭代下的各参数学习过程。

3. 结构在线自组织算法

动态变化系统难以获得适合的网络结构,故初始预测模型的结构仍需调整[49]。对此,此处进行 IT2FNN 的结构在线自组织,通过计算前件网络中模糊规则的激活强度与隶属度判断是否需要进行规则的删减和增长,从而在控制过程中动态调整网络结构(模糊规则数)。

1) 结构增长算法

采用前件网络模糊规则的激活强度作为结构增长与否的判断准则。模糊计算层节点的输出能够直接反应当前输入对该条规则的激活强度,当所有节点的激活强度的最大值仍小于某个设定阈值时,需要增加一条规则。

此处,假设第 h 个规则的激活强度为其中的最大值:

$$f_h = \max_{1\leqslant j\leqslant m} \{f_j\} \tag{6.110}$$

其中,f_h 为第 h 条规则激活强度区间均值,可由下式计算求得:

$$f_h = \frac{\underline{f}_h + \overline{f}_h}{2} \tag{6.111}$$

当第 h 个规则不满足下式时,增加 1 条规则:

$$f_h \leqslant G_{\text{th}} \tag{6.112}$$

其中,G_{th} 为判断结构增长与否的设定阈值。

假设 t 时刻,IT2FNN 满足上述结构增长条件,则增加模糊规则,记为第 $m+1$ 条规则,该规则的初始参数设置为

$$\begin{cases} \overline{c}_i^{m+1} = u_i + \dfrac{\underline{c}_i^h + \overline{c}_i^h}{2} \\ \underline{c}_i^{m+1} = u_i - \dfrac{\underline{c}_i^h + \overline{c}_i^h}{2} \\ \sigma_i^{m+1} = \dfrac{1}{2}\left| u_i - \dfrac{\underline{c}_i^h + \overline{c}_i^h}{2} \right| \\ a_i^{m+1} = 0.01 \\ b_{m+1} = y_r^* \end{cases} \tag{6.113}$$

其中,$\overline{c}_i^{m+1}$、$\underline{c}_i^{m+1}$、σ_i^{m+1}、a_i^{m+1} 和 b_{m+1} 为第 $m+1$ 条规则的各初始参数; $\underline{c}_i^h$ 和 $\overline{c}_i^h$ 为最大激活强度对应规则的隶属函数上界和下界; y_r^* 为标准化后的炉温参考值。

2) 结构修减算法

为避免模糊规则数量过度增长带来的结构冗余现象,此处采用无用率作为规则修减的评判参数。基于现有每条规则在网络应用中起重要作用的积累次数计算无用率,当其超过某个设定阈值时删除该条规则,可表示为

$$M_j(t+1) = \begin{cases} M_j(t) + 1, & \mu_i^j > \beta \\ M_j(t), & \mu_i^j < \beta \end{cases} \tag{6.114}$$

$$R_j(t+1)=\begin{cases}R_j(t)+1, & \mu_i^j<\beta\\ R_j(t), & \mu_i^j>\beta\end{cases} \tag{6.115}$$

$$\text{Rate\_useless}_j=\frac{R_j}{R_j+M_j} \tag{6.116}$$

$$\text{Rate\_useless}_j\geqslant R_{\text{th}} \tag{6.117}$$

其中，$M_j(t)$和$R_j(t)$分别为第j条模糊规则t时刻被判定为重要或不重要的次数；Rate_useless_j为第j条规则的无用率；$\beta\in(0,1)$为区分模糊规则是否起重要作用的设定值；$R_{\text{th}}\in(0,1)$为结构修剪判断阈值；μ_i^j为第i个输入第j条规则的隶属度区间均值，可由下式计算求得：

$$\mu_i^j=\frac{\underline{\mu}_i^j+\bar{\mu}_i^j}{2} \tag{6.118}$$

6.3.3.2 反馈校正模块

受限于MSWI过程固有的内部不确定性和外部扰动，预测模型的输出$\hat{y}(t)$与真实值$y(t)$间存在偏差。反馈校正模块的目的就是通过计算当前时刻$\hat{y}(t)$与$y(t)$的偏差$\varepsilon(t)$补偿后续预测时域内的一系列预测模型输出，可由下式表示：

$$\varepsilon(t)=\hat{y}(t)-y(t) \tag{6.119}$$

$$y_{\text{p}}(t+i_{\text{p}})=\hat{y}(t+i_{\text{p}})-\varepsilon(t) \tag{6.120}$$

其中，$i_{\text{p}}=1,2,\cdots,H_{\text{p}}$；$y_{\text{p}}(t)$为$t$时刻经反馈校正后的预测模型输出，后续将其作为MPC的预测值。

6.3.3.3 在线滚动优化模块

滚动优化的基本思想是根据未来的控制序列得到能够使目标函数最小化的当前操纵变量。基于此，此处定义如下向量：

$$\boldsymbol{r}(t)=[r(t+1),r(t+2),\cdots,r(t+H_{\text{p}})]^{\text{T}} \tag{6.121}$$

$$\boldsymbol{y}_{\text{p}}(t)=[y_{\text{p}}(t+1),y_{\text{p}}(t+2),\cdots,y_{\text{p}}(t+H_{\text{p}})]^{\text{T}} \tag{6.122}$$

$$\Delta\boldsymbol{u}(t)=[\Delta u(t),\Delta u(t+1),\cdots,\Delta u(t+H_{\text{u}}-1)]^{\text{T}} \tag{6.123}$$

其中，$\boldsymbol{r}(t)$为参考值向量，$\boldsymbol{y}_{\text{p}}(t)$为经反馈校正后的预测值向量，$\Delta\boldsymbol{u}(t)$为操纵变量的变化量向量。进而可得到系统的误差向量为

$$\boldsymbol{e}(t)=[e(t+1),e(t+2),\cdots,e(t+H_{\text{p}})]^{\text{T}} \tag{6.124}$$

其中，各项元素可表示为

$$e(t+i_{\text{p}})=r(t+i_{\text{p}})-y_{\text{p}}(t+i_{\text{p}}) \tag{6.125}$$

进一步，将系统的目标函数式(6.68)改写为

$$\hat{J}(t)=\rho_1\boldsymbol{e}(t)^{\text{T}}\boldsymbol{e}(t)+\rho_2\Delta\boldsymbol{u}(t)^{\text{T}}\Delta\boldsymbol{u}(t) \tag{6.126}$$

其中，ρ_1和ρ_2为可调的目标函数控制权重因子。

结合式(6.125)，可得

$$\hat{J}(t)=\rho_1[\boldsymbol{r}(t)-\boldsymbol{y}_{\text{p}}(t)]^{\text{T}}[\boldsymbol{r}(t)-\boldsymbol{y}_{\text{p}}(t)]+\rho_2\Delta\boldsymbol{u}(t)^{\text{T}}\Delta\boldsymbol{u}(t) \tag{6.127}$$

为最小化上述目标函数，此处采用梯度下降方法予以实现，将更新后的控制输入序列

$\boldsymbol{u}(t)$记为

$$\boldsymbol{u}(t+1)=\boldsymbol{u}(t)+\Delta\boldsymbol{u}(t)=\boldsymbol{u}(t)-\eta_1\frac{\partial\hat{J}(t)}{\partial\boldsymbol{u}(t)} \tag{6.128}$$

其中，$\eta_1>0$ 是 MPC 的滚动优化学习率。

由式(6.128)可知，存在

$$\Delta\boldsymbol{u}(t)=-\eta_1\frac{\partial\hat{J}(t)}{\partial\boldsymbol{u}(t)} \tag{6.129}$$

由式(6.127)可知，取得良好的控制效果的关键之一是需要使预测输出 $\hat{y}(t)$尽可能逼近实际输出 $y(t)$，这可通过在线更新 IT2FNN 预测模型的参数与结构实现；关键之二是需要合适的 $\Delta\boldsymbol{u}(t)$。针对后者，求取系统目标函数 $\hat{J}(t)$关于 $\boldsymbol{u}(t)$的偏微分，可得

$$\frac{\partial\hat{J}(t)}{\partial\boldsymbol{u}(t)}=-2\rho_1\left(\frac{\partial\boldsymbol{y}_{\mathrm{p}}(t)}{\partial\boldsymbol{u}(t)}\right)^{\mathrm{T}}[\boldsymbol{r}(t)-\boldsymbol{y}_{\mathrm{p}}(t)]+2\rho_2\Delta\boldsymbol{u}(t) \tag{6.130}$$

进而可得

$$\Delta\boldsymbol{u}(t)=(1+2\eta_1\rho_2)^{-1}2\eta_1\rho_1\left(\left(\frac{\partial\boldsymbol{y}_{\mathrm{p}}(t)}{\partial\boldsymbol{u}(t)}\right)^{\mathrm{T}}[\boldsymbol{r}(t)-\boldsymbol{y}_{\mathrm{p}}(t)]\right) \tag{6.131}$$

其中，由于 $\boldsymbol{y}_{\mathrm{p}}(t)$和 $\boldsymbol{u}(t)$均为向量，$\frac{\partial\boldsymbol{y}_{\mathrm{p}}(t)}{\partial\boldsymbol{u}(t)}$是雅可比矩阵，可由下式表示：

$$\frac{\partial\boldsymbol{y}_{\mathrm{p}}(t)}{\partial\boldsymbol{u}(t)}=\begin{bmatrix}\frac{\partial y_{\mathrm{p}}(t+1)}{\partial u(t)} & 0 & \cdots & 0\\ \frac{\partial y_{\mathrm{p}}(t+2)}{\partial u(t)} & \frac{\partial y_{\mathrm{p}}(t+2)}{\partial u(t+1)} & \cdots & 0\\ \vdots & \vdots & \ddots & \vdots\\ \frac{\partial y_{\mathrm{p}}(t+H_{\mathrm{p}})}{\partial u(t)} & \frac{\partial y_{\mathrm{p}}(t+H_{\mathrm{p}})}{\partial u(t+1)} & \cdots & \frac{\partial y_{\mathrm{p}}(t+H_{\mathrm{p}})}{\partial u(t+H_{\mathrm{u}}-1)}\end{bmatrix} \tag{6.132}$$

6.3.3.4 收敛性与稳定性分析

1. IT2FNN 预测模型收敛性分析

假设 1：泰勒级数展开式的余数高阶项 $O(t)$有界，如式(6.133)所示：

$$-[1-\psi]\varepsilon(t)-A(t)<O(t)<-[1-\psi]\varepsilon(t)+A(t) \tag{6.133}$$

其中，

$$A(t)=\sqrt{[1-\psi]^2\varepsilon^2(t)+\psi\varepsilon^2(t)} \tag{6.134}$$

定理 1：对于此处提出的基于梯度下降参数更新算法的 IT2FNN 预测模型，存在一个基于预测误差的李雅普诺夫函数 $V_1(t)$，当更新预测模型的参数和学习率满足式(6.135)时，则系统的预测误差是趋向于 0 的，所构建预测模型在时域上也是收敛的。

$$0<\psi=\psi_{\underline{c}}+\psi_{\overline{c}}+\psi_{\sigma}+\psi_{w}+\psi_{b}<1 \tag{6.135}$$

其中，

$$\psi_{\underline{c}}=\eta_{\underline{c}}\boldsymbol{\theta}_1\boldsymbol{\theta}_1^{\mathrm{T}}>0,\quad \boldsymbol{\theta}_1=\frac{\partial\hat{y}(t)}{\partial\underline{\boldsymbol{c}}} \tag{6.136}$$

$$\psi_{\bar{c}}=\eta_{\bar{c}}\boldsymbol{\theta}_2\boldsymbol{\theta}_2^{\mathrm{T}}>0,\quad \boldsymbol{\theta}_2=\frac{\partial\hat{y}(t)}{\partial\bar{\boldsymbol{c}}}\tag{6.137}$$

$$\psi_{\sigma}=\eta_{\sigma}\boldsymbol{\theta}_3\boldsymbol{\theta}_3^{\mathrm{T}}>0,\quad \boldsymbol{\theta}_3=\frac{\partial\hat{y}(t)}{\partial\boldsymbol{\sigma}}\tag{6.138}$$

$$\psi_{a}=\eta_{a}\boldsymbol{\theta}_4\boldsymbol{\theta}_4^{\mathrm{T}}>0,\quad \boldsymbol{\theta}_4=\frac{\partial\hat{y}(t)}{\partial\boldsymbol{a}}\tag{6.139}$$

$$\psi_{b}=\eta_{b}\boldsymbol{\theta}_5\boldsymbol{\theta}_5^{\mathrm{T}}>0,\quad \boldsymbol{\theta}_5=\frac{\partial\hat{y}(t)}{\partial\boldsymbol{b}}\tag{6.140}$$

证明：定义基于预测误差的李雅普诺夫函数，如式(6.141)所示：

$$V_1(t)=\frac{1}{2}(\hat{y}(t)-y(t))^2=\frac{1}{2}\varepsilon^2(t)\tag{6.141}$$

李雅普诺夫函数 $V_1(t)$ 的变化量如式(6.142)所示：

$$\begin{aligned}\Delta V_1(t)&=V_1(t+1)-V_1(t)=\frac{1}{2}\left[\varepsilon^2(t+1)-\varepsilon^2(t)\right]\\&=\frac{1}{2}\Delta\varepsilon(t)\left[\varepsilon(t+1)+\varepsilon(t)\right]=\frac{1}{2}\Delta\varepsilon(t)\left[2\varepsilon(t)+\Delta\varepsilon(t)\right]\end{aligned}\tag{6.142}$$

其中，$\Delta\varepsilon(t)$ 为误差的变化量，可表示为

$$\Delta\varepsilon(t)=\varepsilon(t+1)-\varepsilon(t)\tag{6.143}$$

此处，式(6.143)可进一步改写为

$$\begin{aligned}\Delta\varepsilon(t)&=\frac{\partial\varepsilon(t)}{\partial t}+O_1(t)\\&=\frac{\partial\varepsilon(t)}{\partial\boldsymbol{\Phi}}\left(\frac{\partial\boldsymbol{\Phi}}{\partial t}\right)^{\mathrm{T}}+O_1(t)\\&=\frac{\partial\varepsilon(t)}{\partial\boldsymbol{\Phi}}(\Delta\boldsymbol{\Phi}-O_2(t))^{\mathrm{T}}+O_1(t)\\&=\frac{\partial\varepsilon(t)}{\partial\boldsymbol{\Phi}}\Delta\boldsymbol{\Phi}^{\mathrm{T}}-\frac{\partial\varepsilon(t)}{\partial\boldsymbol{\Phi}}\boldsymbol{O}_2^{\mathrm{T}}(t)+O_1(t)\\&=\frac{\partial\varepsilon(t)}{\partial\boldsymbol{\Phi}}\Delta\boldsymbol{\Phi}^{\mathrm{T}}+O(t)\end{aligned}\tag{6.144}$$

其中，$\boldsymbol{\Phi}$ 为 IT2FNN 中各更新参数组成的向量，$O_1(t)$，$\boldsymbol{O}_2(t)$ 和 $O(t)=-\frac{\partial\varepsilon(t)}{\partial\boldsymbol{\Phi}}\boldsymbol{O}_2^{\mathrm{T}}(t)+O_1(t)$ 为泰勒级数展开余数的高阶项，$\frac{\partial\varepsilon(t)}{\partial\boldsymbol{\Phi}}$ 可表示为

$$\begin{aligned}\left[\frac{\partial\varepsilon(t)}{\partial\boldsymbol{\Phi}}\right]&=\left[\left(\frac{\partial\varepsilon(t)}{\partial\underline{\boldsymbol{c}}}\right),\left(\frac{\partial\varepsilon(t)}{\partial\bar{\boldsymbol{c}}}\right),\left(\frac{\partial\varepsilon(t)}{\partial\boldsymbol{\sigma}}\right),\left(\frac{\partial\varepsilon(t)}{\partial\boldsymbol{a}}\right),\left(\frac{\partial\varepsilon(t)}{\partial\boldsymbol{b}}\right)\right]\\&=\left[\left(\frac{\partial\hat{y}(t)}{\partial\underline{\boldsymbol{c}}}\right),\left(\frac{\partial\hat{y}(t)}{\partial\bar{\boldsymbol{c}}}\right),\left(\frac{\partial\hat{y}(t)}{\partial\boldsymbol{\sigma}}\right),\left(\frac{\partial\hat{y}(t)}{\partial\boldsymbol{a}}\right),\left(\frac{\partial\hat{y}(t)}{\partial\boldsymbol{b}}\right)\right]\\&=\left[\boldsymbol{\theta}_1,\boldsymbol{\theta}_2,\boldsymbol{\theta}_3,\boldsymbol{\theta}_4,\boldsymbol{\theta}_5\right]\end{aligned}\tag{6.145}$$

进而，参数向量的变化量 $\Delta\boldsymbol{\Phi}$ 可表示为

$$\Delta\boldsymbol{\Phi}=\left[\Delta\underline{\boldsymbol{c}},\Delta\bar{\boldsymbol{c}},\Delta\boldsymbol{\sigma},\Delta\boldsymbol{w},\Delta\boldsymbol{b}\right]\tag{6.146}$$

结合此处提出的参数在线学习算法，即式(6.81)～式(6.85)，$\Delta\boldsymbol{\Phi}$ 中各参数的计算过程如下：

$$\Delta\underline{\boldsymbol{c}}=-\eta_{\underline{c}}\varepsilon(t)\frac{\partial\hat{y}(t)}{\partial\underline{\boldsymbol{c}}}=-\eta_{\underline{c}}\varepsilon(t)\boldsymbol{\theta}_1 \tag{6.147}$$

$$\Delta\overline{\boldsymbol{c}}=-\eta_{\overline{c}}\varepsilon(t)\frac{\partial\hat{y}(t)}{\partial\overline{\boldsymbol{c}}}=-\eta_{\overline{c}}\varepsilon(t)\boldsymbol{\theta}_2 \tag{6.148}$$

$$\Delta\boldsymbol{\sigma}=-\eta_{\sigma}\varepsilon(t)\frac{\partial\hat{y}(t)}{\partial\boldsymbol{\sigma}}=-\eta_{\sigma}\varepsilon(t)\boldsymbol{\theta}_3 \tag{6.149}$$

$$\Delta\boldsymbol{a}=-\eta_{a}\varepsilon(t)\frac{\partial\hat{y}(t)}{\partial\boldsymbol{a}}=-\eta_{a}\varepsilon(t)\boldsymbol{\theta}_4 \tag{6.150}$$

$$\Delta\boldsymbol{b}=-\eta_{b}\varepsilon(t)\frac{\partial\hat{y}(t)}{\partial\boldsymbol{b}}=-\eta_{b}\varepsilon(t)\boldsymbol{\theta}_5 \tag{6.151}$$

将式(6.145)～式(6.151)代入式(6.143)，可求得误差变化量 $\Delta\varepsilon(t)$ 的表达式：

$$\begin{aligned}
\Delta\varepsilon(t)&=\frac{\partial\varepsilon(t)}{\partial\boldsymbol{\Phi}}\cdot\Delta\boldsymbol{\Phi}^{\mathrm{T}}+O(t)\\
&=-\begin{pmatrix}\eta_{\underline{c}}\varepsilon(t)\boldsymbol{\theta}_1\boldsymbol{\theta}_1^{\mathrm{T}}+\eta_{\overline{c}}\varepsilon(t)\boldsymbol{\theta}_2\boldsymbol{\theta}_2^{\mathrm{T}}+\\ \eta_{\sigma}\varepsilon(t)\boldsymbol{\theta}_3\boldsymbol{\theta}_3^{\mathrm{T}}+\eta_{a}\varepsilon(t)\boldsymbol{\theta}_4\boldsymbol{\theta}_4^{\mathrm{T}}+\\ \eta_{b}\varepsilon(t)\boldsymbol{\theta}_5\boldsymbol{\theta}_5^{\mathrm{T}}\end{pmatrix}+O(t)\\
&=-\varepsilon(t)\begin{pmatrix}\eta_{\underline{c}}\boldsymbol{\theta}_1\boldsymbol{\theta}_1^{\mathrm{T}}+\eta_{\overline{c}}\boldsymbol{\theta}_2\boldsymbol{\theta}_2^{\mathrm{T}}+\\ \eta_{\sigma}\boldsymbol{\theta}_3\boldsymbol{\theta}_3^{\mathrm{T}}+\eta_{a}\boldsymbol{\theta}_4\boldsymbol{\theta}_4^{\mathrm{T}}+\\ \eta_{b}\boldsymbol{\theta}_5\boldsymbol{\theta}_5^{\mathrm{T}}\end{pmatrix}+O(t)\\
&=-\psi\varepsilon(t)+O(t)
\end{aligned} \tag{6.152}$$

此时，在消除了一阶梯度的情况下建立了 $\Delta\varepsilon(t)$ 与 $\varepsilon(t)$ 的关系式。为了简化表达式，引入 ψ 代替各参数学习率与梯度乘积项之和，且满足 $\psi>0$。

将式(6.152)代入式(6.142)，可得到李雅普诺夫函数变化量关于 $\varepsilon(t)$ 的表达式：

$$\begin{aligned}
\Delta V_1(t)&=\Delta\varepsilon(t)\left[\varepsilon(t)+\frac{1}{2}\Delta\varepsilon(t)\right]\\
&=[-\psi\varepsilon(t)+O(t)]\left[\varepsilon(t)-\frac{1}{2}\psi\varepsilon(t)+\frac{1}{2}O(t)\right]\\
&=-\psi\varepsilon(t)\left[\varepsilon(t)-\frac{1}{2}\psi\varepsilon(t)\right]+\frac{1}{2}O^2(t)+[\varepsilon(t)-\psi\varepsilon(t)]O(t)\\
&=-\psi\varepsilon^2(t)\left(1-\frac{1}{2}\psi\right)+\frac{1}{2}O^2(t)+\varepsilon(t)(1-\psi)O(t)\\
&<-\frac{1}{2}\psi\varepsilon^2(t)+\frac{1}{2}O^2(t)+\varepsilon(t)O(t)(1-\psi)
\end{aligned} \tag{6.153}$$

式(6.153)转化为泰勒展开余数高阶项 $O(t)$ 为自变量的一元二次函数，若满足假设 1，则可得

$$\begin{aligned}\Delta V_1(t) &< -\frac{1}{2}\psi\varepsilon^2(t)+\frac{1}{2}O(t)\left[O(t)+2\varepsilon(t)(1-\psi)\right]\\&< \frac{1}{2}A^2(t)-\frac{1}{2}\varepsilon^2(t)(1-\psi)^2-\frac{1}{2}\psi\varepsilon^2(t)\\&= \frac{1}{2}\left[\psi\varepsilon^2(t)+\varepsilon^2(t)(1-\psi)^2\right]-\frac{1}{2}\varepsilon^2(t)(1-\psi)^2-\frac{1}{2}\psi\varepsilon^2(t)\\&=0\end{aligned}\tag{6.154}$$

综上，若系统满足假设 1，则 $\Delta V_1(t)<0$ 成立，且由于李雅普诺夫函数 $V_1(t)>0$ 成立，可以得知：

$$\lim_{t\to\infty}V_1(t)=\lim_{t\to\infty}\varepsilon(t)=0\tag{6.155}$$

此时，可知 IT2FNN 预测模型是收敛的，证毕。

2. SOIT2FNN-MPC 稳定性分析

定理 2：对于控制输入变化量 $\Delta\boldsymbol{u}(t)$（如式(6.131)所示），若满足 MPC 梯度优化学习率 $\eta_1>0$，且目标函数控制权重因子 $\rho_1>0$ 和 $\rho_2\geqslant 0$，同时采用 IT2FNN 建立预测模型，则此处所提出的 SOIT2FNN-MPC 是稳定的。

证明：为分析 SOIT2FNN-MPC 的稳定性，定义如下所示的李雅普诺夫函数：

$$V_2(t)=\frac{1}{2}\boldsymbol{e}^{\mathrm{T}}(t)\boldsymbol{e}(t)\tag{6.156}$$

其中，$\boldsymbol{e}(t)$为预测值与跟踪设定值的误差，$\boldsymbol{e}(t)=\boldsymbol{r}(t)-\boldsymbol{y}_{\mathrm{p}}(t)$。

进而，可以得到李雅普诺夫函数 $V_2(t)$的导数，如式(6.157)所示：

$$\dot{V}_2(t)=\dot{\boldsymbol{e}}(t)\boldsymbol{e}^{\mathrm{T}}(t)\tag{6.157}$$

其中，$\dot{\boldsymbol{e}}(t)$可通过链式求导法则求得

$$\dot{\boldsymbol{e}}(t)=\frac{\partial\boldsymbol{e}(t)}{\partial t}=\frac{\partial\boldsymbol{e}(t)}{\partial\boldsymbol{u}(t)}\cdot\frac{\partial\boldsymbol{u}(t)}{\partial t}\approx-\frac{\partial\boldsymbol{y}_{\mathrm{p}}(t)}{\partial\boldsymbol{u}(t)}\cdot\Delta\boldsymbol{u}(t)\tag{6.158}$$

将式(6.158)代入式(6.157)，可得

$$\dot{V}_2(t)=-\frac{\partial\boldsymbol{y}_{\mathrm{p}}(t)}{\partial\boldsymbol{u}(t)}\cdot\Delta\boldsymbol{u}(t)\cdot\boldsymbol{e}^{\mathrm{T}}(t)\tag{6.159}$$

其中，$\Delta\boldsymbol{u}(t)$可由式(6.131)得到，而$\dfrac{\partial\hat{\boldsymbol{y}}(t)}{\partial\boldsymbol{u}(t)}$为如式(6.132)所示的雅可比矩阵，代入式(6.159)可得

$$\begin{aligned}\dot{V}_2(t)&=-\frac{\partial\boldsymbol{y}_{\mathrm{p}}(t)}{\partial\boldsymbol{u}(t)}\cdot(1+2\eta_1\rho_2)^{-1}2\eta_1\rho_1\left(\frac{\partial\boldsymbol{y}_{\mathrm{p}}(t)}{\partial\boldsymbol{u}(t)}\right)^{\mathrm{T}}\cdot\\&\qquad\left[\boldsymbol{r}(t)-\boldsymbol{y}_{\mathrm{p}}(t)\right]\cdot\left[\boldsymbol{r}(t)-\boldsymbol{y}_{\mathrm{p}}(t)\right]^{\mathrm{T}}\\&=-2\eta_1\rho_1(1+2\eta_1\rho_2)^{-1}\cdot\frac{\partial\boldsymbol{y}_{\mathrm{p}}(t)}{\partial\boldsymbol{u}(t)}\cdot\left(\frac{\partial\boldsymbol{y}_{\mathrm{p}}(t)}{\partial\boldsymbol{u}(t)}\right)^{\mathrm{T}}\cdot\\&\qquad\left[\boldsymbol{r}(t)-\boldsymbol{y}_{\mathrm{p}}(t)\right]\cdot\left[\boldsymbol{r}(t)-\boldsymbol{y}_{\mathrm{p}}(t)\right]^{\mathrm{T}}\end{aligned}\tag{6.160}$$

此时，由式(6.160)可知，若 MPC 优化学习率 $\eta_1>0$，目标函数控制权重因子 $\rho_1>0$，$\rho_2\geqslant 0$，则有$(1+2\eta_2\rho_2)^{-1}>0$。考虑到其余各项均为正，$\dot{V}_2(t)<0$ 成立。

综上，根据李雅普诺夫稳定性理论，采用梯度下降优化的 SOIT2FNN-MPC 是稳定的。定理 2 证毕。

注：在定理 2 证明的过程中，式(6.158)对$\frac{\partial \boldsymbol{u}(t)}{\partial t}$进行近似处理实际上是为了便于后续计算。由泰勒展开定理可知，实际上$\frac{\partial \boldsymbol{u}(t)}{\partial t}=\Delta \boldsymbol{u}(t)+\boldsymbol{O}_3(t)$，但结合前向微分公式及导数的几何意义，可知$\frac{\partial \boldsymbol{u}(t)}{\partial t}$和 $\Delta \boldsymbol{u}(t)$ 虽然数值大小不等，但有相同的正负性[50]。

综上，由于在本研究中，后续计算中只涉及各项间的乘除，并且最终目的并非计算出具体数值，此处的近似处理不影响最终控制系统闭环稳定性的判断。

6.3.4 实验结果

本实验选用了北京某 MSWI 电厂某天内 8:00—24:00 的运行数据，经处理后的数据集由 857 条样本组成，共有 6 个特征值，包括 1 个操纵变量(二次风流量)、4 个干扰量(一次风流量、进料器均速、干燥炉排均速、氨水注入量)、1 个被控变量(炉膛温度)。

在建立了 IT2FNN 炉膛温度预测模型的基础上，选用其中一组样本作为后续炉膛温度恒定值和变设定值跟踪控制实验的参数，对提出的 SOIT2FNN-MPC 方法的控制性能和抑制干扰能力进行验证。

6.3.4.1 炉膛温度预测模型实验结果

对全部样本按照 2∶1∶1 的比例划分为训练集、验证集和测试集，设置初始隐含层神经元个数(初始模糊规则数) 为 20，输入层神经元个数为数据集的特征数，输出层神经元个数为 1，最大迭代次数 $I_{\max}$ 为 100，上界和下界的比例系数 q 为 0.3，隶属函数中心 c 与宽度 σ 均设置为随机数(受样本数与初始规则数的影响)，各参数学习率均为 0.01，即 $\eta_2=\eta_{\underline{c}}=\eta_{\overline{c}}=\eta_\sigma=\eta_a=\eta_b=0.01$，$\eta_2$ 表示各更新参数的学习率。选用梯度下降法对该网络的各参数进行训练，当迭代次数达到最大设定值时，模型停止训练。炉膛温度的预测结果如图 6.18 所示。

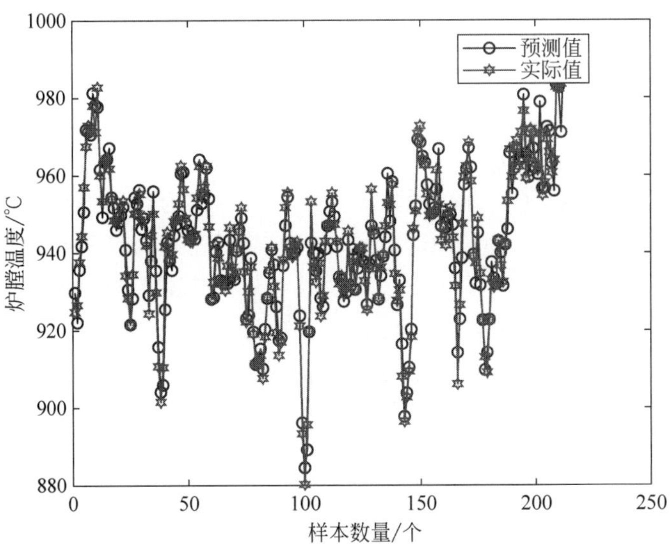

图 6.18 炉膛温度预测结果曲线图

由图 6.18 可知，此处构建的 IT2FNN 预测模型能够较为准确地预测 MSWI 过程中炉膛温度的动态变化。

本次研究采用 BPNN 和 FNN 建立炉温预测模型进行对比实验。对比实验的超参数设置为：BPNN 模型，隐含层神经元个数为 8，输出层神经元个数为 1，最大迭代次数为 3000，收敛误差为 0.001，学习率为 0.01；FNN 模型，隐含层神经元个数为 3，输出层神经元个数为 1，后件权重学习率为 0.005，宽度学习率为 0.05，中心学习率为 0.05。

选用均方根误差 RMSE、MAE 和 R^2 作为评价指标进行预测性能的对比与评估。其中，RMSE 和 MAE 分别表示预测值与实际值的样本标准差和误差绝对值的均值，可以直接反应模型的预测效果与实际值的偏差是否过大；R^2 的作用是度量回归模型对观测数据拟合的程度，越接近 1 表示模型的拟合效果越好。

此处所提出的 IT2FNN 炉温预测模型及各对比模型的预测性能指标如表 6.7 所示。

表 6.7 炉温预测模型及各对比模型的预测性能指标

数据集	方法	RMSE	MAE	R^2
训练集	BPNN	4.0488×10^{0}	3.0709×10^{0}	9.5488×10^{-1}
	FNN	1.7007×10^{1}	1.4203×10^{1}	2.0693×10^{-1}
	IT2FNN	3.5334×10^{0}	2.7082×10^{0}	9.6563×10^{-1}
验证集	BPNN	4.0087×10^{0}	3.0951×10^{0}	9.5586×10^{-1}
	FNN	1.6878×10^{1}	1.3988×10^{1}	2.1196×10^{-1}
	IT2FNN	3.5113×10^{0}	2.8067×10^{0}	9.6613×10^{-1}
测试集	BPNN	4.1607×10^{0}	3.1786×10^{0}	9.5259×10^{-1}
	FNN	1.6880×10^{1}	1.3908×10^{1}	2.1727×10^{-1}
	IT2FNN	3.8717×10^{0}	2.8950×10^{0}	9.5895×10^{-1}

在表 6.7 中，训练集下的 IT2FNN 预测炉膛温度的 RMSE、MAE 和 R^2 分别为 3.5334、2.7082 和 0.96563；验证集下分别为 3.5113、2.8067 和 0.96613；测试集下分别为 3.8717、2.8950 和 0.95895。由此可知，相较于 BPNN 和 FNN，此处所提的 IT2FNN 在 3 组数据集下的预测性能指标均有显著提升，具有更好的准确性和有效性。

6.3.4.2 炉膛温度预测控制实验结果

此处设计了炉膛温度为恒定参考值(930℃)和变设定参考值(925～935℃)的两个仿真实验进行控制性能评价。其中，为干扰量施加 60dbW 的高斯白噪声。采用北京某 MSWI 电厂实际数据建立的炉膛温度模型作为此处 MPC 策略中的被控对象[51]。

为评估所提策略的控制性能，此处设计两类仿真实验。其中，一类为炉膛温度的恒定值(930℃)跟踪实验，用于测试所提方法的控制精度；另一类为炉膛温度的变设定值(区间为 920～940℃，设定点为 1000s 和 2000s)跟踪实验，用于评估控制系统的自适应能力和控制稳定性。

本次实验采用 ISE、IAE[52] 和 Dev^{max}[53] 指标对控制性能进行分析。

本次实验所设置的超参数如表 6.8 所示。

表 6.8 SOIT2FNN-MPC 超参数设定值

超参数	n_u	n_y	H_p	H_u	ρ_1	ρ_2	η_1	η_2	G_{th}	β	R_{th}
设定值	1	1	6	2	0.5	0	0.1	0.00001	0.5	0.05	0.8

为了有效评价此处炉膛温度控制方法的性能，分别选用增量式 PID 控制器、基于反向传播神经网络的模型预测控制器(model predictive controller based on backpropagation neural networks，BPNN-MPC)、基于模糊神经网络的模型预测控制器（fuzzy neural network based model predictive controller，FNN-MPC）和 IT2FNN-MPC 进行对比试验。上述对比控制器的超参数设置为：PID，比例参数 K_p 为 0.05，积分参数 T_i 为 0.005，微分参数 T_d 为 0.005；BPNN-MPC，预测时域为 8，控制时域为 1，滚动优化学习率为 0.00047；FNN-MPC，预测时域为 2，控制时域为 1，模糊规则数为 20，各参数学习率为 0.1，滚动优化学习率为 0.05；IT2FNN-MPC，不含结构自组织算法，各参数与此处控制器相同。

1. 恒设定值跟踪实验结果

将炉温参考值设置为 930℃，进行恒设定值跟踪控制实验，结果如图 6.19 所示。

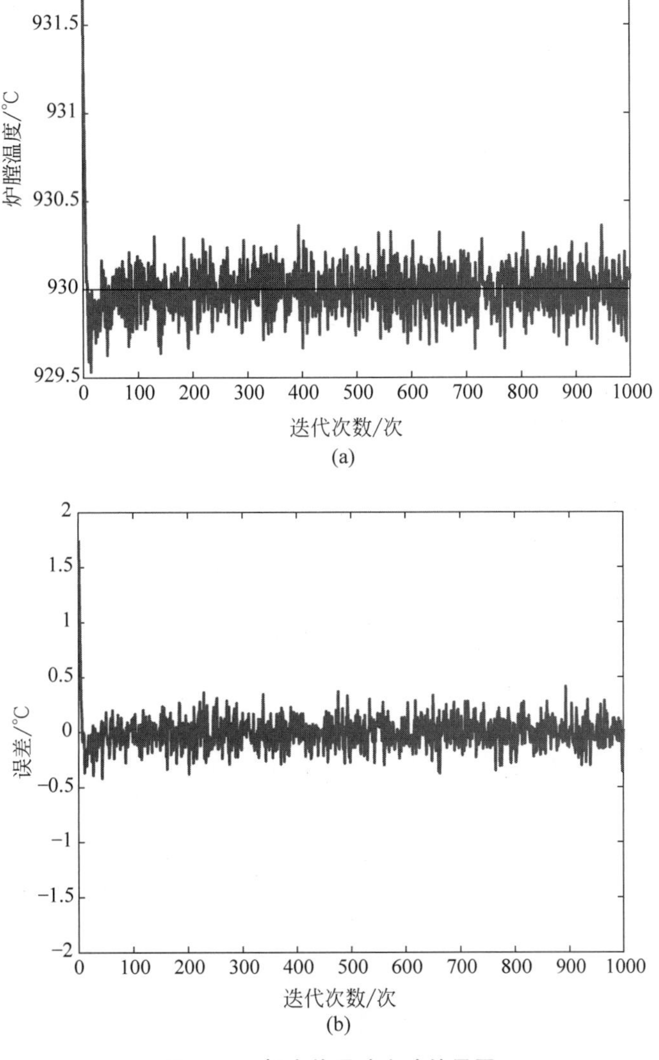

图 6.19　恒定值跟踪实验结果图

(a) 恒定值实验炉温跟踪曲线；(b) 恒定值实验跟踪误差曲线；(c) 恒定值实验二次风流量曲线；(d) 恒定值实验目标函数曲线；(e) 恒定值实验模糊规则数曲线

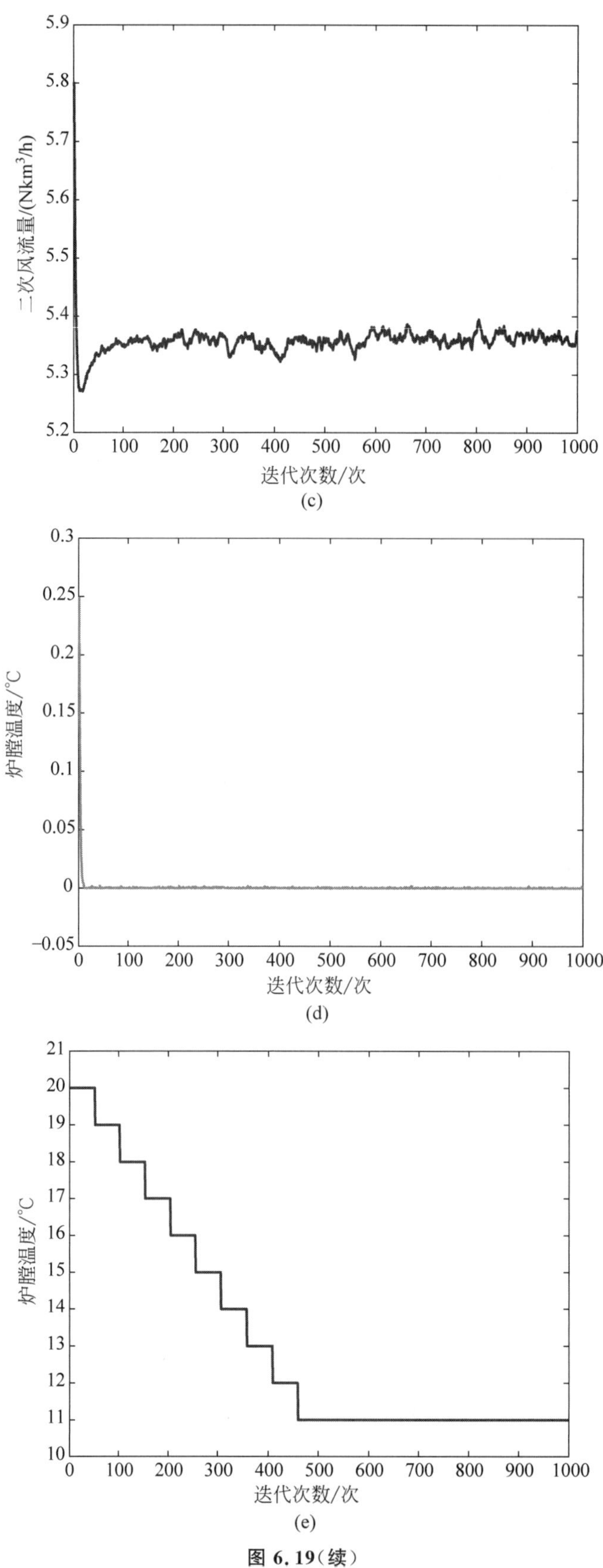

二次风流量/(Nkm³/h)
5.9
5.8
5.7
5.6
5.5
5.4
5.3
5.2
0 100 200 300 400 500 600 700 800 900 1000
迭代次数/次
(c)
炉膛温度/°C
0.3
0.25
0.2
0.15
0.1
0.05
0
−0.05
0 100 200 300 400 500 600 700 800 900 1000
迭代次数/次
(d)
炉膛温度/°C
21
20
19
18
17
16
15
14
13
12
11
10
0 100 200 300 400 500 600 700 800 900 1000
迭代次数/次
(e)

图 6.19（续）

不同控制方法的比较结果如表 6.9 所示。

表 6.9 恒定值实验控制性能对比表

控制器	性能指标		
	ISE	IAE	Dev^{max}
BPNN-MPC	3.6400×10^{-1}	2.7140×10^{-1}	4.2108×10^{0}
PID	6.0857×10^{-1}	3.0270×10^{-1}	2.0029×10^{1}
FNN-MPC	1.1930×10^{-1}	1.8250×10^{-1}	1.9405×10^{0}
IT2FNN-MPC	2.2000×10^{-2}	1.0540×10^{-1}	1.7475×10^{0}
SOIT2FNN-MPC	2.2200×10^{-2}	1.0610×10^{-1}	1.7475×10^{0}

由图 6.9 可知，此处所提控制方法不存在超调量，且具有较为快速的响应时间，能够对控制量输入进行快速的响应，具有良好的控制效果。此外，面对该工况下的各类扰动，控制器仍能使实际的输出误差维持在±0.5℃的范围内，展现了较强的鲁棒性和精确性。

由表 6.9 可知，相较于 BPNN-MPC、PID 和 FNN-MPC，SOIT2FNN-MPC 的各性能指标均明显下降，说明所提方法相较于前三者具有良好的控制性能；相较于不具备结构在线自组织算法的 IT2FNN-MPC，所提方法的 Dev^{max} 未发生变化，而 ISE 和 IAE 具有小幅的上升，原因在于：对于单一工况的 MSWI 过程而言，若 IT2FNN 预测模型的模糊规则数发生改变，则势必会导致模型的拟合精度在控制过程中发生变化，从而导致预测偏差发生改变，最终导致系统输出量与跟踪值的误差在控制过程中发生小幅提升。

2. 变设定值实验结果

将炉温参考值设置在 925～935℃进行变设定值跟踪控制实验，验证所提方法的控制稳定性与适应能力。实验结果和预测模型的各参数变化分别如图 6.20 所示。

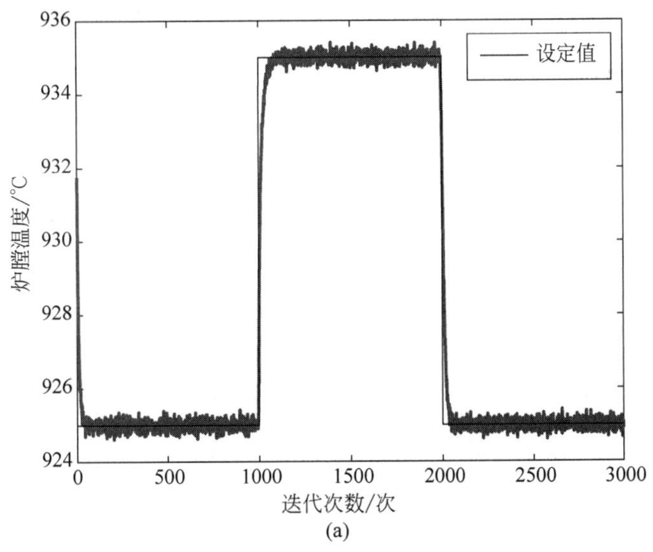

图 6.20 变设定值跟踪实验结果图

(a) 变设定值实验炉温跟踪曲线；(b) 变设定值实验跟踪误差曲线；(c) 变设定值实验二次风流量曲线；(d) 变设定值实验目标函数曲线；(e) 变设定值实验模糊规则数曲线

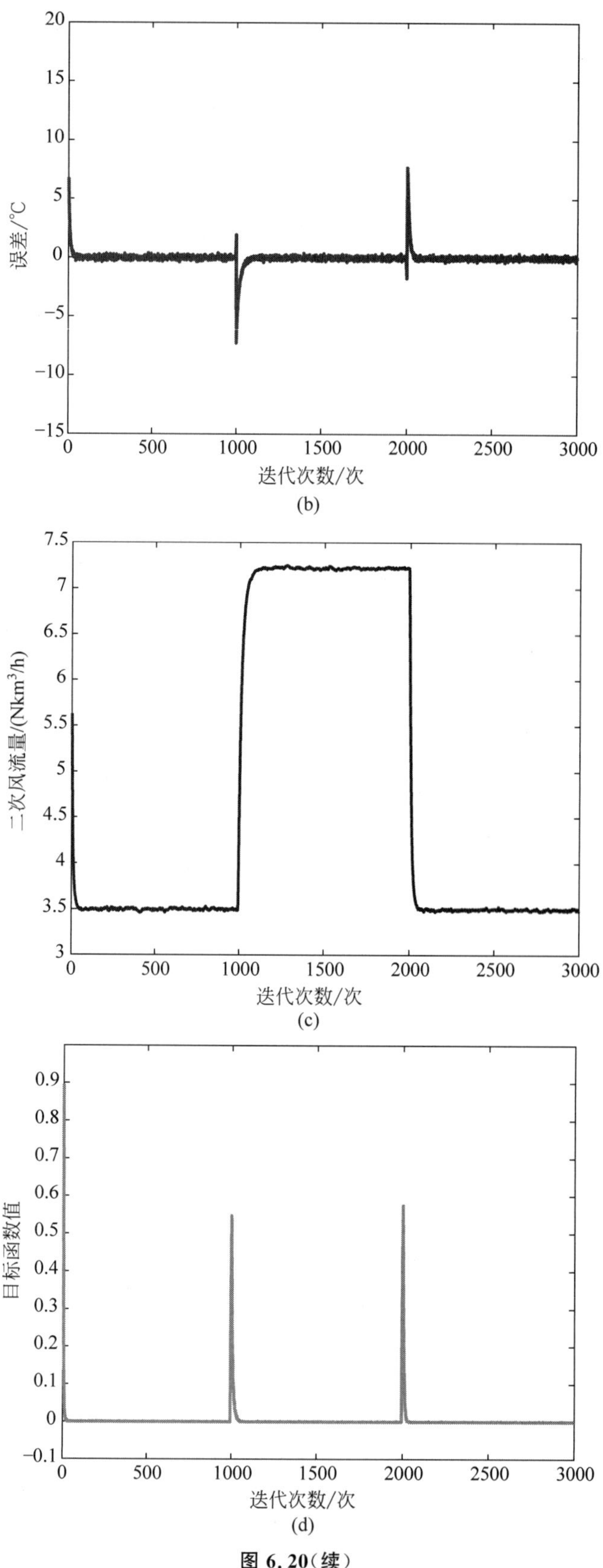

误差/°C
20
15
10
5
0
−5
−10
−15
0
500
1000
1500
2000
2500
3000
迭代次数/次
(b)
二次风流量/(Nkm³/h)
7.5
7
6.5
6
5.5
5
4.5
4
3.5
3
迭代次数/次
(c)
目标函数值
0.9
0.8
0.7
0.6
0.5
0.4
0.3
0.2
0.1
0
−0.1
迭代次数/次
(d)

图 6.20(续)

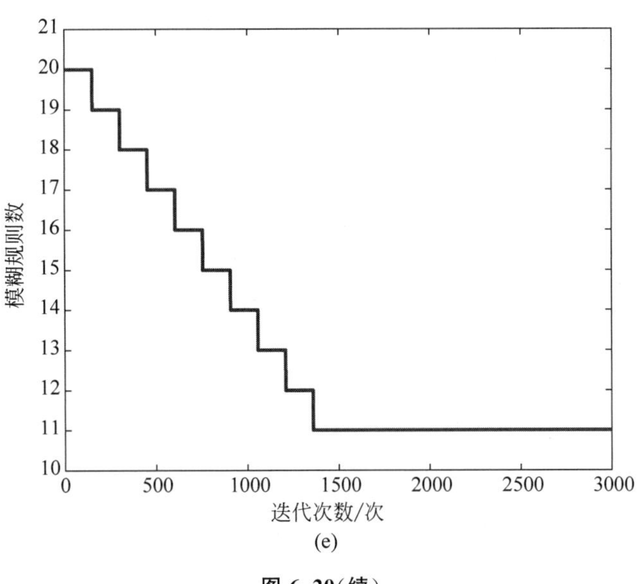

图 6.20（续）

不同控制方法的比较结果如表 6.10 所示。

表 6.10　变设定值实验控制性能对比表

控制器	性能指标		
	ISE	IAE	Dev^{max}
BPNN-MPC	7.3830×10^{-1}	3.1400×10^{-1}	6.8991×10^{0}
PID	2.8726×10^{0}	7.8220×10^{-1}	1.5347×10^{1}
FNN-MPC	1.4029×10^{0}	3.8830×10^{-1}	9.6905×10^{0}
IT2FNN-MPC	5.1820×10^{-1}	2.1650×10^{-1}	8.9451×10^{0}
SOIT2FNN-MPC	3.5520×10^{-1}	1.8690×10^{-1}	7.6686×10^{0}

由图 6.20 可知，面对参考设定值变化的情况，此处所提的 SOIT2FNN-MPC 能够对炉膛温度进行稳定控制，并在大部分时间内将输出误差控制在±0.5℃的范围内，不仅表现了控制器的稳定性与鲁棒性，也展示出控制器面对不同工况时所具有的较好的自适应能力。

由表 6.10 可知，相较于 PID、FNN-MPC 和 IT2FNN-MPC，SOIT2FNN-MPC 的 ISE、IAE 和 Dev^{max} 均有明显下降，意味着所提控制方法相较于前三者具有更好的控制性能及自适应能力；相较于 BPNN-MPC，所提控制方法的 ISE 和 IAE 明显下降，Dev^{max} 具有小幅增加，主要原因在于：相较于 BPNN，IT2FNN 的网络结构更为复杂，且包含较多的模糊规则(此处设置初始规则数为 20)进行模糊逻辑推理和不确定性表征，从而导致在初始阶段(每个设定值变化的时刻)对被控变量的预测更加不稳定，最终使得在设定点的偏差较大。

6.3.5　平台验证

基于上述策略，开发了基于自组织 IT2FNN 的炉膛温度模型预测控制软件，并在本平台的多入多出回路控制系统中进行验证，其软硬件系统整体实物如图 6.21 所示。

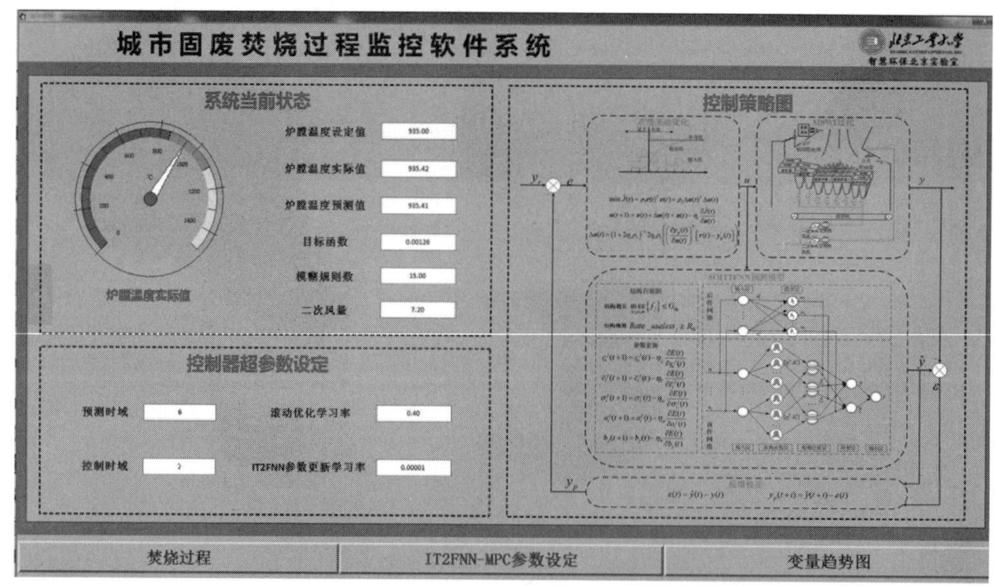

图 6.21 基于自组织 IT2FNN-MPC 温度控制的监控模块软件前台界面 1

6.3.5.1 过程监控模块软件图

考虑到此处与 4.3 节的多入多出回路控制系统采用的是相同的硬件，只给出监控模块软件的前台界面，如图 6.21 和图 6.22 所示。

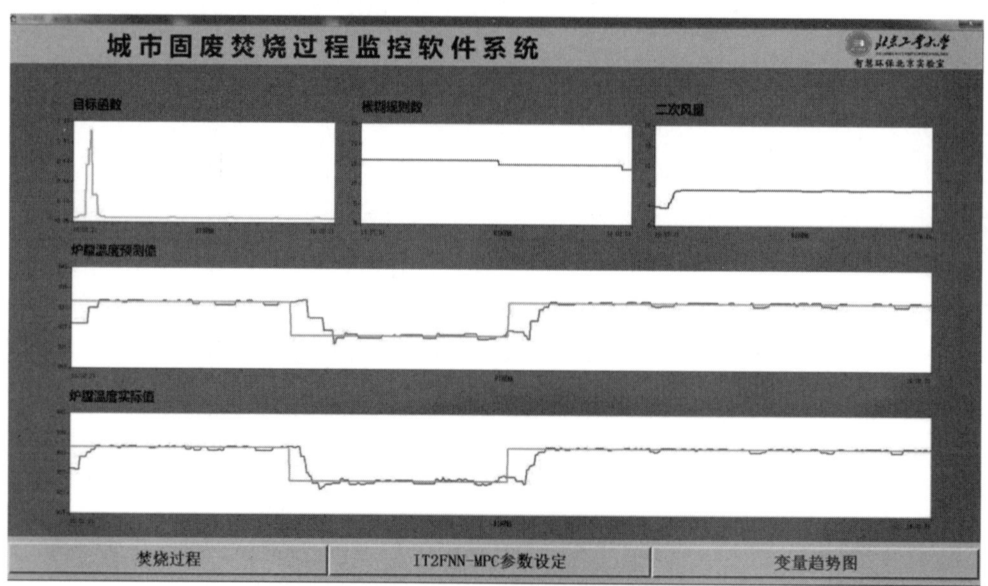

图 6.22 基于自组织 IT2FNN-MPC 温度控制的监控模块软件前台界面 2

该界面是在 4.3 节所开发的界面上实现的，因该节只是针对温度进行控制，故只有炉膛温度回路的曲线存在变化。

6.3.5.2 回路控制模块软件图

此处采用的是 MPC 控制器，在监控计算机中实现，在 PLC 中只进行操纵量输出的传递，故此处无软件界面。

6.3.5.3　虚拟执行机构计算机软件图

考虑到此处与4.3节的多入多出回路控制系统采用的是相同的硬件，只给出虚拟执行机构计算机软件的前台界面，如图6.23所示。

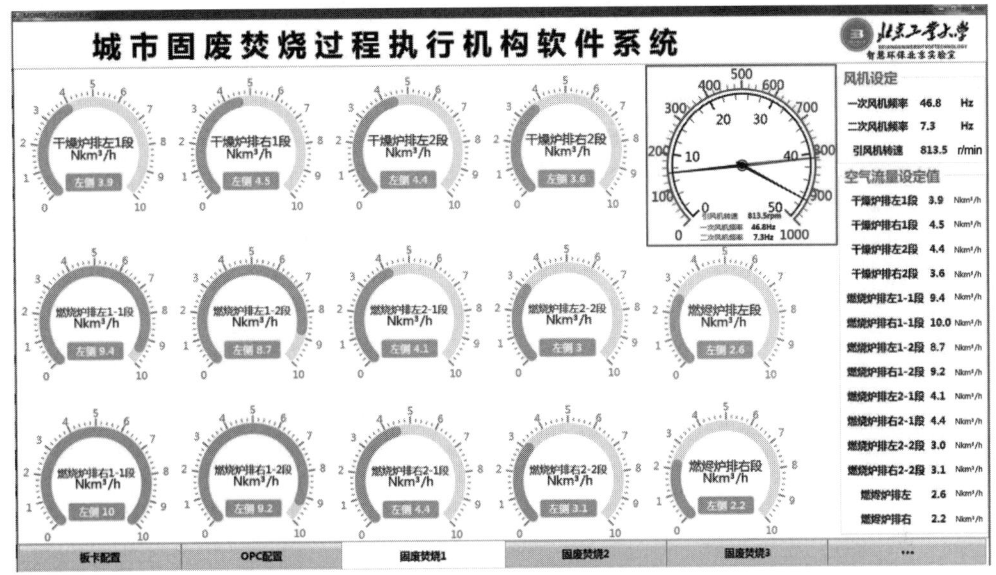

图6.23　基于自组织IT2FNN-MPC温度控制的虚拟二次风量执行机构计算机软件前台界面

6.3.5.4　虚拟过程对象计算机软件图

考虑到此处与4.3节的多入多出回路控制系统采用的是相同的硬件，只给出虚拟过程对象计算机软件的前台界面，如图6.24所示。

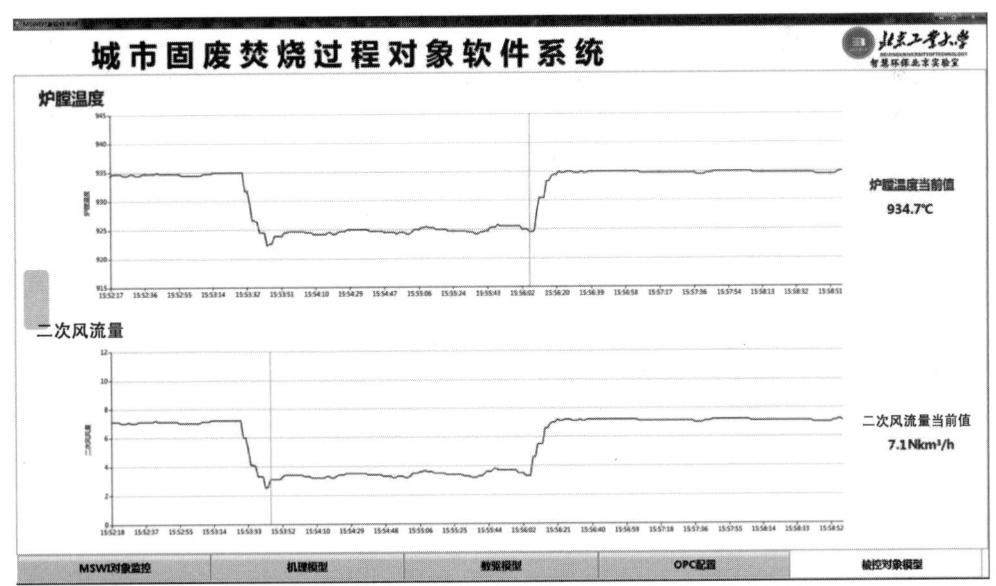

图6.24　基于自组织IT2FNN-MPC温度控制的虚拟过程对象计算机软件前台界面

6.3.5.5 虚拟仪表装置计算机软件图

考虑到此处与 4.3 节的多入多出回路控制系统采用的是相同的硬件，只给出虚拟仪表装置计算机软件的前台界面，如图 6.25 所示。

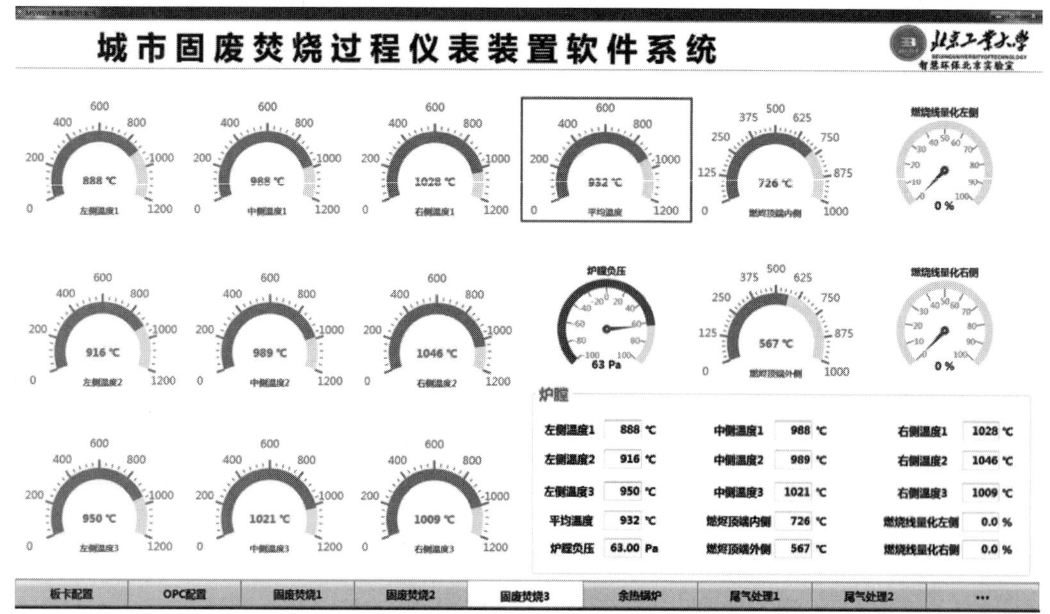

图 6.25 基于自组织 IT2FNN-MPC 温度控制的虚拟仪表计算机界面

6.4 未来展望

按照目前的研究模式，基于仿真平台多入多出回路控制系统的智能控制算法与其软硬件系统在经过实验室场景验证后，需要移植至工业现场 PLC/DCS 系统的监控机，显然其前提是得到领域专家的认可。由于 PID 控制器在众多工业过程占有 99%的霸主地位，如何针对 PID 参数进行自适应调整的智能控制算法需要重点关注。以输出操纵变量值为目的的神经网络控制、模糊控制及模型预测控制算法的 MSWI 过程现场应用还需要持续性的研究。

参考文献

[1] HE H J，MENG X，TANG J，et al. Prediction of MSWI furnace temperature based on TS fuzzy neural network[C]//Proceedings of 39th Chinese Control Conference. Piscataway：IEEE Press，2020：5701-5706.

[2] 严爱军，胡开成. 城市生活垃圾焚烧炉温控制的多目标优化设定方法[J]. 控制理论与应用，2023，40(4)：693-701.

[3] 丁海旭，汤健，夏恒，等. 基于 TS-FNN 的城市固废焚烧过程 MIMO 被控对象建模[J]. 控制理论与应用，2022，39(8)：1529-1540.

[4] CHEN J K，TANG J，XIA H，et al. Cascade transfer function models of MSWI process based on weight adaptive particle swarm optimization[C]//Proceedings of 2021 China Automation Congress.

Piscataway：IEEE Press，2021：5553-5558.

[5] 何海军，蒙西，汤健，等. 基于 ET-RBF-PID 的城市固废焚烧过程炉膛温度控制方法[J]. 控制理论与应用，2022，39(12)：2262-2273.

[6] DING H，TANG J，QIAO J. MIMO modeling and multi-loop control based on neural network for municipal solid waste incineration[J]. Control Engineering Practice，2022，127：105280.

[7] 王天峥，汤健，夏恒，等. 多模态数据驱动的城市固废焚烧过程验证平台设计与实现[J]. 中国电机工程学报，2023，43(12)：4697-4708.

[8] JANG J S R. ANFIS：Adaptive-network-based fuzzy inference system[J]. IEEE Transactions on Systems，Man，and Cybernetics，1993，23(3)：665-685.

[9] CHANG N B，CHEN W C. Fuzzy controller design for municipal incinerators with the aid of genetic algorithms and genetic programming techniques[J]. Waste Management & Research，2000，18(5)：429-443.

[10] CHEN W C，CHANG N B，CHEN J C. GA-based fuzzy neural controller design for municipal incinerators[J]. Fuzzy Sets & Systems，2002，129(3)：343-369.

[11] 丁海旭，汤健，乔俊飞. 城市固废焚烧过程数据驱动建模与自组织控制[J]. 自动化学报，2023，49(3)：550-566.

[12] HAN H，LIU H，LI J，et al. Cooperative fuzzy-neural control for wastewater treatment process[J]. IEEE Transactions on Industrial Informatics，2020，17(9)：5971-5981.

[13] DIAZ S，PEREZ C J R，FERNANDEZ F M A. Automatic control on batch and continuous distillation columns[J]. IEEE Latin America Transactions，2018，16(9)：2418-2426.

[14] LAM H K，SENEVIRATNE L D. Stability analysis of interval type-2 fuzzy-model-based control systems[J]. IEEE Transactions on Systems，Man，and Cybernetics，Part B：Cybernetics，2008，38(3)：617-628.

[15] 秦晋栋，徐婷婷. 二型模糊决策理论与方法研究综述[J]. 控制与决策，2023，38(6)：1510-1523.

[16] HAN H，LIU Z，LI J，et al. Design of syncretic fuzzy-neural control for WWTP[J]. IEEE Transactions on Fuzzy Systems，2021，30(8)：2837-2849.

[17] HU Y，DIAN S，GUO R，et al. Observer-based dynamic surface control for flexible-joint manipulator system with input saturation and unknown disturbance using type-2 fuzzy neural network[J]. Neurocomputing，2021，436：162-173.

[18] LIU X，ZHAO T，CAO J，et al. Design of an interval type-2 fuzzy neural network sliding mode robust controller for higher stability of magnetic spacecraft attitude control[J]. ISA Transactions，2023，137：144-159.

[19] YANG Y B，GOH Y R，ZAKARIA R，et al. Mathematical modelling of MSW incineration on a travelling bed[J]. Waste Management，2002，22(4)：369-380.

[20] 张洪敏，牛海明，马增辉. SCR 脱硝系统线 性自抗扰鲁棒 PID 控制[J]. 热能动力工程，2022，37(10)：169-174.

[21] MAGNANELLI E，TRANAS O L，CARLSSON P，et al. Dynamic modeling of municipal solid waste incineration[J]. Energy，2020，209：118426.

[22] 伍冬睿，曾志刚，莫红，等. 区间二型模糊集和模糊系统：综述与展望[J]. 自动化学报，2020，46(8)：1539-1556.

[23] JIANG X G，FENG Y H，LV G J，et al. Bioferment residue：TG-FTIR study and cocombustion in a MSW incineration plant[J]. Environmental Science & Technology，2012，46(24)：13539-13544.

[24] HE H J，MENG X，TANG J，et al. Prediction of MSWI furnace temperature based on TS fuzzy neural network[C]//Proceedings of 39th Chinese Control Conference. Piscataway：IEEE Press，2020：5701-5706.

[25] LU J W,ZHANG S K,HAI J,et al. Status and perspectives of municipal solid waste incineration in China: A comparison with developed regions[J]. Waste Management,2017,69: 170-186.

[26] 何海军,蒙西,汤健,等. 城市固废焚烧过程炉膛温度建模与控制研究[J]. 控制工程,2023,30(10): 1852-1862.

[27] SHEN K,LU J D,LI Z H,et al. An adaptive fuzzy approach for the incineration temperature control process[J]. Fuel,2005,84(9): 1144-1150.

[28] HE H J, MENG X, TANG J, et al. Event-triggered-based self-organizing fuzzy neural network control for the municipal solid waste incineration process[J]. Science China Technological Sciences, 2023,66(4): 1096-1109.

[29] 代启化,王俊. 生活垃圾焚烧炉温的 Fuzzy-PID 控制[J]. 合肥学院学报: 自然科学版,2008,18(3): 39-42.

[30] 杜胜利,张庆达,曹博琦,等. 城市污水处理过程模型预测控制研究综述[J]. 信息与控制,2022, 51(1): 41-53.

[31] WANG Y J,HUANG J Q,ZHOU W X,et al. Neural network-based model predictive control with fuzzy-SQP optimization for direct thrust control of turbofan engine[J]. Chinese Journal of Aeronautics,2022,35(12): 59-71.

[32] SCHWEDERSKY B B,FLESCH R C C,ROVEA S B. Echo state networks for online,multi-step MPC relevant identification[J]. Engineering Applications of Artificial Intelligence, 2022, 108: 104596.

[33] 孙剑,蒙西,乔俊飞. 城市固废焚烧过程烟气含氧量自适应预测控制[J]. 自动化学报,2023,49(11): 2338-2349.

[34] 孙剑,蒙西,乔俊飞. 数据驱动的城市固废焚烧过程烟气含氧量预测控制[J]. 控制理论与应用, 2023,40(12): 1-12.

[35] QIAO J F,SUN J,MENG X. Event-triggered adaptive model predictive control of oxygen content for municipal solid waste incineration process[J]. IEEE Transactions on Automation Science and Engineering,2023,20(2): 1234-1245.

[36] LIANG H P,YANG C H,LI Y G,et al. Nonlinear MPC based on elastic autoregressive fuzzy neural network with roasting process application[J]. Expert Systems with Applications,2023,224: 120012.

[37] HAN H G,LIU Z,QIAO J F. Fuzzy neural network-based model predictive control for dissolved oxygen concentration of WWTPs[J]. International Journal of Fuzzy Systems, 2019, 21(5): 1497-1510.

[38] WANG C H,CHENG C S,LEE T T. Dynamical optimal training for interval type-2 fuzzy neural network (T2FNN)[J]. IEEE Transactions on Systems,Man,and Cybernetics,Part B: Cybernetics, 2004,34(3): 1462-1477.

[39] WANG M X,WANG Y F,CHEN G. Interval type-2 fuzzy neural network based constrained GPC for NH_3 flow in SCR de-NO_x process[J]. Neural Computing and Applications,2021,33: 16057-16078.

[40] HAN H G,WANG C Y,SUN H Y,et al. Data-based robust model predictive control for wastewater treatment process[J]. Journal of Process Control,2022,118: 115-125.

[41] CHEN W C,CHANG N B,CHEN J C. GA-based fuzzy neural controller design for municipal incinerators[J]. Fuzzy Sets & Systems,2002,129(3): 343-369.

[42] 汤健,田昊,夏恒,等. 基于区间Ⅱ型 FNN 的 MSWI 过程炉膛温度控制[J]. 北京工业大学学报, 2023,49(1): 1-11.

[43] HAN H G,LIU Z,LIU H X,et al. Knowledge-data-driven model predictive control for a class of nonlinear systems[J]. IEEE Transactions on Systems,Man,and Cybernetics: Systems,2021,51(7): 4492-4504.

[44] WU D,MENDEL J M. Recommendations on designing practical interval type-2 fuzzy systems[J]. Engineering Applications of Artificial Intelligence,2019,85: 182-193.

[45] KHANESAR M A,KHAKSHOUR A J,KAYNAK O,et al. Improving the speed of center of sets type reduction in interval type-2 fuzzy systems by eliminating the need for sorting[J]. IEEE Transactions on Fuzzy Systems,2017,25(5): 1193-1206.

[46] KARNIK N N,MENDEL J M. Centroid of a type-2 fuzzy set[J]. Information Sciences,2001,132(1-4): 195-220.

[47] BEGIAN M B,MELEK W W,MENDEL J M. Stability analysis of type-2 fuzzy systems[C]//2008 IEEE International Conference on Fuzzy Systems. Piscataway: IEEE Press,2008: 947-953.

[48] TAFTI B E F,TESHNEHLAB M,AHMADIEH M. Recurrent interval type-Ⅱ fuzzy wavelet neural network with stable learning algorithm: Application to model-based predictive control [J]. International Journal of Fuzzy Systems,2020,22(2): 351-367.

[49] HAN H G,SUN C Y,WU X L,et al. Self-organizing interval type-Ⅱ fuzzy neural network with adaptive discriminative strategy[J]. IEEE Transactions on Fuzzy Systems,2023,31(6): 1925-1939.

[50] HAN H G,WU X L,QIAO J F. Real-time model predictive control using a self-organizing neural network[J]. IEEE Transactions on Neural Networks and Learning Systems, 2013, 24 (9): 1425-1436.

[51] XIA H,TANG J,WANG T Z,et al. Interpretable controlled object model of furnace temperature for MSWI process based on a novel linear regression decision tree[C]//2023 Chinese Control and Decision Conference. Piscataway: IEEE Press,2023: 325-330.

[52] HOU Z S,XIONG S S. On model-free adaptive control and its stability analysis [J]. IEEE Transactions on Automatic Control,2019,64(11): 4555-4569.

[53] ZHAO J K,DAI H L,WANG Z Y,et al. Self-organizing modeling and control of activated sludge process based on fuzzy neural network[J]. Journal of Water Process Engineering,2023,53: 103641.

第7章

面向仿真平台安全隔离与优化控制系统的智能优化算法实验室场景验证

7.1 引言

在保证 MSWI 过程安全稳定运行的条件下，在运行指标控制在工艺要求的目标值范围内的前提下，智能优化的目标是确保环保指标（降低固、液、气态污染物和温室气体排放浓度）达标、提高产品指标（降低炉渣热灼减率和飞灰产量，提高燃烧效率和有机物脱除率）和经济指标（降低 MSW 处理费用、提高上网发电量）。目前，已有研究多聚集于面向“料、风、水”的操纵变量输出值的优化，针对 MSWI 过程的主要被控变量（炉膛温度、烟气含氧量、蒸汽流量、燃烧线等）的多设定值进行优化的研究还未见报道。

针对上述问题，本章设计基于多目标 PSO 寻优多控制回路设定值的智能优化算法，基于上文构建的半实物仿真平台中的安全隔离与优化控制系统进行相应工业软件的开发，实现类工业现场的实验室场景下验证。

7.2 基于多目标 PSO 寻优多控制回路设定值的智能优化算法实验室场景验证

7.2.1 问题描述

由于我国 MSW 成分复杂、热值低，引进国外的 MSWI 技术难以有效支撑工厂正常运转，目前多依靠领域专家手动操作[1]。但专家经验的差异性及处理问题的延迟性，使我国的 MSWI 电厂难以维持稳定工况，从而引起污染物排放短期超标、MSW 燃烧不充分等问题[2-4]。因此，如何降低上述污染物排放浓度和提高 MSW 燃烧效率是亟待解决的问题。

通常，建立精准的被控对象模型是进行智能优化控制研究的基础[5]。鉴于机理复杂性、工况波动频繁性和干扰不确定性，MSWI 过程的精确数学模型难以构建。目前，研究学者多采用基于工业过程数据构建被控对象模型的方案[6-7]，包括多模型智能组合[8]、神经网络算法[9-10]和最小二乘-支撑向量回归[11]等策略，但上述研究多针对单一被控变量建模，忽视了 MSWI 过程中存在的多被控变量间的耦合性。文献[12]虽然建立了面向 MSWI 过程的多被控对象模型，但并未考虑工业实际中各被控变量间的时空串行关系。为此，需建立符合工业实际的 MSWI 过程多关键被控变量对象模型。

实现 MSWI 过程关键被控变量的稳定控制是进行其设定值优化求解的前提。目前，针对 MSWI 过程的控制多采用 PID 控制器[13-14]和模型预测控制[15]。其中，对于前者，已有研究多利用神经网络算法对 PID 参数进行自适应调节，但存在神经网络易过拟合、工况适应范围有限等问题；对于后者，模型预测控制在每次迭代过程中需要重新计算控制率，这使得控制器的实时性难以有效保障。同时，上述研究未考虑在实际工业过程中，关键被控变量与多个操纵变量的取值相关。因此，目前尚无符合工业实际的 MSWI 过程关键被控变量的多回路控制器的相关研究。

针对 MSWI 过程的优化问题，已有研究多面向操纵变量，如文献[16-17]为降低污染物排放浓度，对风流量输出值进行优化研究，实现了降低污染物排放浓度的目的，但存在工况单一的问题。同时，炉膛温度、锅炉蒸汽流量和烟气含氧量作为 MSWI 过程的关键被控变量，尚无关于优化设定的研究。在相关领域，研究学者采用多目标智能优化算法对被控变量设定值进行求解[18-19]，这为 MSWI 过程的设定值优化求解研究提供了思路。如上文所述，DXN、CO 和 CO_2 等污染物排放浓度是国家、企业及社会重点关注的问题。DXN 检测采用离线的非固定周期方式，存在样本稀缺等问题，难以构建精准的软测量模型。CO 排放浓度与 DXN 直接相关，实际工业现场通过严格控制 CO 排放浓度从而达到控制 DXN 排放的目的。目前，关于 MSWI 过程 CO 排放模型的研究还未见报道。已建立的 NO_x、CO_2 等污染物排放模型在优化控制的研究应用还未见描述。MSW 燃烧效率作为产品指标之一，还与企业经济指标相关，充分燃烧能够降低污染物的生成[20]，减少碳生成和降低设备维护率。目前，以上述污染物排放浓度和 MSW 燃烧效率为目标的 MSWI 过程优化控制研究还未见报道。

综上所述，此处提出的 MSWI 过程的多目标优化控制主要包含以下过程：首先，建立 MSWI 过程模型，包含被控对象模型和污染物排放指标模型；其次，设计多目标优化策略求解被控变量优化设定值；最后，利用控制器对设定值实现跟踪，从而实现 MSWI 过程多目标优化控制。该方法的主要贡献如下：①基于 MSWI 过程分析，建立了以关键被控变量为决策变量、最小化综合污染物排放浓度及最大化 MSW 燃烧效率的多目标优化模型，并提出了相应的多目标优化控制策略；②建立了符合工艺流程的面向污染物减排的 MSWI 过程全流程模型，为后续智能优化的研究提供支撑；③利用单神经元自适应 PID 建立了面向关键被控变量的多入多出回路控制器，实现对燃烧过程的稳定控制；④结合领域专家知识，基于改进的多目标 PSO 算法对关键被控变量的优化设定值实现自适应求解，并缩短了优化算法求解时间。根据某 MSWI 电厂的实际运行数据，对此处提出的智能优化算法进行实验验证，表明了所提方法的有效性，开发智能优化控制，并基于实验室半实物仿真平台的安全隔离与优化控制系统进行了类工业场景的验证。

7.2.2 优化策略

MSWI 技术首先在欧洲地区得到重视和发展，研究人员提出了适合其本国 MSW 特性的 ACC 系统，如图 7.1 所示。

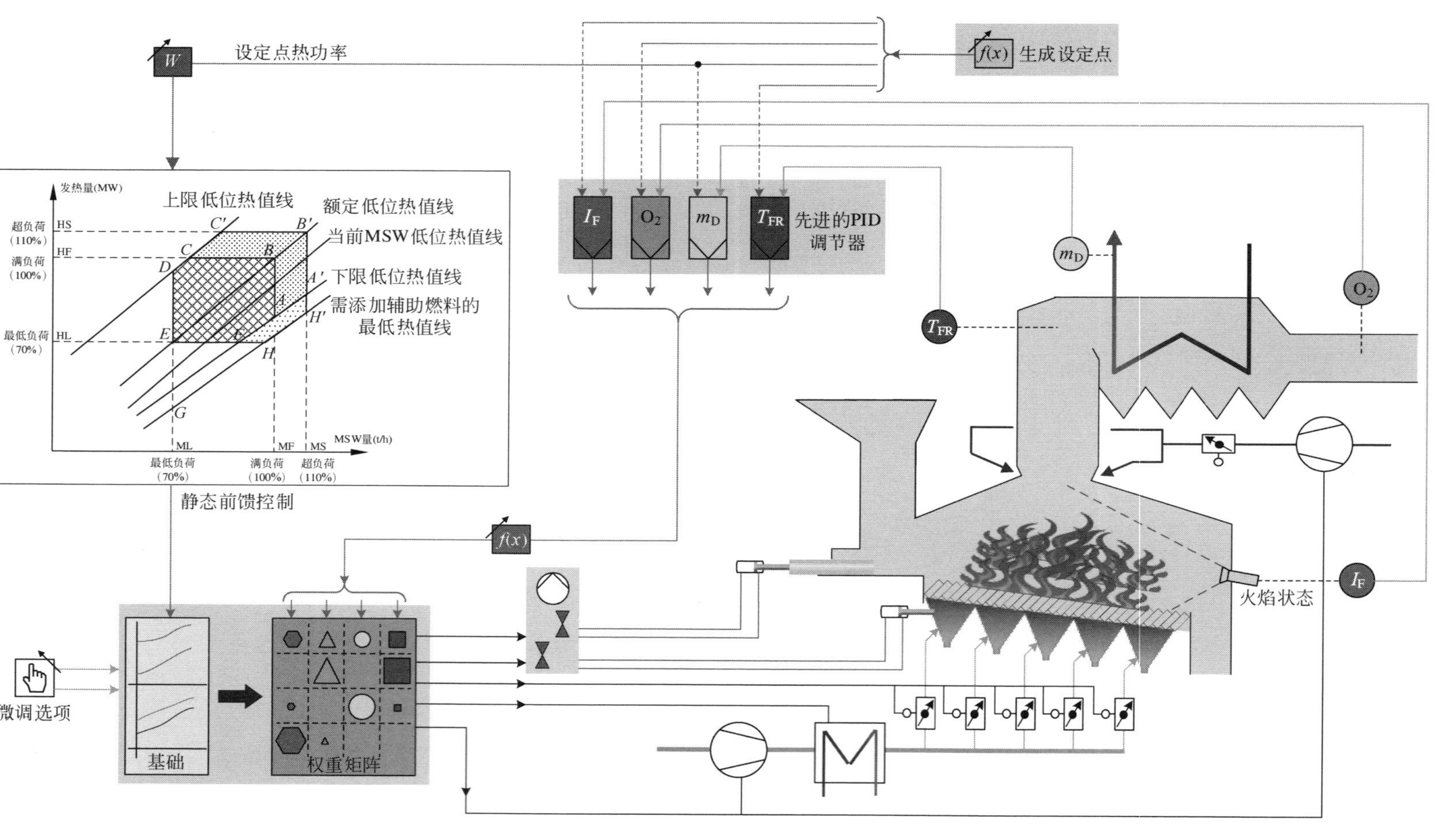

图 7.1　自动燃烧控制系统概括图

由图 7.1 可知，ACC 系统主要通过检测炉膛温度、蒸汽流量、烟气含氧量及燃烧状态，通过反馈信息结合经验知识自动调节操纵变量的输出，利用先进 PID 控制器实现安全稳定运行，其调节过程可概括为“布风布料”，即通过调节一次风流量、二次风流量和一次风温满足“布风”条件与调节 MSW 进炉量和炉排速度满足“布料”条件。相较于欧洲地区，由于我国 MSW 存在成分波动、热值低、水分大等问题，所引进的 ACC 系统难以有效运行。目前，我国 MSWI 电厂多依靠领域专家手动干预的方式实现运行，领域专家通过实时监测关键被控变量和污染物排放浓度，结合火焰燃烧图像给出操纵变量取值以实现 MSWI 过程的稳定运行，存在随机性大、运行处理问题延迟等，从而难以保证长期稳定维持最优工况。

在当前“蓝天净土”和“双碳环保”的政策背景下，上述两种控制方式均能在保证污染物排放浓度达标的前提下提高 MSW 燃烧效率和降低碳排放。但由于我国目前所采用的领域专家手动操作的方式存在诸如专家经验的差异性和随机性等问题，不利于 MSWI 过程的长期稳定运行。因此，需针对我国 MSW 特性，研究符合我国国情的 MSWI 智能优化技术。

不失一般性，MSWI 过程的优化研究目标可描述为，在满足如下众多等式约束条件和不等式约束条件下：

$$\begin{cases} h_i(t, y^*) = 0 \\ g_j(t, y^*) \geqslant 0 \end{cases} \quad i = 1, 2, \cdots, j = 1, 2, \cdots \tag{7.1}$$

确保如下的环保指标(降低固、液、气态污染物和温室气体排放浓度等)达标：

$$\min F_1^m(t, \boldsymbol{y}^*), \quad m = 1, 2, \cdots \tag{7.2}$$

提高如下的产品指标(降低炉渣热灼减率和飞灰产量，提高燃烧效率和有机物脱除率等)：

$$\max F_2^n(t, \boldsymbol{y}^*), \quad n = 1, 2, \cdots \tag{7.3}$$

并提高如下的经济指标(降低 MSW 处理费用、提高上网发电量、降低环保物料消耗量等)：

$$\max F_3^l(t, \boldsymbol{y}^*), \quad l = 1, 2, \cdots \tag{7.4}$$

其中，t 为环境(时间)变量，$\boldsymbol{y}^*$ 为 MSWI 过程被控变量的设定值。

对上述优化目标进行同向化处理，进而 MSWI 过程的被控变量优化设定问题可表示为

$$\begin{aligned} &\min F(t, \boldsymbol{y}^*) = [F_1^m(t, \boldsymbol{y}^*), -F_2^n(t, \boldsymbol{y}^*), -F_3^l(t, \boldsymbol{y}^*)], \quad m = 1, 2, \cdots, n = 1, 2, \cdots, l = 1, 2, \cdots \\ &\text{s.t.} \begin{cases} h_i(t, \boldsymbol{y}^*) = 0 \\ g_j(t, \boldsymbol{y}^*) \geqslant 0 \end{cases} \quad i = 1, 2, \cdots, j = 1, 2, \cdots \end{aligned} \tag{7.5}$$

通过求解被控变量设定值 $\boldsymbol{y}^*$ 能够实现 MSWI 过程的优化运行。

如上文所述，对 MSWI 过程进行多目标优化的研究是亟需解决的难题。考虑到工况的复杂性，需先对特定工况进行研究。同时，为实现关键被控变量设定值的跟踪，首先应考虑在工业应用上表现良好的 PID 控制器，但其存在参数调节复杂等问题。此外，还需要建立同时包括被控对象和指标模型的 MSWI 过程全流程模型，这是在实验室内离线验证上述算法的基础。为同时实现主要污染物(CO、CO_2 和 NO_x)的排放浓度的最小化和 MSW 燃烧效率的最大化，需要进行关键被控变量(炉膛温度、锅炉蒸汽流量和烟气含氧量)的优化设定值求解。对此，此处提出了如图 7.2 所示的数据驱动 MSWI 过程多目标优化控制策略。

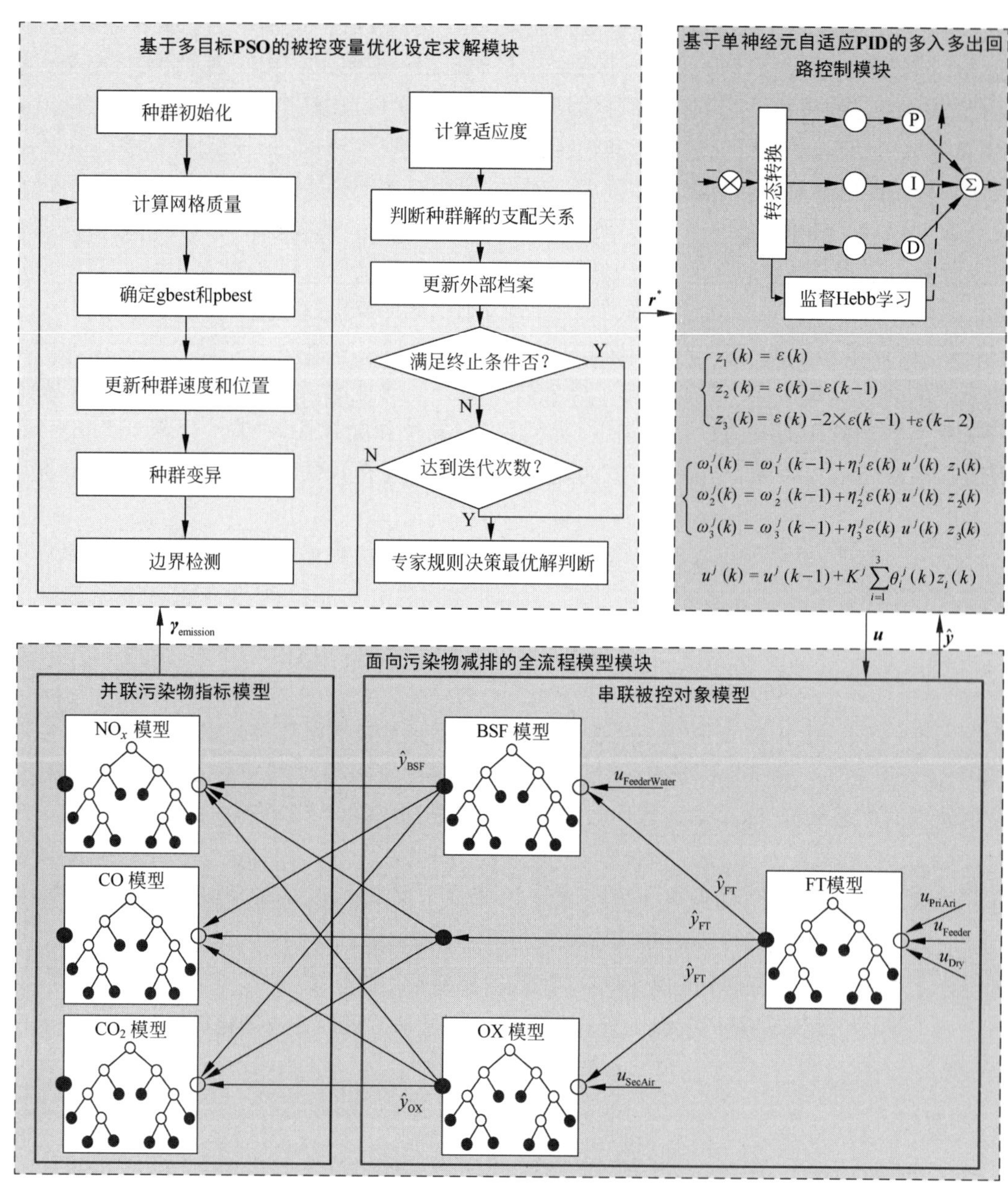

图 7.2 数据驱动的 MSWI 过程多目标优化控制策略

在图 7.2 中，$\boldsymbol{\gamma}_{\text{emission}}$ 表示尾气排放模型的输出，$\boldsymbol{\gamma}_{\text{emission}}=[\hat{\gamma}_{NO_x},\hat{\gamma}_{CO},\hat{\gamma}_{CO_2}]$，$\hat{\gamma}_{NO_x}$、$\hat{\gamma}_{CO}$ 和 $\hat{\gamma}_{CO_2}$ 分别表示 NO_x 模型、CO 模型和 CO_2 模型输出；$\boldsymbol{r}^*=[r_{FT}^*,r_{BSF}^*,r_{OX}^*]$，其包含的 3 个元素分别表示 FT、BSF 和 OX 的最优设定值；$\hat{y}_{FT}$、$\hat{y}_{BSF}$ 和 $\hat{y}_{OX}$ 分别表示 FT 模型、BSF 模型和 OX 模型的输出；$u_{\text{FeederWater}}$、u_{PriAir}、u_{Feeder}、u_{Dry} 和 u_{SecAir} 分别表示给水量、一次风流量、进料器速度、干燥炉排速度和二次风流量输出。

上述 3 个模块的功能如下：

(1) 基于多目标 PSO 的被控变量优化设定求解：该模块利用多目标 PSO 算法求解多目标优化模型帕累托前沿，并结合领域专家经验输出最优设定值；

(2) 基于单神经元自适应 PID 的多入多出回路控制：该模块基于上文特性分析，建立 MSWI 过程关键被控变量多回路控制器，通过调节控制器输出实现对被控对象的有效跟踪；

(3) 面向污染物减排的全流程模型：该模块作为智能优化算法研究的基础，为多目标优化模型提供污染物排放指标模型输出及多入多出回路控制的被控对象模型。

7.2.3 算法实现

7.2.3.1 面向污染物减排的全流程模型

为消除过程数据存在的不同噪声，此处采用小波去噪后数据建立了全流程模型，其包括串联被控对象模型和并联污染物指标模型。

1) 串联被控对象模型

此处构建的炉膛温度、锅炉蒸汽流量和烟气含氧量的固废燃烧与余热交换阶段模型的输入输出关系如图 7.3 所示。

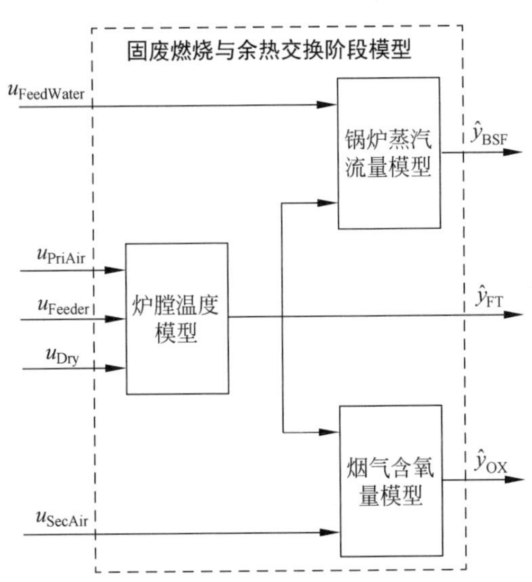

图 7.3　固废燃烧与余热交换阶段模型的输入输出关系

本书将炉膛温度、锅炉蒸汽流量和烟气含氧量模型分别记为 $f_{\text{FT}}(\cdot)$、$f_{\text{BSF}}(\cdot)$和 $f_{\text{OX}}(\cdot)$，均采用基于吉洪诺夫正则化的线性回归决策树(Tikhonov regularization-linear regression decision tree，TR-LRDT)算法构建，优点是具有较强的可解释性。

以 $f_{\text{FT}}(\cdot)$为例，描述建模过程。

结合工业实际，将 $f_{\text{FT}}(\cdot)$的输入记为 $\boldsymbol{u}_{\text{FT}}=[u_{\text{PriAir}}, u_{\text{Feeder}}, u_{\text{Dry}}]$。

首先，通过遍历寻找最优分割变量和分割点直到叶节点样本数小于经验设定阈值 θ_{FT} 的以下准则，将输入特征空间划分为 K_{FT} 个区域$\mathbb{R}_{\text{FT}}=\{R_{\text{FT}}^1,\cdots,R_{\text{FT}}^k,\cdots,R_{\text{FT}}^{K_{\text{FT}}}\}$，

$$\min_{m, u_{\text{FT},n_{\text{sel}}}^m}\left[\min_{C_{\text{FT}}^1}\sum_{u_{\text{FT}}^m\in R_{\text{FT}}^1(m, u_{\text{FT},n_{\text{sel}}}^m)}(y_{\text{FT}}^1-C_{\text{FT}}^1)^2+\min_{C_{\text{FT}}^2}\sum_{u_{\text{FT}}^m\in R_{\text{FT}}^2(m, u_{\text{FT},n_{\text{sel}}}^m)}(y_{\text{FT}}^2-C_{\text{FT}}^2)^2\right] \tag{7.6}$$

其中，y_{FT}^{1} 和 y_{FT}^{2} 分别代表区域 R_{FT}^{1} 和 R_{FT}^{2} 中的样本真值；C_{FT}^{1} 和 C_{FT}^{2} 分别代表区域 R_{FT}^{1} 和 R_{FT}^{2} 中的样本真值平均值。

CART 树的叶节点预测值仅考虑样本平均值，忽略了过程变量与真值的关系，此处将其改进为采用线性回归方法计算 CART 树叶节点的预测输出：

$$\hat{\boldsymbol{y}}_{\mathrm{FT}}^{\mathrm{leaf}}=\boldsymbol{U}_{\mathrm{FT}}^{\mathrm{leaf}}\boldsymbol{w}_{\mathrm{FT}}^{\mathrm{leaf}} \tag{7.7}$$

其中，$\hat{\boldsymbol{y}}_{\mathrm{FT}}^{\mathrm{leaf}}$、$\boldsymbol{U}_{\mathrm{FT}}^{\mathrm{leaf}}$ 和 $\boldsymbol{w}_{\mathrm{FT}}^{\mathrm{leaf}}$ 分别为叶节点的预测输出、输入和权重向量。

考虑到样本数量大于特征维度的事实，获取权重向量可归为求解一类超定矩阵方程。为保证权重向量的收敛，此处采用正则化最小二乘损失函数：

$$\begin{aligned}J(\boldsymbol{w}_{\mathrm{FT}}^{\mathrm{leaf}})&=\frac{1}{2}(\|\boldsymbol{U}_{\mathrm{FT}}^{\mathrm{leaf}}\boldsymbol{w}_{\mathrm{FT}}^{\mathrm{leaf}}-\boldsymbol{y}_{\mathrm{FT}}^{\mathrm{leaf}}\|_2^2+\lambda_{\mathrm{FT}}\|\boldsymbol{w}_{\mathrm{FT}}^{\mathrm{leaf}}\|_2^2)\\&=\frac{1}{2}(\|\hat{\boldsymbol{y}}_{\mathrm{FT}}^{\mathrm{leaf}}-\boldsymbol{y}_{\mathrm{FT}}^{\mathrm{leaf}}\|_2^2+\lambda_{\mathrm{FT}}\|\boldsymbol{w}_{\mathrm{FT}}^{\mathrm{leaf}}\|_2^2)\end{aligned} \tag{7.8}$$

其中，λ_{FT} 表示值为正的正则项系数。

进而，上述损失函数对 $\boldsymbol{w}_{\mathrm{FT}}^{\mathrm{leaf}}$ 的梯度可表示为

$$\begin{aligned}\frac{\partial J(\boldsymbol{w}_{\mathrm{FT}}^{\mathrm{leaf}})}{\partial(\boldsymbol{w}_{\mathrm{FT}}^{\mathrm{leaf}})^{\mathrm{T}}}&=\frac{\partial}{\partial(\boldsymbol{w}_{\mathrm{FT}}^{\mathrm{leaf}})^{\mathrm{T}}}((\boldsymbol{U}_{\mathrm{FT}}^{\mathrm{leaf}}\boldsymbol{w}_{\mathrm{FT}}^{\mathrm{leaf}}-\boldsymbol{y}_{\mathrm{FT}}^{\mathrm{leaf}})^{\mathrm{T}}(\boldsymbol{U}_{\mathrm{FT}}^{\mathrm{leaf}}\boldsymbol{w}_{\mathrm{FT}}^{\mathrm{leaf}}-\boldsymbol{y}_{\mathrm{FT}}^{\mathrm{leaf}})+\lambda(\boldsymbol{w}_{\mathrm{FT}}^{\mathrm{leaf}})^{\mathrm{T}}(\boldsymbol{w}_{\mathrm{FT}}^{\mathrm{leaf}}))\\&=(\boldsymbol{U}_{\mathrm{FT}}^{\mathrm{leaf}})^{\mathrm{T}}\boldsymbol{U}_{\mathrm{FT}}^{\mathrm{leaf}}\boldsymbol{w}_{\mathrm{FT}}^{\mathrm{leaf}}-(\boldsymbol{U}_{\mathrm{FT}}^{\mathrm{leaf}})^{\mathrm{T}}\boldsymbol{y}_{\mathrm{FT}}^{\mathrm{leaf}}+\lambda_{\mathrm{FT}}(\boldsymbol{w}_{\mathrm{FT}}^{\mathrm{leaf}})\end{aligned} \tag{7.9}$$

接着，令 $\dfrac{\partial J(\boldsymbol{w}_{\mathrm{FT}}^{\mathrm{leaf}})}{\partial(\boldsymbol{w}_{\mathrm{FT}}^{\mathrm{leaf}})^{\mathrm{T}}}=0$，可得

$$\boldsymbol{w}_{\mathrm{FT}}^{\mathrm{leaf}}=((\boldsymbol{U}_{\mathrm{FT}}^{\mathrm{leaf}})^{\mathrm{T}}\boldsymbol{U}_{\mathrm{FT}}^{\mathrm{leaf}}+\lambda(\boldsymbol{w}_{\mathrm{FT}}^{\mathrm{leaf}}))^{-1}(\boldsymbol{U}_{\mathrm{FT}}^{\mathrm{leaf}})^{\mathrm{T}}\boldsymbol{y}_{\mathrm{FT}}^{\mathrm{leaf}} \tag{7.10}$$

最后，根据上式所得权重向量，基于式(7.10)计算叶节点的预测值。

考虑全部叶节点，因此炉膛温度模型可表示为

$$\hat{y}_{\mathrm{FT}}=f_{\mathrm{FT}}(\cdot)=(\boldsymbol{u}_{\mathrm{FT}}^{\mathrm{leaf}})^{\mathrm{T}}\boldsymbol{w}_{\mathrm{FT}}^{\mathrm{leaf}}I(\boldsymbol{u}_{\mathrm{FT}}^{\mathrm{leaf}}\in\mathbb{R}_{\mathrm{FT}}) \tag{7.11}$$

其中，$I(\cdot)$为指示函数，当 $\boldsymbol{u}_{\mathrm{FT}}^{\mathrm{leaf}}\in\mathbb{R}_{\mathrm{FT}}$ 存在时函数值为 1，否则为 0。

2) 并联污染物指标模型

类似地，采用上文所描述的 TR-LRDT 算法构建以 $\hat{y}_{\mathrm{FT}}$、$\hat{y}_{\mathrm{BSF}}$ 和 $\hat{y}_{\mathrm{OX}}$ 为输入的 CO、$\mathrm{CO_2}$ 和 NO_x 模型，分别可表示为 $f_{\mathrm{CO}}(\cdot)$、$f_{\mathrm{CO_2}}(\cdot)$和 $f_{\mathrm{NO}_x}(\cdot)$：

$$\hat{\gamma}_{\mathrm{CO}}=f_{\mathrm{CO}}(\cdot)=(\boldsymbol{u}_{\mathrm{CO}}^{\mathrm{leaf}})^{\mathrm{T}}\boldsymbol{w}_{\mathrm{CO}}^{\mathrm{leaf}}I(\boldsymbol{u}_{\mathrm{CO}}^{\mathrm{leaf}}\in\mathbb{R}_{\mathrm{CO}}) \tag{7.12}$$

$$\hat{\gamma}_{\mathrm{CO_2}}=f_{\mathrm{CO_2}}(\cdot)=(\boldsymbol{u}_{\mathrm{CO_2}}^{\mathrm{leaf}})^{\mathrm{T}}\boldsymbol{w}_{\mathrm{CO_2}}^{\mathrm{leaf}}I(\boldsymbol{u}_{\mathrm{CO_2}}^{\mathrm{leaf}}\in\mathbb{R}_{\mathrm{CO_2}}) \tag{7.13}$$

$$\hat{\gamma}_{\mathrm{NO}_x}=f_{\mathrm{NO}_x}(\cdot)=(\boldsymbol{u}_{\mathrm{NO}_x}^{\mathrm{leaf}})^{\mathrm{T}}\boldsymbol{w}_{\mathrm{NO}_x}^{\mathrm{leaf}}I(\boldsymbol{u}_{\mathrm{NO}_x}^{\mathrm{leaf}}\in\mathbb{R}_{\mathrm{NO}_x}) \tag{7.14}$$

7.2.3.2 基于单神经元自适应 PID 的多入多出回路控制

鉴于 MSWI 过程的动态特性和强非线性，实际现场领域专家通常会通过同时或间断调节多个操纵变量以使关键被控变量维持在稳定范围内。此处根据领域专家经验和上文控制特性分析，构建多入多出控制回路，其包括以进料器均速、干燥炉排均速和一次风流量为操纵变量的炉膛温度控制器、以给水量为操纵变量的锅炉蒸汽流量控制器、以二次风流量为操纵变量的烟气含氧量控制器。上述控制器均采用 SNA-PID 算法实现。

此处，以 FT 的第 j 个操纵变量 u_{FT}^{j} 为例($j=1,2,3$)进行描述。

SNA-PID 控制器的结构如图 7.4 所示。

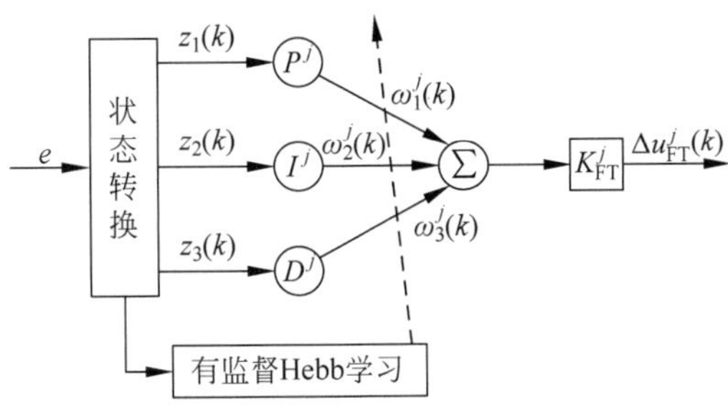

图 7.4　SNA-PID 控制器的结构图

首先，对误差信号进行状态转换，可表示为

$$\begin{cases} z_1(k)=\varepsilon(k) \\ z_2(k)=\varepsilon(k)-\varepsilon(k-1) \\ z_3(k)=\varepsilon(k)-2\times\varepsilon(k-1)+\varepsilon(k-2) \end{cases} \tag{7.15}$$

$$\varepsilon(k)=r_{FT}^*(k)-\hat{y}_{FT}(k) \tag{7.16}$$

其中，$\varepsilon(k)$表示误差；r_{FT}^* 和 $\hat{y}_{FT}$ 分别表示炉膛温度设定值和被控对象反馈值；k 表示迭代次数。

因此，针对第 j 个操纵变量的 SNA-PID 控制器输出可表示为

$$\Delta u_{FT}^j(k)=K_{FT}^j\sum_{i=1}^{3}\theta_i^j(k)z_i(k) \tag{7.17}$$

其中，$\Delta u_{FT}^j(k)$表示第 j 个操纵变量的增量；K_{FT}^j 表示第 j 个操纵变量的神经元增益系数；$\theta_i^j(k)$表示在 k 时刻第 j 个操纵变量的第 i 个神经元加权系数：

$$\theta_i^j(k)=\frac{\omega_i^j(k)}{\sum_{i=1}^{3}|\omega_i^j(k)|} \tag{7.18}$$

由式(7.13)和式(7.14)可知，SNA-PID 控制器能够通过不断地在线调整神经元加权系数，在有监督 Hebb 学习算法下实现设定值的跟踪：

$$\begin{cases} \omega_1^j(k)=\omega_1^j(k-1)+\eta_1^j\varepsilon(k)u_{FT}^j(k)z_1(k) \\ \omega_2^j(k)=\omega_2^j(k-1)+\eta_2^j\varepsilon(k)u_{FT}^j(k)z_2(k) \\ \omega_3^j(k)=\omega_3^j(k-1)+\eta_3^j\varepsilon(k)u_{FT}^j(k)z_3(k) \end{cases} \tag{7.19}$$

其中，$\omega_1^j(k)$、$\omega_2^j(k)$和 $\omega_3^j(k)$分别表示第 j 个操纵变量中的比例、积分和微分神经元的权重系数，η_1^j、η_2^j 和 η_3^j 分别表示第 j 个操纵变量中的比例、积分和微分神经元学习系数。

7.2.3.3　基于多目标 PSO 的被控变量优化设定求解

1）优化模型

由上文分析可知，CO、CO_2 和 NO_x 是均需要最小化的污染物排放浓度，将其求和作为

需最小化的综合污染物排放浓度，同时最大化 MSW 燃烧效率，建立 MSWI 过程的多目标优化模型，可表示为

$$\begin{bmatrix}\min\hat{\gamma}_{\text{Pollutant}}\\ \max \text{CE}\end{bmatrix}=\begin{bmatrix}\min(\hat{\gamma}_{\text{CO}}+\hat{\gamma}_{\text{CO}_2}+\hat{\gamma}_{\text{NO}_x})\\ \max\dfrac{\hat{\gamma}_{\text{CO}_2}}{\hat{\gamma}_{\text{CO}}+\hat{\gamma}_{\text{CO}_2}}\end{bmatrix}$$

$$\begin{aligned}&\text{s.t. } 900℃\leqslant r_{\text{FT}}\leqslant 950℃\\&76\text{t/h}\leqslant r_{\text{BSF}}\leqslant 78\text{t/h}\\&6.5\%\leqslant r_{\text{OX}}\leqslant 8.5\%\end{aligned}\tag{7.20}$$

其中，$\hat{\gamma}_{\text{CO}}$、$\hat{\gamma}_{\text{CO}_2}$ 和 $\hat{\gamma}_{\text{NO}_x}$ 分别表示 CO、CO_2 和 NO_x 指标模型输出；r_{FT}、r_{BSF} 和 r_{OX} 分别表示多回路控制系统中炉膛温度、锅炉蒸汽流量和烟气含氧量的设定值。

此处在多目标粒子群优化(multiple objective PSO，MOPSO)算法的基础上引入具有工程应用实际意义的终止条件，提出了改进的 MOPSO(improve MOPSO，IMOPSO)算法求解被控变量(炉膛温度、蒸汽流量和烟气含氧量)的优化设定值，求解过程包括种群初始化、粒子个体最优全局最优更新、档案更新、粒子速度和位置变异、种群边界检测、适应度值计算、终止条件判断，以及依据专家经验判断输出最优设定值。

2）算法初始化

在种群初始化时，首先对粒子数量 N_{Pos}、档案粒子数量 $N_{\text{Pos}}^{\boldsymbol{A}}$、迭代次数 N_{iter}、速度更新权重 ω、网格数量 N_{grid}、变异率 μ_{mut}^{2} 和设定值决策变量的上限和下限等相关参数进行设定；其次，基于设定参数随机生成种群，并计算粒子适应度；再次，根据粒子适应度基于网格法决定全局最优个体；最后，将上述种群存入外部档案 $\boldsymbol{A}$。

3）递归优化

在种群初始化结束后，算法进入迭代寻优阶段。

(1) 速度和位置更新

根据种群初始化后的个体最优和全局最优更新粒子速度和位置：

$$\begin{cases}\boldsymbol{v}_i^d(t+1)=\omega\cdot\boldsymbol{v}_i^d(t)+c_1\cdot r_1\cdot(\text{pbest}_i^d(t)-x_i^d(t))+c_2\cdot r_2\cdot(\text{gbest}_i^d(t)-x_i^d(t))\\ \boldsymbol{x}_i^d(t+1)=\boldsymbol{x}_i^d(t)+\boldsymbol{v}_i^d(t+1)\end{cases}\tag{7.21}$$

其中，$\boldsymbol{v}_i^d$ 和 $\boldsymbol{x}_i^d$ 分别为第 i 个粒子第 d 维的速度和位置；c_1 和 c_2 为学习因子，一般设置 $c_1=c_2=2$；r_1 和 r_2 为(0,1)的随机数；pbest_i^d 和 gbest_i^d 分别为第 i 个粒子个体最优和全局最优的第 d 维的位置。

(2) 变异操作

为保证优化过程中算法具有更强的全局搜索能力，避免陷入局部最优，MOPSO 算法在迭代过程中引入变异操作步骤：①根据种群粒子总数将粒子分为三部分；②根据变异率确定所需变异粒子数量，其中，第一部分粒子不采取变异操作，第二部分粒子变异率 μ_{mut}^{2} 固

定，第三部分粒子的变异率计算如下：

$$\mu_{\mathrm{mut}}^{3}=\left(1-\frac{n_{\mathrm{iter}}}{N_{\mathrm{iter}}}\right)^{5\times D} \tag{7.22}$$

其中，μ_{mut}^{3} 为第三部分粒子的变异率；n_{iter} 和 N_{iter} 分别表示当前迭代次数和最大迭代次数；D 表示粒子维度；③在确定各部分种群粒子需变异数量后，选取对应部分中的随机粒子进行变异操作：

$$\begin{cases}\boldsymbol{v}=\boldsymbol{\phi}_{\mathrm{mut}}(\boldsymbol{v}_{\max},\boldsymbol{v}_{\min},\boldsymbol{\mu}_{\mathrm{mut}},N_{\mathrm{Pos}})\\ \boldsymbol{x}=\boldsymbol{\phi}_{\mathrm{mut}}(\boldsymbol{x}_{\max},\boldsymbol{x}_{\min},\boldsymbol{\mu}_{\mathrm{mut}},N_{\mathrm{Pos}})\end{cases} \tag{7.23}$$

其中，$\boldsymbol{v}$ 和 $\boldsymbol{x}$ 分别为粒子的速度信息和位置信息；$\boldsymbol{v}_{\max}$ 和 $\boldsymbol{v}_{\min}$ 分别为粒子速度的上限和下限；$\boldsymbol{x}_{\max}$ 和 $\boldsymbol{x}_{\min}$ 分别为粒子位置上限和下限；$\boldsymbol{\mu}_{\mathrm{mut}}$ 表示粒子变异率，$\boldsymbol{\mu}_{\mathrm{mut}}=[\mu_{\mathrm{mut}}^{2},\mu_{\mathrm{mut}}^{3}]$；$\boldsymbol{\phi}_{\mathrm{mut}}(\cdot)$ 为随机选中粒子进行变异操作过程。

(3) 检测边界

针对更新和变异后种群的位置信息检测边界限制，此处决策变量的限制如下：

$$\begin{aligned}&900℃\leqslant r_{\mathrm{FT}}\leqslant 950℃\\ &76\mathrm{t/h}\leqslant r_{\mathrm{BSF}}\leqslant 78\mathrm{t/h}\\ &6.5\%\leqslant r_{\mathrm{OX}}\leqslant 8.5\%\end{aligned} \tag{7.24}$$

为避免超出边界的粒子在下一次迭代过程中再次超出边界，对该粒子的速度信息采用取反操作，改变粒子飞行方向以使其远离边界，从而保证有效迭代。

(4) 外部档案更新与维护

重新计算当前种群中粒子适应度，并对外部档案 $\boldsymbol{A}$ 进行更新与维护。

此处通过判断外部档案 $\boldsymbol{A}$ 中粒子支配关系，删减支配解以保证外部档案 $\boldsymbol{A}$ 的唯一性，支配关系判断如下：

$$\begin{aligned}&\text{if}\quad (\mathbf{CE}(i)>\mathbf{CE}(j)\ \&\&\ \hat{\boldsymbol{\gamma}}_{\mathrm{Pollutant}}(i)<\hat{\boldsymbol{\gamma}}_{\mathrm{Pollutant}}(j))\\ &\text{then}\quad \boldsymbol{A}(i)\prec\boldsymbol{A}(j)\end{aligned} \tag{7.25}$$

由上式可知，若第 i 个粒子的燃烧效率大于第 j 个粒子且综合污染物排放浓度小于第 j 个粒子，则表示第 j 个粒子被第 i 个粒子支配，此时，删除外部档案中第 j 个粒子。

为提高 MOPSO 算法的寻优速度，外部档案 $\boldsymbol{A}$ 中的粒子总数需设置上限 $N_{\mathrm{Pos}}^{\boldsymbol{A}}$。若外部档案 $\boldsymbol{A}$ 中粒子超出上限 $N_{\mathrm{Pos}}^{\boldsymbol{A}}$，则确定需删除粒子的个数 N_{Del}。进一步，根据适应度对外部档案 $\boldsymbol{A}$ 中的粒子进行排序并计算拥挤距离：

$$\boldsymbol{\Omega}=\frac{\mathbf{CE}(i)-\mathbf{CE}(i-1)}{\max(\mathbf{CE}(:))-\min(\mathbf{CE}(:))}+\frac{\hat{\boldsymbol{\gamma}}_{\mathrm{Pollutant}}(i)-\hat{\boldsymbol{\gamma}}_{\mathrm{Pollutant}}(i-1)}{\max(\hat{\boldsymbol{\gamma}}_{\mathrm{Pollutant}}(:))-\min(\hat{\boldsymbol{\gamma}}_{\mathrm{Pollutant}}(:))} \tag{7.26}$$

其中，$\boldsymbol{\Omega}$ 表示外部档案中粒子的拥挤距离。同时，需要根据拥挤距离删除 N_{Del} 个粒子。

(5) 个体最优和全局最优更新

基于外部档案 $\boldsymbol{A}$ 更新粒子个体最优和全局最优，其中，个体最优的更新方式为：先判断当前粒子与个体最优粒子间的支配关系，若当前粒子支配个体最优则更新个体最优，若二者不存在支配关系则随机确定是否更新个体最优。

基于网格法更新全局最优的方式如下：逐个目标将外部档案 **A** 中粒子适应度最小值与最大值均匀等分为 N_{grid} 个，形成 $N_{grid} \times N_{grid}$ 的网格，并判断外部档案中 **A** 粒子落入网格位置；根据下式评价网格的质量：

$$Q_{grid}(z)=\frac{10}{num(z)} \tag{7.27}$$

其中，$Q_{grid}(z)$为第 z 个网格的质量，$z=1,2,\cdots,N_{grid}\times N_{grid}$；num($z$)为第 z 个网格中的粒子数量。

根据上式，选取具有较高网格质量的粒子确定为全局最优个体。若同一网格中存在多个粒子或多个网格质量相同，则随机选取符合条件的粒子作为全局最优。

进而，通过不断重复上述步骤迭代寻优，此处在 MOPSO 算法的基础上引入综合污染物排放浓度差为目标的终止条件，当即将存入外部档案的粒子综合污染物排放浓度均值与外部档案中粒子的综合污染物排放浓度均值之差的绝对值小于设定值 e_{stop} 时，算法停止迭代，输出包含最优解的帕累托前沿集合。

4）优化解选择

基于帕累托前沿和专家经验，选取符合实际工业现场的经济指标、安全性能等相关要求的值作为多入多出回路的被控变量设定值。此处给出的专家经验如下。

规则 1：当 CO 浓度升高时，偏向于选择燃烧效率更高的帕累托解。

规则 2：当 NO_x 浓度升高时，偏向于选择污染物排放指标更小的帕累托解。

规则 3：当 CO_2 浓度升高时，MSW 燃烧效率随之提高，在当前情况下可根据目前焚烧需求选取帕累托解集中任意解。

7.2.4 实验结果

7.2.4.1 数据描述

此处采用北京某 MSWI 电厂 2021 年某月某日 16:00—24:00 共计 8h 连续运行的过程数据验证此处提出的多目标优化控制策略的准确性。

7.2.4.2 算法验证

1. 全流程模型结果

此处采用 CART 树、RF 和 BPNN 与 TR-LRDT 模型进行比较。

1）串联被控对象模型结果

各模型参数设置如表 7.1 所示。

表 7.1 各模型参数设置

模型	TR-LRDT		CART	RF		BPNN			
	$\theta^{TR\text{-}LRDT}$	λ	θ^{CART}	θ^{RF}	T_n	Hidden	epoch	error	η
FT	10	0.5	10	10	100	7	1000	0.1	0.5
BSF	10	0.5	10	10	100	5	1000	0.1	0.5
OX	10	0.5	10	10	100	5	1000	0.1	0.5

其中，$\theta^{\text{TR-LRDT}}$、θ^{CART} 和 θ^{RF} 分别表示 TR-LRDT、CART 和 RF 模型中最小样本数；λ 表示正则项系数；T_n 表示 RF 模型中的决策树数量；Hidden、epoch、error 和 η 分别表示 BPNN 模型中的隐含层神经元个数、迭代次数、收敛误差和学习速率。

各模型面向测试集的拟合曲线如图 7.5 所示，性能评价比对结果如表 7.2 所示。

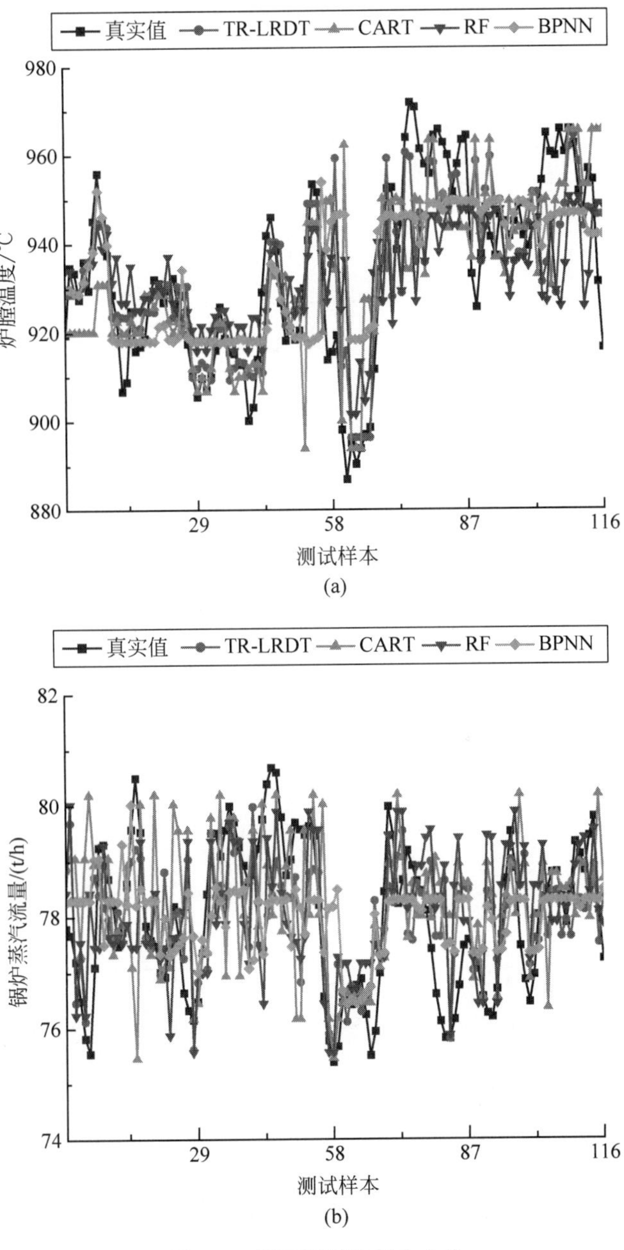

图 7.5　模型测试集拟合曲线

(a) FT 模型；(b) BSF 模型；(c) OX 模型

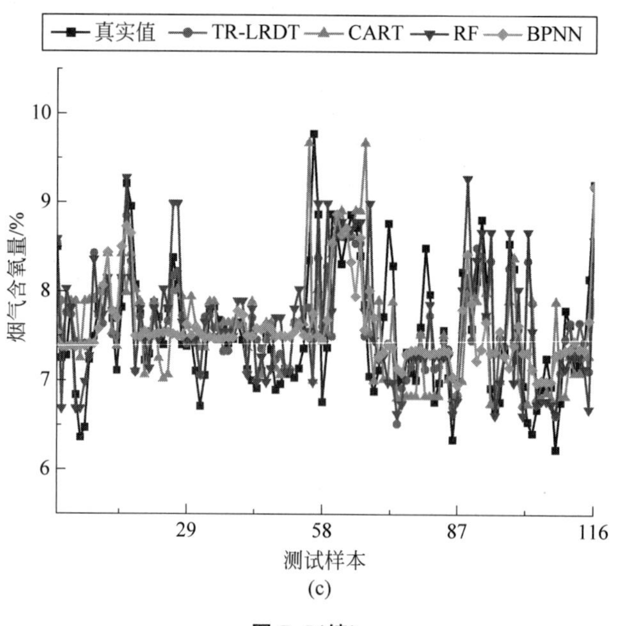

(c)

图 7.5(续)

表 7.2 模型性能评价结果

模型	算法	训练集		验证集		测试集	
		RMSE	MAE	RMSE	MAE	RMSE	MAE
FT	TR-LRDT	10.639	7.4015	13.752	9.4797	12.202	8.9763
	CART	14.320	9.6727	15.081	10.767	16.243	11.279
	RF	12.726	10.059	15.377	11.824	15.494	12.237
	BPNN	15.476	11.588	15.722	11.867	15.193	11.553
BSF	TR-LRDT	0.86231	0.65913	1.1971	0.91411	1.1127	0.87474
	CART	1.3042	0.87200	1.6098	1.1785	1.5218	1.0917
	RF	1.0684	0.79264	1.3539	1.0341	1.3026	0.98629
	BPNN	1.2111	1.0022	1.2210	0.99635	1.2425	1.0182
OX	TR-LRDT	0.43229	0.31058	0.53787	0.37058	0.56377	0.39381
	CART	0.54752	0.39814	0.77083	0.52481	0.64888	0.44054
	RF	0.48595	0.34181	0.66273	0.45269	0.67566	0.45939
	BPNN	0.57015	0.43454	0.56874	0.43466	0.57281	0.44805

2）污染物指标模型结果

各模型参数的设置如表 7.3 所示。

表 7.3 模型参数设置表

模型	TR-LRDT		CART	RF		BPNN			
	$\theta^{\text{TR-LRDT}}$	λ	θ^{CART}	θ^{RF}	T_n	Hidden	epoch	error	η
NO_x	10	0.5	10	10	100	7	1000	0.1	0.5
CO	10	0.5	10	10	100	7	1000	0.1	0.5
CO_2	10	0.5	10	10	100	7	1000	0.1	0.5

其中，$\theta^{\text{TR-LRDT}}$、θ^{CART} 和 θ^{RF} 分别表示 TR-LRDT、CART 和 RF 模型的最小样本数；λ 表示正则项系数；T_n 表示 RF 模型的决策树数量；Hidden、epoch、error 和 η 分别表示 BPNN 模型的隐含层神经元个数、迭代次数、收敛误差和学习速率。

各模型面向测试集的拟合曲线如图 7.6 所示，性能评价比对结果如表 7.4 所示。

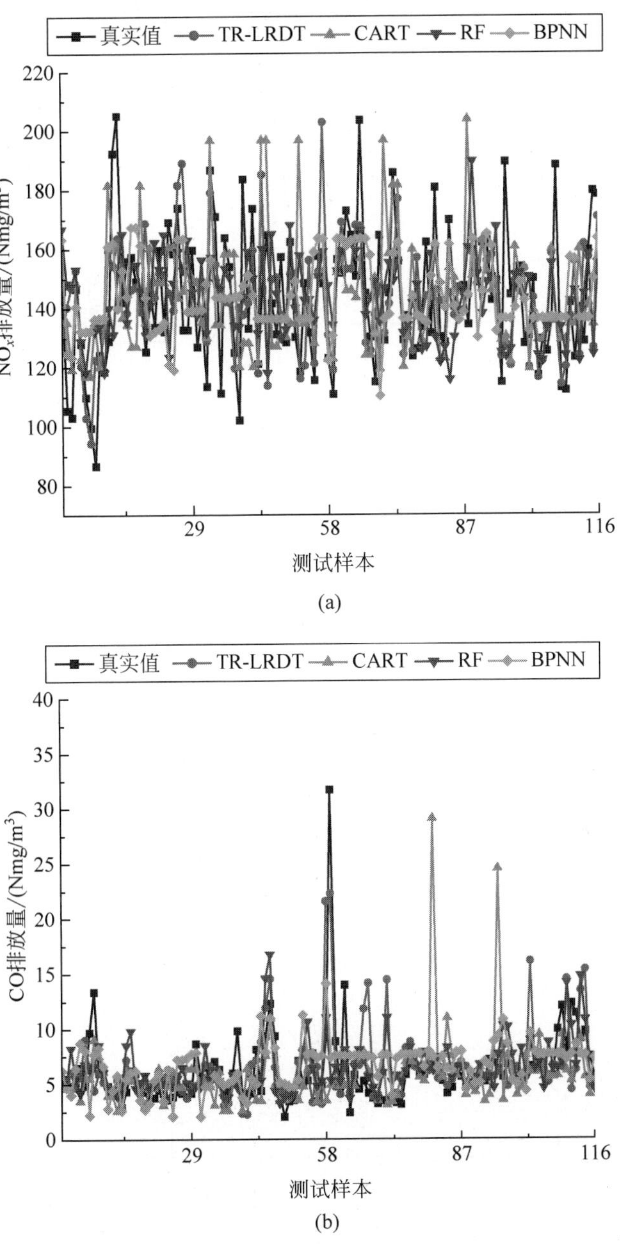

图 7.6　模型测试集对比拟合曲线

(a) NO_x 模型；(b) CO 模型；(c) CO_2 模型

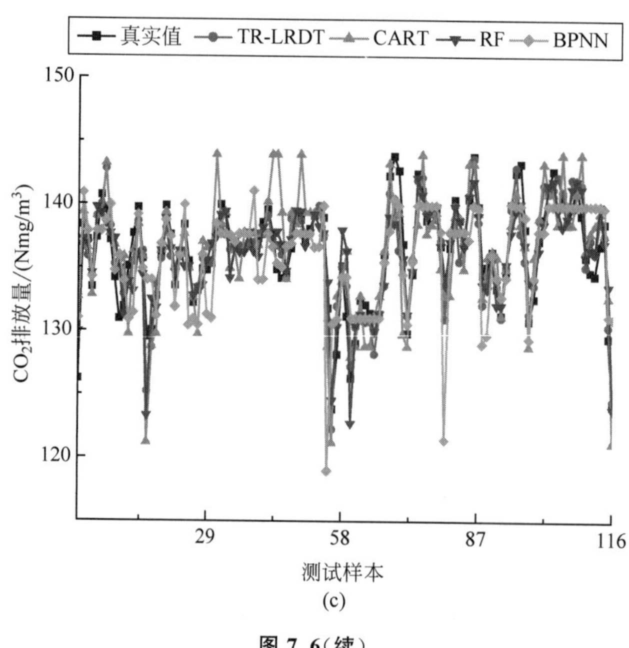

(c)

图 7.6(续)

表 7.4 模型性能评价结果

模型	算法	训练集		验证集		测试集	
		RMSE	MAE	RMSE	MAE	RMSE	MAE
NO_x	TR-LRDT	14.768	10.814	28.113	21.733	22.0211	16.674
	CART	22.194	16.311	26.570	20.179	25.115	18.821
	RF	14.729	11.322	22.898	18.399	24.049	18.841
	BPNN	22.013	17.197	25.686	20.251	22.135	17.886
CO	TR-LRDT	4.0979	1.7899	3.6896	2.1886	3.2641	2.0693
	CART	5.6694	2.5999	5.0630	2.7381	4.3382	2.2330
	RF	4.4588	1.9384	3.4941	2.0579	3.4744	2.0596
	BPNN	5.1253	2.6429	3.8748	2.5851	3.4228	2.2623
CO_2	TR-LRDT	1.3442	0.92184	1.7768	1.1888	1.7874	1.2841
	CART	2.1104	1.4647	2.7145	2.1377	2.8033	2.1049
	RF	1.5391	1.0907	2.1217	1.5516	1.9201	1.4085
	BPNN	2.6422	1.9424	2.7449	2.1062	3.0660	2.1861

由建模对比结果可知，TR-LRDT 模型相比于其他模型而言拟合效果更好，精度更优越，原因在于 TR-LRDT 模型在树结构中引入了权重，修正了树结构叶节点以均值模式输出的缺陷，增强了模型的平滑性能。

2. 多入多出回路控制结果

SNA-PID 控制器相关参数设置如表 7.5 所示，PID 控制器相关参数如表 7.6 所示。

表 7.5 SNA-PID 控制器参数设置表

控制器参数	炉膛温度			蒸汽流量	烟气含氧量
	一次风流量	进料器均速	干燥炉排均速	给水量	二次风流量
神经元增益	0.05	0.05	0.05	0.01	0.05
比例神经元学习率	0.3	0.3	0.3	0.3	0.3
积分神经元学习率	0.2	0.2	0.2	0.2	0.2
微分神经元学习率	0.1	0.1	0.1	0.1	0.1

表 7.6 PID 控制器参数设置表

控制器参数	炉膛温度			蒸汽流量	烟气含氧量
	一次风流量	进料器均速	干燥炉排均速	给水量	二次风流量
比例系数	0.001	0.001	0.001	0.01	0.02
积分系数	0.001	0.001	0.001	0.01	0.05
微分系数	0.001	0.001	0.001	0.001	0.001

控制器的跟踪结果和误差曲线如图 7.7 和图 7.8 所示。

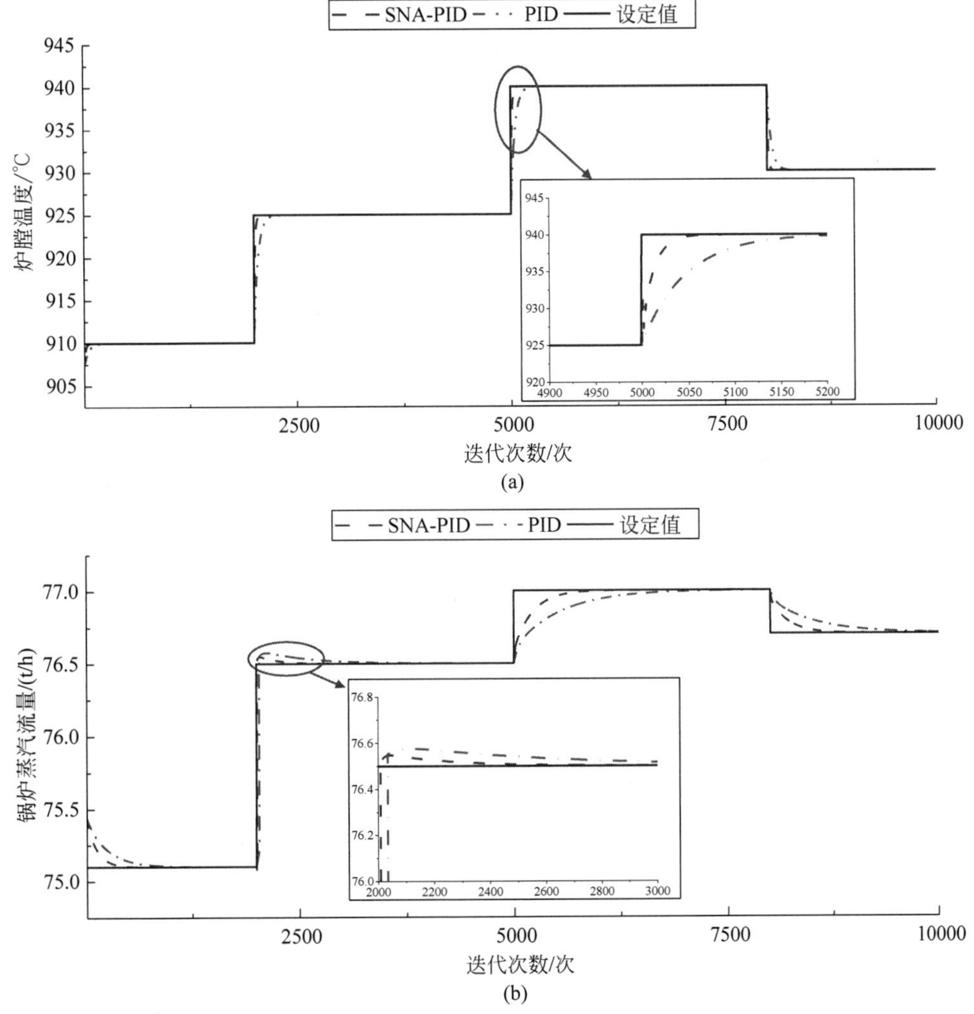

图 7.7 控制器的跟踪结果

(a) 炉膛温度跟踪结果；(b) 蒸汽流量跟踪结果；(c) 烟气含氧量跟踪结果

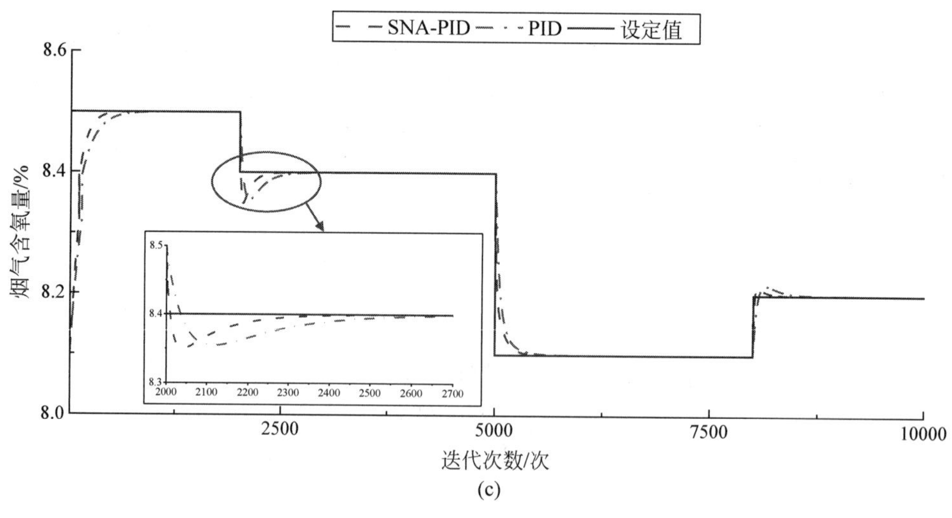

(c)

图 7.7(续)

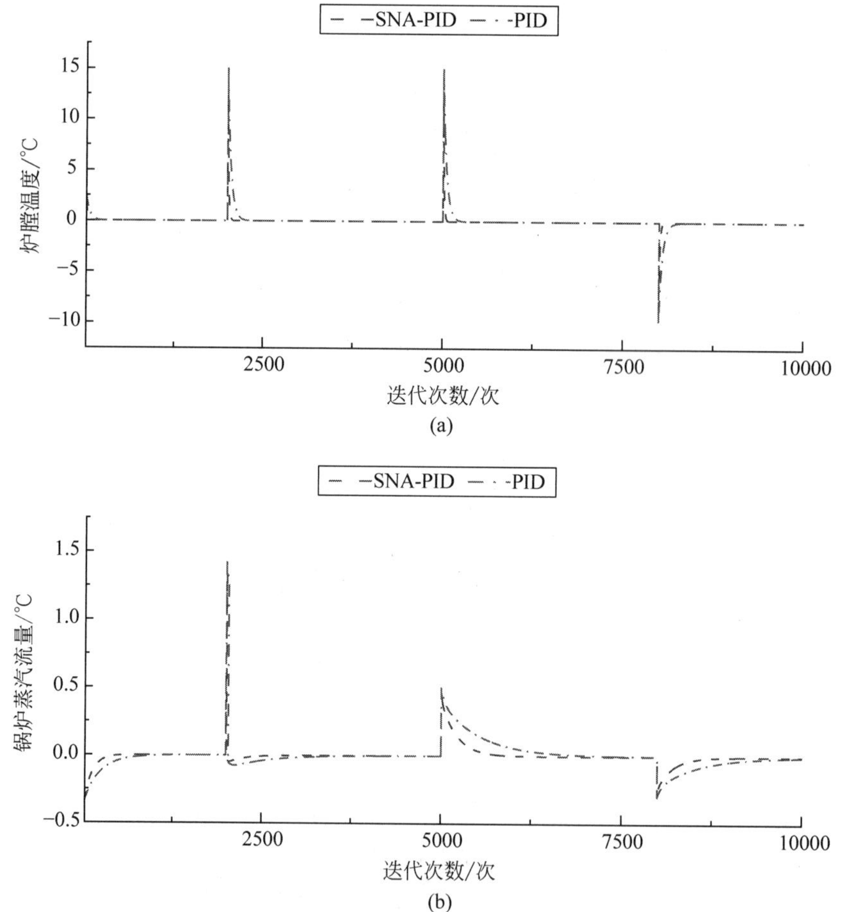

图 7.8 控制器的误差曲线

(a) 炉膛温度误差曲线；(b) 蒸汽流量误差曲线；(c) 烟气含氧量误差曲线

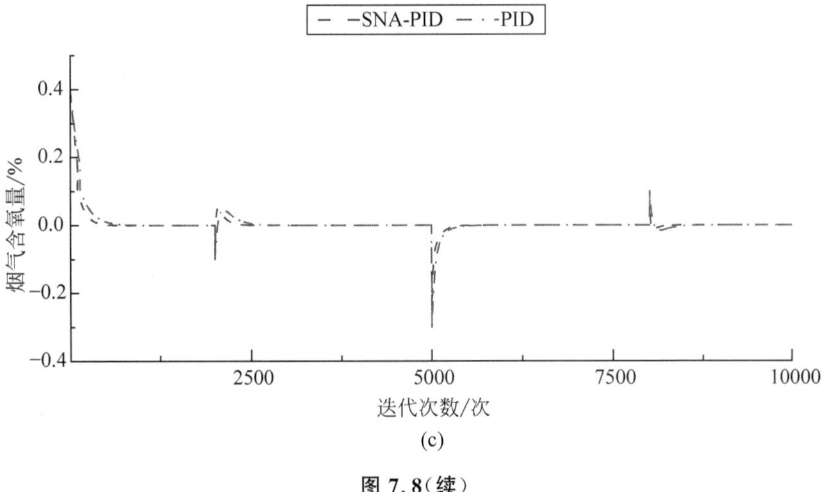

(c)

图 7.8(续)

由图 7.7 和图 7.8 可知，在变设定值的情况下，两种控制器均能实现有效跟踪，但相比于 PID 控制器，SNA-PID 控制器的调节时间更快。SNA-PID 控制器的输出和参数调节曲线如图 7.9 和图 7.10 所示。

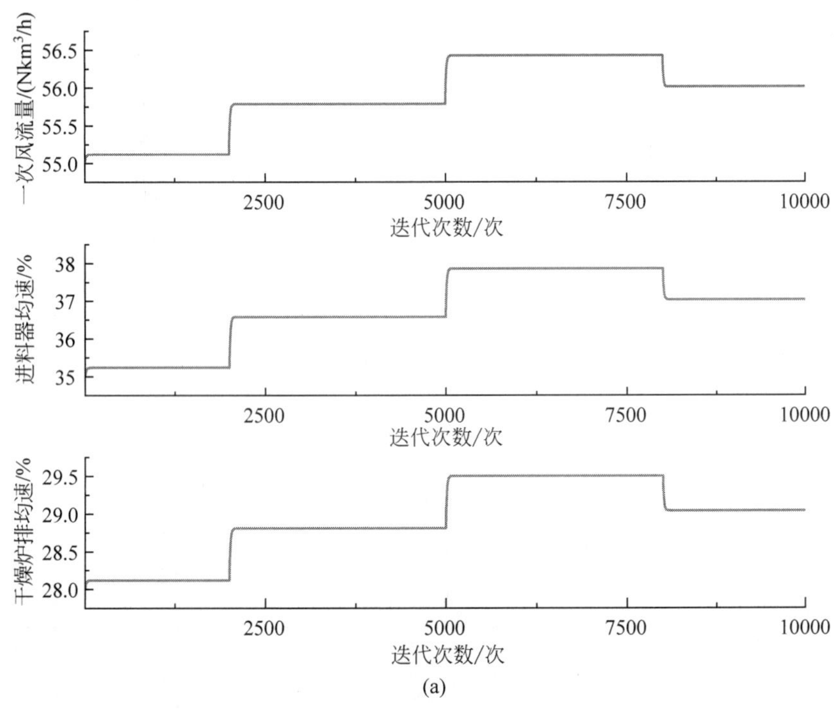

(a)

图 7.9 SNA-PID 控制器输出

(a) 炉膛温度控制器输出；(b) 蒸汽流量控制器输出；(c) 烟气含氧量控制器输出

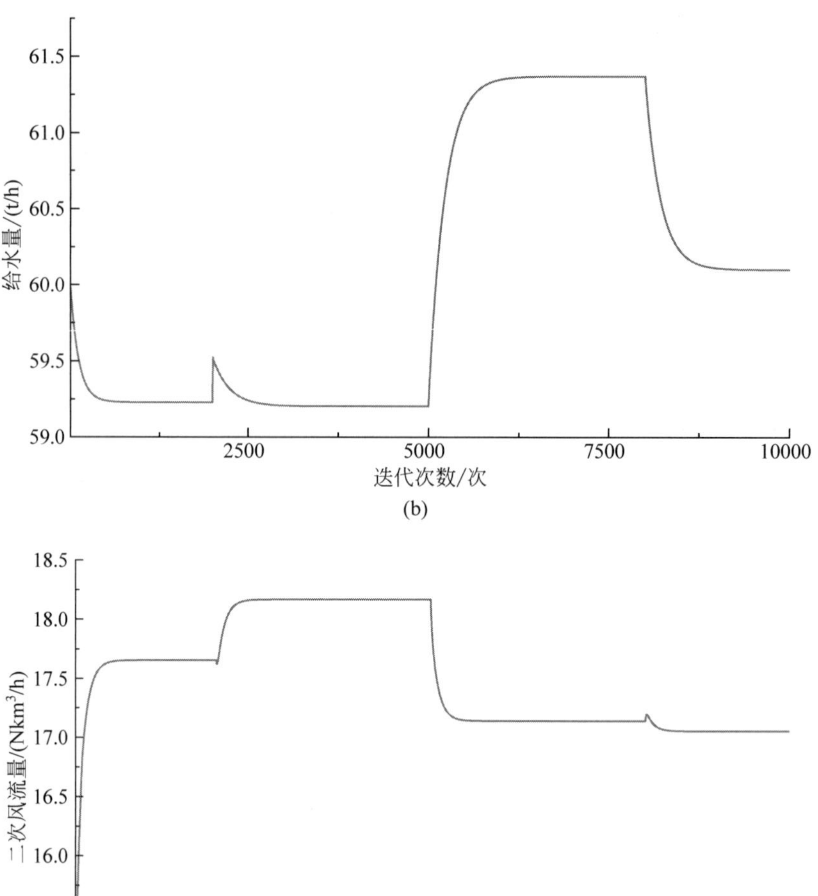

图 7.9(续)

此处利用 ISEIAE 和 DEV^{max} 评估控制器性能。

指标变化曲线如图 7.11 和图 7.12 所示,统计结果如表 7.7 所示。

表 7.7 控制器指标统计结果

被控变量	控制器	IAE	ISE	DEV^{max}
FT	SNA-PID	0.3015	0.0498	15
	PID	1.2744	0.1970	15
BSF	SNA-PID	0.0049	0.0203	1.4194
	PID	0.0139	0.0512	1.3999
OX	SNA-PID	0.0010	0.0061	0.3991
	PID	0.0015	0.0093	0.3991

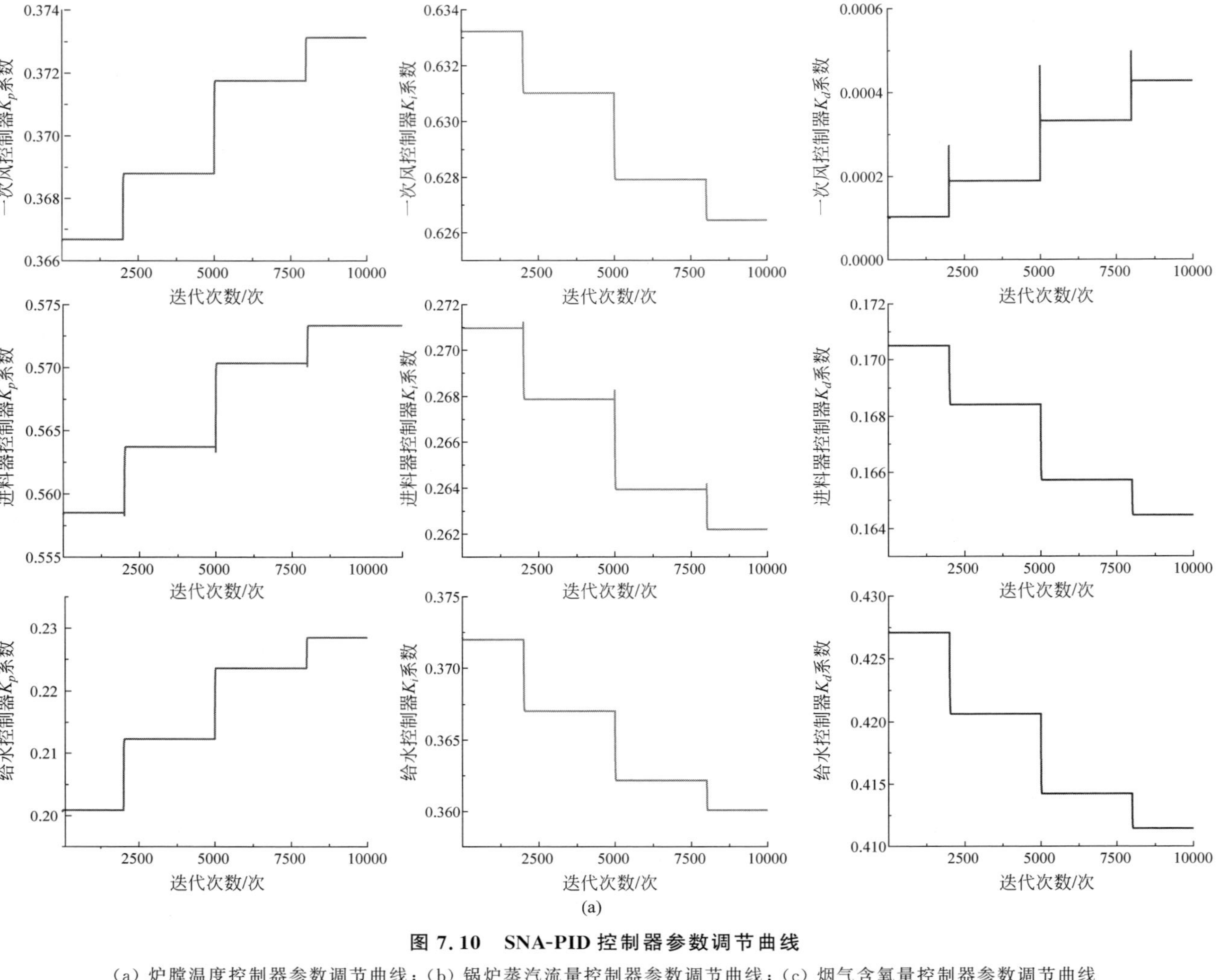

图 7.10　SNA-PID 控制器参数调节曲线

(a) 炉膛温度控制器参数调节曲线；(b) 锅炉蒸汽流量控制器参数调节曲线；(c) 烟气含氧量控制器参数调节曲线

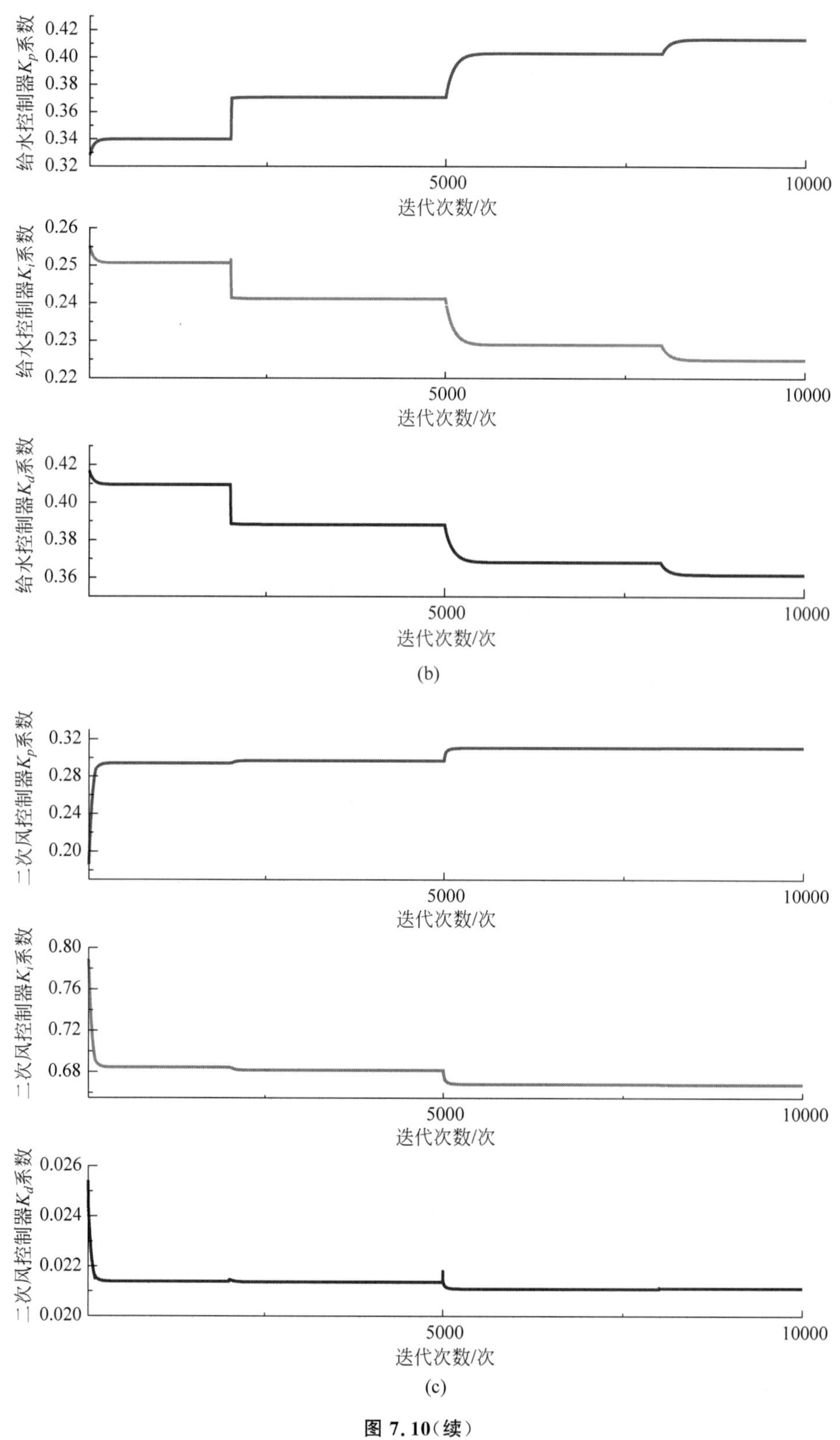
给水控制器K_p系数
0.42
0.40
0.38
0.36
0.34
0.32
5000
10000
迭代次数/次
给水控制器K_i系数
0.26
0.25
0.24
0.23
0.22
5000
10000
迭代次数/次
给水控制器K_d系数
0.42
0.40
0.38
0.36
5000
10000
迭代次数/次
(b)
二次风控制器K_p系数
0.32
0.28
0.24
0.20
5000
10000
迭代次数/次
二次风控制器K_i系数
0.80
0.76
0.72
0.68
5000
10000
迭代次数/次
二次风控制器K_d系数
0.026
0.024
0.022
0.020
5000
10000
迭代次数/次
(c)

图 7.10（续）

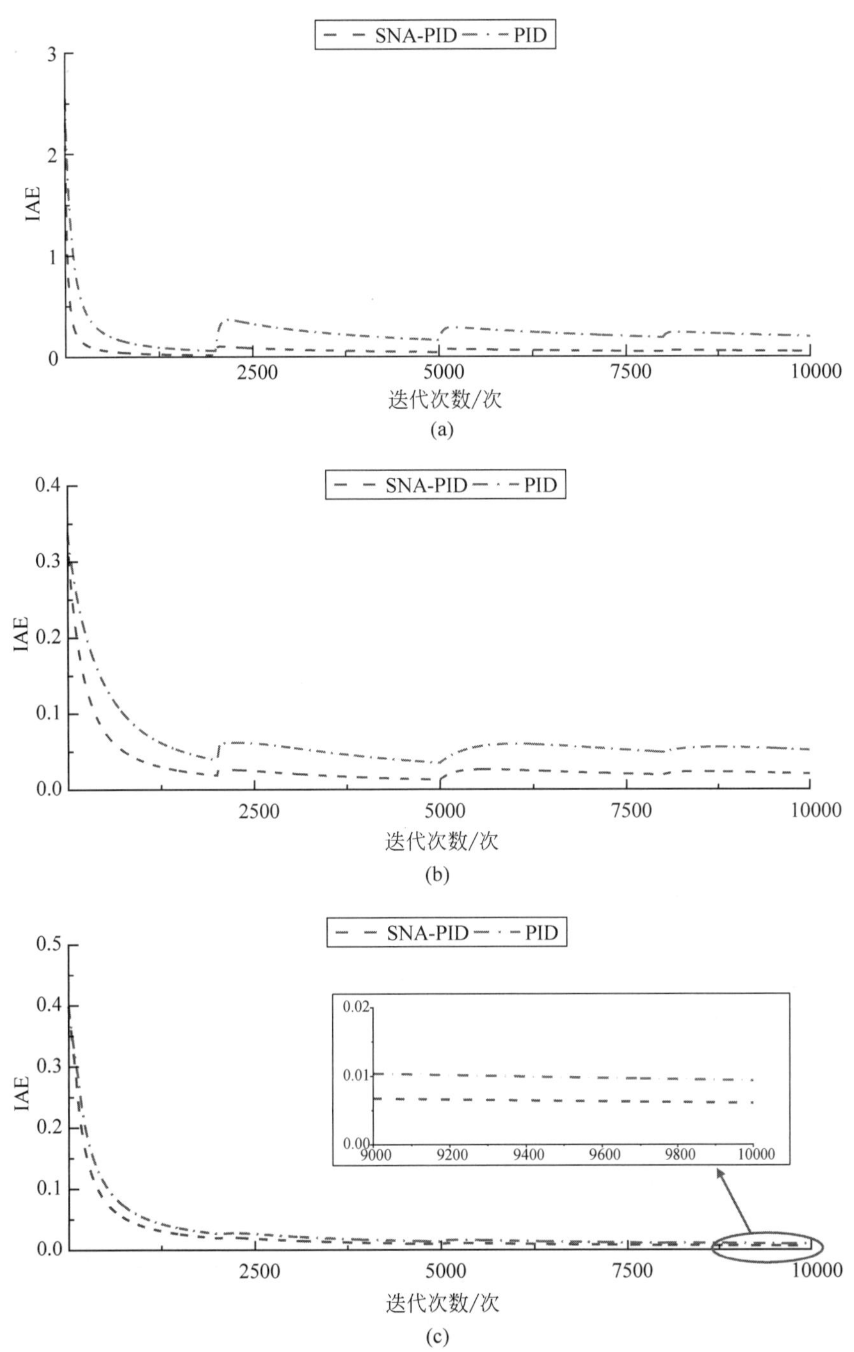

图 7.11　IAE 指标变化曲线

(a) 炉膛温度 IAE 指标变化曲线；(b) 蒸汽流量 IAE 指标变化曲线；(c) 烟气含氧量 IAE 指标变化曲线

由指标变化曲线和统计结果可知，SNA-PID 控制器虽然在 DEV^{max} 指标上表现较差，但在 IAE 和 ISE 指标上的精度更高。原因在于，SNA-PID 控制器通过误差及控制器参数不断调节其输出，进而获得更快的调节速度；在面对设定值变化时误差较大，SNA-PID 控制器在参数未改变的情况下使得控制器输出的幅度较大，从而导致 DEV^{max} 指标相比于

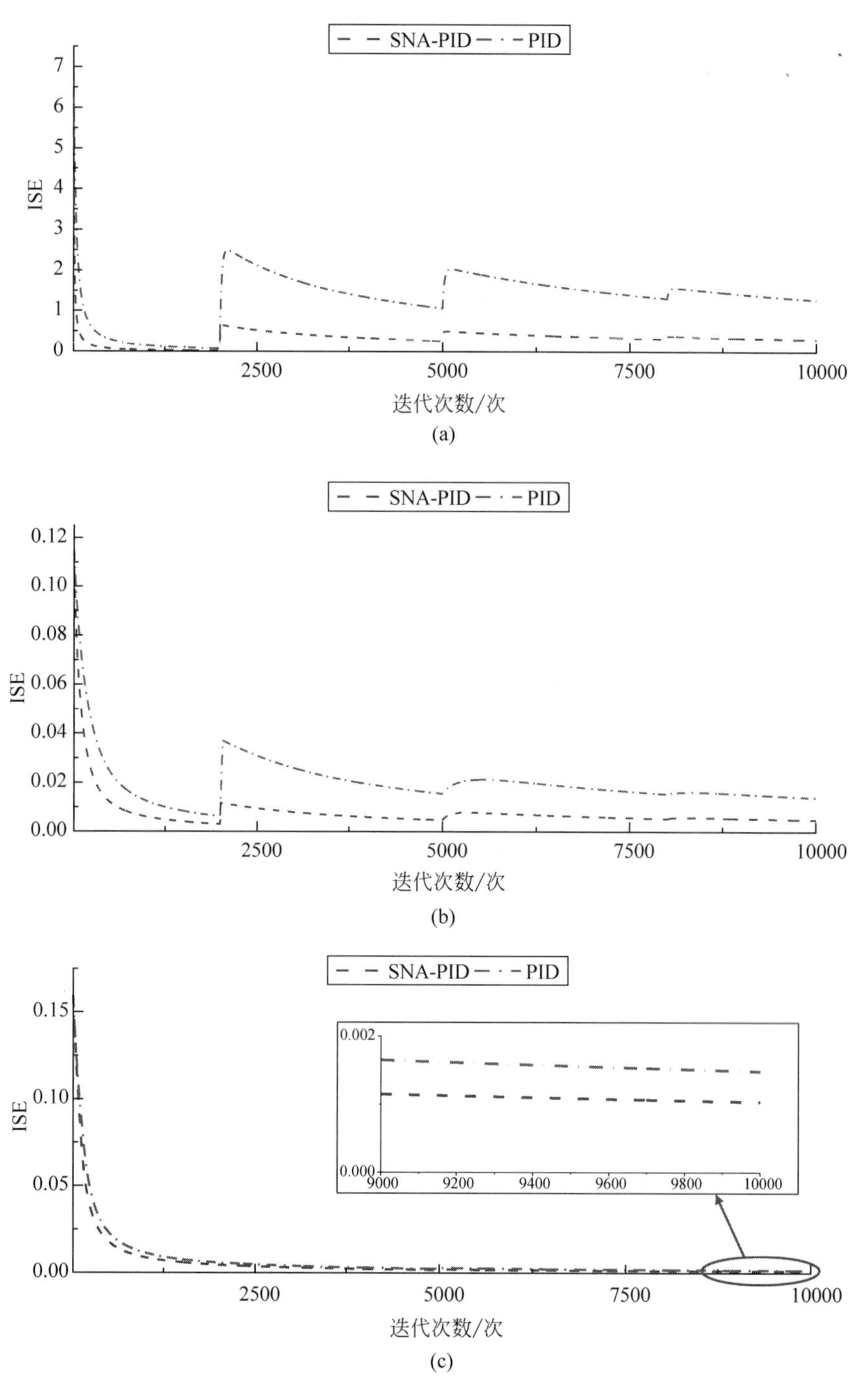

图 7.12 ISE 指标变化曲线

(a) 炉膛温度 ISE 指标变化曲线；(b) 蒸汽流量 ISE 指标变化曲线；(c) 烟气含氧量 ISE 指标变化曲线

PID 控制器表现更差。

3. 多目标优化系统结果

本节对污染物排放浓度进行归一化处理后求和以作为综合污染物排放浓度，利用

IMOPSO 算法和 MOPSO 算法求解被控变量的优化设定值，相关参数如下：种群数量为 200，外部档案粒子上限为 200，迭代次数为 500，惯性因子为 0.9，学习因子 $c_1=c_2=2$，网格个数为 20，变异率为 0.5，粒子最大速度为 [1,0.1,0.1]，迭代终止条件 e_{stop} 为 0.0001。求解结果如图 7.13 所示。

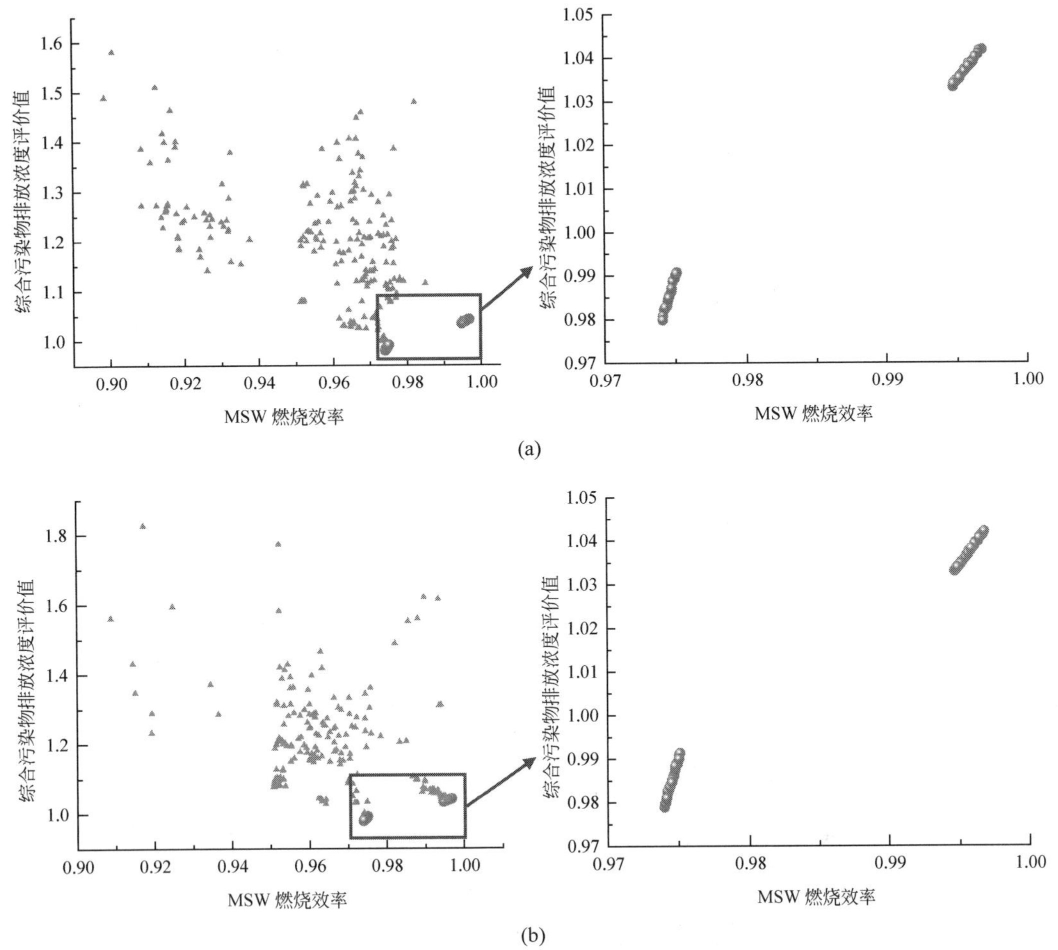

图 7.13 多目标优化求解结果

(a) IMOPSO 算法；(b) MOPSO 算法

由图 7.13 可知，① 对于帕累托前沿而言，二者的求解结果相似，表明此处所提 IMOPSO 算法能够实现对 MSWI 过程多目标优化问题的求解；②对于种群分布而言，相比于 IMOPSO 算法，MOPSO 算法迭代结束后种群多聚集于帕累托前沿附近，原因在于随迭代次数的增多，种群逐渐趋向于全局最优。因此，此处所提 IMOPSO 算法在减少迭代时间的同时能够准确求解帕累托前沿，具有更强的工程应用意义。

4. 性能分析

采用不同优化控制策略对 MSWI 过程进行求解，运行 30 次的统计结果如表 7.8 所示。

表 7.8 不同优化控制策略统计结果

方　法	γ_{CO}	γ_{CO_2}	γ_{NO_x}	CE	迭代次数
MOPSO+PID	3.3582±0.51425	129.62±0.69349	153.98±119.40	97.477%±0.27279%	500 次
MOPSO+SNA-PID	3.3582±0.51425	129.62±0.69349	153.98±119.40	97.477%±0.27279%	500 次
IMOPSO+PID	3.2901±0.42708	129.52±0.53452	153.56±124.82	97.524%±0.23052%	307 次
IMOPSO+SNA-PID	3.2901±0.42708	129.52±0.53452	153.56±124.82	97.524%±0.23052%	307 次

注：污染物排放浓度单位均为 mg/Nm^3。

由表 7.8 可知，所采用的 IMPSO+SNA-PID 优化控制策略能够降低污染物排放浓度，MSW 燃烧效率虽略差，但在实际应用中可以接受，同时相比于其他策略优化求解时间更短，更适于为领域专家提供指导。

7.2.5 平台验证

7.2.5.1 实物连接图

系统验证需要结合多入多出回路控制系统进行，温度被控对象模型需要布置在过程对象计算机内。本节利用软硬件结合的方式实现了平台中数据传输的物理隔离功能，同时开发优化软件系统搭载相应算法验证了所提系统的有效性，包括多入多出回路控制系统的实物如图 7.14 所示。

图 7.14 基于多目标 PSO 寻优多控制回路设定值的智能优化控制系统实物图

7.2.5.2 运行优化模块软件图

运行优化模块的前台界面如图 7.15～图 7.16 所示。

如图 7.15 和图 7.16 所示，该软件系统基于本章所描述的智能优化控制方法开发完成。首先，通过采集数据采集正向隔离模块中的过程数据实现对虚拟 MSWI 过程的监控作用；其次，利用内嵌的智能优化控制算法分别求解和计算炉膛温度、烟气含氧量、蒸汽流量的最优设定值和一次风流量、进料器均速、干燥炉排均速、给水量、二次风流量的输出，通过

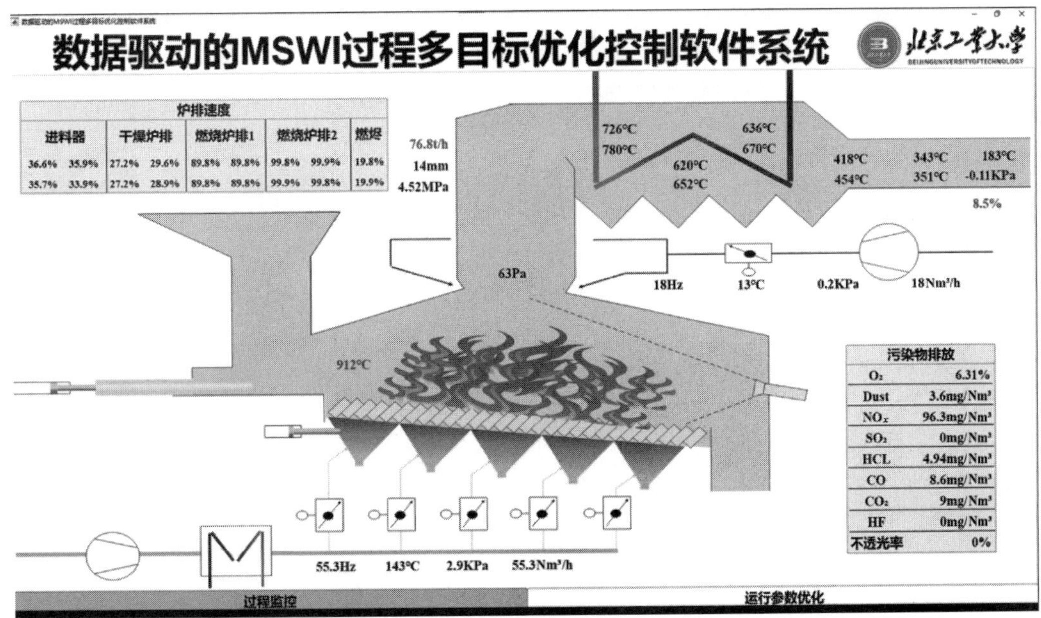

图 7.15　基于多目标 PSO 寻优多控制回路设定值的智能优化控制软件系统前台界面 1

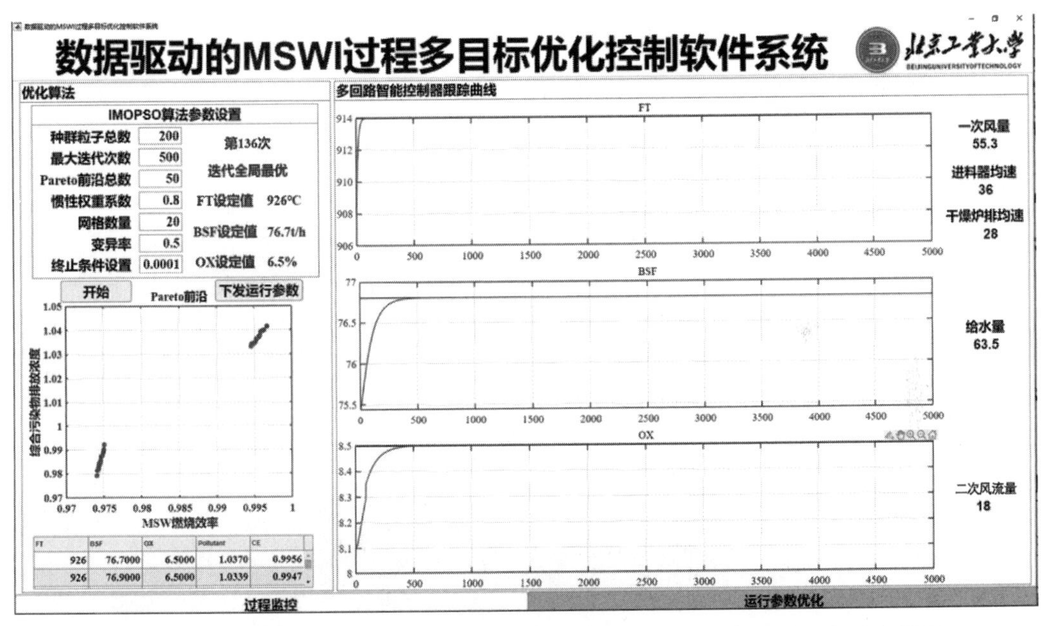

图 7.16　基于多目标 PSO 寻优多控制回路设定值的智能优化控制软件系统前台界面 2

运行参数反向传输模块后下装至多入多出回路控制系统以实现 MSWI 过程的运行优化。

7.2.5.3　运行参数辅助决策模块软件图

运行参数辅助决策模块的运行参数反向接收服务器前台界面和运行参数 OCR 计算机识别界面如图 7.17 和图 7.18 所示。

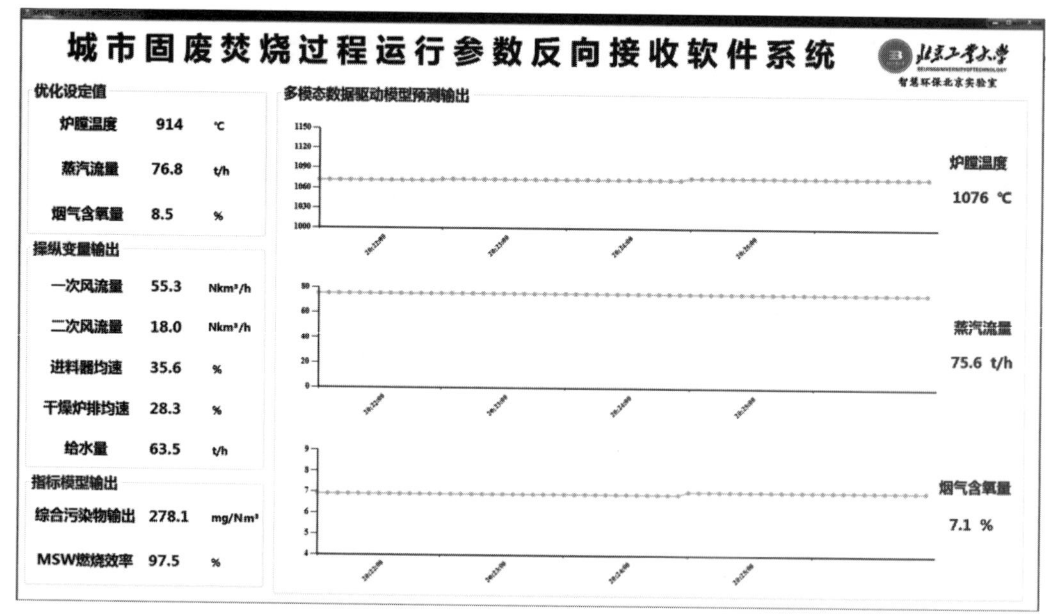

图 7.17 基于多目标 PSO 寻优多控制回路设定值的运行参数辅助决策模块的运行参数反向接收服务器前台界面

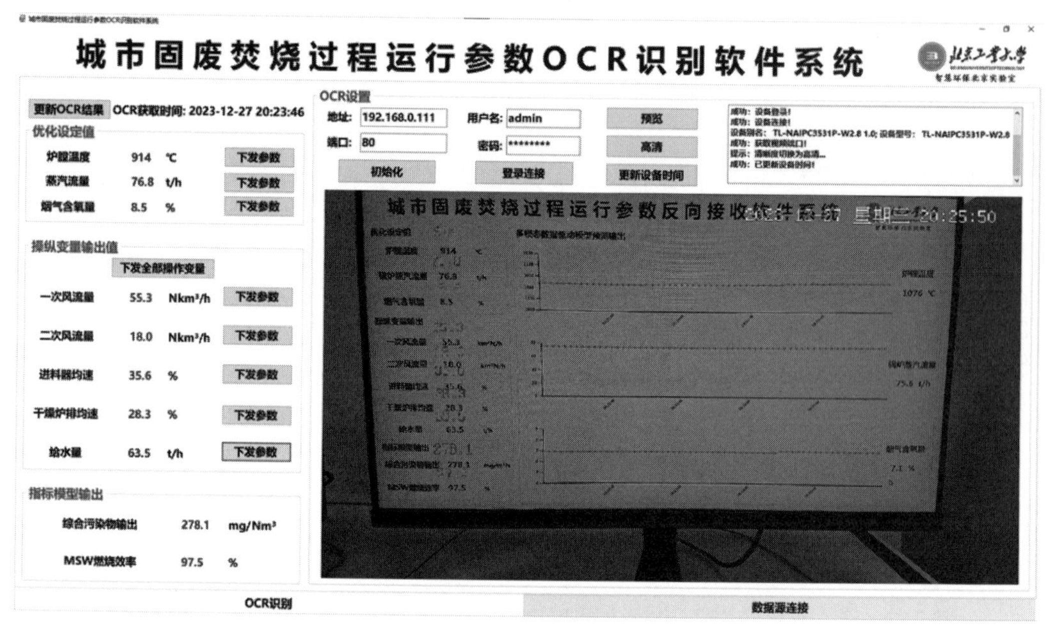

图 7.18 基于多目标 PSO 寻优多控制回路设定值的运行参数辅助决策模块的运行参数 OCR 计算机识别前台界面

7.2.5.4 过程监控模块软件图

此处与 4.3 节的多入多出回路控制系统采用的是相同的硬件，只给出监控模块软件的前台界面，如图 7.19 所示。

由图 7.19 可知，该界面是在 4.3 节所开发的界面上实现的，炉膛温度相较于锅炉蒸汽

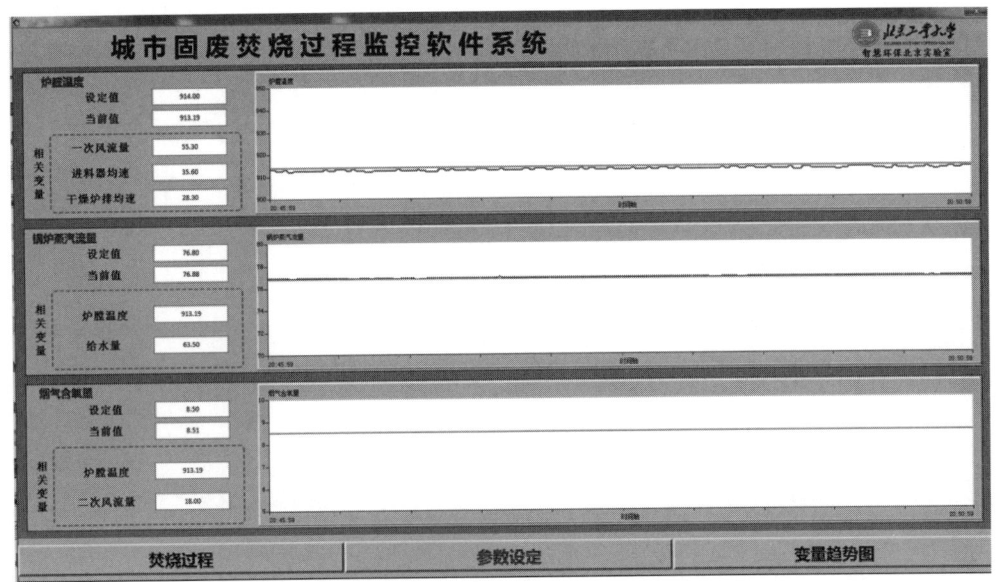

图 7.19 基于多目标 PSO 寻优多控制回路设定值的监控模块软件前台界面

流量和烟气含氧量存在更大的变化。

7.2.5.5 回路控制模块软件图

此处采用的是神经元 PID，在监控计算机中实现，在 PLC 中只用于传递操纵变量的输出，故此处无软件界面。

7.2.5.6 虚拟执行机构计算机软件图

此处与 4.3 节的多入多出回路控制系统采用的是相同的硬件，只给出虚拟执行机构计算机软件的前台界面，如二次风量和炉排速度对应的执行机构图 7.20 和图 7.21 所示。

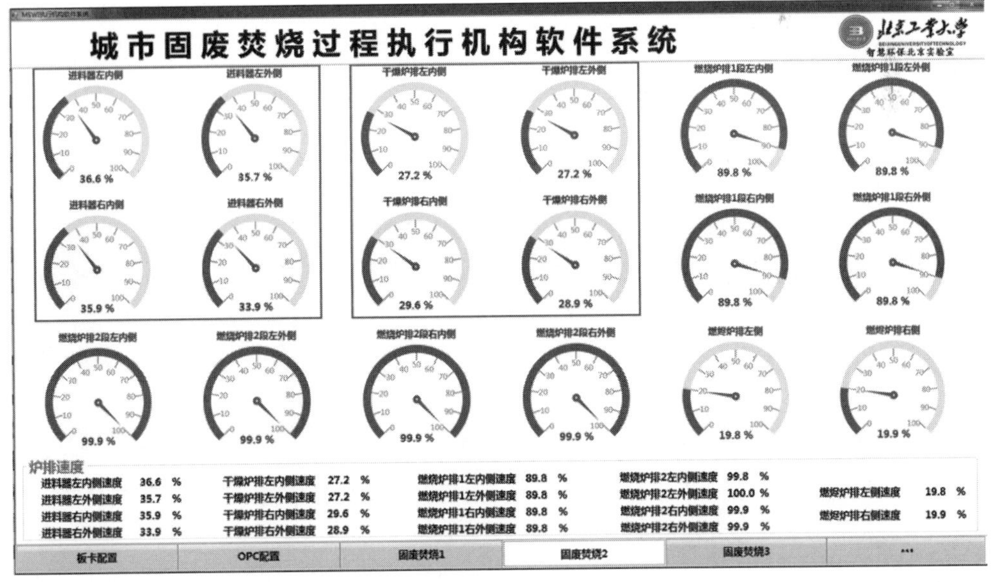

图 7.20 基于多目标 PSO 寻优多控制回路设定值的虚拟执行机构计算机软件前台界面 1

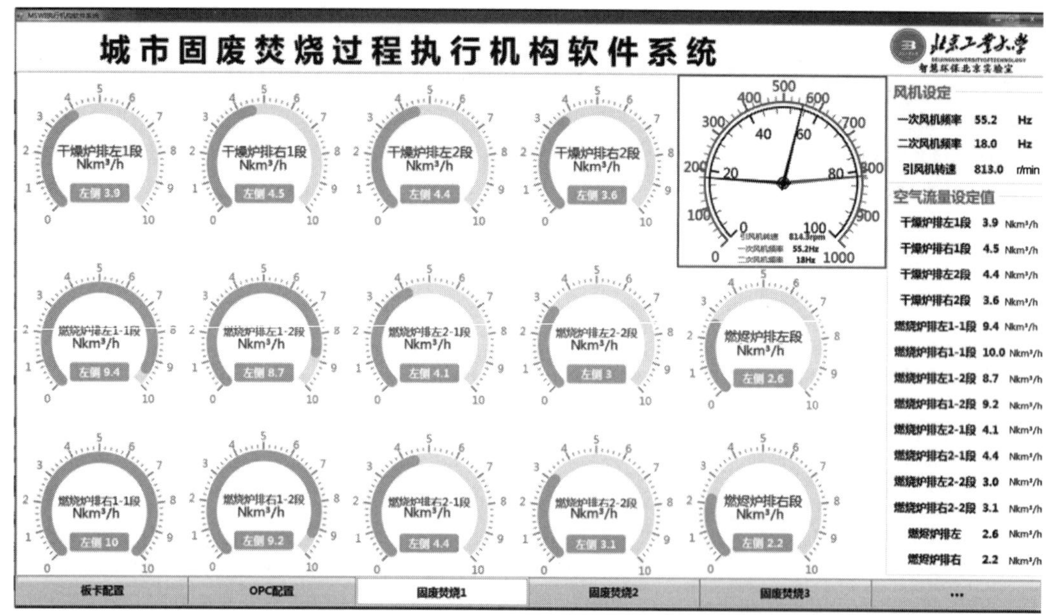

图 7.21　基于多目标 PSO 寻优多控制回路设定值的虚拟执行机构计算机软件前台界面 2

7.2.5.7　虚拟过程对象计算机软件图

此处与 4.3 节的多入多出回路控制系统采用的是相同的硬件，只给出虚拟过程对象计算机软件的前台界面，如图 7.22 所示。

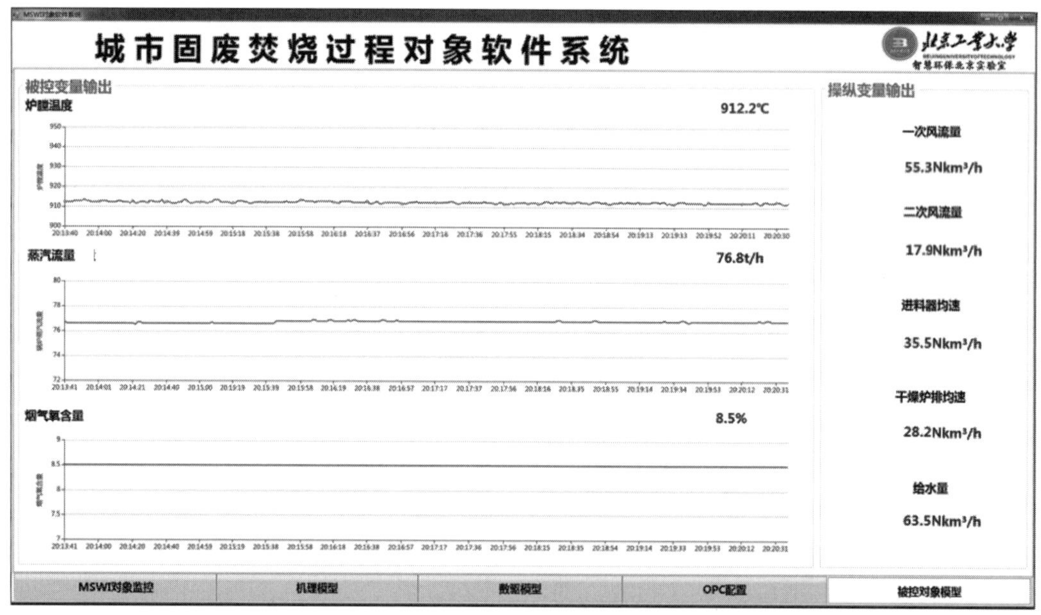

图 7.22　基于多目标 PSO 寻优多控制回路设定值的虚拟过程对象计算机软件前台界面

7.2.5.8　虚拟仪表装置计算机软件图

此处与 4.3 节的多入多出回路控制系统采用的是相同的硬件，只给出虚拟仪表装置计算机软件的前台界面，如图 7.23 所示。

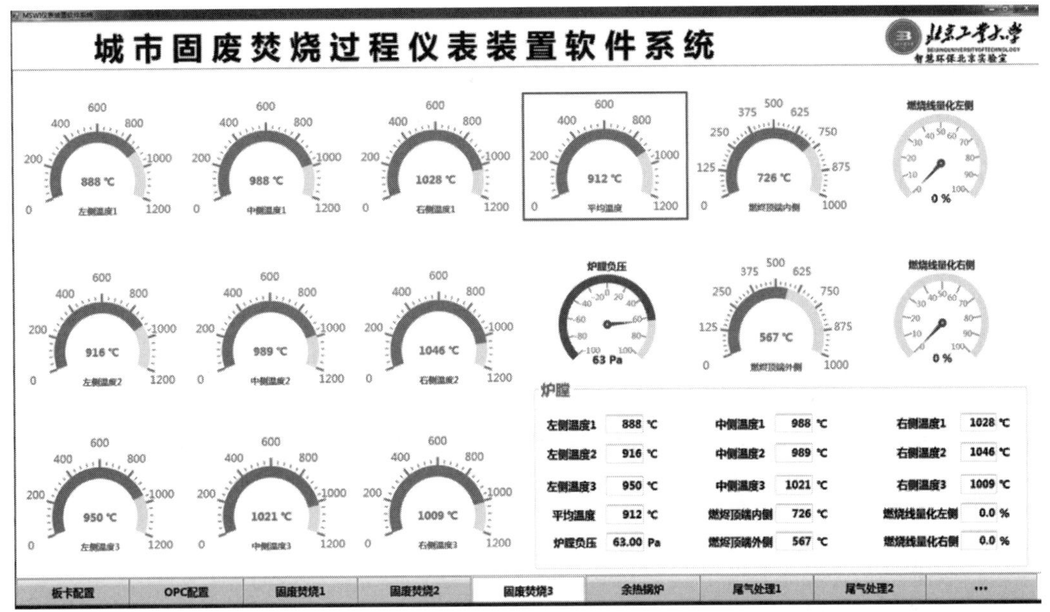

图 7.23　基于多目标 PSO 寻优多控制回路设定值的虚拟仪表装置计算机软件前台界面

7.3　未来展望

基于仿真平台安全隔离与优化控制系统的智能优化算法及其软硬件系统，在经过实验室场景验证后移植至工业现场的关键是，如何确保优化值反向传输的完全无扰和如何得到现场领域专家的逐步信任并能够以可控的形式下装至 PLC/DCS 系统。此外，考虑到 PID 控制器在众多工业过程占比 99%的霸主地位，智能优化算法有望比智能控制算法更早地在现场实现落地应用。

参 考 文 献

[1]　王天峥，汤健，夏恒，等. 多模态数据驱动的城市固废焚烧过程验证平台设计与实现[J]. 中国电机工程学报，2022，42(12)：1-12.

[2]　XIA H，TANG J，ALJERF L，et al. Investigation on dioxins emission characteristic during complete maintenance operating period of municipal solid waste incineration[J]. Environmental Pollution，2023，318：120949.

[3]　夏恒，汤健，崔璨麟，等. 基于宽度混合森林回归的城市固废焚烧过程二噁英排放软测量[J]. 自动化学报，2022，48(2)：1-23.

[4]　MENG X，TANG J，QIAO J F. NO_x emissions prediction with a brain-inspired modular neural network in municipal solid waste incineration processes[J]. IEEE Transactions on Industrial Informatics，2022，

18(7)：4622-4631.

[5] 周平，张丽，李温鹏，等. 集成自编码与 PCA 的高炉多元铁水质量随机权神经网络建模[J]. 自动化学报，2018，44(10)：1799-1811.

[6] 柴天佑. 生产制造全流程优化控制对控制与优化理论方法的挑战[J]. 自动化学报，2009，35(6)：641-649.

[7] SILVIA B，ASTOLFI A. Modeling and control of a waste-to-energy plant[J]. IEEE Control Systems Magazine，2010，30(3)：27-37.

[8] 唐振浩，张宝凯，曹生现，等. 基于多模型智能组合算法的锅炉炉膛温度建模[J]. 化工学报，2019，70(S2)：301-310.

[9] 沈凯，陆继东，昌鹏，等. 垃圾焚烧炉炉温控制模糊神经网络模型研究[J]. 燃烧科学与技术，2004，10(6)：516-520.

[10] SUN J，MENG X，QIAO J F. Prediction of oxygen content using weighted PCA and improved LSTM network in MSWI process[J]. IEEE Transactions on Instrumentation and Measurement，2021，70(1)：1-12.

[11] 严爱军，胡开成. 城市生活垃圾焚烧炉温控制的多目标优化设定方法[J]. 控制理论与应用，2022，39(8)：1529-1540.

[12] 丁海旭，汤健，夏恒，等. 基于 TS-FNN 的城市固废焚烧过程 MIMO 被控对象建模[J]. 控制理论与应用，2022，39(8)：1529-1540.

[13] 何海军，蒙西，汤健，等. 基于 ET-RBF-PID 的城市固废焚烧过程炉膛温度控制方法[J]. 控制理论与应用，2022，39(9)：1-13.

[14] DING H X，TANG J，QIAO J F. MIMO modeling and multi-loop control based on neural network for municipal solid waste incineration[J]. Control Engineering Practice，2022，127：105280.

[15] 孙剑，蒙西，乔俊飞. 城市固废焚烧过程烟气含氧量自适应预测控制[J]. 自动化学报，2022，48(3)：1-13.

[16] 丁晨曦，严爱军，王殿辉. 城市生活垃圾焚烧过程二次风量智能优化设定方法[J]. 控制与决策，2023，38(1)：1-9.

[17] 夏恒. 城市生活垃圾焚烧过程风量智能设定方法及仿真平台研发[D]. 北京：北京工业大学，2020.

[18] HAN H G，LIU Z，LU W，et al. Dynamic MOPSO-based optimal control for wastewater treatment process[J]. IEEE Transactions on Cybernetics，2021，51(5)：2518-2528.

[19] 谢世文，谢永芳，李勇刚，等. 湿法炼锌沉铁过程氧化速率优化控制[J]. 自动化学报，2015，41(12)：2036-2046.

[20] 乔俊飞，汤健，蒙西，等. 城市固废焚烧过程智能优化控制[M]. 北京：化学工业出版社，2023.

第 8 章

仿真平台多模态数据采集和数据正向采集隔离模块的工业现场移植应用

8.1 引言

为获取 MSWI 过程中的多模态数据以支撑智能建模、控制与优化算法的研究，将本仿真平台中多模态数据采集系统中的多模态数据采集模块和安全隔离与优化控制系统中的数据正向采集隔离模块相结合后，移植与应用于北京某 MSWI 电厂，实现了对 DCS 内网系统的无扰数据采集与存储。

本章在对工业现场进行简要概述的基础上，描述了基于移植的多模态数据实时采集系统的构建过程、实现过程及测试过程，给出了针对北京某 MSWI 电厂的应用架构，并对其未来应用进行了展望。

8.2 工业现场概述

北京市某 MSWI 电厂配置了日处理量为 800t 的焚烧-余热锅炉和凝汽式汽轮发电机组，其设计连续运行时间每年不低于 8000h。焚烧炉采用国外进口 SN 型往复顺推式炉排炉，余热锅炉采用中压单汽包自然循环锅炉。MSW 主要来自北京市区的居民住宅区、企事业单位、饭店、学校、清扫区等公共场所，平均含水率为 40%～60%。

MSWI 工艺流程的描述详见本书 2.2 节，该厂 DCS 系统的网络配置结构如图 8.1 所示。

在图 8.1 中：

(1) 工程师站是对 DCS 进行离线的配置、组态等工作和在线的系统监督、控制、维护等工作的网络节点，其主要功能是对 DCS 进行组态、配制工具软件、实时监视 DCS 网络各节点的运行情况，使系统工程师能够及时调整系统配置和设定系统参数，目的是使 DCS 保证

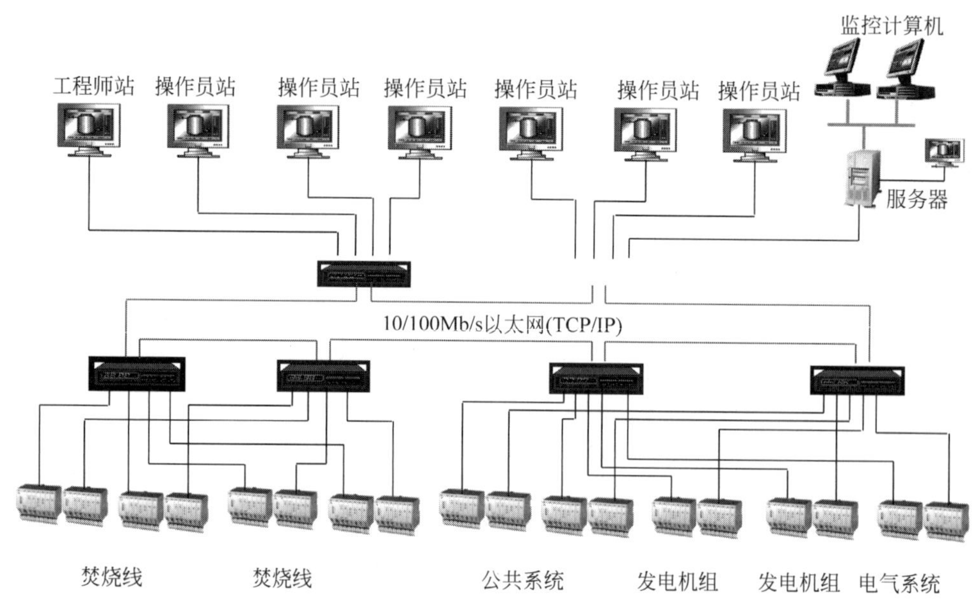

图 8.1 北京某 MSWI 电厂的 DCS 系统的网络配置结构图

长时间连续运行在最佳工作状态下，具体功能包括硬件配制组态、数据库组态、控制回路组态、逻辑控制及批控制组态、控制算法语言组态、操作员站显示画面生成、报表生成组态、操作安全保护组态及组态数据的编译和下装。

(2) 操作员站由 PC 机或工作站、工业键盘、人机界面和控制台组成。工业键盘主要根据系统的功能用途及应用现场的要求进行设计和安排。操作员的工作基本是通过 CRT、工业键盘和鼠标完成的。

(3) 服务器配置双网卡，能够采集 DCS 系统的数据，供外部参观或学习用的监控计算机获取查询数据，同时实现网段的隔离。

(4) 监控计算机，用于外部参观或学习，其不具有任何操作权限。

8.3 多模态数据实时采集系统结构

此处通过移植方式构建的多模态数据实时采集系统是上文所述的“工业现场数据采集与工艺参数建模系统”中的 M13-数据正向采集隔离模块和 M2-多模态数据采集模块的组合。

8.3.1 过程数据实时采集系统

数据正向采集隔离采用单向传输功能实现与真实 MSWI 过程的隔离式数据采集功能，避免智能算法的测试与验证对实际工业过程造成的干扰，该过程可表示为

$$\boldsymbol{D}_{\text{IsoAcq}} = f_{\text{Acq}}(S_{\text{tag}}, T_{\text{Acq}}, \text{IP}_{\text{Acq}}^{\text{In}}, \text{IP}_{\text{Acq}}^{\text{Out}}, \text{Read}) \tag{8.1}$$

其中，$\boldsymbol{D}_{\text{IsoAcq}}$ 表示采集得到的过程数据；S_{tag} 表示设置的采集点位集合；T_{Acq} 表示采集时间间隔；$\text{IP}_{\text{Acq}}^{\text{In}}$ 和 $\text{IP}_{\text{Acq}}^{\text{Out}}$ 分别表示 DCS 内网端和数据采集外网端的数据采集与发送的 IP 地

址；Read 表示数据仅可单向传输(仅可读)。

基于正向隔离的数据采集系统包括内网数据中转机、内网隔离发送机、外网隔离接收机、外网数据存储机 4 个模块，其结构如图 8.2 所示。

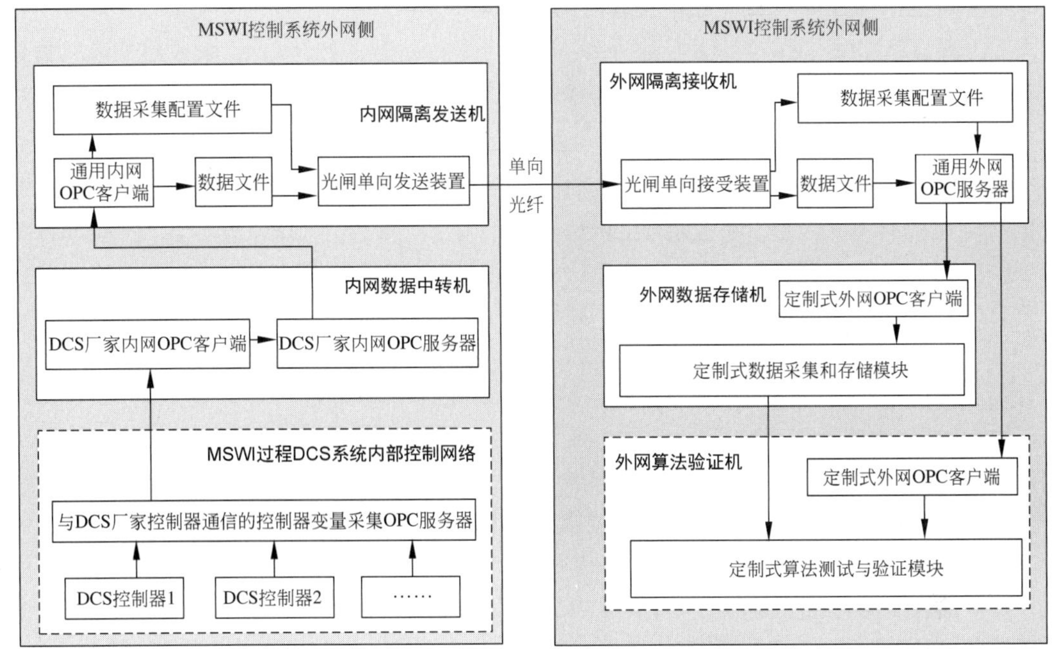

图 8.2　基于正向隔离的数据采集系统结构图

如图 8.2 所示，此处将进行 MSWI 过程控制的 DCS 系统称为 MSWI 控制系统内网侧，将与之对应的通过单向光纤隔离的数据采集端称为 MSWI 控制系统外网侧。相应地，内网侧的数据采集流程是：通过"DCS 厂家内网 OPC 客户端"从与 DCS 厂家控制器通信的"控制器变量采集 OPC 服务器"采集不同 DCS 控制器内的过程变量，并将其通过"DCS 厂家内网 OPC 服务器"提供转发服务，进一步则通过"通用内网 OPC 客户端"将数据采集配置文件和包含过程变量的数据文件传递给"光闸单向发送装置"。外网侧的数据采集流程是："光闸单向接收装置"通过单向光纤获取来自 MSWI 控制系统内网侧的数据采集配置文件和数据文件，将来自内网的过程变量通过"通用外网 OPC 服务器"以 OPC 服务器的形式提供转发服务，进一步通过"定制式外网 OPC 客户端"对这些过程变量进行数据采集和存储。MSWI 控制系统的内网侧和外网侧通过单向光纤实现绝对物理隔离的数据传递。此外，图中画虚线的"外网算法验证机"为离线研究的建模、控制和优化等先进算法预留了功能。

不同模块的功能及实现具体如下。

8.3.1.1　内网数据中转机

通过"DCS 厂家内网 OPC 客户端"采集 MSWI 过程中 DCS 厂家内部控制网络中不同控制器的过程变量，并通过 DCS 厂家自身提供的 OPC 软件以 OPC 服务器的形式对外提供所采集的过程变量，进而避免"内网隔离发送机"直接采集 DCS 系统不同控制器中的过程变量，有效避免了对 MSWI 过程 DCS 系统控制性能的影响。具体步骤如下。

(1) 基于 DCS 厂家自身控制网络软硬件，通过“DCS 厂家内网 OPC 客户端”连接与 DCS 厂家控制器进行通信的“控制器变量采集 OPC 服务器”；

(2) 添加过程变量分组名称和设定过程变量的采样周期；

(3) 通过添加数据项实现过程变量的选择性添加；

(4) 通过“DCS 厂家内网 OPC 服务器”将所选择的过程变量以 OPC 服务器的形式提供转发服务，供“内网隔离发送机”的“通用内网 OPC 客户端”进行数据采集。

8.3.1.2 内网隔离发送机

采用“通用内网 OPC 客户端”(此处的通用是指能够识别和采集不同类型 DCS 厂家开发的符合工业标准的 OPC 服务器上的数据)对“DCS 厂家内网 OPC 服务器”数据进行采集，包括选择 OPC 服务器，过程变量分组、命名和采样时间设置，数据采集配置文件和数据文件存储，以及通过“光闸单向发送装置”利用单向光纤向外网传输数据等功能。具体步骤如下。

(1) 通过与“内网数据中转机”在同一网段的本机 IP 地址和端口号登录；

(2) 通过“内网数据中转机”的 IP 地址登录至“内网数据中转机”，并选择相应的 OPC 版本和 OPC 服务器；

(3) 添加过程变量分组名称和过程变量的采样周期；

(4) 通过添加数据项添加“内网数据中转机”上的过程变量；

(5) 检查全部过程变量与“内网数据中转机”上的过程变量的一致性，并进行数据采集配置文件的保存；

(6) 将上述配置文件发送到外网端。

8.3.1.3 外网隔离接收机

基于“光闸单向接收装置”，通过单向光纤接收来自“内网隔离发送机”的过程变量和数据采集配置文件，并基于符合工业标准的“通用外网 OPC 服务器”以 OPC 服务的形式提供数据服务。具体步骤如下。

(1) 登录“外网隔离接收机”，并设置名称和外网 IP 地址；

(2) 设置“外网隔离接收机”通信参数；

(3) 在“外网隔离接收机”上开启“内网隔离发送机”的 OPC 服务；

(4) 将在“内网隔离发送机”上发送的“数据采集配置文件”下载到“外网隔离接收机”，导入数据文件，进而获得在内网侧配置采集的过程变量；

(5) 将所采集的过程变量通过转发和启动 OPC 服务，并基于“通用外网 OPC 服务器”实现以 OPC 服务的形式提供数据服务；

(6) 对“内网隔离发送机”和“外网隔离接收机”上的过程变量进行校验，以保证内外网间的过程变量传输的正确性。

8.3.1.4 外网数据存储机

支持多种形式的符合工业标准的“定制式外网 OPC 客户端”，在“通用外网 OPC 服务器”以按照各自研究任务所需的采样速率和配置在“定制式数据采集和存储模块”进行过程数据的采集和存储，为离线数据分析和离线研究建模、控制与优化等先进算法提供数据支撑。具体步骤如下。

(1) 通过外网 IP 地址登录“外网隔离接收机”，选择 OPC 版本和 OPC 服务器；

(2) 基于“定制式外网 OPC 客户端”在“通用外网 OPC 服务器”上，按照各自研究任务的需求添加过程变量的分组名称并设定采样周期；

(3) 按照各自研究任务的需求选择过程变量；

(4) 在“定制式数据采集和存储模块”设定所选择过程变量的存储参数；

(5) 将过程变量按照所选择格式进行存储。

由上可知，过程数据实时采集系统是以单向的物理隔离方式进行数据采集的系统，在 MSWI 电厂的 DCS 控制系统所在的内网侧采用“内网数据中转机”进行所需采集过程变量的配置，避免了直接采集 DCS 系统控制器中的过程变量而造成对 DCS 控制系统性能的影响；“内网隔离发送机”的操作完全独立于外网和第三方配置设备，配置文件通过单向光纤发送装置以硬件隔离的方式向外网传输；“外网隔离接收机”作为相对独立的 OPC 服务器向外提供数据服务，保证了数据采集设备运行的安全性和可靠性；“外网数据存储机”支持定制式外网 OPC 客户端的多种数据采集和存储方式，保证了不同类型研究任务对过程变量类型和采样速率的多样化需求；“外网算法验证机”通过定制化的外网 OPC 客户端和定制式算法验证模块，为离线研究的 MSWI 电厂建模、控制和优化等先进算法的完善提供了有效支撑。

8.3.2　火焰图像实时采集系统

火焰图像实时采集通过连接到 MSWI 电厂视频信号柜的同轴电缆和安装在多模态数据采集计算机内的视频采集卡采集左炉排和右炉排的火焰图像，结构如图 8.3 所示，该过程可表示为

$$\{P_{\mathrm{L}},P_{\mathrm{R}}\}=f_{\mathrm{Fire}}(P_{\mathrm{Online}}^{\mathrm{L}},P_{\mathrm{Oline}}^{\mathrm{R}},T_{\mathrm{Get}}^{\mathrm{Fire}}) \tag{8.2}$$

其中，P_{L} 和 P_{R} 分别表示实时采集的左炉排和右炉排火焰图像；$P_{\mathrm{Online}}^{\mathrm{L}}$ 和 $P_{\mathrm{Online}}^{\mathrm{R}}$ 分别表示左炉排和右炉排实时的火焰视频；$T_{\mathrm{Get}}^{\mathrm{Fire}}$ 表示采集时间间隔。

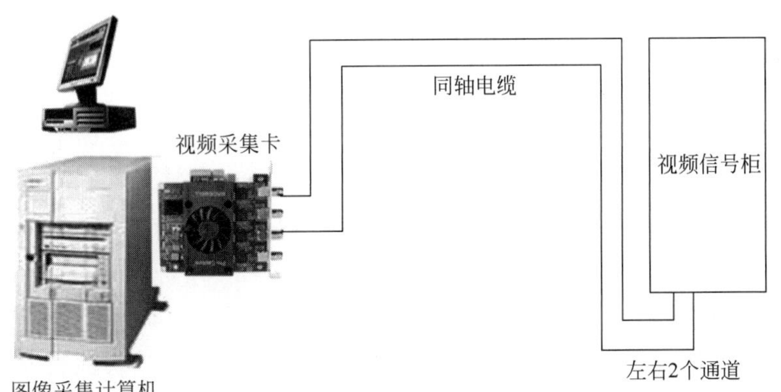

图 8.3　火焰图像实时采集系统结构图

如图 8.3 所示，采用视频采集卡和 PC 机采集焚烧炉左、右共 2 个通道的火焰图像，通过同轴电缆连接视频信号柜内的火焰图像输出接口和安装于 PC 机内的采集卡。

8.4 多模态数据实时采集系统实现

8.4.1 过程数据采集实现

8.4.1.1 硬件连接

基于正向隔离的数据采集系统的硬件连接图如图 8.4 所示。

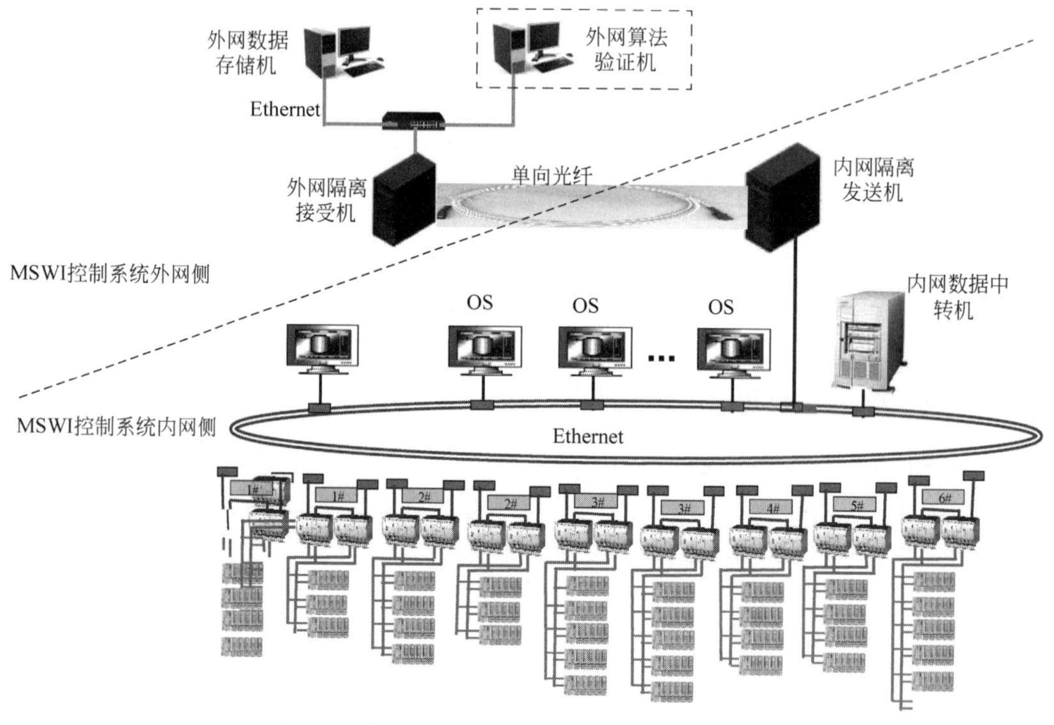

图 8.4 基于正向隔离的数据采集系统硬件连接图

采用由北京安盟信息技术有限公司定制开发的工业数采单向网闸与客户端实现。其中，内网只需提供单独网线和 IP 地址(在内网 OPC 服务器上进行数据采集的 IP 地址为：172.16.1.68；隔离设备内网端的 IP 地址：172.16.1.250)，并通过光纤隔离卡实现外网和内网的绝对隔离；通过外网端(IP 地址：192.168.1.69)将单向传输数据采集存储至 PC 机(192.168.1.70)。

8.4.1.2 软件配置

包括网闸内网端、网闸外网端和数据存储端配置。此处描述以实验室内的测试过程为例，针对实际 MSWI 电厂的配置描述见 8.4 节。

1) 网闸内网端配置

在基于服务器地址和端口号登录后，添加 OPC 服务器，如图 8.5 所示。

添加服务器、组和标签后的界面如图 8.6 所示。

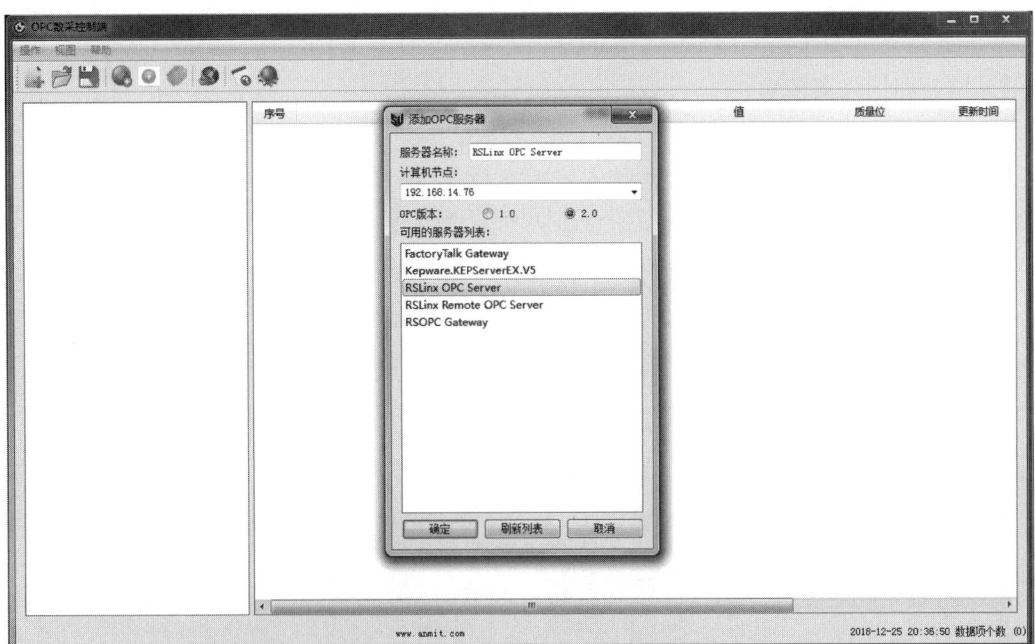

图 8.5　网闸内网端 OPC 服务器配置

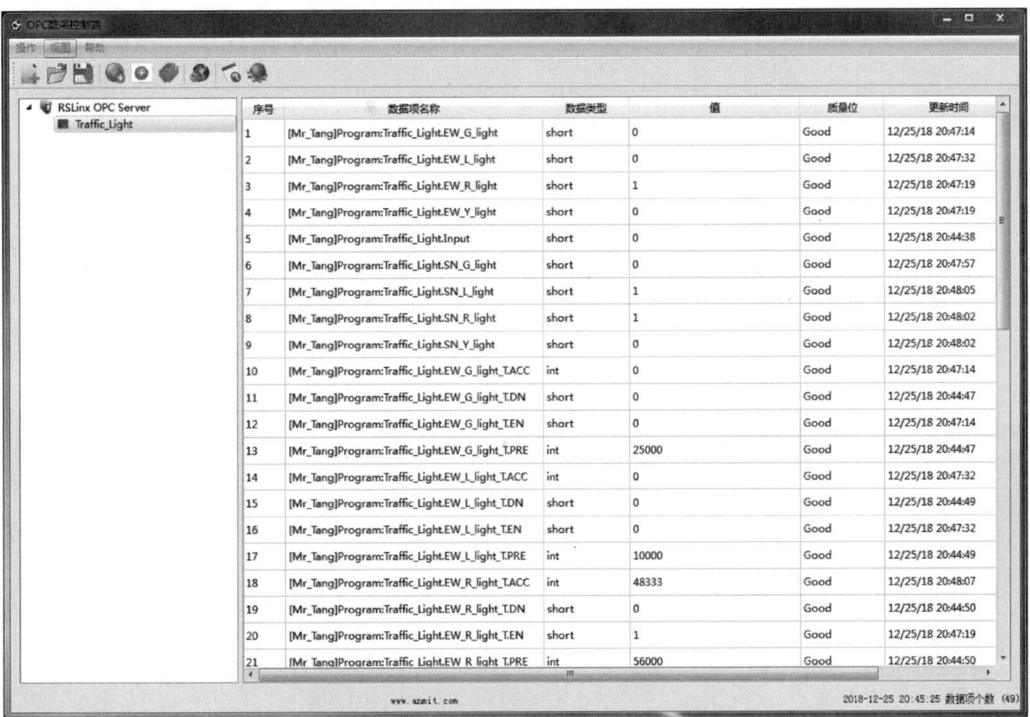

图 8.6　网闸内网端 OPC 服务器标签配置

将上述文件保存在 project 文件夹下，发布 OPC 对象到外网端。此处的 OPC 对象生成的.map 文件将会发布到外网端的 D:\icomlite\config 目录下，这样操作的目的是保证内网端与外网端间的隔离传输。

2）网闸外网端配置

在外网端进行参数配置，选择通信方式为“COM：串口”，设置光闸参数，开启内网 OPC 服务，将开启的内网 OPC 服务下载，通过输入外网端的 IP 地址，将内网发布的.map 文件下载到管理工具根目录下，再导入内网 OPC 数据点，生成转发表后下载到外网，重启采集器服务可查看外网端的数据信息，通过与内网中的源数据进行对比查看数据是否一致，如图 8.7 所示。

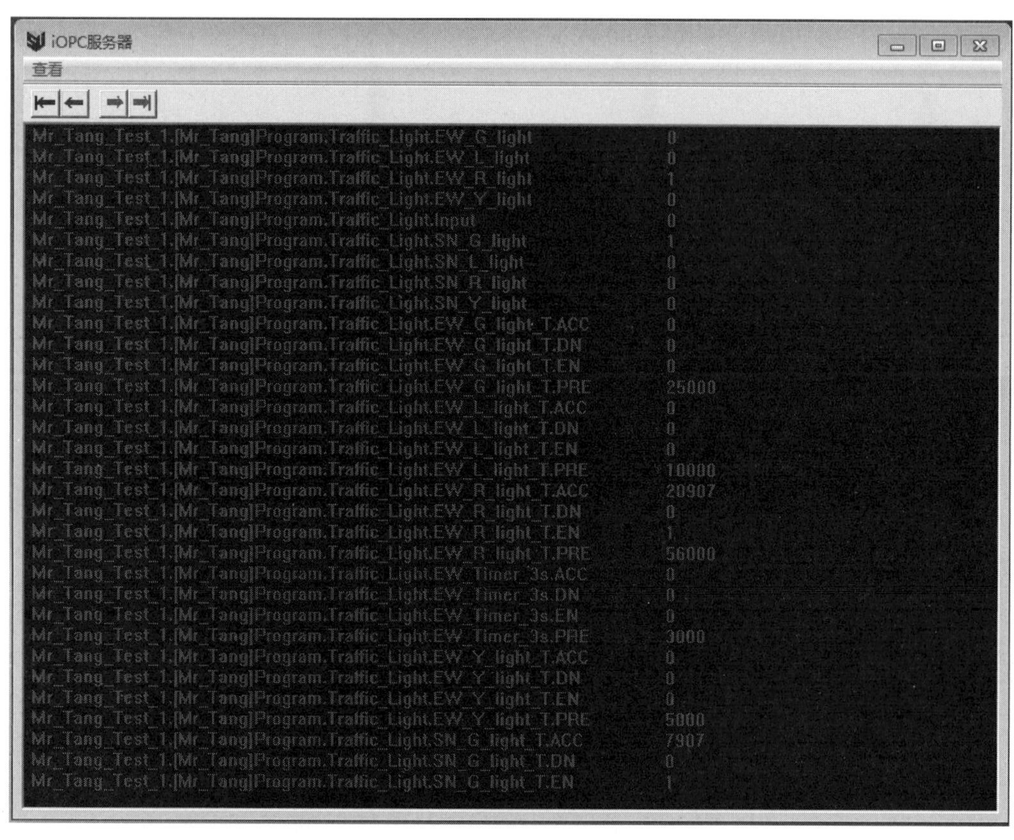

图 8.7 外网端的数据信息查看

3）数据存储 PC 端配置

双击运行第三方定制开发的 OPC 客户端，依次添加服务器、组和标签，完成后出现如图 8.8 所示界面。

在完成上述的数据项添加后，对数据导出时间的间隔进行设定，导出数据的文件名默认为 back_data.csv。当文件内数据量达到 100000 条时，通过自动对在文件名加后缀的方式进行文件名的更改。

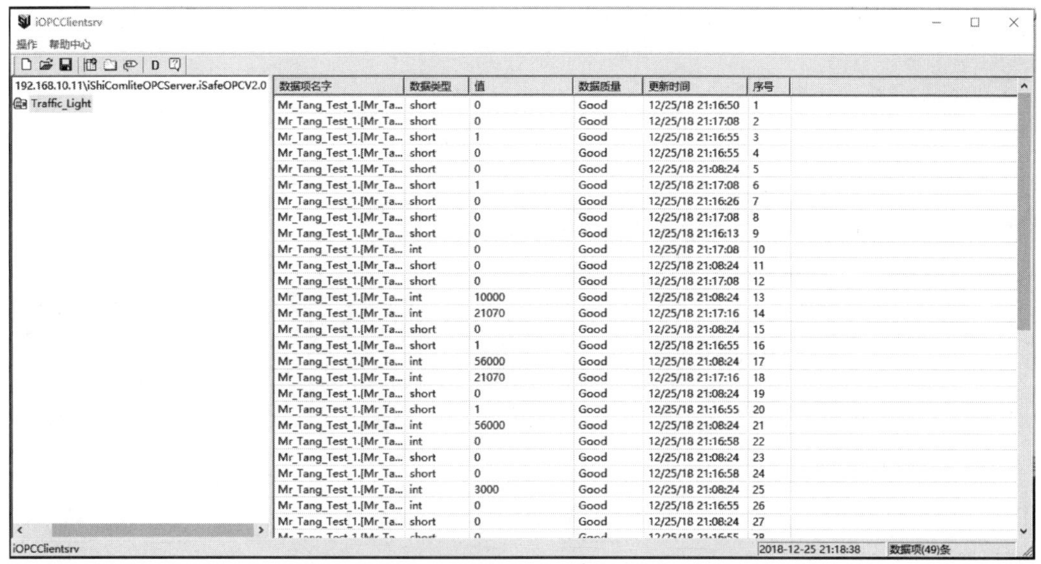

数据项名字	数据类型	值	数据质量	更新时间	序号
Mr_Tang_Test_1.[Mr_Ta...	short	0	Good	12/25/18 21:16:50	1
Mr_Tang_Test_1.[Mr_Ta...	short	0	Good	12/25/18 21:17:08	2
Mr_Tang_Test_1.[Mr_Ta...	short	1	Good	12/25/18 21:16:55	3
Mr_Tang_Test_1.[Mr_Ta...	short	0	Good	12/25/18 21:16:55	4
Mr_Tang_Test_1.[Mr_Ta...	short	0	Good	12/25/18 21:08:24	5
Mr_Tang_Test_1.[Mr_Ta...	short	1	Good	12/25/18 21:17:08	6
Mr_Tang_Test_1.[Mr_Ta...	short	0	Good	12/25/18 21:16:26	7
Mr_Tang_Test_1.[Mr_Ta...	short	0	Good	12/25/18 21:17:08	8
Mr_Tang_Test_1.[Mr_Ta...	short	0	Good	12/25/18 21:16:13	9
Mr_Tang_Test_1.[Mr_Ta...	int	0	Good	12/25/18 21:17:08	10
Mr_Tang_Test_1.[Mr_Ta...	short	0	Good	12/25/18 21:08:24	11
Mr_Tang_Test_1.[Mr_Ta...	short	0	Good	12/25/18 21:17:08	12
Mr_Tang_Test_1.[Mr_Ta...	int	10000	Good	12/25/18 21:08:24	13
Mr_Tang_Test_1.[Mr_Ta...	int	21070	Good	12/25/18 21:17:16	14
Mr_Tang_Test_1.[Mr_Ta...	short	0	Good	12/25/18 21:08:24	15
Mr_Tang_Test_1.[Mr_Ta...	short	1	Good	12/25/18 21:16:55	16
Mr_Tang_Test_1.[Mr_Ta...	int	56000	Good	12/25/18 21:08:24	17
Mr_Tang_Test_1.[Mr_Ta...	int	21070	Good	12/25/18 21:17:16	18
Mr_Tang_Test_1.[Mr_Ta...	short	0	Good	12/25/18 21:08:24	19
Mr_Tang_Test_1.[Mr_Ta...	short	1	Good	12/25/18 21:16:55	20
Mr_Tang_Test_1.[Mr_Ta...	int	56000	Good	12/25/18 21:08:24	21
Mr_Tang_Test_1.[Mr_Ta...	int	0	Good	12/25/18 21:16:58	22
Mr_Tang_Test_1.[Mr_Ta...	short	0	Good	12/25/18 21:08:24	23
Mr_Tang_Test_1.[Mr_Ta...	short	0	Good	12/25/18 21:16:58	24
Mr_Tang_Test_1.[Mr_Ta...	int	3000	Good	12/25/18 21:08:24	25
Mr_Tang_Test_1.[Mr_Ta...	int	0	Good	12/25/18 21:16:55	26
Mr_Tang_Test_1.[Mr_Ta...	short	0	Good	12/25/18 21:08:24	27

图 8.8　数据存储端 PC 标签配置完成界面

8.4.2　工业图像采集实现

采用 C# 实现火焰图像采集系统软件的开发，包括主界面、视频录制界面、视频截屏界面。其中，主界面包括用户登录、功能菜单和视频显示等功能；视频录制界面可以选择视频通道并对其进行录制和保存至指定路径；视频截屏界面可选择某一通道下的视频数据实现截图和定时截图等功能。

火焰图像采集软件系统的流程如图 8.9 所示，思路如下：首先，利用视频采集板卡采集视频信号；其次，利用人机交互界面调用板卡驱动程序读取视频采集卡中的视频信号；最后，开发视频采集软件实现视频显示、图像采集和图像存储功能。图 8.9 中的 MATLAB 用于训练数据模型和将其打包为 DLL 文件。

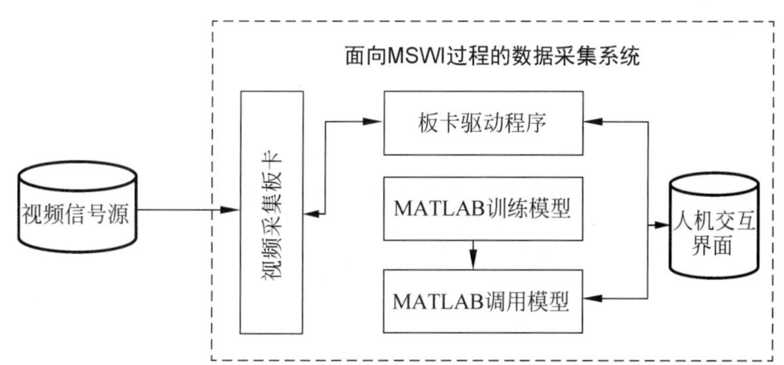

图 8.9　火焰图像采集软件系统流程图

该采集软件的主要界面如图 8.10～图 8.12 所示。

在视频录制界面，可以选择视频采集卡的左和右通道进行录制，既可选择“AVI”“MP4”和“FLV”等视频格式，也可选择 intel GPU 支持。在火焰图像采集系统的视频截屏界面中，

基本功能
视频录制
视频截屏
MSWI状态实时识别
MSWI左摄像头状态识别
MSWI右摄像头状态识别
燃烧状态1：燃烧线前移
燃烧状态2：燃烧线正常
燃烧状态3：燃烧线后移
北京工业大学信息学部环境感知与保护自动化研究所

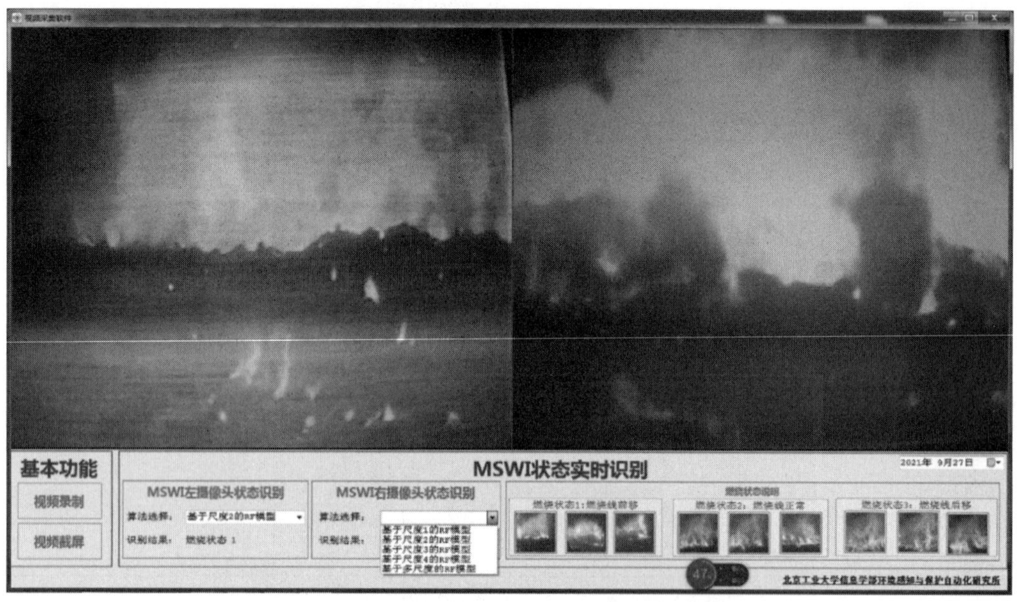

图 8.10　火焰图像采集系统主界面

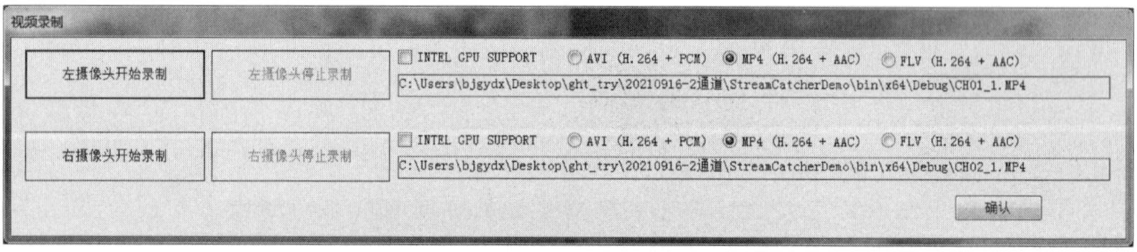

视频录制
左摄像头开始录制
左摄像头停止录制
INTEL GPU SUPPORT
AVI (H.264 + PCM)
MP4 (H.264 + AAC)
FLV (H.264 + AAC)
C:\Users\bjgydx\Desktop\ght_try\20210916-2通道\StreamCatcherDemo\bin\x64\Debug\CH01_1.MP4
右摄像头开始录制
右摄像头停止录制
INTEL GPU SUPPORT
AVI (H.264 + PCM)
MP4 (H.264 + AAC)
FLV (H.264 + AAC)
C:\Users\bjgydx\Desktop\ght_try\20210916-2通道\StreamCatcherDemo\bin\x64\Debug\CH02_1.MP4
确认

图 8.11　火焰图像采集系统视频录制界面

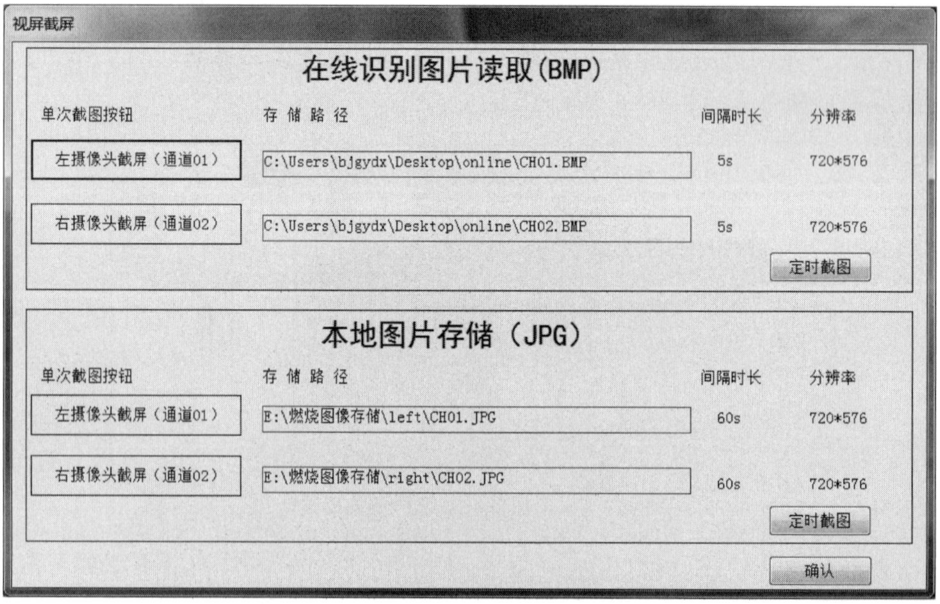

视屏截屏
在线识别图片读取(BMP)
单次截图按钮
存 储 路 径
间隔时长
分辨率
左摄像头截屏（通道01）
C:\Users\bjgydx\Desktop\online\CH01.BMP
5s
720*576
右摄像头截屏（通道02）
C:\Users\bjgydx\Desktop\online\CH02.BMP
5s
720*576
定时截图
本地图片存储（JPG）
单次截图按钮
存 储 路 径
间隔时长
分辨率
左摄像头截屏（通道01）
E:\燃烧图像存储\left\CH01.JPG
60s
720*576
右摄像头截屏（通道02）
E:\燃烧图像存储\right\CH02.JPG
60s
720*576
定时截图
确认

图 8.12　火焰图像采集系统视频截屏界面

在线识别图片读取模块按 5s 间隔定时读取，本地图片存储模块对视频源数据按 60s 间隔保存至本地文件夹。

8.5　工业测试与应用

考虑到火焰图像采集系统是通过视频采集卡方式进行采集的，即不存在对现场 DCS 系统内网端的干扰，此处主要描述针对单向过程数据采集系统的测试。首次调试时的现场设备连接画面和科研人员与工作人员进行设备调试的场景如图 8.13 和图 8.14 所示。

图 8.13　首次调试时的现场设备连接画面

图 8.14　科研人员与工作人员进行设备调试

为了确认单向过程数据采集系统对现场 DCS 系统的影响，在以不同的采样周期采集不同数量标签的情况下，对 DCS 系统控制器 CPU 负荷的影响进行测试。在每种情况运行 10min，现场配置 40 条、80 条和 186 条过程数据的界面和数据记录表格如图 8.15～图 8.18 所示。

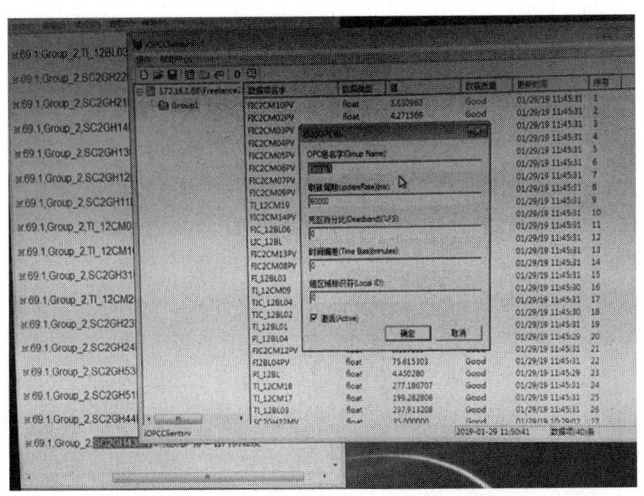

图 8.15　现场配置 40 条过程数据的界面

上述测试确认了多模态数据实时采集系统的可靠性。目前，该系统已在现场稳定运行近 5 年，并且基于此系统搭建了边缘端验证平台，与工业现场设备的连接和布置示意图如图 8.19 所示。

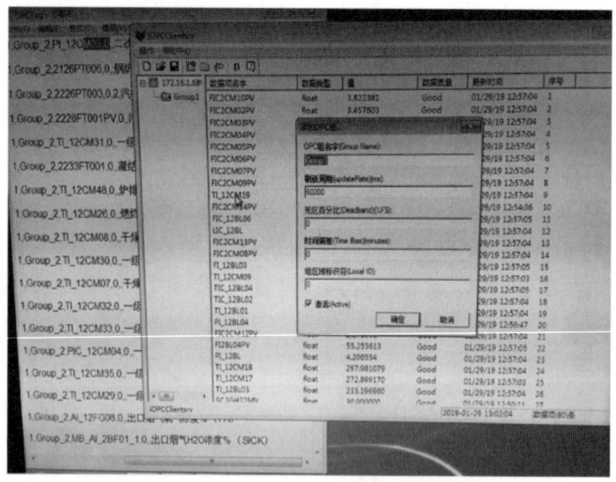

图 8.16　现场配置 80 条过程数据的界面

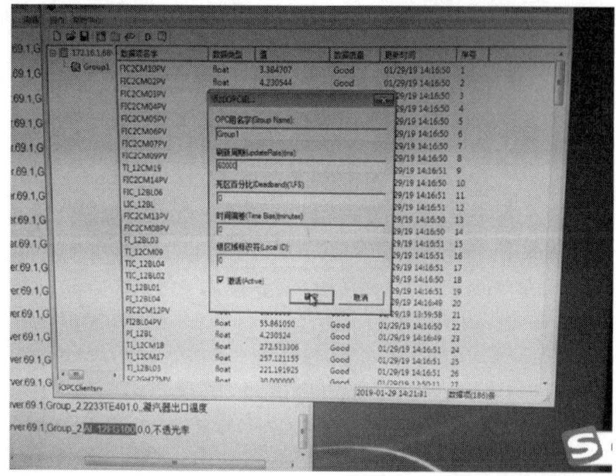

图 8.17　现场配置 186 条过程数据的界面

2019/01/29.

表 1 隔离采集系统对焚烧系统 CPU 负荷影响测试记录表

序号	采集标签量	隔离设备采样间隔	CPU load 占用百分比（%）				备注	[illegible]
			INC1	INC2	INC3	INC4		
		（无采样）	32	38	32	38	参考值	
1	40	60 秒	32	38	35	38	10min	11:50—12:03
		30'	33	37	32	38	10min	12:04—12:15
		20'	35	37	34	38	10min	12:17—12:27
		10'	33	38	32	38	[illegible]	
		5'	33	38	32	38	10min	12:28—12:44
		2'	33	39	33	38	10min	12:48—12:54
2	80	60 秒	32	38	33	38	10min	13:02—13:12
		30'	32	38	32	38	10min	13:13—13:23
		20'	33	38	31	38	10min	13:24—13:34
		✓ 10'	35	38	32	37	10min	13:35—13:45
		5'	32	37	34	38	10min	13:46—13:56
		2'	33	38	33	38	10min	13:57—14:07
3	~~180~~ 186	60 秒	33	38	32	38	10min	14:21—14:31
		30'	35	38	35	38	10min	14:34—14:44
		20'	33	38	33	38	10min	14:45—14:55
		10'	32	37	32	38	10min	14:56—15:06
		5'	33	37	32	38	10min	15:07—15:17
		2'	35	38	32	38	10min	15:18—15:28

图 8.18　单向过程数据采集对 DCS 系统 CPU 负荷影响的现场记录

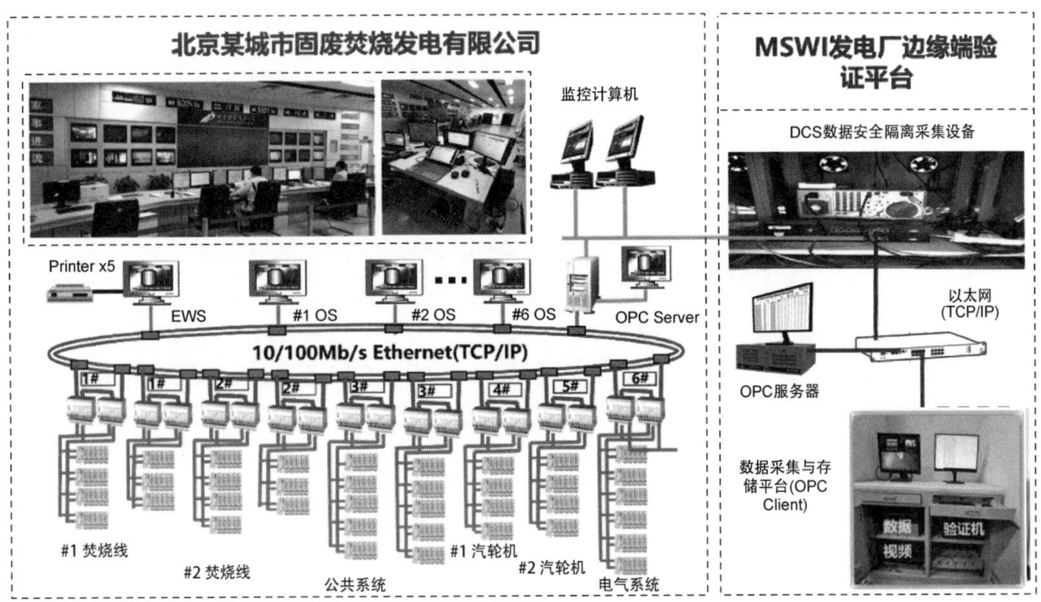

图 8.19　移植至工业现场的多模态数据实时采集系统示意图

8.6　未来展望

基于物理隔离的多模态数据实时采集系统能够为离线智能建模、控制和优化算法的研究获取蕴含领域专家知识的多模态数据，也可为后续模块化半实物仿真平台所测试和验证的智能建模算法提供无障碍的移植和落地应用支撑，这也是实现智能优化算法和智能控制算法落地应用的关键之一。此外，该系统也为实现云端控制模式的建模、控制和优化提供了支撑。同时，该系统可应用于类似工业过程系统的隔离式数据采集，推广应用范围广泛。

第 9 章

仿真平台难测参数检测模块的工业现场移植应用

9.1 引言

通常，面向实际工业过程所研制的智能优化控制技术在工程应用前须进行验证测试，对实施预期效果和风险进行评估。MSWI 过程固有的多变量、强耦合、强非线性和不确定性等特点及工业现场对运行安全性、信息保密性和企业经济性等需求，导致新研制的智能优化控制技术难以在实际过程中进行调试和试验。因此，本书以北京某 MSWI 过程为研究对象，构建了能够采集多物理量、多时间尺度、多源多模态数据且能够相互安全隔离的模块化半实物仿真平台，对智能建模、控制、优化等算法进行了研究，并在实验室平台上进行验证。进一步，面向工业现场基于第 8 章所搭建的多模态数据实时采集系统搭建边缘端验证平台，为智能建模、控制、优化等算法及其软硬件系统的移植和落地应用提供了支撑。

本章基于上述研究基础，将构建的基于仿真机理和改进回归决策树的二噁英排放软测量系统在工业现场的边缘端验证平台进行移植和落地应用，同时对未来智能控制与优化算法的落地应用进行展望。

9.2 基于仿真机理和改进回归决策树的二噁英排放软测量系统移植应用

9.2.1 问题描述

DXN 是一类对生态系统具有不可逆转不利影响的持久性有机污染物[1]。在 MSWI 过程中，DXN 是不可避免的痕量副产品之一[2]，其产生量级在燃烧不稳定时会显著增加。随着焚烧技术的迅速发展和日益普及，MSWI 过程已成为 DXN 排放源之一[3]。由于现有检测技术的限制，在工业现场进行 DXN 排放浓度的实时检测还是个有待解决的挑战性难题[4]。工业大数据的出现促使包括机器学习和深度学习在内的基于人工智能的建模技术得到迅速发展[5-8]。因此，采用人工智能技术检测 MSWI 过程的 DXN 排放浓度已成为一种可行的解决方案，已有研究主要包括基于统计学习的模型[9]、基于经典机器学习的模型[10]及基于深度和宽度学习的模型[11-13]等。上述数据驱动(data-driven，DD)模型在本质上构建了能够表征自变量和因变量之间映射关系的黑盒模型。然而，DD 模型的性能容易受到建模数据样本不足或覆盖范围不完备等因素的影响[14]，其可解释性需要增强[15]。相对而言，被称为白盒模型的机理驱动(mechanism-driven，MD)模型依赖于工业过程的动量、热量、质量和反应动力学等知识与原理[16-17]，但受限于这些过程所涉及的反应机理的复杂性和可变性，构建合适的面向类似 DXN 难测参数检测的 MD 模型在目前还是一项难以解决的挑战[18]。

为解决上述问题，已有研究采用的策略是，通过 MD 和 DD 模型之间的相互补偿机制获得更佳的建模性能[19]。从模型结构的视角而言，MD 和 DD 模型的混合方法可分为级联、并联和级联-并联融合 3 种[20]。级联结构模型可进一步分为 MD 模型前和 MD 模型后两大类，其中前者是 MD 模型的输出作为 DD 模型的输入[21]，后者是利用历史数据构建 DD 模型[22]。通常，当所面对的工业过程机理能够被很好地理解时，首选是构建 MD 模型[23]；但在实际情况下，由于原料成分波动、运行工况频繁变化和设备磨损等因素，MD 模型的精度往往较低。一般而言，并联结构模型中的 DD 模型能够补偿 MD 模型的误差，采用该结构的已有研究包括增稠剂浓度的多变量预测[24]和丹酚酸 A 含量的监测[25]。然而，这些并联结构模型受到用于建模的历史数据范围有限等限制，难以为具有强不确定性的实际生产过程提供可靠输出，导致模型的泛化性能较差。为解决该问题，已有研究者提出对并联结构模型进行强化的建模策略，如 Ren 等[19,26]将级联并行集成建模策略应用于柴可拉斯基过程建模。此外，还有研究关注于基于卡尔曼滤波的线性融合[27]和基于相关矩阵的线性融合[28]等方法。此外，Zhang 等[29]的研究表明，融合集成 MD 和 DD 模型的策略在性能上会优于级联和并行结构模型。然而，将 MD 模型与 DD 模型相集成的融合策略并未获得足够重视，该方面的相关研究也很少[30-31]。显而易见，MD 模型和 DD 模型的融合实现应根据被检测目标所在工业过程的具体特征进行定制化设计。

由上可知，针对 MSWI 过程的 DXN 检测而言，上述工作仍存在如下问题：①采用适合的可解释的 MD 和 DD 的混合驱动建模策略；②获得能够表征多种运行工况的机理建模数据；③由于 DXN 的产生、排放和吸附机理尚不清楚，如何构建 MSWI 过程燃烧状态表征变量的机理代理模型以间接支撑 DXN 检测也是需要解决的问题；④如何充分利用已有的机理知识和有限的、具有标签的真实历史数据。

综上，此处提出了基于仿真机理和改进 LRDT 的 DXN 排放浓度检测策略，主要贡献如下：①提出了在工艺流程和建模机理上可解释的 MD 和 DD 融合建模策略；②利用床层固废燃烧模拟(fluid dynamic incinerator code，FLIC)软件和过程工程先进系统 Plus (advanced system for process engineering plus，ASPEN Plus)软件耦合的方法获取多运行工况下的能够表征燃烧状态变量(CO_2、CO 和 O_2)的虚拟机理数据；③提出了基于多工况机理数据的多入多出改进 LRDT 燃烧状态表征变量模型；④建立了虚拟与真实混合数据驱动的半监督迁移学习 DXN 排放浓度检测模型。在北京某 MSWI 电厂的边缘端验证平台对所提方法进行了工业应用验证。

9.2.2 建模策略

DXN 是一类氯化多核芳香化合物的总称，主要包含多氯二苯并对二噁英(polychlorinated dibenzo-p-dioxins，PCDD)和多氯二苯并呋喃(polychlorinated dibenzofurans，PCDF)两类。该类化合物共计 210 种同分异构体物质。其中，前者涵盖 75 种，后者涵盖 135 种。通常，面向 MSWI 过程的 DXN 排放浓度检测，仅统计 17 种对人类和生态系统存在严重危害的同分异构体排放浓度的总和(包括 10 种 PCDF 和 7 种 PCDD)。研究表明，DXN 在 MSWI 过程中的产生机理十分复杂，其历程主要包含高温分解、低温合成、物理吸附和尾气排放 4 个阶段。其中，低温合成阶段是目前热能工程学科领域普遍认同的主要生成阶段。此外，在 DXN 的众多生成路径中，仅高温生成、前驱物生成和从头合成 3 种路径具有可解释性，其他路径均属于机理不清。因此，构建面向 DXN 排放浓度软测量模型相较于具有明显演化路径的其他类型环保指标具有更大的挑战性。此外，MSW 成分的波动性也进一步增加了构建精确 DXN 排放浓度软测量模型的难度和挑战。

研究表明，MSWI 过程的燃烧状态与其排放的 CO、CO_2 和 O_2 浓度密切相关，CO 和 CO_2 能够表征燃烧效率，DXN 与 CO 浓度直接相关，因此采用 CO、CO_2 和 O_2 浓度表征 DXN 浓度是具有可行性的。这为从基于机理视角出发构建面向 DXN 排放浓度的软测量模型提供了可行的策略，即先基于机理知识构建 CO、CO_2 和 O_2 浓度模型再通过映射模型获得 DXN 浓度。此处的研究目的是基于上述策略实现融合 MSWI 过程机理知识的 DXN 建模，这能够扩展和突破现有的仅基于真实历史数据驱动模式构建 DXN 排放浓度软测量模型的方法。从工艺流程上，MSWI 过程可划分为固相和气相两部分，如何耦合固相和气相燃烧特性构建 CO、CO_2 和 O_2 浓度机理模型是有待解决的难点问题，如何刻画 DXN 检测真值与 CO、CO_2 和 O_2 浓度间映射关系的研究未见报道。

针对此处的 MSWI 过程的燃烧状态表征变量(CO、CO_2 和 O_2)浓度建模的数据而言，由于实际生产过程多运行在具有较窄区间的某几类平稳工况下，难以获得具有大区间和多工况特性的输入输出建模数据，使得采用数值仿真模型和正交实验获取虚拟仿真机理数据成为解决上述问题的可行方案。因此，面向特定的实际 MSWI 电厂，如何耦合具有差异化特性的数值仿真软件构建涵盖从进料到尾气排放的可信的机理模型是一个难点。在借助上述数值仿真模型和正交实验获取未标记的多运行工况虚拟机理数据后，面向能够标记的少量真实历史 DXN 排放浓度建模数据，如何利用燃烧状态表征变量构建具有可解释性的 DXN 排放浓度软测量模型是另一个难点。

此处提出基于仿真机理和改进 LRDT 能够有效融合 MD 模型和 DD 模型的 DXN 排放浓度建模策略，包括多运行工况虚拟机理数据产生模型、虚拟机理数据驱动的改进 LRDT 燃烧状态表征变量模型、基于半监督迁移学习的机理映射模型 3 个部分，如图 9.1 所示。

在图 9.1 中，$\boldsymbol{X}_{\text{state}}^{\text{PD}}$ 表示用于构建过程映射模型(process mapping model，PMM)模型的真实过程数据；$\Theta_{\text{PMM}}(\cdot)$表示 PMM 模型；$\boldsymbol{y}_{\text{ori}}^{\text{PD}}$ 表示原始 DXN 真值；$\boldsymbol{y}^{\text{PD}}$ 表示去除异常值后的 DXN 真值；$\boldsymbol{D}^{\text{MD}}$ 表示原始虚拟机理数据；$\boldsymbol{D}_2^{\text{MD}}$ 表示剔除异常值后的虚拟机理数据；$\boldsymbol{X}^{\text{PD}}$ 表示真实高维过程数据；$\Theta_{\text{MMM1}}(\cdot)$表示迁移后的 MMM1 模型；$\Theta_{\text{MMM2}}(\cdot)$表示更新后的 MMM2 模型；$\hat{\boldsymbol{y}}_{\text{Pse}}^{\text{MMM}}$ 表示最终的 DXN 检测模型的输出值。

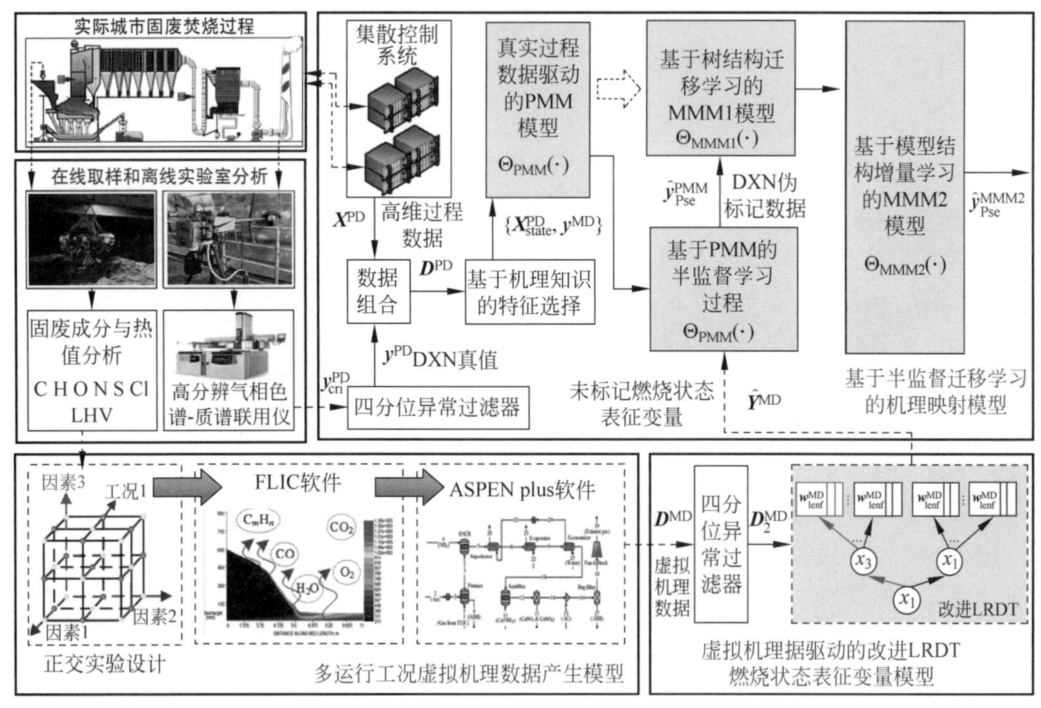

图 9.1　基于仿真机理和改进回归决策树的二噁英排放软测量建模策略

图 9.1 中不同模块的功能如下。

(1) 多运行工况虚拟机理数据产生模型模块，包括正交实验设计和数值仿真模型两部分，前者用于获取多工况下的 MSW 低热值(lower heat value，LHV)、一次风流量(primary airflow，PA)、给料量(feeding capacity，FC)等数值仿真模型所需要的输入数据，后者通过耦合用于模拟 MSW 固相和气相燃烧的 FLIC 和 ASPEN Plus 软件实现数值仿真模型的构建。

(2) 虚实数据驱动的改进 LRDT 燃烧状态表征变量模型模块，先通过四分位异常滤波(quartile abnormal filter，QAF) 通过固定时间窗剔除虚拟机理数据中的异常数据点，再构建以 LHV、PA 和 FC 为输入以 CO_2、CO 和 O_2 为输出的多入多出 LRDT 模型。

(3) 基于半监督迁移学习的机理映射模型模块，包含真实数据驱动的以燃烧状态表征变量为输入的 PMM 模型、基于 PMM 的半监督学习过程、基于树结构迁移学习的机理映射模型 1(mechanism mapping models1，MMM1)和基于模型结构增量学习的 MMM2 模型。首先，基于以 CO_2、CO 和 O_2 为输入和以 DXN 为输出的真实历史数据构建基于多入单出 LRDT 算法的 PMM 模型；其次，以未标记 DXN 的燃烧状态表征变量为输入采用基于 PMM 的半监督学习过程获取 DXN 伪标签数据，进而利用多入单出 LRDT 模型获得基于 PMM 树结构迁移学习的 MMM1 模型；最后，通过对 MMM1 模型的结构增长学习获得最终的基于半监督迁移学习的 MMM2 模型。

9.2.3　算法实现

具有高维特性的 MSWI 过程数据源于工业现场的 DCS 系统，其可表示为 $\boldsymbol{X}^{\mathrm{PD}}=\{\boldsymbol{x}_1^{\mathrm{PD}},$

$\boldsymbol{x}_2^{\mathrm{PD}},\cdots,\boldsymbol{x}_{M^{\mathrm{PD}}}^{\mathrm{PD}}\}\in\mathbb{R}^{N^{\mathrm{PD}}\times M^{\mathrm{PD}}}$。DXN 排放浓度真值通过在线采样和实验室离线分析方式得到，在应用 QAF 方法剔除异常数据点后，此处将得到高维小样本真实历史训练数据记为 $\boldsymbol{D}^{\mathrm{PD}}=\{\boldsymbol{X}^{\mathrm{MD}},\boldsymbol{y}^{\mathrm{MD}}\}\in\mathbb{R}^{N^{\mathrm{Model3}}\times(M^{\mathrm{PD}}+1)}$。

9.2.3.1 多运行工况虚拟机理数据产生模型模块

受限于 MSW 组分复杂多变、运行工况频繁波动等因素，机理模型通常难以建立。面向 DXN 排放浓度建模任务，采用数值仿真软件能够简化 MSWI 过程的燃烧机理建模。因此，本节采用耦合 FLIC[32] 和 ASPEN Plus[33] 软件的方式对 MSWI 过程的燃烧状态进行建模。其中，FLIC 模拟的固相燃烧是指 MSW 在炉床上的燃烧机理，ASPEN Plus 模拟的气相燃烧是指气态物质的化学反应机理。

MSWI 过程的机理模型主要由基本守恒方程和 MSW 燃烧速率两部分组成。其中，基本守恒方程包括质量连续性方程、动量方程和能量方程；根据分级燃烧机理，MSW 燃烧速率分为水分蒸发、挥发物释放、挥发物燃烧和焦炭燃烧 4 个部分，过程如下。

在基本守恒方程中，假设 MSW 是一种多孔介质，其在气体和固体之间发生反应，并伴有热量和质量的交换。MSW 燃烧的质量连续性方程可表示为

$$\frac{\partial(\rho_{\mathrm{g}}\phi)}{\partial t}+\nabla(\rho_{\mathrm{g}}\phi(V_{\mathrm{g}}-V_{\mathrm{B}}))=S_{\mathrm{s,g}} \tag{9.1}$$

$$\frac{\partial\rho_{\mathrm{sb}}}{\partial t}+\nabla(\rho_{\mathrm{sb}}(V_{\mathrm{s}}-V_{\mathrm{B}}))=S_{\mathrm{s}} \tag{9.2}$$

其中，ϕ 表示床层空隙率；V_{g} 和 V_{s} 表示气体速度和固体颗粒速度；V_{B} 表示移动边界处的速度；$S_{\mathrm{s,g}}$ 表示固体转化为气体的速率；S_{s} 表示质量源项；ρ_{g} 和 ρ_{sb} 表示气体和多孔介质的密度。

多孔介质密度 ρ_{sb} 可由下式求得

$$\rho_{\mathrm{sb}}=\rho_{\mathrm{s}}(1-\phi) \tag{9.3}$$

其中，ρ_{s} 表示 MSW 的固体密度。

多孔介质燃烧时的动量方程为

$$\frac{\partial(\rho_{\mathrm{g}}\phi V_{\mathrm{g}})}{\partial t}+\nabla(\rho_{\mathrm{g}}\phi(V_{\mathrm{g}}-V_{\mathrm{B}})V_{\mathrm{g}})=-\nabla p_{\mathrm{g}}+F(v) \tag{9.4}$$

$$\frac{\partial(\rho_{\mathrm{sb}}V_{\mathrm{s}})}{\partial t}+\nabla(\rho_{\mathrm{sb}}(V_{\mathrm{s}}-V_{\mathrm{B}})V_{\mathrm{s}})=-\nabla\sigma-\nabla\tau+\rho_{\mathrm{sb}}g+A \tag{9.5}$$

其中，p_{g} 表示气体压力；$F(v)$表示多孔介质中固体对流体流动的阻力；σ 和 τ 分别表示床层中的法向应力张量和切向应力张量；A 表示随机扰动。

多孔介质燃烧时的能量方程为

$$\frac{\partial(\rho_{\mathrm{g}}\phi H_{\mathrm{g}})}{\partial}+\nabla(\rho_{\mathrm{g}}\phi(V_{\mathrm{g}}-V_{\mathrm{B}})H_{\mathrm{g}})=\nabla(\lambda_{\mathrm{g}}\nabla T_{\mathrm{g}})+S_{\mathrm{a}}h'_{\mathrm{s}}(T_{\mathrm{s}}-T_{\mathrm{g}})+Q_{\mathrm{h}} \tag{9.6}$$

$$\frac{\partial(\rho_{\mathrm{sb}}H_{\mathrm{s}})}{\partial t}+\nabla(\rho_{\mathrm{sb}}(V_{\mathrm{s}}-V_{\mathrm{B}})H_{\mathrm{s}})=\nabla(\lambda_{\mathrm{s}}\nabla T_{\mathrm{s}})-S_{\mathrm{a}}h'_{\mathrm{s}}(T_{\mathrm{s}}-T_{\mathrm{g}})+\nabla q_{\mathrm{r}}+Q_{\mathrm{sh}} \tag{9.7}$$

其中，H_{g} 和 H_{s} 分别表示气体焓和固体焓；T_{g} 和 T_{s} 分别表示气体温度和固体温度；S_{a} 为颗粒表面积；h'_{s}表示对流换热系数；Q_{h} 表示气体的热损益；Q_{sh} 表示固相热源项；q_{r} 表

示辐射热流密度；λ_s 为有效导热系数，由材料的导热系数 λ_{s0} 与粒子随机运动引起的热传递 λ_{sm} 相加得到；λ_g 表示热扩散系数，其计算公式为

$$\lambda_g = \lambda_0 + 0.5 d_p V_g \rho_g C_{pg} \tag{9.8}$$

其中，λ_0 表示有效热扩散系数；d_p 表示颗粒直径；C_{pg} 表示混合气体的热容。

此外，基本守恒模型中还存在组分输运方程和辐射传热方程，详见文献[34]。

MSW 的燃烧速率表征了其在炉排上的干燥、燃烧 1、燃烧 2 和燃烬等 4 个不同位置时的状态。在干燥炉排上，MSW 中的水首先通过火焰和热壁辐射进行蒸发，对应的蒸发反应速率可表示为

$$\begin{cases} R_{evp} = S_a h_s (C_{w,s} - C_{w,g}), & T_s < 100℃ \\ R_{evp} = \dfrac{Q_{cr}}{H_{evp}}, & T_s = 100℃ \end{cases} \tag{9.9}$$

其中，R_{evp} 表示水分蒸发反应速率；h_s 表示对流传质系数；$C_{w,s}$ 和 $C_{w,g}$ 分别表示固相和气相水浓度；H_{evp} 表示固体水分蒸发热；Q_{cr} 表示对流和辐射传热固体吸收的热量，其可进一步可表示为：

$$Q_{cr} = S_a (h'_s (T_g - T_s) + \varepsilon_s \sigma_b (T_{env}^4 - T_s^4)) \tag{9.10}$$

其中，S_a 表示粒子表面积；ε_s 表示固体发射率/系统发射率；σ_b 表示玻尔兹曼辐射常数；T_{env}^4 表示环境温度。

在炉排上，挥发物的释放和燃烧是两个过程。

假设 MSW 所释放的气态产物由碳氢化合物($C_m H_n$)、CO、CO_2、H_2O 和炭组成，挥发物的释放过程如下：

$$\text{MSW} \longrightarrow \text{Volatile}(C_m H_n, CO, CO_2, H_2O) + \text{Char} \tag{9.11}$$

另外，MSW 中的挥发物与周围空气混合后迅速燃烧，燃烧反应如下：

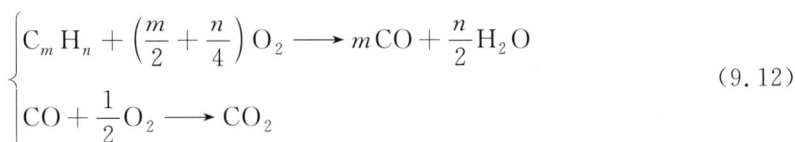

$$\begin{cases} C_m H_n + \left(\dfrac{m}{2} + \dfrac{n}{4}\right) O_2 \longrightarrow m CO + \dfrac{n}{2} H_2O \\ CO + \dfrac{1}{2} O_2 \longrightarrow CO_2 \end{cases} \tag{9.12}$$

MSW 颗粒挥发释放后形成焦炭，其气化的产物为 CO 和 CO_2，反应方程可表示为

$$C(s) + \alpha O_2 \longrightarrow 2(1-\alpha)CO + (2\alpha - 1)CO_2 \tag{9.13}$$

其中，α 是 0.5～1 内的正常数。

因此，由固相燃烧模型得到的 MSW 床上方的烟气组分为 $C_m H_n$、CO、CO_2、O_2、H_2、H_2O 和 N_2。

对于气相反应，采用 ASPEN Plus 进行数值仿真的流程如图 9.2 所示。

如图 9.2 所示，将 FLIC 固相燃烧产生的气体(流 1)和预热过的二次空气(流 3)引入炉膛，进行气相燃烧反应。这些反应过程如下：

$$\begin{cases} CH_4 + 2O_2 = CO_2 + 2H_2O \\ 2CO + O_2 = 2CO_2 \\ 2H_2 + O_2 = 2H_2O \end{cases} \tag{9.14}$$

在炉膛出口采用 SNCR 系统处理烟气，对应的温度范围 850～1150℃，反应过程如下：

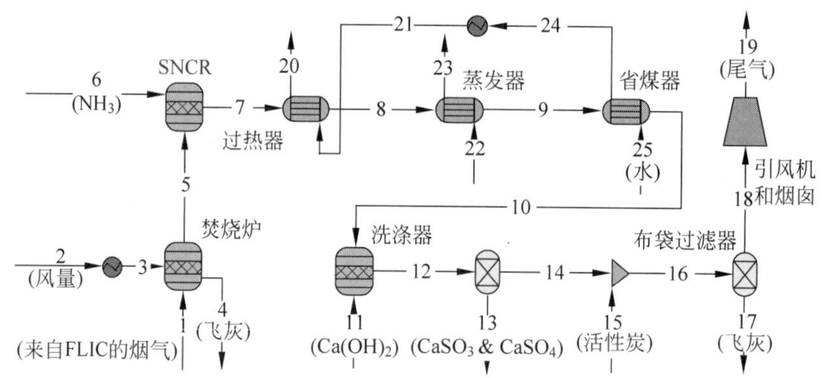

图 9.2　ASPEN Plus 构建的数值仿真模型示意图

$$
\begin{cases}
6NO_2 + 8NH_3 = 7N_2 + 12H_2O \\
4NO + 4NH_3 + O_2 = 4N_2 + 6H_2O \\
2NO + 4NH_3 + 2O_2 = 3N_2 + 6H_2O
\end{cases}
\tag{9.15}
$$

在换热阶段，烟气经过过热器、蒸发器、省煤器，温度降至 200℃，烟气（流 10）首先进入脱硫装置，脱除酸性化合物（SO_x 和 HCl），具体反应过程如下：

$$
\begin{cases}
SO_2 + Ca(OH)_2 = CaSO_3 + H_2O \\
SO_3 + Ca(OH)_2 = CaSO_4 + H_2O \\
2HCl + Ca(OH)_2 = CaCl_2 + H_2O
\end{cases}
\tag{9.16}
$$

其次，活性炭（流 15）喷入烟气管道中以吸附重金属和 DXN，烟气进入袋式除尘器。

最后，净化后的烟气排放至大气。

在上述固-气相耦合机理模型的基础上，通过对 MSWI 过程的运行参数进行正交实验设计并结合上述数值仿真模型进行实验，可获得多运行工况下的虚拟机理数据 D^{MD}。此处选取 6 个操作参数（FC、炉排转速、第 1 区域进风、第 2 区域进风、第 3 区域进风、第 4 区域进风）、2 个组分参数（含水率、CHO 元素比）和 2 个微参数（粒度、颗粒混合系数），共 10 个因素进行正交试验。针对上述每个因素设置 5 个水平，即进行 10 因素 5 水平的正交试验设计，最终得到 49 种运行工况。为了获得在更多运行工况下的机理数据，在上述 49 个运行工况的基础上，再进行 6 因素 5 水平的正交试验设计（共 42 种运行工况）。因此，此处能够获得 49×42＝2058 种工况下的机理数据，并将其记为 $\boldsymbol{D}_{\mathrm{Orig}}^{\mathrm{MD}}$。

9.2.3.2　虚拟机理据驱动的改进 LRDT 燃烧状态表征变量模型模块

此处，以 LHV、PA、FC 和 CO_2、CO、O_2 为输入和输出，构建表征燃烧状态的模型。相应地，将用于构建该模型的多工况机理数据表示为 $\boldsymbol{D}^{\mathrm{MD}} \in \mathbb{R}^{2058\times(3+3)}$。

首先，采用移动窗口 QAF 法去除 $\boldsymbol{D}^{\mathrm{MD}}$ 中的异常数据点。将 $\boldsymbol{D}^{\mathrm{MD}}$ 改写为 $\boldsymbol{D}_1^{\mathrm{MD}}$，其长度记为 $T_{D_1^{\mathrm{MD}}}$（$T_{D_1^{\mathrm{MD}}}=2058$），将固定采样时间窗设为 t_{Wind}。对于时间窗口 t_{Wind} 内的数据，采用 QAF 剔除异常值，移除规则如下：

$$
\begin{cases}
x^{\mathrm{AB}} > x^{\mathrm{UB}} = 2.5Q_{3/4}(\boldsymbol{x}) - 1.5Q_{1/4}(\boldsymbol{x}) \\
x^{\mathrm{AB}} < x^{\mathrm{DB}} = 2.5Q_{1/4}(\boldsymbol{x}) - 1.5Q_{3/4}(\boldsymbol{x})
\end{cases}
\tag{9.17}
$$

其中，x^{AB} 表示异常数据点；x^{UB} 和 x^{DB} 表示上下边界；$Q_{1/4}(\cdot)$和 $Q_{3/4}(\cdot)$表示 $\boldsymbol{x}$ 的第一个和第三个四分位数。

由上式可知，若时间窗口内的数据点大于 x^{UB} 或小于 x^{DB}，则认为该数据点为异常点，将其删除。通过 QAF 方法处理后，可得到用于构建虚拟机理数据驱动的燃烧状态表征变量模型的输入、输出数据，记为 $\boldsymbol{D}_2^{MD}\in\mathbb{R}^{N_{D_2^{MD}}\times(3+3)}$。

针对上述机理数据，提出了一种改进的 MIMO LRDT 算法用于构建模型，其是对多入单出 LRDT 算法的改进，目的是使其非叶节点和叶节点能够同时处理多输出信息，其结构与 CART 算法相同，即是由特征选择和线性回归两部分组成的，如图 9.3 所示。

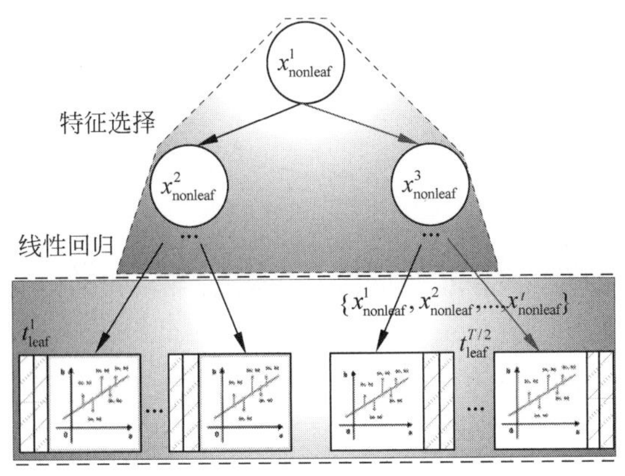

图 9.3　MIMO LRDT 算法结构图

在图 9.3 中，x_{nonleaf}^1、x_{nonleaf}^2 和 x_{nonleaf}^3 表示第 1、2 和 3 个非叶节点；t_{leaf}^1 和 $t_{\text{leaf}}^{\frac{T}{2}}$ 是第 1 和第$\dfrac{T}{2}$个多输出叶节点，$\{x_{\text{nonleaf}}^1,x_{\text{nonleaf}}^3,\cdots,x_{\text{nonleaf}}^t\}$为$\dfrac{T}{2}$路径节点的特征集。

为下文表述方便，将虚拟机理数据改写为 $\boldsymbol{D}_2^{MD}=\{\boldsymbol{x}_i^{MD},\boldsymbol{y}_i^{MD}\}_{i=1}^{N}\in\mathbb{R}^{N_{D_2^{MD}}\times(3+3)}$。其中，存在 $\boldsymbol{x}_i^{MD}=[x_1^{MD};\ x_2^{MD};\ x_3^{MD}]^{\mathrm{T}}$ 和 $\boldsymbol{y}_i^{MD}=[y_1^{MD};\ y_2^{MD};\ y_3^{MD}]^{\mathrm{T}}$。MIMO LRDT 的学习过程如下所示。

根据特征 x_{nonleaf}^1 在每个非叶节点将数据集 $\boldsymbol{D}_2^{MD}$ 分成两个子节点，即左节点 $\boldsymbol{D}_{2,\text{left}}^{MD}$ 和右节点 $\boldsymbol{D}_{2,\text{right}}^{MD}$，其可表示为

$$\begin{cases}\boldsymbol{D}_{2,\text{left}}^{MD}:\{\boldsymbol{D}_{2,\text{left}}^{MD}\in\mathbb{R}^{N_{\text{Left}}^{\text{Model2}}\times(3+3)}\mid\boldsymbol{x}_i^{MD}\geqslant x_{1,\text{nonleaf}}^{MD}\}\\ \boldsymbol{D}_{2,\text{right}}^{MD}:\{\boldsymbol{D}_{2,\text{right}}^{MD}\in\mathbb{R}^{N_{\text{Right}}^{\text{Model2}}\times(3+3)}\mid\boldsymbol{x}_i^{MD}< x_{1,\text{nonleaf}}^{MD}\}\end{cases}\tag{9.18}$$

其中，$N_{\text{Left}}^{\text{Model2}}$ 和 $N_{\text{Right}}^{\text{Model2}}$ 分别表示 $\boldsymbol{D}_{2,\text{left}}^{MD}$ 和 $\boldsymbol{D}_{2,\text{right}}^{MD}$ 中的样本个数，$\boldsymbol{x}_i^{MD}$ 表示第 i 个特征向量，$x_{1,\text{nonleaf}}^{MD}$ 表示划分向量 $\boldsymbol{x}_i^{MD}$ 的阈值。

为了找到最优的 $x_{1,\text{nonleaf}}^{MD}$，需要遍历数据集 D_2^{MD} 中的所有点和计算目标值的 MSE。其中，后者的多重输出可表示为

$$\begin{aligned}L_k^{\text{MSE}}(n,i)&=f_{\text{MSE}}(\boldsymbol{D}_{2,\text{left}}^{MD})+f_{\text{MSE}}(\boldsymbol{D}_{2,\text{right}}^{MD})\\&=\frac{1}{3}\sum_{\text{Targ}=1}^{3}\begin{Bmatrix}((\boldsymbol{y}_{\text{Targ,Left}}^{MD}-\bar{y}_{\text{Targ,Left}}^{MD})I(x_i^{MD}\in\boldsymbol{D}_{2,\text{left}}^{MD}))^2+\\((\boldsymbol{y}_{\text{Targ,Right}}^{MD}-\bar{y}_{\text{Targ,Right}}^{MD})I(x_i^{MD}\in\boldsymbol{D}_{2,\text{right}}^{MD}))^2\end{Bmatrix}\end{aligned}\tag{9.19}$$

其中，$L_k^{\mathrm{MSE}}(n,i)$表示 MSE 的损失函数值，(n,i)表示第 k 次迭代的数据集的第 n 个样本的第 i 个特征值。

第 1 个非叶节点 $x_{1,\mathrm{nonleaf}}^{\mathrm{MD}}$ 由所有点的最小 MSE 确定：

$$x_{1,\mathrm{nonleaf}}^{\mathrm{MD}} = L_{\mathrm{Best}}^{\mathrm{MSE}}(n,i) = \min\{L_k^{\mathrm{MSE}}(n,i)\}_{k=1}^{K} \tag{9.20}$$

其中，$L_{\mathrm{Best}}^{\mathrm{MSE}}(n,i)$表示数据集的最优坐标，$K$ 表示迭代最大值。

根据式(9.18)～式(9.20)，可以获得$\left(\frac{T}{2}-1\right)$个中间节点$\{x_{\mathrm{nonleaf}}^{1}, x_{\mathrm{nonleaf}}^{3}, \cdots, x_{\mathrm{nonleaf}}^{\frac{T}{2}-1}\}$。从根节点到叶节点共有 T 条路径，每条路径所包含的节点信息存在显著差异性。因此，根据路径中的节点选择叶节点的输入特征：

$$\begin{aligned}\boldsymbol{D}_{t,\mathrm{leaf}}^{\mathrm{MD}} &= \{\mathrm{Route}_{t,\mathrm{leaf}}^{\mathrm{MD}}, \boldsymbol{Y}_{t,\mathrm{leaf}}^{\mathrm{MD}}\} \in \mathbb{R}^{N_{t,\mathrm{leaf}}^{\mathrm{Model2}} \times (M_{t,\mathrm{leaf}}^{\mathrm{MD}}+3)} \\ &= \{x_{1,\mathrm{nonleaf}}^{\mathrm{MD}}, \cdots, x_{t,\mathrm{nonleaf}}^{\mathrm{MD}}, \boldsymbol{Y}_{t,\mathrm{leaf}}^{\mathrm{MD}}\} \in \mathbb{R}^{N_{t,\mathrm{leaf}}^{\mathrm{Model2}} \times (M_{t,\mathrm{leaf}}^{\mathrm{MD}}+3)}\end{aligned} \tag{9.21}$$

其中，$\boldsymbol{D}_{t,\mathrm{leaf}}^{\mathrm{MD}}$($\boldsymbol{D}_{t,\mathrm{leaf}}^{\mathrm{MD}} = \{\boldsymbol{X}_{t,\mathrm{leaf}}^{\mathrm{MD}}, \boldsymbol{Y}_{t,\mathrm{leaf}}^{\mathrm{MD}}\} \in \mathbb{R}^{N_{t,\mathrm{leaf}}^{\mathrm{Model2}} \times (M_{t,\mathrm{leaf}}^{t}+3)}$)表示第 t 个叶节点的训练数据集，$\mathrm{Route}_{t,\mathrm{leaf}}^{\mathrm{MD}}$ 表示第 t 个叶节点的第 t 个路径，$N_{t,\mathrm{leaf}}^{\mathrm{Model2}}$ 表示 $\boldsymbol{D}_{t,\mathrm{leaf}}^{\mathrm{MD}}$ 的样本个数，$M_{t,\mathrm{leaf}}^{\mathrm{MD}}$ 表示 $\boldsymbol{D}_{t,\mathrm{leaf}}^{\mathrm{MD}}$ 的维度。

通常，CART 的叶节点只使用目标信息，即该类树模型在预测叶节点时没有考虑特征空间信息。为了综合利用特征空间和目标空间的信息，采用线性回归方法计算叶节点的多目标预测输出。此处给出线性回归函数：

$$\hat{\boldsymbol{Y}}_{t,\mathrm{leaf}}^{\mathrm{MD}} = \boldsymbol{X}_{t,\mathrm{leaf}}^{\mathrm{MD}} \boldsymbol{W}_{t,\mathrm{leaf}}^{\mathrm{MD}} = \boldsymbol{X}_{t,\mathrm{leaf}}^{\mathrm{MD}} [\boldsymbol{w}_{1,\mathrm{leaf}}^{\mathrm{MD}}, \boldsymbol{w}_{2,\mathrm{leaf}}^{\mathrm{MD}}, \boldsymbol{w}_{3,\mathrm{leaf}}^{\mathrm{MD}}] \tag{9.22}$$

其中，$\hat{\boldsymbol{Y}}_{t,\mathrm{leaf}}^{\mathrm{MD}}$ 表示第 t 个叶节点的多重输出；$\boldsymbol{X}_{t,\mathrm{leaf}}^{\mathrm{MD}}$ 表示特征空间数据；$\boldsymbol{W}_{t,\mathrm{leaf}}^{\mathrm{MD}}$ 表示需要求解的权值矩阵。

然后，使用如下的正则化最小二乘代价函数 $L(\boldsymbol{W}_{t,\mathrm{leaf}}^{\mathrm{MD}})$计算权矩阵 $\boldsymbol{W}_{t,\mathrm{leaf}}^{\mathrm{MD}}$：

$$L(\boldsymbol{W}_{t,\mathrm{leaf}}^{\mathrm{MD}}) = \begin{bmatrix} \frac{1}{2}(\|\boldsymbol{X}_{t,\mathrm{leaf}}^{\mathrm{MD}} \boldsymbol{w}_{t,\mathrm{leaf}}^{1} - \boldsymbol{y}_{t,\mathrm{leaf}}^{1}\|_2^2 + \lambda \|\boldsymbol{w}_{t,\mathrm{leaf}}^{1}\|_2^2) \\ \frac{1}{2}(\|\boldsymbol{X}_{t,\mathrm{leaf}}^{\mathrm{MD}} \boldsymbol{w}_{t,\mathrm{leaf}}^{2} - \boldsymbol{y}_{t,\mathrm{leaf}}^{2}\|_2^2 + \lambda \|\boldsymbol{w}_{t,\mathrm{leaf}}^{2}\|_2^2) \\ \frac{1}{2}(\|\boldsymbol{X}_{t,\mathrm{leaf}}^{\mathrm{MD}} \boldsymbol{w}_{t,\mathrm{leaf}}^{3} - \boldsymbol{y}_{t,\mathrm{leaf}}^{3}\|_2^2 + \lambda \|\boldsymbol{w}_{t,\mathrm{leaf}}^{3}\|_2^2) \end{bmatrix}^{\mathrm{T}} \tag{9.23}$$

其中，λ 表示正则化参数且满足$\lambda \geqslant 0$。

采用梯度下降法求解 $\boldsymbol{W}_{t,\mathrm{left}}^{\mathrm{MD}}$：

$$\frac{\partial L(\boldsymbol{W}_{t,\mathrm{leaf}}^{\mathrm{MD}})}{\partial(\boldsymbol{W}_{t,\mathrm{leaf}}^{\mathrm{MD}})} = \left[\frac{\partial L(\boldsymbol{W}_{t,\mathrm{leaf}}^{\mathrm{MD}})}{\partial(\boldsymbol{w}_{t,\mathrm{leaf}}^{1})^{\mathrm{T}}}, \frac{\partial L(\boldsymbol{W}_{t,\mathrm{leaf}}^{\mathrm{MD}})}{\partial(\boldsymbol{w}_{t,\mathrm{leaf}}^{2})^{\mathrm{T}}}, \frac{\partial L(\boldsymbol{W}_{t,\mathrm{leaf}}^{\mathrm{MD}})}{\partial(\boldsymbol{w}_{t,\mathrm{leaf}}^{3})^{\mathrm{T}}}\right]^{\mathrm{T}} \tag{9.24}$$

以第 Targ 个目标为例，求解过程如下：

$$\begin{aligned}\frac{\partial L(\boldsymbol{W}_{t,\mathrm{leaf}}^{\mathrm{MD}})}{\partial(\boldsymbol{w}_{t,\mathrm{leaf}}^{\mathrm{Targ}})^{\mathrm{T}}} &= \frac{\partial}{\partial(\boldsymbol{w}_{t,\mathrm{leaf}}^{\mathrm{Targ}})^{\mathrm{T}}}\left(\begin{array}{c}(\boldsymbol{X}_{t,\mathrm{leaf}}^{\mathrm{MD}} \boldsymbol{w}_{t,\mathrm{leaf}}^{\mathrm{Targ}} - \boldsymbol{y}_{t,\mathrm{leaf}}^{\mathrm{Targ}})^{\mathrm{T}}(\boldsymbol{X}_{t,\mathrm{leaf}}^{\mathrm{MD}} \boldsymbol{w}_{t,\mathrm{leaf}}^{\mathrm{Targ}} - \boldsymbol{y}_{t,\mathrm{leaf}}^{\mathrm{Targ}}) + \\ \lambda(\boldsymbol{w}_{t,\mathrm{leaf}}^{\mathrm{Targ}})^{\mathrm{T}}(\boldsymbol{w}_{t,\mathrm{leaf}}^{\mathrm{Targ}})\end{array}\right) \\ &= (\boldsymbol{X}_{t,\mathrm{leaf}}^{\mathrm{MD}})^{\mathrm{T}} \boldsymbol{X}_{t,\mathrm{leaf}}^{\mathrm{MD}} \boldsymbol{w}_{t,\mathrm{leaf}}^{\mathrm{Targ}} - (\boldsymbol{X}_{t,\mathrm{leaf}}^{\mathrm{MD}})^{\mathrm{T}} \boldsymbol{y}_{t,\mathrm{leaf}}^{\mathrm{Targ}} + \lambda(\boldsymbol{w}_{t,\mathrm{leaf}}^{\mathrm{Targ}})\end{aligned} \tag{9.25}$$

进一步，设$\frac{\partial L(\boldsymbol{W}_{t,\mathrm{leaf}}^{\mathrm{MD}})}{\partial(\boldsymbol{w}_{t,\mathrm{leaf}}^{\mathrm{Targ}})^{\mathrm{T}}} = 0$，则第 Targ 个目标的 $\boldsymbol{w}_{t,\mathrm{leaf}}^{\mathrm{Targ}}$ 的计算如下：

$$w_{t,\text{leaf}}^{\text{Targ}} = ((\boldsymbol{X}_{t,\text{leaf}}^{\text{MD}})^{\text{T}} \boldsymbol{X}_{t,\text{leaf}}^{\text{MD}} + \lambda \boldsymbol{I})^{-1} (\boldsymbol{X}_{t,\text{leaf}}^{\text{MD}})^{\text{T}} \boldsymbol{y}_{t,\text{leaf}}^{\text{Targ}} \tag{9.26}$$

因此，得到权矩阵 $\boldsymbol{W}_{t,\text{leaf}}^{\text{MD}}$，可采用线性回归方法计算第 t 个叶节点的预测值。

最后，MIMO LRDT 模型可表示为

$$\hat{\boldsymbol{y}}^{\text{MD}} = f_{\text{MIMOLRDT}}(\boldsymbol{x}^{\text{MD}}) \in \mathbb{R}^{1\times 3} \tag{9.27}$$

进而，得到输出为 CO_2、CO 和 O_2 的能够表征燃烧状态的改进 LRDT 模型。

9.2.3.3　基于半监督迁移学习的机理映射模型

本节提出基于半监督迁移学习的机理映射模型构建策略用于描述能够表征燃烧状态的变量与 DXN 排放浓度间的映射，其包括 4 个部分：首先，以燃烧状态表征变量为输入以 DXN 为输出，构建真实历史数据驱动的 PMM 模型；其次，采用该模型对未标记 DXN 的燃烧状态表征变量虚拟机理数据进行伪标记；再次，迁移 PMM 模型的结构，以 DXN 伪标记数据为输入建立 MMM1 模型；最后，更新后者的结构以获得最终的半监督迁移学习模型 MMM2。具体实现如下所示。

(1) 从过程数据 $\boldsymbol{X}^{\text{PD}}$ 中选取 CO_2、CO、O_2 为输入，以 DXN 排放浓度 $\boldsymbol{y}^{\text{MD}}$ 为模型输出，基于 MISO LRDT 算法构建真实历史数据驱动的 PMM 模型。详细步骤见表 9.1，此处将最终得到的真实数据驱动模型记为 $\Theta_{\text{PMM}}(\cdot)$。

表 9.1　PMM 模型的建模步骤

输入	$\boldsymbol{X}^{\text{PD}}$
输出	模型 $\Theta_{\text{PMM}}(\cdot)$、伪标签数据 $\boldsymbol{D}^{\text{MMM}}$
步骤 1	读取数据 $\boldsymbol{X}^{\text{PD}}$ 进行标准化
步骤 2	设置 LRDT 最小样本数和正则系数
步骤 3	设置树的高度，初始化树的分裂特征和分裂位置，设置切分点坐标和选择最好的切分点
步骤 4	if 数据样本数＞最小样本数
步骤 5	最小样本数是切分的最小样本数
步骤 6	计算初始误差，初始化为无穷大
步骤 7	采用递归方式寻找最佳位置和最优值。基于式(9.18)～式(9.20)获得 $\frac{T}{2}-1$ 个中间节点
步骤 8	if 最佳位置≠0
步骤 9	将数据集切分成左右两个子集
步骤 10	end
步骤 11	else 最佳位置＝0
步骤 12	基于式(9.18)～式(9.20)更新权重
步骤 13	end
步骤 14	else 仅剩下最小样本数
步骤 15	停止切分，采用式(9.23)～式(9.26)更新权重
步骤 16	end
步骤 17	构建完成模型 $\Theta_{\text{PMM}}(\cdot)$
步骤 18	将 $f_{\text{MIMOLRDT}}(\cdot)$模型的输出 $\hat{\boldsymbol{Y}}^{\text{MD}}$ 输入模型 $\Theta_{\text{PMM}}(\cdot)$得到 $\hat{\boldsymbol{y}}_{\text{Pse}}^{\text{PMM}}$
步骤 19	将未标记的机理数据 $\hat{\boldsymbol{Y}}^{\text{MD}}$ 和 $\hat{\boldsymbol{y}}_{\text{Pse}}^{\text{PMM}}$ 组合得到伪标签数据集 $\boldsymbol{D}^{\text{MMM}}$

（2）未标记 DXN 的燃烧状态表征变量的虚拟机理数据是改进 LTDT 模型 $f_{\text{MIMOLRDT}}(\cdot)$ 的输出，其可表示为 $\hat{\boldsymbol{Y}}^{\text{MD}}=\{\hat{\boldsymbol{y}}_{\text{CO}_2}^{\text{MD}},\hat{\boldsymbol{y}}_{\text{CO}}^{\text{MD}},\hat{\boldsymbol{y}}_{\text{O}_2}^{\text{MD}}\}\in\mathbb{R}^{N^{\text{MD}}\times 3}$。以 $\hat{\boldsymbol{Y}}^{\text{MD}}$ 作为 $\Theta_{\text{PMM}}(\cdot)$模型的输入，获取 DXN 伪标记数据的过程如下：

$$\hat{\boldsymbol{y}}_{\text{Pse}}^{\text{PMM}}=\Theta_{\text{PMM}}(\hat{\boldsymbol{Y}}^{\text{MD}})\in\mathbb{R}^{N^{\text{MD}}\times 1} \tag{9.28}$$

进一步，将 $\hat{\boldsymbol{Y}}^{\text{MD}}$ 和 $\hat{\boldsymbol{y}}_{\text{Pse}}^{\text{PMM}}$ 进行组合，得到伪标记 DXN 数据集，记为 $\boldsymbol{D}^{\text{MMM}}=\{\hat{\boldsymbol{y}}_{\text{CO}_2}^{\text{MD}},\hat{\boldsymbol{y}}_{\text{CO}}^{\text{MD}},\hat{\boldsymbol{y}}_{\text{O}_2}^{\text{MD}},\hat{\boldsymbol{y}}_{\text{Pse}}^{\text{PMM}}\}\in\mathbb{R}^{N^{\text{MD}}\times(3+1)}$。

（3）采用迁移学习策略将训练好的 PMM 模型转换为 MMM1 模型，即直接将 PMM 模型中的每个非叶节点信息用作 MMM1 模型的节点信息，如图 9.4 所示。

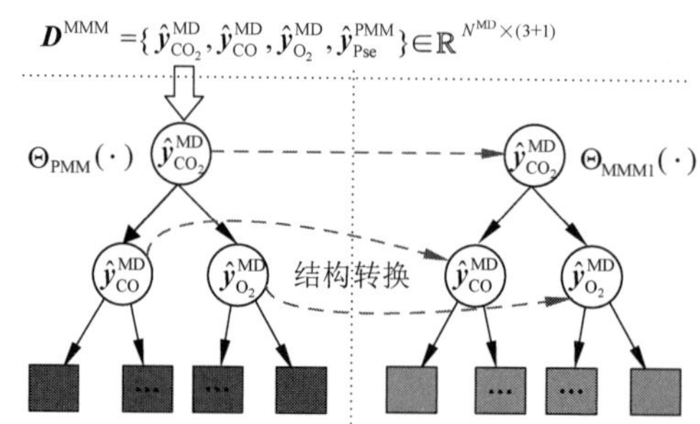

图 9.4　树形结构转换图

如图 9.4 所示，将伪标记数据输入 PMM 结构，将每个非叶子节点作为先验知识，将伪标记数据集 $\boldsymbol{D}^{\text{MMM}}$ 分割为两个子节点，最终得到 T 条路径$\{\text{Route}_{t,\text{leaf}}^{\text{PMM}}\}_{t=1}^{T}$。基于输入的伪标记数据对 MMM1 模型中的叶节点进行再训练，以更好地学习未标记目标。构建 MMM1 模型 $\Theta_{\text{MMM1}}(\cdot)$的步骤详见表 9.2。

表 9.2　MMM1 模型的建模步骤

输入	伪标记数据 $\boldsymbol{D}^{\text{MMM}}$
输出	模型 MMM1 $\Theta_{\text{MMM1}}(\cdot)$
步骤 1	将伪标记数据 $\boldsymbol{D}^{\text{MMM}}$ 输入到模型 $\Theta_{\text{PMM}}(\cdot)$中
步骤 2	将每个非叶子作为先验知识，将伪标记数据集 $\boldsymbol{D}^{\text{MMM}}$ 分割为两个子节点，最终得到 T 条路径$\{\text{Route}_{t,\text{leaf}}^{\text{PMM}}\}_{t=1}^{T}$
步骤 3	基于输入的伪标记数据对 MMM 模型 $\Theta_{\text{PMM}}(\cdot)$中的叶节点进行再训练，以更好地学习未标记的目标，根据式(9.23)～式(9.26)更新权重
步骤 4	仅更新节点信息得到模型 $\Theta_{\text{MMM1}}(\cdot)$即模型 MMM1

（4）由于机理数据的数量 N^{MD} 远大于过程数据 N^{Model3}，迁移模型中的叶节点样本量远大于正常训练的阈值。此处，将树形结构更新算法用于 MMM1 模型，步骤如下。

首先，以机理数据 $\boldsymbol{D}^{\text{MMM}}$ 为输入计算各叶节点的预测性能：

$$\boldsymbol{e}_{\text{MMM}}=(\Theta_{\text{MMM1}}(\boldsymbol{D}^{\text{MMM}})-\hat{\boldsymbol{y}}_{\text{Pse}}^{\text{MMM}})^2\in\mathbb{R}^{1\times T} \tag{9.29}$$

其中，$\boldsymbol{e}_{\mathrm{MMM}}$ 表示模型中第 T 个叶节点的 MSE。

其次，计算 MSE 向量的平均值，将大于平均值的叶节点识别为需要进一步更新的点。

$$\{e_{\mathrm{MMM}}^{t},\cdots\}_{t}^{t\ll T}\Leftarrow(e_{\mathrm{MMM}}^{t}>\bar{\boldsymbol{e}}_{\mathrm{MMM}}) \tag{9.30}$$

最后，通过持续增长更新所选的叶节点，直到叶节点样本的数量小于或等于最初设定的阈值，获得 MMM2 模型 $\Theta_{\mathrm{MMM2}}(\cdot)$。此处的更新过程与 MISO LRDT 算法的训练过程一致，步骤详见表 9.3。

表 9.3　MMM2 模型的建模步骤

输入	伪标记数据 $\boldsymbol{D}^{\mathrm{MMM}}$
输出	模型 MMM2 $\Theta_{\mathrm{MMM2}}(\cdot)$
步骤 1	将伪标记数据 $\boldsymbol{D}^{\mathrm{MMM}}$ 输入到模型 $\Theta_{\mathrm{MMM1}}(\cdot)$即模型 MMM1 中
步骤 2	对树模型进行剪枝或调参
步骤 3	计算样本在一棵树的预测结果
步骤 4	判断是否达到树的叶子节点，得到分裂特征点和特征值，并比较当前样本的特征值与 tree 的特征值
步骤 5	进行信息比对
步骤 6	基于获取的信息对树结构进行优化
步骤 7	基于式(9.23)获得计算误差
步骤 8	基于式(9.26)找到不满足误差条件的叶节点信息，则当前叶节点继续生长，直到叶节点样本的数量小于或等于最初设置的阈值，得到更新后的模型 $\Theta_{\mathrm{MMM2}}(\cdot)$即模型 MMM2

9.2.4　实验结果

9.2.4.1　数据描述

MSW 的取样来自背景某 MSWI 电厂，样品在实验室进行分析后的结果如表 9.4 所示。

表 9.4　MSW 成分分析

	分析项	值	单位
工业分析	水分(ar)	38.48	wt%
	挥发性(ar)	41.8	wt%
	固定碳(ar)	6.56	wt%
	灰烬(ar)	13.16	wt%
元素分析	C(daf)	64.31	wt%
	H(daf)	9.91	wt%
	N(daf)	24.93	wt%
	S(daf)	0.51	wt%
	O(daf)	0.34	wt%

工业分析和元素分析作为组分参数输入 FLIC，其也是正交实验设计的因素之一。焚烧炉的基本情况及运行参数如表 9.5 所示。

表 9.5 焚烧炉基本情况

参　　数	值	单　　位
额定产能	800	t/d
实际产能	624	t/d
炉排	往复式顺推	—
长×宽	11×12.9	m×m
速度	8	m/h
一次风流量	65400	Nm^3/h
二次风流量	7500	Nm^3/h
一次风温度	200	℃
一次风在干燥段、燃烧一段、燃烧二段和燃烬段 4 个位置的风流量分布比例	24.31、43.35、19.27、13.07	%

其中，一次风流量、二次风流量、炉排转速的取值是设计正交试验时的基准工况信息。

从 MSWI 电厂获得的真实 DXN 数据集包含 116 个过程变量和 1 个 DXN 真值，总样本量为 82，覆盖时间为从 2016—2020 年。

9.2.4.2 建模结果与比较分析

比较实验中的超参数设置如下：①DT 模型中的样本数为 3；②随机决策树(random decision tree，RDT)模型中的样本数为 3；③岭回归(ridge regression，RR)模型中的正则化项为 0.9；④PMM LRDT 模型中的样本个数为 3，正则化项为 0.1；⑤MMM LRDT 模型中，样本个数为 3，正则项为 0.1；⑥MIMO LRDT 模型中的样本数为 15，正则项为 0.1。

采用均方根误差 RMSE 和 R^2 评价模型性能。

1）多运行工况虚拟机理数据产生模型模块的结果

正交实验设计中所采用的操作、微观、组分参数的设置如表 9.6 所示。

表 9.6 正交实验参数信息

10 因素 5 水平				5 因素 5 水平
参数	因素	单位	水平-1	水平-2
操作参数	炉排速度	m/h	7,7.5,8,8.5,9	－0.1
	给料量	t/h	24.2,24.7,25.2,25.7,26.2	＋0.1
	第 1 区域进风	Nm^3/h	16080,16440,16800,17160,17520	＋1.8
	第 2 区域进风	Nm^3/h	28620,29280,29940,30600,31260	＋3.2
	第 3 区域进风	Nm^3/h	12660,12960,13260,13560,13860	＋1.4
	第 4 区域进风	Nm^3/h	8640,8820,9000,9180,9360	＋1

续表

10 因素 5 水平				5 因素 5 水平
微观参数	颗粒大小	mm	15,20 ,25 ,30,35	—
	颗粒混合系数	—	2×10^{-6},3×10^{-6},4×10^{-6},5×10^{-6},6×10^{-6}	—
组分参数	水分含量	%	48,49.75,51.5,53.25,55	—
	C∶H∶O	%	(58∶7.5∶33),(59∶7.5∶32),(60∶7.5∶31),(61∶7.5∶30),(62∶7.5∶29)	—

基于此处所提方法进行正交试验,得到 1960 组虚拟机理数据。以基准工况为例,图 9.5 给出了炉床上的固体温度和气体温度分布。

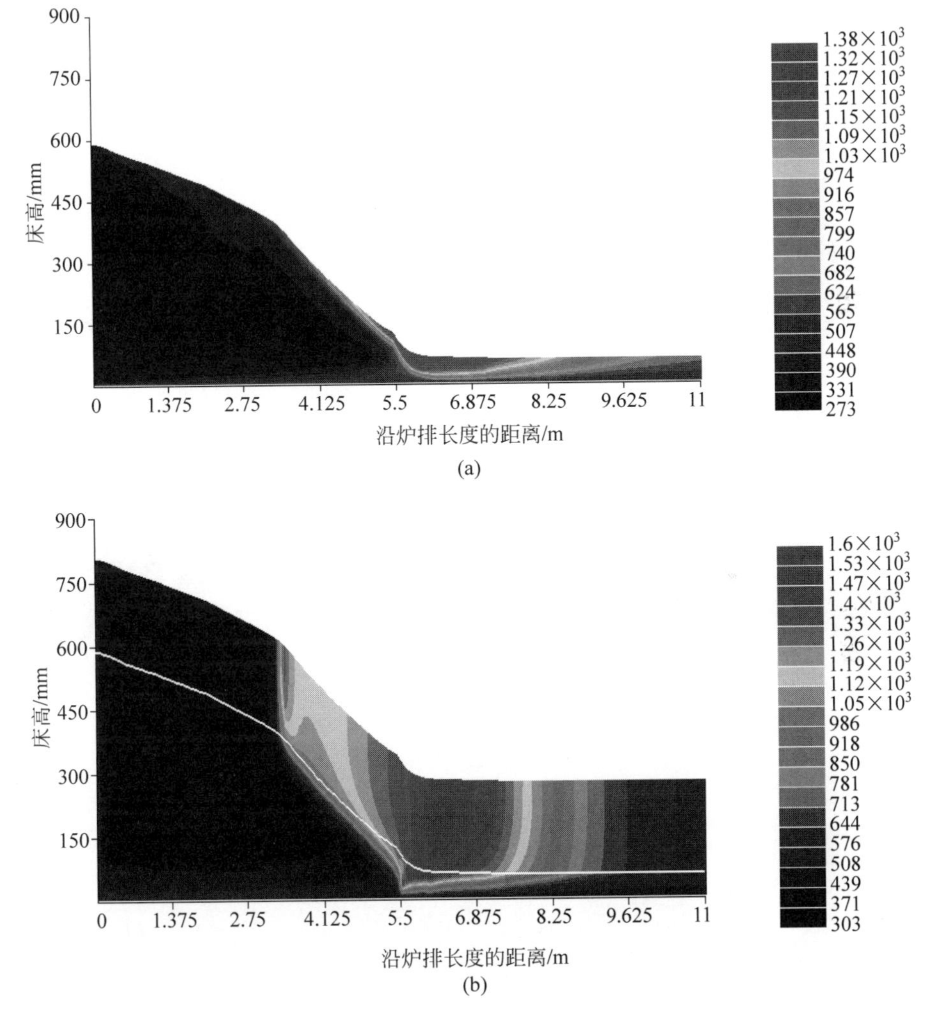

图 9.5 基于基准工况的固相燃烧结果图

(a) 炉排床上固体的温度;(b) 炉栅床上气体的温度

如图 9.5 所示,MSW 入口的初始床高为 592mm,在炉排上的停留时间为 1h 22min。随着炉排向右移动,MSW 的质量和体积逐渐减少,直到燃烧成灰。在炉排中心,床层温度非常高，固相和气相的最高温度分别可达 1122K 和 1332K。随着燃烧过程的完成，温度逐渐降低。

2）虚拟机理数据驱动的改进 LRDT 燃烧状态表征变量模型模块的结果

根据实际 MSWI 电厂的数据，最终选择的输入与输出为 LHV、PA 和 FC 与 CO_2、CO 和 O_2，构建燃烧状态表征变量模型。图 9.6 分别给出了 LHV 与 PA、LHV 与 FC、PA 与 FC 对 CO_2、CO 和 O_2 的影响。

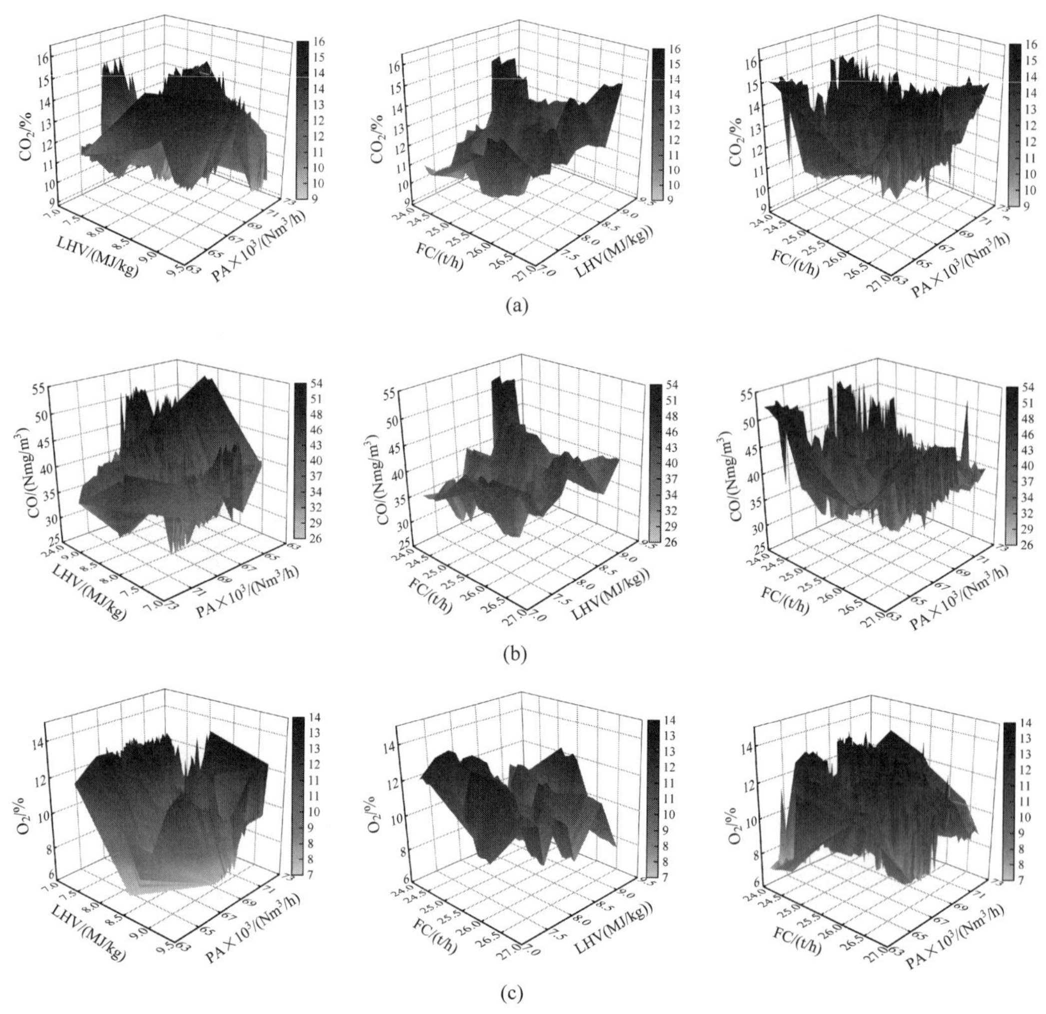

图 9.6　虚拟机理数据中的输入/输出关系

(a) 左：LHV 和 PA 对 CO_2 浓度的影响；中：FC 和 LHV 对 CO_2 浓度的影响；右：FC 和 PA 对 CO_2 浓度的影响；
(b) 左：LHV 和 PA 对 CO 浓度的影响；中：FC 和 LHV 对 CO 浓度的影响；右：FC 和 PA 对 CO 浓度的影响；
(c) 左：LHV 和 PA 对 O_2 浓度的影响；中：FC 和 LHV 对 O_2 浓度的影响；右：FC 和 PA 对 O_2 浓度的影响

从上述三维曲面图可知，3 个输入对 3 个输出的影响是不可忽视的，这与 LHV、PA 和 FC 对实际 MSWI 过程燃烧状态的影响是吻合的。针对上述样本中的异常值，基于采样窗口尺寸为 10 的 QAF 算法进行处理，处理前后的曲线如图 9.7 所示。

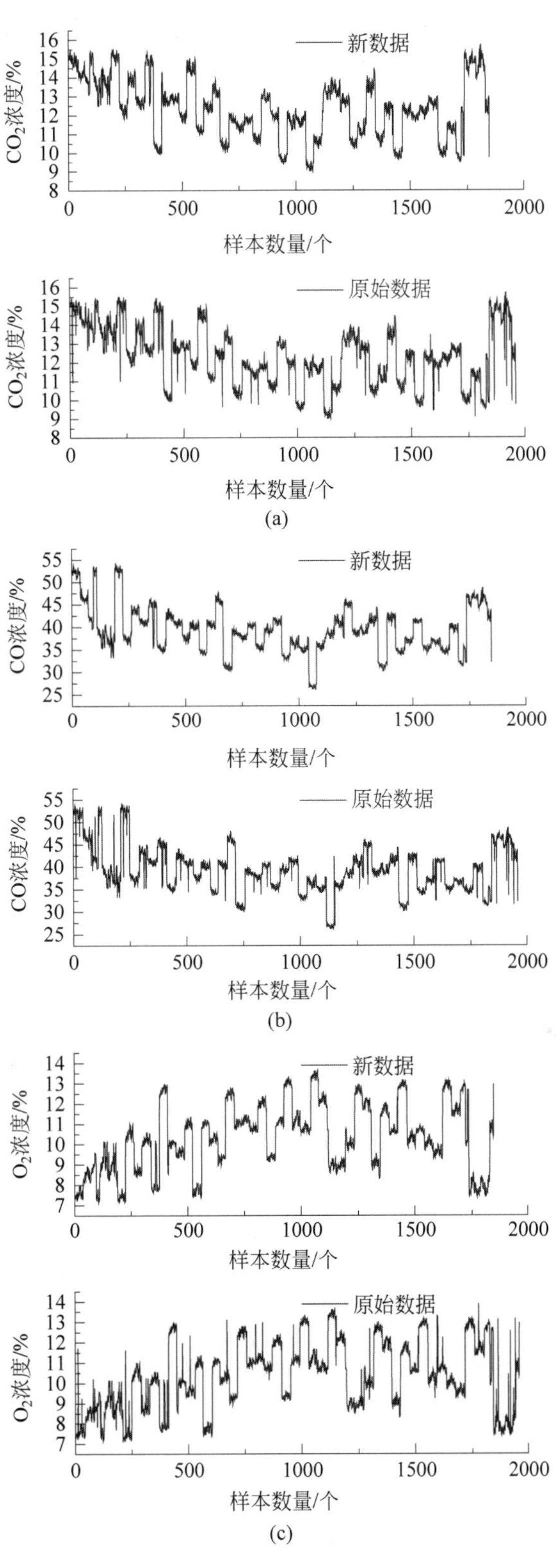

图 9.7　虚拟机理数据异常值去除前后的结果

(a) CO_2浓度；(b) CO 浓度；(c) O_2浓度

由图 9.7 可知，异常值被显著消除，证明了 QAF 方法的有效性。将处理后的 1846 个样本等分为 3 个部分，其中两部分作为训练集(1231)，一部分作为测试集(615)。将每种建模方法重复运行 30 次，30 次中最优的建模性能如表 9.7 所示。

表 9.7　机理数据的不同方法性能比较结果

方法	目标值	训练集		测试集	
		RMSE	R^2	RMSE	R^2
DT	CO_2	0.2688	0.9702	0.6153	0.8457
	CO	0.9519	0.9659	1.8184	0.8751
	O_2	0.2811	0.9710	0.6536	0.8446
RDT	CO_2	0.5400	0.8798	0.6237	0.8414
	CO	2.2356	0.8117	2.5335	0.7575
	O_2	0.6752	0.8325	0.7862	0.7751
RR	CO_2	1.40025	0.1918	1.3945	0.2072
	CO	4.9986	0.0586	4.9738	0.0652
	O_2	1.4306	0.2481	1.4233	0.2630
MISO LRDT	CO_2	0.4138	0.9294	0.5894	0.8584
	CO	1.3046	0.9359	1.7057	0.8901
	O_2	0.4282	0.9326	0.5487	0.8905
MIMO LRDT	CO_2	0.1645	0.9357	0.3089	0.8869
	CO	0.2220	0.9357	0.2991	0.8867
	O_2	0.4056	0.9812	0.5558	0.9747

如表 9.7 所示，DT 对 3 个目标(CO_2、CO 和 O_2)的建模性能较佳，而且远好于 LRDT，这表明单个学习器对于机理数据集是满足要求的。从 3 个目标的测试集指标看，此处提出的 MISO LRDT 优于 DT 模型，展现了对叶节点的特征信息采用线性回归方式获得预测值的效果。在所有对比方法中，MIMO LRDT 对 3 个目标特征的表现最佳，针对 CO_2 的 RMSE 为 0.3089，针对 CO 的 RMSE 为 0.2991，针对 O_2 的 RMSE 为 0.5558。此外，从 R^2(CO_2 为 0.8869，CO 为 0.8867，O_2 为 0.9747)和拟合曲线的结果可知，MIMO LRDT 具有最佳的拟合性能。因此，以上实验验证了所提改进 LRDT 方法的有效性。

3) 基于半监督迁移学习的混合驱动模型模块的结果

为了构建 CO_2、CO 和 O_2 与 DXN 浓度之间的映射模型，首先应进行 1846 个机理数据的伪标记。MISO LRDT(PMM)模型是通过具有标记数据的真实过程数据构建的，即输入为 CO_2、CO 和 O_2，输出为 DXN 浓度。

首先，根据给定的超参数设置，对 PMM 模型进行训练，其 RMSE 为 0.0013，R^2 为 0.9188，拟合曲线如图 9.8 所示。

其次，使用 PMM 模型标记 1846 个机理数据。最后，所得伪标记数据如图 9.9 所示。

将 1846 个伪标记数据等分为 3 个部分，其中两部分作为训练集(数量为 1231 个)，一部分作为测试集(数量为 615 个)。将训练数据输入 PMM 模型实现树形结构的迁移，在得到 MMM1 模型后，根据叶节点误差对 MMM1 模型进行更新，得到 MMM2 模型，其性能如表 9.8 和图 9.10 所示。

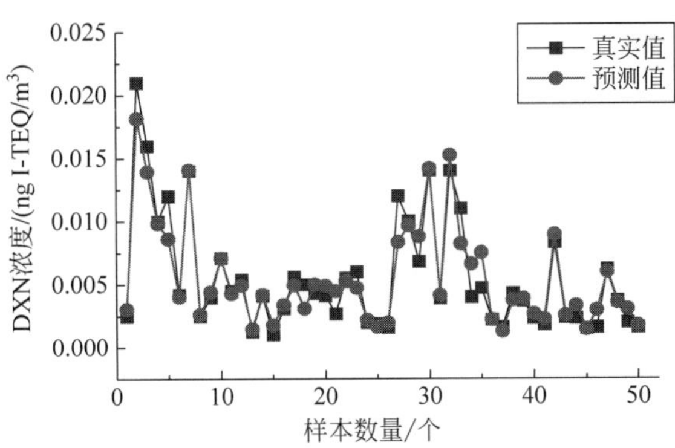

图 9.8　PMM 模型在 DXN 数据中的应用结果

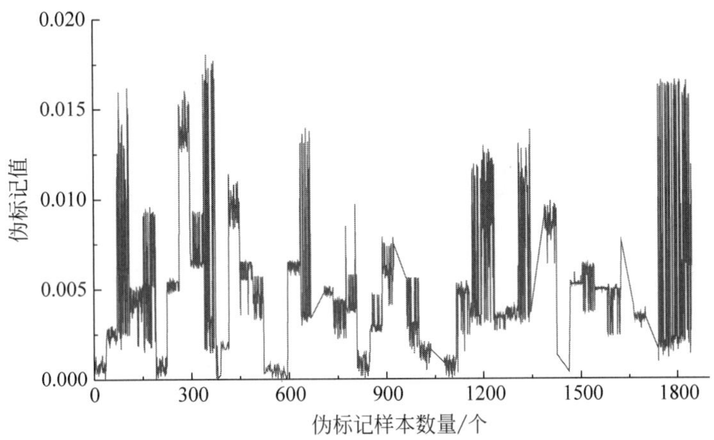

图 9.9　伪标记数据曲线

表 9.8　基于伪标记机理数据的模型统计结果

方　法	训练集		测试集	
	RMSE	R^2	RMSE	R^2
PMM	0.0020	0.8021	0.0020	0.8072
MMM1	0.0015	0.8909	0.0015	0.8918
MMM2	0.0014	0.8960	0.0015	0.8965

由表 9.8 和图 9.10 可知，PMM 模型具有较好的性能，其训练集和测试集的 R^2 为 0.8021 和 0.8072；采用树形结构迁移后，MMM1 在 R^2 上较 PMM 分别提高了 11.07%（训练集）和 10.48%（测试集）；在进行节点更新后，MMM2 在 R^2 上相对于 MMM1 的性能提升 0.57%（训练集）和 0.53%（测试集）。因此，上述结果表明了所提建模策略的有效性。

9.2.5　工业应用

本节介绍所构建 DXN 排放浓度软测量检测模型的应用验证。软测量系统研发的步骤为：首先，采用 MATLAB 编写已训练完成的 DXN 排放浓度软测量检测程序并打包成 DLL 文件；其次，利用 C# 高级编程开发 OPC Client、前台交互界面和后台数据传输接口；最后

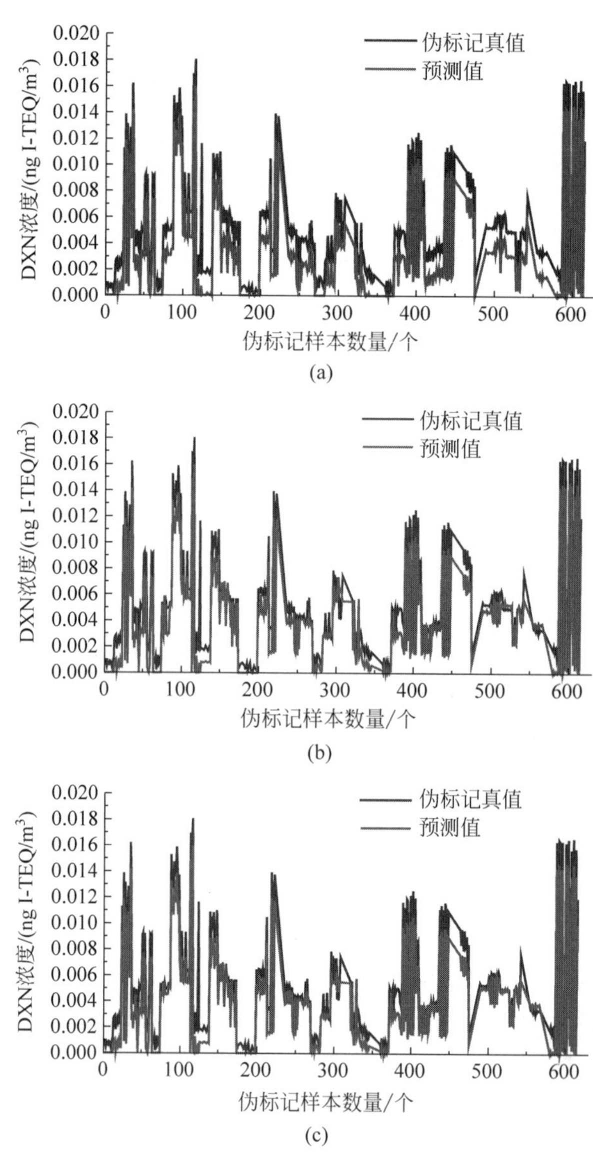

图 9.10 基于伪标记机理数据的模型测试曲线

(a) PMM 结果；(b) MMM1 结果；(c) MMM2 结果

将 DLL 文件嵌入软件后台并基于.NET 实现两者的数据通信。

DXN 排放浓度软测量检测系统实时获取包含炉膛温度、炉排温度、烟气排放污染物和一次风流量等在内的 MSWI 运行过程数据，检测过程为：首先设置 FC(29t/h)和 LHV (8.8371MJ/kg)；其次单击“Start”按钮启动前台过程数据与后台检测模型的数据交互；最后获得此处所构建软测量检测模型计算的结果，包括机理数据驱动模型检测的 CO_2、CO 和 O_2 浓度及 MMM2 模型检测的当前过程数据所对应的 DXN 排放浓度。

作者团队在北京某 MSWI 电厂搭建了边缘端算法验证平台，其包括 DCS 数据安全隔离采集设备、OPC 服务器和数据采集与储存设备 3 个组成单元，该平台能够实现与 DCS 系统运行数据的单向隔离传输，保证了 MSWI 电厂内网系统运行的稳定性，此处所开发的软测量系统部署在数据采集与储存设备中，如图 9.11 所示。

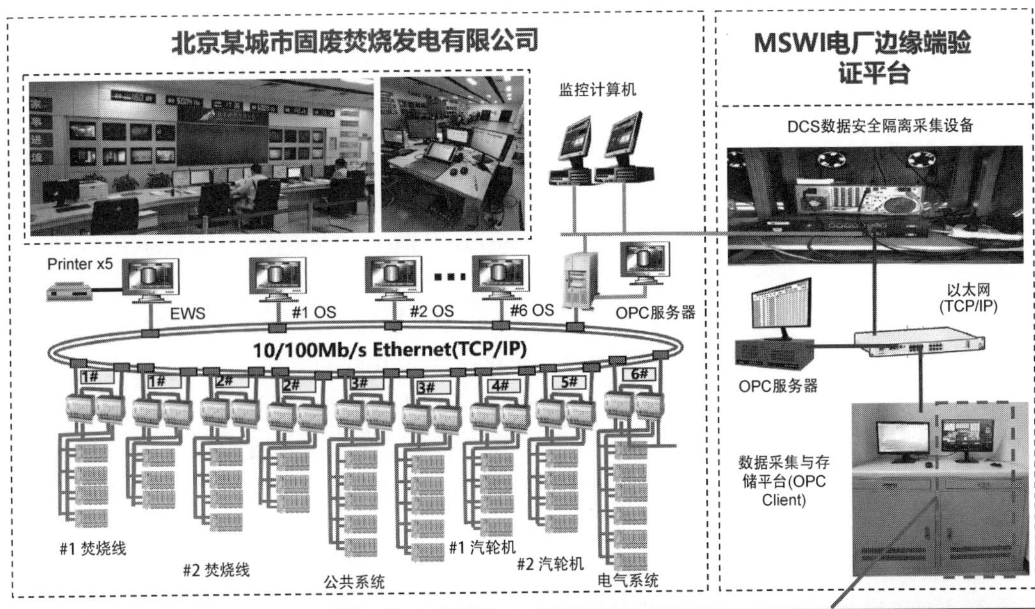

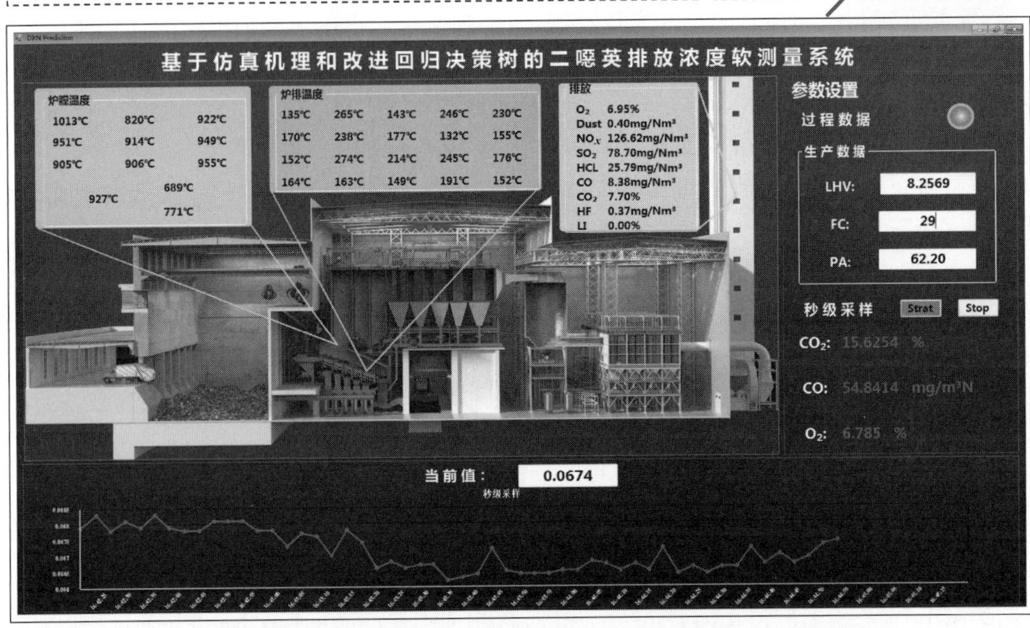

图 9.11　北京某 MSWI 电厂的基于安全隔离采集设备的边缘端验证平台

由图 9.11 可知，包含炉膛温度、炉排温度、烟气排放污染物和一次风流量等在内的 MSWI 运行过程数据均能实时获取并展示在 DXN 排放浓度软测量系统的前台界面。根据当日生产运行规划和 MSW 储蓄池状态，由运行领域专家估计 FC(29t/h)和 LHV(8.2569MJ/kg)。在上述实际 MSWI 电厂的工程应用实验验证了所提 DXN 检测模型和软测量系统的有效性，同时为未来 MSWI 过程的 DXN 减排控制提供了基础，为解决 MSW 管理挑战提供了支撑[35]，发挥了人工智能技术在促进 MSW 能源回收可持续[36]领域的作用。

9.3 未来展望

考虑到 MSWI 过程的实际，基于仿真平台多模态历史数据驱动系统的智能建模算法与其软硬件系统在经过实验室场景验证后，可直接移植到工业现场，原因在于：这类系统并不直接接入现场的 PLS/DCS 系统，即不参与现场运行，只是为领域专家提供参考。同时，该类现场移植与应用也是测试离线智能建模算法有效性和逐步获得领域专家认可的必经步骤。

相对而言，基于仿真平台多入多出回路控制系统的智能控制算法与其软硬家系统及基于仿真平台安全隔离与优化控制系统的智能优化算法与其软硬件系统，在经过实验室场景验证后移植至工业现场还需要经过至少两个环节，分别为：如何保证关键工艺参数反向传输的完全无干扰；如何让现场领域专家信任被控变量设定值和操纵变量输出值并能够以可控的形式下装至 PLC/DCS 系统。针对第一个问题，目前除实现了半实物仿真平台中所设计的物理隔离单向传输模块外，我们还设计了基于 OCR 的关键参数识别模块，即通过图像识别方式将关键参数传输到领域专家操作的监控计算机，进而达到绝对隔离。针对第二个问题，需要通过长时期地对比被控变量设定值/操纵变量输出值与移植的智能优化系统所给出的相关值的一致性程度，进而逐步获得对离线智能控制与优化算法的认可程度；进而，通过设计能够由领域专家操作的智能算法参数“开始下装”和“停止下装”等面板的人机交互的方式予以解决；如此才能够将智能控制算法直接移植至 PLS/DCS 系统端。此外，考虑到 PID 控制器在众多工业过程中占比达 99%的霸主地位，笔者认为针对 PID 参数的智能优化算法研究也需要重点关注。

综上，在采用基于物理隔离的多模态数据采集系统的基础上，基于本书的模块化半实物仿真平台所测试和验证的智能建模算法能够无障碍地实现在工业现场的移植和落地应用；而智能优化算法和智能控制算法的实现还需要 MSWI 企业领域专家的认可和支撑，笔者认为，前者有望比后者更早实现获得应用。随着这 3 类智能算法的逐步落地应用和日益完善，即可实现我国具有自主知识产权的 MSWI 过程智能建模、控制与优化算法工业软件系统。

参考文献

[1] XIA H，TANG J，ALJERF L，et al. Assessment of PCDD/PCDF formation and emission characteristics at a municipal solid waste incinerator for one year[J]. Science of the Total Environment，2023，883：163705.

[2] GÓMEZ-SANABRIA A，KIESEWETTER G，KLIMONT Z，et al. Potential for future reductions of global GHG and air pollutants from circular waste management systems[J]. Nature Communications，2022，13：106.

[3] 乔俊飞，郭子豪，汤健. 面向城市固废焚烧过程的二噁英排放浓度检测方法综述[J]. 自动化学报，2020，46(6)：1063-1089.

[4] 汤健，夏恒，余文，等. 城市固废焚烧过程智能优化控制研究现状与展望[J]. 自动化学报，2023，49(10)：2019-2059.

[5] YANG Z Y，GE Z Q. On paradigm of industrial big data analytics：From evolution to revolution[J]. IEEE Transactions on Industrial Informatics，2022，18(12)：8373-8388.

[6] LU S W, CHAI T Y. Mesoscale particle size predictive model for operational optimal control of bauxite ore grinding process[J]. IEEE Transactions on Industrial Informatics, 2020, 16(12): 7714-7721.

[7] HAN H G, LI M, QIAO J F, et al. Filter transfer learning algorithm for missing data imputation in wastewater treatment process[J]. IEEE Transactions on Knowledge and Data Engineering, 2023, 35(12): 12649-12662.

[8] ZHANG L, ZHONG M Y, HAN H G. Trend feature-based anomaly monitoring of infrequently measured KPIs in wastewater treatment process[J]. IEEE Transactions on Industrial Informatics, 2023, 19(7): 8083-8092.

[9] CHANG N B, HUANG S H. Statistical modelling for the prediction and control of PCDD and PCDF emissions from municipal solid waste incinerators[J]. Waste Management & Research, 1995, 13(4): 379-400.

[10] BUNSAN S, CHEN W Y, CHEN H W, et al. Modeling the dioxin emission of a municipal solid waste incinerator using neural networks[J]. Chemosphere, 2013, 92(3): 258-264.

[11] TANG J, XIA H, ZHANG J, et al. Deep forest regression based on cross-layer full connection[J]. Neural Computing and Applications, 2021, 33: 9307-9328.

[12] XIA H, TANG J, YU W, et al. Online measurement of dioxin emission in solid waste incineration using fuzzy broad learning[J]. IEEE Transactions on Industrial Informatics. 2024, 1(20): 358-368.

[13] 夏恒，汤健，崔璨麟，等. 基于宽度混合森林回归的城市固废焚烧过程二噁英排放软测量[J]. 自动化学报，2023，49(2)：343-365.

[14] XIA H, TANG J, QIAO J F, et al. DF classification algorithm for constructing a small sample size of data-oriented DF regression model[J]. Neural Computing and Applications, 2022, 34: 2785-2810.

[15] LIU D, WANG Y, LIU C, et al. Data mode related interpretable transformer network for predictive modeling and key sample analysis in industrial processes[J]. IEEE Transactions on Industrial Informatics, 2023, 19(9): 9325-9336.

[16] WYPER P, ANTIOCHOS S, DEVORE C R. A universal model for solar eruptions[J]. Nature, 2017, 544: 452-455.

[17] 阳春华，孙备，李勇刚，等. 复杂生产流程协同优化与智能控制[J]. 自动化学报，2023，49(3)：528-539.

[18] SUN Q Q, GE Z Q. A survey on deep learning for data-driven soft sensors[J]. IEEE Transactions on Industrial Informatics, 2021, 17(9): 5853-5866.

[19] REN J C, LIU D, WAN Y. Modeling and application of Czochralski silicon single crystal growth process using hybrid model of data-driven and mechanism-based methodologies[J]. Journal of Process Control, 2021, 104: 74-85.

[20] WU Z W, CHAI T Y, WU Y J. A hybrid prediction model of energy consumption per ton for fused magnesia[J]. Acta Automatica Sinica, 2013, 39(12): 2002-2011.

[21] NI Y L, XU J N, ZHU C Y, et al. Accurate residual capacity estimation of retired $LiFePO_4$ batteries based on mechanism and data-driven model[J]. Applied Energy, 2022, 305: 117922.

[22] MENG Y M, YU S S, ZHANG J L, et al. Hybrid modeling based on mechanistic and data-driven approaches for cane sugar crystallization[J]. Journal of Food Engineering, 2019, 257: 44-55.

[23] TANG F, LI Y, LIANG X, et al. Temperature field prediction model for Zinc Oxide rotary volatile kiln based on the Fusion of Thermodynamics and Infrared Images[J]. IEEE Transactions on Instrumentation and Measurement, 2023, 72: 5014614.

[24] XIAO D, XIE H, JIANG L, et al. Research on a method for predicting the underflow concentration of a thickener based on the hybrid model[J]. Engineering Applications of Computational Fluid

Mechanics,2020,14(1):13-26.

[25] DONG X,YAN X,QU H. Advanced process control for salvianolic acid a conversion reaction based on data-driven and mechanism-driven model[J]. Process Biochemistry,2022,118:1-10.

[26] REN J C,LIU D,WAN Y. Data-driven and mechanism-based hybrid model for semiconductor silicon monocrystalline quality prediction in the czochralski process[J]. IEEE Transactions on Semiconductor Manufacturing,2022,35(4):658-669.

[27] 朱鹏飞,夏陆岳,潘海天. 基于改进卡尔曼滤波算法的多模型融合建模方法[J]. 化工学报,2015,66(4):1388-1394.

[28] ZHUANG Y L,LIU Y X,AHMED A,et al. A hybrid data-driven and mechanistic model soft sensor for estimating CO_2 concentrations for a carbon capture pilot plant[J]. Computers in Industry,2022,143:103747.

[29] 张梦轩,刘洪辰,王敏,等. 化工过程的智能混合建模方法及应用[J]. 化工进展,2021,40(4):1765-1776.

[30] SAMMAKNEJAD N,ZHAO Y,HUANG B. A review of the Expectation Maximization algorithm in data-driven process identification[J]. Journal of Process Control,2019,73:123-136.

[31] ZHOU J,WANG X,YANG C,et al. A novel soft sensor modeling approach based on difference-LSTM for complex industrial process[J]. IEEE Transactions on Industrial Informatics,2022,18(5):2955-2964.

[32] YANG Y B,YAMAUCHI H,NASSERZADEH V,et al. Effects of fuel devolatilisation on the combustion of wood chips and incineration of simulated municipal solid wastes in a packed bed[J]. Fuel,2003,82(18):2205-2221.

[33] ATSONIOS K,ZENELI M,NIKOLOPOULOS A,et al. Calcium looping process simulation based on an advanced thermodynamic model combined with CFD analysis[J]. Fuel,2015,153:370-381.

[34] YANG Y B,SHARIFI V,SWITHENBANK J. Converting moving-grate incineration from combustion to gasification- numerical simulation of the burning characteristics[J]. Waste Management,2007,27(5):645-655.

[35] MUNIR M T,LI B,NAQVI M. Revolutionizing municipal solid waste management (MSWM) with machine learning as a clean resource: Opportunities, challenges and solutions[J]. Fuel, 2023, 348:128548.

[36] NAVEENKUMAR R,YYAPPAN J,PRAVIN I R,et al. A strategic review on sustainable approaches in municipal solid waste management and energy recovery: Role of artificial intelligence, economic stability and life cycle assessment[J]. Bioresource Technology,2023,379:129044.